福建省高职高专土建大类十三五规划教材

建筑工程测量

（第三版）

主　编◎李　冰

副主编◎魏垂场　罗有才

主　审◎徐行军

厦门大学出版社 XIAMEN UNIVERSITY PRESS | 国家一级出版社 全国百佳图书出版单位

图书在版编目（CIP）数据

建筑工程测量／李冰主编．-- 3 版．-- 厦门：厦门大学出版社，2022.8
ISBN 978-7-5615-8631-0

Ⅰ．①建… Ⅱ．①李… Ⅲ．①建筑测量－高等职业教育－教材 Ⅳ．①TU198

中国版本图书馆CIP数据核字(2022)第098030号

出版人 郑文礼
总策划 宋文艳
责任编辑 眭 蔚
美术编辑 李嘉彬
技术编辑 许克华

出版发行 厦门大学出版社
社　址 厦门市软件园二期望海路 39 号
邮政编码 361008
总　机 0592-2181111　0592-2181406(传真)
营销中心 0592-2184458　0592-2181365
网　址 http://www.xmupress.com
邮　箱 xmup@xmupress.com
印　刷 厦门市明亮彩印有限公司

开本 787 mm×1 092 mm　1/16
印张 25
字数 608 千字
版次 2013 年 8 月第 1 版　2022 年 8 月第 3 版
印次 2022 年 8 月第 1 次印刷
定价 49.00 元

本书如有印装质量问题请直接寄承印厂调换

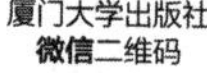
厦门大学出版社
微信二维码

厦门大学出版社
微博二维码

福建省高等职业教育土建大类十三五规划教材

编审委员会

第三版前言

本书是在福建省高等职业教育土建类专业教材编审委员会指导下编写的，是土木工程等相关专业主干课程的专业教材之一。教材编写力求与高职高专人才培养模式相适应，在对多家土木建筑工程施工单位进行调研的基础上，突出基础性、实用性和先进性，对教材内容体系进行了整体优化。

本书第2版出版至今已有5年时间，随着测绘技术的发展，全站仪、电子水准仪等新型测绘仪器已成为常规测绘仪器，全球导航卫星系统(GNSS)的普遍应用，测绘数据的自动采集、数字化成图技术也已成为常规的测绘方法。为了使教材内容符合新技术、新设备、新工艺的发展需要，同时使教材更能符合立德树人这一根本任务，我们对本教材进行第3次修订。

本次教材修订过程中，编写组认真学习领会教育部2019年发布的《高等职业院校专业教学标准》和2020年发布的《职业院校教材管理方法》等相关文件精神，在吸收第2版教材使用期间各职业院校任课教师建议，经过多家企业调研的基础上确定此次修订原则，即在保持原教材体例大框架的前提下，修订重点放在新型测量仪器的使用、数据处理的程序设计、数字化成图的方法、课程思政元素与专业课内容的融入以及工程测量新方法等方面，在此基础上对原教材内容进行删减、整合和补充。修订以国产新型测绘仪器和北斗导航系统为切入点，展示中国测绘领域高速发展现状。在确定地面点位坐标系内容中增加国家2000坐标系介绍；将GPS测量调整为GNSS测量，增加北斗卫星导航系统发展历程及其服务理念内容。同时根据工作任务对角度测量和全站仪测量两部分进行整合。将专业精神、职业精神和工匠精神融入教材内容，强化学生职业素养养成和专业技术积累。通过大量的实操实例对新仪器、新技术在测量中的应用进行详尽说明，突出应用性，适用面广，可供建筑、市政、路桥等相关专业的施工、工程管理、监理人员学习参考。

此次修订后全书共十二章，福建船政交通职业学院李冰、祝可为及福建省交通规划设计院林礼华共同参与修订工作。本书由福建船政交通职业学院李冰主编，福建水利电力职业技术学院魏垂场和闽西职业技术学院罗有才任副主编。编写修订分工为：福建船政交通职业学院李冰(第1章，第8章第2、5、6节，第12章，及各章节测试题目)、福建船政交通职业学院祝可为(第3章第6节，第6章，第7章第7节，)、福建水利电力职业技术学院魏垂场(第5章，第8章第1、3、4节)、闽西职业技术学院罗有才(第10章、第11章)、黎明职业大学蔡益兴(第4章、第9章)、福建水利电力职业技术学院罗玉霜(第2章)、福建林业职业技术学院林萍(第3章第1～5节、7节)、福建信息职业技术学院林君强(第7章第1～6节)。福建船政交通职业学院徐行军教授担任本书主审。在编写过程中得到福建省高等职业教育土建类专业教材编审委员会领导和专家的大力支持和指导，在此表示感谢！

由于测量新仪器、新技术不断更新，加之编者水平有限，编写时间仓促，不妥与疏漏之处在所难免，诚挚希望广大读者在使用过程中给予批评指正，以便进一步补充、修改和完善。

作　者

2022 年 7 月

第二版前言

本书是在福建省高等职业教育土建类专业教材编审委员会指导下编写的，是土木工程等相关专业主干课程的专业教材之一。教材编写力求与高职高专人才培养模式相适应，在对多家土木建筑工程施工单位进行调研的基础上，突出基础性、实用性和先进性，对教材内容体系进行了整体优化。

随着高职教育教学改革的深入发展，测量新仪器、新技术不断更新以及本行业技术标准和规范的更新，我们在第一版的基础上，依据职业技术教育的特点进行了修订。

修订后的第二版在着重介绍基本概念、基本理论和基本操作技能的基础上，以应用为主，本着“必需、够用”的原则，力争做到推理充分、严密，内容翔实，通俗易懂。在体系安排上，注重工程测量学科的系统性，力图以点位确定为中心，以常规测量为主线，结合新技术、新仪器在土木工程建设上的应用，建立由浅入深、先易后难、循序渐进的教材体系。本书通过大量的实操实例对新仪器、新技术在测量中的应用进行详尽说明，突出应用性，适用面广，可供建筑、市政、路桥等相关专业的施工、工程管理、监理人员学习参考。

本书由福建船政交通职业学院李冰主编，福建水利电力职业技术学院魏垂场和闽西职业技术学院罗有才任副主编。编写分工为：福建船政交通职业学院李冰编写第 1 章，第 7 章第 5、6 节，第 11 章，各章节教学要求及测试题目；福建水利电力职业技术学院魏垂场编写第 5 章，第 7 章第 1、2、3、4 节；闽西职业技术学院罗有才编写第 9 章、第 10 章；黎明职业大学蔡益兴编写第 4 章、第 8 章；福建水利电力职业技术学院罗玉霜编写第 2 章；福建林业职业技术学院林萍编写第 3 章；福建信息职业技术学院林君强编写第 6 章。在编写过程中得到福建省高等职业教育土建类专业教材编审委员会领导和专家的大力支持和指导，在此表示感谢！

由于测量新仪器、新技术不断更新，加之编者水平有限，编写时间仓促，不妥与疏漏之处在所难免，敬请读者批评指正。

编　者

2017 年 5 月

第一版前言

本书是在福建省高等职业教育土建类专业教材编审委员会指导下编写的，是土木工程等相关专业主干课程的专业教材之一。教材编写力求与高职高专人才培养模式相适应，在对多家土木建筑工程施工单位进行调研的基础上，突出基础性、实用性和先进性，对教材内容体系进行了整体优化。

全书在着重介绍基本概念、基本理论和基本操作技能的基础上，以应用为主，本着"必需、够用"的原则，力争做到推理充分、严密，内容翔实，通俗易懂。在体系安排上，注重工程测量学科的系统性，力图以点位确定为中心，以常规测量为主线，结合新技术、新仪器在土木工程建设上的应用，建立由浅到深、先易后难、循序渐进的教材体系。本书通过大量的实操实例对新仪器、新技术在测量中的应用进行详尽说明，突出应用性，适用面广，可供建筑、市政、路桥等相关专业的施工、工程管理、监理人员学习参考。

本书由福建船政交通职业学院李冰任主编，福建水利电力职业技术学院魏垂场和闽西职业技术学院罗有才任副主编。编写分工为：福建船政交通职业学院李冰编写第 1 章，第 7 章第 5、6 节，第 11 章，及各章节测试题目；福建水利电力职业技术学院魏垂场编写第 5 章及第 7 章第 1、2、3、4 节；闽西职业技术学院罗有才编写第 9 章、第 10 章；黎明职业大学蔡益兴编写第 4 章、第 8 章；福建水利电力职业技术学院罗玉霜编写第 2 章；福建林业职业技术学院林萍编写第 3 章；福建信息职业技术学院林君强编写第 6 章。福建船政交通职业学院徐行军副教授担任本书主审。在编写过程中得到福建省高等职业教育土建类专业教材编审委员会领导和专家的大力支持和指导，在此表示感谢！

由于测量新仪器、新技术不断更新，加之编者水平有限，编写时间仓促，不妥与疏漏之处在所难免，敬请读者批评指正。

编　者

2013 年 8 月

目　录

第 1 章　测量学的基本知识

【教学要求】

知识准备	能力要求	相关知识点
测量学研究的对象及建筑工程测量的任务	(1)理解测量学的研究对象 (2)了解测量学的分科 (3)掌握建筑工程各阶段测量的任务	(1)测量学的研究对象 (2)测量学的分科 (3)测绘的概念 (4)测设的概念 (5)变形监测的目的与作用
地面点位的确定	(1)理解测量工作的基准线是铅垂线，基准面是大地水准面 (2)能建立独立的平面直角坐标系 (3)能计算任意点高斯投影带带号及其中央子午线的经度 (4)能确定任意点的高程	(1)地球的形状和大小 (2)水准面及大地水准面 (3)经度、纬度的概念 (4)高斯投影、投影带带号、中央子午线经度的计算 (5)平面直角坐标的建立 (6)绝对高程、相对高程的概念 (7)高差的计算
测量工作中用水平面代替水准面的限度	(1)能根据距离确定用水平面代替水准面的角度、距离和高差的误差 (2)能正确判断工程中用水平面代替水准面的限度	(1)水平面代替水准面对水平角的影响 (2)水平面代替水准面对水平距离的影响 (3)水平面代替水准面对高程的影响
测量工作的基本概念	(1)能根据三个基本要素确定地面点的相对位置关系 (2)能根据测量工作的基本原则实施测量工作	(1)测量的基本工作 (2)测量工作的基本原则

1.1　测量学研究的对象及建筑工程测量的任务

1.1.1　测量学的研究对象

测量学是一门研究地球的形状、大小和地球重力场以及确定地面点位关系的学科，并在此基础上建立一个统一的坐标系统，利用各种测量仪器、传感器及其组合系统对地球及其上各种实体在一定坐标系中有关空间定位和分布的信息进行采集、处理、描绘和管理，为研究地球自然和人文现象，解决人口、资源、环境和灾害等社会可持续发展中的重大问题以及为国民经济和国防建设提供技术支撑和数据保障。

1.1.2 测量学的分科

随着科技的不断发展和社会的不断进步，测量学的理论、方法、仪器和用具等得到了很大的发展和不断变革，各种先进技术广泛使用到测量工作中。现代的测量学按照研究范围、研究对象及采用的技术手段不同，大体可分为大地测量学、普通测量学、摄影测量与遥感学、地图制图学和工程测量学等主要分支学科。

1. 大地测量学

大地测量学是研究整个地球的形状、大小和外部重力场的理论、技术和方法的学科，解决大范围的控制测量工作。大地测量学是测量学各分支学科的理论基础，它的主要任务是为测制地形图和工程建设提供基本的平面控制和高程控制，是为研究地球有关的各种科学服务的，并且是施测地形图的重要依据。由于全球定位系统(GPS)、卫星激光测距(SLR)、甚长基线干涉(VLBI)和卫星测高(SA)等新技术的引进，大地测量从分维式发展到整体式，从静态发展到动态，从描述地球的几何空间发展到描述地球的物理—几何空间，从地表层测量发展到地球内部结构的反演，从局部参考坐标系中的地区性大地测量发展到统一地心坐标系中的全球性大地测量。随着人造地球卫星和及遥感技术的发展，又可以细分为卫星大地测量和常规大地测量两种。

2. 普通测量学

普通测量学是研究地球表面一个较小的局部区域的地物、地貌及其他信息测绘成地形图的理论、方法和技术的学科。它的主要任务是图根控制网的建立、地形图的测绘及工程的施工测量。

3. 摄影测量与遥感学

摄影测量与遥感学是研究利用电磁波传感器获取目标物的影像数据，从中提取语义或非语义的信息，并用图形、图像和数字形式表达的学科。当前，由于现代航天技术和计算机技术的发展，在摄影测量中引进遥感技术，并且与卫星定位技术和地理信息技术相集成，称为地球空间信息科学与技术。

4. 制图学

制图学主要是利用测量所获得的成果资料，研究如何投影绘编成图以及地图制作的理论、方法、应用等方面的学科。

5. 工程测量学

工程测量学是研究工程建设和自然资源开发中各个阶段进行控制测量、地形测绘、施工放样和变形监测的理论和技术的学科。它是测绘学在国民经济和国防建设中的直接应用，是综合性的应用测绘科学和技术。按其研究对象可分为建筑、铁路、公路、水利、地下、管线、矿山、城市和国防等工程测量。

测量学各分支学科之间相互渗透，相互补充，相辅相成，本书主要讲述普通测量学和工程测量学的基本内容。

1.1.3　建筑工程各阶段测量的任务

测量学主要任务包括测绘、测设和监测三方面。建筑工程测量属于工程测量的范畴，是测量学的一个组成部分。它是研究建筑工程在勘测设计、施工阶段和运营管理各阶段所进行的各种测量工作的理论和技术的学科。其任务主要有以下三方面：

1. 测绘

要进行勘测设计，必须要有设计底图。而该阶段测量工作的任务就是为勘测设计提供地形图，进行地形图测绘。地形图测绘也称测定，它使用测量仪器和工具，通过测量和计算得到工程建设区域各种地面物体的位置与形状，以及地表的起伏形态等一系列测量信息，然后用规定的图例与符号，依据选定的比例尺绘制成地形图，或者用数字表示出来，供工程建设规划设计使用。

2. 测设

也称为“施工放样”，在工程施工建设之前，测量人员将地形图上规划设计好的工程建筑物和构筑物按设计和施工技术的要求在现场地面标定出来，作为后续施工的依据。施工放样是联系设计和施工的桥梁，一般来讲，需要较高的精度。

3. 变形监测

在建筑物和构筑物施工过程中，要进行变形监测，以指导和检查工程的施工，确保施工质量符合设计的要求；竣工后还要测绘竣工图，供日后扩建、改建、维修等应用。对某些重要的建筑物或构筑物在建设中和建成以后的运营管理阶段都需要进行稳定性观测，对建筑物的稳定性及变化情况进行监督测量，了解其变形规律，以确保建筑物的安全。主要内容为沉降观测、位移观测、倾斜观测、裂缝观测、挠度观测等。

总之，在工程建设的勘测、设计、施工和运营管理各个阶段都要进行测量工作，测量工作贯穿于整个工程建设的始终。因此，从事工程建设的工程技术人员必须掌握工程测量的基本知识和技能。

1.2　地面点位的确定

1.2.1　地球的形状、大小和测量基准

测量工作是在地球表面进行的，要测量地球表面点的相对位置，必须首先确定一个共同的坐标系统，以此为参照，各点间的相互位置关系就能确定了。如何确定这一共同的坐标系统，则与地球的形状和大小有密切关系。

1. 地球的形状和大小

测量工作的主要研究对象是地球的自然表面。地球是一个南北极稍扁，赤道稍长，平均半径约为 6371 km 的椭球。它的自然表面有高山、丘陵、平原、盆地及海洋等，呈复杂的起伏形态，是一个不规则的曲面。如，我国西藏与尼泊尔交界处的珠穆朗玛峰 2005 年复测海拔为 8844.43 m，而在太平洋西部的马里亚纳海沟深达 11022 m，地表的高低起伏约 20 km。尽管有这样大的高低起伏，但相对于地球半径 6371 km 来说是微不足道的。而地球表面上海洋面积约占 71%，陆地面积约占 29%，因此，可以认为地球的形状是被海水所包围的球体。

2. 测量的基准线和基准面

由于地球的自转运动，地球上任一点都要受到离心力和地球引力的双重作用，这两个力的合力称为重力。重力的方向线称为铅垂线，铅垂线是测量工作的基准线。假设某一个静止的海水面延伸穿越陆地，包围整个地球，形成一个闭合的曲面，称为水准面。水准面是一个处处与铅垂线垂直的连续曲面，它的特点是该面上的任意一点的铅垂线(与重力的方向线一致)都垂直于该点所在曲面的切面。与水准面相切的平面是水平面，水平面内的任意方向的直线均为水平线，如图 1-1 所示。

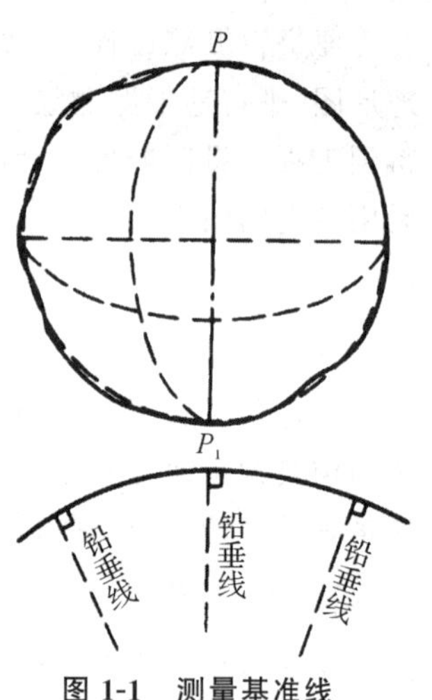

图 1-1　测量基准线

由于受到风浪和潮汐的影响，完全静止的海水面是不易求得的。因此，人们通过在海岸设立一系列验潮站，求得一个平均的海水面来代替假想的静止的海水面，称为大地水准面。如图 1-2 所示。大地水准面所包围的地球形体称为大地体。通常大地水准面是地面点高程的起始面。故水准面有无数多个，而大地水准面是其中特定的一个，而且只有一个。

由于地球内部质量分布不均匀，引起铅垂线的方向产生不规则的变化，致使大地水准面成为一个复杂的曲面，如果将地球表面上的图形投影到这个复杂的曲面上，是无法进行测量工作的。为了测量计算工作的便利，通常选择一个与大地体非常接近的、能用数学方程表示的几何形体即旋转椭球体来代替地球的形体，作为测量计算工作的基准面，如图 1-3 所示。

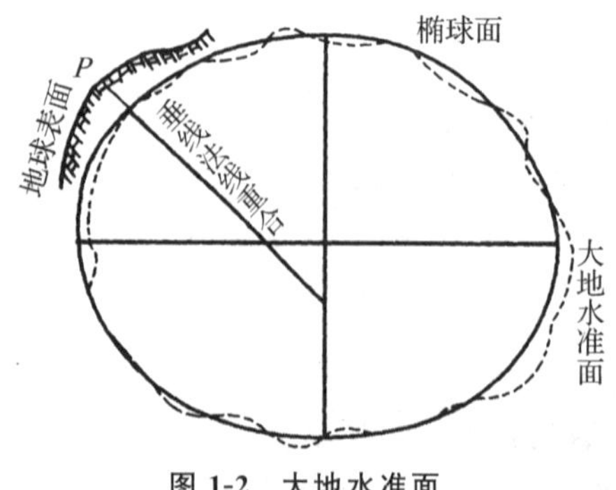

图 1-2　大地水准面

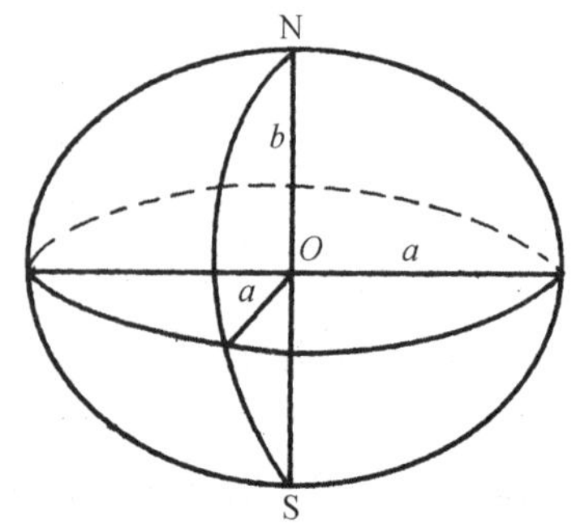

图 1-3　大地旋转椭球体

椭球体的形状和大小由椭球基本元素长半轴 a、短半轴 b 和扁率 $\alpha=\frac{a-b}{a}$ 来表示。我国的 1954 年北京坐标采用的是克拉索夫斯基椭球；1980 年国家大地坐标采用的是 1975 年我国利用天文大地网可联合计算得到的椭球参数；CGCS2000 是指 2000 国家大地坐标系(China geodetic coordinate system,CGCS)，它是国家 GPS(global positioning system)大地控制网、国家重力基本网以及常规测量方法建立的国家天文大地网可联合计算得到的三维地心坐标系，也是我国北斗卫星导航系统(beidou navigation satellite system,BDS)所采用的坐标系统。WGS-1984 是 1984 年由美国军方建立的世界大地坐标系(world geodetic system,WGS)，也是美国 GPS 采用的坐标系统。

《城市测量规范》给出我国采用的参考椭球元素值及 GPS 测量使用的参考椭球元素值见表 1-1。

表 1-1　常用的参考椭球元素值

参考椭球名	长半轴 a/m	扁率 α	备注
克拉索夫斯基	6378245	1：298.3	1954 年北京坐标系
1975 年国际椭球	6378140	1：298.257	1980 年国家大地坐标系
GGCS2000	6378137	1：298.257222101	2000 国家大地坐标系
WGS-84	6378137	1：298.257223563	WGS-84 坐标系

1.2.2　确定地面点位方法

在测量工作中，无论是测绘还是测设的基本任务都是通过确定地面点的空间位置来实现的，即确定地面点位在某个空间坐标系中的三维坐标。因此，确定地面点的空间位置，一般通过确定地面点在基准面(参考椭球面)上的投影位置以及地面点到基准面(大地水准面)的铅垂距离来实现，故测量上将空间的三维坐标分解为确定点的球面位置的坐标系和高程系。

1. 确定点的球面位置的坐标系

在测量工作中，确定点的球面位置的坐标系通常有下面几种表示方法。

(1)地理坐标系

地理坐标系属于球面坐标系，当研究和测定整个地球的形状或进行大区域的测绘工作时，可用地球坐标来确定地面点的位置。根据采用的投影面的不同，可以分为天文地理坐标和大地地理坐标。

①天文地理坐标

天文地理坐标简称为天文坐标，表示地面点在大地水准面上的位置。它的基准是铅垂线和大地水准面，采用天文经度 λ 和天文纬度 φ 两个参数来表示地面点在球面上的位置。如图 1-4 所示。

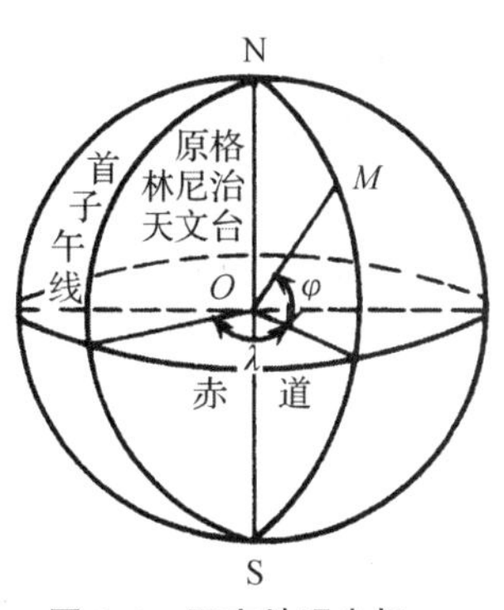

图 1-4　天文地理坐标

地球北极 N 与地球南极 S 的连线为地球的自转轴，过地球表面任意一点和自转轴 NS 的平面为该点的子午面，该面和大地水准面的交线即子午线（也称经线）。规定自通过英国格林尼治天文台的子午面为起始子午面（也称首子午面），相应的子午线称为起始子午线或零子午线，是经度计量的起点。通过点 M 的子午面与首子午面所组成的两面角称为该点的天文经度，用 λ 表示。它自首子午面向东或向西值在 0°～180°之间，在首子午面以东为东经，以西为西经。垂直地球自转轴的平面与球面的交线称为纬线，用 φ 表示。通过球心且垂直自转轴的平面称为赤道平面，其与球面的交线为赤道。通过 M 点的铅垂线与赤道平面的夹角称为该点的纬度，用 φ 表示。纬度自赤道开始向南或向北计算，取值范围为 0°～90°，赤道以南为南纬，以北为北纬。因此，地面点的天文坐标表示为 (λ,φ)。

②大地地理坐标

大地地理坐标简称为大地坐标，用大地经度 L 和大地纬度 B 表示的地面点在旋转椭球体上投影的位置，如图 1-5 所示。A 点的大地纬度 L 是通过 A 点的子午面与首子午面的两面角；该点的大地纬度 B 是通过该点与旋转椭球面垂直线与赤道面的夹角。

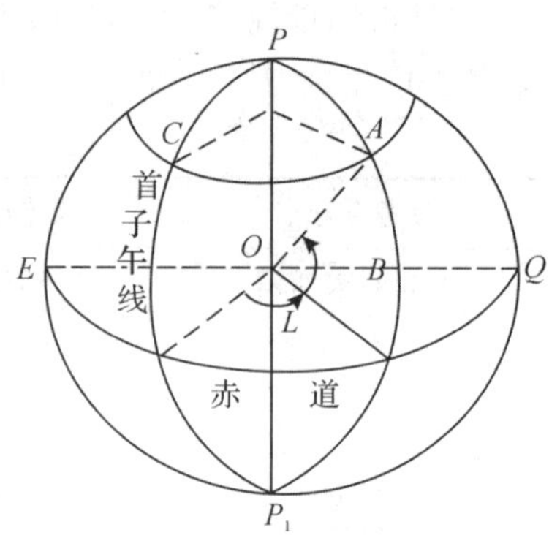

图 1-5　大地地理坐标

相对于天文坐标而言，由于两者依据的基准面和基准线的不同，前者为大地水准面，后者为旋转椭球面，同一点的天文坐标和大地坐标是不同的。天文坐标是用天文测量的方法直接测定的，而大地坐标由于其所依据的椭球面不能直接测量，故其是按照大地测量所获得的数据推算得到的。

我国目前采用陕西省径阳县永乐镇内的大地坐标原点（该点的大地经纬度和天文经纬度相同）为起算点，进行大地定位，由此建立全国统一的坐标体系，称为“1980 年国家大地坐标系”。

（2）平面直角坐标系

采用地理坐标对地面局部区域或小区域进行测量工作是不方便的，例如在赤道上，1″的经度差和纬度差对应的地面距离约为 30 m，采用曲面坐标，使得工作烦琐和不直观，测量计算最好在平面上进行，故考虑建立平面坐标。测量工作中所用的平面直角坐标和数学上常用的笛卡儿坐标有些不同，测量中以 X 轴为纵轴，一般表示南北方向；以 Y 轴为横轴，一般表示东西方向；象限按顺时针方向编号，直线的方向是从纵轴北端按顺时针方向度量，便于数学上定义的各类函数公式直接应用到测量计算，不需要做任何变更。建立平面直角坐标的方法有高斯平面直角坐标、独立平面直角坐标等。

①高斯平面直角坐标

当测区范围比较大时，考虑地球表面是一个不可展平的曲面，必须采取适当方法减少把旋转椭球体上的图形绘制到平面上所带来的变形，我国采用高斯—克吕格投影方法。

高斯投影的方法是将地球按经线划分成带，称为投影带，投影带从首子午线开始，每隔 6°划分为一带，称为 6°带，如图 1-6 所示。

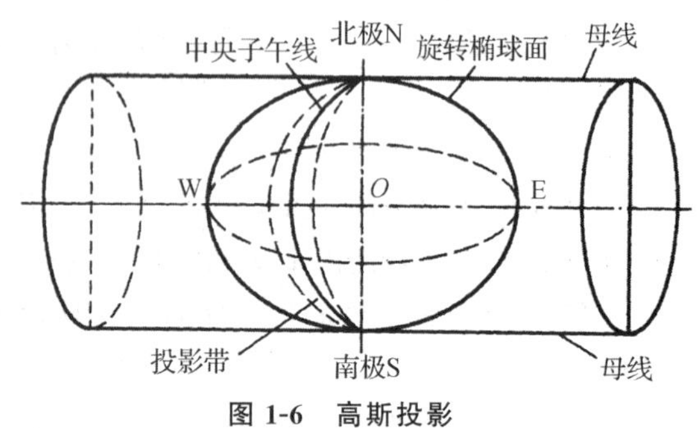

图 1-6　高斯投影

从首子午线开始，自西向东分成 60 个带，带号从首子午线开始，用阿拉伯数字表示，位于各带中央的子午线称为该带的中央子午线(或主子午线)，如图 1-6 所示。第一个 6°带的中央子午线的经度为 3°，任意一个带的中央子午线经度 L_0 可用下式计算：

$$L_0 = 6N - 3° \tag{1-1}$$

反之，已知地面任一点的经度 L，要求计算该点所在的 6°带编号的公式为：

$$N = \text{int}\left(\frac{L+3}{6} + 0.5\right) \tag{1-2}$$

式中，N—投影带的带号；

int—取整函数。

采用上述方法划分投影带后，就可以进行高斯投影。如图 1-6 所示，设想有一个空心圆柱体横套在旋转椭球体的外面，圆柱体的中心轴线位于赤道平面内并通过球心，并且与某一个带的中央子午线相切，将球面图形投影在圆柱上，再将圆柱体沿通过南北极母线切开并展开成平面。在这个平面上，投影后的中央子午线和赤道成为互相垂直的直线，在坐标系内以中央子午线为坐标纵轴(x 轴)，向北为正，赤道为坐标横轴(y 轴)，向东为正，两轴交点为坐标原点 O，组成的平面直角坐标系称为高斯平面直角坐标系。

在高斯投影中，仅在中央子午线上的投影没有变形，其他离开子午线的点在作高斯投影时都会产生变形，而且离开中央子午线愈远变形越大，这样对于测图和应用图都是不利的。研究发现，当采用 6°带投影，边缘部分的变形能够满足 1∶25000 或更小比例尺测图的精度，而当需要使用 1∶10000 或更大比例尺测图时，采用缩小投影带宽度的方式来减小投影带边缘位置距离变形，即采用 3°带投影法或 1.5°带投影法。在这里仅介绍 3°带投影法。

3°带是在 6°带的基础上分成的，它是从东经 1°30′开始，自西向东每隔经差 3°划分为一带，将整个地球划分成 120 个 3°带，用 1～120 顺序编号。6°带投影 3°带投影的关系如图 1-7 所示。任意 3°带的中央子午线的经度 L' 可按下式计算：

$$L_0' = 3n \tag{1-3}$$

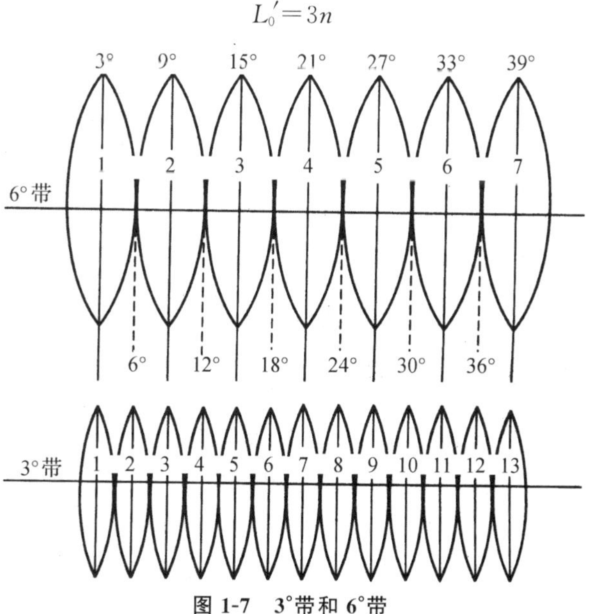

图 1-7　3°带和 6°带

反之,已知地面任一点的经度 L',要计算该点所在的3°带编号的公式为:

$$n=\text{int}\left(\frac{L'}{3}+0.5\right) \tag{1-4}$$

式中,n—3°投影带的带号;

int—取整函数。

我国国土隶属于北半球大约在东经 73°27′～135°09′之间,6°带投影带号范围为 13～23,3°带投影的带号范围分别为 25～45,境内 x 轴坐标恒为正,而 y 轴坐标有正有负,当点位于中央子午线以东时为正,以西时为负。如图 1-8(a)所示,B 点位于中央子午线以西,y_B 为负,而 y_A 为正。对于 6°带高斯坐标系,最大的 y 坐标负值大约为 365 km。为了避免出现负值,我国统一规定每个投影带的坐标原点向西平移 500 km,则投影带内任意点的坐标均为正值,如图 1-8(b)。由于 6°带有许多个,为了能确定某点在哪一个 6°带内,可以在横坐标(y 轴坐标)前冠以该带的编号。例如 B 点位于中央子午线是 117°的 6°带内,带号为 18,x_B =678921.42 m,y_B = −234432.26 m,则横坐标为 y_B = −234432.26 m + 500000 m = 265567.74 m。为区别不同投影带,在横坐标前冠以该投影带带号,则 B 点横坐标为 y_B = 18265567.74 m。我们通常将未加 500 km 和未加带号的横坐标值称为自然值,将加上 500 km 并冠以带号的称为通用值。

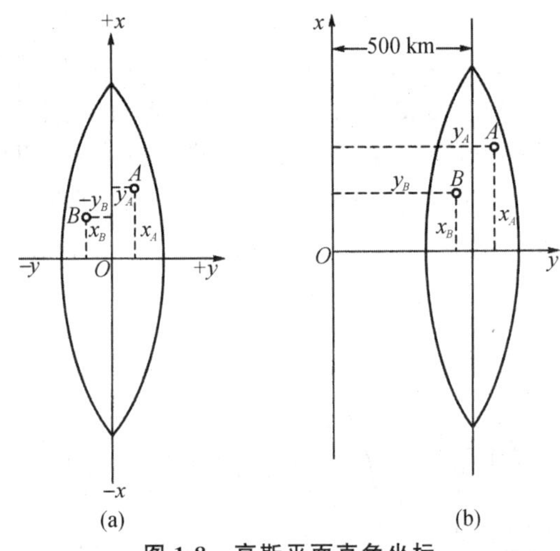

图 1-8　高斯平面直角坐标

②独立平面直角坐标

大地水准面虽然是个曲面,但是当测量区域比较小(如测量半径不大于 10 km 的范围)时,可以用测区中心点的切平面来代替曲面,地面点在投影面上的投影可以用平面直角坐标(x,y)来表示。如图 1-9 所示。该坐标系与本地区统一坐标系没有必然的联系,故称为独立平面直角坐标系,如有必要,独立的平面直角坐标系可与当地的高斯平面直角坐标系联测后,同一点的两种坐标可以通过一定的计算互相转换。在某些工程现场,为了便于对平面位置进行施工放样,常采用平面直角坐标系与工程设计轴线平行或垂直,而对于左右或前后对称的工程,可以将坐标原点设于对称中心,便于计算与放样。坐标象限的划分按顺时针编号,如图 1-10 所示。

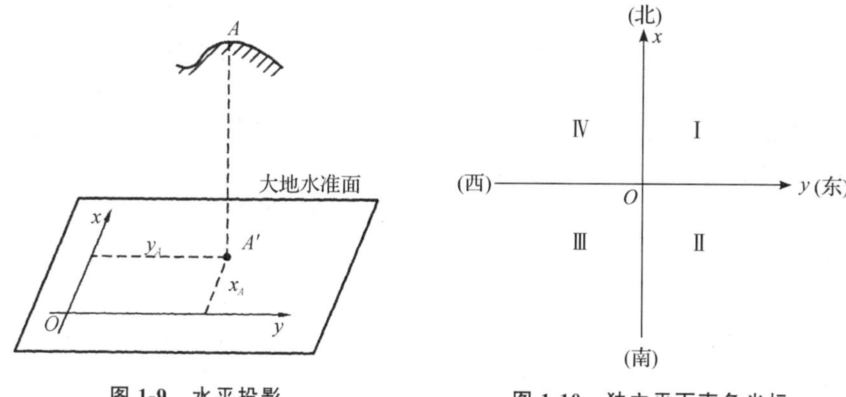

图 1-9　水平投影　　图 1-10　独立平面直角坐标

③地心坐标系

卫星大地测量是利用空中卫星的位置来确定地面点的位置。由于卫星围绕地球质心运动，故卫星大地测量中采用地心坐标系，该系统一般采用地心空间直角坐标系和地心大地坐标系两种表达形式。在地心空间直角坐标系中，坐标系原点 O 与地球质心重合，z 轴指向地球北极，x 轴指向格林尼治子午面与地球赤道的交点，y 轴垂直与 xOz 平面构成右手坐标系；在地心大地坐标系中，椭球体中心与地球质心重合，椭球短轴与地球自转轴重合，大地经度 L 为过地面点的椭球子午面与格林尼治子午面的夹角，大地纬度 B 为过地面点的法线与椭球赤道面的夹角，大地高 H 为地面点沿法线至椭球面的距离。我国北斗卫星导航定位系统采用的 2000 国家大地坐标系(China geodetic coordinate system 2000)和美国全球定位系统(GPS)用的 WGS-84 坐标都是这类坐标。

地心坐标系可以与“1954 北京坐标系”或“1980 西安坐标系”等参心坐标系相互换算。方法之一：在测区内，利用至少 3 个公共点的两套坐标列出坐标变换方程，采用最小二乘原理解算出 7 个变换参数就可以得到变换方程。7 个变换参数是指 3 个平移参数、3 个旋转参数和 1 个尺度参数，可参见相关文献。

2. 确定点的高程系

(1)绝对高程

地面点到大地水准面的铅垂距离称为该点的绝对高程或海拔(简称为高程)，通常用 H_i 表示。如图 1-11 中 A、B 两点的绝对高程分别为 H_A 和 H_B。

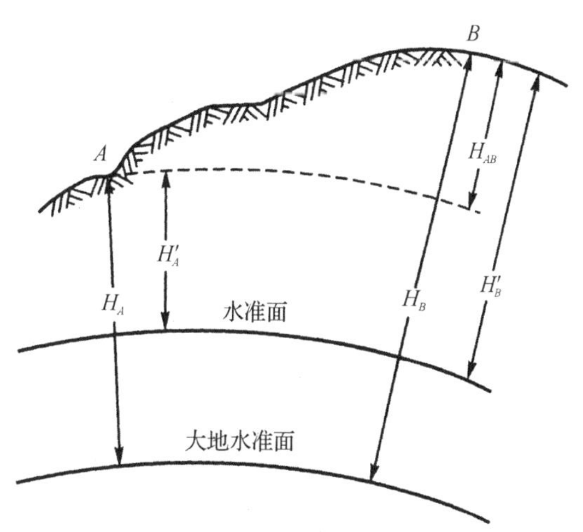

图 1-11　绝对高程、相对高程与高差

由于海水面受潮汐、风浪等影响，它的高低时刻在变化。通常是在海边设立验潮站，进行长期观测，求得海水面的平均高度作为高程零点。通过该点的大地水准面作为高程基准面，也即在大地水准面上高程为零。在我国境内高程以青岛验潮站历年观测的黄海平均海水面作为我国的大地水准面，以 1950—1956 年间青岛验潮站历年观测的黄海平均海水面为基准建立的高程系统称为“1956 年黄海高程系”。新的国家高程基准面是根据 1952—1979 年间青岛验潮站历年观测资料计算确定的，依此建立的高程系统称为“1985 年黄海高程基准”，并于 1987 年开始启用。

国家水准原点设立于青岛市观象山，用水准测量的方法将在验潮站确定的高程零点引测到水准原点，水准原点在“1956 年黄海高程系”中的高程为 72.289 m，在“1985 年黄海高程基准”中的高程为 72.260 m。全国各地的高程都是以水准原点为基准进行测算的。在使用测量资料时，一定要注意新旧高程系统以及系统间的正确换算。

(2)相对高程

在局部地区特殊条件下，当引测绝对高程有困难时或不需要和国家高程系统联系，也可以采用一个假设水准面为高程起算面。地面上某点到假设水准面的铅垂距离，称为该点的假定高程或相对高程，如图 1-11 中 A、B 两点的相对高程分别为 H'_A、H'_B。

(3)高差

两点的高程之差称为高差，一般用 h 表示。图 1-11 中 A、B 两点的高差为 h_{AB}。地面上两点的高差与高程起算面无关，只与两点的位置有关。

$$h_{AB}=H_B-H_A=H'_B-H'_A \tag{1-5}$$

当 h_{AB} 为正时，B 点高于 A 点；当 h_{AB} 为负时，B 点低于 A 点。在建筑工程中，将绝对高程和相对高程统称为标高。

1.3 测量工作中用水平面代替水准面的限度

对于大区域测量工作来说，因地球水准面为曲面，应当采用高斯平面直角坐标，但当测区范围较小时，可将大地水准面近似看成为水平面，这样，既可以简化测量计算工作又不致因曲面和平面的差异过大而产生较大的测量误差。因此，要分析测区在多大范围内可以用水平面代替水准面，而产生的角度、距离和高差变形不会超过测量误差的允许范围。这也就是分析用水平面代替水准面的限度。

1.3.1 水平面代替水准面对水平角的影响

由球面三角学知道，同一多边形在球面上的投影的各内角和比在平面上的投影的内角和要大一个角度 ε，称为球面角超，其大小与图形的面积成正比。公式为：

$$\varepsilon=\rho''\frac{A}{R^2} \tag{1-6}$$

式中，A—球面多边形面积；

R—球的半径值；

$\rho''=206265''$。

当面积为 $A=100\ \text{km}^2$ 时，将地球半径 $R=6371$ 代入式(1-6)计算得 $\varepsilon\approx0.51''$。可见，在面积为 100 km^2 的区域内进行水平角测量，只有最精密的测量才考虑地球曲率的影响，一般的测量工作不必考虑。

1.3.2　水平面代替水准面对水平距离的影响

如图 1-12 所示，A、B 为地面上两点，它们在大地水准面上的投影为 a、b，弧长为 D，所对的圆心角为 θ。A、B 两点在水平面上的投影为 a'、b'，其距离为 D'，两者之差 ΔD 即为用水平面代替水准面所产生的误差。

$$\Delta D = D' - D = R\tan\theta - R\theta = R(\tan\theta - \theta) \quad (1\text{-}7)$$

由于小地区内圆心角 θ 一般很微小，可以将 $\tan\theta$ 用级数展开为：

$$\tan\theta = \theta + \frac{1}{3}\theta^3 + \frac{5}{12}\theta^5 + \cdots \quad (1\text{-}8)$$

略去高次项，取前两项，并将 $\theta = D/R$ 代入(1-8)得：

$$\Delta D = R\left(\theta + \frac{1}{3}\theta^3 - \theta\right) = \frac{1}{3}R\theta^3 = \frac{1}{3}R\left(\frac{D}{R}\right)^3 = \frac{1}{3}\frac{D^3}{R^2} \quad (1\text{-}9)$$

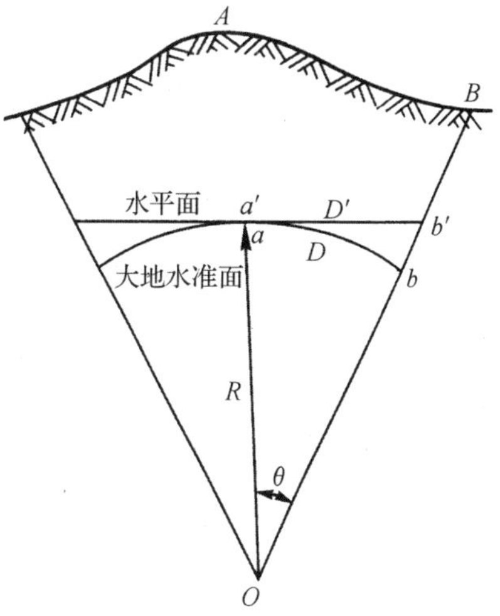

图 1-12　水平面代替水准面的影响

表示成相对误差为：

$$\frac{\Delta D}{D} = \frac{D^2}{3R^2} \quad (1\text{-}10)$$

取 $R = 6371$ km，并以不同的 D 值代入式(1-9)和式(1-10)，即可求得用水平面代替水准面的距离误差和相对误差，见表 1-2。

表 1-2　水平面代替水准面对水平距离的影响

距离 D/km	距离误差 ΔD/cm	相对误差 $\Delta D/D$	距离 D/km	距离误差 ΔD/cm	相对误差 $\Delta D/D$
10	0.821	1∶1220000	50	102.7	1∶48700
25	12.8	1∶200000	100	821.2	1∶12170

由以上计算可以看出，当距离为 10 km 时，以水平面代替水准面所产生的距离误差为 1∶1220000，小于目前精密距离测量的容许相对误差容许值。因此，在 10 km 为半径的圆面积之内进行距离测量时，地球曲率对水平距离的影响可以忽略不计。对于精度要求较低的测量，还可以扩大到以 25 km 为半径的范围。

1.3.3　水平面代替水准面对高程的影响

同样如图 1-12，地面上点 B 的高程应为铅垂距离 bB，如果用水平面代替水准面，则 B 点的高程变成 $b'B$，两者之差 Δh 即为对高程的影响，其值为：

$$\Delta h = bB - b'B = Ob' - Ob = R\sec\theta - R = R(\sec\theta - 1) \quad (1\text{-}11)$$

由于圆心角为 B 一般很微小，可以将 $\sec\theta$ 用级数展开：

$$\sec\theta=\theta+\frac{1}{2}\theta^2+\frac{5}{24}\theta^4+\cdots \tag{1-12}$$

略去高次项,取前两项,并将 $\theta=D/R$ 代入(1-12)得:

$$\Delta h=R\left(1+\frac{1}{2}\theta^2-1\right)=R\ \frac{D^2}{2R^2}=\frac{D^2}{2R} \tag{1-13}$$

取球半径 $R=6371$ km,代入上式,当水平距离 D 取不同值时,可以得到不同的 Δh,其结果见表 1-3。

由表 1-3 可知,用水平面代替水准面作为高程的起算面,即使距离很短,对高程的影响是很大的。因此,对于高程测量,即使是在较短距离或很小区域内也必须考虑地球曲率的影响。

表 1-3　水平面代替水准面对高程的影响

距离 D/m	100	200	300	400	500	1000	2000	5000	10000
Δh/cm	0.08	0.3	0.7	1.3	2	8	31	196	785

1.4　测量工作的基本概念

1.4.1　测量的基本工作

地球表面虽然十分复杂,但总体来说可以将复杂的表面看成各种复杂曲面的组合,曲面又可以看成是由各个点所组成的,因此测量工作实际上就是确定地面点的工作。

要确定地面待定点的点位通常不是直接测出的,而是通过测量与已知点(已知坐标或高程的点)之间的相对位置再推算出待定点的坐标或高程。通过测量水平角和水平距离就可计算出坐标增量,从而求出待定点的坐标,通过测量待定点与已知点的高差推算出待定点的高程。可见角度、距离、高差是测量定位地面点的基本元素(或称为基本观测量),而角度测量、距离测量和高差测量是测量的基本工作。

1.4.2　测量仪器和方法

传统的测量仪器包括光学水准仪(测量高差)、光学经纬仪(测量角度)、钢尺(测量距离)等,目前已基本被电子水准仪和全站仪取代。这些仪器的基本观测量是高差、角度和距离,利用这些仪器经测量和计算得到点位坐标和高程的方法称为传统的大地测量方法。

20 世纪 90 年代,随着美国 GPS 系统的布设完成,GPS 测量方法因不需要测点之前相互通视,可以全天候作业以及定位精度高等优点而成为主要的测量方法。早期的 GPS 测量主要用于平面控制测量。近年来,随着我国的北斗系统建设完成,以及 RTK、CORS 等技术的快速发展,GPS 技术也广泛用于测量和测设。

随着无人机、无人船等观测平台的应用,以及高分辨率成像观测技术、三维激光扫描技术、多波束水下测量技术的发展，无人机摄影测量技术、机载或地面三维测量技术已成为地理信息采集的主要手段。其中有些技术并不是最近才出现的，但这些技术在最近十余年间才得以在土木工程中广泛应用。

1.4.3　测量工作的基本原则

地球表面的形态和地球上固定不动物体的形状都是由许多特征点决定的。在进行工程测量时，就是需要测定（或测设）许多特征点在平面上的位置和它的高程。如果从一个特征点开始逐点进行测量，虽然容易测得各点的位置，但是由于测量工作中存在不可避免的误差，在实际工作中量度误差会从前一点传递到后一点，依次积累起来，最后可能使点位误差达到不能接受的程度。为了避免以上情况的发生，在进行测量工作时，必须按照一定的原则开展工作。

在实际开展测量工作时，应遵循的原则是“从整体到局部，先控制后碎部，高精度控制低精度”，也就是在测量工作开展的范围内先选择一些起控制作用的点（控制点），把它们的平面位置和高程精确地测定出来，再以这些控制点为根据测定（或测设）附近的特征点（碎部点）的位置。这种分阶段进行的测量方法可以明显减少误差的传递和积累。同时，应该注意在测量工作的各个阶段需要选择合适的精度，特别是后期碎部测量的精度显然受到前期控制测量精度的约束，所以要由高精度的控制测量来控制低精度的碎部测量。

测量工作有外业和内业之分。利用测量仪器在野外进行测量，称为测量外业。而将野外测量的成果在室内进行整理、计算和绘图，称为测量内业。为了保证测量工作满足实际需要，减少错误的产生，在测量工作开展的各阶段要重视必须进行校核，特别是在外业向内业过渡以前。因此，“先进行校核再开展下一步工作”也是实际测量工作中应该遵循的原则。

1.4.4　测量工作的基本内容

1. 测绘

地球表面的形态是复杂多样的，具体可以分为两类，一类是地球表面的各种自然和人工构造物，如河流、湖泊、房屋、桥梁、道路等，称为地物；另一类是地球表面的高低起伏形态，如山川、盆地、悬崖等，称为地貌。地物和地貌统称为地形。地形图的测量，就是把测量范围内的地物和地貌按一定测量规则进行测量并绘制在图纸上。如前所述，为了保证必要的精度，地形图的测绘可以分为控制测量和碎部测量两个阶段。

首先要在测区内均匀布置一些起控制作用的点，即控制点，并测量计算出它们的 x、y、H 三维坐标。如图 1-13 中的 A、B、C、D、E 点等，测量控制点点位（坐标或高程）的工作称为控制测量。目前，利用人造地球卫星的全球定位系统（GPS）或者运用全站仪是控制测量的发展趋势。

其次，在控制测量的基础上，可以进行碎部测量。例如要在图纸上绘出一幢房屋，就需要在这幢房屋附近，在与房屋通视且坐标已知控制点 A（如图 1-13）上安置测量仪器，选择另一个坐标已知控制点 F 或 B（如图 1-13）作为定向方向，测量这幢房屋角点与已知控制点之间的角度和水平距离，按选定的比例缩小后绘制在同一张图纸上，或测量出这幢房屋角点

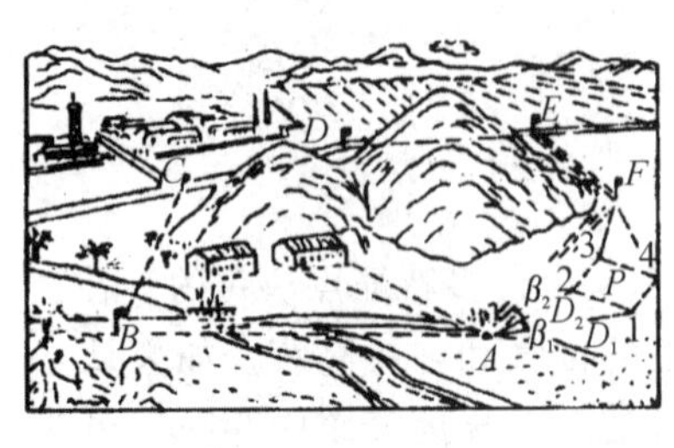

(a)

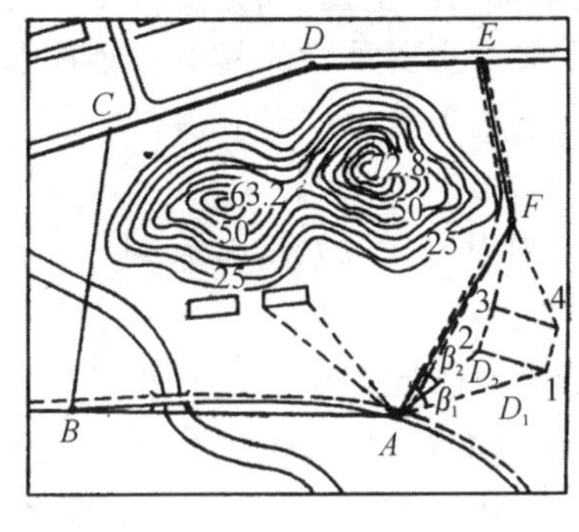

(b)

图 1-13　地形图的测绘

的坐标。像这种能够反映地物和地貌形状和形态的点称为特征点，测量上将测绘地物和地貌特征点坐标的方法与过程称为碎部测量。

2. 测设

施工测量主要是将图纸上设计好的物体的位置在实际地面上标定出来。通常施工测量也是分成两个阶段，即控制测量和碎部测量。一般情况下，施工控制测量首先利用现有的控制点，如城市控制点或测图控制点，无法满足需要时，再根据需要进行必要的加密或增测。施工阶段的碎部测量是在实地上标定出图上已设计好的建（构）筑物各个特征点的详细位置，以便施工。通常先在图上，根据控制点计算特征点与已知控制点之间的角度和水平距离，然后根据计算的数据，在现场通过对应控制点进行角度测量和距离测量，定出各特征点的平面位置，根据已知控制点的高程计算出待测特征点的高程与两点间高差。

3. 变形监测

重要的建筑物或构筑物在建设中和建成后都需要进行变形的观测，了解其变形规律，以确保建筑物的安全。通常在工程设计时就应对变形监测的内容和范围做出统筹安排并由监测单位制定详细的监测方案。具体包括变形监测的项目、内容，并根据工程实际情况合理确定观测点点位、观测标志、观测精度、观测方法、监测周期、监测频率等。

思考练习题

1. 测量学的研究对象及建筑工程测量的任务是什么？
2. 测绘与测设有什么区别？
3. 有哪几种坐标系统表示地面点位？各有什么用途？
4. 什么叫水准面？什么叫大地水准面？它们的特性是什么？
5. 简述绝对高程与相对高程的异同。两点之间的高差用绝对高程计算或相对高程计算是否相同？
6. 测量学中的平面直角坐标系和数学上的平面直角坐标系有何不同？为何这样规定？
7. 已知点 M 位于东经 128°35′，试计算该点所在的 3°带和 6°带的带号，其相应的 3°带和 6°带的中央子午线的经度是多少？

8. 已知在 23 带中有一点 A，其位于中央子午线以西 234567.74 m 处，试写出该点横坐标的通用值。

9. 对于水平距离和高差而言，在多大的范围内可用水平面代替水准面？

10. 确定地面点位的三个基本要素和三项基本测量工作是什么？

11. 测量工作的基本原则是什么？

第 2 章　水准测量

【教学要求】

知识准备	能力要求	相关知识点
水准仪及其使用	(1)掌握水准测量的原理 (2)认识 DS_3 水准仪的基本构造 (3)掌握 DS_3 水准仪的粗平、照准、精平和读数	(1)水准仪的构造 (2)水准尺和尺垫 (2)水准仪的使用
水准测量的外业施测和内业计算	(1)能够进行水准测量的施测 (2)能够完成水准测量数据的记录计算 (3)能够对水准测量的外业测量数据进行内业计算	(1)水准点及水准路线 (2)水准测量观测的基本步骤 (3)水准测量数据的记录计算 (4)水准测量的校核 (5)水准测量的闭合差计算
水准仪的检验与校正	(1)认识水准仪各轴线应满足的几何条件 (2)掌握圆水准器、十字丝板、水准管轴的检验与校正	(1)水准仪的各个轴系 (2)圆水准器的检验与校正 (3)十字丝板的检验与校正 (4)水准管轴的检验与校正
水准测量的误差及注意事项	(1)了解水准测量误差的主要来源 (2)掌握减少或消除误差的基本措施	(1)仪器误差 (2)观测误差 (3)外界条件误差

测定地面点高程的测量工作称为高程测量。根据使用仪器和施测方法的不同，高程测量分为水准测量、三角高程测量、气压高程测量和 GPS 高程测量四种。其中，水准测量是高程测量中最基本、精度最高的一种方法。

2.1　水准测量的原理

水准测量是根据仪器提供的水平视线，读得尺上读数来测定地面两点间的高差，然后根据已知点的高程和高差求算未知点高程的一种方法。

如图 2-1 所示，设已知 A 点的高程为 H_A，用水准测量方法求未知点 B 高程 H_B。在 A、B 两点间安置一台能提供水平视线的仪器——水准仪，并在 A、B 两点上分别竖立有刻画的标尺水准尺，根据水准仪提供的水平视线在 A 点水准尺上读数为 a，在 B 点水准尺上读数为 b，则 A、B 两点间(B 相对于 A 点)的高差为：

$$h_{AB}=a-b \tag{2-1}$$

测量方向是由已知点 A 向未知点 B 前进，即 A 在后 B 在前，A 点为后视点，后视点上的尺为后视尺，尺上读数 a 为后视读数；B 点为前视点，前视点上的尺为前视尺，尺上读数 b 为前视读数。高差等于后视读数减去前视读数。当高差 h_{AB} 为正，说明 B 点高于 A 点；反之，当高差 h_{AB} 为负，说明 A 点高于 B 点。当前进方向为 B 点向 A 点前进，两点间的高差为 h_{BA}，符号与 h_{AB} 相反。未知点 B 点的高程为：

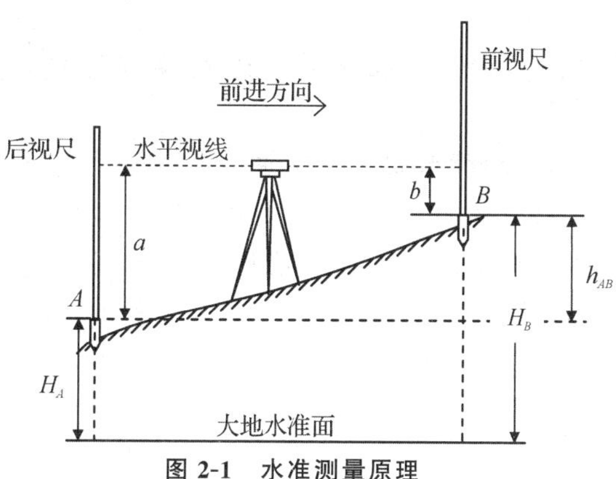

图 2-1　水准测量原理

$$H_B=H_A+h_{AB} \tag{2-2}$$

这种由高差计算未知点高程的方法称为高差法。在工程测量中，当安置一次水准仪，根据一个后视点的高程，需要测定多个前视点的高程时，为计算方便，由仪器的视线高程计算多个未知点高程的方法，简称视线高法。由图 2-2 可知，A 的高程加后视读数就是仪器的视线高程，用 H_i 表示，即

视线高程　$$H_i=H_A+a \tag{2-3}$$

得 B 点高程为　$$H_B=H_i-b_1 \tag{2-4}$$

得 C 点高程为　$$H_C=H_i-b_2 \tag{2-5}$$

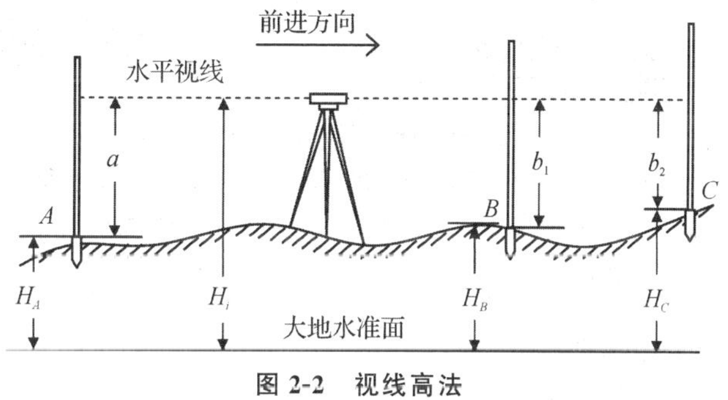

图 2-2　视线高法

2.2　水准测量的仪器和工具

水准测量所使用的仪器为水准仪，工具为水准尺和尺垫。水准仪按其精度可分为 $DS_{0.5}$、DS_1、DS_3 和 DS_{10} 等四个等级。其中 D、S 分别为“大地测量”和“水准仪”汉语拼音的第一个字母。数字 0.5、1、3、10 指仪器的精度，即每公里往返测高差中数的中误差，以毫米为单位。$DS_{0.5}$ 和 DS_1 型水准仪称为精密水准仪，用于国家一、二等水准测量和精密工程测量、大型工程建筑物施工及变形测量以及地下建筑测量、城镇与建(构)筑物沉降观测等。DS_3 和 DS_{10} 型水准仪称为普通水准仪，常用于国家三、四等水准测量或等外水准测量。

2.2.1 DS_3水准仪的构造及各部件作用

DS_3型微倾式水准仪(图 2-3)主要由望远镜、水准器及基座三部分构成。

仪器的上部有望远镜、水准管、水准管气泡观察窗、圆水准器、目镜及物镜对光螺旋、水平制动螺旋、微动螺旋及微倾螺旋等,通过仪器竖轴与仪器基座相连。基座上装有一个圆水准器,下面有三个脚螺旋,用以粗略整平仪器。望远镜一侧装有管状水准器,其下端装有一个能使望远镜做微小上下仰俯动作的微倾螺旋,转动微倾螺旋可以调节水准管连同望远镜一起做上下微小转动,使水准管气泡居中,从而使望远镜视线精确水平。

整个仪器的上部可以绕仪器竖轴在水平方向旋转。水平制动螺旋和微动螺旋用于控制望远镜在水平方向转动。松开制动螺旋,望远镜可在水平方向任意转动;只有当拧紧制动螺旋后,微动螺旋才能使望远镜在水平方向上做微小转动,以精确瞄准水准尺。

基座的作用是支承仪器的上部,并通过连接螺旋使仪器与三脚架相连。它包括轴套、脚螺旋、三角形底板等,仪器竖轴插入轴套内。

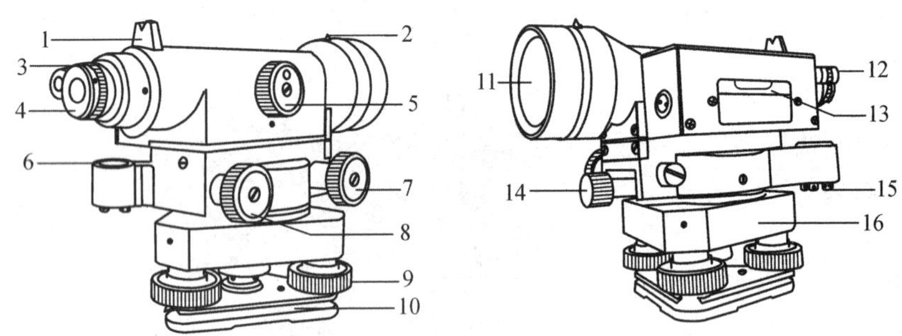

图 2-3 DS_3型微倾水准仪

1—缺口;2—准星;3—目镜;4—目镜对光螺旋;5—物镜对光螺旋;6—圆水准器;7—水平微动螺旋;8—微倾螺旋;9—脚螺旋;10—三角底板;11—物镜;12—水准管气泡观察窗;13—水准管;14—水平制动螺旋;15—圆水准器校正螺丝;16—基座

1. 望远镜

望远镜是用来精确瞄准远处水准尺和提供视线进行读数的设备。如图 2-4 所示,它主要由物镜、目镜、对光透镜及十字丝分划板等组成。镜筒外装有缺口、准星,用来初步瞄准目标。物镜和目镜采用多块透镜组合而成,调焦透镜由单块透镜或多块透镜组合而成。如图 2-5,望远镜所瞄准的目标 AB 经过物镜的作用形成一个倒立而缩小的实像 a_1b_1。调节物镜对光螺旋即可带动调焦透镜在望远镜筒内前后移动,从而将不同距离的目标清晰地成像在十字丝平面上。调节目镜对光螺旋可使十字丝像清晰,再通过目镜,便可看到同时放大了的十字丝和目标虚像 a_2b_2。放大后的虚像与眼睛直接看到的目标大小比值,称为望远镜放大率,用 V 表示。DS_3型水准仪的望远镜放大率约为 30 倍。

十字丝分划板用来精确照准目标进行读数。十字丝分划板是由圆形平板玻璃制成的,分划板上刻有两条互相垂直的长细丝,长横丝称为中丝,与之垂直的一根丝称为竖丝。在中丝的上下还对称地刻有两条与中丝平行的短横丝即上、下丝,是用来测量距离的,称为视距丝。平板玻璃片装在分划板座上,分划板座由止头螺丝固定在望远镜筒上。通过物镜光心

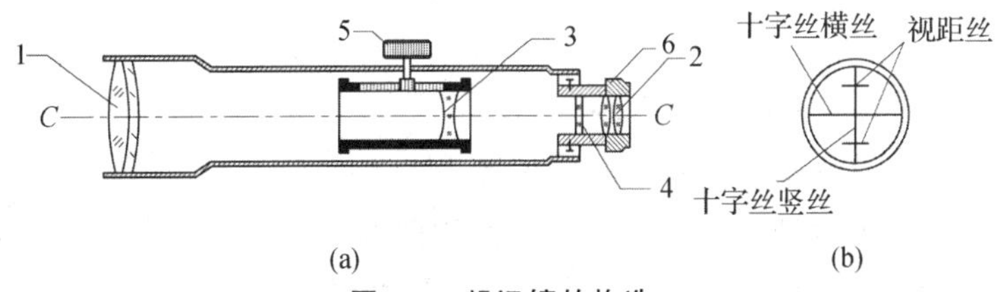

图 2-4　望远镜的构造

1—物镜；2—目镜；3—对光透镜；4—十字丝分划板；5—物镜对光螺旋；6—分划板护罩

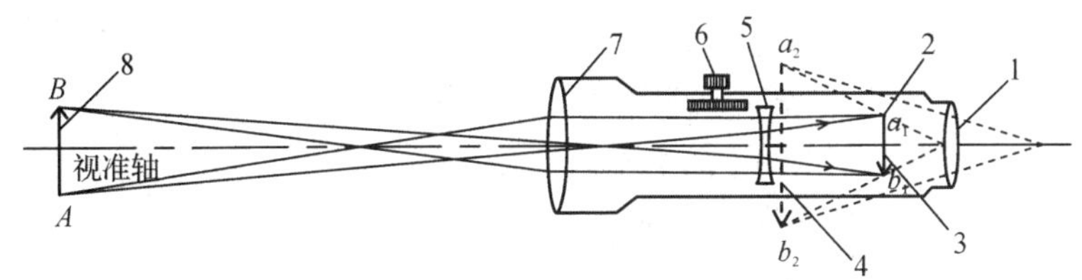

图 2-5　望远镜的成像原理

1—目镜；2—十字丝；3—倒立小实像；4—放大虚像；5—调焦凹透镜；6—物镜对光螺旋；7—物镜；8—目标

与十字丝交点的连线 CC 称为望远镜视准轴，视准轴的延长线即为视线，它是瞄准目标的依据。

望远镜可在水平方向任意转动，水平制动螺旋和微动螺旋用于控制望远镜在水平方向转动。拧紧制动螺旋后，望远镜固定不动，旋转微动螺旋使望远镜在水平方向上做微小转动，以精确瞄准目标。松开制动螺旋，望远镜可在水平方向任意转动，这时微动螺旋不起作用。

2. 水准器

水准器是仪器的整平设备，是用来标志视线是否水平、仪器竖轴是否铅垂的一种装置。它利用液体受重力作用后使气泡居为最高处的特性，指示水准器的水准轴位于水平或竖直位置，从而使水准仪获得一条水平视线来实现整平的目的。水准器分圆水准器和管水准器两种。

(1)管水准器

管水准器又称水准管(图 2-6)，是精确整平设备，用来指示视准轴是否水平。水准管圆弧中点 O 称为水准管零点。过零点与内壁圆弧相切的直线 LL，称为水准管轴。当水准管气泡中心与零点重合，即气泡两端与零点成对称时，称气泡居中，这时水准管轴处于水平位置。根据仪器构造原理，水准管轴与望远镜的视准轴平行，气泡居中时，视准轴也处于水平位置。

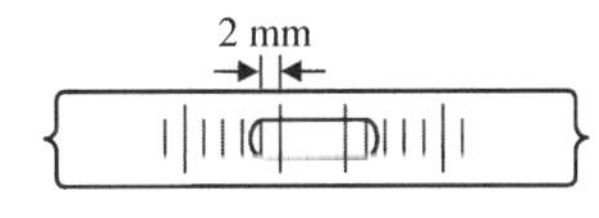

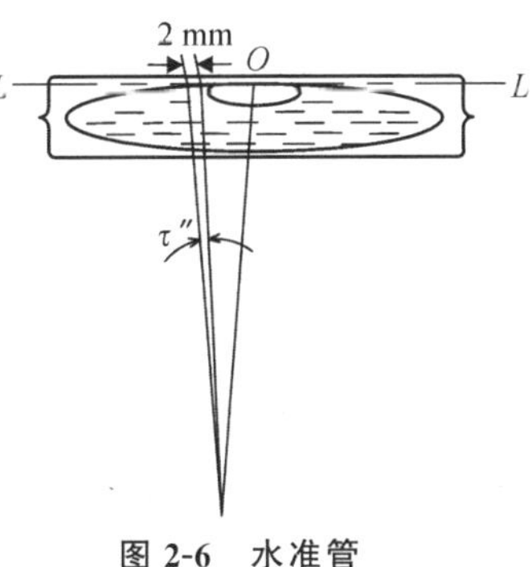

图 2-6　水准管

为了便于判断气泡是否居中，一般在与零点对称的两端刻有间隔 2 mm 的分划线。管上每 2 mm 弧长所对的圆心角 τ 称为水准管分划值，它是反映水准管性能的重要指标。用公式表示为

$$\tau=\frac{2}{R}\rho'' \tag{2-6}$$

式中，$\rho''=206265''$；R—水准管圆弧半径，mm。

上式说明分划值 τ 与水准管圆弧半径 R 成反比。R 愈大，分划值 τ 愈小，水准管灵敏度愈高，则整平仪器的精度也愈高，反之整平精度就低。工程上常用水准仪的水准管分划值有 20″、30″和 60″三种。DS_3 型水准仪的水准管分划值为 20″。

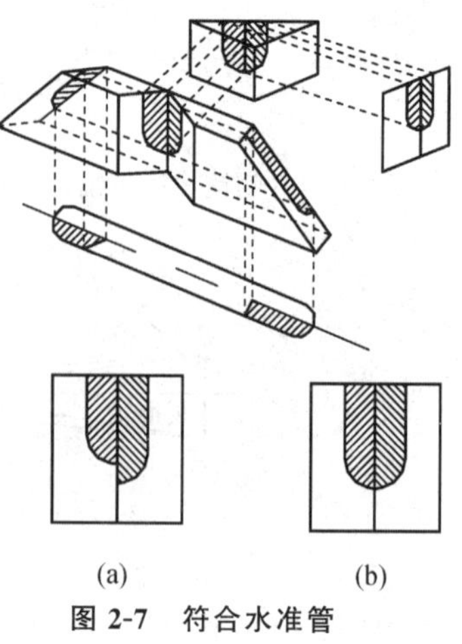

图 2-7　符合水准管

为了提高水准管气泡居中精度，微倾式水准仪安装了符合水准器。在水准管上方安装一组符合棱镜，如图 2-7 所示。通过符合棱镜的折射作用，把水准管气泡两端的影像反映在望远镜旁的水准管气泡观察窗内。当气泡两端的两个半圆形影像符合成一个圆弧时，就表示水准管气泡居中，如图 2-7(a)所示；若两个半像错开，则表示水准管气泡不居中，如图 2-7(b)所示。此时可转动位于目镜下方的微倾螺旋，使气泡两端的半像完全吻合(即居中)，仪器达到精确整平。这种配有符合棱镜的水准器，不仅便于观察，精确判断两端气泡的符合程度，同时使气泡居中精度提高一倍。

(2)圆水准器

圆水准器是粗略整平设备，用来指示竖轴是否铅垂。圆水准器由一个玻璃圆盒制成，顶面的内壁磨成球面，中央刻有一个小圆圈或两个同心圆，其圆心称为圆水准器的零点，过零点的法线 $L'L'$ 称为圆水准器轴(图 2-8)。当圆水准气泡居中时，圆水准器轴处于铅垂位置。根据仪器构造原理，圆水准器轴与仪器的竖轴平行，所以圆水准气泡居中，表示水准仪的竖轴也处于铅垂位置。DS_3 水准仪圆水准器分划值一般为 8′～10′/2 mm。由于分划值较大，它的精度较低，故只用于仪器的概略整平。

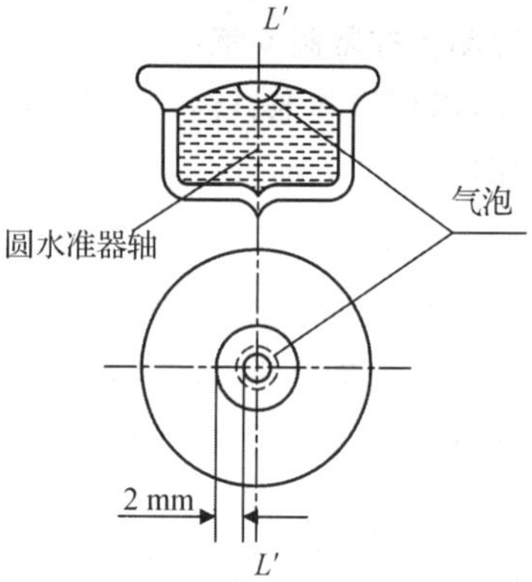

图 2-8　圆水准器

3. 基座

基座的作用是支承仪器的上部，并通过连接螺旋使仪器与三脚架相连。它由轴座、脚螺旋、三角形底板组成。仪器上部竖轴插入基座的轴套内，仪器上部在基座支承下可进行水平方向旋转。基座下面有三个脚螺旋和一块三角形底板，通过三脚架的中心连接螺旋旋入三角形底板，使仪器与三脚架相连。圆水准器与基座为一体，转动脚螺旋，可使圆水准气泡居中。

2.2.2　水准尺

水准尺(图 2-9)一般用优质木材、铝合金或玻璃钢制成，尺长为 2～5 m。根据构造可以分为直尺、塔尺和折尺，直尺中又分单面分划尺和双面(红黑面)分划尺。

双面水准尺一般长 3 m,尺的双面均有刻画,一面为黑白相间,称为黑面(也称基本分划面);另一面为红白相间,称为红面(也称辅助分划面)。两面的最小分划均为 1 cm,分米处有注记,注记数字有倒写也有正写,倒写的数字是为了从成倒像的望远镜中看到的是正像字。“E”的最长分划线为分米的起始,读数时直接读取米、分米、厘米,估读毫米,单位为米或毫米。黑面尺底端起点为零;红面尺底端起点不为零,而是一常数 K。一根尺常数为 4.687,另一根尺常数为 4.787,双面尺一般成对使用,多用于三、四等水准测量。利用黑红面尺零点差可对水准测量读数进行检核。

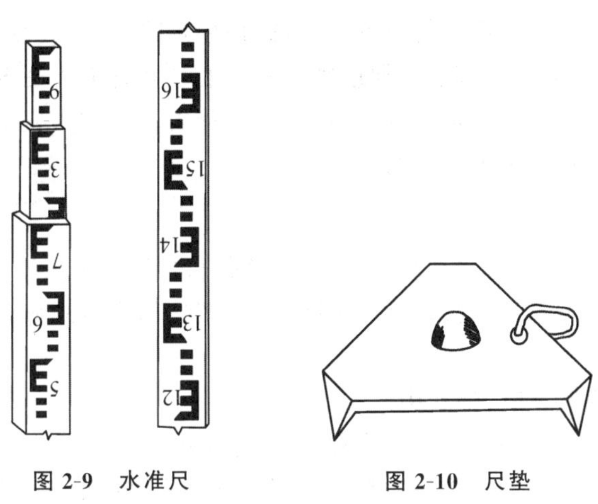

图 2-9　水准尺　　　　图 2-10　尺垫

塔尺尺长为 3～5 m。尺长为 5 m 的塔尺由三节小尺套接而成,不用时套在最下一节之内,长度仅 2 m,如把三节全部拉出可达 5 m。塔尺携带方便,但容易产生接头误差,使用时应注意塔尺的连接处,务使套接准确稳固。塔尺因节段接头处存在误差,一般用于地形起伏较大,精度要求较低的水准测量。

铟刚尺通常是单面尺,一般长 2 m 或 3 m。常与精密水准仪配套使用,用于国家一、二等水准测量。

2.2.3　尺垫

尺垫(图 2-10)是在转点处放置水准尺用的,用生铁铸成,一般为三角形。中央有一突起的半圆球体,作为转点标志。水准尺竖立于半圆球体顶上,尺子转动时不改变其转点位置,下方有三个尖脚,用时将尖脚牢固地踩入土中,以固稳防动,防止尺子下沉。在水准测量中,当地面松软或无突出固定点可选时,在转点处放置尺垫,可防止观测过程中尺子下沉或位置发生变化。

2.3　DS$_3$水准仪的使用

水准仪的使用包括仪器的安置、粗略整平、瞄准水准尺、精平和读数等操作步骤。

2.3.1 水准仪的使用方法

1. 安置水准仪

在测站上松开三脚架架腿的固定螺旋，调节脚架高度使其高度适中，拧紧固定螺旋，打开三脚架，使其中一架腿脚尖着地，另外两架腿往外拉开，将架腿踩实，并目估架头大致水平。

打开仪器箱，看清仪器在箱中的位置，一手握住望远镜，一手托住基座，取出仪器，安放在架头上，一手扶住仪器，另一只手立即适度拧紧中心连接螺旋。在安置过程中，要注意检查脚架腿是否安置稳固，脚架固定螺旋是否拧紧，才能安上仪器。安上仪器后，要注意检查仪器与脚架是否固紧，最后关上仪器箱。

2. 粗略整平

调节三个脚螺旋使圆水准器气泡居中，目的是使仪器竖轴大致铅直，视准轴大致水平。

(1)圆水准器放在任意两个脚螺旋的中间位置，调这两个脚螺旋，使气泡位于第三个脚螺旋的中线上。

(2)调第三个脚螺旋，使气泡居中。

(3)若气泡还未居中，重复(1)、(2)步骤，使气泡居中。

在粗平过程中，气泡移动的规律通常可采用以下左手大拇指法来判定：

气泡移动的方向与左手大拇指转动脚螺旋的方向一致。如图 2-11 所示，图(a)中的气泡偏向左边的①脚螺旋，若要使气泡居中，气泡就要往右边移动，根据规律，这时左手大拇指要往右转动①脚螺旋，同时右手的大拇指往左转动②脚螺旋，这样仪器一端降低，另一端升高，气泡移到③脚螺旋中线上时，①、②脚螺旋方向概略水平。这时调③脚螺旋，如图(b)所示，气泡要往③脚螺旋方向移动才能居中，因此左手拇指向上转动③脚螺旋。

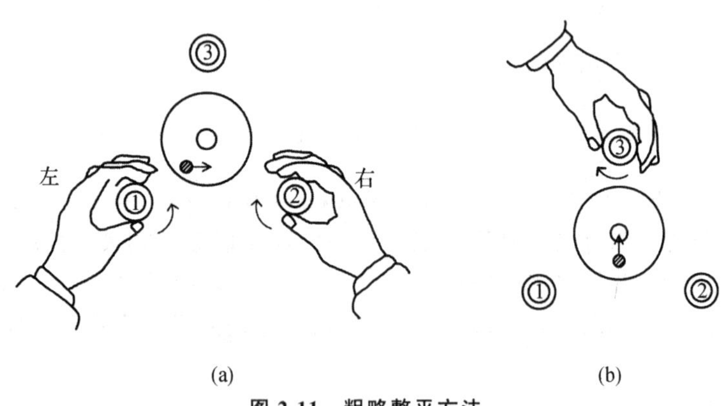

图 2-11 粗略整平方法

3. 瞄准水准尺

(1)粗略瞄准。通过望远镜镜筒上方的缺口和准星粗略瞄准水准尺，拧紧制动螺旋。

(2)对光。转动目镜对光螺旋，使十字丝的成像清晰；转动物镜对光螺旋，使水准尺的成像清晰。

(3)精确瞄准。转动微动螺旋,使十字丝的竖丝平分水准尺。

(4)消除视差。眼睛在目镜端上下移动,有时可看见十字丝与水准尺影像之间相对移动,这种现象叫视差。产生视差的原因是水准尺的尺像未落在十字丝平面上,如图 2-12(b)所示。视差的存在将影响读数的正确性,应予消除。消除视差的方法是重新转动物镜对光螺旋,使尺像落在十字丝的平面上,若还不能消除视差,说明目镜对光没有对好,重新转动目镜对光螺旋,直到十字丝和尺像没有相对在移动的现象为止。

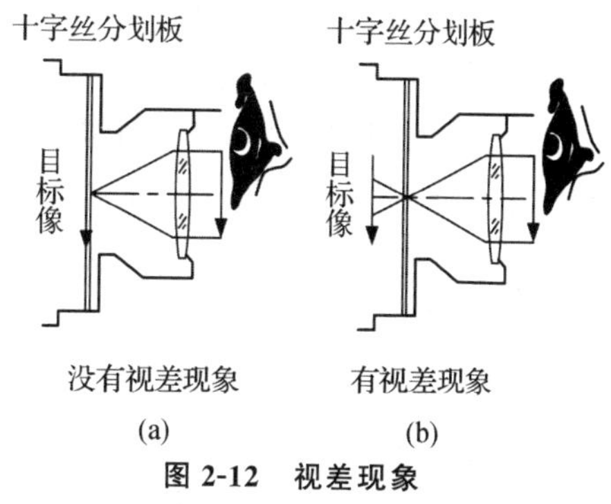

图 2-12　视差现象

4. 精确整平

精确整平简称精平,调微倾螺旋使符合水准管两半气泡完全符合。眼睛观察水准气泡,观察窗内的气泡影像,缓慢地转动微倾螺旋,两半气泡移动规律如图 2-13 所示:顺时针转动微倾螺旋,两半气泡左上右下,否则反之。当两半气泡影像稳定不动而又符合的时候,水准管轴处于水平位置,视准轴亦水平,即提供了一条水平视线。

5. 读数

符合水准管气泡符合后,应立即用十字丝中丝在水准尺上进行读数。读数时应从小数向大数读,如果从望远镜中看到的水准尺影像是倒像,在尺上应从上往下读取。直接读取米、分米和厘米,并估读出毫米,共四位数。如图 2-14 所示,读数是 1.465 m,也可读 1465,单位为 mm。读数后再检查符合水准管气泡是否符合,若不符合,应再次精平,重新读数。

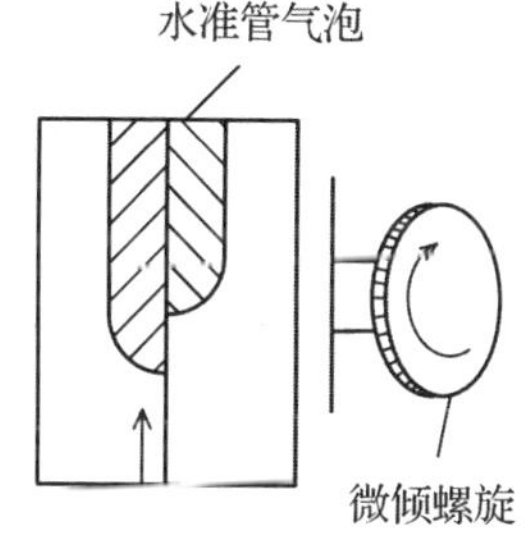

图 2-13　微倾螺旋旋转方向

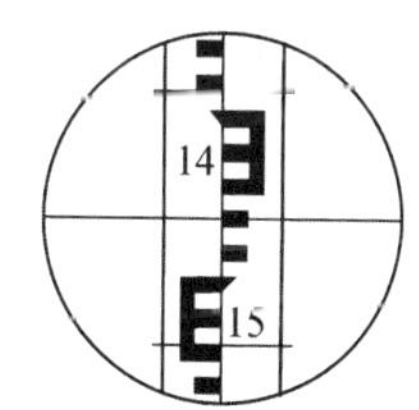

图 2-14　水准尺读数

2.3.2　水准仪使用的注意事项

(1)搬运仪器时,注意检查仪器箱是否扣紧、锁好,拉手和背带是否牢固,并注意轻拿轻放。

(2)开箱时,应将仪器箱放置平衡。开箱后,记清仪器在箱内安放的位置,以便用后按原样放回。安置仪器时,应注意拧紧脚架的架腿螺旋和架头的中心连接螺旋,仪器取出后,应关好仪器箱,严禁在箱上坐人。

(3)仪器安置后不可置仪器于一旁而无人看管,以防外人扳弄损坏。

(4)烈日或雨天观测时应撑伞,严防仪器日晒雨淋。

(5)若发现透镜表面有灰尘或其他污物,需用软毛刷或擦镜头纸拂去,严禁用手帕、粗布或其他纸张擦拭,以免磨坏镜面。

(6)各制动螺旋勿拧过紧,以免损伤,各微动螺旋不能拧到极限,防止失灵。当用微动螺旋不能使目标调中时,应将微动螺旋反松几圈,再松开制动螺旋重新瞄准。

(7)近距离搬站,应放松制动螺旋,一手握住三脚架放在肋下,一手托住仪器,放置胸前稳步行走。不准将仪器斜扛肩上,以免碰伤仪器。若距离较远,必须装箱搬站。

(8)仪器装箱时,应松开各制动螺旋,按原样放回后先试关一次,确认放妥后,再拧紧各制动螺钉,以免仪器在箱内晃动,最后关箱上锁。

(9)仪器应放在阴凉、干燥、通风和安全的地方,注意防霉、防止碰撞或防跌损伤。

2.4 普通水准测量

我国国家水准测量依精度不同分为一、二、三、四等,一等的精度最高。不属于国家规定等级的水准测量一般称为普通(或等外)水准测量。普通水准测量和等级水准测量的测量基本原理相同,其作业方法也有许多相同地方,但是等级水准测量对所用仪器、工具以及观测、计算方法都有特殊的要求。

2.4.1 水准点

水准点就是用水准测量的方法测定的高程控制点。为统一全国的高程系统和满足各种测量的需要,测绘部门在全国各地埋设并测定了很多高程点,这些点为已知水准点,称为水准点(Bench Mark,通常缩写为 BM),工程中选定的次级水准点的高程就从这些已知高程的高级水准点进行引测确定。水准点分为临时性水准点和永久性的水准点,埋设时应按照水准测量等级,根据地区气候条件与工程需要,每隔一定距离埋设不同类型的永久性或临时性水准标志或标石。水准点标志或标石可埋设于土质坚实、稳固的地面或地表冰冻线以下合适处,必须便于长期保存又利于观测与寻找。国家等级永久性水准点埋设形式如图 2-15 所示,一般用钢筋混凝土或石料制成,标石顶部嵌有不锈钢或其他不易锈蚀的材料制成的半球形标志,标志最高处(球顶)作为高程起算基准。永久性水准点的金属标志(一般宜铜制)也可以直接镶嵌在坚固稳定的永久性建筑物的墙脚上,称为墙上水准点,如图 2-16 所示。

各类建筑工程中常用的永久性水准点一般用混凝土或钢筋混凝土制成,如图 2-17(a)所示,顶部设置半球形金属标志。临时性水准点可用大木桩打入地下,如图 2-17(b)所示,桩顶面钉一个半圆球状铁钉,木桩周围可用水泥混凝土加固。也可直接把大铁钉(钢筋头)打入沥青等路面或在桥台、房基石、坚硬岩石上刻上记号(用红油漆示明)。

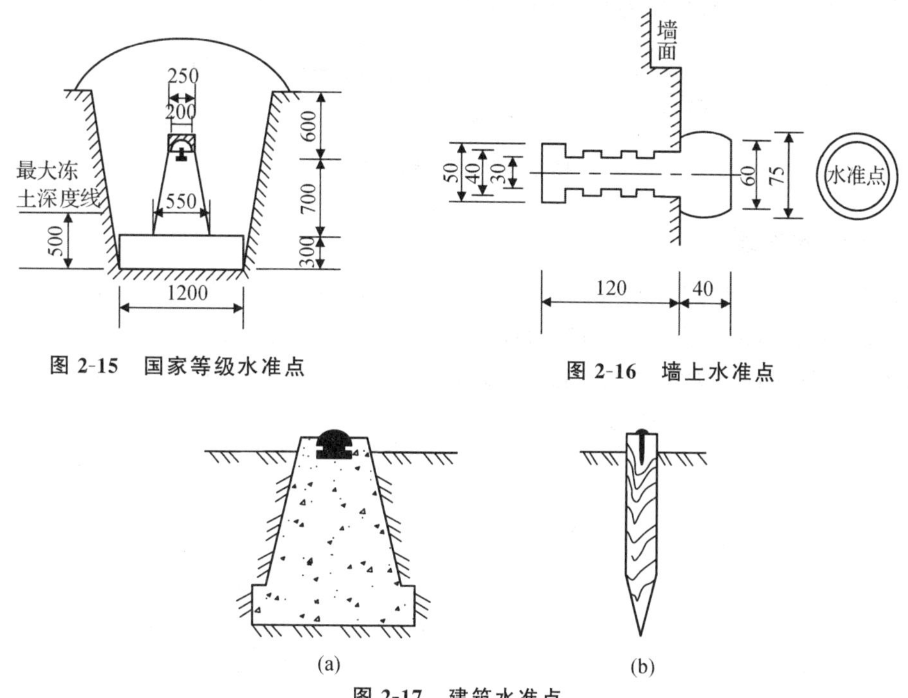

图 2-15　国家等级水准点

图 2-16　墙上水准点

图 2-17　建筑水准点

埋设水准点后，为便于以后寻找，应作点之记，对水准点进行编号（编号前一般冠以“BM”字样，以表示水准点），并绘出水准点与附近固定建筑物或其他明显地物关系的点位草图（在图上应写明水准点的编号和高程、埋设日期等），作为水准测量的成果一并保存。

2.4.2　水准路线布设

根据实际工程需要，结合地形在地面选定若干高程待定的水准点，作下相应标志，并依次进行编号。这些水准点的高程要由更高等级的已知高程水准点引测来确定。为了检查测量成果精度是否满足要求，水准测量必须进行必要的检核，路线检核为之提供可靠的检核条件，所以在施测前，必须进行水准路线的布设，将各水准点组成一条适当的水准路线。在水准点间进行水准测量所经过的路线，称为水准路线。相邻两水准点间的路线称为测段。在一般的工程测量中，水准路线布设形式主要有以下三种：

1. 附合水准路线

如图 2-18 所示，从一已知水准点 BM_1 出发，沿各高程待定的水准点 1、2、3 进行水准测量，最后附合到另一个已知高程的水准点 BM_2 上所构成的路线，称为附合水准路线。从理论上讲，附合水准路线中各测站实测高差的代数和应等于两已知水准点间的高差。实测高差存在误差，使测量值与理论值不完全相等，其差值称为高差闭合差 f_h，即

$$f_h = \sum h_{测} - (H_{终} - H_{始}) \tag{2-7}$$

式中，$H_终$—附合路线终点高程；$H_始$—起点高程。

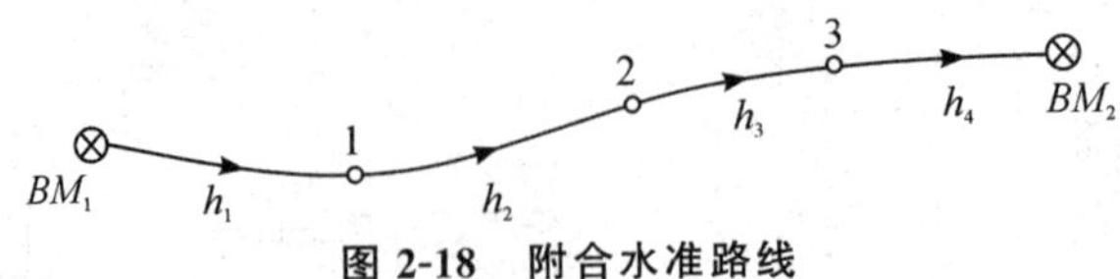

图 2-18　附合水准路线

2. 闭合水准路线

如图 2-19 所示，从一已知水准点 BM_1 出发，沿各高程待定的水准点 1、2、3 进行水准测量，最后又回到原水准点 BM_1 所构成的环形路线，称为闭合水准路线。闭合水准路线中各段高差的代数和理论值为零，但实测高差总和不一定为零，从而产生闭合差 f_h，即

$$f_h = \sum h_测 \tag{2-8}$$

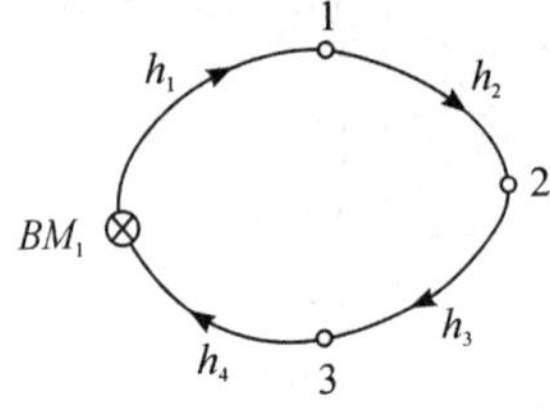

图 2-19　闭合水准路线

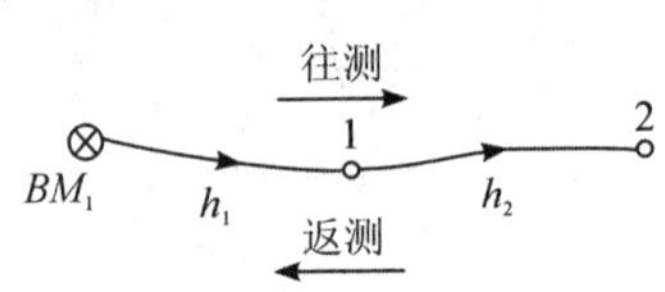

图 2-20　支水准路线

3. 支水准路线

如图 2-20 所示，从一已知水准点 BM_1 出发，沿各高程待定的水准点 1、2 进行水准测量，其路线既不闭合又不附合，称为支水准路线。支水准路线要进行往、返测，往测高差总和与返测高差总和理论上应大小相等、符号相反，但实测值两者之间存在差值，即产生高差闭合差 f_h，即

$$f_h = \sum h_往 + \sum h_返 \tag{2-9}$$

2.4.3　普通水准测量的施测

1. 分段、设转点

水准测量一般从已知高程水准点开始，根据布设的水准路线沿路线前进方向对整条路线进行施测。当相邻地面两水准点相距较远或高差较大时，安置一站仪器难以测得两点的高差，要进行分段测量。如图 2-21 所示，A 为已知高程水准点，B 为待定水准点，由于 A、B 两点间相距较远，在 A、B 两点之间增设若干临时立尺点，把 A、B 分成若干测段，逐段测出高差，最后由各段高差求和，得出 A、B 两点间高差。这种根据水准测量原理依次连续地在两个立尺点中间安置水准仪来测定相邻各点间高差，最后取各个测站高差的代数和，即求得两点间的高差值的方法，称为连续水准测量。水准测量中的 TP_1、TP_2 等临时立尺点是用来传递高程的，称为转点。为了保证高程传递的正确性，转点应增设在坚固突出的地方，如无适当位置可选时，可在转点的地方放置尺垫。在 A 点至 B 点水准路线上假设增设 $n-1$

个临时立尺点(转点),安置 n 次水准仪,依次连续地测定相邻两点间高差 $h_1,\cdots,h_n$,即

$$h_1=a_1-b_1$$
$$h_2=a_2-b_2$$
$$\vdots$$
$$h_n=a_n-b_n$$

则
$$h_{AB}=h_1+h_2+\cdots+h_n=\sum h=\sum a-\sum b \tag{2-10}$$

式中,$\sum a$ 为后视读数之和,$\sum b$ 为前视读数之和,则未知点 B 的高程为

$$H_B=H_A+h_{AB}=H_A+(\sum a-\sum b) \tag{2-11}$$

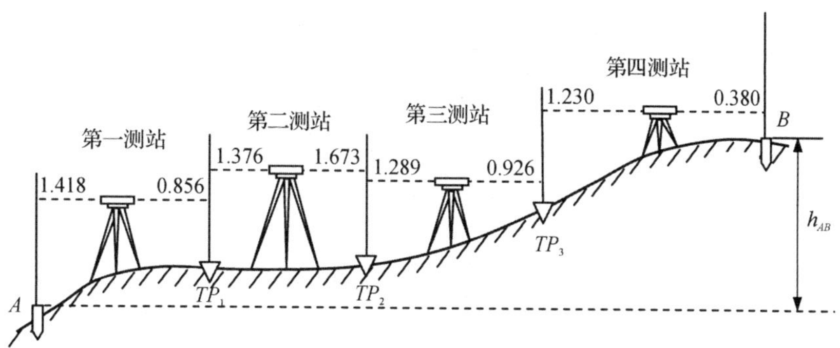

图 2-21　水准测量的施测

2. 安置、粗平

从已知水准点 A 到第一个增设的转点 TP_1 定为第一测站,$TP1$—$TP2$ 为第二测站……沿路线方向依次观测,在第一测站上两立尺点 A 和 TP_1 大约等距离的地方安置水准仪,并粗略整平。

3. 瞄准、读数

瞄准后视尺(A 点上的水准尺),精平,读得后视读数(1.418),记入手簿;瞄准前视尺(TP_1 点上的水准尺),精平,读得前视读数(0.856),记入手簿。

当进行第二测站观测时,A 点上的水准尺移到转点 TP_2 上,TP_1 点上的水准尺固定不动,仪器搬到第二测站,同法观测,依次测到 B 点。

在相邻测站的观测过程中,要注意保持转点(尺垫)稳定不动;同时尽可能保持各测站的前后视距大致相等;还要尽可能通过调节前、后视距离保持整条水准路线中的前视视距之和与后视视距之和相等,这样有利于消除(或减弱)地球曲率和仪器某些误差对高差的影响。

表 2-1　水准测量记录表

日期 2012.9.5　　仪器 41230　　观测 王×

天气 晴　　地点 ×××　　记录 李×

测站	测点	水准尺读数/m		高差/m		高程/m	备注
		后视(a)	前视(b)	+	−		
Ⅰ	A	1.418		0.562		92.970	
	TP_1		0.856				
Ⅱ	TP_1	1.376			0.297		
	TP_2		1.673				
Ⅲ	TP_2	1.289		0.363			
	TP_3		0.926				
Ⅳ	TP_3	1.230		0.850			
	B		0.380			94.448	
$\sum$		5.313	3.835	1.775	0.297		
计算校核		$\sum a-\sum b=5.313-3.835=1.478$ $\sum h=1.478$ $H_B-H_A=1.478$					

2.4.4　水准测量的检核方法

1. 测站检核

在水准测量每一站测量时，任何一个观测数据出现错误，都将导致所测高差不正确。为保证观测数据的正确性，应对每一测站进行测站检核，通常采用以下方法进行。

(1)双仪高法

在每一测站上测出两点高差后，改变仪器高度再测一次高差，要求改变仪器高度应大于10 cm，两次所测高差之差不超过容许值(例如等外水准测量容许值为±6 mm)，取其平均值作为该测站最后结果，否则需重测。

(2)双仪器法

在两测点之间同时安置两台仪器，分别测得两点的高差，进行比较，结果处理方法同上。

(3)双面尺法

在每一测站上，仪器高度不变，对前视点和后视点上的水准尺进行黑面和红面读数，分别算出黑、红面高差，从而进行检核。例如四等水准测量中，若同一水准尺红面与黑面读数(加常数后)之差≤3 mm，且黑、红面(扣去零点差±0.1 m后)的高差之差≤5 mm，则取其平均值作为该测站高差。否则，需要检查原因，重新观测。

2. 计算检核

在实际工作中，一段水准路线通常需要由多个测站进行观测，测量数据较多，为了能够检查高差计算是否正确，应进行计算检核。如图 2-21 所示，两水准点 A、B 间高差等于两点间各测站高差的代数和，也等于所有测站的后视读数之和减去前视读数之和，公式表达为

$$h_{AB} = \sum h = \sum a - \sum b \tag{2-12}$$

比较两种方法计算出来的高差，如果高差相等，说明计算正确。计算检核只能检查计算是否正确，不能检核观测和记录时是否产生错误。

3. 成果检核

对于一条水准路线来说，测量过程中虽然对每个测站都进行测站检核，能够满足精度要求。但可能由于各种来源的误差在一个测站上反映不很明显，随着测站数的增多误差积累，有时也会超过规定的限差。因此，还必须对整条水准路线进行成果检核。针对不同的水准路线其检核的方法如下：

(1)附合水准路线

附合水准路线各测站高差的代数和理论上应等于两已知水准点间的高差，实测的高差可以和理论高差进行比较，以产生的高差闭合差来检核测量成果，计算公式为

$$f_h = \sum h_{测} - (H_{终} - H_{始}) \tag{2-13}$$

式中，$H_{终}$—附合路线终点高程；$H_{始}$—起点高程。

(2)闭合水准路线

闭合水准路线各段高差的代数和理论值为零，由于误差存在，实测高差总和不一定为零，从而产生闭合差 f_h，即

$$f_h = \sum h_{测} \tag{2-14}$$

(3)支水准路线

支水准路线必须对同一路线进行往、返测，往测高差总和与返测高差总和理论上应大小相等、符号相反，如不相等，即产生高差闭合差 f_h，即

$$f_h = \sum h_{往} + \sum h_{返} \tag{2-15}$$

支水准路线测站数 n 或路线长 L 以单程计。

计算出的闭合差如果 $f_h \leqslant f_{h容}$，在限差范围内，说明成果合格。闭合差的限差视水准测量的等级不同而异，等外(普通)水准测量闭合差的容许值 $f_{h容}$ 为

$$f_{h容} = \pm 12\sqrt{n}\ \text{mm}(\text{适用于山地}, n\ \text{为测站数}) \tag{2-16}$$

$$f_{h容} = \pm 40\sqrt{L}\ \text{mm}(\text{适用于平地}, L\ \text{为水准路线的长度，以 km 计}) \tag{2-17}$$

注：对于支水准路线测站数 n 或路线长 L 以单程计。

如果高差闭合差超过允许值，即 $f_h > f_{h容}$，则测量成果不能用，必须重测。

2.4.5　水准测量的注意事项

由于测量误差是不可避免的，我们无法完全消除其影响。但是可采取一定的措施减弱其影响，以提高测量成果的精度。因此，在进行水准测量时，应注意以下事项：

(1)观测前对所用仪器和工具必须认真进行检验和校正。

(2)仪器要安置稳妥。观测时手不要扶在架腿上，走动时要防止脚架被碰动。在烈日下

测量时，要撑伞保护仪器，避免气泡因受热不均而影响其稳定性。

(3)水准仪及水准尺应尽量安置在坚实的地面上。三脚架和尺垫要踩实，以防仪器和尺子下沉。

(4)前、后视距离应尽量相等，以消除视准轴不平行水准管轴的误差及地球曲率与大气折光的影响。

(5)前、后视距离不宜太长，一般不要超过 100 m。视线高度应使上、中、下三丝都能在水准尺上读数以减少大气折光影响。

(6)水准尺必须竖直，零点朝下。使用过程中，要经常检查和清除尺底泥土。塔尺衔接处要卡住，防止二、三节塔尺下滑。

(7)读数前一定要消除视差。读数前、后都要检查水准管气泡是否符合，读数时要防止读错。

(8)记录人员一定要回报读数，以便核对。记录要整洁、清楚端正。如果有错，不能用橡皮擦去，而应在改正处画一横，在旁边注上改正后的数字。

2.5 三、四等水准测量

2.5.1 三、四等水准测量的技术要求

三、四等水准测量一般在国家一、二等水准网(点)的基础上进行，直接提供地形测图和各种工程建设所必需的高程控制点。与普通(等外)水准测量相比它的精度更高，有更高的技术要求，削弱观测误差的措施更多，一般需采用黑红双面水准尺。三、四等水准路线尽可能沿铁路、公路以及其他坡度较小、施测方便的路线布设，尽可能避免穿越湖泊、沼泽和江河地段。水准点间的距离一般为 2～4 km，在城市建筑区为 1～2 km。水准点应选在土质坚实、地下水位低、易于观测的地方。凡易受淹没、潮湿、震动和沉陷的地方均不宜作水准点位置。水准点选定后，应埋设水准标石和水准标志，并绘制点之记，以便日后查寻。

GB/T 12898—2009《国家三、四等水准测量规范》规定，国家三、四等水准测量主要技术要求应符合表 2-2 要求。

表 2-2 三、四等水准测量技术要求

等级	水准仪型号	视线高度	视线长度/m	前后视距差/m	前后视距累积差/m	黑红面读数差/mm	黑红面高差之差/mm	附合、环形闭合差	
								平原	山区
三	DS_3	三丝读数	≤75	≤2	≤5	≤2	≤3	$\pm 12\sqrt{L}$	$\pm 15\sqrt{L}$
四	DS_3	三丝读数	≤100	≤3	≤10	≤3	≤5	$\pm 20\sqrt{L}$	$\pm 25\sqrt{L}$

注：山区是指高程超过 1000 m 或路线中最大高差超过 400 m 的地区。

2.5.2　三、四等水准测量的施测方法

三、四等水准测量的观测应在通视良好、成像清晰稳定的情况下进行。用 DS_3 水准仪和一对双面水准尺（K 为 4.687 和 4.787）进行三、四等水准测量时，三等水准测量采用中丝读数法进行往返测，四等水准测量采用中丝读数法进行单程观测，支水准路线必须往返测。下面分别对三、四等水准测量的施测进行介绍。

1. 四等水准测量的观测方法

测站观测程序：

在测站上离前、后尺视距差不超过 3 m 的地方安置仪器，粗平。

(1)后视水准尺黑面，精平，读下、上、中丝读数，记入表(1)、(2)、(3)位置；

(2)后视水准尺红面，读中丝读数，记入表中(4)位置；

(3)前视水准尺黑面，精平，读下、上、中丝读数，记入表中(5)、(6)、(7)位置；

(4)前视水准尺红面，读中丝读数，记入表中(8)位置。

以上观测顺序简称为“后—后—前—前”或“黑—红—黑—红”。

2. 三等水准测量的观测方法

测站观测程序：

在测站上离前、后尺视距差不超过 2 m 的地方安置仪器，粗平。

(1)后视水准尺黑面，精平，读下、上、中丝读数，记入表中相应位置；

(2)前视水准尺黑面，精平，读下、上、中丝读数，记入表中；

(3)前视水准尺红面，精平，读中丝读数，记入表中；

(4)后视水准尺红面，精平，读中丝读数，记入表中。

以上观测顺序简称为“后—前—前—后”或“黑—黑—红—红”。

测得上述 8 个数据后，随即进行计算，如果符合表 2-2 技术要求，可以迁站继续施测；否则应重新观测，直至所测数据符合规定要求后，才能迁到下一站。迁站时前视尺不动，将后视尺迁到下一站的前视点上，注意一对水准尺的交替使用，以免混乱。

2.5.3　成果计算

1. 视距计算

后视距离(9)＝(下丝读数(1)－上丝读数(2))×100

前视距离(10)＝(下丝读数(5)－上丝读数(6))×100

前、后视距差(11)＝后距(9)－前距(10)

前、后视距累积差(12)＝上站视距累积差(12)＋本站视距差(11)

限差：前、后视距差三等水准测量≤2 m，四等水准测量≤3 m。前、后视距累积差三等水准测量≤5 m，四等水准测量≤10 m。

2. 同一水准尺黑红面读数差的计算与检核

表 2-3　四等水准测量记录表

测站编号	立尺点	后尺 下丝	前尺 下丝	方向及尺号	标尺读数		K+黑减红/mm	高差中数/m	备注
		后尺 上丝	前尺 上丝		黑面	红面			
		后距/m	前距/m						
		视距差 d/m	$\sum d$/m						
		(1)	(5)	后	(3)	(4)	(13)	(18)	
		(2)	(6)	前	(7)	(8)	(14)		
		(9)	(10)	后－前	(15)	(16)	(17)		
		(11)	(12)						
1	BM_1—Z_1	1.519	1.426	后①	1.409	6.095	+1	0.0920	
		1.297	1.206	前②	1.316	6.104	−1		
		22.2	22.0	后－前	0.093	−0.009	+2		
		+0.2	+0.2						
2	Z_1—Z_2	1.875	1.876	后②	1.744	6.530	+1	−0.0035	①号尺为4.687 ②号尺为4.787
		1.613	1.618	前①	1.747	6.434	0		
		26.2	25.8	后－前	−0.003	0.096	+1		
		+0.4	+0.6						
3	Z_2—Z_3	0.992	2.186	后①	0.841	5.528	0	−1.1935	
		0.692	1.886	前②	2.035	6.821	+1		
		30.0	30.0	后－前	−1.194	−1.293	−1		
		0	+0.6						
4	Z_3—BM_2	0.594	0.999	后②	0.401	5.189	−1	−0.4040	
		0.211	0.612	前①	0.806	5.492	+1		
		38.3	38.7	后－前	−0.405	−0.303	−2		
		−0.4	+0.2						
检核	$\sum$后距 = 116.7 $\sum$前距 = 116.5 $\sum$后距 − $\sum$前距 = 0.2			$\sum$黑面高差 = −1.509 $\sum$红面高差 = −1.509 $\sum$高差中数 = −1.509 ($\sum$黑面高差 + $\sum$红面高差)/2 = −1.509					

后尺黑、红面读数差(13)＝黑面中丝读数(3)＋K_1－红面中丝读数(4)

前尺黑、红面读数差(14)＝黑面中丝读数(7)＋K_2－红面中丝读数(8)

K_1、K_2分别为前、后尺的红黑面常数差。一对水准尺的常数差 K 分别为 4.687 和 4.787。

限差：黑、红面读数差三等水准测量≤2 mm，四等水准测量≤3 mm。

3. 高差计算与检核

黑面高差(15)＝后视黑面中丝(3)－前视黑面中丝(7)

红面高差(16)＝后视红面中丝(4)－前视红面中丝(8)

黑、红面高差之差(17)＝黑面高差(15)－(红面高差(16)±0.1)

＝后尺黑、红面读数差(13)－前尺黑、红面读数差(14)

高差中数(18)＝(黑面高差(15)＋红面高差(16)±0.1)/2

高差计算以黑面高差为准，当红面高差大于黑面高差，红面高差减 0.1；当红面高差小于黑面高差，红面高差加 0.1。

限差：黑、红面高差之差三等水准测量≤3 mm，四等水准测量≤5 mm。

4. 总的计算检核

为了防止计算上的错误，在手簿每页末或每一测段完成后，应作下列检核：

(1)视距的计算检核

$$\sum \text{前后视距累积差}(12) = \sum \text{后距}(9) - \sum \text{前距}(10)$$

(2)高差的计算检核

$$\sum \text{黑面高差}(15) = \sum \text{后尺黑面中丝读数}(3) - \sum \text{前尺黑面中丝读数}(7)$$

$$\sum \text{红面高差}(16) = \sum \text{后尺红面中丝读数}(4) - \sum \text{前尺红面中丝读数}(8)$$

当测站数为偶数站时：

$$\sum \text{高差}(18) = \frac{1}{2}\left(\sum \text{黑面高差}(15) + \sum \text{红面高差}(16)\right)$$

当测站数为奇数站时：

$$\sum \text{高差}(18) = \frac{1}{2}\left(\sum \text{黑面高差}(15) + \sum \text{红面高差}(16) \pm 0.1\right)$$

5. 水准路线测量成果的计算检核

三、四等水准测量在数据计算检核无误后，各项限差都满足规范要求时，可根据测站平均高差，利用已知点高程，推算各水准点高程，其计算和高差闭合差的调整与普通水准测量方法相同，详见本章 2.6 节。

2.6　水准测量的成果计算

2.6.1　内业成果的计算方法

1. 高差闭合差的计算

水准路线各测段所有测量高差之和与理论高差之和的差值，称为高差闭合差，用 f_h 表

示，即

$$f_h = \sum h_{测} - \sum h_{理} \tag{2-18}$$

不同水准路线高差闭合差计算见本章 2.4 节中的成果检核。

2. 高差闭合差的调整

(1)高差闭合差调整的原则

根据测量误差理论，高差闭合差产生的大小与路线的长度或测站数有关，路线愈长，测站数愈多，误差的累积就越大。因此，高差闭合差调整的原则是：取高差闭合差相反的符号按测段的测站数或测段的长度，成正比例地分配到各段测量的高差上，得到改正后各测段高差。改正后的各测段高差总和应等于理论高差总和。

(2)高差闭合差调整的公式

按测段的测站数计算高差改正数，公式为

$$v_i = \frac{-f_h}{\sum n} \times n_i \tag{2-19}$$

注：n_i 为第 i 测段的测站数，n 为路线总测站数

按测段的测段长计算高差改正数，公式为

$$v_i = \frac{-f_h}{\sum L} \times L_i \tag{2-20}$$

注：L_i 为第 i 测段的测段长，L 为路线总测段长，以 km 计。

计算检核，各测段高差改正数总和应等于高差闭合差的相反数，即

$$\sum v_i = -f_h \tag{2-21}$$

(3)计算各测段改正后的高差

各测段改正后的高差用 h_i' 表示，计算公式为

$$h_i' = h_i + v_i \tag{2-22}$$

计算检核，改正后的高差总和应等于理论高差的总和，即

$$\sum h_i' = \sum h_{理} \tag{2-23}$$

3. 待定点高程的计算

根据已知点高程加改正后两点间的高差，计算待定点高程，依次计算各点高程。

计算检核，整条路线用已知点和改正后的高差依次计算各点高程，计算出的已知点高程应该要和原已知的高程相等。

2.6.2 内业成果的算例

1. 闭合水准路线算例

图 2-22 为一普通闭合水准路线，已知 BM_1 点的高程为 318.274 m，各测段测得高差和

测站数如图所注，计算各待求点1、2、3的高程。

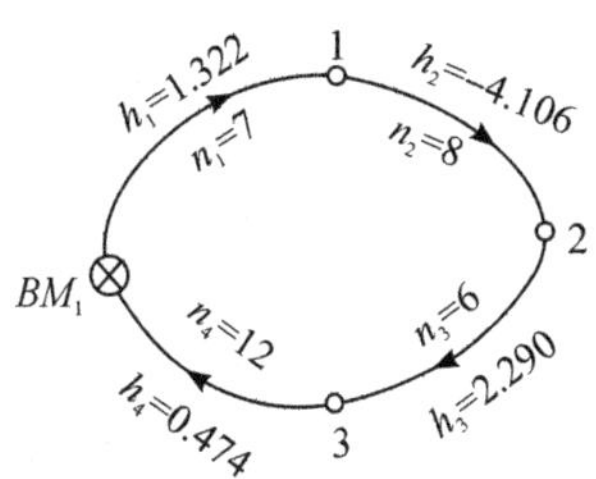

图2-22　闭合水准路线

(1)计算高差闭合差和容许值

$$f_h=\sum h_{测}=1.322+(-4.106)+2.290+0.474$$
$$=-0.020\ \mathrm{m}$$
$$f_{h容}=\pm12\sqrt{n}=\pm12\sqrt{33}=\pm0.069\ \mathrm{m}$$

$f_h<f_{h容}$，测量成果合格，可以进行闭合差的调整。

(2)计算各测段高差改正数

$$v_1=\frac{-f_h}{\sum n}\times n_1=\frac{-(-0.020)}{33}\times7=0.004\ \mathrm{m}$$

$$v_2=\frac{-f_h}{\sum n}\times n_2=\frac{-(-0.020)}{33}\times8=0.005\ \mathrm{m}$$

$$v_3=\frac{-f_h}{\sum n}\times n_3=\frac{-(-0.020)}{33}\times6=0.004\ \mathrm{m}$$

$$v_4=\frac{-f_h}{\sum n}\times n_4=\frac{-(-0.020)}{33}\times12=0.007\ \mathrm{m}$$

改正数计算校核：$\sum v_i=+0.020=-f_h$，符合要求。

(3)计算各测段改正后的高差

$$h_1'=h_1+v_1=1.322+0.004=1.326\ \mathrm{m}$$
$$h_2'=h_2+v_2=-4.106+0.005=-4.101\ \mathrm{m}$$
$$h_3'=h_3+v_3=2.290+0.004=2.294\ \mathrm{m}$$
$$h_4'=h_4+v_4=0.474+0.007=0.481\ \mathrm{m}$$

改正后高差计算校核：$\sum h_i'=\sum h_{理}=0$，符合要求。

(4)计算待求点高程

$$H_1=H_{BM_1}+h_1'=318.274+1.326=319.600\ \mathrm{m}$$
$$H_2=H_1+h_2'=319.600+(-4.101)=315.499\ \mathrm{m}$$
$$H_3=H_2+h_3'=315.499+2.294=317.793\ \mathrm{m}$$
$$H_{BM_1}=H_3+h_4'=317.793+0.481=318.274\ \mathrm{m}$$

高程计算校核：计算出的BM_1点高程与已知的BM_1点高程相等，符合要求。

表 2-4　闭合水准路线计算表

水准点号	测站数	高差			高程
		观测值	改正值	改正后高差	
BM_1					318.274
	7	1.322	0.004	1.326	
1					319.600
	8	−4.016	0.005	−4.101	
2					315.499
	6	2.290	0.004	2.294	
3					317.793
	12	0.474	0.007	0.481	
BM_1					318.274
$\sum$	33	−0.020	0.020	0	
计算校核	$f_h=\sum h_{测}=-0.020$ m $f_{h容}=\pm12\sqrt{n}=\pm12\sqrt{33}=\pm0.069$ mm $f_h<f_{h容}$，测量成果合格			校核式：(1) $f_h=-\sum v_i$ (2)改正后的高差总和 $\sum h'=0$ (3) H_{BM1}(计算)$=H_{BM1}$(已知)	

2. 附合水准路线算例

为修建某水渠布设一条四等附合水准路线，BM_1、BM_2 为已知水准点，高程为 $H_{BM1}=325.360$ m，$H_{BM2}=326.933$ m，各测段高差和测段长如图 2-23 所注，计算各待求点 1、2 的高程。

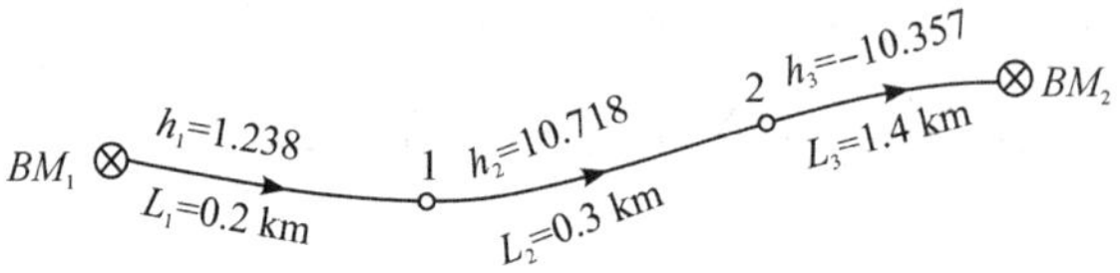

BM_1　$h_1=1.238$　$L_1=0.2$ km　1　$h_2=10.718$　$L_2=0.3$ km　2　$h_3=-10.357$　$L_3=1.4$ km　BM_2

图 2-23　附合水准路线

(1)计算高差闭合差和容许值

$$f_h=\sum h_{测}-(H_{终}-H_{始})=0.026\ \text{m}$$

$$f_{h容}=\pm20\sqrt{L}=\pm20\sqrt{1.9}=\pm0.028\ \text{m}$$

$f_h<f_{h容}$，测量成果合格，可以进行闭合差的调整。

(2)计算各测段高差改正数

$$v_1=\frac{-f_h}{\sum L}\times L_1=\frac{-0.026}{1.9}\times0.2=-0.003\ \text{m}$$

$$v_2=\frac{-f_h}{\sum L}\times L_2=\frac{-0.026}{1.9}\times0.3=-0.004\ \text{m}$$

$$v_3=\frac{-f_h}{\sum L}\times L_3=\frac{-0.026}{1.9}\times 1.4=-0.019\ \text{m}$$

改正数计算校核：$\sum v_i=-0.026=-f_h$，符合要求。

(3)计算各测段改正后的高差

$$h_1'=h_1+v_1=1.238+(-0.003)=1.235\ \text{m}$$
$$h_2'=h_2+v_2=10.718+(-0.004)=10.714\ \text{m}$$
$$h_3'=h_3+v_3=-10.357+(-0.019)=-10.376\ \text{m}$$

改正后高差计算校核：$\sum h_i'=1.573=\sum h_{理}$，符合要求。

(4)计算待求点高程

$$H_1=H_{BM_1}+h_1'=325.360+1.235=326.595\ \text{m}$$
$$H_2=H_1+h_2'=326.595+10.714=337.309\ \text{m}$$
$$H_{BM_2}=H_2+h_3'=337.309+(-10.376)=326.933\ \text{m}$$

高程计算校核：计算出的 BM_2 点高程与已知的 BM_2 点高程相等，符合要求。

表 2-5　附合水准路线计算表

水准点号	测段长	高差			高程
		观测值	改正值	改正后高差	
BM_1					325.360
	0.2	1.238	−0.003	1.235	
1					326.595
	0.3	10.718	−0.004	10.714	
2					337.309
	1.4	−10.357	−0.019	−10.376	
BM_2					326.933
$\sum$	1.9	1.599	−0.026	1.573	
计算校核	$f_h=\sum h_{测}-(H_{终}-H_{始})=0.026\ \text{m}$ $f_{h容}=\pm 20\sqrt{L}=\pm 20\sqrt{1.9}=\pm 0.028\ \text{mm}$ $f_h<f_{h容}$，测量成果合格			校核式：(1) $f_h=-\sum v_i$ (2)改正后的高差总和 $\sum h'=H_{终}-H_{始}$ (3)H_{BM2}(计算)$=H_{BM2}$(已知)	

3. 支水准路线算例

为进行某河道测量，布设一条支水准路线，各测段所测往、返高差如图 2-24 所注，已知 BM_1 的高程为 303.157 m，单程水准路线长为 2.8 km，计算各待求点 1、2、3 的高程。

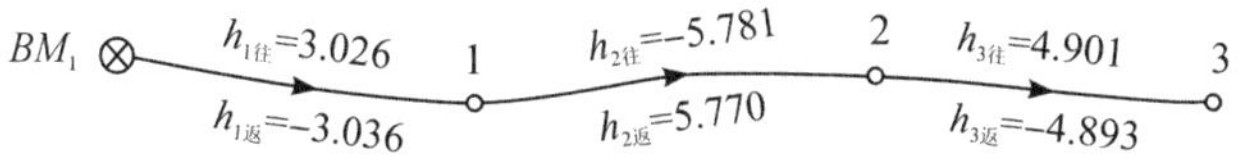

图 2-24　支水准路线

(1)计算高差闭合差和容许值

$$f_h=\sum h_{往}+\sum h_{返}=-0.013\ \text{m}$$

$$f_{h容}=\pm 40\sqrt{L}=\pm 40\sqrt{2.8}=\pm 0.067\ \text{m}$$

$f_h<f_{h容}$,测量成果合格,可以进行各测段平均高差的计算。

(2)计算各测段平均高差

$$h_{1平}=\frac{h_{1往}-h_{1返}}{2}=\frac{3.026-(-3.036)}{2}=3.031\ \text{m}$$

$$h_{2平}=\frac{h_{2往}-h_{2返}}{2}=\frac{-5.781-5.770}{2}=-5.776\ \text{m}$$

$$h_{3平}=\frac{h_{3往}-h_{3返}}{2}=\frac{4.901-(-4.893)}{2}=4.897\ \text{m}$$

(3)计算待求点高程

$$H_1=H_{BM_1}+h_{1平}=303.157+3.031=306.188\ \text{m}$$

$$H_2=H_1+h_{2平}=306.188+(-5.776)=300.412\ \text{m}$$

$$H_3=H_2+h_{3平}=300.412+4.897=305.309\ \text{m}$$

高程计算校核:$H_3-H_{BM_1}=\sum h_{平}=2.152$ m,符合要求。

表 2-6　支水准路线计算表

水准点号	高差		平均高差	高程
	往测	返测		
BM_1				303.157
	3.026	−3.036	3.031	
1				306.188
	−5.781	5.770	−5.776	
2				300.412
	4.901	−4.893	4.897	
3				305.309
$\sum$	2.146	−2.159	2.152	
计算校核	$f_h=\sum h_{往}+\sum h_{返}=-0.013$ m $f_{h容}=\pm 40\sqrt{L}=\pm 40\sqrt{2.8}=\pm 0.067$ m $f_h<f_{h容}$,测量成果合格		校核式: $H_3-H_{BM_1}=\sum h_{平}=2.152$ m	

2.7　水准仪的检验和校正

2.7.1　水准仪的各轴线及其应满足的几何条件

水准仪的主要轴线有:视准轴 CC、水准管轴 LL、圆水准器轴 $L'L'$ 和仪器竖轴 VV(如

图 2-25 所示)。根据仪器构造特点,圆水准器气泡居中,竖轴基本铅直;水准管气泡居中,视准轴水平,提供水平视线。另外仪器整平后,用十字丝的横丝读数时,标尺在横丝的任意位置,读数都应该是正确的。为保证水准仪能提供一条水平视线和读数的精度,各轴线间应满足的几何条件是:

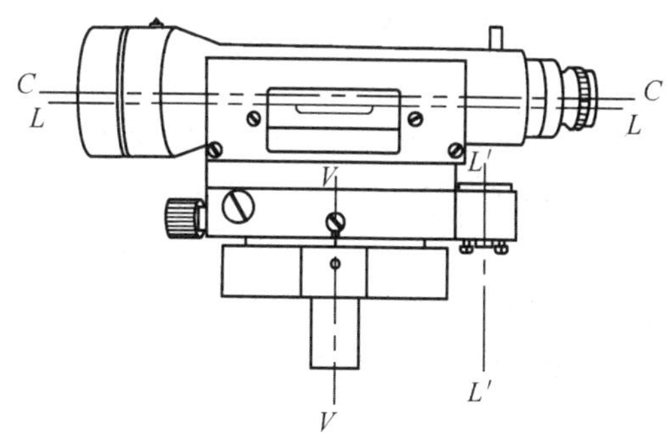

图 2-25　水准仪轴线

(1)圆水准器轴平行仪器竖轴;

(2)水准管轴平行视准轴;

(3)十字丝横丝垂直仪器竖轴。

水准仪这些几何条件在仪器出厂时是满足的,由于长期使用以及受搬运中震动等影响,各轴线之间的几何关系会发生变化。为保证测量成果的质量,在每次使用前应对仪器进行检验和校正。

2.7.2　水准仪的检验和校正方法

1. 圆水准器轴的检验和校正

(1)检校目的

使圆水准器轴平行于仪器竖轴。

(2)检验方法

安置水准仪后,转动脚螺旋使圆水准气泡严格居中,如图 2-26(a)所示,然后将仪器绕竖轴旋转 180°,如果圆气泡仍居中,则表示圆水准器轴平行于仪器竖轴,不必校正。如果圆气泡偏离中心,如图 2-26(b)所示,则表示不满足几何条件,需要进行校正。

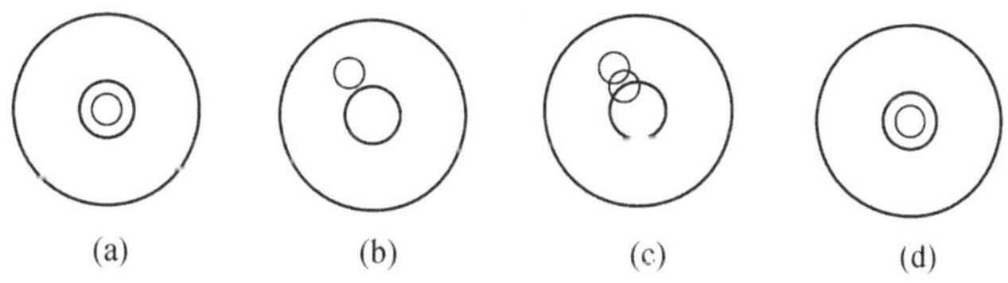

图 2-26　圆水准器的检验和校正

(3)校正方法

水准仪不动,先转动脚螺旋,使气泡中心向圆水准器中心方向移动偏离值的一半[如图 2-26(c)所示],然后稍旋松圆水准器底部的固定螺丝钉,剩余一半偏离值用校正针拨动圆水准器的校正螺丝,使气泡居中[如图 2-26(d)所示],最后旋紧固定螺丝钉。圆水准盒的底部有三个校正螺丝,如图 2-27 所示。

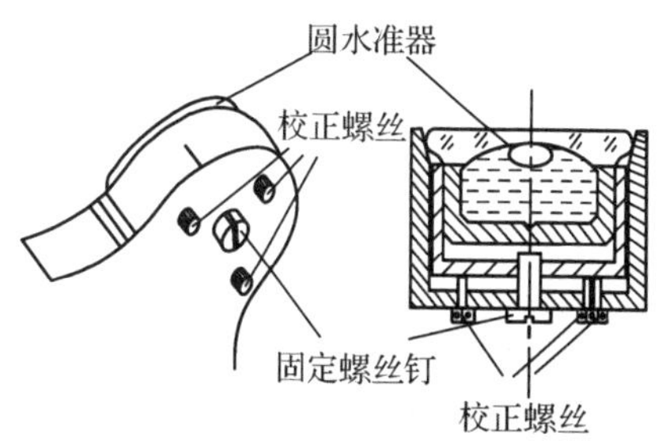

图 2-27　圆水准器校正螺丝

2. 十字丝横丝的检验和校正

(1)检校目的

使十字丝横丝垂直于仪器竖轴,即当仪器竖轴处于铅垂位置时,横丝应在水平位置。

(2)检验方法

安置水准仪整平后,用十字丝横丝的一端对准一清晰固定点,如图 2-28(a)所示。拧紧水平制动螺旋,转动水平微动螺旋,如果固定点始终在横丝上移动说明横丝垂直于仪器竖轴,若偏离横丝,如图 2-28(b)所示,应进行校正。

(3)校正方法

卸下目镜处的护罩,松开十字丝分划板固定螺丝,拨正十字丝环,最后再旋紧固定螺丝,此项检校也需反复进行,直到条件满足为止。如图 2-29 所示。

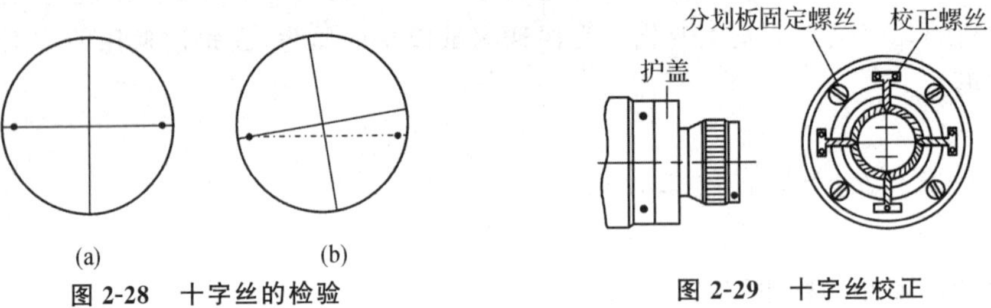

图 2-28　十字丝的检验

图 2-29　十字丝校正

3. 水准管轴的检验与校正

(1)检校目的

使水准管轴平行于视准轴。

(2)检验方法

在较平坦的地面上选择相距约 80 m 的 A、B 两点,如图 2-30(a)所示,打下木桩或放置尺垫,使水准尺固定在木桩或尺垫上。在 AB 的中间点处安置水准仪,用变动仪器高法连续两次测出 A、B 两点的高差,若两次测定的高差之差不超过 3 mm,则取两次高差的平均值 h_{AB} 作为最后结果。由于前后视距离相等,视准轴与水准管轴不平行的 i 角对前后视读数产生的误差相等,$\Delta_1=\Delta_2$,因此可认为所得高差为正确高差。A、B 两点的高差为

$$h_1=(a_1-\Delta_1)-(b_1-\Delta_2)=a_1-b_1 \tag{2-24}$$

由此可见,前后视距离相等,可以消除视准轴与水准管轴不平行产生的 i 角误差的影响。

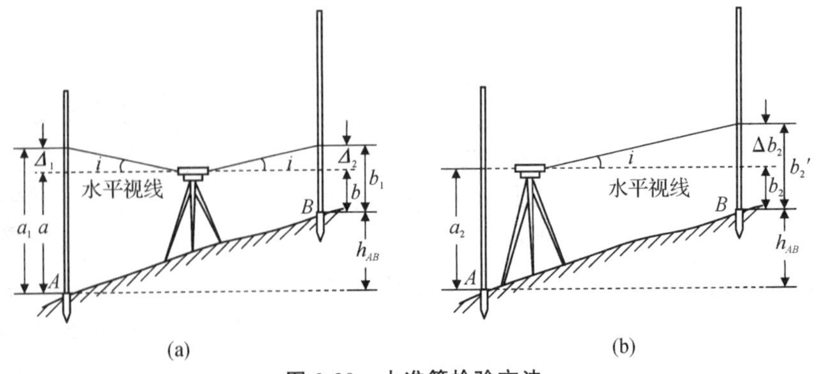

图 2-30　水准管检验方法

仪器搬到距 A 点约 2～3 m 处，如图 2-30(b)所示。精平后读取 A、B 两点的尺读数 a_2、b_2'，计算在 A 点附近测得的高差

$$h_2=a_2-b_2' \tag{2-25}$$

若 $h_1=h_2$，表示两轴平行；若 $h_1\neq h_2$，说明存在 i 角误差，其角值为

$$i=\frac{|h_2-h_1|}{D_{AB}}\cdot\rho'' \tag{2-26}$$

式中，D_{AB}—A、B 两点间的水平距离，m；

i—视准轴与水准管轴的夹角，″；

ρ—弧度的秒值，$\rho=206265''$。

对于 DS_3 型水准仪来说，i 角值不得大于 20″，如果超限，则需要校正。

(2)校正方法

由于仪器距 A 点很近，两轴不平行引起的读数误差较小，所以 a_2 读数误差略去不计。仪器在 A 点上读取 A 尺读数 a_2 后，当两轴平行时，在 B 尺的正确读数应为

$$b_2=a_2-h_1 \tag{2-27}$$

水准管的校正如图 2-31 所示，根据上式的计算结果，转动微倾螺旋使十字丝横丝对准 B 尺上的读数 b_2 处，此时视准轴已水平，但水准管气泡不居中，松开水准管左右两个校正螺丝，拨动水准管上下校正螺丝使气泡居中，最后要将校正螺丝旋紧。此项校正工作需反复进行，直至达到要求为止。

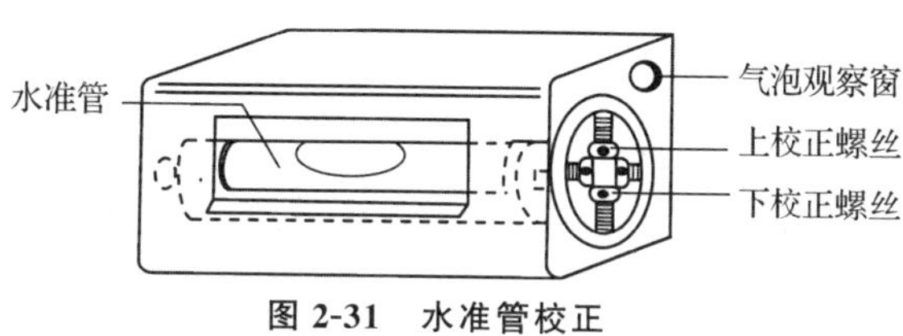

图 2-31　水准管校正

2.8　水准测量的误差分析

水准测量的误差来源主要有仪器误差、观测误差、外界条件影响的误差。

2.8.1　仪器误差

1. 仪器误差

仪器误差主要来源是望远镜的视准轴与水准管轴不平行的 i 角误差。仪器虽然经过校正，但仪器检验与校正不甚完善以及其他方面的影响，使仪器尚存在一些残余误差。这个 i 角残余误差(图 2-32)对高差的影响为 Δh，即

$$\Delta h=\Delta_2-\Delta_1=\frac{i}{\rho}D_B-\frac{i}{\rho}D_A=\frac{i}{\rho}(D_B-D_A) \tag{2-28}$$

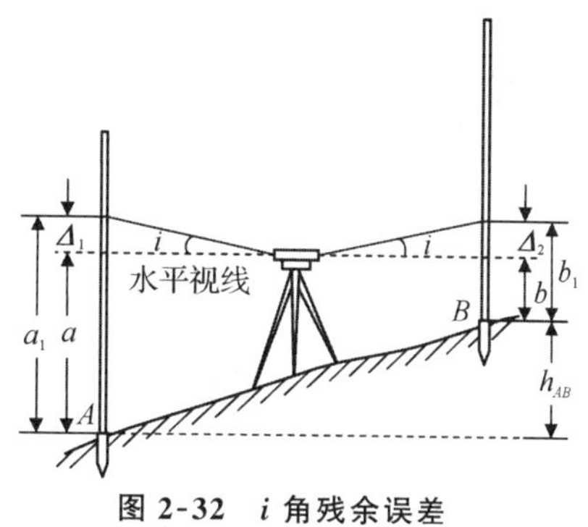

图 2-32　i 角残余误差

式中，D_B-D_A 为前后视距之差。

若一测站上仪器到前后视距相等(即 $D_B=D_A$),即可消除 i 角残余误差对高差的影响。对于一条水准路线而言,也应保持前视视距总和与后视视距总和相等,同样可消除 i 角误差对路线高差总和的影响。

2. 水准尺误差

水准尺刻画不准确、尺长变化、弯曲等都会影响水准测量的精度。因此,水准尺需经过检验才能使用。至于水准尺的零点误差,在成对使用水准尺时可在一水准测段中使测站为偶数予以消除,也可在前、后视中使用同一根水准尺来消除。

2.8.2 观测误差

1. 水准管气泡居中误差

水准测量时,视线的水平是根据水准管气泡居中来实现的。由于气泡居中存在误差,致使视线偏离水平位置,从而带来读数误差。减少此误差的办法是每次读数时使气泡严格居中。

2. 读数误差

在水准尺上估读毫米数的误差,与人眼的分辨力、望远镜的放大倍率以及视线长度有关,通常按下式计算

$$m_V=\frac{60''}{V}\cdot\frac{D}{\rho''} \tag{2-29}$$

式中,V—望远镜的放大倍率;60″—人眼的极限分辨能力。

3. 视差

当存在视差时,水准尺影像与十字丝平面不重合,若眼睛观察的位置不同,便读出不同的读数,因而也会产生读数误差。

4. 水准尺倾斜误差

水准尺倾斜,无论是前倾还是后倾,其读数都比竖直时要大。其读数误差为:

$$\Delta b=b'-b=b'(1-\cos\varepsilon) \tag{2-30}$$

随着视线抬高(即读数越大)或倾斜的角度越大,水准尺倾斜引起的读数误差也越大。例如尺子倾斜 3°,视线在尺上读数为 2.0 m 时,会产生约 3 mm 的读数误差。为减少水准尺的倾斜误差,可在水准尺上安置圆水准器,扶尺时注意使圆水准气泡居中。如果水准尺上没有安装圆水准器,可采用摇尺法,使水准尺缓缓地向前、后倾斜,当图 2-33 观测者读取到最小读数时,即为尺子竖直时的读数。

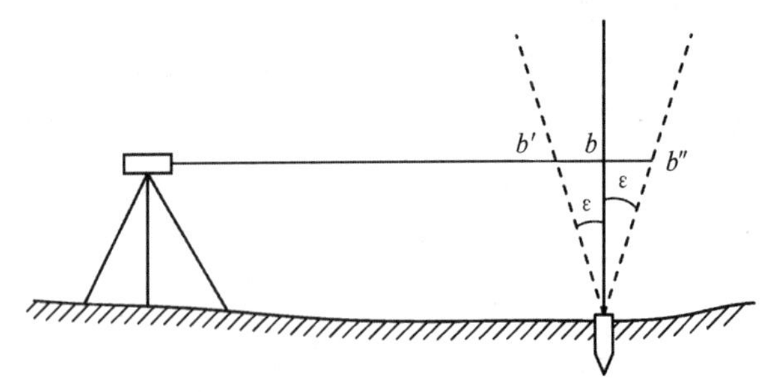

图 2-33 水准尺倾斜误差

2.8.3　外界条件影响的误差

1. 仪器下沉

仪器下沉，使视线降低，从而引起高差误差。采用“后、前、前、后”的观测程序，可减弱其影响。

2. 尺垫下沉

如果在转点发生尺垫下沉，将使下一站后视读数增大。采用往返观测，取平均值的方法可以减弱其影响。

3. 地球曲率及大气折光的影响

(1)地球曲率的影响

大地水准面是一个曲面，用水平视线代替大地水准面在尺上读数产生的误差为 c，即地球曲率对读数的影响(详见第 1 章 1.3 节)为：

$$c=D^2/2R \tag{2-31}$$

式中，D—仪器到水准尺的距离；R—地球的平均半径，为 6371 km。

因此，使前后视距离 D 相等，地球曲率对高差的影响在高差计算时将相互抵消。

(2)大气折光的影响

地面上空气密度不均匀，使光线发生折射，因而水准测量中，视线不是一水平视线，而是一曲线，使读数产生误差，称为大气折光差。折光的大小与大气层竖向温差大小有关，由于地面吸热作用，越接近地面，温差越大，折光也越大。在气象稳定的条件下，折光产生曲线的曲率半径约为地球半径的 7 倍，大气折光对水准尺读数产生的影响为 γ：

$$\gamma=\frac{1}{7}c=\frac{D^2}{14R} \tag{2-32}$$

在水准测量中，前、后视线离地高度一致时，前、后视线的折光弯曲相同，如果前、后视距离相等，大气折光对前、后视读数的影响也相等，在计算高差时相互抵消。但在实际测量中，前、后视线离地高度往往不一致，大气折光对前、后视的影响不相等，对所测高差产生折光差影响。为了尽量减少这种影响，应抬高视线，使视线高出地面一定距离进行水准测量。

4. 温度的影响

温度的变化不仅会引起大气折光变化，还引起仪器的部件胀缩，从而可能引起视准轴构件(物镜、十字丝和调焦镜)相对位置的变化，造成水准尺影像在望远镜的十字丝面内上、下跳动，难以读数。当烈日照射水准管时，由于水准管本身和管内液体温度升高，气泡向着温度高的方向移动，影响水准管气泡居中，造成测量误差。因此水准测量时，应撑伞保护仪器，选择有利的观测时间。

2.9 其他水准仪简介

2.9.1 自动安平水准仪

自动安平水准仪和微倾式水准仪的区别在于没有水准管和微倾螺旋,而是在望远镜的光学系统中装置了补偿器,通过补偿器的作用,使视准轴数秒钟内自动成水平状态,从而读出视线水平时的读数。自动安平水准仪这种能自动置平的特点,简化操作,提高了观测速度,而且对于施工场地地面的微小震动、松软土地的仪器下沉以及大风吹刮时视线微小倾斜等不利状况,能迅速自动地安平,有效地减弱外界的影响,提高了观测精度。

1. 自动安平水准仪的补偿原理

当圆水准器气泡居中后,视准轴仍存在一个微小倾角 α,此时视线不水平,读数存在偏差,为了使读数仍为视线水平时的读数,在望远镜的光路上安置一个补偿器,使通过物镜光心的水平光线经过补偿器的光学元件后偏转一个 β 角,使偏转角的大小正好能够补偿视线倾斜引起的偏差,这样水平光线仍能通过十字丝交点,读得视线水平时的读数(图 2-34)。由于 α 和 β 都是很小的角度,当下式成立时,即

$$f \cdot \alpha = d \cdot \beta \tag{2-33}$$

就能达到自动补偿的目的。式中,f 为物镜到十字丝分划板的距离,d 为补偿装置到十字丝分划板的距离。

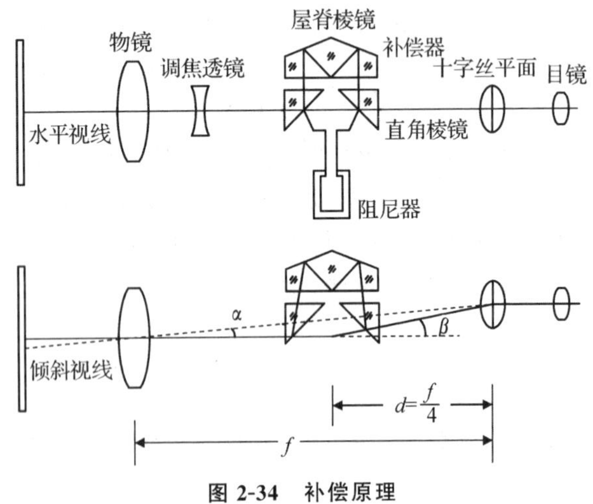

图 2-34 补偿原理

2. 自动安平补偿器

自动安平补偿器的种类很多,但一般都是采用吊挂光学元件的方法,借助重力的作用达到视线自动补偿的目的。国产的 DSZ_3 自动安平水准仪的补偿器就是采用这种方法进行自动补偿的,它由屋脊棱镜、直角棱镜和阻尼器组成。补偿器安装在望远镜光路上距十字丝距

离 $d=f/4$ 处，将屋脊棱镜固定在望远镜筒内，在屋脊棱镜的下方，用交叉的金属丝吊挂着两个直角棱镜，该直角棱镜在重力作用下，能与望远镜作相对的偏转。为了使吊挂的棱镜尽快地停止摆动，还设置了阻尼器。当望远镜倾斜了微小角度 α 时，吊挂的两个直角棱镜在重力作用下，相对于望远镜的倾斜方向做反向偏转一个同样大小的角度，使棱镜的直角面仍保持和水平视线垂直的位置，当水平光线通过偏转后的直角棱镜的反射到达十字丝的中心时，仍能读得视线水平时的读数，从而达到了补偿的目的。

3. 自动安平水准仪的使用

使用自动安平水准仪时，首先将圆水准器气泡居中，然后瞄准水准尺，等待 2～4 秒后即可进行读数。补偿器作用范围约为 $\pm 5'$，使用自动安平水准仪应认真进行粗略整平。另外，由于补偿器相当于一个重力摆，其重力摆静止稳定约需 2～4 秒，故瞄准水准尺约过几秒钟后再读数为好。有的自动安平水准仪配有一个补偿器检查按钮，每次读数前按一下该按钮，确认补偿器能正常作用再读数。

2.9.2　电子水准仪

1. 电子水准仪的基本原理

电子水准仪又称数字水准仪，它是在自动安平水准仪的基础上发展起来的。它采用条码标尺，各厂家标尺编码的条码图案不相同，不能互换使用。目前照准标尺和调焦仍需目视进行。人工完成照准和调焦之后，标尺条码一方面被成像在望远镜分划板上，供目视观测，另一方面通过望远镜的分光镜，标尺条码又被成像在光电传感器(又称探测器)即线阵 CCD 器件上，供电子读数。因此，如果使用传统水准标尺，电子水准仪又可以像普通自动安平水准仪一样使用，不过这时的测量精度低于电子测量精度。特别是精密电子水准仪，由于没有光学测微器，当成普通自动安平水准仪使用时，其精度更低。

当前电子水准仪采用了原理上相差较大的三种自动电子读数方法(图 2-35)：

(1)相关法；

(2)几何法；

(3)相位法。

从这几种原理共同性的角度看，都使用了光学水准仪的光路原理，也都使用了条形码标尺，条码明暗相间，通过改变明暗条码的宽度实现编码，且条码不存在重复的码段。但它们的编码规则也有非常明显的个性区别，从此可以看出它们解码原理的区别。另外，除上述编码环节存在共同性外，解码环节也还是有共同性的。可以断定，所有的电子水准仪的解码过程都存在粗测、精测和精粗衔接这些步骤过程，且这些过程和普通的光学模拟水准仪仍然有相似之处。粗测确定光电传感器所截获条码片段在标尺

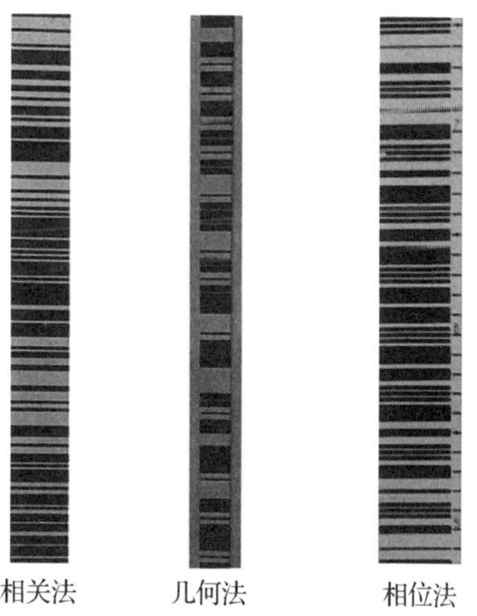

图 2-35　电子水准仪的读数原理

上的位置，这一过程也就是图像识别过程；精测确定电子中丝在所截获的条码片段中的位置；精粗衔接则根据精测值和粗测值求得电子中丝在标尺上的位置(即测量结果)。

2. 电子水准仪的特点

电子水准仪是以自动安平水准仪为基础，在望远镜光路中增加了分光镜和探测器(CCD)，并采用条码标尺和图像处理电子系统构成的光机电测一体化的高科技产品。采用普通标尺时，又可像一般自动安平水准仪一样使用。它与传统仪器相比有以下共同特点：

(1)读数客观。不存在误差、误记问题，没有人为读数误差。

(2)精度高。视线高和视距读数都是采用大量条码分划图像经处理后取平均得出来的，因此削弱了标尺分划误差的影响。多数仪器都有进行多次读数取平均的功能，可以削弱外界条件影响。不熟练的作业人员业也能进行高精度测量。

(3)速度快。由于省去了报数、听记、现场计算的时间以及人为出错的重测，测量时间与传统仪器相比可以节省1/3左右。

(4)效率高。只需调焦和按键就可以自动读数，减轻了劳动强度。视距还能自动记录、检核、处理并能输入电子计算机进行后处理，可实现内外业一体化。

思考练习题

1. 试述水准测量原理。水准测量分哪些等级？

2. 计算待定点高程有哪两种方法？各在什么情况下应用？

3. 水准仪由哪些主要部分构成？各起什么作用？

4. 什么叫视准轴、水准管轴、圆水准器轴？

5. 试述水准仪的使用操作步骤。

6. 什么叫视差？它是怎样产生的？如何消除？

7. 什么是精平？为什么微倾水准仪必须精平后才能读数？

8. 试述单一水准测量路线的各种布设形式及其特点。

9. 什么叫转点？转点在水准测量中起什么作用？

10. 水准仪有哪些主要轴线？它们间应满足什么条件？其中什么是主要条件？

11. 影响水准测量成果的因素有哪些？用前后视距相等的观测方法可消除哪些误差的影响？

12. 简述四等水准测量在一个测站上的观测程序以及各项要求。

13. 什么叫作水准测量的测站检核，其目的是什么？经过测站检核后，为什么还要进行路线检核？

14. 何谓水准测量的高差闭合差？如何计算水准测量的容许高差闭合差？

15. 水准仪有哪几项检验和校正？如何进行各项检验和校正？

16. 进行水准测量时，设 A 为后视点，B 为前视点，后视水准尺读数 $a=1.124$ m，前视水准尺读数 $b=1.435$ m，问 A、B 两点的高差 h_{AB} 为多少？设已知 A 点的高程为 20.024 m，

问 B 点的高程为多少？

17. 设 A、B 两点相距 100 m，水准仪安置在 AB 中点时测得高差 $h_{AB}=2.182$ m，将水准仪搬到 B 点附近测得高差 $h'_{AB}=2.170$ m，问视准轴与水准管轴是否平行？如不平行，请求出 i 角值，并说明如何校正。

第3章　角度测量

【教学要求】

知识准备	能力要求	相关知识点
角度测量原理	(1)掌握水平角测量原理 (2)掌握竖直角定义及取值区间	(1)水平角 (2)竖直角 (3)角度的取值范围
角度测量仪器与工具的使用	(1)认识角度测量各种仪器与工具 (2)掌握全站仪和光学经纬仪的组成和构造 (3)掌握全站仪的角度测量	(1)全站仪 (2)DJ_6光学经纬仪 (3)测钎、标杆、觇板 (4)全站仪的安置、照准、读数
角度测量	(1)能够进行水平、竖直角度测量的施测 (2)能够完成水平、竖直角度测量数据的记录计算 (3)能够对水平、竖直角度测量的外业测量数据进行内业计算	(1)测回法 (2)方向观测法 (3)竖直度盘的构造 (4)竖盘指标差 (5)竖直角的计算公式 (6)竖盘指标自动归零补偿器
全站仪的检验与校正	(1)掌握全站仪各轴线应满足的几何条件 (2)掌握照准部水准管轴、十字丝竖丝、视准轴、横轴、指标差的检验与校正	(1)全站仪的各个轴系 (2)照准部水准管轴的检校 (3)十字丝竖丝的检校 (4)视准轴的检校 (5)横轴的检验与校正 (6)指标差的检校 (7)圆水准器的检校
角度测量的误差及注意事项	(1)了解角度测量误差的主要来源 (2)掌握减少或消除误差的基本措施	(1)仪器误差 (2)观测误差 (3)外界条件误差

3.1　角度测量原理

在常规测量工作中，地面点点位通常使用投影三维定位方法来确定，即将地面点的空间位置分解为水平位置和高程位置来确定。为了确定地面点的平面位置，通常需要观测水平角;为了观测高程位置,除了采用水准测量方法外,还经常通过观测竖直角按三角原理来确定。

角度测量包括水平角测量和竖直角测量。

3.1.1　水平角测量原理

水平角是从一点出发的两条方向线所构成的空间角在水平面上的投影,或是指地面上一点到两个目标点的方向线垂直投影到水平面上的夹角,或者是过两条方向线的竖直面所夹的两面角。

如图 3-1 所示,A、B、C 为地面上三点,过 AB、AC 直线的竖直面在水平面 P 上的交线 ab、ac 所夹的角 β 就是 AB 和 AC 之间的水平角。

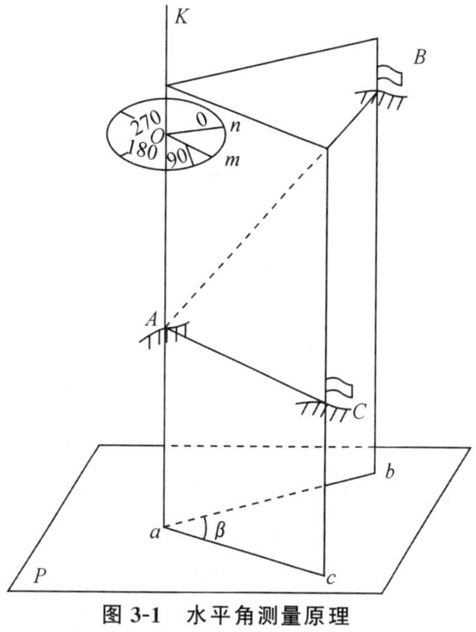

图 3-1　水平角测量原理

根据水平角的概念,若在过 A 点的铅垂线上,水平地安置一个有刻度的圆盘(称为水平度盘),度盘中心在 O 点,过 AB、AC 竖直面与水平度盘交线为 On、Om,在水平度盘上读数为 n、m,则$\angle nOm$ 为所测得的水平角。一般水平度盘是顺时针刻画,则:

$$\angle nOm = m - n = \beta \tag{3-1}$$

水平角度值为 0°～360°。

3.1.2　竖直角定义

在同一竖直面内,目标视线与水平线的夹角,称为竖直角。其范围在 0°～±90°之间。如图 3-2,当视线位于水平线之上,竖直角为正,称为仰角;反之当视线位于水平线之下,竖直角为负,称为俯角。

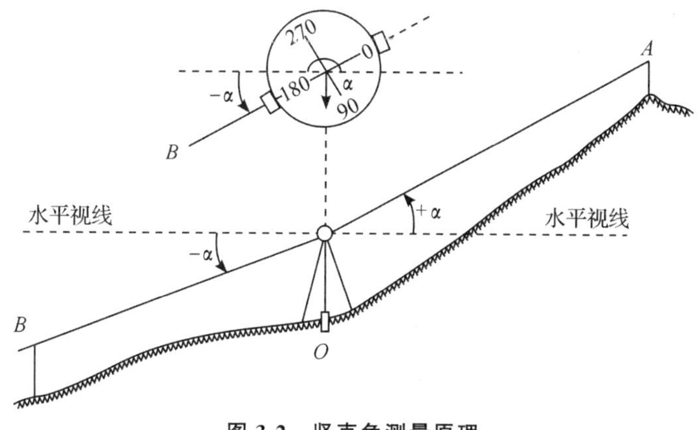

图 3-2　竖直角测量原理

3.2 角度测量仪器与工具

3.2.1 全站仪

全站仪又称全站型电子速测仪，是一种可以同时进行角度测量和距离测量，由机械、光学、电子元件组合而成的测量仪器。全站仪具有较强的计算功能和较大容量的储存功能，可安装各种专业测量软件。在测量时，仪器可以自动完成平距、高差、坐标增量计算和其他专业需要的数据计算，并显示在显示屏上。也可配合电子记录手簿，实现自动记录、存储、输出测量成果，使测量工作大为简化，实现全野外数字化测量。

1. 全站仪的基本构造

全站仪基本构造如图 3-3 所示。全站仪主要由电子经纬仪、光电测距仪和内置微处理器组成。从结构上看，全站仪可分为“组合式”和“整体式”两类。“组合式”全站仪是将电子经纬仪、光电测距仪和微处理器通过一定的连接器构成一体，可分可合，故亦称“半站仪”，这是早期的过渡产品，目前市面上很难见到了。“整体式”全站仪则是在一个仪器外壳内包含了电子经纬仪、光电测距仪和微处理器，而且电子经纬仪与光电测距仪共用一个望远镜，仪器各部分构成一个整体，不能分离。随着信息产业技术的发展，全站仪已向智能化、自动化、功能集成化方向发展。

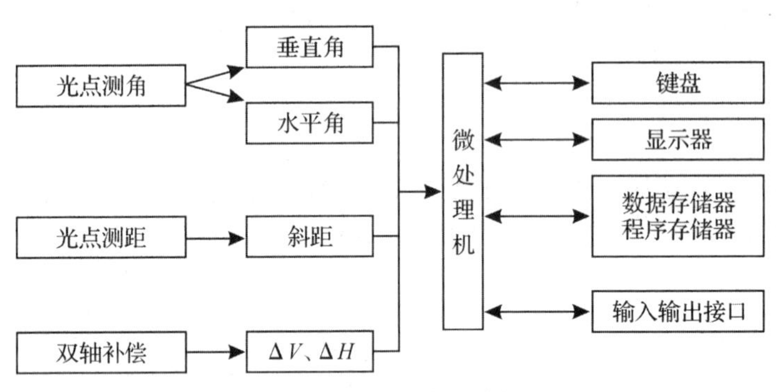

图 3-3 全站仪基本构造框图

全站仪在外观上除具有与电子经纬仪、光电测距仪相似的特征外，还具备各种通信接口，如 USB 接口或六针圆形孔 RS-232 接口或掌上电脑(PDA)接口等。全站仪在获得观测数据之后，可通过这些通信接口与电脑相连，在相应的专业软件支持下，实现数字化测量。

2. 南方全站仪 NTS-302R 简介

全站仪的种类和型号众多，原理、构造和功能基本相似。本节以广州南方测绘仪器生产的 NTS-302R 型号全站仪为例，介绍全站仪的性能及使用。

NTS-302R 全站仪的精度为 2″级，角度最小显示为 1″/5″，测距精度为 ±(5 mm + 2 ppm$D$)，距离最小显示为 mm。仪器具备角度测量、距离测量、坐标测量、悬高测量、偏心测量、对边测量、距离放样、坐标放样、面积计算、免棱镜技术、激光发射等功能。具有自动化数据采集程序和内存程序模块，可以自动记录测量数据，方便地进行内存管理。为中文界面和菜单，操作直观、简单。大显示屏的字体清晰、美观。

（1）主要构造

NTS-302R 全站仪主要构造如图 3-4 所示。

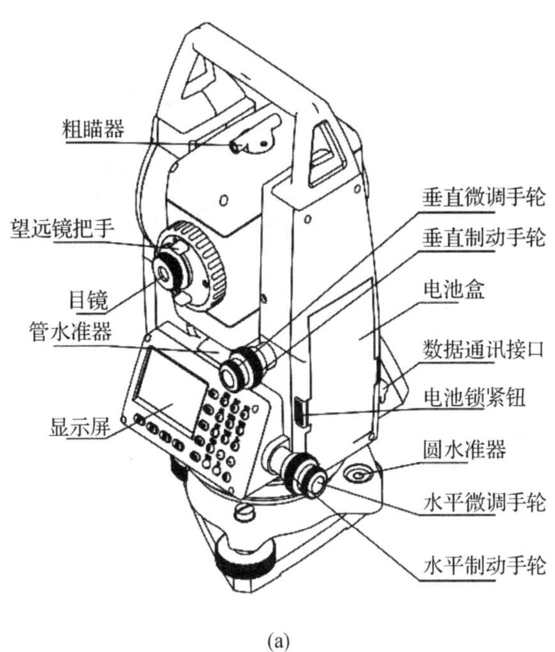

(a)

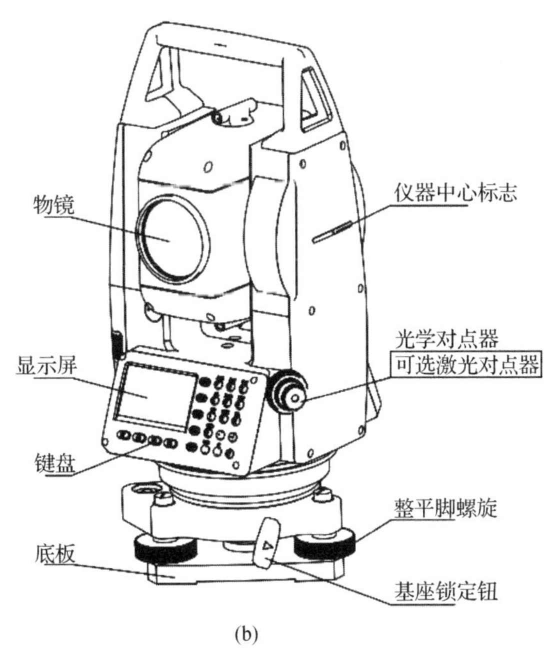

(b)

图 3-4　NTS-302R 全站仪构造

(2)NTS-302R 全站仪部件及功能说明

①显示屏和键盘(图 3-5)

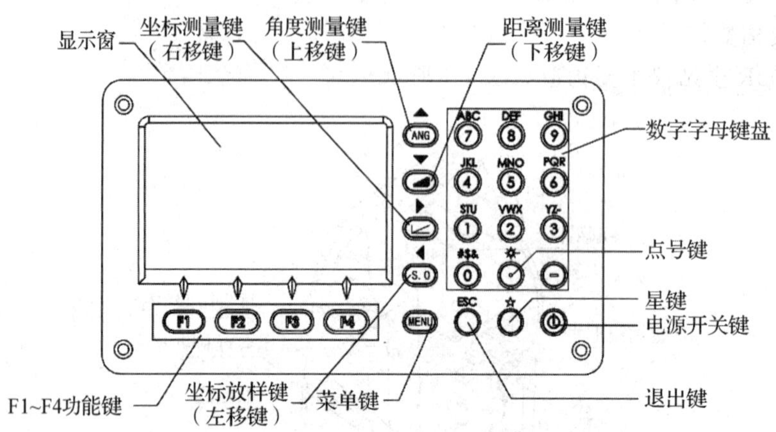

图 3-5 NTS-302R 全站仪显示屏和键盘

②按键说明及功能(表 3-1)

表 3-1 NTS-302R 全站仪按键说明及功能

按　键	名　称	功　能
ANG	角度测量键	进入角度测量模式(▲上移键)
◢	距离测量键	进入距离测量模式(▼下移键)
⊭	坐标测量键	进入坐标测量模式(▶右移键)
S. O	坐标放样键	进入坐标放样模式(◀左移键)
MENU	菜单键	进入菜单模式
ESC	退出键	返回上一级状态或返回测量模式
POWER	电源开关键	电源开关
F1～F4	软键(功能键)	对应于显示的软键信息
0～9	数字字母键盘	输入数字和字母、小数点、负号
★	星键	进入星键模式或直接开启背景光
·	点号键	开启或关闭激光指向功能

③屏幕显示符号及含义(表 3-2)

表 3-2　NTS-302R 全站仪显示符号及含义

显示符号	内　容
V%	垂直角(坡度显示)
HR	水平角(右角)
HL	水平角(左角)
HD	水平距离
VD	高差
SD	斜距
N	北向坐标
E	东向坐标
Z	高程
*	EDM(电子测距)正在进行
m	以米为单位
PSM	棱镜常数(以 mm 为单位)
PPM	大气改正值
	NTS-300R 系列全站仪合作目标为棱镜
	NTS-300R 系列全站仪合作目标为反射板
	NTS-300R 系列全站仪无合作目标

④功能键(软键)

软键共有四个,即 F1、F2、F3、F4 键,每个软键的功能见相应测量模式的相应显示信息,在各种测量模式下分别有其不同的功能。

标准测量模式有三种,即角度测量模式、距离测量模式和坐标测量模式。各测量模式又有若干页,可以用 F4 键翻页。具体操作及模式说明如下(图 3-6 至图 3-8,表 3-3 至表-5):

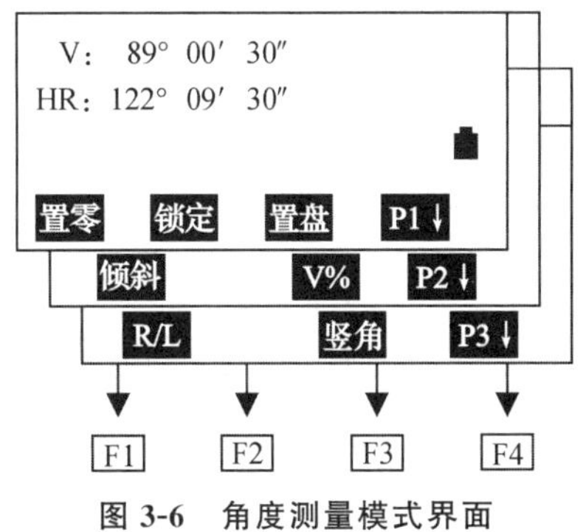

图 3-6　角度测量模式界面

表 3-3 角度测量模式说明

页数	软键	显示符号	功 能
1	F1	置零	水平角置为 0°00′00″
	F2	锁定	水平角读数锁定
	F3	置盘	通过键盘输入数字设置水平角
	F4	P1↓	显示第 2 页软键功能
2	F1	倾斜	设置倾斜改正开或关，若选择开，则显示倾斜改正值
	F2	复测	角度重复测量模式
	F3	V%	垂直角百分比坡宽(%)显示
	F4	P2↓	显示第 3 页软键功能
3	F1	H—蜂鸣	仪器每转动水平角 90°是否要发出蜂鸣声的设置
	F2	R/L	水平角右/左计数方向的转换
	F3	竖盘	垂直角显示格式(高度角/天顶距)的切换
	F4	P3↓	显示下一页(第 1 页)软键功能

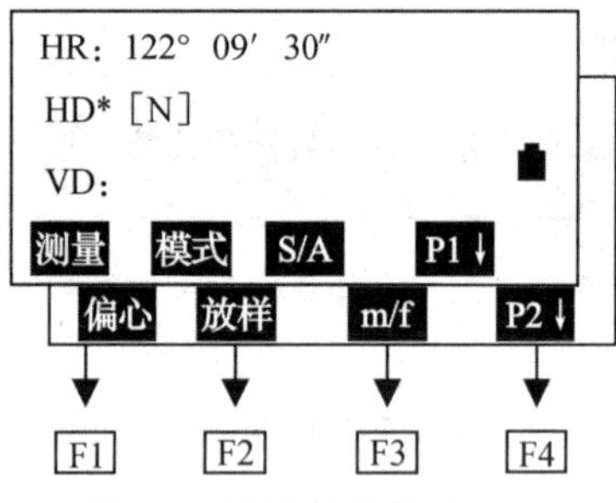

图 3-7 距离测量模式界面

表 3-4 距离测量模式说明

页数	软键	显示符号	功 能
第 1 页(P1)	F1	测量	启动测量
	F2	模式	设置测距模式为单次精测/连续精测/连续跟踪
	F3	S/A	温度、气压、棱镜常数等设置
	F4	P1↓	显示第 2 页软键功能
第 2 页(P2)	F1	偏心	偏心测量模式
	F2	放样	距离放样模式
	F3	m/f	单位米与英尺转换
	F4	P2↓	显示第 1 页软键功能

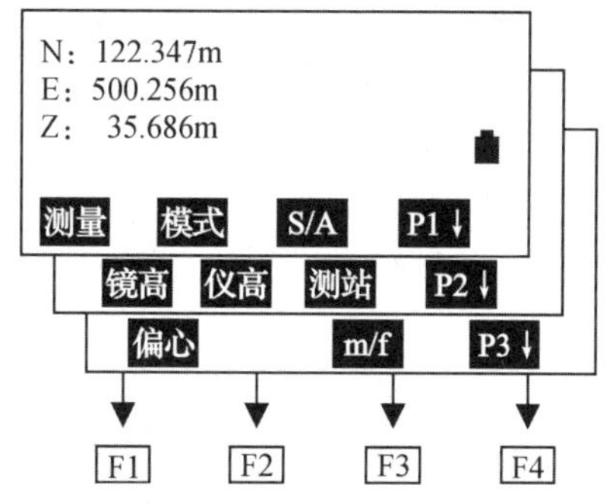

图 3-8　坐标测量模式界面

表 3-5　坐标测量模式说明

页数	软键	显示符号	功　能
第 1 页（P1）	F1	测量	启动测量
	F2	模式	设置测距模式为单次精测/连续精测/连续跟踪
	F3	S/A	温度、气压、棱镜常数等设置
	F4	P1↓	显示第 2 页软键功能
第 2 页（P2）	F1	镜高	设置棱镜高度
	F2	仪高	设置仪器高度
	F3	测站	设置测站坐标
	F4	P2↓	显示第 3 页软键功能
第 3 页（P3）	F1	偏心	偏心测量模式
	F2		
	F3	m/f	单位米与英尺转换
	F4	P3↓	显示第 1 页软键功能

⑤星键模式

按下星键后出现界面如图 3-9 所示。

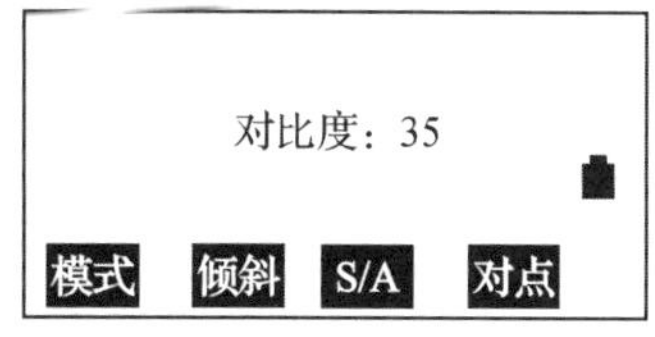

图 3-9　星键模式

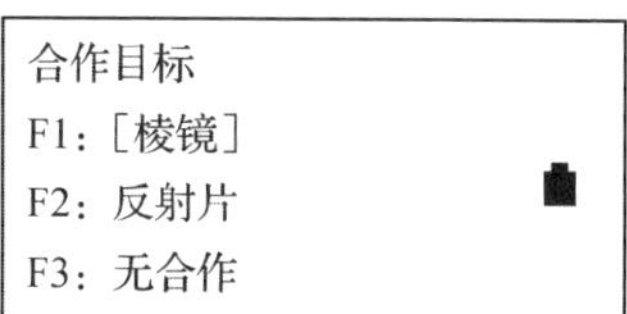

图 3-10　合作目标选择

a. 模式：通过按 F1（模式）键，显示图 3-10 界面。

有三种测量模式可选：按 F1 选择合作目标是棱镜，按 F2 选择合作目标是反射片，按 F3 选择无合作目标。选择一种模式后按 ESC 键即回到上一界面。

b. 倾斜：通过按 F2（倾斜）键，按 F1 或 F3 选择开关倾斜改正，然后按 F4 确认。

c. S/A：通过按 F3（S/A）键，可以进入棱镜常数和温度气压设置界面。

d. 对点:激光对点功能,通过按 F4(对点)键,按 F1 或 F3 选择开关激光对点器。

e. 对比度调节:通过按上下键,可以调节液晶显示对比度。

再次按下星键可以直接开启背景光。

⑥点键模式

在非数字、字母输入界面下按点号键,打开激光指向功能,再按一下,关闭激光指向功能。

(3)反射棱镜

与全站仪配套使用的主要测量器材就是反射棱镜。棱镜的作用就是将全站仪发射的电磁波反射回全站仪,由全站仪的接收装置接收,全站仪的计时器可记录出电磁波从发射到接收的时间差,从而可求得全站仪与棱镜之间的距离。棱镜分单棱镜、三棱镜、九棱镜等几种形式,常用的主要是单棱镜和三棱镜两种,如图 3-11 所示。单棱镜主要用于测短距离,三棱镜主要用于测长距离。

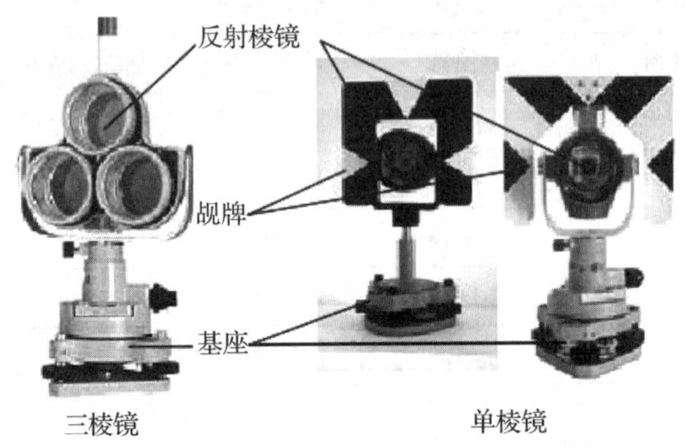

图 3-11 全站仪棱镜组

其他功能型全站仪还有很多,如防爆型全站仪、防水型全站仪、安装陀螺仪的全站仪,能与 GPS 通信的超站仪等,本节不一一介绍,可查阅相关文献和仪器说明书。

3. 全站仪的使用

(1)观测前的准备工作

①电池装入与取出。进行观测之前,应将电池充足电。电池装入:把电池放入仪器盖板的电池槽中,用力推电池,使其卡入仪器中;电池取出:按住电池左右两边的按钮往外拔,取出电池。

②安置仪器。仪器的整平与对中,具体操作与光学经纬仪相同。

③打开电源准备观测。仪器经整平后,打开电源开关(POWER 键),出现垂直角过零时,仪器在盘左位置稍微摇摆下测距头。确认显示窗中有足够的电池电量,当显示“电池电量不足”(电池用完)时,应及时更换电池后对电池进行充电。

④相关参数设置。如大气改正、温度和棱镜常数的设置,大气折光和地球曲率改正,以及最小读数、自动关机、垂直角倾斜改正等。

(2)角度测量(表 3-6)

①在角度测量模式下,瞄准起始目标 A,按 F1(置零)使水平度盘读数置零,并按 F3(确认)键,竖盘显示 A 点的竖直角。

②照准右侧目标 B，显示水平度盘读数，即为所测的水平角度 $\angle AOB$。竖盘显示 B 点的竖直角读数。

表 3-6　角度观测操作流程

操作过程	操作	显示
①照准第一个目标 A	照准 A	V：82° 09′ 30″ HR：90° 09′ 30″ 置零 锁定 置盘 P1↓
②设置目标 A 的水平角为 0°00′00″，按 F1（置零）键和 F3（确认）键	F1 F3	水平角置零 >OK? 确认 退出 V：82° 09′ 30″ HR：0° 00′ 00″ 置零 锁定 置盘 P1↓
③照准第二个目标 B，显示目标 B 的 V/HR（或 V/HL）	照准目标 B	V：92° 09′ 30″ HR：67° 09′ 30″ 置零 锁定 置盘 P1↓

在角度观测过程中可能还要涉及以下内容：

①水平角（右角 HR/左角 HL）切换。确认处于角度测量模式，按 F4 两次，按 F1（R/L）键。右角：角度按照顺时针方向计算大小；左角：角度按照逆时针方向计算大小。

②水平角的设置。水平角的设置有两种模式：第一种是通过锁定角度值进行设置，即用水平微动螺旋转到所需的水平角，按 F2（锁定）键；瞄准目标，按 F3（确认）键完成水平角设置，显示窗变为正常的角度测量模式。另一种是通过键盘输入进行设置，即照准目标，按 F3（置盘）键，通过键盘输入所要求的水平角。

（3）距离测量

①大气改正、温度、棱镜常数的设置。按前面介绍的方法设置。

②合作模式选择。距离观测中根据观测目标的不同，可选择不同的合作模式。NTS-302R 全站仪测距时有三种合作模式可选：棱镜、反射板、无合作。模式选择可通过“星键模式”设置。

③距离测量模式。即仪器的测距模式，有单次精测、连续精测和连续跟踪三种。在距离测量模式（图 3-7）下，选择 F2（模式）键，出现图 3-12 界面，根据需要选择合适的测距模式。

测距模式设置
F1：单次精测
F2：[连续精测]
F3：连续跟踪

图 3-12　测距模式

④精确照准目标棱镜中心，确认处于测距模式下，按 F1（测量）键即可测得斜距、水平距离和高差。几种距离可按上下键进

行切换。

4. 全站仪使用注意事项

(1)NTS-302R 全站仪发射光是激光,使用时不能对准眼睛。其他类似型号仪器也要引起注意。

(2)装卸电池时,必须先关闭电源。

(3)不得将仪器物镜对准太阳,以防损坏仪器中的电子元件。

(4)仪器和反射棱镜应有专人负责,仪器安装至三脚架上或从三脚架上拆卸时,要一手先抓住仪器提手,以防仪器跌落。

(5)旋转仪器、旋钮及按键操作时,动作要轻,用力不宜过大、过猛。

(6)用望远镜瞄准反射棱镜时,应尽量避免在视场内存在其他反射面如交通信号灯、猫眼反射器、玻璃镜等。

(7)观测时,应尽量避免日光持续曝晒或靠近车辆热源,以免降低仪器效率。

(8)搬站时,即使距离很近,也要关闭电源,取下仪器装箱搬运,同时应注意防震。

(9)用电缆连接全站仪和电子手簿时,要小心、稳妥地操作,不可折断插头的插针。

3.2.2　DJ_6 光学经纬仪

目前,我国把经纬仪按精度不同分为 DJ_1、DJ_2 和 DJ_6 等几种类型。D、J 分别是“大地测量”和“经纬仪”汉语拼音的第一个字母,数字 1、2、6 等表示该类仪器的精度。

DJ_6 光学经纬仪是工程测量中最常用的一种测角仪器,由于生产厂家不同,仪器结构和部件也不尽相同,但基本结构是一致的。本节主要阐述 6″级 DJ_6 光学经纬仪(图 3-13)的构造和使用方法。

它由照准部、水平度盘和基座三个主要部分组成。

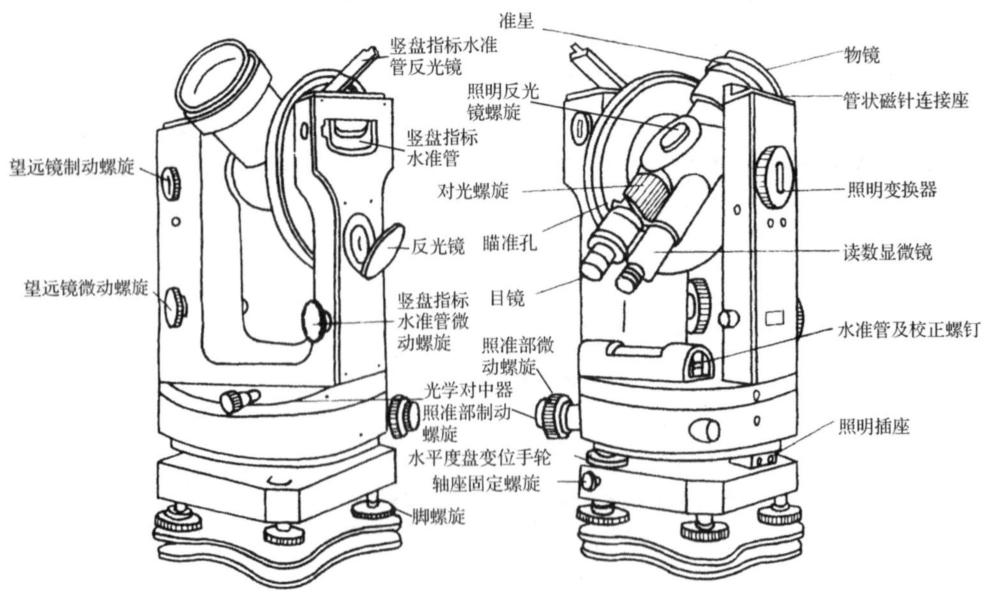

图 3-13　DJ_6 光学经纬仪

1. 基本构造

(1)照准部

照准部是光学经纬仪的重要组成部分,主要由望远镜、照准部水准管、竖直度盘(或简称竖盘)、光学对中器、读数显微镜及竖轴等组成。照准部可绕竖轴在水平面内转动,由水平制动螺旋和水平微动螺旋控制。

①望远镜:它固定在仪器横轴(又称水平轴)上,可绕横轴俯仰转动而照准高低不同的目标,并由望远镜制动螺旋和微动螺旋控制。

②照准部水准管:用来精确整平仪器。

③竖直度盘:用光学玻璃制成,可随望远镜一起转动,用来测量竖直角。

④光学对中器:用来进行仪器对中,即使仪器中心位于过测站点的铅垂线上。

⑤竖盘指标水准管:在竖直角测量中,利用竖盘指标水准管微动螺旋使气泡居中,保证竖盘读数指标线位于正确位置。

⑥读数显微镜:用来精确读取水平度盘和竖直度盘读数。

(2)水平度盘

水平度盘是由光学玻璃制成的带有刻画和注记的圆盘,顺时针方向在0～360°间每隔1°刻画并注记度数。测角过程中,水平度盘和照准部是分离的,不随照准部一起转动,当转动照准部照准不同方向的目标时,移动的读数指标线便可在固定不动的度盘上读得不同的度盘读数,即方向值。如需要变换度盘位置时,可利用仪器上的度盘变换手轮把度盘变换到需要的读数上。

(3)基座

基座是支承仪器的底座,由轴座、脚螺旋和连接板等组成。轴座是将仪器竖轴与基座连接固定的部件,轴座上有一个固定螺旋,放松这个螺旋,可以将经纬仪水平度盘连同照准部从基座中取出来,所以平时此螺旋必须拧紧,以防仪器分离坠落。三个脚螺旋用于仪器整平。连接板借助中心连接螺旋将经纬仪稳固地连接在三脚架上。

2. 光路系统和读数方法

(1)光路系统

光线经度盘照明反光镜进入仪器内部后分为两路:一路是水平度盘光路,另一路是竖直度盘光路。

水平度盘光路:进入仪器内部的光线经棱镜转向90°,经聚光透镜照射在水平度盘无刻画部分,透过度盘经底棱镜将光线转向180°后折返向上,第二次照射在度盘上有刻画注记部分,向上透过度盘,带着度盘上不透光的刻画和注记影像,经光具组对影像进行第一次放大,再经棱镜转向90°成像在读数窗场镜的测微尺上。

竖直度盘光路:进入仪器内部的光线经竖直度盘底棱镜转向180°后透过度盘,带着竖直刻画注记影像经棱镜折转90°向上,通过光具组对影像进行一次放大,再经棱镜转向90°也成像在读数窗场镜的另一块测微尺上。

水平和竖直两路光线透过读数窗场镜后,分别带着水平度盘、竖直度盘及两块测微尺的影像,经棱镜转向90°进入读数显微镜,通过透镜组对影像进行第二次放大,观测时,调节读数显微镜目镜即可同时清晰地看到水平度盘、竖直度盘及两块测微尺的影像。

(2)测微装置

测微装置即测微尺，用来量测度盘上不足一个分划间隔的微小角值。

测微尺影像宽度恰好等于度盘上相差1°的两条分划线经光路第一次放大后的宽度，即总宽度为1°，共分60小格，则每格为1′。在测微尺上可直接读到1′，估读到0.1格即6″。每10格加一注记，注记数值为0～6，显然，测微尺上数值注记为整10分数值。

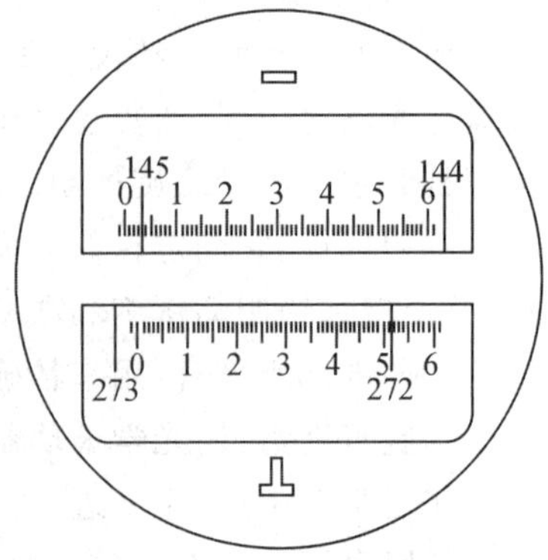

图3-14 测微尺读数窗视场

(3)读数方法

读数时，先读出落在测微尺0～6之间的度盘分划线的度数，再读出该分划线所在处测微尺的分、秒值，两数之和即为度盘读数。图3-14的水平度盘读数为145°03.5′，即145°03′30″；竖盘读数为272°51.6′，即272°51′36″。

3.2.3 DJ_2光学经纬仪

DJ_2级经纬仪(图3-15)的瞄准方法与DJ_6级经纬仪相同，瞄准前的重要一步是消除视差。目镜调焦使十字丝调至最清晰，可将望远镜对向天空或白色的墙壁，使背景明亮，增加与十字丝的反差，以便于判断清晰的程度。对于物镜调焦，也应选择一个最清晰的目标来进行。瞄准目标时，应仔细判断目标相对于纵丝的对称性。

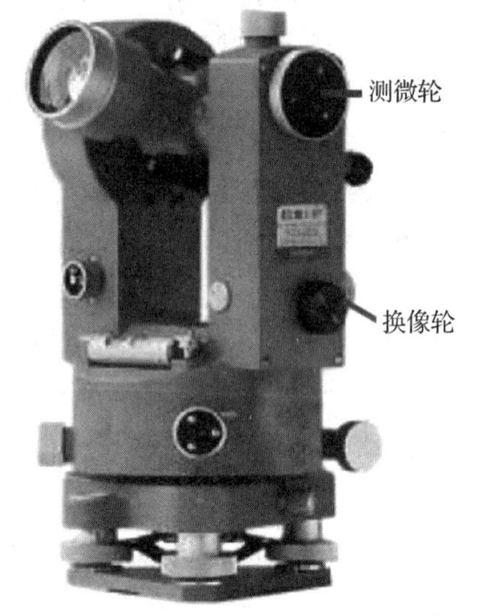

图3-15 DJ_2光学经纬仪

DJ_2读数与DJ_6读数相比有两点区别：首先，DJ_2经纬仪水平度盘和垂直度盘利用换像手轮切换，分别在视场中出现，没有像DJ_6一样同时出现；其次，旋转测微器使上、下分划对齐时方可读取度盘读数。具体的度盘读数方法如下：

(1)转动换像手轮，使轮上线条水平，则读数视窗中出现水平度盘像(轮上线条竖直则为垂直度盘像)；

(2)调节读数目镜调焦环，使度盘和测微器的分划像清晰；

(3)转动测微手轮，使度盘对径(视场中为上、下)分划像严格对齐成一直线；

(4)读数盘读数和测微器读数相加得完整的读数。

图3-16所示为DJ_2级经纬仪不同读数方式读数镜中窗口，每个窗口的对径分划已对齐，每个窗口又分为3个小窗口。图3-16(a)中上窗口为度盘对径分划线影像符合窗；中窗口为度盘读数窗，读的是度与分的十位数，读为28°10′；下窗口为测微器窗口，读的是分的个位数与秒，为4′24.3″。完整的读数为28°14′24.3″。

图3-16(b)的读数为：123°40′+8′12.4″= 123°48′12.4″。

图3-16(b)的读数为：89°10′+4′45.44″= 89°14′45.4″。

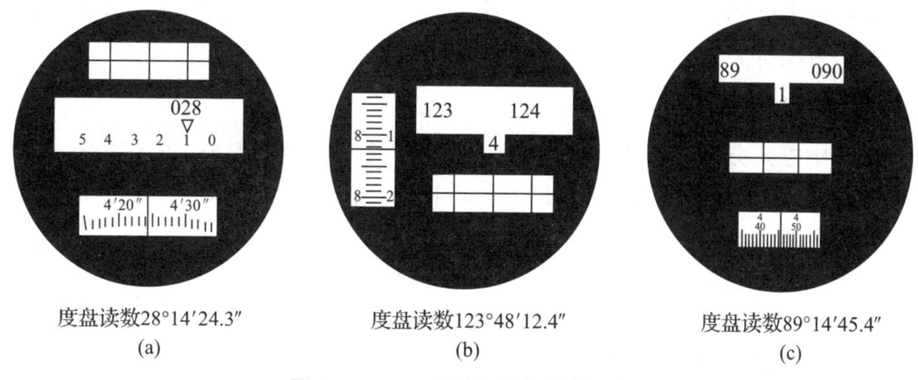

度盘读数28°14′24.3″
(a)
度盘读数123°48′12.4″
(b)
度盘读数89°14′45.4″
(c)

图 3-16　DJ_2 光学经纬仪读数示例

3.2.4　测钎、标杆、觇板

测角瞄准用的标志一般用测钎、标杆、觇板，如图 3-17 所示。

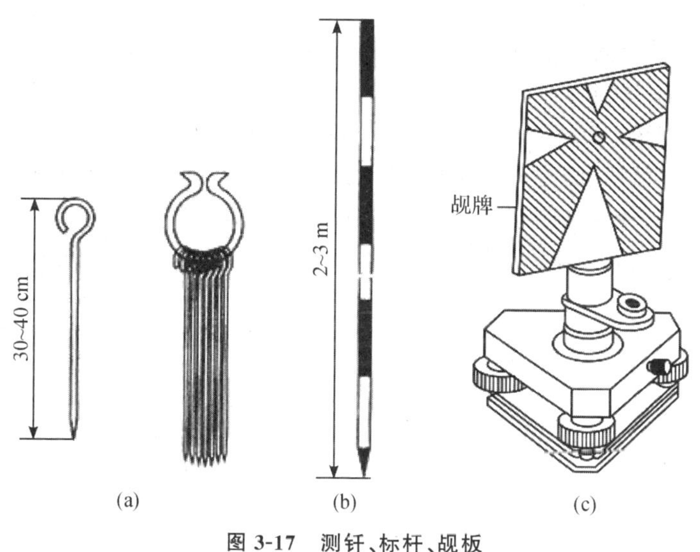

(a)　(b)　(c)

图 3-17　测钎、标杆、觇板

3.3　测角仪器的使用

全站仪和经纬仪的使用主要包括安置、照准目标、读数三项内容。

3.3.1　仪器的安置

进行角度测量时，经纬仪和全站仪的安置过程几乎一样，水准仪的安置内容只有整平一项，而全站仪(或经纬仪)的安置内容有对中和整平两项。首先要在测站上安置全站仪(经纬仪),目的是使仪器竖轴位于过测站点的铅垂线上,竖盘位于铅垂面内,水平盘和横轴处于水平位置。对中方式分激光对中和光学对中,整平分粗平和精平。

1. 光学对中法安置

全站仪对中方式分激光对中和光学对中两种方式,而目前生产的经纬仪大多数都装置有光学对中器,图3-18为光学对中器的光路图。测站点地面标志的影像经棱镜4转向90°,通过透镜组3放大后成像在分划板2上,如果从目镜1处观察到测站点标志中心位于分划板2的圆圈中心,则说明水平度盘中心已位于过测站点的铅垂线上。

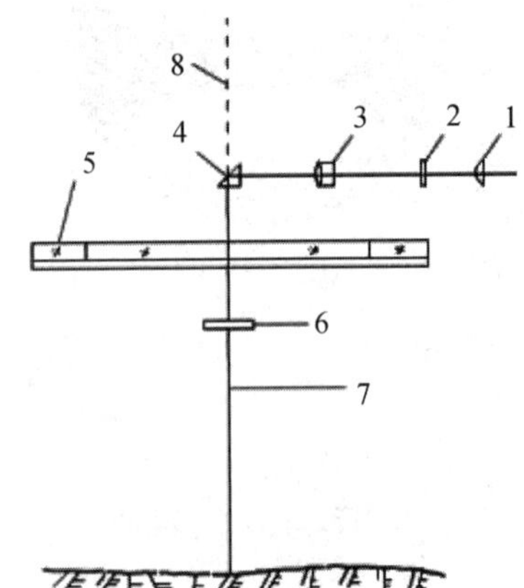

图 3-18 光学对中器

1—目镜;2—分划板;3—物镜;4—棱镜;5—水平度盘;6—保护玻璃;7—光学垂线;8—竖轴中心

使用光学对中器对中,不但精度高,而且受外界条件影响小,工作中广泛采用。该项操作需使对中和整平反复交替进行,其操作步骤如下:

(1)将仪器三脚架安置在测站点上,目估使架头水平,并使架头中心大致对准测站点标志中心。

(2)装上仪器,先将经纬仪的三个脚螺旋转到大致同高的位置上,再调节(旋转或抽动)光学对中器的目镜,使对中器内分划板上的圆圈(简称照准圈)和地面测站点标志同时清晰,然后,固定一条架腿,移动其余两条架腿,使其稳固地插入土中。

(3)旋转脚螺旋,使照准圈精确对准测站点标志。此步骤简称对中。

(4)根据气泡偏离情况,分别伸长或缩短三脚架腿,使圆水准气泡居中。此步骤简称粗平。

(5)用三个脚螺旋整平,使照准部管水准气泡精确居中。此步骤简称精平。操作示意图见图3-19。

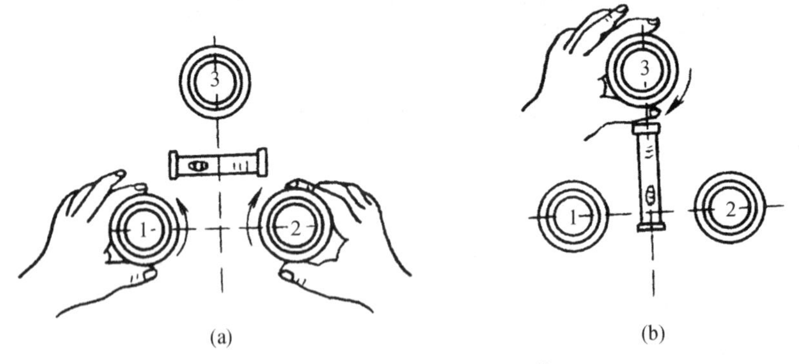

图 3-19 旋转三个脚螺旋进行精平

(6)检查仪器对中情况,若测站点标志不在照准圈中心且偏移量较小,可松开仪器中心连接螺旋,在架头上平移仪器使仪器精确对中,再重复步骤(5)进行整平;如偏移量过大,则重复操作(3)、(4)、(5)三步骤,直至对中和整平均达到要求为止。

2. 激光对中法安置全站仪

(1)粗对中:双手握紧三脚架,眼睛观察地面的下激光点,移动三脚架使下激光点基本对准测站点的标志(应注意保持三脚架头平面基本水平),将三脚架的脚尖踩入土中。

(2)精对中:旋转脚螺旋使下激光点准确对准测站点标志,误差应小于1 mm。

(3)粗平:伸缩脚架腿,使圆水准气泡居中。

(4)精平:转动照准部,旋转脚螺旋,使管水准气泡在相互垂直的两个方向居中,精平操作会略微破坏之前已完成的对中关系。

(5)再次精对中:旋松连接螺旋,眼睛观察下激光点,平移仪器基座(注意,不要有旋转运动),使下激光点准确对准测站点标志,拧紧连接螺旋。转动照准部,在相互垂直的两个方向检查照准部管水准气泡的居中情况。如果仍然居中,则完成安置,否则应从上述精平开始重复操作。

3.3.2　照准目标

松开水平和望远镜制动螺旋,按照与水准仪照准标尺基本相同的步骤进行操作,即:调节望远镜目镜使十字丝清晰;利用望远镜上的准星或粗瞄器粗略照准目标并拧紧制动螺旋;调节物镜调焦螺旋使目标清晰并消除视差;利用水平和望远镜微动螺旋精确照准目标。

照准时应注意:水平角观测时要用十字丝中心尽量照准目标底部。目标离仪器较近时,成像较大,可用单丝平分目标;目标离仪器较远时,可用双丝夹住目标或用单丝和目标重合。竖直角观测时应用横丝中丝照准目标顶部或某一预定部位。如图3-20。

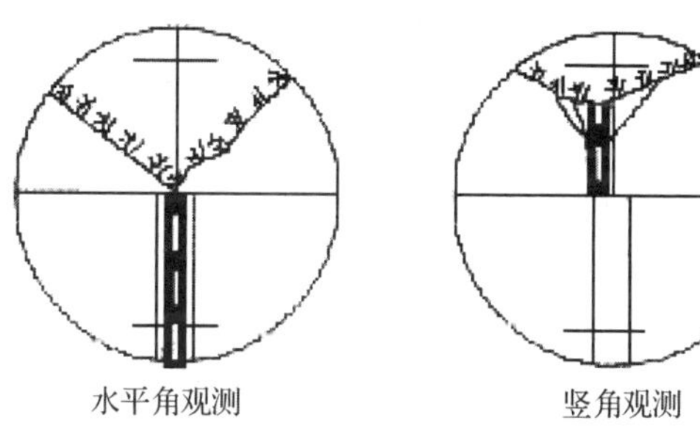

图3-20　准确瞄准目标方法

3.3.3　读数

(1)读数:读数方法已经介绍过。读数时要注意以下两点:一是应打开度盘照明反光镜,并调节反光镜方向使读数窗内亮度最好;二是应调节读数显微镜目镜使度盘影像清晰。

(2)配置度盘:在水平角观测或工程施工放样中,常常需要使某一方向的读数为零或某一预定值。照准某一方向时,使度盘读数为某一预定值的工作称为配置度盘。测微尺读数装置的经纬仪多采用度盘变换器结构,其配置方法可归纳为"先照准后配置度盘",即先精确照准目标,并固紧水平及望远镜制动螺旋,再打开度盘变换手轮保险装置,转动度盘变换手轮,使度盘读数等于预定数值,然后,关上变换手轮保险装置。

3.4 水平角测量

水平角的测量方法常用的有测回法、方向观测法。

3.4.1 测回法

1. 观测程序

需测 OA、OB 两方向之间的水平角，先将经纬仪安置在测站 O 上，并在 A、B 两点上分别设置照准标志（竖立花杆或测钎），如图 3-21 所示。其观测方法和步骤如下：

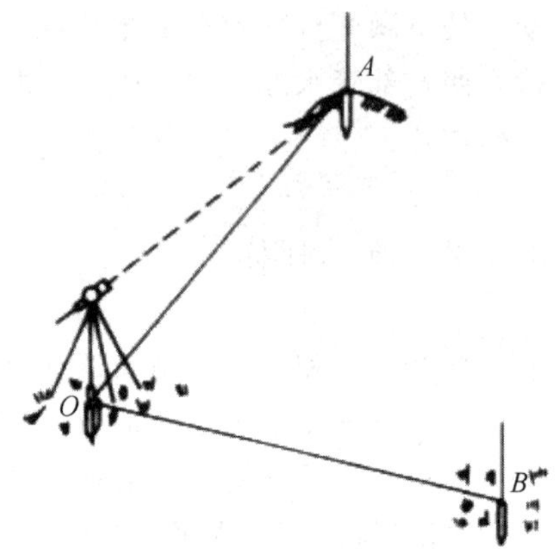

图 3-21 水平角观测

（1）使仪器竖盘处于望远镜左边（称盘左或正镜），照准目标 A，按置数方法配置起始读数，读取水平度盘读数为 $a_{左}$，记入观测手簿。

（2）松开水平制动螺旋，顺时针方向转动照准部照准目标 B，读取水平度盘读数为 $b_{左}$，记入观测手簿。

以上两步骤称为上半测回（或盘左半测回），测得角值为

$$\beta_{左}=b_{左}-a_{左} \tag{3-2}$$

（3）纵转望远镜，使竖盘处于望远镜右边（称盘右或倒镜），照准目标 B，读取水平度盘读数为 $b_{右}$，记入手簿。

（4）逆时针转动照准部，照准目标 A，读取水平度盘读数为 $a_{右}$，记入手簿。

以上（3）、（4）两步骤称为下半测回（或盘右半测回），测得角值为

$$\beta_{右}=b_{右}-a_{右} \tag{3-3}$$

上、下两个半测回合称为一测回，当两个“半测回”角值之差不超过限差（DJ_6 经纬仪一般取 36″）要求时，取其平均值作为一测回观测成果，即：

$$\beta=(\beta_{左}+\beta_{右})/2 \tag{3-4}$$

为了提高观测精度，常观测多个测回；为了减弱度盘分划误差的影响，各测回应均匀分配在度盘不同位置进行观测。若要观测 n 个测回，则各测回起始方向读数应递增 $180°/n$。例如，当观测 3 个测回时，各测回应递增 $180°/3=60°$，即各测回起始方向读数应依次配置在 00°00′、60°00′、120°00′或稍大的读数处。

测角限差：上、下两个半测回所得的测角较差和各测回限差应满足有关测量规范规定。对于 DJ_6 级经纬仪，上、下半测回测角较差一般为 ±36″或 ±40″，测回限差为 ±24″；对于 DJ_2 级经纬仪，上、下半测回测角较差一般为 ±12″，测回限差为 ±9″。如果超限，必须重测。如果重测的两个半测回角值之差仍然超限，但两次的平均角值十分接近，则说明这是由于仪器误差造成的。

表 3-7 为测回法一个测回的记录、计算格式。

表 3-7　测回记录表

测站	盘位	目标	水平度盘读数 ° ′ ″	半测回角值 ° ′ ″	一测回角值 ° ′ ″	备注
O	左	A	00　01　12	70　12　36	70　12　33	
		B	70　13　48			
	右	A	180　01　24	70　12　30		
		B	250　13　54			

测回法测水平角方法，可小结如下：

$$盘左左边\,A \xrightarrow{顺时针} 右边\,B \xrightarrow{倒镜} 盘右右边\,B \xrightarrow{逆时针} 左边\,A$$

3.4.2　方向观测法

当一个测站上有两个以上方向，需要观测多个角度时，通常采用方向观测法。方向观测法是以任一目标为起始方向（又称零方向），依次观测出其余各个方向相对于起始方向的方向值，则任意两个方向的方向值之差即为该两方向线之间的水平角。如图 3-22 所示。当方向数超过三个时，需在每个半测回末尾再观测一次零方向（称归零），两次观测零方向的读数应相等或差值不超过规定要求，其差值称“归零差”。由于重新照准零方向时，照准部已旋转了 360°，故又称这种方向观测法为全圆方向观测法或全圆测回法。

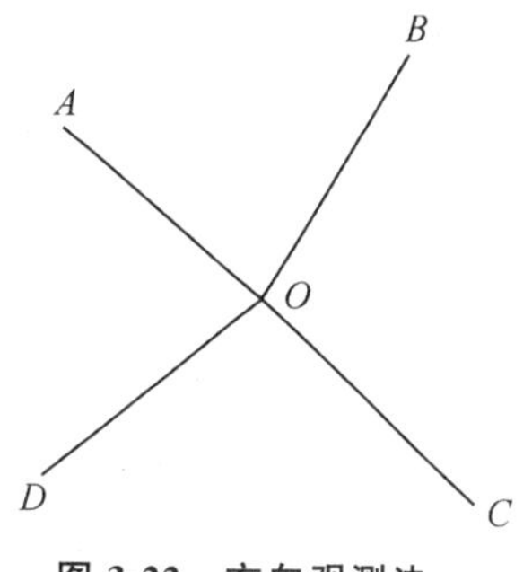

图 3-22　方向观测法

1. 观测程序

（1）在测站 O 上安置经纬仪，首先瞄准起始方向，A 作为零方向，盘左照准 A 点标志，按置数方法使水平度盘读数略大于 0，读数并记入手簿表中。

（2）顺时针转动照准部，依次照准 B、C、D 和 A，读取水平度盘读数并记入手簿（从上往下记）。以上为上半测回。

（3）纵转望远镜，盘右逆时针方向依次照准 A、D、C、B 和 A，读取水平度盘读数并记入手簿第 5 列（从下往上记），称为下半测回。以上操作过程称为一测回，表 3-8 为全圆方向观测法两个测回记录、计算格式。

表 3-8　水平角观测手簿(方向观测法)

日期＿＿＿＿＿＿＿＿　仪器＿＿＿＿＿＿＿＿　观测＿＿＿＿＿＿＿＿

天气＿＿＿＿＿＿＿＿　地点＿＿＿＿＿＿＿＿　记录＿＿＿＿＿＿＿＿

测回数	测站	照准点	盘左读数 ° ′ ″	盘右读数 ° ′ ″	2C ″	平均读数 $\frac{L+R\pm180}{2}$ ° ′ ″	一测回归零方向值 ° ′ ″	各测回归零方向平均值 ° ′ ″	角值 ° ′ ″
1	2	3	4	5	6	7	8	9	10
1	O	A	0 02 12	180 02 00	+12	(0 02 09) 0 02 06	0 00 00	0 00 00	37 42 10
		B	37 44 24	217 44 06	+18	37 44 15	37 42 06	37 42 10	72 44 43
		C	110 29 06	290 29 00	+06	110 29 03	110 26 54	110 26 53	119 45 31
		D	230 14 42	50 14 36	+06	230 14 39	230 12 30	230 12 24	
		A	0 02 18	180 02 06	+12	0 02 12			
2	O	A	90 03 30	270 03 24	+06	(90 03 26) 90 03 27	0 00 00		
		B	127 45 42	307 45 36	+06	127 45 39	37 42 13		
		C	200 30 24	20 30 12	+12	200 30 18	110 26 52		
		D	320 15 42	140 15 48	−06	320 15 45	230 12 19		
		A	90 03 24	270 03 24	0	90 03 24			

同理，各测回间按 180°/n 的差值来配置水平度盘。

2. 外业手簿计算

(1)半测回归零差的计算

每半测回零方向有两个读数，它们的差值称归零差。如表 3-8 中第一测回上下半测回归零差分别为 $\Delta_{左}=18''-12''=+06''$，$\Delta_{右}=06''-00''=+06''$，对照表 3-9 中限差值不超限。

(2)2C 的计算

同一方向上盘左盘右读数之差，名为 2C，意思是二倍的照准差。它是由于视线不垂直于横轴的误差引起的。因为盘左、盘右照准同一目标时的读数相差 180°，故

$$2C=L-(R\pm180°)$$

(3)平均读数的计算

平均读数为盘左盘右的平均值，在取平均值时，也是盘右读数加减 180°后再与盘左读数平均。即

$$平均读数=\frac{L+(R\pm180°)}{2}$$

起始方向经过了两次照准，要取两次结果的平均值的中数记入表 3-8 第 7 列上方，并加括号。如第一测回括号内值为：

$$0°02'09''=(0°02'06''+0°02'12'')/2$$

(4)归零方向值的计算

表 3-8 第 8 列中各值的计算，是用第 7 列中各方向值减去零方向(括号内)之值。例如，第一测回方向 B 的归零方向值为 37°44′15″－0°02′09″＝37°42′06″。一测站按规定测回数测完后，应比较同一方向各测回归零后方向值，检查其较差是否超限，如表 3-8 中 D 方向两个测回较差为 11″。如不超限，则取各测回同一方向值的中数记入表 3-8 中第 9 列。第 9 列中相邻两方向值之差即为该方向线之间的水平角，记入表 3-8 中第 10 列。

一测回观测完成后，应及时进行计算，并对照检查各项限差，如有超限，应进行重测。例如最新《工程测量规范》(GB 50026—2007)中，水平角观测各项限差要求如表 3-9 所示。

表 3-9　水平角观测限差表

项　目	DJ_2 型	DJ_6 型
半测回归零差	12″	18″
各测回同方向 2C 值互差	18″	
各测回同一方向值互差	12″	24″

3.5　竖直角观测

3.5.1　竖直度盘的构造

为测竖直角而设置的竖直度盘(简称竖盘)固定安置于望远镜旋转轴(横轴)的一端，其刻画中心与横轴的旋转中心重合。所以，在望远镜做竖直方向旋转时，度盘也随之转动。另外有一个固定的竖盘指标，以指示竖盘转动在不同位置时的读数，这与水平度盘是不同的。

竖直度盘的刻画也是在全圆周上刻为 360°，但注字的方式有顺时针及逆时针两种。通常在望远镜方向上注以 0°及 180°，如图 3-23 所示。在视线水平时，指标所指的读数为 90°或 270°。竖盘读数也是通过一系列光学组件传至读数显微镜内读取的。

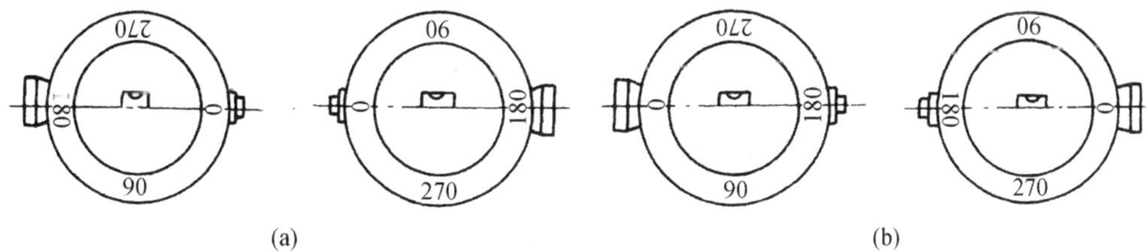

(a)　　(b)

图 3-23　竖直盘的构造

对竖盘指标的要求，是始终能够读出与竖盘刻画中心在同一铅垂线上的竖盘读数。为了满足这个要求，它有两种构造形式：一种是借助于与指标固连的水准器的指示，使其处于正确位置，早期的仪器都属此类；另一种是借助于自动补偿器，使其在仪器整平后，自动处于正确位置。

3.5.2 竖直角的观测方法

由竖直角的定义已知，它是倾斜视线与在同一铅垂面内的水平视线所夹的角度。由于水平视线的读数是固定的，所以只要读出倾斜视线的竖盘读数，即可求算出竖直角值。但为了消除仪器误差的影响，同样需要用盘左、盘右观测。其具体观测步骤为：

(1)在测站上安置仪器，对中，整平。

(2)以盘左照准目标，如果是指标带水准器的仪器，必须用指标微动螺旋使水准器气泡居中，然后读取竖盘读数 L，称为上半测回。

(3)将望远镜倒转，以盘右用同样方法照准同一目标，使指标水准器气泡居中后，读取竖盘读数 R，称为下半测回。

如果用指标带补偿器的仪器，在照准目标后即可直接读取竖盘读数。根据需要可测多个测回。

3.5.3 竖直角的计算

竖直角的计算方法因竖盘刻画的方式不同而异。竖盘刻画采用全圆分度，有顺时针加注字的，如图 3-23(a)所示；也有逆时针注记的，如图 3-23(b)所示。一个校正好的竖盘，当望远镜视准轴水平、指标水准管气泡居中时，读数窗上指标所指的读数应是 90°或 270°。多数 DJ_6 经纬仪采用的是顺时针注记的竖盘。现以顺时针刻画方式的竖盘为例说明竖直角的计算方法，如图 3-24 所示。如遇其他方式的刻画，可以根据同样的方法推导其计算公式。

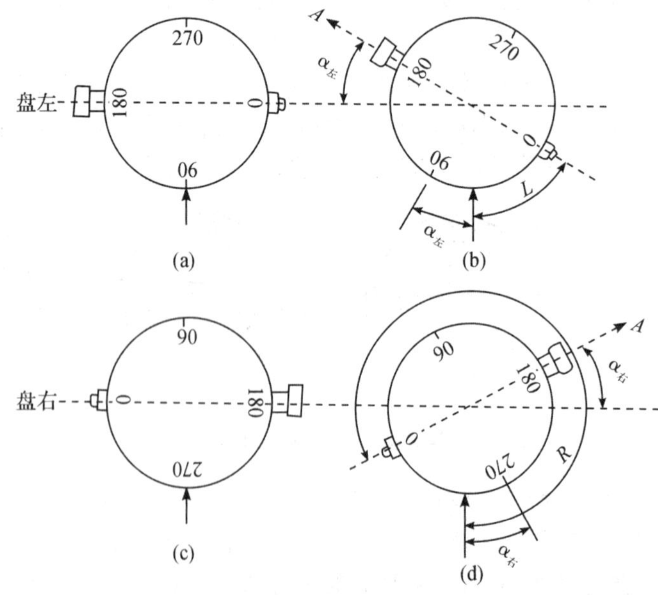

图 3-24 竖直角顺时针注记

1. 顺时针注记形式

如图 3-24 所示，当在盘左位置且视线水平时，竖盘的读数为 90°[图(a)]，如照准高处一点 A[图(b)]，则视线向上倾斜，得读数 L。按前述的规定，竖直角应为"＋"值，所以盘左时的竖直角应为：

$$\alpha_{左}=90°-L \tag{3-5}$$

当在盘右位置且视线水平时，竖盘读数为 270°[图(c)]，在照准高处的同一点 A 时[图(d)]，得读数 R，则竖直角应为：

$$\alpha_{右}=R-270° \tag{3-6}$$

取盘左、盘右的平均值，即为一个测回的竖直角值，即

$$\alpha=\frac{\alpha_{左}+\alpha_{右}}{2}=\frac{R-L-180°}{2} \tag{3-7}$$

如果测多个测回，则取各个测回的平均值作为最后成果。

2. 逆时针注记形式

$$\alpha_{左}=L-90°,\alpha_{右}=270°-R$$

一测回的竖直角为：

$$\alpha=\frac{\alpha_{左}+\alpha_{右}}{2}=\frac{L-R+180°}{2} \tag{3-8}$$

3.5.4　竖盘指标差

如果指标线不位于过竖盘刻画中心的铅垂线上，则如图 3-25 所示，视线水平时的读数不是 90°或 270°，而相差 x，这样用一个盘位测得的竖直角值即含有误差 x，这个误差称为竖盘指标差。为求得正确角值 α，需加入指标差改正。即：

$$\alpha=\alpha_{左}+x \tag{3-9}$$

$$\alpha=\alpha_{右}+x \tag{3-10}$$

解上两式可得：

$$\alpha=\frac{\alpha_{右}+\alpha_{左}}{2} \tag{3-11}$$

$$x=\frac{\alpha_{右}-\alpha_{左}}{2} \tag{3-12}$$

从(3-10)式可以看出，取盘左、盘右结果的平均值时，指标差 x 的影响已自然消除。将(3-5)、(3-6)式代人(3-12)式，可得：

$$x=\frac{R+L-360°}{2} \tag{3-13}$$

即利用盘左、盘右照准同一目标的读数，可按上式直接求算指标差 x。如果 x 为正值，说明视线水平时的读数大于 90°或 270°，如果为负值，则情况相反。以上各公式是按顺时针方向注字的竖盘推导的，同理也可推导出逆时针方向注字竖盘的计算公式。

在竖直角测量中，常常用指标差来检验观测的质量，即在观测的不同测回中或不同的目标时，指标差的较差应不超过规定的限值。例如用 DJ_6 级经纬仪做一般工作时，指标差的较

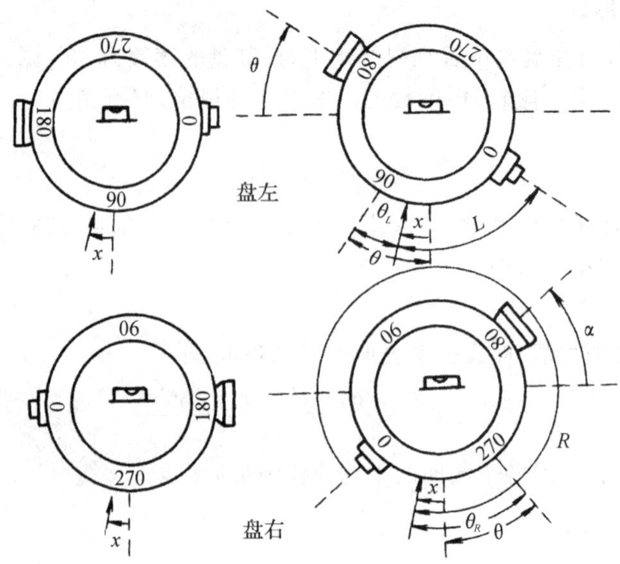

图 3-25　指标差示意图

差要求不超过 25″，DJ_2 不超过 15″。

3.5.5　竖直角的观测及记录

设 O 为测站点，M、N 分别为俯、仰角目标，仪器的竖盘为顺时针注记，观测步骤如下：

(1)将仪器安置在 O 点，整平对中后，先判断竖直角的计算公式。

(2)盘左位置瞄准 M 点，转动竖盘指标水准管微动螺旋，使指标水准管气泡居中，读取盘左读数；盘右位置瞄准 M 点目标，使指标水准管气泡居中，读数。

(3)观测 N 点方法同上。

观测结果应及时记入表 3-10。

表 3-10　竖直角观测计算表

日期＿＿＿＿＿　　仪器型号＿＿＿＿＿　　观测＿＿＿＿＿

天气＿＿＿＿＿　　仪器编号＿＿＿＿＿　　记录＿＿＿＿＿

测站	目标	盘位	竖盘读数 ° ′ ″	半测回竖直角 ° ′ ″	指标差/(″)	一个测回竖直角 ° ′ ″	备注
O	M	左	95 16 00	−5 16 00	−6	−5 16 06	顺时针注记
		右	264 43 48	−5 16 12			
	N	左	80 05 54	+9 54 06	+9	+9 54 15	
		右	279 54 24	+9 54 24			

3.5.6　竖盘指标自动归零补偿器

在竖直角观测中，每次读数之前都必须转动竖盘指标水准管微动螺旋使气泡居中才能读取竖盘读数，否则，读数值就不正确。这样操作不仅影响观测速度，而且有时甚至因遗忘这一步骤而造成错误。为了克服这一缺点，近年来生产的经纬仪大多采用竖盘指标自动归零装置来代替竖盘指标水准管。当仪器在一定范围内稍有倾斜时，自动补偿器的作用可使读数指标线自动居于正确位置。在进行竖直角观测时，瞄准目标即可读取竖盘读数，从而提高了竖直角观测的速度和精度。经纬仪竖盘指标自动归零装置常见结构有吊丝式和簧片式两种。

3.6　全站仪的检验与校正

如图 3-26 所示，全站仪的主要轴线：

(1)竖轴 VV(vertical axis)；

(2)管水准器轴 LL(bubble tube axis)；

(3)横轴 HH(horizontal axis)；

(4)视准轴 CC(collimation axis)；

(5)圆水准器轴 $L'L'$(circle bubble axis)。

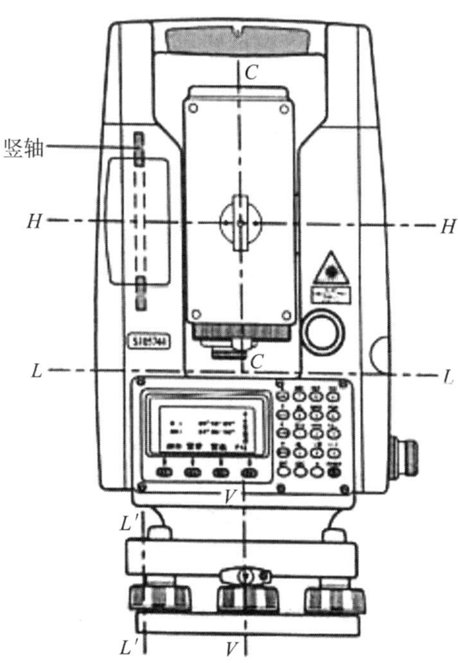

图 3-26　全站仪主要轴线图

3.6.1 全站仪的轴线应满足的关系

(1)$VV \perp LL$ ——照准部水准管轴的检校;

(2)$HH \perp$十字丝竖丝——十字丝竖丝的检校;

(3)$HH \perp CC$——视准轴的检校;

(4)$HH \perp VV$——横轴的检校;

(5)竖盘指标差应为零——指标差的检校;

(6)光学垂线(或下对中激光)与VV重合——对中器的检校;

(7)圆水准轴$L'L' /\!/ VV$——圆水准器的检验与校正(次要)。

3.6.2 全站仪的检验与校正

1. 照准部水准管轴的检校

(1)检验:用任意两脚螺旋使水准管气泡居中,然后将照准部旋转180°,若气泡偏离1格,则需校正。

(2)校正:用脚螺旋使气泡向中央移动一半后,再拨动水准管校正螺丝,使气泡居中。此时若圆水准器气泡不居中,则拨动圆水准器校正螺丝。

2. 十字丝竖丝的检校

(1)检验:用十字丝交点对准一目标点,再转动望远镜微动螺旋,看目标点是否始终在竖丝上移动。

(2)校正:微松十字丝的四个压环螺丝,转动十字丝环,使目标点始终在竖丝上移动。

3. 视准轴的检校

(1)检验:如图3-27,在平坦地面上选择一直线AB,60~100 m,在AB中点O架仪,并在B点垂直横置一小尺。盘左瞄准A,倒镜在B点小尺上读取B_1;再用盘右瞄准A,倒镜在B点小尺上读取B_2。

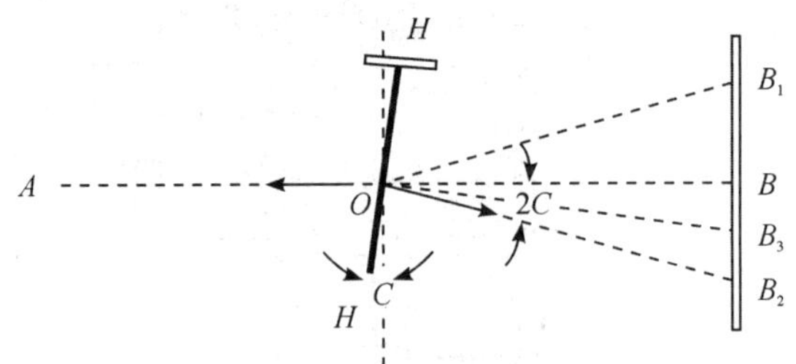

图3-27 全站仪视准轴检校示意图

$$C=\frac{B_1B_2\rho}{2D\times OB} \tag{3-14}$$

全站仪$C>60''$时,则需校正。

(2)校正:拨动十字丝左右两个校正螺丝,使十字丝交点由B_2点移至BB_2中点B_3。

4. 横轴的检验与校正

横轴不垂直于竖直时，其偏离正确位置的角值 i 称为横轴误差。$i>20''$时，必须校正。

(1) 检验

如图 3-28，在 20～30 m 处的墙上选一仰角大于 30°的目标点 P，先用盘左瞄准 P 点，放平望远镜，在墙上定出 P_1点；再用盘右瞄准 P 点，放平望远镜，在墙上定出 P_2点。

$$i=\frac{P_1P_2\rho}{2D\tan\alpha} \tag{3-15}$$

式中，α 为 P 点的竖直角，通过观测 P 点竖直角一测回获得；D 为测站至 P 点的平距。算出的 $i>20''$时，必须校正。

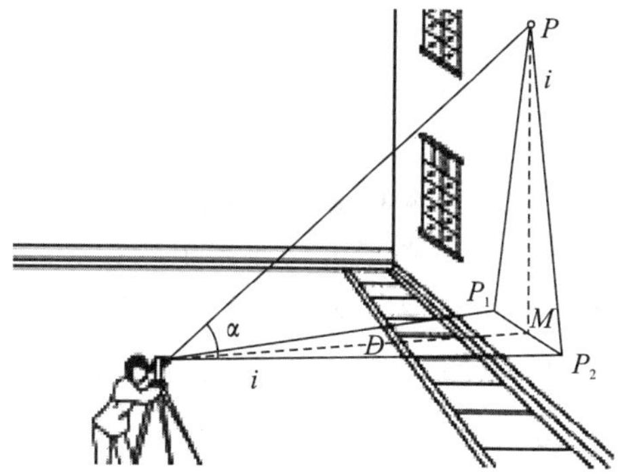

图 3-28　全站仪横轴检校示意图

(2)校正

用十字丝交点瞄准 P_1、P_2 的中点 M，抬高望远镜，打开仪器 U 形支架一侧的护盖，调整偏心轴承环，抬高或降低横轴的一端使 $i=0$，直至交点瞄准 P 点。该项校正应在无尘的室内环境中使用专用的平行光管进行操作，当用户不具备条件时，一般交由测绘仪器店的专业维修人员校正。

5. 指标差 *x* 的检校

(1)检验：安置好全站仪，确以已打开全站仪的补偿器，用盘左盘右观测某个清晰目标的竖直角一测回，应用 $x=(L+R-360°)/2$ 计算竖盘指标差 x。

$x>1'$时，全站仪要进行校正。

(2)校正：全站仪是应用补偿器测得的竖轴偏角 δ 在视准轴方向的分量 δ_x 来改正竖盘读数，通过上述检验，测得的竖盘指标差 x 较大时，用户无法通过物理校正的方法使 $x=0$，只能通过电子校正的方法使 $x=0$，详细参见全站仪的内容。

6. 激光对中器的检校

(1)检验：在地面上放置张白纸，在白纸上面定一个十字形标志 P，以 P 点为对中标志安置好全站仪，按键设置下对中激光强度为 3 或 4，将照准部旋转 180°，当下对中激光点 P' 偏离了 P 点时，说明下对中激光与竖轴不重合，需要校正。

(2)校正：用直尺在白纸上定出 P 与 P'点的中点 O，转动 U 形支架底部的四个下对中激光校正螺丝，使对中器分划板的中心对准 O 点，用拨针使刻划中心向三点的外接圆心移动一半。

7. 圆水准器的检校(次要)

(1)检验：精平(水准管气泡居中)后，若圆水准气泡不居中，则需校正。

(2)校正：用圆水准气泡校正螺丝使其居中。

3.7 角度测量的误差分析

角度测量的精度受各方面的影响，误差主要来源于三个方面：仪器误差、观测误差及外界环境产生的误差。

3.7.1 仪器误差

由仪器本身制造不精密，结构不完善及检校后的残余误差所致，如照准部的旋转中心与水平度盘中心不重合而产生的误差，视准轴不垂直于横轴的误差，横轴不垂直于竖轴的误差。此三项误差都可以采用盘左、盘右两个位置取平均数来减弱。度盘刻画不均匀的误差可以采用变换度盘位置的方法来进行消除。竖轴倾斜误差对水平角观测的影响不能采用盘左、盘右取平均数来减弱，观测目标越高，影响越大，因此在山地测量时更应严格整平仪器。

3.7.2 观测误差

1. 对中误差

安置经纬仪没有严格对中，使仪器中心与测站中心不在同一铅垂线上引起的角度误差，称对中误差。如图 3-29 所示，仪器中心 O' 在安置仪器时偏离测站点中心 O 的距离为 e，则实测水平角 β' 与正确的水平角 β 之间的关系为：

$$\Delta\beta=\beta-\beta'=\delta_1+\delta_2 \tag{3-16}$$

从图中可以看出，对中误差与距离、角度大小有关，当观测方向与偏心方向越接近 90°，距离越短，偏心距 e 越大，对测角的影响越大。所以在测角精度要求一定时，边越短则对中精度要求越高。

2. 目标偏心误差

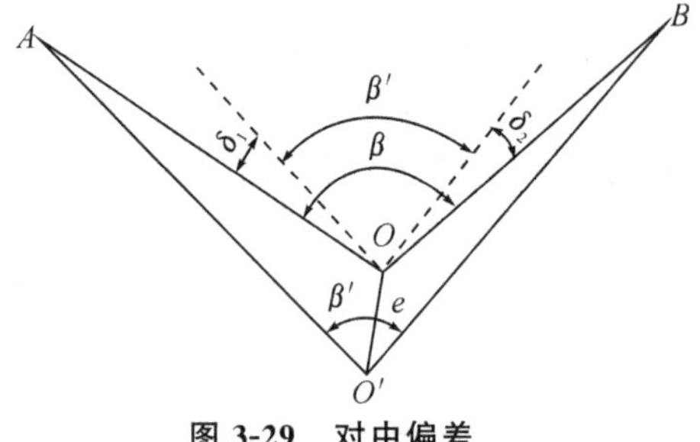

图 3-29 对中偏差

在测量时，照准目标时往往不是直接瞄准地面点上标志点的本身，而是瞄准标志点上的目标，要求照准点的目标严格位于点的铅垂线上，若安置目标偏离地面点中心或目标倾斜，照准目标的部位偏离照准点中心的大小称为目标偏心误差。目标偏心误差对观测方向的影响与偏心距和边长有关，偏心距越大，边长越短影响也就越大。因此，照准花杆目标时，应尽可能照准花杆底部，当测角边长较短时，应当用线铊对点。

3. 照准误差和读数误差

照准误差与望远镜放大率、人眼分辨率、目标形状、光亮程度、对光时是否消除视差等因素有关。测量时选择观测目标要清晰，仔细操作消除视差。读数误差与读数设备、照明及观测者判断准确性有关。读数时，要仔细调节读数显微镜，调节读数窗的光亮适中。掌握估读小数的方法。

3.7.3 外界环境的影响

外界条件影响因素很多，也很复杂，如温度、风力、大气折光等因素均会对角度观测产生影响，为了减少误差的影响，应选择有利的观测时间，避开不利因素。如在晴天观测时应撑伞遮阳，防止仪器暴晒，中午最好不要观测。

3.7.4 角度测量的注意事项

(1)观测前应检校仪器。

(2)安置仪器要稳定，应仔细对中和整平。一测回内不得再对中整平。

(3)目标应竖直，尽可能瞄准目标低部。

(4)严格遵守各项操作规定和限差要求。

(5)当对一水平角进行 m 个测回观测，各测回应配度盘，每测回观测度盘起始读数变动值为 $180/m$。

(6)观测时尽量用十字丝中间部分。水平角用竖丝，竖直角用横丝。

(7)读数应果断、准确，特别应注意估读数。当场计算，如有错误或超限，应立即重测。

(8)选择有利的观测时间，避开不利的外界条件。

3.8 电子经纬仪

3.8.1 电子经纬仪

电子经纬仪与光学经纬仪的根本区别在于它用微机控制的电子测角系统代替光学读数系统。其主要特点是：

(1)使用电子测角系统，能将测量结果自动显示出来，实现了读数的自动化和数字化。

(2)采用积木式结构，可与光电测距仪组合成全站型电子速测仪，配合适当的接口，可将电子手簿记录的数据输入计算机，实现数据处理和绘图自动化。

1. 电子测角原理简介

电子测角仍然是采用度盘来进行。与光学测角不同的是，电子测角是从特殊格式的度盘上取得电信号，根据电信号再转换成角度，并且自动地以数字形式输出，显示在电子显示屏上，并记录在储存器中。电子测角度盘根据取得电信号的方式不同，可分为光栅度盘测角、编码度盘测角和电栅度盘测角等。

2. 电子经纬仪的性能简介

电子经纬仪采用光栅度盘测角，水平、垂直角度显示读数分辨率为1″，测角精度达2″。

装有倾斜传感器，当仪器竖轴倾斜时，仪器会自动测出并显示其数值，同时显示对水平角和垂直角的自动校正。仪器的自动补偿范围为±3′。

3. 电子经纬仪的使用

电子经纬仪(图 3-30)使用时，首先要在测站点上安置仪器，在目标点上安置反射棱镜，然后瞄准目标，最后在操作键盘上按测角键，显示屏上即显示角度值。对中、整平以及瞄准目标的操作方法与光学经纬仪一样，键盘操作方法见使用说明书即可，在此不再详述。

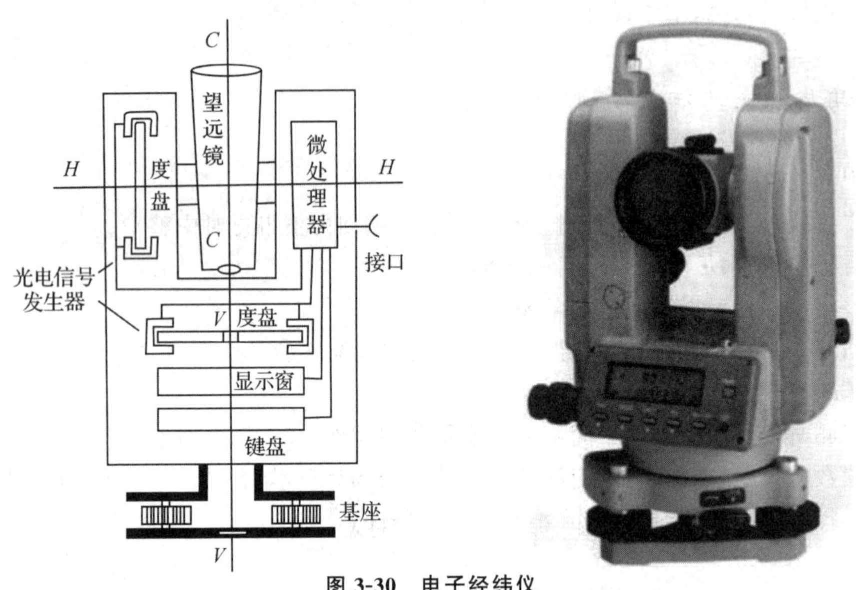

图 3-30 电子经纬仪

3.8.2 激光经纬仪

为带有激光指向装置的经纬仪。将激光器发射的激光束导入经纬仪的望远镜筒内，使其沿视准轴方向射出，以此为准进行定线、定位和测设角度、坡度，以及大型构件装配和画线、放样等。

思考练习题

1. 何谓水平角？何谓竖直角？

2. 测设水平角的一般方法是什么？

3. 全站仪安置包括哪些内容？怎样进行？目的是什么？

4. 测回法适用于几个方向的角度测量？而方向观测法则适用于几个方向的角度观测？前者与后者有何不同？

5. 全站仪有哪几个几何轴？其意义如何？它们之间的正确关系是什么？

6. 测量水平角为什么要用盘左和盘右两个位置观测？消除什么误差？为什么？

7. 将下面水平角观测值填入水平角观测手簿，并进行计算。已知：$a_1=0°00'24''$，$b_1=$

44°24′18″，a_2=180°00′18″，b_2=224°23′48″。

测站	目标	竖盘位置	水平度盘读数 ° ′ ″	半测回角值 ° ′ ″	一测回角值 ° ′ ″	备注
O	A	盘左				
	B					
	A	盘右				
	B					

8. 试述用方向法测水平角的步骤，并根据表中的记录计算各个方向的方向值。

测回数	测站	照准点	盘左读数 ° ′ ″	盘右读数 ° ′ ″	2C ″	$\frac{L+R\pm180}{2}$ ° ′ ″	一测回归零方向值 ° ′ ″	各测回归零方向平均值 ° ′ ″	角值 ° ′ ″
1	2	3	4	5	6	7	8	9	10
1	O	A	0　00　54	180　00　24					
		B	79　27　48	259　27　30					
		C	142　31　18	322　31　00					
		D	288　46　30	108　46　06					
		A	0　00　42	180　00　18					
2	O	A	90　01　06	270　00　48					
		B	169　27　54	349　27　36					
		C	232　31　30	52　31　12					
		D	18　46　48	198　46　36					
		A	90　01　00	270　00　36					

9. 完成下表计算。

测站	目标	竖盘位置	竖盘读数 ° ′ ″	竖直角 ° ′ ″	指标差 ″	平均竖直角 ° ′ ″
O	A	左	46　36　18			
		右	313　23　54			

注：此经纬仪盘左时，视线水平，指标水准管气泡居中，竖盘读数为 90°，上仰望远镜则读数减少。

第4章　距离测量与直线定向

【教学要求】

知识要点	能力要求	相关知识
钢尺量距	(1)能够根据实际情况选用钢尺量距方法 (2)能够利用钢尺等工具进行距离测量	(1)水平距离的概念 (2)目测定线和经纬仪定线方法 (3)钢尺量距的一般方法 (4)钢尺量距的精密方法 (5)钢尺量距的误差及注意事项
视距测量	(1)能够根据实际情况选用视距测量方法 (2)能够利用经纬仪等测量工具进行距离测量	(1)视距测量基本原理 (2)视距测量的观测与计算 (3)视距测量的注意事项
光电测距	(1)能够根据实际情况选用光电测距方法 (2)能够利用光电测距仪或全站仪进行距离测量	(1)光电测基本原理 (2)红外测距仪简介与测距 (3)全站仪测距
直线定向	(1)能够根据实际情况选择合适的表示直线方向的方法 (2)理解三种方位角定义、关系及换算 (3)能够进行正反坐标方位角换算、坐标方位角推算及与象限角关系的换算 (4)能够用罗盘仪测定直线的磁方位角	(1)标准方向 (2)真方位角、磁方位角、坐标方位角以及象限角的概念、关系 (3)正反坐标方位角概念、坐标方位角推算 (4)罗盘仪的构造及使用
坐标计算	(1)能够进行坐标正算 (2)能够进行坐标反算	(1)坐标正算计算公式 (2)坐标反算计算公式 (3)根据坐标增量符号进行方位角象限的判断

地面点位的确定是测量的基本问题。为了确定地面点的平面位置，必须先求得两地面点间距离和连线的方向，因而距离测量也是测量工作的基本内容之一。

测量上要求的距离是指两点间的水平距离或地面上两点垂直投影到水平面上的直线距离(简称平距)，实际工作中，若测得的是倾斜距离(简称斜距)，还需将其改算为平距。

水平距离测量的方法很多，按所用测距仪器、工具的不同，测量距离的方法一般有钢尺量距、视距测量、光电测距、全站仪测距等。钢尺量距是指利用钢尺工具进行距离测量的方法，丈量工具简单，但易受地形条件限制，一般适用于平坦地区的测距。视距量距是指利用经纬仪等工具进行距离测量的方法，能克服地形条件限制，且操作方便快捷，但其测距精度低于直接丈量，一般适合于低精度的近距离测量。光电测距是指利用光电测距仪或电子全站仪等工具进行距离测量的方法。与前两种测距方法比较，操作更轻便，测距精度高，测程远，但仪器较昂贵，一般用于高精度的距离测量。各种测距方法可应用于不同的测距等级要求。

4.1　地面点的标定与直线定线

由于所丈量的边长大于整尺长而在欲量直线的方向上作一些标记以表明直线的走向称为直线定线。定线时，可采用拉线法定线、目测法定线、经纬仪法定线三种。

4.1.1　拉线法定线

定线时，先在直线两点间拉一细绳，然后沿着细绳按照定线点间的间距要小于一整尺子长的要求定出各中间点，并作上相应标记。

4.1.2　目测法定线

目测法定线精度较低，但能满足一般量距的精度要求。

如图 4-1 所示，欲在通视良好的 A、B 两点间定出 1、2 两点。可由两人进行，先在 A、B 两点上竖立标杆，甲立于 A 点标杆后，乙持另一标杆沿 BA 方向走到离 B 点约一尺段长的 1 点附近，甲用手势指挥乙沿与 AB 垂直的方向移动标杆，直到标杆到位于 AB 直线上为止，然后在 1 点处插上标杆或测钎，定出 1 点。乙再带着标杆走到 2 点附近，同法定出 2 点，插上标杆或测钎。如果需将 AB 直线延长，也可按上述方法将 1、2 等点定在 AB 的延长线上。

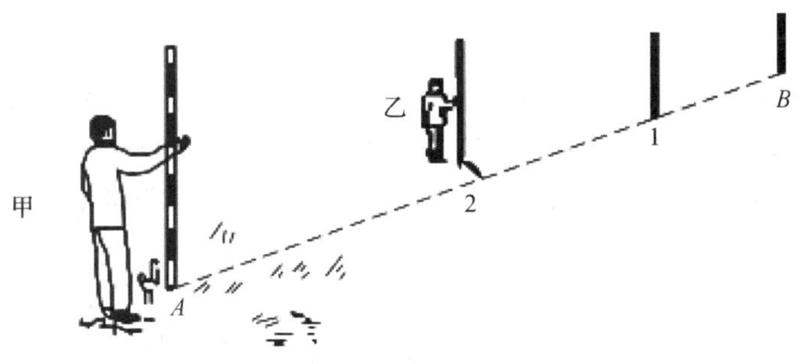

图 4-1　目测定线

4.1.3 经纬仪定线法

当量距精度要求较高或测角量边同时进行时，应采用经纬仪定线法。如图 4-2 所示，欲在 A、B 两点间精确定出 1、2、3 等点的位置，可将经纬仪安置于 A 点，用望远镜瞄准 B 点，固定照准部制动螺旋，然后将望远镜向下俯视，将十字丝交点投到木桩上，并钉小钉以确定出 1 点的位置。同法可定出其余各点的位置。

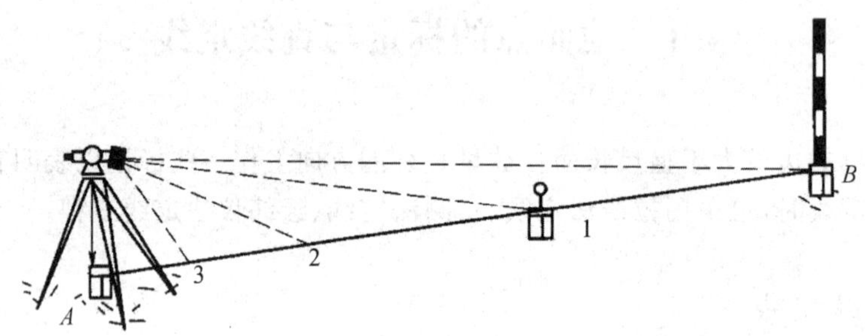

图 4-2 经纬仪定线

4.2 钢尺量距

钢尺量距是利用经检定合格的钢尺直接量测地面两点之间的距离，又称为距离丈量。它使用的工具简单，又能满足工程建设要求的精度，是工程测量中最常用的距离测量方法。钢尺量距按精度要求不同，又分为一般量距和精密量距。其基本步骤有定线、尺段丈量和成果计算。

4.2.1 丈量工具

钢尺量距常用的测量工具和设备有钢尺、标杆、测钎和垂球等。

1. 钢尺

钢尺是由优质钢制成的带状尺，可卷放在圆形盒内或金属架上，故又称钢卷尺。钢尺长度有 20 m、30 m 及 50 m 几种。钢尺的基本分划为厘米和毫米两种，厘米分划的钢尺在每米及每分米处有数字标注，一般在起点处 10 cm 内刻有毫米分划；毫米分划的钢尺在整个尺长内都刻有毫米分划。

由于尺的零点位置不同，钢尺有端点尺和刻线尺之分。端点尺是以尺的最外端作为尺的零点[图 4-3(a)]，当从建筑物的墙边开始丈量时比较方便。刻线尺以尺前端的一刻线作为尺的零点[图 4-3(b)]。

由于钢尺抗拉强度高，受拉力的影响较小，在工程测量中常用钢尺量距。但钢尺有热胀冷缩性，同时钢尺较薄，性脆易折，应防止打结和车轮碾压。钢尺受潮易生锈，应防雨淋、水浸。

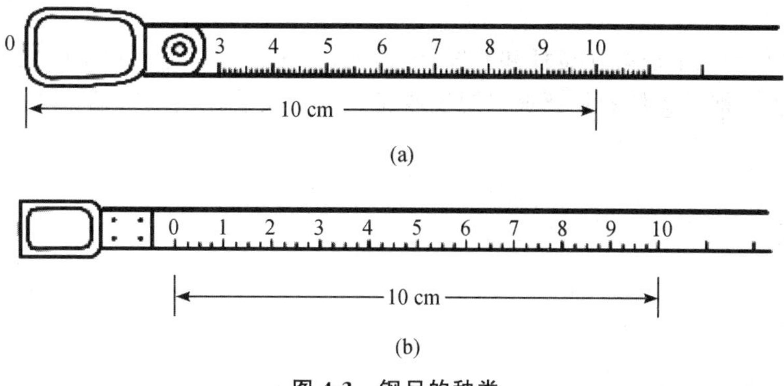

图 4-3　钢尺的种类

2. 标杆

标杆用圆木杆或合金材料制成，直径 3～4 cm，全长 2～3 m，杆上涂以红白相间的双色油漆，间隔长为 20 cm，以便远处清晰可见，用于直线定线，故标杆又称花杆。杆的下端有铁制尖脚，以便插入地内，如图 4-4(a)所示。标杆是一种简单照准标志，在丈量中用于直线定线。合金材料制成的标杆重量轻且可以收缩，携带方便。

3. 测钎

测钎一般用长 25～35 cm，直径 3～4 mm 粗的铁丝制成，一端卷成圆环，便于套在另一铁环内，以 6 根或 11 根为一串，另一端磨削成尖锥状，以便于插入地内，如图 4-4(b)所示。用来标志所量尺段的起、讫点和计算已量过的整尺段数。

4. 垂球

垂球一也称线垂，为铁制圆锥状重物，它上大下尖，上端的中心悬吊在细线下端，如图 4-4(c)所示。当垂球自由静止后，利用其吊线为铅垂线的特性，用于在不平坦地面丈量时将钢尺的端点垂直投影到地面。

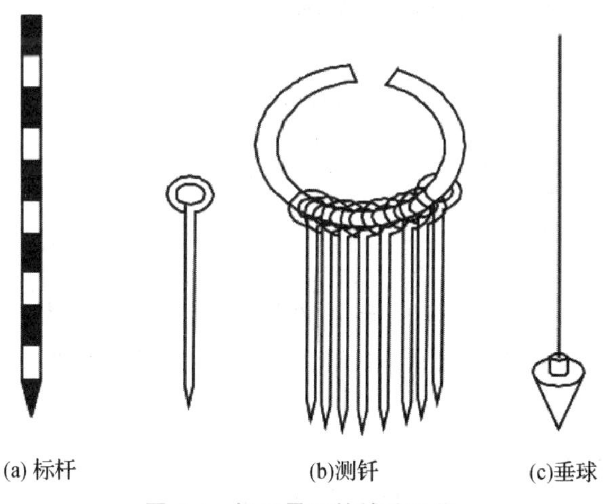

图 4-4　钢尺量距的辅助工具

5. 其他工具

在钢尺精密量距中还有弹簧秤和温度计、尺夹，用于对钢尺施加规定的拉力和测定量距时的温度，以便对钢尺丈量的距离加以温度改正。尺夹安装在钢尺末端，以方便持尺员稳定钢尺。

4.2.2 钢尺量距方法

1. 钢尺量距的一般方法

(1)平坦地面的丈量方法

要丈量平坦地面上 A、B 两点间的距离，其做法是：先在标定好的 A、B 两点立标杆，进行直线定线，如图 4-5 所示，然后进行丈量。丈量时后尺手拿尺的零端，前尺手拿尺的末端，两尺手蹲下，后尺手把零点对准 A 点，喊"预备"，前尺手把尺边靠近定线标志钎，两人同时拉紧尺子，当尺拉稳后，后尺手喊"好"，前尺手对准尺的终点刻画将一测钎竖直插在地面上，这样就量完了第一尺段。

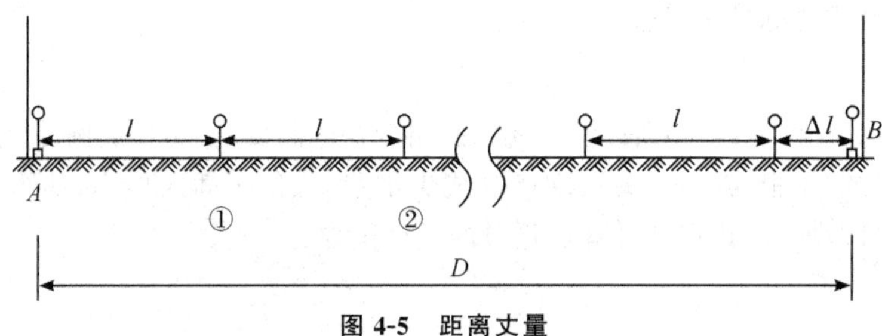

图 4-5 距离丈量

用同样的方法，继续向前量第二、第三……第 n 尺段。量完每一尺段时，后尺手必须将插在地面上的测钎拔出收好，用来计算量过的整尺段数，最后量不足一整尺段的距离。当丈量到 B 点时，由前尺手用尺上某整刻画线对准终点 B，后尺手在尺的零端读数至"mm"，量出零尺段长度 Δl。

上述过程称为往测，往测的距离用下式计算：

$$D = nl + \Delta l \tag{4-1}$$

式中，n—丈量的整尺段数；

l—钢尺整尺段的长度；

Δl—零尺段长度。

接着再调转尺头，用以上方法，从 B 至 A 进行返测，直至 A 点为止。然后再依据式(4-1)计算出返测的距离。一般往返各丈量一次称为一测回，在符合精度要求时，取往返距离的平均值作为丈量结果。

(2)倾斜地面的丈量方法

倾斜地面的距离丈量方法分为平量法和斜量法两种。

①水平量距法(又称平量法)

当地面倾斜起伏不是很大时，将钢尺一端抬高，拉成水平状态进行丈量，得到各尺段的水平长度。如图 4-6 所示，欲丈量 AB 直线的水平距离，在 A、B 点外侧各竖立一根标杆，后尺手留在 A 点，前尺手持尺沿 AB 方向前进一个尺段，进行直线定线。前尺手将尺抬高，目估拉成水平状态，呼叫“预备”，后尺手将尺零刻线对准 A 点，呼叫“好”。前尺手用线垂对准尺末端 30 m 或 50 m 刻线处将整尺长位置投递于地面，并插下测钎（前尺手此时既要拉尺，又要抬平，并要对准尺末端整 30 m 或 50 m 刻画线进行投点，可能感到困难，可另配一人专门投点或读数，前尺手只负责拉尺、抬平）。量完一个尺段，如遇倾斜起伏较大处，按整尺长抬高拉成水平有困难，则可按零尺段进行丈量，用垂球投递点位于地面，应及时记录其长度值。平量法在起伏较大地段丈量时，可能有多个零尺段，故整尺段数与零尺段长度值务必记录清楚。平量法由上往下坡方向丈量较方便。如由下往上坡方向丈量，立下端者既要抬高钢尺，拉成水平，又要注意钢尺零刻线对准垂球吊线，难以兼顾，丈量较困难，因而倾斜地面平量法采用由上往下方向丈量两次，代替往返丈量进行校核。取两次测得距离的平均值作为丈量结果。

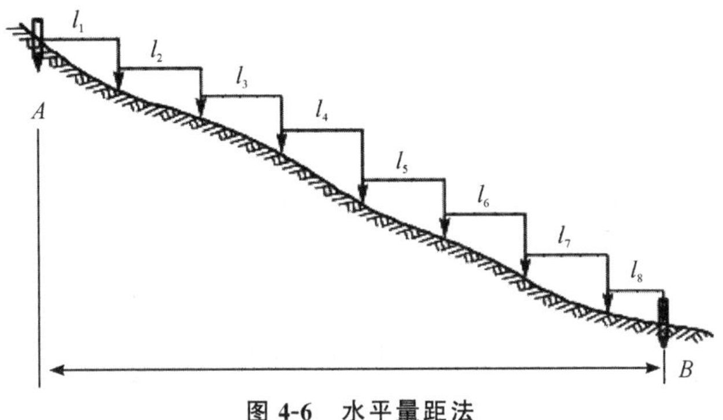

图 4-6　水平量距法

②倾斜量距法（又称斜量法）

如果 A、B 两点间有较大的高差，但地面坡度比较均匀，大致成一倾斜面，如图 4-7 所示，可沿地面直接丈量倾斜距离 L，并测定其倾角 α 或两点间的高差 h，则可计算出直线的水平距离。公式为：

$$D = L\cos\alpha \text{ 或 } D = \sqrt{L^2 - h^2} \tag{4-2}$$

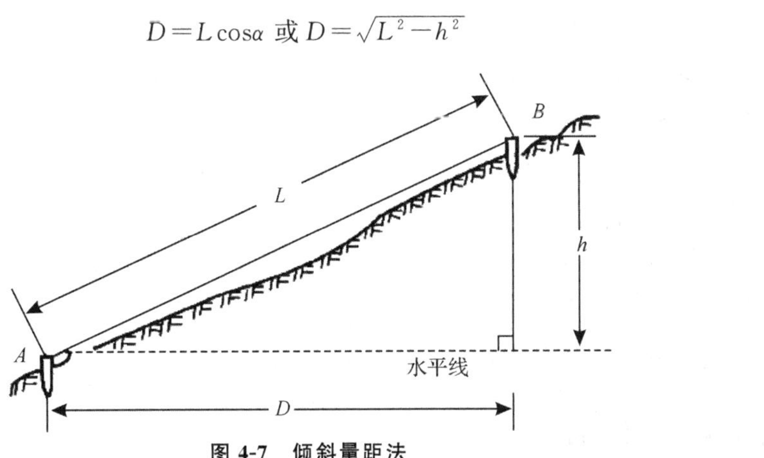

图 4-7　倾斜量距法

也可以应用以下公式计算水平距离：

$$D=L+\Delta L_h=L-\frac{h^2}{L+D}$$

由于 h 与 L 相比总是小很多，此时可以将 D 看作近似等于 L，即 $L+D\approx 2L$，则

$$D=L-\frac{h^2}{2L} \tag{4-3}$$

式中，Δl_h 称为倾斜改正，用下式表示：

$$\Delta L_h=-\frac{h^2}{2L} \tag{4-4}$$

(3)距离丈量的精度

为了避免错误和判断丈量结果的可靠性，并提高丈量精度，距离丈量要求往返丈量。用往返丈量的距离较差 ΔD 与平均距离 $D_{平}$ 之比来衡量它的精度，此比值用分子等于 1 的分数形式来表示，称为相对误差 K，即：

$$\Delta D=D_{往}-D_{返} \tag{4-5}$$

$$D_{平}=\frac{1}{2}(D_{往}+D_{返}) \tag{4-6}$$

$$K=\frac{|\Delta D|}{D_{平}}=\frac{1}{D_{平}/|\Delta D|} \tag{4-7}$$

一般情况下，在平坦地区进行钢尺量距，其相对误差不应超过 1/2000，在量距困难的地区，相对误差也不应大于 1/1000。若符合要求，则取往返测量的平均长度作为观测结果。若超过该范围，应分析原因，重新进行测量。边长测量记录计算表见表 4-1。

表 4-1　量距记录计算表

测线		观测值			精度	平均值	备注
		整尺段	非整尺段	总长			
A—B	往测	4×30	25.368	145.368	1/8550	145.377	
	返测	4×30	25.385	145.385			

【例 4-1】测量直线 AB 的距离，其往测值为 145.346 m，返测结果为 145.312 m，按规定其相对误差不应大于 1/2000，试问：(1)所丈量成果是否满足精度要求？(2)按此规定，若丈量 100 m 的距离，往返丈量的较差最大可允许相差多少 mm？

【解】由题意知：

$$D_{平}=\frac{1}{2}(D_{往}+D_{返})=(145.346+145.312)/2=145.329\ \text{m}$$

$$\Delta D=D_{往}-D_{返}=145.346-145.312=0.034\ \text{m}$$

$$K=\frac{|\Delta D|}{D_{平}}=\frac{1}{D_{平}/|\Delta D|}=\frac{1}{145.329/0.034}=\frac{1}{4274}\approx\frac{1}{4250}$$

因为 $K<K_{允}=\frac{1}{2000}$，所以所丈量成果满足精度要求。

又由 $K=\frac{|\Delta D|}{D_{平}}$ 知：

$$|\Delta D|=KD_{平}=\frac{1}{2000}\times 100=0.05\ \text{m}$$

$$\Delta D \leqslant \pm 50 \text{ mm}$$

即往返丈量的较差最大可相差±50 mm。

2. 钢尺量距的精密方法

用钢尺一般量距，量距精度只能达到 1/5000～1/1000，当量距精度要求更高时，如 1/40000～1/10000，这就要求用精密的方法进行丈量。

(1)钢尺的检定

钢尺由于其存在制造误差、经常使用中的变形以及丈量时温度和拉力不同的影响，其实际长度往往不等于尺上标注的长度(即名义长度)。因此，丈量之前必须对钢尺进行检定，求出它在标准拉力和标准温度下的实际长度，以便对丈量结果加以改正。

①尺长方程式

钢尺经检定后，应给出尺长在施加标准拉力下随温度变化的函数式，通常称为尺长方程式，以便对丈量结果加以相应改正。尺长方程式的一般形式为：

$$l_t = l_0 + \Delta l + \alpha l_0 (t - t_0) \tag{4-8}$$

式中，l_t—钢尺在温度 t 时的实际长度，l_0—钢尺的名义长度；

Δl—检定时在标准拉力和温度下的尺长改正数；

α—钢尺的线形膨胀系数，普通钢尺为 1.25×10^{-5} m/(m·℃)，为温度每变化 1 ℃钢尺单位长度的伸缩量；

t—量距时的温度，t_0—检定时的温度。

【例 4-2】某标准尺的尺长方程式为 $l_t = 30\text{ m} + 0.0034\text{ m} + 1.25 \times 10^{-5}(t - 20℃) \times 30\text{ m}$，用标准尺和被检尺量得两标志间的距离分别为 29.9552 m 和 29.9543 m，丈量时的温度分别为 26.5 ℃和 28.0℃。求被检尺的尺长方程式。

【解】先根据标准尺的尺长方程式计算两标志间的标准长度 D_0：

$$D_0 = \frac{1}{30}[30\text{ m} + 0.0034\text{ m} + 1.25 \times 10^{-5}(26.5\text{ ℃} - 20℃) \times 30\text{ m}] \times 29.9552\text{ m}$$

$$= 29.9610\text{ m}$$

由此可求得被检尺检定时在标准拉力和温度下的尺长改正数 Δl：

$$\frac{1}{30}[30\text{ m} + \Delta l + 1.25 \times 10^{-5}(26.5\text{ ℃} - 20℃) \times 30\text{ m}] \times 29.9543\text{ m} = 29.9610$$

$$\Delta l = +0.0043\text{ m}$$

被检钢尺的尺长方程式为：

$$l_t = 30\text{ m} + 0.0043\text{ m} + 1.25 \times 10^{-5}(t - 20℃) \times 30\text{ m}$$

②钢尺的检定方法

钢尺检定时，在恒温室(标准温度为 20℃)内，将被检尺施加标准拉力固定在检验台上，用标准尺去量测被检尺，或者对被检施加标准拉力去量测一标准距离，求其实际长度，这样就可以根据标准尺的尺长方程式来确定被检定钢尺的尺长方程式，这种方法称为比长法。检定时最好在阴处，使气温与钢尺的温度基本一致。

(2)量距前的准备工作

①清理场地。在量距开始之前，必须保证量距时不会因障碍物使钢尺产生扰曲。

②经纬仪定线。如图 4-8 所示，用钢尺进地概量，在视线上依次定出比钢尺一整尺略短

的 A1、12、23 等尺段，然后在各尺段端点打下大木桩，在木桩上用小钉(或钉白铁皮后于其上画十字)精确定出中间点的位置。

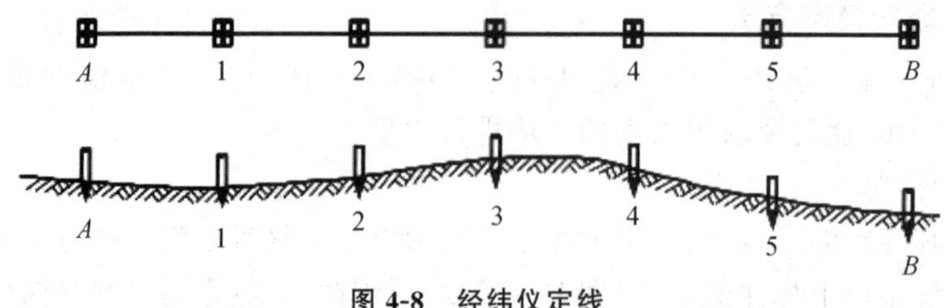

图 4-8　经纬仪定线

③测量高差。定线完成后，用水准仪测量相邻桩顶间的高差，高差测量应经过测站检核。测站校核高差之差不得超过±5 mm。如在限差以内，取其平均值作为观测成果。

(3)测量方法

精密量距一般由 5 人组成，2 人拉尺，2 人读数，1 人测定丈量时的钢尺温度兼记录员。

丈量时，后尺手挂拉力计于钢尺零端，前尺手执尺子末端，两人同时拉紧钢尺，把钢尺有刻画的一侧贴于木桩顶十字线交叉点，待拉力计指针指示在标准拉力(30 m 钢尺，标准拉力为 100 N)时，由后尺手发出"预备"口令，两人拉稳尺子，由前尺手呼叫"好"，前后尺手在此瞬间同时读数，估读至 0.5 mm。记录员依次记入观测手簿，并计算尺段长度。

前后移动钢尺 10 cm，依同法再次丈量，每一尺段丈量 3 次，由 3 组读数算得长度之差不应超过 3 mm，否则应重测。如在限差之内，取 3 次丈量的平均值作为该尺段的观测成果。每一尺段应测定温度一次，估读至 0.5 ℃。同法丈量至终点完成往测。完成往测后，应立即返测。

(4)成果整理

钢尺精密量距完成后，应对每一尺段长进行尺长改正、温度改正，及倾斜改正，求出改正后尺段的水平距离。计算时取位至 0.1 mm。往、返测结果按式(4-7)进行精度检核，若 K 满足精度要求，按式(4-6)计算最后成果。在若 K 超限，应查明原因，返工重测。成果计算在表 4-1 中进行。各项改正数的计算方法如下。

①尺长改正 ΔL_d

$$\Delta L_d = L\frac{\Delta l}{l_0} \tag{4-9}$$

②温度改正 ΔL_t

$$\Delta L_t = L\alpha(t - t_0) \tag{4-10}$$

③倾斜改正 ΔL_h

尺段丈量时，若所测量的是相邻两桩顶间的斜距，则斜距应化算为平距所施加的改正数，称为倾斜改正数或高差改正数，用表示 ΔL_h，按式(4-4)计算。

经过各项改正后的水平距离为：

$$D = L + \Delta L_d + \Delta L_t + \Delta L_h$$

【例 4-3】使用尺长方程为 $l_t = 30\ \text{m} - 0.002\ \text{m} + 1.25 \times 10^{-5} \times (t - 20℃) \times 30\ \text{m}$ 的钢尺，沿倾斜地面往返丈量 AB 两点的距离，用水准仪测得两点的高差 $h = 1.68$ m。往测时量得长为 214.542 m，平均温度 24.5 ℃；返测时量得长度为 214.532 m，平均温度 24.8 ℃。

试求经过各项改正后 AB 的水平距离。

【解】计算过程见表 4-2。

表 4-2　计算过程

线段	距离 /m	温度 /℃	高差 /m	尺长改正 /m	温度改正 /m	倾斜改正 /m	水平距离 /m	备　注
A—B	214.542	24.5	1.68	−0.0143	+0.0121	−0.0066	214.533	相对误差 $K=\frac{1}{23800}$
B—A	214.532	24.8	−1.68	−0.0143	+0.0129	−0.0066	214.524	平均值 $D=214.528$ m

4.2.3　钢尺量距的误差分析及注意事项

1. 钢尺量距的误差

(1)定线误差

距离是指地面两点垂直投影到水平面上的直线距离，若定线不精确，将使量得的距离成折线距离，使测量结果偏大。一般来说，钢尺量距一般可采用拉线定线和目测定线，精密方法则必须采用经纬仪定线。

(2)尺长误差

钢尺实际长度和名义长度往往不同。同时尺长误差具有系统积累性，与所量距离成正比。一般来说，钢尺一般量距无须尺长改正，钢尺精密量距需加尺长改正。

(3)温度误差

由于钢尺是钢制品，其具有热胀冷缩性，不同温度下，钢尺的长度也不同。根据温度改正公式 $\Delta L_t = L\alpha(t-t_0)$，对于 30 m 的钢尺，温度变化 8 ℃，将会产生 1/10000 尺长误差。所以，一般来说，若量距时温度与检定时温度相差小于 8 ℃，钢尺一般量距无须进行温度改正，但量距时温度与检定时温度相差大于 8 ℃，需进行温度改正；钢尺精密量距时需加温度改正。同时，应注意温度计测量温度，测定的是空气温度，而不是尺子本身的温度，在夏季阳光曝晒下，此两者温度之差可大于 5 ℃。因此，量距宜在阴天进行，并要尽量靠近钢尺进行测量。

(4)拉力误差

钢尺具有弹性，会因受拉而伸长。量距时，如果拉力不等于标准拉力，钢尺的长度就会发生变化。精密量距时，因用弹簧秤控制标准拉力，所以拉力误差较小，几乎为零。但一般量距时，因拉力不能控制，所以误差较大，这就要求拉尺时尺要平稳，用力要均匀。

(5)尺子不水平的误差

由于钢尺不水平，会使量得的距离偏大。钢尺量距时应尽量放平钢尺或将斜距换算成水平距离。精密方法必须进行尺长改正。

(6)钢尺垂曲和反曲的误差

钢尺悬空丈量时,中间下垂,称为垂曲。在凹凸不平的地面量距时,凸起部分将使钢尺产生上凸现象,称为反曲。垂曲和反曲将使量得的距离偏大。所以,钢尺量距时,应先将钢尺拉平。

(7)人为误差

人为误差包括钢尺刻画对点的误差、插测钎的误差及钢尺读数的误差等。这些误差在丈量结果中可以互相抵消一部分,但仍是量距工作的一项主要误差来源。

2. 钢尺量距时的注意事项

(1)丈量用的钢尺应进行尺长检定。

(2)丈量前应对所使用的钢尺认读零点和末端位置,了解注记规律。

(3)丈量时应准确定线,钢尺应拉平、拉直,用力均匀拉紧。钢尺零点应对准尺段起始位置,末端插测钎应竖直准确插下,前、后尺手应配合默契。

(4)零尺段读数要正确,及时记录该尺段数据,整尺段数应记清,并应与后尺手收回的测钎数符合。

(5)丈量完一个尺段后,前进时,钢尺应悬空,不应触地拖拉,防止钢尺打卷。注意勿被车辆碾压,避免钢尺断裂损坏。

(6)钢尺丈量使用完毕后,应清除尺上泥污和水渍,并涂上防锈油,加以保养。

(7)如进行精密量距,必须按作业要求逐一进行。量距本身是一项简单工作,但在高精度要求下,不遵守操作要求很难达到精度要求,务必要注意。

4.3 视距测量

视距测量是一种间接的光学测距方法,它利用望远镜内测距装置(视距丝),根据几何光学和三角学原理同时测定距离和高差。这种方法操作简便、迅速,受地形条件限制小,但精度较低,普通视距测量的相对精度约为1/200~1/300,但能满足地形测图测绘中距离测量的精度要求。因此,被广泛用于地形碎部测量中,也可用于检核其他方法量距可能发生的粗差。精密视距测量可达1/2000,常用于碎部测量和较低级控制测量的水平距离和高差的测定。

4.3.1 视距测量原理

经纬仪、水准仪等测量仪器的十字丝分划板上,都有与横丝平行等距对称的两根短丝,称为视距丝。利用视距丝配合标尺就可以进行视距测量。

1. 视线水平时的视距测量公式

欲测定A、B两点间的水平距离,如图4-9所示,在A点安置仪器,在B点竖立视距尺,当望远镜视线水平时,视准轴与尺子垂直,对光后,通过上、下两条视距丝m、n就可读得尺上M、N两点处的读数,两读数的差值l称为视距间隔或尺间隔。f为物镜焦距,p为视距丝间隔，δ 为物镜至仪器中心的距离，由图可知，A、B 点之间的平距为：

$$D=d+f+\delta \tag{4-11}$$

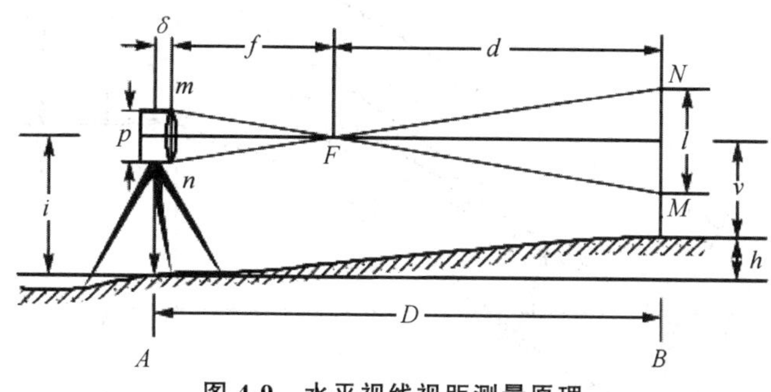

图 4-9　水平视线视距测量原理

其中，d 由两相似三角形$\triangle MNF$ 和$\triangle mnF$ 求得：

$$\frac{d}{f}=\frac{l}{p}$$

$$d=\frac{l}{p}f$$

因此

$$D=d+f+\delta=\frac{f}{p}l+f+\delta$$

令 $K=\frac{f}{p}$，称为视距乘常数，$C=f+\delta$，称为视距加常数，则：

$$D=Kl+C \tag{4-12}$$

式中，K—视距乘常数，通常为 100；

C—视距加常数。

在设计望远镜时，适当选择有关参数后，可使 $K=100$，$C=0$。于是，视线水平时的视距公式为：

$$D=Kl=100l \tag{4-13}$$

两点间的高差为：

$$h=i-v \tag{4-14}$$

式中，i—仪器高，m；

v—望远镜的中丝在尺上的读数，即中丝读数，m。

2. 视线倾斜时的视距测量公式

当地面起伏较大时，必须使视线倾斜才能照准视距尺读取视距间隔，如图 4-10 所示。由于视准轴不再垂直于尺子，故不能直接用上述公式。若想引用前面的公式，测量时则必须将尺子置于垂直于视准轴的位置，但那是不太可能的。因此，在推导倾斜视线的视距公式时，必须加上两项改正：

(1)视距尺不垂直于视准轴的改正；

(2)倾斜视线(距离)化为水平距离的改正。

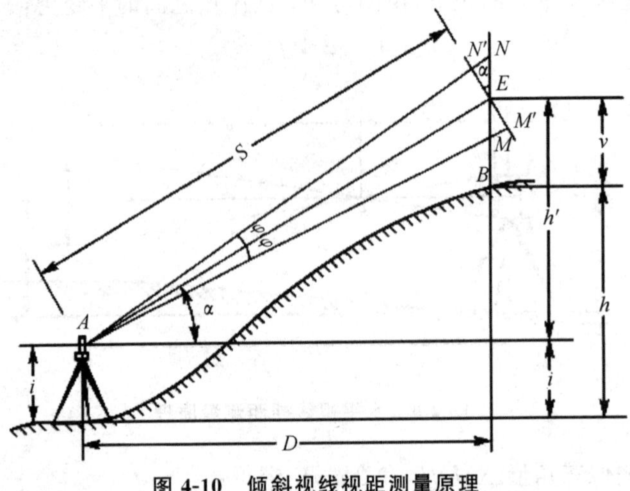

图 4-10　倾斜视线视距测量原理

在图 4-10 中，设视准轴倾斜角为 α，由于 φ 夹角很小，略为 17′，故可将 $\angle NN'E$ 和 $\angle MM'E$ 近似看成直角，则 $\angle NEN'=\angle MEM'=\alpha$，于是有：

$$l'=M'N'=M'E+EN'=ME\cos\alpha+EN\cos\alpha$$
$$=(ME+EN)\cos\alpha=l\cos\alpha$$

根据式(4-13)得倾斜距离：

$$S=Kl'=Kl\cos\alpha$$

换算为平距为：

$$D=S\cos\alpha=Kl\cos^2\alpha \tag{4-15}$$

A、B 两点间的高差为：

$$h_{AB}=h'+i-v$$

$$h'=S\sin\alpha=Kl\cos\alpha\sin\alpha=\frac{1}{2}Kl\sin2\alpha$$

故视线倾斜时的高差公式为：

$$h=\frac{1}{2}Kl\sin2\alpha+i-v \tag{4-16}$$

4.3.2　视距测量误差及注意事项

1. 视距测量误差

(1)读数误差

视距丝读数误差是影响视距测量精度的重要因素，它与人眼的分辨能力、尺子最小分划的宽度、距离的远近、望远镜的放大率及成像清晰情况等有关。因此读数误差的大小，视具体使用的仪器及作业条件而定。由于距离越远误差越大，所以视距测量中要根据精度的要求限制最远视距。

(2)视距尺倾斜引起的误差

视距尺倾斜引起的距离误差随地面的坡度增加而增大，因此，视距测量时应尽可能把标尺竖直。

(3)视距乘常数 K 不准确的误差

由于仪器制造及外界温度变化等因素，视距乘常数 K 值不为 100。因此，对视距乘常数 K 要严格要求测定。

(4)外界条件的影响

外界环境的影响主要是大气垂直折光的影响和空气对流的影响。上、中、下三丝读数光线是通过不同密度的空气层到达望远镜的，越接近地面的光线受折光影响越显著。经验证明，当视线接近地面在视距尺上读数时，垂直折光引起的误差较大，并且这种误差与距离的平方成比例增加。因此，观测时应尽可能使视线距地面 1 m 以上。

此外，视距尺分划误差、竖直角观测误差及风力、温度影响等，也会影响视距测量的精度。

2. 视距测量注意事项

(1)为减少垂直折光的影响，观测时应尽可能使视线离地面 1 m 以上。

(2)作业时，要将视距尺竖直，并尽量采用带有水准器的视距尺。

(3)要严格测定视距乘常数 K，K 值应在 100 ± 0.1 之内，否则应加以改正，或采用实测值。

(4)视距尺一般应是厘米刻画的整体尺。如使用塔尺时应注意检查各节尺的接头是否准确。

(5)要在成像稳定的情况下进行观测。

(6)读数时注意消除视差，认真读取视距尺间隔，并尽可能缩短视线长度。

4.4　电子仪器测距

电子仪器测距是利用电磁波(光波或微波)作为载波传输测距信号，以测量两点间距离的一种方法。电子仪器测距按其所采用的载波可分为：

(1)用微波段的无线电波作为载波的微波测距仪；

(2)用激光作为载波的激光测距仪；

(3)用红外光作为载波的红外测距仪。

后两者又统称为光电测距仪。

微波和激光测距仪多属于远程测距，测程可达 60 km，一般用于大地测量，而红外测距仪属于中、短程测距仪(测程为 15 km 以下)，一般用于小地区控制测量、地籍测量和工程测量等。

4.4.1　光电测距仪测距

光电测距仪通过测定光电波往返传播的时间差或相位差来测量距离。光电测距和传统的钢尺量距相比，具有测程远、精度高、受地形限制少和速度快的特点，被广泛应用于工程测量中。

光电测距仪按其光源分为普通光测距仪、激光测距仪和红外测距仪。按测定载波传播时间的方式分为脉冲式测距仪和相位式测距仪；按测程又可分为短程、中程和远程测距仪三种(表 4-3)；按其精度分为Ⅰ、Ⅱ、Ⅲ三个级别(表 4-3)。

表 4-3　光电测距仪测程分类与技术等级

	仪器种类	短程光电测距仪	中程光电测距仪	远程光电测距仪
测程分类	测程	<3 km	3～15 km	>15 km
	精度	±(5 mm+5 ppm$D$)	±(5 mm+2 ppm$D$)	±(5 mm+1 ppm$D$)
	光源	红外光源 (GaAs 发光二极管)	红外光源 (GaAs 发光二极管) 激光光源(激光管)	He-Ne 激光器
	测距原理	相位式	相位式	相位式
	使用范围	地形测量 工程测量	大地测量 精密工程测量	大地测量，航空、航天、制导等空间距离测量
技术等级	技术等级	Ⅰ	Ⅱ	Ⅲ
	精度	<5 mm	5～10 mm	11～20 mm

红外测距仪采用的是 GaAs(砷化镓)发光二极管作光源，在中、短程测距仪中得到了广泛采用，是工程建设采用的主要机型。

1. 光电测距基本原理

如图 4-11 所示，欲测定 A、B 两点间的距离 D，安置仪器于 A 点，安置反射镜于 B 点。仪器发射的光束由 A 至 B，经反射镜反射后又返回到仪器。设光速 c 为已知，如果光束在待测距离 D 上往返传播的时间 t 已知，则距离 D 可由下式求出：

$$D=\frac{1}{2}ct \tag{4-17}$$

其中

$$c=c_0/n$$

式中，c_0 为真空中的光速值，其值为 299792458 m/s；n 为大气折射率，它与测距仪所用光源的波长、测线上的气温 t、气压 p 和湿度 e 有关。因此，测距时还要测定气象元素，对距离进行气象改正。

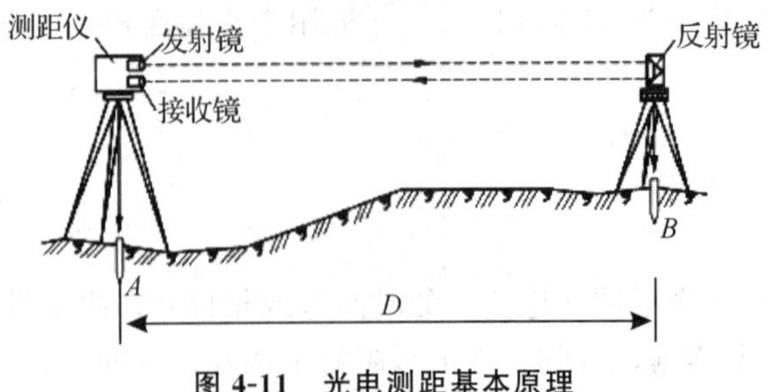

图 4-11　光电测距基本原理

测定距离的精度主要取决于测定时间 t 的精度。例如,要求保证±1 cm 的测距精度,时间测定要求准确到 6.7×10^{-11} s,这是难以做到的。因此,大多采用间接测定法来测定 t。间接测定 t 的方法有下列两种:

(1)脉冲式测距

由测距仪的发射系统发出光脉冲,被测目标反射后,再由测距仪的接收系接收,测出这一光脉冲往返所需时间 t,以求得距离 D。由于计数器的频率一般为 300 MHz(300×10^6 Hz),所以测距精度只能达到 0.5～1 m,精度较低。故此法常用在激光雷达等远程测距上。

(2)相位式测距(图 4-12)

由测距仪的发射系统发出一种连续的调制光波,测出该调制光波在测线上往返传播产生的相位移,以测定距离 D。红外光电测距仪一般都采用相位测距法。

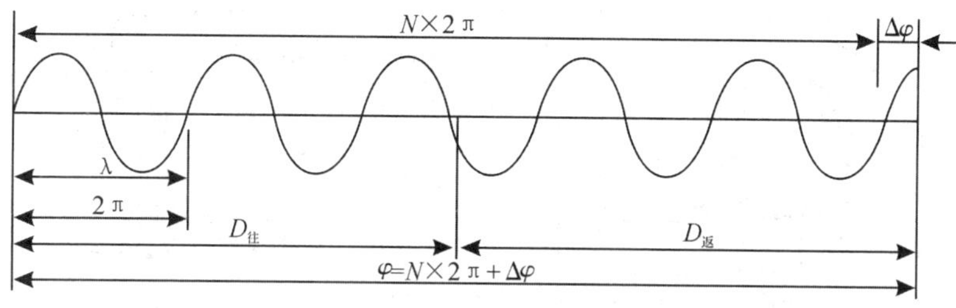

图 4-12　相位式测距

在砷化镓(GaAs)发光二极管上加了频率为 f 的交变电压(即注入交变电流)后,它发出的光强就随注入的交变电流呈正弦变化,这种光称为调制光。测距仪在 A 点发出的调制光在待测距离上传播,经反射镜反射后被接收器所接收,然后用相位计将发射信号与接收信号进行相位比较,由显示器显出调制光在待测距离往、返传播所引起的相位移 φ。

2. 短程光电测距仪及其使用

测程在 3 km 以下的光电测距仪称为短程光电测距仪,目前国内、国外仪器厂有多种生产型号,表 4-4 所列为部分产品。

表 4-4　常用短程光电测距仪

仪器型号	ND300S	D3030	DCH2	REDmini2	ND-21B	D11001	D14L
生产厂商	南方测绘	常州大地	南京测绘	日本 SOKKIA	日本 Nikon	瑞士 Leica	瑞士 Wild
测程/km	3.0	3.2	2.0	1.5	1.5	1.3	3.0
测距精度	±(5 mm+5 ppm$D$)～±(5 mm+3 ppm$D$)						

短程光电测距仪的体型较小,重量轻,可安装在经纬仪望远镜(镜载型)或支架上(架载型),直接安装在基座上仅用于测距的为专用型。与经纬仪组合可以同时测定角度与距离;同时,也是为了借助经纬仪的高倍率望远镜来寻找和瞄准远处的目标,并根据经纬仪的竖盘读数来计算视线的竖直角,以便将倾斜距离化为水平距离,或进行三角高程测量。与光学经纬仪组合,称为半站型测距仪;与电子经纬仪组合(或两者结合为一体)称为全站型测距仪,亦称全站型电子速测仪,简称全站仪。

(1)光电测距主要设备

①测距仪主机

图 4-13 为南方测绘仪器公司生产的 ND 系列短程光电测距仪。它由测距头、装载支架和制微动机构组成。测距头有物镜、目镜、操作键盘、显示窗、RS 接口等,为架载式测距仪。使用时安装在经纬仪的支架上,用座架固定螺丝与经纬仪形成整体,随经纬仪水平旋转,测距仪和经纬仪望远镜绕各自的横轴纵向转动。物镜内为载波发射和接收装置,发射光轴与返回信号接收光轴一般为同轴设计,非同轴设计时发射、接收光轴应平行。载波光轴与望远镜视准轴在同一竖直面内,并保持一定的高差。目镜用于瞄准目标,瞄准视线通过物镜与载波光轴同轴。操作键盘用于输入数据和控制仪器工作,显示屏为数据输出窗口,RS 接口用电缆与电子经纬仪进行数据通信或连接记录设备。整个仪器由蓄电池供电。

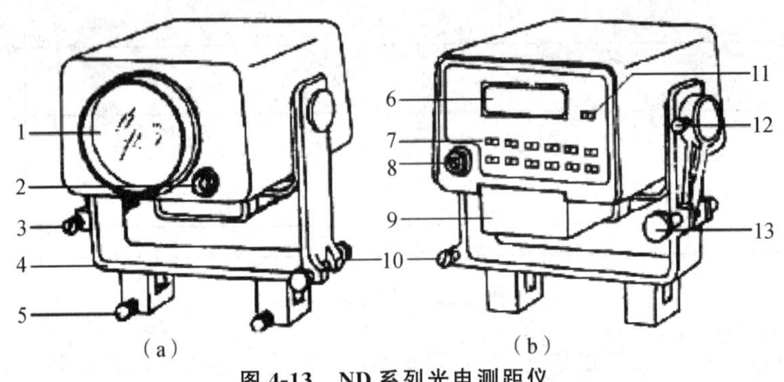

图 4-13　ND 系列光电测距仪

1—物镜;2—RS 接口;3—水平微动弹簧帽;4—支架;5—座架固定螺丝;6—显示屏;7—键盘;8—目镜;9—电池;10—视准轴水平调节手轮;11—电源开关;12—竖直制动螺旋;13—竖直微动螺旋

②反射器

光电测距仪用的是直角反射棱镜,它为严格正立方体光学玻璃一角的三角锥体[图 4-14(a)],三条直角边相等,并且切割面垂直于立方体对角线,切割面为光的入射和反射面。图 4-14(b)为单棱镜组,用于短距离测量;图 4-14(c)为三棱镜组,用于较长距离测量。它与测距仪配合使用,不得任意更换。棱镜组与规牌同时装在基座(有光学对中器)的对中杆上,棱镜组中心至觇牌标志中心的距离应等于测距仪与经纬仪横轴间的高差。

除上述外,还需要空盒气压计和通风干湿温度计,用于测距时现场的气压和温度的测定,以便进行气象改正,精密测距必须配备,并且精密度要满足要求。

(2)光电测距仪的使用

①仪器安置

将经纬仪安置于测站上,对中整平;将电池组插入主机的电池槽(应有咔嚓声响)或连接上外接电池组,把主机通过连接座与经纬仪连接,并锁紧固定。在目标点安置反光棱镜三脚架并对中、整平,镜面朝向测站。按一下测距仪上的电源开关键(POWER)开机,仪器自检,显示屏在数秒内依次显示全屏符号、加常数、乘常数、电量、回光信号等,自检合格发出蜂鸣或显示相应符号信息,表示仪器正常,可以进行测量。

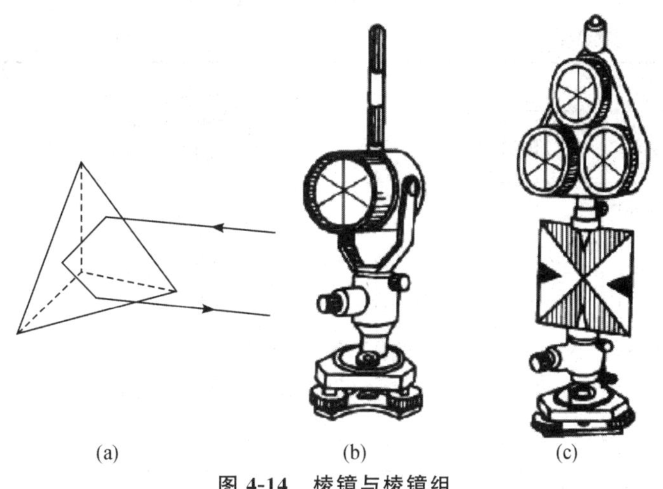

图 4-14　棱镜与棱镜组

②参数设置

如棱镜常数、加常数、乘常数等若经检测发生变化，需用键盘输入到机内，便于仪器自动改正其影响。如气压、气温测定后输入机内，可自动进行气象改正。

③瞄准

用经纬仪望远镜十字丝瞄准反光镜觇板中心，此时测距仪的十字丝基本瞄准棱镜中心，调节测距仪水平与竖直微动螺旋，使十字丝交点对准棱镜中心。

④距离测量

按测距键（MEAS 或 DIST），在数秒内，显示屏显示所测定的距离（斜距）。同时，经纬仪竖盘指标水准管气泡居中，读取竖盘读数 L 或 R；记录员从气压计和温度计上读取即时气压 p、气温 t，并将斜距、竖盘读数、气压和温度记入手簿（表 4-5）；再次按测距键，进行第一次测距和第一次读数。一般进行 4 次，称为一个测回。各次距离读数最大、最小相差不超过 5 mm 时取其平均值，作为一测回的观测值。如果需进行第二测回，则重复第④步操作。在各次测距过程中，若显示窗中光强信号消失或显示“SIGNAL OUT”，并发出急促鸣声，表示红外光被遮，应查明原因予以消除，重新观测。

测距仪因厂家不同，型号不同，仪器的操作键名称、符号也不同，测距时应依其功能选择测距模式（如单次测量、连续测量、跟踪测量等）；如果具有倾斜改正功能，可先测竖直角并将其输入，由仪器自动完成倾斜改正，同时测定斜距、平距，初算高差（用 S/H/V 转换键）；若输入测站高和棱镜高、竖直角，仪器完成高程计算，甚至输入测向方位角测算坐标增量等。

⑤关机收测

本测站观测结束确认无误后，按电源开关关闭电源，撤掉连接电缆，收机装箱迁站。

(3)成果计算

测距仪测得的一测回或几测回距离读数平均值 L 还必须经过气象改正和倾斜改正，才能得到水平距离最终结果。

表 4-5　光电测距记录计算手簿

工程名称:________　仪器型号:________　天气:________　日期:________　观测:________　记录:________

测站/仪器高/m	镜站/镜高/m	斜距/m		盘读数 (°　′　″)	竖直角 (°　′　″)	温度/℃ / 气压/mmHg	气象改正数/mm	改正后斜距/m	水平距离/m	备注
		观测值	平均值							
A / 1.426	B / 1.625	475.073 071 074 074	475.073	88　17　24	+1　42　36	26 / 740	+8	475.081	474.869	
B / 1.425	C / 1.328	1231.783 784 782 783	1231.783	92　19　48	−2　19　48	26 / 740	+22	1231.805	1230.787	
C / 1.420	D / 1.664	567.265 266 268 267	567.266	85　18　36	+4　41　24	26 / 740	+10	567.276	565.376	

①气象改正

影响光速的大气折射率是光的波长 λ、气温 t 和气压 p 的函数。λ 为一定值,因此可根据观测时测定的气温和气压对测距结果进行气象改正。测距仪的气象改正公式为:

$$\Delta L=(278.96-\frac{0.3872p}{1+0.003661t})L \tag{4-18}$$

式中,ΔL—气象改正值,mm;

p—测站气压,mmHg(1 mmHg=133.322 Pa);

t—测站温度,℃;

L—距离,km。

②倾斜改正

若已知测线两端点间的高差为 h 时,可用 $\Delta L_h=-h^2/2L$ 式计算倾斜改正值。若测定了测线竖直角 α,可用 $D=L\cos\alpha$ 式计算水平距离。

【例 4-4】测得 A、B 两点间斜距为 516.350 m,高差为 7.432 m,测距时温度为 20 ℃,气压为 740 mmHg,计算 A、B 两点间的水平距离。

【解】气象改正值为:

$$\Delta L=(278.96-\frac{0.3872\times 740}{1+0.003661\times 20})\times 0.51635=6.2\ \text{mm}$$

倾斜改正值为:

$$\Delta L_h=-\frac{7.432^2}{2\times 516.350}=-0.053\ \text{m}$$

水平距离为:

$$D=L+\Delta L+\Delta L_h=516.35+0.0062-0.053=516.303\ \text{m}$$

(4)光电测距的注意事项

①气象条件对光电测距影响较大,微风的阴天是观测的良好时机。

②测线应离开地面障碍物 1.3 m 以上，避免通过发热体和较宽水面的上空。

③测线应避开强电磁场干扰的地方，例如测线不宜距变压器、高压线太近。

④镜站的后面不应有反光镜和强光源等背景的干扰。

⑤要严防阳光及其他强光直射接收物镜，避免损坏光电器件，阳光下作业应撑伞保护仪器。

⑥如出现电压报警，注意及时更换电池。测距完毕后应立即关机，换站时应断电后再搬仪器。

4.4.2　全站仪测距

全站仪是一种由机械、光学、电子元件组合而成的测量仪器，可以同进行角度测量、距离测量和坐标测量。在测量时，仪器可以自动完成平距、高差、坐标增量计算和其他专业需要的数据计算，并显示在显示屏上。也可配合电子记录手簿，实现自动记录、存储、输出测量成果，使测量工作大为简化，实现全野外数字化测量。使用全站仪测距，具体可参见第 3 章 3.2.1 节内容。

4.5　直线定向

欲确定待定地面点平面位置，需测定待定点与已知点间的水平距离和该直线的方位，再推算待定点的平面坐标。确定直线方位的实质是测定直线与标准方向间的水平夹角，这一测量工作称为直线定向。

4.5.1　标准方向的分类

标准方向也称基准方向。我国通用的标准方向有三种，即真子午线方向、磁子午线方向和坐标纵轴方向，简称为真北方向、磁北方向和轴北方向。这三种标准方向即通常所说的三北方向，如图 4-15 所示。

1. 真子午线方向

地表任一点 P 与地球旋转轴所组成的平面与地球表面的交线称为 P 点的真子午线，真子午线 P 点的切线方向称为 P 点的真子午线方向。其北端指示方向，又称真北方向。真子午线方向可以应用天文测量方法或者陀螺经纬仪来测定地表任一点的真子午线方向。

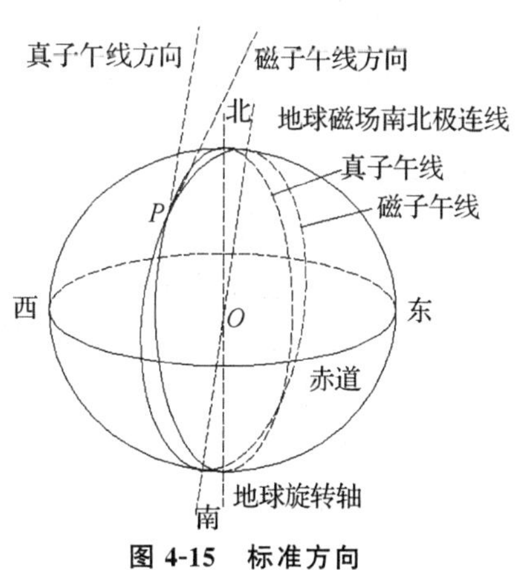

图 4-15　标准方向

2. 磁子午线方向

地表任一点 P 与地球磁场南北极连线所组成的平面与地球表面交线称为 P 点的磁子午线，磁子午线在 P 点的切线方向称为 P 点的磁子午线方向。其北端指示方向，又称磁北方向。可以应用罗盘仪来测定。

3. 坐标纵轴方向

过地表任一点 P 且与其所在的高斯平面直角坐标系或者假定坐标系的坐标纵轴(x 轴)平行的方向称为 P 点的坐标纵轴方向。坐标纵轴北向为正,又称轴北方向。坐标纵轴方向是测量工作中常用的标准方向,一般通过计算得到。

以上真北、磁北、轴北方向称为三北方向。

4.5.2 直线方向的表示方法

测量工作中,常用方位角或象限角来表示直线的方向。

1. 方位角

测量工作中,常用方位角来表示直线的方向。方位角是由标准方向的北端起,顺时针方向度量到直线的夹角,取值范围为0°～360°,如图 4-16 所示。若标准方向为真子午线方向,则其方位角称为真方位角,用 A 表示;若标准方向为磁子午线方向,则其方位角称为磁方位角,用 A_m 表示;若标准方向为坐标纵轴方向,则称其为坐标方位角,用 α 表示。

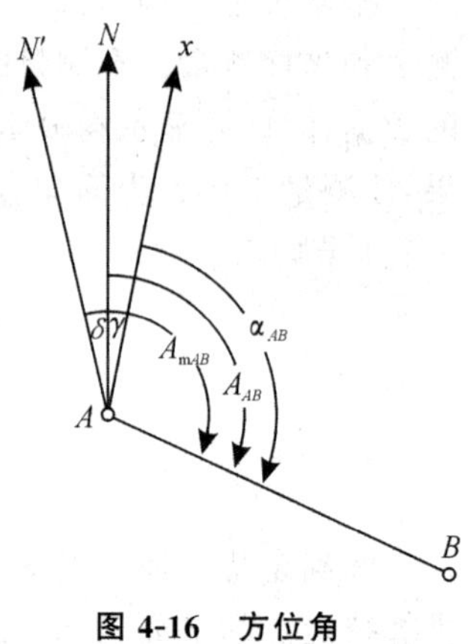

图 4-16 方位角

由于地球的南北两极与地球的南北两磁极不重合,所以地面上同一点的真子午线方向与磁子午线方向是不一致的,两者间的水平夹角称为磁偏角,用 δ 表示。过同一点的真子午线方向与坐标纵轴方向的水平夹角称为子午线收敛角,用 γ 表示。通常以真子午线方向北端为基准,磁子午线和坐标纵轴方向偏于真子午线以东叫东偏,δ、γ 为正;偏于西侧叫西偏,δ、γ 为负。不同点的 δ、γ 值一般是不相同的。如图 4-20 所示情况,直线 AB 的三种方位角之间的关系如下:

$$\left.\begin{aligned} A&=A_m+\delta \\ A&=\alpha+\gamma \\ \alpha&=A_m+\delta-\gamma \end{aligned}\right\} \tag{4-19}$$

2. 象限角

直线的方向还可以用象限角来表示。由标准方向(北端或南端)度量到直线的锐角,称为该直线的象限角,用 R 表示,取值范围 0°～90°,如图 4-17 所示。为了确定不同象限中相同 R 值的直线方向,将直线的 R 前冠以把 Ⅰ～Ⅳ象限分别用北东、南东、南西和北西表示的方位。同理,象限角亦有真象限角、磁象限角和坐标象限角。测量中采用的磁象限角 R 用方位罗盘仪测定。图 4-17 中直线 OA 的象限角表示为:R_{OA}=北东 68°42′。

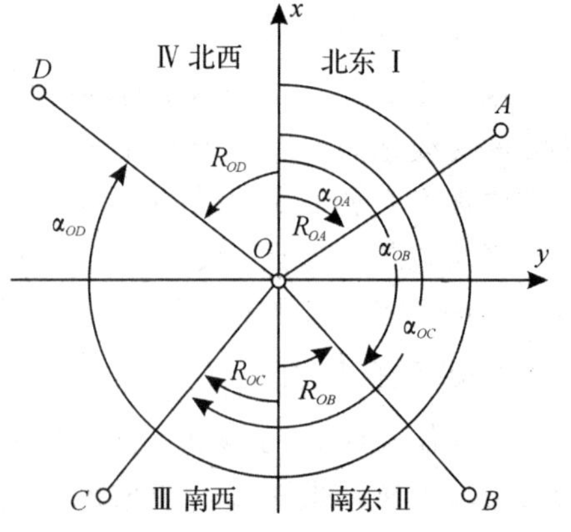

图 4-17 象限角及其与坐标方位角的关系

坐标方位角 α 与象限角 R 的位置关系如图 4-17 所示。

计算时可参考表 4-6。

表 4-6　象限角与坐标方位角的关系

象限	坐标增量	$R\to\alpha$	$\alpha\to R$
Ⅰ	$\Delta x>0,\Delta y>0$	$\alpha=R$	$R=\alpha$
Ⅱ	$\Delta x<0,\Delta y>0$	$\alpha=180^\circ-R$	$R=360^\circ-\alpha$
Ⅲ	$\Delta x<0,\Delta y<0$	$\alpha=180^\circ+R$	$R=\alpha-180^\circ$
Ⅳ	$\Delta x>0,\Delta y<0$	$\alpha=360^\circ-R$	$R=360^\circ-\alpha$

4.5.3　正、反坐标方位角

测量工作中的直线都是具有一定方向性的，一条直线存在正、反两个方向。如图 4-18 所示，就直线 AB 而言，通过 A 点的坐标纵轴北方向与直线 AB 所夹的水平角 α_{AB} 称为直线 AB 的正坐标方位角，过 B 点的坐标纵轴北方向与直线 BA 所夹的水平角 α_{BA} 称为直线 AB 的反坐标方位角。正、反坐标方位角的概念是相对的。

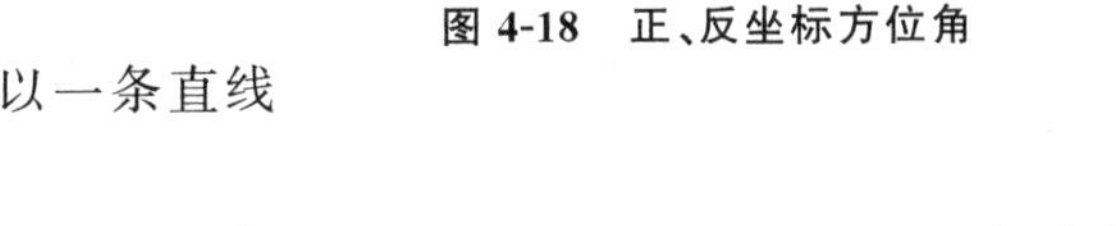

图 4-18　正、反坐标方位角

由于坐标北方向都是相互平行的，所以一条直线的正、反坐标方位角互差 180°，即

$$\alpha_{正}=\alpha_{反}\pm180^\circ \tag{4-20}$$

4.5.4　坐标方位角的推算

为了整个测区坐标系统的统一，测量工作中并不直接测定每条边的坐标方位角，而是通过与已知点(已知坐标和方位角)的连测，观测相关的水平角和距离，推算出各边的坐标方位角，计算直线边的坐标增量，而后再推算待定点的坐标。

如图 4-19 所示，折线 1—2—3—4—5 所夹的水平角 β_2、β_3、β_4 称为转折角，在推算时，β 角有左角和右角之分，左角(右角)是指该角位于推算前进方向左侧(右侧)的水平夹角。

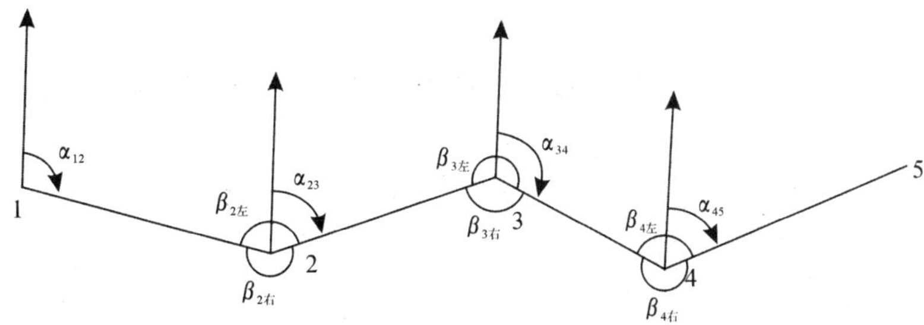

图 4-19　坐标方位角推算

1. 相邻两条边坐标方位角的推算

设 α_{12} 为已知坐标方位角，各转折角为左角，则有：

$$\alpha_{23}=\alpha_{12}-180°+\beta_{2左}=\alpha_{12}+180°-\beta_{2右}$$

同理有：

$$\alpha_{34}=\alpha_{23}-180°+\beta_{2左}=\alpha_{23}+180°-\beta_{2右}$$

$$\alpha_{45}=\alpha_{34}-180°+\beta_{2左}=\alpha_{34}+180°-\beta_{2右}$$

由此可以得出按左角推算相邻边坐标方位角的计算公式：

$$\alpha_{前}=\alpha_{后}-180°+\beta_{左} \tag{4-21}$$

如果各转折角为右角，则各边方位角计算公式应为：

$$\alpha_{前}=\alpha_{后}+180°-\beta_{右} \tag{4-22}$$

由此可以得出按左角推算任意边坐标方位角的计算公式：

$$\alpha_{终}=\alpha_{始}-n\times180°+\sum_{i=1}^{n}\beta_{左} \tag{4-23}$$

式中，n 为连接角的个数。

如果转折角为右角，则上式应为：

$$\alpha_{终}=\alpha_{始}+n\times180°-\sum_{i=1}^{n}\beta_{右} \tag{4-24}$$

实际计算时，可根据坐标方位角的范围为 0°～360°这一特征，坐标方位角计算结果可能出现大于 360°或负值两种情况，此时，可以通过 $\pm n\times360°$，使坐标方位角取值在 0°～360°范围内。

4.6 坐标计算原理

地面上两点间的平面位置关系与该两点间的水平距离、坐标方位角密切相关。地面点的平面位置可以用该点的纵坐标和横坐标来表示。

4.6.1 坐标正算

根据直线起点的坐标、直线的水平距离及直线的坐标方位角来计算直线终点的坐标，称为坐标正算。

如图 4-20 所示，已知直线 AB 的起点 A 的坐标(x_A,y_A)，以及 AB 两点间的水平距离 D_{AB}和 AB 边的坐标方位角 α_{AB}，要计算终点 B 的坐标(x_B,y_B)。

按下列步骤计算：

设 $\Delta x_{AB}=x_B-x_A$，Δx_{AB}称为 A 点至 B 点的纵坐标增量；$\Delta y_{AB}=y_B-y_A$，Δy_{AB}称为 A 点至 B 点的横坐标增量。

依数学公式可以得出：

$$\left.\begin{aligned}\Delta x_{AB}&=x_B-x_A=D_{AB}\cos\alpha_{AB}\\ \Delta y_{AB}&=y_B-y_A=D_{AB}\sin\alpha_{AB}\end{aligned}\right\} \tag{4-25}$$

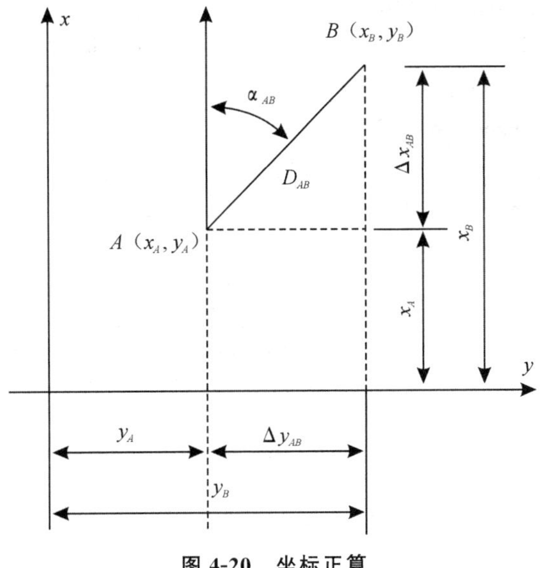

图 4-20　坐标正算

根据式(4-25)计算坐标增量时，sin 和 cos 函数值随着 α 角所在象限而有正负之分，因此算得的坐标增量同样具有正、负号。坐标增量正、负号的规律如表 4-7 所示。

表 4-7　坐标增量正、负号的规律

象限	坐标方位角 α	Δx	Δy
Ⅰ	0°～90°	+	+
Ⅱ	90°～180°	−	+
Ⅲ	180°～270°	−	−
Ⅳ	270°～360°	+	−

B 点的坐标计算公式为：

$$\left.\begin{aligned} x_B &= x_A + \Delta x_{AB} = x_A + D_{AB}\cos\alpha_{AB} \\ y_B &= y_A + \Delta y_{AB} = y_A + D_{AB}\sin\alpha_{AB} \end{aligned}\right\} \tag{4-26}$$

4.6.2　坐标反算

根据直线始点和终点的坐标，计算直线的水平距离和直线的坐标方位角，称为坐标反算。如图 4-20 所示，A、B 两点的水平距离及坐标方位角 α_{AB} 可按下列公式计算：

$$D_{AB} = \sqrt{\Delta x_{AB}^2 + \Delta y_{AB}^2} = \sqrt{(x_B - x_A)^2 + (y_B - y_A)^2} \tag{4-27}$$

$$\alpha_{AB} = \arctan\frac{y_B - y_A}{x_B - x_A} \tag{4-28}$$

根据式(4-28)计算所得的角值有正负值，应该注意的是坐标方位角的角值范围在 0°～360°间，而 arctan 函数的角值范围在 −90°～+90°间，两者是不一致的。注意：按式(4-28)计算坐标方位角时，计算出的是象限角，因此，应根据坐标增量 Δx、Δy 的正、负号，按表 4-7 决定其所在象限，再把象限角换算成相应的坐标方位角。

【例 4-5】已知 A 点的坐标为(532.411,425.789)，AB 边的边长为 112.340 m，AB 边的坐标方位角 $\alpha_{AB}=121°26'$，试求 B 点坐标。

【解】$x_B=x_A+D_{AB}\cos\alpha_{AB}=532.411+112.340\times\cos121°26'=473.825\ \text{m}$

$y_B=y_A+D_{AB}\sin\alpha_{AB}=425.789+112.340\times\sin121°26'=521.643\ \text{m}$

【例 4-6】已知 A、B 两点的坐标为 A(519.737,491.465)，B(486.531,523.332)，试计算 AB 的边长及 AB 边的坐标方位角。

【解】

$$D_{AB}=\sqrt{(x_B-x_A)^2+(y_B-y_A)^2}=\sqrt{(486.531-519.737)^2+(523.332-491.465)^2}=46.023\ \text{m}$$

$$\alpha_{AB}=\arctan\frac{y_B-y_A}{x_B-x_A}=\arctan\frac{523.332-491.465}{486.531-519.737}=136°10'43''$$

4.7 罗盘仪及其使用

罗盘仪是用来测定直线磁方位角的仪器。其精度虽不高，但具有结构简单、使用方便等特点。在普通测量中，常用罗盘仪测定起始边的磁方位角，用以近似代替起始边的坐标方位角，作为独立测区的起算数据。

4.7.1 罗盘仪及其构造

罗盘仪的主要部件有磁针、刻度盘和瞄准设备，如图 4-21(a)所示。

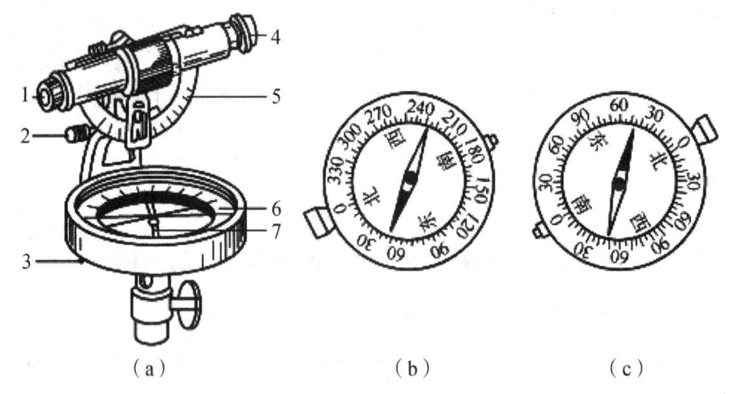

图 4-21 罗盘仪构造

1—目镜；2—竖直微动螺旋；3—顶针螺丝；4—物镜；5—竖直刻度盘；6—水平刻度盘；7—磁针

1. 磁针

磁针由人造磁铁制成，其中心装有镶着玛瑙的圆形球窝。刻度盘中心装有顶针，磁针球窝支在顶针上。为了减轻顶针尖不必要的磨损，在磁针下装有小杠杆，不用时拧紧下面的顶针螺丝，使磁针离开顶针。磁针静止时，一端指向地球的南磁极，一端指向北磁极。为了减小磁倾角的影响，在南端绕有铜丝。

2. 刻度盘

刻度盘为钢或铝制成的圆环，最小分划为 1°或 30′，每 10°有一注记，按逆时针方向从 0°注记到 360°。望远镜物镜端与目镜端分别在 0°与 180°刻度线正上方，如图 4-21(b)所示。罗盘仪在定向时，刻度盘与望远镜一起转动指向目标，当磁针静止后，刻度盘上由 0°逆时针方向至磁针北端所指的读数即为所测直线的磁方位角。这种刻度盘是方位罗盘仪。图 4-21(c)由北、南向东、西各 0°～90°刻画，为象限罗盘仪。

3. 望远镜

望远镜由物镜、十字丝分划板和目镜组成，是一种小倍率的外对光望远镜。

此外，罗盘仪还附有水准器以及球臼装置，用以整平仪器。为了控制度盘和望远镜的转动，附有度盘制动螺旋以及望远镜制动螺旋和微动螺旋。一般罗盘仪都附有三脚架和垂球，用以安置仪器。

4.7.2　用罗盘仪测定直线磁方位角的方法

用罗盘仪测定某一直线的磁方位角的方法是：

(1)安置罗盘仪于直线的一端点上。

(2)对中。用垂球对中。

(3)整平。半松开球臼接头螺旋，摆动罗盘盒使两水准器气泡居中后，再旋紧球臼连接螺旋，使度盘处于水平位置。

(4)照准。望远镜瞄准直线的另一端点，其步骤与水准仪的望远镜相同。

(5)松开磁针固定螺旋，使它自由转动，磁针静止时，读出磁针北端(不带铜圈的一端)所指的度盘读数。

4.7.3　使用罗盘仪时的注意事项

使用罗盘仪时应注意以下几点：

(1)罗盘仪需置平，磁针能自由转动，必须待磁针静止时才能读数。

(2)使用罗盘仪时附近不能有任何铁器，应避开高压线、磁场等物质，否则磁针会发生偏转而影响测量结果。

(3)观测结束后，必须旋紧顶起螺钉，将磁针顶起，以免磁针磨损，并保护磁针的灵敏性。若磁针长时间摆动不能静止，则说明仪器使用太久，磁针的磁性不足，应进行充磁。

思考练习题

1. 名词解释：直线定线、直线定向、方位角、象限角、收敛角、磁偏角、坐标方位角。

2. 何谓钢尺的名义长度和实际长度？钢尺检定的目的是什么？

3. 在距离丈量之前，为什么要进行直线定线？如何进行定线？

4. 用钢尺丈量了 AB、CD 两段距离，AB 的往测值为 206.32 m，返测值为 206.17 m；CD 的往测值为 102.83 m，返测值为 102.74 m。问这两段距离丈量精度是否相同，为什么？

5. 某钢尺的尺长方程为 $l_t=30.0000+0.0070+1.2\times10^{-5}\times(t-20\ ℃)\times30$ m。用此钢尺在 10 ℃条件下丈量一段坡度均匀，长度为 170.380 m 的距离。丈量时的拉力与钢尺检定拉力相同，并测得该段距离两端点高差为 1.8 m。试求其水平距离。

6. 什么叫直线定向？为什么要进行直线定向？

7. 测量上作为定向依据的标准方向有哪几种？

8. 什么叫方位角？方位角有哪几种？它们之间的关系是什么？

9. 已知直线 AB 的坐标方位角为 $235°45'$，直线 BA 的坐标方位角是多少？

10. 如下图所示，已知 AB 边的坐标方位角为 $108°12'30''$，观测转折角 $\beta_1=110°54'45''$，$\beta_2=120°36'42''$，$\beta_3=106°24'36''$。试计算 DE 边的坐标方位角。

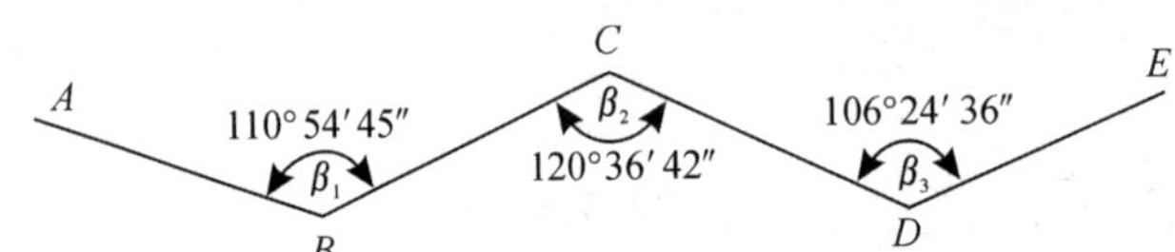

11. 已知 A 点的坐标为 $A(621.35,556.86)$，AB 边的边长 $D_{AB}=86.79$ m，AB 边的坐标方位角 $\alpha_{AB}=72°42'$，试求 B 点的坐标。

12. 已知 A 点的坐标为 $A(383.28,589.57)$，B 点的坐标为 $B(352.14,554.58)$，试求 AB 的边长 D_{AB} 及 AB 边的方位角 α_{AB}。

13. 如何使用罗盘仪测定直线的磁方位角？应注意哪些事项？

第 5 章　测量误差的基本知识

【教学要求】

知识准备	能力要求	相关知识点
测量误差概述	(1)认识误差产生的原因 (2)熟悉测量误差的分类 (3)了解偶然误差的特性	(1)真误差 (2)观测条件 (3)系统误差 (4)偶然误差
评定精度的指标	(1)了解中误差 (2)了解相对中误差 (3)熟悉极限误差	(1)测量精度 (2)中误差 (3)相对中误差 (4)极限误差
误差传播定律及其应用	(1)能进行简单的倍数函数的中误差计算 (2)能进行简单和或差函数的中误差计算 (3)能进行简单线性函数的中误差计算 (4)了解一般函数的中误差	(1)误差传播 (2)倍数函数的中误差 (3)和或差函数的中误差 (4)线性函数的中误差 (5)一般函数的中误差

5.1　测量误差概述

测量实践表明，在测量工作中，无论测量仪器设备多么精密，无论观测者多么仔细认真，也无论观测环境多么良好，在测量结果中总是有误差存在。例如，对某一三角形的三个内角进行观测，其三个角值之和不等于 180°；又如，观测某一闭合水准路线，各测站的高差之和也不等于零。这种差异表现为测量结果与观测量客观存在的真值之间的差值。这种差值称为真误差。一般用 Δ 表示真误差，用 X 表示真值，用 L 表示观测值。

$$\Delta_i = L_i - X \tag{5-1}$$

5.1.1　测量误差产生的原因

引起测量误差的因素有很多，概括起来主要有以下三个方面：

1. 测量仪器

测量工作中，测量仪器设备本身的精密程度必然对观测结果的精度产生影响，仪器设备在使用前虽经过了校正，但残余误差仍然存在，测量结果中就不可避免地包含了这种误差。

2. 观测者

测量工作离不开人的参与，由于观测者的感觉器官的鉴别能力有限，所以无论怎样仔细地工作，在仪器的安置、照准、读数等方面都会产生误差。

3. 外界条件

观测时所处的外界条件，如温度、湿度、风力、气压等因素的影响，必然使观测结果产生误差。

测量仪器、观测者和外界条件这三方面的因素综合起来称为观测条件。观测条件与观测结果的精度有着密切的关系。在较好的观测条件下进行观测所得的观测结果的精度就要高一些，反之，观测结果的精度就要低一些。

5.1.2 测量误差的分类

根据测量误差对观测结果的影响性质不同，测量误差可分为系统误差和偶然误差两类。

1. 系统误差

在相同的观测条件下对某量进行一系列观测，如果误差出现的符号及大小均相同或按一定的规律变化，这种误差称为系统误差。

系统误差产生的原因主要是仪器制造或校正不完善、观测人员操作习惯和测量时外界条件等引起的。如量距中用名义长度为 30 m 而经检定后实际长度为 30.001 m 的钢尺，每量一尺段就有 0.001 m 的误差，丈量误差与距离成正比。可见系统误差具有积累性。又如某些观测者在照准目标时，总习惯于把望远镜十字丝对准于目标的某一侧，也会使观测结果带有系统误差。

在实际测量工作时，系统误差可以采取适当的观测方法或加改正数来消除或减弱其影响。如在水准测量中采用前后视距相等来消除视准轴与水准管轴不平行而产生的误差，在水平角观测中采用盘左盘右观测来消除视准轴误差等。因此，只要找到系统误差的规律之后，就可以采取一定的观测方法、观测手段设法减小以至消除系统误差的影响。

2. 偶然误差

在相同的观测条件下对某量进行一系列观测，如果误差的符号和大小都具有不确定性，但就大量观测误差总体而言，又服从于一定的统计规律性，这种误差称为偶然误差，也叫随机误差。如读数的估读误差、望远镜的照准误差、经纬仪的对中误差等。偶然误差产生的原因是由观测者、仪器和外界条件等多方面引起的。对偶然误差，通常采用增加观测次数来减少其误差，提高观测成果的质量。

在观测过程中，系统误差与偶然误差是同时产生的，当系统误差采取了适当的方法加以消除或减弱以后，决定观测精度的主要因素就是偶然误差，偶然误差影响了观测结果的精确性，所以在测量误差理论中研究对象主要是偶然误差。

5.1.3　偶然误差的特性

偶然误差从表面上看似乎没有规律性，即从单个或少数几个误差的大小和符号的出现上呈偶然性，但从整体上对偶然误差加以归纳统计，则显示出一种统计规律，而且观测次数越多，这种规律性表现得越明显。

现以一测量实例进行统计分析。

在相同观测条件下独立地观测了 98 个三角形的全部内角，由于观测值中带有误差，各三角形的内角之和就不等于 180°。

现将 98 个真误差进行统计分析：取 1″为区间，将 98 个真误差按其大小和正负号排列，以表格的形式统计出其在各区间的分布情况，见表 5-1。

表 5-1　偶然误差的区间分布

误差区间 dΔ	正误差(+Δ)		负误差(−Δ)		总数	
	个数 n	频率($\frac{n}{98}$)	个数 n	频率($\frac{n}{98}$)	个数 n	频率($\frac{n}{98}$)
0″～1″	21	0.214	20	0.204	41	0.418
1″～2″	14	0.143	15	0.153	29	0.296
2″～3″	10	0.102	9	0.092	19	0.194
3″～4″	4	0.041	4	0.041	8	0.082
4″～5″	0	0	1	0.010	1	0.010
5″以上	0	0	0	0	0	0
$\sum$	49	0.500	49	0.500	98	1.000

从表 5-1 中可以看出，该组误差的分布表现出如下规律：小误差比大误差出现的频率高；绝对值相等的正、负误差出现的频率几乎相同；误差都在一个小范围内，最大误差不超过 5″。

统计大量的实验结果，总结出偶然误差具有如下四条特性：

(1)有限性：在一定观测条件下，偶然误差的绝对值不超过一定的限度。

(2)显小性：绝对值小的误差比绝对值大的误差出现的机会多。

(3)对称性：绝对值相等的正、负误差出现的概率大致相同。

(4)抵消性：随着观测次数无限增多，偶然误差的算术平均值趋近于零，即

$$\lim_{n\to\infty}\frac{[\Delta]}{n}=0 \tag{5-2}$$

式中，n 为观测次数；$[\Delta]=\Delta_1+\Delta_2+\Delta_3+\cdots+\Delta_n$。

显然，第四条特性是由第三条特性导出的。

为了更直观清晰地表达误差的分布情况，除了采用误差分布表的形式外，还可以利用图形形象地表达。如图 5-1，以误差 Δ 的大小为横坐标，误差出现于各区间的频率(相对个数)除以区间的间隔值 dΔ 为纵坐标，建立坐标系并绘图，这样每一误差区间上的长方条面积就

代表误差出现在该区间的相对个数，该图称为直方图。我们用直方图的形式来表示误差分布情况。当误差个数 $n\to\infty$ 时，如果把误差间隔 $\mathrm{d}\Delta$ 无限缩小，则图 5-1 中的各长方形顶点折线就变成了一条光滑的曲线，该曲线称为误差分布曲线，即正态分布曲线。图中曲线形状越陡峭，表示误差分布越密集，观测质量越高；曲线越平缓，表示误差分布越离散，观测质量越低。

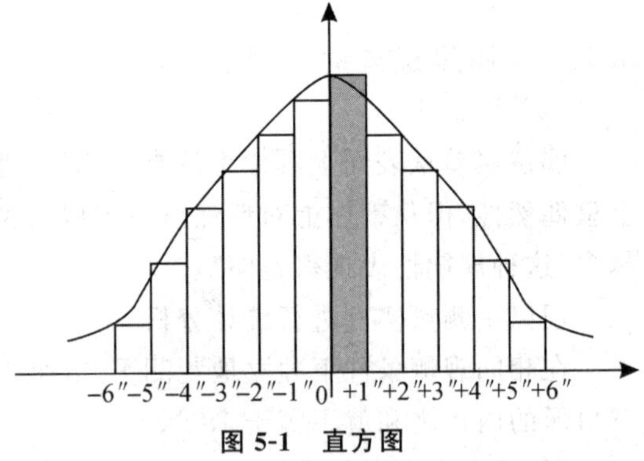

图 5-1　直方图

从误差分布曲线中可以看出，曲线中间高，两端低，表明小误差出现的机会大，大误差出现的机会小；曲线对称，表明绝对值相等的正、负误差出现的机会均等；曲线以横轴为渐近线，即最大误差不会超过一定限值。

5.2　评定精度的指标

研究测量误差最主要的目的就是衡量测量成果的精度。在测量工作中，观测质量是有优劣的，也就是精度有高有低。所谓精度，就是指误差分布的密集或离散的程度。为了较好地评定测量精度，衡量观测精度的高低，需要建立衡量精度的统一标准。

通常用以下几个数值指标作为评定测量精度的标准。

5.2.1　中误差

在相同的观测条件下，对某量进行了 n 次观测，其观测值为 $L_1,L_2,\cdots,L_n$，相应的真误差为 $\Delta_1,\Delta_2,\cdots,\Delta_n$，则定义该组观测值的中误差为各个真误差平方和的平均值的平方根，称为中误差，通常用 m 表示，即

$$m=\pm\sqrt{\frac{\Delta_1^2+\Delta_2^2+\cdots+\Delta_n^2}{n}}=\pm\sqrt{\frac{[\Delta\Delta]}{n}} \tag{5-3}$$

m 值越大，观测精度越低；m 值越小，则观测精度越高。

【例 5-1】对某三角形内角之和观测了 5 次，其三角形内角和的观测值与其真值 180°相比较，真误差分别为＋5″、－2″、0″、－4″、＋3″，求观测值的中误差。

【解】$m=\pm\sqrt{\frac{[\Delta\Delta]}{n}}=\pm\sqrt{\frac{(+5)^2+(-2)^2+0^2+(-4)^2+(+3)^2}{5}}=\pm\sqrt{\frac{54}{5}}=\pm3.3''$

【例 5-2】设有甲、乙两组观测值，其真误差如下所示，分别求其观测值中误差。

甲：－5″、－2″、0″、＋4″、＋2″

乙：－6″、＋5″、0″、＋5″、－5″

【解】

$$m_1=\pm\sqrt{\frac{25+4+0+16+4}{5}}=\pm3.1''$$

$$m_2=\sqrt{\frac{36+25+0+25+25}{5}}=\pm 4.7''$$

因为 $m_1<m_2$，所以甲组观测精度比乙组观测精度高。

5.2.2　相对中误差

中误差是一种绝对误差，当观测误差与观测值的大小有关时，仅用中误差不能准确地反映观测精度的高低。例如，用钢尺丈量 100 m 及 400 m 两段距离，两段距离的中误差均为 ±0.01 m，两者的中误差相同，若用中误差来衡量精度，两段距离丈量的精度是相等的。但就单位长度的测量精度而言，两者并不相同，显然前者的丈量精度要比后者低。因此，必须引入相对中误差（简称相对误差）这一精度指标。

相对误差定义为观测值中误差（绝对误差、容许误差、真误差）的绝对值与观测值之比，通常化成分子为 1 的分数形式

$$K=\frac{|中误差|}{观测值}=\frac{|m|}{L}=\frac{1}{\frac{L}{|m|}} \tag{5-4}$$

根据相对误差的定义，上述两段距离丈量中，相对中误差分别为 $K_1=\frac{1}{10000}$，$K_2=\frac{1}{40000}$。显然，400 m 的长度相对误差小于 100 m 长度的相对误差，丈量 400 m 段精度要高些。

5.2.3　极限误差

偶然误差的第一个特性说明，在一定观测条件下，偶然误差的绝对值不会超过一定的限值，这个限值就是极限误差。在测量工作中，如果观测误差绝对值小于极限误差，则认为该观测值合格。如果观测误差的绝对值大于极限误差，就认为观测值质量不合格，该观测结果就舍去。那么应该如何确定这个限值呢？

实践证明，等精度观测的一组误差中，绝对值大于 2 倍中误差的偶然误差出现的可能性约为 5%，大于 3 倍中误差的偶然误差出现的可能性仅为 0.3%。这个规律就是确定极限误差的依据。

在实际测量工作中，通常采用 2 倍中误差作为极限误差

$$\Delta_{限}=2m \tag{5-5}$$

当要求较低时，也采用 3 倍中误差作为极限误差

$$\Delta_{限}=3m \tag{5-6}$$

极限误差也称为容许误差或允许误差。

5.3　误差传播定律及其应用

在实际测量工作中，有些未知量往往不能直接测得，而是通过某些直接观测值间接计算

得到的。例如,在水准测量中,一测站的高差是由前、后尺读数计算得到的,即 $h=a-b$。读数 a、b 是直接观测值,高差 h 是 a、b 的函数。显然,观测值 a、b 的测量误差必然会影响其函数 h 的精度。阐述观测值的中误差与其函数中误差之间关系的定律称误差传播定律。

下面就具体推导误差传播定律的公式形式。

5.3.1 倍数函数的中误差及其应用

设有倍数函数

$$z=kx \tag{5-7}$$

式中,x 为独立观测值,其中误差为 m_x,k 为常数,如果 x 产生真误差 Δx,则其函数 z 也产生误差 Δz,即有

$$z+\Delta z=k(x+\Delta x) \tag{5-8}$$

式(5-8)减去式(5-7),得

$$\Delta z=k\Delta x \tag{5-9}$$

若对 x 同精度观测了 n 次,则有

$$\left.\begin{aligned} \Delta z_1&=k\Delta x_1 \\ \Delta z_2&=k\Delta x_2 \\ &\vdots \\ \Delta z_n&=k\Delta x_n \end{aligned}\right\} \tag{5-10}$$

将式(5-10)各式两边平方,然后相加得

$$[\Delta z^2]=k^2[\Delta x^2] \tag{5-11}$$

将式(5-11)两边除以 n,得

$$\frac{[\Delta z^2]}{n}=k^2\frac{[\Delta x^2]}{n} \tag{5-12}$$

式(5-12)中,$\frac{[\Delta z^2]}{n}=m_z^2$,$\frac{[\Delta x^2]}{n}=m_x^2$,则式(5-12)可写为

$$m_z^2=k^2m_x^2 \text{ 或 } m_z=km_x \tag{5-13}$$

式(5-13)即为观测值倍数函数中误差的计算公式。

【例 5-3】在 1∶1000 地形图上,量得某段距离 $d=50.50$ cm,测量中误差 $m_d=\pm 0.1$ cm,求该段距离的实际长度和中误差。

【解】 $D=kd=1000\times 50.50=50500\text{ cm}=505\text{ m}$

$m_D=km_d=\pm 1000\times 0.1=\pm 100\text{ cm}=\pm 1.0\text{ m}$

所以,实际长度 $D=(505\pm 1.0)$m。

5.3.2 和或差函数的中误差及其应用

设有和差函数

$$z=x\pm y \tag{5-14}$$

式中,x、y 为独立观测值,其中误差分别为 m_x、m_y,如果 x、y 各产生真误差 Δx、Δy,则其

函数 z 也产生真误差 Δz，即有

$$z+\Delta z=(x+\Delta x)\pm(y+\Delta y) \tag{5-15}$$

式(5-15)减去式(5-14)，得

$$\Delta z=\Delta x\pm\Delta y \tag{5-16}$$

若对 x、y 同精度各观测了 n 次，则有

$$\left.\begin{aligned}\Delta z_1&=\Delta x_1\pm\Delta y_1\\ \Delta z_2&=\Delta x_2\pm\Delta y_2\\ &\vdots\\ \Delta z_n&=\Delta x_n\pm\Delta y_n\end{aligned}\right\} \tag{5-17}$$

将式(5-17)各式两边平方，然后相加得

$$[\Delta z^2]=[\Delta x^2]+[\Delta y^2]\pm2[\Delta x\Delta y] \tag{5-18}$$

将式(5-18)两边除以 n，得

$$\frac{[\Delta z^2]}{n}=\frac{[\Delta x^2]}{n}+\frac{[\Delta y^2]}{n}\pm2\frac{[\Delta x\Delta y]}{n} \tag{5-19}$$

式(5-19)中，Δx、Δy 均为相互独立的偶然误差；$[\Delta x\Delta y]$也具有偶然误差的特性，由偶然误差的特性(4)可知，当 $n\to\infty$时，$\frac{[\Delta x\Delta y]}{n}$趋近于零。

式(5-19)中，$\frac{[\Delta z^2]}{n}=m_z^2$，$\frac{[\Delta x^2]}{n}=m_x^2$，$\frac{[\Delta y^2]}{n}=m_y^2$，则式(5-19)可写为

$$m_z^2=m_x^2+m_y^2 \text{ 或 } m_z=\pm\sqrt{m_x^2+m_y^2} \tag{5-20}$$

式(5-20)即为观测值和或差函数中误差的计算公式。

【例 5-4】在水准测量中，若水准尺上每次读数中误差为±1.0 mm，则每站高差中误差是多少？

【解】

$$h=a-b$$

$$m_h=\pm\sqrt{m_a^2+m_b^2}=\pm\sqrt{1.0^2+1.0^2}=\pm1.4\ \text{mm}$$

5.3.3　线性函数的中误差及其应用

设有线性函数

$$z=k_1x_1\pm k_2x_2\pm\cdots\pm k_nx_n \tag{5-21}$$

式中，$x_1,x_2,\cdots,x_n$ 为独立观测值，其中误差分别为 $mx_1,mx_2,\cdots,mx_n$，$k_1,k_2,\cdots,k_n$ 为常数。如果观测值 $x_1,x_2,\cdots,x_n$ 各产生真误差 $\Delta x_1,\Delta x_2,\cdots,\Delta x_n$，则其函数 z 也产生真误差 Δz，即有：

$$z+\Delta z=k_1(x_1+\Delta x_1)\pm k_2(x_2+\Delta x_2)\pm\cdots\pm k_n(x_n+\Delta x_n) \tag{5-22}$$

将式(5-22)减去式(5-21)得：

$$\Delta z=k_1\Delta x_1\pm k_2\Delta x_2\pm\cdots\pm k_n\Delta x_n \tag{5-23}$$

若对观测值 $x_1,x_2,\cdots,x_n$进行了 n 次等精度观测，则有：

$$\left.\begin{aligned}\Delta z_1&=k_1\Delta x_{11}\pm k_2\Delta x_{21}\pm\cdots\pm k_n\Delta x_{n1}\\\Delta z_2&=k_1\Delta x_{12}\pm k_2\Delta x_{22}\pm\cdots\pm k_n\Delta x_{n2}\\&\vdots\\\Delta z_n&=k_1\Delta x_{1n}\pm k_2\Delta x_{2n}\pm\cdots\pm k_n\Delta x_{nn}\end{aligned}\right\}\tag{5-24}$$

把式(5-24)各式两边平方，相加后再除以 n 得：

$$\frac{[\Delta z^2]}{n}=k_1^2\frac{[\Delta x_1^2]}{n}+k_2^2\frac{[\Delta x_2^2]}{n}+\cdots+k_n^2\frac{[\Delta x_n^2]}{n}+2k_1k_2\frac{[\Delta x_1\Delta x_2]}{n}+2k_2k_3\frac{[\Delta x_2\Delta x_3]}{n}+\cdots,$$

根据偶然误差的第(4)条特性，上式可写成：

$$\frac{[\Delta z^2]}{n}=k_1^2\frac{[\Delta x_1^2]}{n}+k_2^2\frac{[\Delta x_2^2]}{n}+\cdots+k_n^2\frac{[\Delta x_n^2]}{n}\tag{5-25}$$

根据中误差的定义，则有：

$$m_z^2=k_1^2m_{x1}^2+k_2^2m_{x2}^2+\cdots+k_n^2m_{xn}^2$$

$$m_z=\pm\sqrt{k_1^2m_{x1}^2+k_2^2m_{x2}^2+\cdots+k_n^2m_{xn}^2}\tag{5-26}$$

式(5-26)即为观测值线性函数中误差的计算公式。

【例 5-5】用经纬仪观测某角四个测回，其观测值为 $L_1=90°35'36''$，$L_2=90°35'42''$，$L_3=90°35'24''$，$L_4=90°35'30''$，如果一测回测角的中误差为 $\pm6''$，试求该角的中误差。

【解】该角值的最后结果 β 就是 4 测回所测角值的算术平均值，即

$$\beta=\frac{L_1+L_2+L_3+L_4}{4}$$

则

$$m_\beta=\pm\sqrt{\frac{4\times6^2}{4^2}}=\pm3''$$

5.3.4　一般函数的中误差及其应用

设有一般函数

$$z=f(x_1,x_2,\cdots,x_n)\tag{5-27}$$

式中，$x_1,x_2,\cdots,x_n$ 为独立观测值，其中误差分别为 $m_{x1},m_{x2},\cdots,m_{xn}$，若观测值 $x_1,x_2,\cdots,x_n$ 产生的真误差为 $\Delta x_1,\Delta x_2,\cdots,\Delta x_n$，则函数 z 也产生真误差 Δz。

现对函数取全微分，得

$$\mathrm{d}z=\frac{\partial f}{\partial x_1}\mathrm{d}x_1+\frac{\partial f}{\partial x_2}\mathrm{d}x_2+\cdots+\frac{\partial f}{\partial x_n}\mathrm{d}x_n\tag{5-28}$$

式(5-28)可用下式代替，即

$$\Delta z=\frac{\partial f}{\partial x_1}\Delta x_1+\frac{\partial f}{\partial x_2}\Delta x_2+\cdots+\frac{\partial f}{\partial x_n}\Delta x_n\tag{5-29}$$

式中，$\frac{\partial f}{\partial x}$ 为函数对自变量 x 的偏导数，当函数关系确定时，它们均为常数。

设 $\frac{\partial f}{\partial x_1}=k_1,\frac{\partial f}{\partial x_2}=k_2,\cdots,\frac{\partial f}{\partial x_n}=k_n$，因此，式(5-29)为线性函数的真误差关系式，则由式(5-26)可得

$$m_z^2=k_1^2m_{x1}^2+k_2^2m_{x2}^2+\cdots+k_n^2m_{xn}^2$$

即
$$m_z=\pm\sqrt{\left(\frac{\partial f}{\partial x_1}\right)^2 m_{x1}^2+\left(\frac{\partial f}{\partial x_2}\right)^2 m_{x2}^2+\cdots+\left(\frac{\partial f}{\partial x_n}\right)^2 m_{xn}^2} \tag{5-30}$$

式(5-30)即为观测值一般函数中误差的计算公式。

通过以上推导可以看出，观测值线性函数中误差关系式是一般函数中误差关系式的特殊形式。

【例 5-6】有一长方形，测得其长为(56.25±0.02) m，宽为(38.42±0.01) m。求该长方形的面积及其中误差。

【解】设长为 a，宽 b，面积为 S，则有

$$S=ab=56.25\times38.42=2161.125\ \mathrm{m}^2$$

$$\begin{aligned}m_S&=\pm\sqrt{\left(\frac{\partial S}{\partial a}\right)^2 m_a^2+\left(\frac{\partial S}{\partial b}\right)^2 m_b^2}=\pm\sqrt{b^2m_a^2+a^2m_b^2}\\&=\pm\sqrt{38.42^2\times(\pm0.02)^2+56.25^2\times(\pm0.01)^2}\\&=\pm0.95\ \mathrm{m}^2\end{aligned}$$

所以，该长方形的面积为 $S=(2161.125\pm0.95)\ \mathrm{m}^2$。

【例 5-7】$z=D\cos\alpha$，其中 $D=(56.32\pm0.04)\mathrm{m}$，$\alpha=60°30'18''\pm12''$。试求相应 z 值及其中误差 m_z。

【解】
$$z=D\cos\alpha$$

$$\begin{aligned}m_{\Delta x}&=\pm\sqrt{\left(\frac{\partial z}{\partial D}\right)^2 m_D^2+\left(\frac{\partial z}{\partial \alpha}\right)^2\left(\frac{m_\alpha}{\rho}\right)^2}=\pm\sqrt{\cos^2\alpha m_D{}^2+(-D\sin\alpha)^2\left(\frac{m_\alpha}{\rho}\right)^2}\\&=\pm\sqrt{\cos^2 60°30'18''\times0.04^2+(-56.32\sin60°30'18'')^2\left(\frac{12}{206265}\right)^2}\\&=\pm0.02\mathrm{m}\end{aligned}$$

(计算中，$\frac{m_\alpha}{\rho}$是将角值化为弧度，$\rho=\frac{360°}{2\pi}=57.3°=3438'=206265''$)

思考练习题

1. 何谓测量误差？测量误差的来源有哪几个方面？

2. 什么叫系统误差？什么叫偶然误差？偶然误差有什么特性？

3. 什么叫中误差？什么叫相对中误差？什么叫极限误差？

4. 已知一测回测角中误差为±9″，欲使测角精度达到±2″，问至少需要几个测回？

5. 用钢尺进行距离丈量，共量了 6 个尺段，若每尺段丈量的中误差均为±2 mm，问全长中误差是多少？

6. 设有一 n 边形，每个内角的测角中误差均为±6″，求该 n 边形内角和闭合差的中误差。

7. 若水准测量中每公里观测高差的精度相同，则 K 公里观测高差的中误差是多少？若每测站观测高差的精度相同，则 n 个测站观测高差的中误差是多少？

8. 对某三角形 ABC 测量，测得边 $AB=(56.235\pm0.010)\mathrm{m}$，角 $A=60°15'24''\pm3.0''$，角 $B=45°36'56''\pm4.2''$，试计算边 BC 及其中误差。

第 6 章　GNSS 测量

【教学要求】

知识准备	能力要求	相关知识点
GNSS 概述	(1)了解 GNSS 简介 (2)掌握几种常用的 GNSS 类型	(1)GPS 全球定位系统 (2)北斗卫星导航系统(BDS) (3)GLONASS 全球导航卫星系统 (4)Galileo 系统
GPS 测量	(1)了解 GPS 概述 (2)掌握 GPS 组成 (3)掌握 GPS 定位的基本原理 (4)熟悉 GPS 测量的主要技术指标	(1)GPS 组成 (2)GPS 的坐标系统 (3)GPS 定位的基本原理 (4)GPS 测量的主要技术指标
GNSS 定位	(1)了解 GNSS 定位原理 (2)掌握几种常见的 GNSS 的定位模式	(1)GNSS 定位原理 (2)单点定位模式 (3)差分定位模式 (4)静态相对定位模式 (5)伪距的测量误差组成
连续运行参考站	(1)认识 CORS 站 (2)掌握 CORS 测量作业模式	(1)CORS 站概念 (2)CORS 站组成 (3)CORS 站作业模式 (4)CORS 测量
测量型 GNSS 接收机及其应用	(1)了解测量型 GNSS 接收机简介 (2)掌握 GNSS-RTK 应用，能够熟练进行 RTK 手簿操作	(1)GNSS 接收机简介 (2)GNSS-RTK 测量 (3)RTK 手簿的使用

6.1　GNSS 概述

6.1.1　GNSS 简介

CNSS 是 Global Navigation Satellite System 的首字母缩写，译为“全球导航卫星系统”。GNSS 是指通过卫星对地面目标进行定位和导航的系统总称，最早的卫星定位系统主要指美国的导航卫星测时与测距全球定位系统(navigation satellite timing and ranging global position system,GPS)。GPS 的出现及其广泛应用,使得人们越来越认识到卫星导航系统的重要性,但 GPS 系统是美国军方主导的系统,在应用上会受到很多限制。从 20 世纪 90 年代中期开始,国际民航组织、国际移动卫星组织、欧洲空间局等倡导发展完全由民间控制、由多个卫星系统组成的全球导航卫星系统(global navigation setellite system, GNSS)。因此,目前 GNSS 泛指所有的卫星导航系统,主要包括美国的 GPS、中国的北斗卫星导航系统(BDS)、俄罗斯的 GLONASS、欧洲的 Galileo 系统,除此之外,还包括 WAAS 广域增强系统、EGNOS 欧洲静地卫星导航重叠系统、DORIS 星载多普勒无线电定轨定位系统、PRARE 精确距离及其变率测量系统、QZSS 准天顶卫星系统、印度 GAGAN 辅助同步轨道增强导航系统、IRNSS 印度区城导航卫星系统等地面增强系统。

6.1.2　几种常用的 GNSS

1. GPS 全球定位系统

全球定位系统(global positioning system,GPS)是美国国防部于 1973 年 12 月正式批准陆、海、空三军共同研制的第二代卫星导航定位系统。该系统可提供全天 24 h 全球定位服务。它是利用导航卫星发射的信号来进行测时和测距,具有在海、陆、空进行全方位实时导航与定位能力的新一代卫星导航与定位系统,能提供高精度的七维信息(三维位置、三维速度、一维时间)。全球定位系统(GPS)的建成是导航与定位历史上的一项重大成就。

GPS 系统由 21 颗工作卫星和 3 颗备用卫星组成整个系统,6 个轨道平面的每个平面上分布 4 颗卫星,这样的配置使同时出现在地平线以上的卫星数目随时间和地点而异,最少为 4 颗,最多可达 11 颗。GPS 卫星的星座构成如图 6-1 所示。

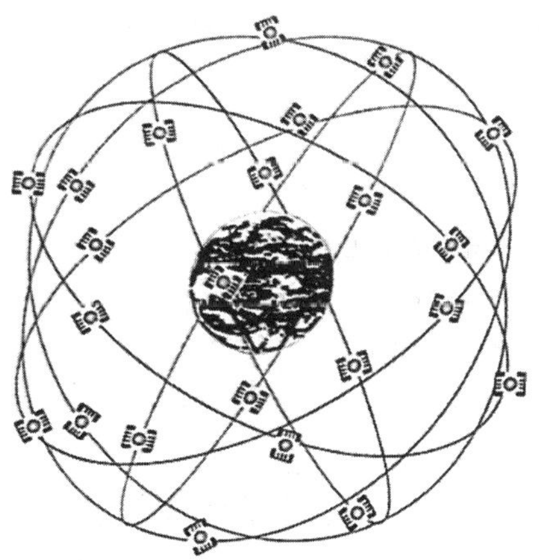

图 6-1　GPS 卫星星座

GPS 计划的实施分为三个阶段:第一阶段为方案论证和初步设计阶段(1973—1978 年),发射了 4 颗卫星,建立了地面跟踪网并研制了地面接收机;第二阶段为全面研制和实验阶段(1979—1984 年),发射了 7 颗 Block Ⅰ 实验卫星,研制了各种用途的接收机,包括导航型和测地型接收机;第三阶段为实用组网阶段(1985—1994 年),发射了 Block Ⅱ 和 Block Ⅱ

A 工作卫星(BlockⅡA 卫星增强了军事应用功能,并扩大了数据存储容量)。到 1994 年 3 月 9 日,整个 GPS 星座配备完成,历时 20 年,耗资近 300 亿美元,最终建成了由 24 颗卫星组成的 GPS 系统。

对广大测绘工作者而言,GPS 是一场深刻的技术革命,它的出现改变了以角度、距离、高差测量为主的传统大地测量模式,提高了测量作业效率,降低了野外作业的劳动强度,提高了测量精度。目前以 GPS 为代表的 GNSS 测量技术已大量替代传统的测量方法,广泛应用于大地测量、工程测量、航空摄影测量、地壳运动监测、工程变形监测、资源勘察、地球动力学等领域。

2. 北斗卫星导航系统(BDS)

北斗卫星导航系统(beidou navigation satellite system,BDS)是我国着眼于国家安全和经济社会发展需要,自主建设运行的全球卫星导航系统,是为全球用户提供全天候、全天时、高精度定位、导航和授时服务的国家重要时空基础设施。它是我国自主研制的全球卫星导航系统,自 20 世纪 80 年代开始分为 3 个阶段建设。

第 1 阶段:于 2000 年建设完成"北斗一号"系统,该系统由 2 颗地球静止轨道卫星构成双星定位系统,主要面向国内用户提供定位授时和短报文服务。用户需要向卫星发射定位请求,经地面数据中心处理后再通过卫星将位置信息发送给用户。这标志着我国继美国全球卫星定位系统(GPS)和俄罗斯全球导航卫星系统(GLONASS)后,成为世界上第三个建立了完善卫星导航系统的国家。

第 2 阶段:于 2012 年底建设完成"北斗二号"系统,其空间部分由 14 颗卫星组网构成,能为亚太地区用户提供定位、测速、授时和短报文通信服务。"北斗二号"系统在兼容"北斗一号"系统技术体系的基础上,采用了无源定位体制,即接收机无须向卫星发射信号而只需要接收卫星信号就能实现定位。

第 3 阶段:到 2020 年全面完成"北斗三号"系统的发射组网,继承北斗有源服务和无源服务两种技术体系,为全球用户提供定位、导航、授时和短报文通信服务。

北斗系统由空间段、地面段和用户段三部分组成。北斗系统空间段由 5 颗静止轨道卫星和 30 颗非静止轨道卫星组成,中轨卫星轨道高度为 2150 km,轨道倾角为 55″,均匀分布在 3 个倾斜轨道面上,卫星的星座构成如图 6-2 所示。

图 6-2 BDS 卫星星座

北斗系统地面段包括主控站、时间同步/注入站和监测站等若干地面站，以及星间链路运行管理设施。北斗系统用户段包括北斗兼容其他卫星导航系统的芯片、模块、天线等基础产品，以及终端产品、应用系统与应用服务等。

北斗系统作为我国自主建设的导航系统，在定位精度、授时精度、信号稳定性系统功能等方面均优于美国的 GPS 系统。表 6-1 对 GPS 和 BDS 的基本信息和参数进行了比较。

表 6-1　GPS 与 BDS 的基本信息、参数比较

项目	BDS	GPS
覆盖范围	全球	全球
卫星数量/颗	35	24
卫星轨道特性	5 颗同步和 30 颗非同步轨道卫星	21+3 非同步轨道卫星
定位精度/m	2.5(全球组网后)	12(C/A 码)
授时精度/ns	10	20
报文通信/次	120 汉字	无
指挥调度	具有位置报告、调度功能	无

北斗地基增强系统是北斗卫星导航系统的重要组成部分，是按照“统一规划、统一标准、共建共享”的原则，整合国内地基增强资源建立以北斗为主、兼容其他卫星导航系统的高精度卫星导航服务体系。利用北斗/GNSS 高精度接收机，通过地面基准站网，利用卫星、移动通信、数字广播等手段，在服务区域内提供 1～2 m、分米级和厘米级实时高精度导航定位服务。系统建设分两个阶段实施：一期为 2014 年到 2016 年年底，主要完成框架网基准站、区域加强密度网基准站、国家数据综合处理系统，以及国土资源、交通运输、中科院、地震、气象、测绘地理信息等 6 个行业数据处理中心等建设任务，建成基本系统，在全国范围提供基本服务；二期为 2017 年至 2018 年底，主要完成区域加强密度网基准站补充建设，进一步提升系统服务性能和运行连续性、稳定性、可靠性，具备全面服务能力。

北斗系统自提供服务以来，已在交通运输、农林渔业、水文监测、气象测报、通信授时、电力调度、救灾减灾、公共安全等领域得到广泛应用，服务国家重要基础设施，产生了显著的经济效益和社会效益。基于北斗系统的导航服务已被电子商务移动智能终端制造位置服务等厂商采用，广泛进入我国大众消费共享经济和民生领域，应用的新模式、新业态、新经济不断涌现，深刻改变着人们的生产生活方式。我国将持续推进北斗应用与产业化发展，服务国家现代化建设和百姓日常生活，为全球科技、经济和社会发展做出贡献。

北斗系统秉承“中国的北斗、世界的北斗、一流的北斗”发展理念，与世界各国共享北斗系统建设发展成果，促进全球卫星导航事业发展，为服务全球、造福人类贡献中国智慧和力量。北斗系统为经济社会发展提供重要时空信息，是中国实施改革开放 40 多年来取得的重要成就之一，是新中国成立 70 多年来重大科技成就之一，是中国贡献给世界的全球公共服务产品。中国将一如既往地积极推动国际交流与合作，实现与世界其他卫星导航系统的兼容，为全球用户提供更高性能、更加可靠和更加丰富的服务。

3. GLONASS 全球导航卫星系统

格洛纳斯(GLONASS)是俄语“全球导航卫星系统”的缩写。该系统最早由苏联于 1976

年启动建设,后由俄罗斯继续该计划,于 1993 年开始独自建立本国的全球导航卫星系统。它是与美国 GPS 系统相似的卫星定位系统,其覆盖范围包括全部地球表面和近地空间,由卫星星座、地面监测控制站和用户设备三部分组成。该系统于 2007 年开始运营,当时只开放俄罗斯境内卫星定位及导航服务。到 2009 年,其服务范围已经拓展到全球。该系统主要服务内容包括确定陆地、海上及空中目标的坐标及运动速度信息等。

CLONASS 系统由 24 颗卫星组成,原理和方案都与 GPS 类似,不过,其 24 颗卫星分布在 3 个轨道平面上,这 3 个轨道平面两两成 120°,同平面内的卫星之间夹角为 45°。每颗卫星都在 19100 km 高、64.8°倾角的轨道上运行,轨道周期为 11 小时 15 分钟。地面控制部分全部在俄罗斯境内。定位精度约为 10 m。俄罗斯对 GLONASS 系统采用军民合作、不加密的开放政策。GLONASS 一开始就没有加 SA(selective availability 选择可用性)干扰,所以其民用精度优于加 SA 的 GPS。不过,该系统的应用及普及远不及 GPS,而且俄罗斯航天局经费困难,导致轨道卫星不能独立组网,只能与 GPS 联合使用。

4. Galileo 系统

伽利略卫星导航系统(Galileo satellite navigation system)是由欧洲自主研制的、独立的民用全球卫星导航系统,提供高精度、高可靠性的定位服务,完全非军方控制、管理,进行覆盖全球的导航和定位。该计划于 1999 年 2 月由欧洲委员会公布,2020 年布设完成,由欧洲委员会和欧空局共同负责。空间部分由轨道高度约为 2.4 万千米的 30 颗卫星组成,位于 3 个倾角为 56°的轨道平面内。该系统由于经济和技术方面的原因,建设进度有所滞后。

6.2 GPS 测量

6.2.1 概述

GPS 全球定位系统是导航卫星测时和测距全球定位系统的简称,它是美国 1973 年开始研制的全球性卫星定位和导航系统。

GPS 全球定位系统能独立、迅速和精确地确定地面点的位置,与常规控制测量技术相比,有许多优点:①不要求测站间通视,因而可以按需要来布点,并可以不用建造测站标志。这一优点既可大大减少测量工作时间和经费,同时又使点位的选择更为灵活。②定位精度高。应用实践已经证明,GPS 相对定位精度在 50 km 以内可达 10～6 m,100～500 km 可达 10～7 m,1000 km 可达 10～9 m。③观测时间短。随着 GPS 系统的不断完善,软件的不断更新,目前,20 km 以内相对静态定位仅需 15～20 分钟;快速静态相对定位测量,当每个流动站与基准站相距在 15 km 以内时,流动站观测时间只需 1～2 分钟,并且可随时定位,每站观测只需几秒钟。④由于接收仪器的高度自动化,内外业紧密结合,软件系统日益完善,可以迅速提交测量成果。⑤控制网的几何图形已不是决定精度的重要因素,点与点之间的距离长短可以自由布设。

6.2.2　GPS 组成

GPS 主要由空间卫星部分(GPS 卫星星座)、地面监控部分(地面控制系统)和用户设备部分(GPS 信号接收机)组成,如图 6-3 所示。

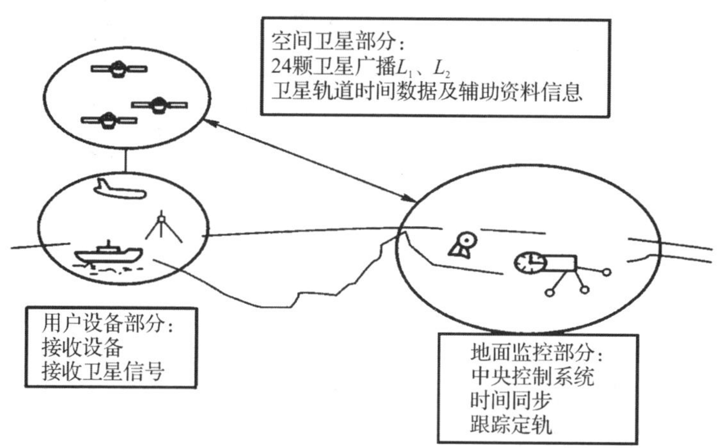

图 6-3　GPS 系统组成

1. 空间卫星部分

空间卫星部分由 24 颗卫星组成卫星星座,其中有 21 颗工作卫星,3 颗备用卫星,其作用是向用户接收机发射天线信号。每颗卫星装有 4 台高精度原子钟,为 GPS 测量提供高精度的时间标准。空间卫星部分如图 6-4 所示。

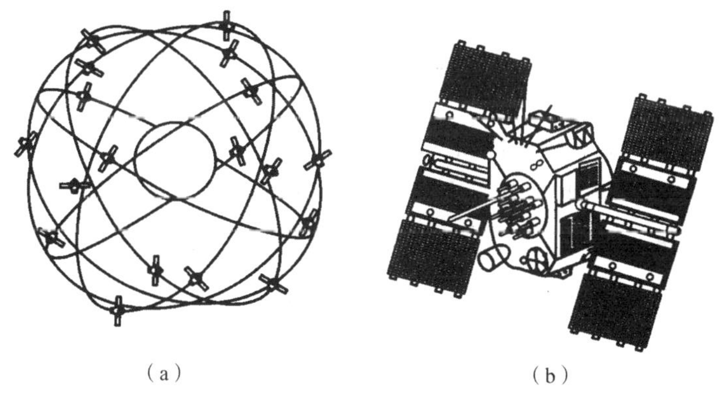

(a)　　(b)

图 6-4　GPS 空间卫星部分

2. 地面监控部分

地面监控部分由主控站、信息注入站和监测站组成。主控站 1 个,注入站现有 3 个,监测站共有 5 个,图 6-5 是 GPS 地面监控站分布示意图,整个系统除主控站外,不需人工操作,各站间用现代化的通信系统联系起来,实现高度的自动化和标准化。

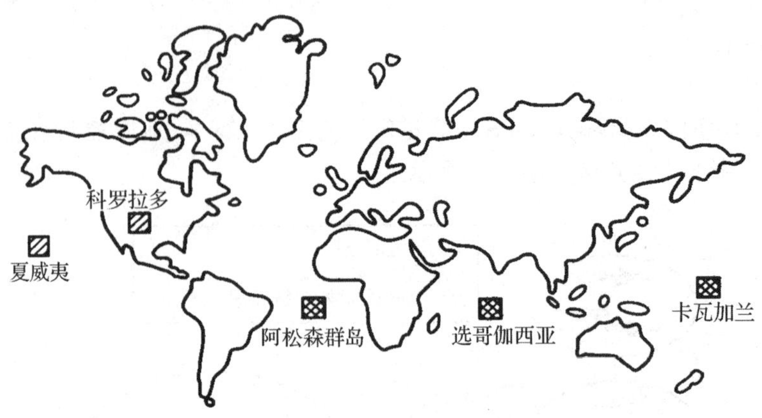

图 6-5 GPS 地面控制部分

3. 用户设备部分

用户设备部分包括 GPS 接收机硬件、数据处理软件和微处理机及其终端设备等。GPS 接收机从结构来讲，主要由五个单元组成：天线和前置放大器、信号处理单元、控制和显示单元、存储单元、电源单元。目前已有 100 多个厂家生产不同型号的接收机。不管哪种接收机，其主要结构都相似，都包括接收机天线、接收机主机和电源三个部分。

6.2.3 GPS 定位的基本原理

1. GPS 的坐标系统

任何一项测量工作都需要一个特定的坐标系统（基准）。由于 GPS 是全球性的定位导航系统，其坐标系统也必须是全球性的。它根据国际协议确定，称为协议地球坐标系（coventional terrestrial system，CTS）。目前，GPS 测量中使用的协议地球坐标系称为 1984 年世界大地坐标系（WGS-84）。

WGS-84 是 GPS 卫星广播星历和精密星历的参考系，它由美国国防部制图局所建立并公布。从理论上讲它是以地球质心为坐标原点的地心坐标系，其坐标系的定向与 BIH 1984.0 所定义的方向一致。它是目前最高水平的全球大地测量参考系统之一。

2. GPS 定位的基本原理

GPS 定位是利用空间测距交会定点原理。GPS 测量有伪距与载波相位两种基本的观测量。

伪距测量是 GPS 接收机测量了卫星信号（测距码）由卫星传播至接收机的时间，再乘以电磁波传播的速度，即得到由卫星到接收机的伪距，求得的伪距并不等于卫星与测站的几何距离。载波相位测量是把接收到的卫星信号和接收机本身的信号混频，再进行相位测量。

GPS 定位时，把卫星看成是动态的已知控制点，利用所测的距离进行空间后方交会，便可得到接收机的位置。GPS 定位包括单点定位和相对定位。

相对定位是确定同步跟踪相同 GPS 卫星信号的若干台接收机之间相对位置（三维坐标差）的一种定位方法。

6.2.4　GPS 测量主要技术指标

各等级 GPS 相对定位测量的主要技术规定见表 6-2 和表 6-3。

表 6-2　各等级 GPS 相对定位测量的主要技术规定(1)

等级	平均边长 D/km	GPS 接收机性能	测量量	接收机标称精度优于	同步观测接收数量
二等	9	双频(或单频)	载波相位	10 mm+2×10^{-6}	≥2
三等	5	双频(或单频)	载波相位	10 mm+3×10^{-6}	≥2
四等	2	双频(或单频)	载波相位	10 mm+3×10^{-6}	≥2
一级	0.5	双频(或单频)	载波相位	10 mm+3×10^{-6}	≥2
二级	0.2	双频(或单频)	载波相位	10 mm+3×10^{-6}	≥2

表 6-3　各等级 GPS 相对定位测量的主要技术规定(2)

项目	等级				
	二等	三等	四等	一级	二级
卫星高度角	≥15°	≥15°	≥15°	≥15°	≥15°
有效观测卫星数	≥6	≥4	≥4	≥3	≥3
时段中任一卫星有效观测时间/min	≥20	≥15	≥15		
观测时间段	≥2	≥2	≥2		
观测时段长度/min	≥90	≥60	≥60		
数据采样间隔/s	15～60	15～60	15～60		
卫星观测值象限分布	3 或 1	2～4	2～4	2～4	2～4
点位几何图形强度因子/PDOP	≤8	≤10	≤10	≤10	≤10

6.3　GNSS 定位

6.3.1　GNSS 定位原理

GNSS 系统确定地面点位的思路是：根据空中卫星发射的信号，确定空间卫星的轨道数，计算出锁定的卫星在空间的瞬时坐标，然后将卫星看作分布于空间的已知点，利用

GNSS 地面接收机，接收从某几颗(4 颗或 4 颗以上)卫星在空间运行轨道上同一瞬时发出的超高无线电信号，再经过系统处理，获得地面点至这几颗卫星的空间距离，用空间后方距离交会方法，求得地面点的空间位置。GNSS 系统所采用的坐标为 WGS-84 坐标系，如图 6-6 所示，地面上 A、B 两点的空间三维坐标分别为 $A(x_a, y_a, z_a)$、$B(x_b, y_b, z_b)$。

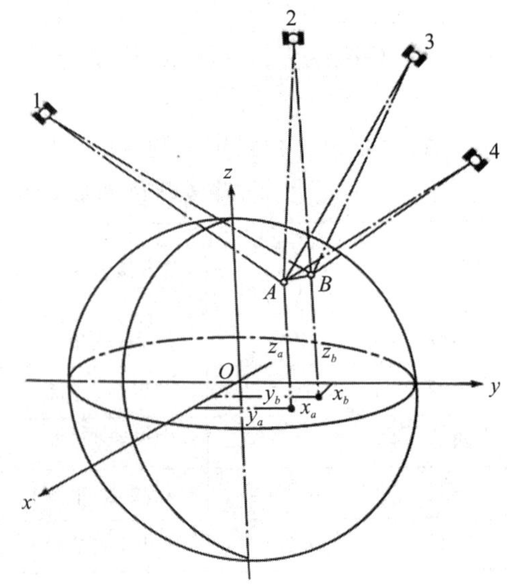

图 6-6　地面点位坐标示意图

由于空间卫星的时钟与地面接收机的时钟不可能同步，因此，需要观测 4 颗或 4 颗以上卫星，才能确定 4 个变量的值，即 x、y、z 和时间 t。

GNSS 系统以观测站至卫星之间的距离作为基本观测量。为了获得距离观测量，主要采用两种方法：其一，伪距测量，即根据接收机接收到的卫星发射的测距 A/C 码和电文内容通过信号发射到达用户接收机的传播时间，从而计算出卫星和接收机天线间的距离。但由于卫星时钟与用户接收机时钟难以保持严格的同步，存在时钟差，所以观测的卫星与接收机线天线间的距离受到卫星时钟与用户接收机时钟同步差，以及信号在大气中传播的延迟误差等影响，并不是实际值，习惯上称所测距离为“伪距”。其二，载波相位测量，即测定卫星载波信号在传播路径上的相位变化值，以确定信号传播距离的方法。卫星与接收机天线间的距离可根据式(6-1)计算：

$$L=\lambda(\varphi_{\mathrm{s}}-\varphi_{\mathrm{k}}) \tag{6-1}$$

式中，λ—载波波长

φ_{s}—接收机收到信号时，该信号在卫星上的相位；

φ_{k}—接收机收到信号的相位。

采用伪距测量定位速度快，而采用载波相位测量定位精度高。通过对 4 颗或 4 颗以上的卫星同时进行伪距或载波相位的测量，即可推算出接收机的三维位置。

6.3.2　GNSS 的定位模式

GNSS 的定位根据不同的应用场合和定位模式可分为以下几类：根据接收机是否运动，可分为动态定位和静态定位；根据定位是确定该点的全球坐标还是接收机之间的相对位置，可分为绝对定位和相对定位；根据所采用的测距信号，分为测距码定位和载波相位定位。下面根据 GNSS 技术的应用特点，介绍单点定位、差分定位、静态相对定位这 3 种常用定位模式的基本原理。

1. 单点定位模式

单点定位是指确定 GNSS 接收机在全球协议地球坐标系中的坐标值，以 GNSS 卫星和用户接收机天线之间的距离观测量为基础，根据已知的卫星瞬时坐标来确定接收机天线所对应的点位。GNSS 单点定位方法的实质类似于传统大地测量学中的空间距离后方交会，需要同时观测 4 颗以上的卫星才能得到地面点的空间坐标。单点定位模式包括伪距单点定位和精密单点定位。

伪距单点定位，指对接收机和 GNSS 卫星之间的距离不进行电离层、对流层等传输过程中的距离改正来确定接收机空间位置的方法。伪距单点定位具有定位速度快、数据处理简单的优点，但由于没有进行各种误差的改正，因此精度相对较低，适用于对精度要求不高的场合。我国的 BDS 在组网完成后的定位精度达到 3 m，也就是指伪距单点定位的精度为 3 m。

精密单点定位（precise point positioning，PPP），指采用单台 GNSS 接收机，利用国际 GNSS 服务组织（international GNSS service，IGS）提供的精密星历和卫星钟差，并考虑各项误差改正项，从而得到高精度的单点定位结果。目前，PPP 的事后处理算法已较为成熟，基于载波相位观测值的事后处理 PPP 定位可达到厘米乃至毫米级的精度，实时 PPP 定位的精度稍低，能达到分米级。PPP 技术在高精度测量、低轨卫星定轨、航空摄影测量和遥感、地表变形监测等领域得到了广泛的应用。

2. 差分定位模式

将差分技术用于 GNSS 定位的方程称为差分 GNSS（differential GNSS，DGNSS），其工作原理如图 6-7 所示。在用户 GNSS 接收机（也称移动站）附近设置一个或多个已知精确坐标基准站，基准站和移动站同时接收 GNSS 导航信号，基准站将测得的位置或距离数据与已知的位置、距离数据进行比较，计算出相应的改正值，然后将这些改正数据通过数据链发送到移动站，用以得到高精度的定位结果。这种测量方法既能满足实时定位和导航需求，又能提高定位精度到分米甚至厘米级，主要用于车辆和智能手机定位导航、GNSS 地形测量等。

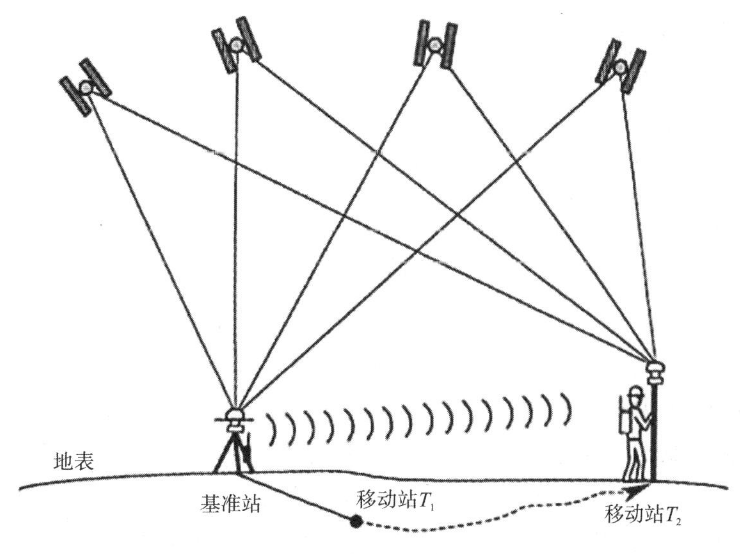

图 6-7　差分 GNSS 定位原理

根据 GNSS 定位原理，我们能直接测到的是 GNSS 卫星到接收机的伪距。伪距的测量误差可以分为 3 部分：①GNSS 卫星的星历误差、卫星钟误差；②传播延迟误差，如电离层误差、对流层误差；③用户接收机的误差，如内部噪声、通道延迟、多路径误差等。GNSS 技术利用在较小的空间范围内,同一时刻、同一颗卫星到基准站和移动站与卫星和传输相关的误差近似相等这一特点,移动站通过接收基准站差分改正量以改正测量距离,从而基本消除第①部分和第②部分误差的影响,提高定位精度。

GNSS 根据基准站向移动站发送信号的类型,可分为位置差分、距离差分和载波相位差分;根据基站覆盖的区域,可分为单基站差分、多基站局域差分和多基站广域差分。

(1)位置差分

根据 GNSS 定位原理,安装在基准站上的 GNSS 接收机观测到 4 颗以上的卫星后便可进行三维定位,求解出基准站的坐标。由于存在轨道误差、时钟误差、信号传输误差等各种来源的误差,求解出的坐标与基准站的已知坐标存在偏差。基准站通过数据链通道将此改正数发送至移动站,移动站根据坐标改正量修正自己的坐标值。经改正后的用户坐标已消除了大部分误差,提高了定位精度。

位置差分的先决条件有两个:一是假设基准站和用户站在同一时段观测同组卫星的情况;二是用户站和基准站的各种误差近似相等。经位置差分后的定位精度通常能达到分米级,适用于用户与基准站间距离在 100 km 以内的情况。

(2)伪距差分

基准站上的接收机根据测距信号计算 GNSS 卫星至接收机的距离,并将测量距离与根据基准站坐标和卫星坐标计算得到的距离相比较,得到每颗可见卫星至基准站距离的改正量并传输给移动站,移动站利用距离改正值来改正测量的伪距,最后利用改正后的伪距来解出接收机的位置,从而提高定位精度。

伪距差分的定位精度与位置差分类似,同样是建立在移动站和基准站在同一时刻对同一卫星的距离误差大致相等的前提下。移动站和基准站之间的距离对定位精度有较大的影响。

(3)载波相位差分

载波相位差分(real time kinematic,RTK)技术是建立在实时处理基准站和移动站的载波相位基础上的。与伪距差分原理类似,基准站通过数据链路将 GNSS 卫星的载波相位观测值实时发送至移动站,移动站将接收到的载波相位与来自基准站的载波相位组成相位差分观测值进行统一平差计算,最终得到移动站的定位结果。

RTK 技术首先通过测站和卫星的求差处理,消除了 GNSS 信号的传输误差;其次以载波相位代替测距码作为观测值,提高了测距的精度;最后通过统一平差处理提高了移动站坐标求解的精度。目前,RTK 技术定位的精度以达到 2 cm,能满足大部分土木工程勘测和施工作业的精度要求。

3. 静态相对定位模式

静态相对定位是把 2 台以上的 GNSS 接收机安置在若干观测点上,保持 GNSS 接收机的天线位置不变,持续跟踪 GNSS 卫星(以上的观测过程称为同步观测)。同步观测时间从几分钟到数小时不等,利用同步观测值经过统一平差后可以精确计算出测站之间的坐标差(也称为基线向量)。在给定一个或多个端点已知坐标的情况下,利用基线向量推算出各待测点的坐标。

静态相对定位模式首先利用多个观测站同步观测条件下同一时刻、同一颗卫星到接收机的传输误差近似相等的特点,通过接收机之间、卫星之间求差的方式降低了信号传输误差的影响；其次通过不直接求解接收机的绝对坐标，而是求解基线向量的方式减弱了卫星轨道误差的影响；同时，利用长时间观测的多组载波相位值进行统一平差计算，提高了基线向量的解算精度。

GNSS 静态相对定位模式是精度最高的 GNSS 定位方法，得到的基线向量的精度能达到毫米级，主要应用于高精度的平面控制网布设、高精度三维变形监测、卫星的精密定轨中。

6.4　连续运行参考站(CORS)

6.3 节分析了 GNSS 定位的几种模式，其中伪距单点定位无须地面增强设施的支持，使用起来最简单，但精度较低，难以满足大部分工程应用的精度需求，因此需要采用差分 GNSS 技术，但差分定位技术也有一定的局限性，使其在应用中受到限制。以 RTK 为例，其应用局限主要表现在以下方面：①用户需要架设本地基准站；②定位误差随着离基站距离的增加而增大；③基准站和移动站间的距离受限；④可靠性随着距离的增加而降低。为解决上述问题，需要将若干基站组成网络来为各行业提供更加方便、精度更高的服务。

CORS(continuously operating reference stations)称为连续运行参考站，由多台 CORS 站组成的网络称为 CORS 网。CORS 网是利用 GNSS、计算机、数据通信和互联网等技术，在一个城市地区或国家建立的长年连续运行的由若干个 GNSS 基准站组成的网络系统。

CORS 系统改变了传统 RTK 测量作业方式，其主要优点体现在以下方面：①多个基站组网大幅增加了有效工作范围；②用户无须自己架设基站，真正实现了单机作业，减少了成本，提高了工作效率；③基站组网的方式可以有效地消除各种来源的误差，提高差分作业的精度和可靠性；④CORS 网使用固定可靠的数据链通信方式，减少了噪声干扰。

CORS 系统由 GNSS 基准站网、数据通信系统、数据处理中心、用户应用系统 4 个部分组成，各基准站与监控中心间通过数据链路连接成一体，形成专用网络，如图 6-8 所示。

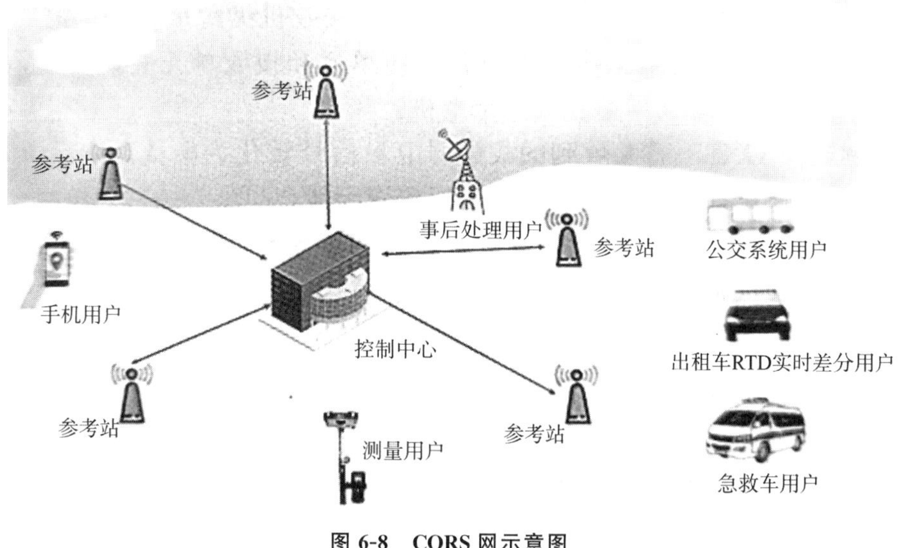

图 6-8　CORS 网示意图

(1)GNSS基准站网。由若干CORS接收站和辅助设施构成,各网点能全天24小时接收GNSS信号。CORS站的选址要求无电磁干扰,视野开阔,空间分布较均匀,并经24小时卫星数据观测等测试后方可安装。按照规范要求,还需安装避雷针、不间断电源、网络设备等辅助设施。

(2)数据通信系统。由现有的有线或无线网络构成,能实现站点与数据中心之间的实时信息传输。数据通信系统通常采用VPN专网。VPN是利用现有公共网络通过资源配置而成的虚拟网络,其网络资源具有独立性和安全性,能为数据中心与各个参考站数据传输的稳定提供保障。

(3)数据处理中心。主要由具备数据接收、数据存储、数据处理和数据发送功能的软硬件构成,其中硬件部分包括高性能服务器、数据传输网络、数据存储设备等,软件包括面向各种用户的GNSS数据处理软件。

(4)用户应用系统。通过开放的网络协议为GPRS/CDMA无线上网用户提供实时RTK或RTD定位数据服务,通过TCP/IP协议,为用户提供静态数据下载服务。

目前,CORS系统主要应用于以下几方面:

(1)用于地形图测绘、地籍图测绘、工程放样等领域,与传统以水准仪、全站仪为主的大地测量方法相比,CORS技术的效率要高得多。在CORS覆盖的区域内,用户只需要将测量设备与CORS网连接,并简单设置参数后,即可实时获得厘米级精度的三维坐标。

(2)用于建筑物或基础设施的长期变形监测。利用CORS网站的长期连续测量数据,或通过在变形体上布设与CORS网联测的变形监测点,可用于地质灾害、大坝、公路铁路的变形监测。

(3)用于定位和导航。将车载导航设备或智能手机与CORS网连接,可提供更高精度的定位和授时服务,将GNSS定位技术与地理信息技术、通信技术和先进的导航软件相结合,可以为用户提供透明、可视、实时的车辆导航定位以及车辆跟踪调度管理服务。

6.5 测量型GNSS接收机及其应用

6.5.1 测量型GNSS接收机简介

测量型GNSS按收机指用于大地测量领域的GNSS接收机。目前国内市场的GNSS接收机大多数能同时接收BDS、GPS、GLONASS信号,支持多系统联合定位。测量型GNSS接收机广泛应用于GIS数据采集、电力巡检、管线测量、高精度导航、航空航天、精准农业、勘探、交通、海洋、港口、气象、科研等行业的高精度定位和导航中。

测量型GNSS接收机的基本结构主要由GNSS接收机单元、GNSS接收机主机单元和电源3部分组成,现有的GNSS接收机将基站单元和移动站单元分别装配成两个独件,两者之间通过有线或无线网络连成整机。

接收机主机主要由信号通道单元、存储单元、计算和显示控制单元组成。各部分的组成如图6-9所示。信号通道是接收单元的核心部件,它的主要功能是跟踪、处理和测量卫星信号，以获得导航定位所需要的数据。不同型号的接收机所具有的通道数目不相同。每个通道在某一时刻只能跟踪一颗卫星的信号，目前大部分接收机采用了并行多通道技术，可同时接收多颗卫星信号。信号通道数通常有几十个至上百个不等。存储器用于存储卫星星历、伪距观测值、载波相位观测值及其他数据和各种操作软件。目前，GNSS 接收机采用 PC 卡或内存作为存储设备。计算与显示控制单元包括一个显示器和一组控制键盘，它们有的安设在接收单元的面板上，有的作为一个独立的终端设备，主要用于人机交互。

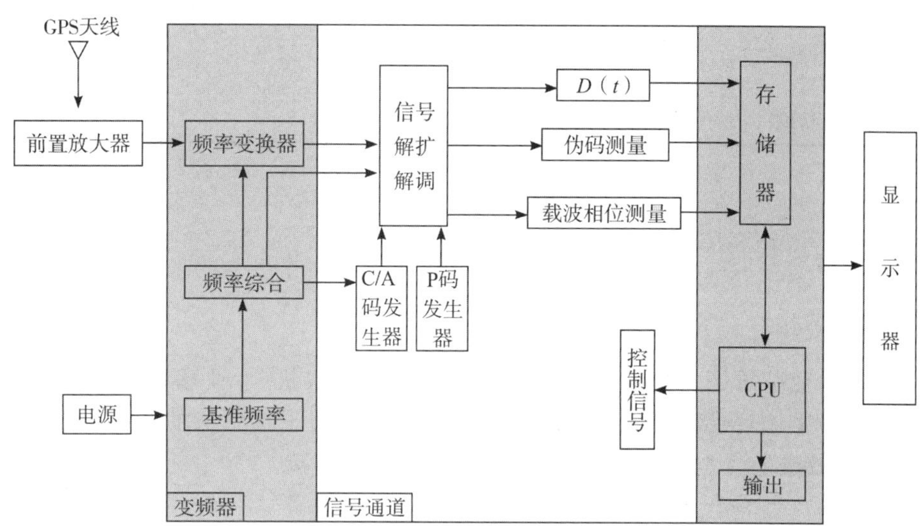

图 6-9　GNSS 接收机的构造示意图

GNSS 接收机的电源有两种：一种是内电源，一般采用锂电池，主要为 RAM 存储器供电，以防止数据丢失；另一种为外接电源，通常采用可充电的 12 V 直流镉镍电池组或锂电池。

早期的 GNSS 接收机只能接收美国的 GPS 信号，设备生产也由国外厂家垄断，测量模式以静态测量为主。近年来，随着技术的进步，测量型 GNSS 接收机通常能同时接收多种卫星导航定位系统的信号，同时具有 RTK 测量、静态测量等功能。国外 GNSS 接收机主要有美国的天宝，国内的设备主要有中海达、华测、南方测绘等。

在大地测量中，衡量仪器性能最主要的指标是精度，现有 GNSS 接收机的精度指标通常用$\pm(a+b\times10^{-6}D)$mm 来表示，其中 a 表示固定误差，b 表示与距离有关的比例误差。由于 GNSS 接收机在不同的定位模式下的定位精度有差别，平面和高程的定位精度也不相等，仪器供应商会根据不同的定位模式给出精度指标。以华测 B5 接收机为例，其静态、快速静态定位、实时动态 RTK 定位的平面精度、高程精度如表 6-4 所示。通过增加观测时间、采用卫星精密星历后处理、增加观测基线数量等措施还可以进一步提高精度。

表 6-4　B5 接收机的主要技术指标

项目	技术指标
卫星通道数	1408
能接收的卫星系统	GPS＋BDS＋GLONASS＋Galileo＋QZSS，支持北斗三代，支持五星二十一频解算

续表

项目	技术指标
RTK 定位精度	平面精度：±(8+1×10^{-6}×D) mm 高程精度：±(15+1×10^{-6}×D) mm
静态定位精度	平面精度：±(2.5+0.5×10^{-6}×D) mm 高程精度：±(5+0.5×10^{-6}×D) mm
码差分精度	平面精度：±(0.25+1×10^{-6}×D) m 高程精度：±(0.5+1×10^{-6}×D) m
单机精度	1.5 m

6.5.2 华测 GNSS-RTK 应用

1. 华测 B5

华测 B5 专业基站是一款测量型 GNSS 接收机，由接收机(专业基站和移动站)及手持手簿组成(见图 6-10)。接收机用于接收卫星信号，手簿用于接收机的参数设置和数据传输。手簿和接收机是两个独立的部件，通过蓝牙或 WiFi 连接。

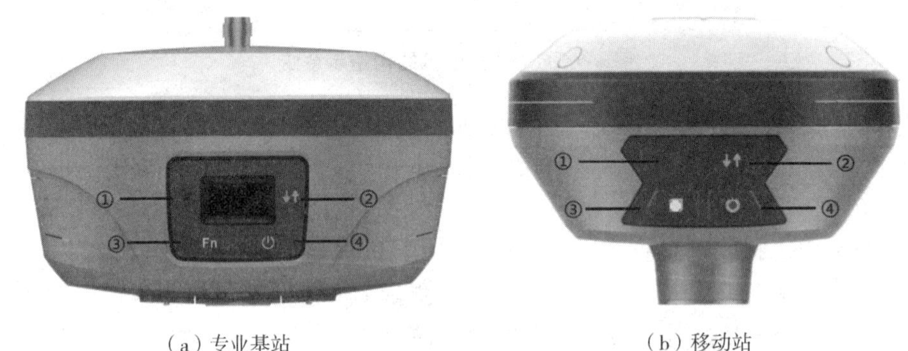

(a) 专业基站　　(b) 移动站

图 6-10 GNSS-RTK 接收机

专业基站控制面板包含 Fn 键(功能键)、电源键和 LED 显示屏。其中指示灯有 2 个，分别为 1 个差分信号灯、1 个卫星灯；移动站控制面板包含静态切换键、电源键和 LED 显示屏。其中指示灯有 2 个，分别为 1 个差分信号灯、1 个卫星灯。基站和移动站指示灯及按键说明如表 6-5、表 6-6 所示。

接收机具有 1 个外置 UHF 天线接口、1 个 7 针数据口接口，支持供电、差分数据输出，1 个 nano SIM 卡槽，内置 e-SIM；标配 8 GB 存储器，支持空间保护；记录格式可直接记录 HCN、HRC、RINEX、压缩 RINEX 等；设备采用模块化设计，拥有内置收发一体电台，最高功率可达 5 W；同时支持 4G 全网通、WiFi、蓝牙及 NFC 闪连，可以根据客户不同需求更换差分传输模块，并能无缝连接主流的 CORS 网络系统。该仪器的主要技术指标见表 6-4。

表 6-5　专业基站按键说明

		颜色	含义
指示灯	①卫星灯	蓝色	正在搜星，每 5 s 闪 1 下
			搜星完成，卫星颗数 N，每 5 s 闪 N 下
	②差分数据灯	黄色	基准站模式下，颜色为黄色
		黄色	移动站收到差分数据后，单点或浮动为黄色
		绿色	移动站收到差分数据固定后为绿色
按键	③Fn 键	液晶屏光标上下切换选择按键	
	④开关机键	长按 3 s 开机或关机 确认功能	

表 6-6　移动站按键说明

		颜色	含义
指示灯	①卫星灯	蓝色	正在搜星，每 5 s 闪 1 下
			搜星完成，卫星颗数 N，每 5 s 闪 N 下
	②差分数据灯	黄色	基准站模式下，颜色为黄色
		黄色	移动站收到差分数据后，单点或浮动为黄色
		绿色	移动站收到差分数据固定后为绿色
按键	③静态切换键	黄灯闪烁表示正在记录静态	
	④电源键	长按 3 s 开机或关机 关机状态充电为红灯常亮，充满电后为绿灯常亮	

2. RTK 应用

(1)仪器架设

连接方式：智能 RTK 可使用 WiFi 和蓝牙。

连接热点或目标蓝牙：在系统配置好蓝牙(密码 1234)或 WiFi(默认密码 12345678)，设备名称为设备 SN 号(SN 号在接收机底部标签上)。

天线类型：选择对应仪器型号。

主机开机，将手簿背面 NFC 区域贴近接收机 NFC 处，LandStar7 软件会自动打开。当听到"滴"的一声代表手簿已连接上了主机，随后 LandStar7 软件会提示"已成功连接接收机"。如图 6-11 所示。

图 6-11　基站与移动站连接

(2)设置基准站或移动站

①内置电台 1+N 模式(作业距离短，一般小于 3 公里使用)；

②外挂电台 1+N 模式；

③网络 1+N 模式。

连接基准站，进入"配置→工作模式"，选择"默认：自启动基准站-内置/外挂电台"，点击"接受"，设置内置/外挂电台为信道 7(频率 461.050 MHz)；连接移动站，选择"默认：自启动移动站-Apis 网络"，点击"接受"，在弹出的"输入基站 SN 号"中输入基准站 SN 号(SN 号在接收机底部标签上)。

下面以基站双发＋移动站双收模式为例进行说明。

• 仪器设置——基站双发设置(如图 6-12)：

按"电源"键，开机，进入主界面→手簿连接基站→点击"基站设置"→选择"智能启动"→点击"一键启动"。

• 仪器设置——移动站双收设置：

按"电源"键，开机，进入主界面→手簿连接移动站→点击"移动站设置"→输入基站 SN 号→点击"启动"。

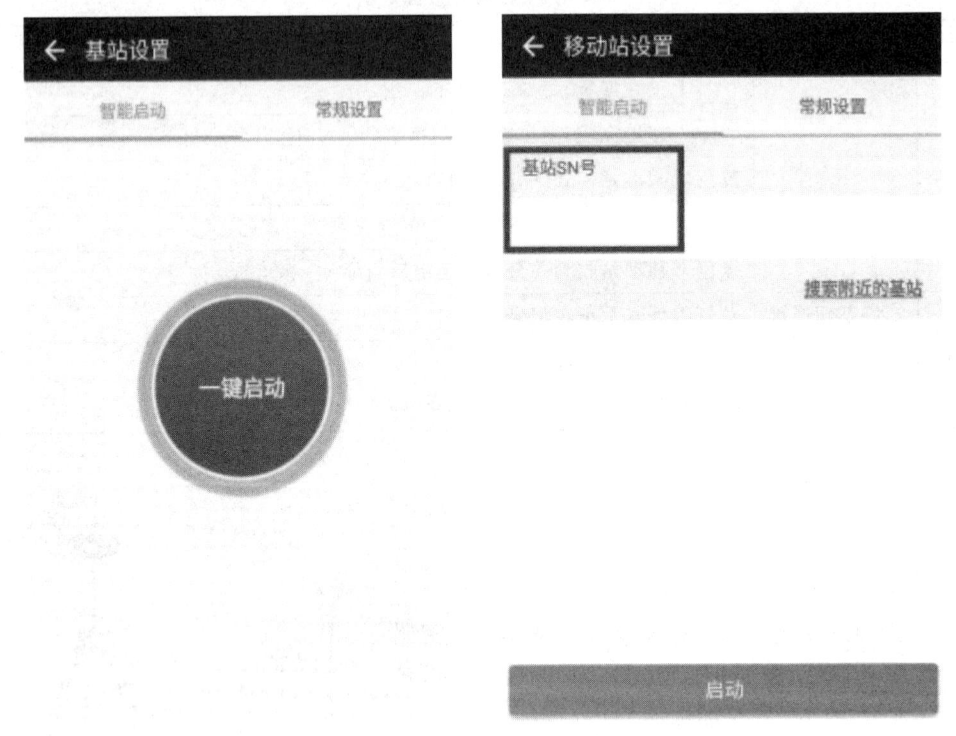

图 6-12　基站双发设置

④CORS 模式

连接移动站，通过华测云服务器下载当地 CORS 配置或新建一个 CORS 配置，点击"移动站设置"，选择"常规设置"，新建方法：进入配置→"工作模式"→"新建"→是否设置 RTK 选择"是"→工作方式(自启动移动站)→数据接收方式(手机卡在接收机中选择"网络"，手机卡在手簿中选择"手簿网络")通信协议(CORS)→IP 地址(CORS 的 IP)→端口(CORS 端口)→APN(普通 CORS 设置 3GNE 或 CMNET，内网 CORS 设置 CORS 中心给的 APN，电信手机卡需要填入拨号用户名及密码，移动、联通用户不用)→源列表(CORS 中心给)→用户名及密码正常填入→其他项目使用默认，确定后输入名称，完成后点击"保存并应用"即可。如图 6-13。

图 6-13　CORS 模式设置

注意：新建 CORS 工作模式时，如果 CORS 中心没播发转换参数，1021～1027 的开关不要打开，打开之后在测量的过程中就会提示“没有基站转换参数”。手机卡插在手簿或手簿连接手机 WiFi 时，选择手簿网络。移动站网络/CORS 模式时才能使用手簿网络。移动站 CORS 工作模式设置完成后，液晶面板上或 LandStar7 测地通软件上显示固定，即可进行下一步参数配置操作。

在①②③模式中，基站、移动站一键设置；基站 5 W 发射，12 小时续航，同时电台、网络超级双发；移动站电台、网络智能双收；移动站小巧，方便携带。当采用 CORS 模式时，外出作业的只需携带移动站，且不必每天校准控制点。

(3)新建工程

无论何种作业模式下工作，都必须首先新建一个工程对数据进行管理。

新建工程：“项目”界面→点击“工程管理”→“新建”，输入工程名，选择或新建坐标系统，选择投影模型，点击向下箭头获取当地中央子午线经度，新建代码集或选择默认代码，最后点击“接受”即可。

(4)点校正

第一次到一个测区，想要测量的点与已知点坐标相匹配，需要做点校正。

①录入控制点：“项目”界面→“点管理”→添加控制点，如果已知控制点经纬度坐标，在“项目→点管理→添加”中输入点名称和对应的经纬度坐标，然后点击“确定”即可。

②采集控制点：实地测量控制点，打开测地通软件进入“点测量”界面，点击测量图标采集坐标。

③在“项目→坐标系参数”中选择好坐标系，输入正确的中央子午线(如果有投影高输入投影高)。

④点校正：“项目”界面→“点校正”→高程拟合方法选“TGO”→点击“添加”[GNSS点选择测量的坐标(或输入的经纬度)，已知点选择输入的控制点平面坐标(NEH)]→如果已知点平面和高程都用，使用方式选择“水平＋垂直校正”；如果仅用平面坐标，选择“水平校正”；如果仅用高程坐标，选择“垂直校正”，以此选择完所有的控制点。依次添加完参与校正的点对，点击“计算”→点击“应用”→选择“是”，最好选择4对控制点进行校正，以保证测量精度。如图6-14所示。

注意：①已知点最好要分布在整个作业区城的边缘，例如，如果用4个点做点校正，那么测量作业的区城最好在这4个点连成的四边形内部。②一定要避免高程控制点的线形分布。例如，如果用3个高程点进行点校正，这3个点组成的三角形要尽量接近正三角形；如果是4个点，就要尽量接近正方形。一定要避免所有的已知点的分布接近一条直线，这样会严重影响测量的精度。

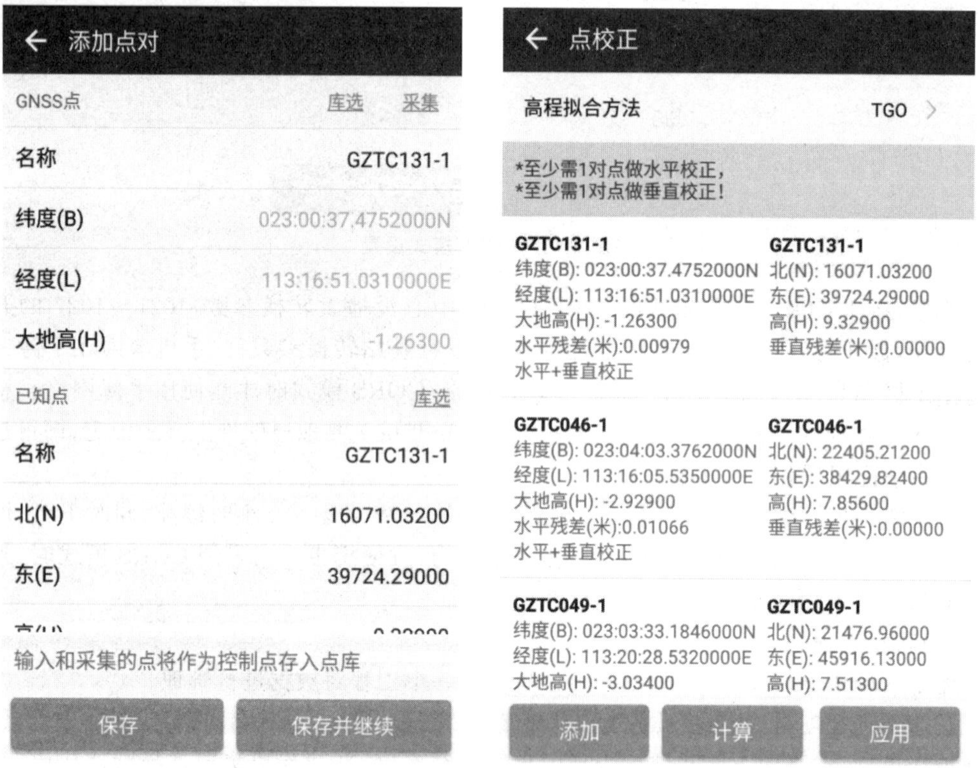

图6-14 点校正设置

(5)基站平移

基站平移是在同一个测区，基站重新开关机(使用自启动基准站，如果是已知点启用基站则不需要做重设当地坐标)后不用再次做点校正并且能使用之前点校正的参数。

移动站固定后找一个已知点(可以是测量点)测量，测量完成后发现和已知坐标不一样，这时点击“测量”→“基站平移”进入基准站平移后，在已知点“库选”中选择已知点的坐标，点击GNSS，点“库选”选择刚才在已知点上测量的点坐标，软件会自动计算出基准站平移量，点击“确定”。

软件提示：是否应用平移参数？选择“是”，平面坐标会发生改变。

注意：每次基准站发生移动或重启，都必须做基站平移。

(6)点测量

①在“点测量”界面，点击倾斜测量图标开启倾斜测量功能。

②此时会进入初始化界面，按照界面提示步骤进行初始化，初始化成功后倾斜测量图标为绿色，便可开始进行倾斜测量。

③在测量前输入点名和仪器高后点击测量图标，采集完成后测量点会自动保存至点管理。如图 6-15。

图 6-15　点测量设置

注意：根据产品规格，需判断 RTK 是否支持倾斜测量功能。初始化开始时，仪器的杆高和软件中输入的仪器高要一致。当倾斜测量图标为红色时界面底部辅助文字显示区会提示“倾斜不可用，需要重新初始化”，此时需要重新初始化。倾斜测量过程中若手簿显示“倾斜不可用”(红字提醒)，左右或前后轻微晃动 RTK 直至该提醒消失即可继续使用。若要关闭倾斜测量，进入“设置”→倾斜界面进行操作，右下角关闭倾斜测量。当倾斜测量图标为绿色时，点击倾斜测量图标也可关闭倾斜测量功能。

(7)点放样

打开“点放样”界面，点击左上角的图标，进入点管理界面，在坐标库里选择要放样点，点击右下角的确定按钮，所选点即在放样界面中显示，然后进行放样工作即可。如图 6-16、图 6-17 所示。

(8)数据导入

首先在电脑上制作数据文件，点名、代码、坐标的排列方式按照“项目→导入→文件类型”中的任意一种排列，LandStar7 测地通软件支持导入 *.txt、*.csv、*.dat 等数据格式

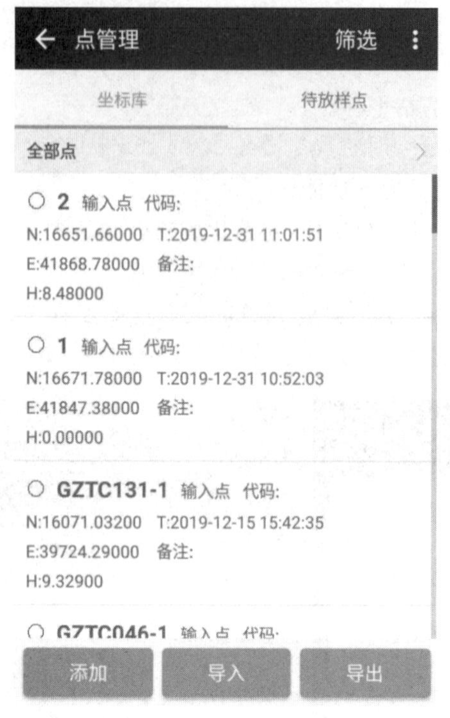

图 6-16　点管理设置

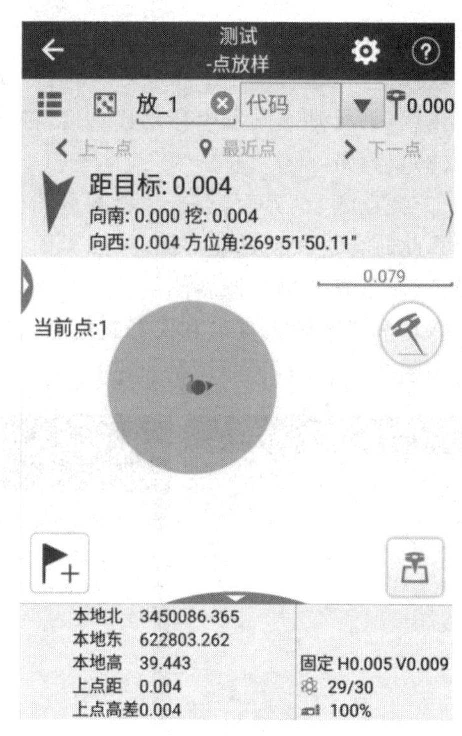

图 6-17　点放样设置

(CSV 要导入时选择逗号分隔)。启动 LandStar7 测地通软件，打开工程，点击“导入”，选择需要导入的点文件类型和路径。如图 6-18。

图 6-18　数据管理设置

(9)成果导出

LandStar7 测地通软件支持导出 *.txt、*.csv、*.dat、*.dxf 等数据格式。

启动 LandStar7 测地通软件,打开工程,点击“导出”,选择需要导出的点类型、文件类型和存储路径,然后对文件进行命名,最后导出数据即可。

思考练习题

1. 什么是 GNSS? 目前有哪几种 GNSS 系统?
2. GPS、GLONASS、BDS 各有多少颗工作卫星? 距离地表的平均高度分别是多少?
3. GNSS 测量有哪几种作业模式? 各有什么特点?
4. 简述 GPS 与 BDS 之间的区别。
5. GPS 由哪些部分组成? 简要叙述各部分的功能和作用。
6. GPS 测量中有哪些误差来源? 如何消除或减弱这些误差的影响?
7. 什么是伪距单点定位和载波相位差分定位?
8. 简述 CORS 网的原理及应用。

第 7 章　小区域控制测量

【教学要求】

知识准备	能力要求	相关知识点
控制测量概述	控制网的布设	(1)控制测量的意义、目的与作用 (2)控制网种类、建立的方法
导线测量的外业工作	(1)导线点的布设 (2)导线测量的观测、记录与计算	(1)导线点的布设要求 (2)导线测量的外业作业程序、技术要求
导线测量的内业计算	(1)导线内业的计算 (2)导线的精度评定 (3)查找导线测量错误的能力	(1)坐标正算、坐标反算、坐标方位角的传递 (2)导线方位角闭合差、坐标增量闭合差、全长闭合差的计算
全站仪三维坐标导线测量	全站仪三维坐标导线观测	全站仪三维导线坐标平差计算
交会定点测量	(1)前方交会、侧方交会、后方交会、测边交会的布设 (2)前方交会、侧方交会、后方交会、测边交会的外业工作及内业计算	(1)前方交会、侧方交会、后方交会、测边交会的作业原理 (2)各类交会定点测量方法 (3)各类交会定点测量评价方法
高程控制测量(三角高程测量)	(1)三角高程测量的布设 (2)三角高程测量的外业作业及内业计算	(1)三角高程测量基本原理 (2)三角高程测量方法 (3)三角高程测量的精度要求
GNSS 控制测量	(1)GNSS 控制网的分级 (2)GNSS 控制网的技术设计 (3)GNSS 测量的观测工作	(1)GNSS 控制网的设计要求 (2)GNSS 控制网基本图形的选择 (3)GNSS 观测作业、观测记录、成果检核与数据处理

7.1　控制测量概述

“从整体到局部,先控制后碎步”是测量工作进行的原则。所谓“整体”,主要是指控制测量,就是先在测区范围内的适当位置选择一些点,然后用较精密的测量仪器精确地测得细部点,确定出它们的平面位置和高程,这些高精度的点称为控制点;测定它们相对位置的工作称为控制测量。控制测量按测定内容不同分为平面控制测量和高程控制测量。测定控制点的平面位置(x,y)的工作称为平面控制测量,测定控制点的高程(H)的工作称为高程控制测量。所谓“局部”,一般是指细部测量,是在控制测量的基础上,为了测绘地形图而测定大量地物点和地形点位置,或为了建筑工程的施工放样而进行大量设计点位的现场测设,或为了建筑物变形监测而测定变形点的位置及沉降。

7.1.1　控制测量

在建筑工程规划设计及施工中,需要一定比例尺的地形图和其他测绘资料,由于受到仪器自身的几何条件不完善、外界因素以及不同测量方法等多种因素的影响,测量结果不可避免地产生一些误差,而且随着距离的不断增加,误差累积越来越大,最终结果将不能满足测图或工程的需要。控制测量在工程建设中各个不同阶段的基本任务是建立控制网,以精确确定控制点的位置。可见,控制网是控制测量的具体体现。

1. 目的与作用

(1)控制网是进行各项测量的基础。对勘察设计阶段建立的控制网而言,基本控制网是扩展图根控制和进行测图的基础;对施工控制网而言,基本控制网是各种工程建筑施工放样的基础。

(2)控制网具有控制全局的作用。对勘察设计阶段建立的控制网而言,控制网具有控制全局,保证所测的各幅地形图具有一定的精度,且能够互相拼接成为一个整体的作用;对施工控制网而言,控制网具有控制全局,保证各建筑物轴线之间的相关位置具有必要的精度,以满足设计与施工要求的作用。

(3)控制网具有限制测量误差的传递和积累的作用。建立控制网时所采用的分级布网、逐级控制的原则,就是从技术上考虑了控制网具有限制测量误差传递和积累的作用。

2. 控制测量分类

(1)按内容分:平面控制测量、高程控制测量。

(2)按精度分:一等、二等、三等、四等,一级、二级、三级。

(3)按方法分:天文测量、常规测量(三角测量、导线测量、水准测量)、卫星定位测量。

(4)按区域分:国家控制测量、城市控制测量、小区域工程控制测量。

7.1.2　国家控制网

在全国范围内建立的控制网,称为国家控制网。它是全国各种比例尺测图的基本控制,并为确定地球形状和大小提供研究资料。国家控制网是用精密测量仪器和方法,依照《国家三角测量和精密导线测量规范》《全球定位系统(GPS)测量规范》《国家三、四等水准测量规范》施测精度按一、二、三、四等四个等级建立的,它的低级点受高级点逐级控制。

1. 平面控制测量(horizontal control survey)

我国的国家平面控制网(national horizontal control network)主要用三角测量(triangulation)法布设,在西部困难地区采用导线测量(traverse survey)法。一等三角锁沿经线和纬线布设成纵横交叉的三角锁(triangulation chain)系,锁长为200～250 km,构成120个锁环。一等三角锁内由近似等边的三角形组成,平均边长为20～30 km。二等三角测量有两种布网形式,一种是由纵横交叉的两条二等基本锁将一等锁环划分为4个大致相等的部分。其4个空白部分用二等补充网填充,称纵横锁系布网方案。另种是在一等锁环内布设全面二等三角网,称全面布网方案。二等基本锁的平均边长为20～25 km。二等三角网的平均边长为13 km左右。一等锁的两端和二等锁网的中间,都要测定起算边长、天文经纬度方位角。国家一、二等网合称为天文大地网(astro-geodetic nework)。我国天文大地网于1951年开始布设,1961年基本完成,1975年修测补测工作全部结束,三、四等三角网是在二等三角网内的进一步加密,如图7-1所示。

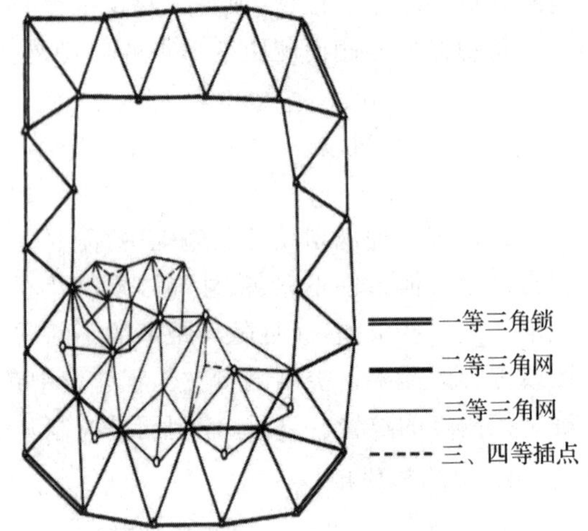

图7-1　国家平面网布网形式

平面控制测量除了采用经典的导线测量和三角测量之外,随着科技的发展,卫星大地测量的方法也逐渐成熟起来。目前,最常用的是全球导航卫星系统(global navigation satellite system,GNSS)。20世纪80年代末,我国开始应用GNSS定位技术在全国范围内建立控制网,并已逐渐成为布设控制网的主要方法。

城市或工矿区,一般应在上述国家等级控制点的基础上,根据测区的大小、城市规划或施工测量的要求,布设不同等级的城市平面控制网,以供地形测图和测设建(构)筑物时使用。

《城市测量规范》规定,城市平面控制网测量可采用GNSS卫星定位测量、导线测量、边角组合测量等方法。其中GNSS测量的技术要求参见第6章,各等级导线测量的主要技术指标应符合表7-1的规定。

表7-1　全站仪导线测量方法布设平面控制网的技术指标

等级	长度/km	平均边长/m	测距中误差/mm	测角中误差/(″)	方位角闭合差/(″)	全长相对闭合差
三等	≤15	3000	≤18	≤1.5	$\pm 3\sqrt{n}$	≤1/60000
四等	≤10	1600	≤18	≤2.5	$\pm 5\sqrt{n}$	≤1/40000
一级	≤3.6	300	≤15	≤5	$\pm 10\sqrt{n}$	≤1/14000
二级	≤2.4	200	≤15	≤8	$\pm 16\sqrt{n}$	≤1/10000
三级	≤1.3	120	≤15	≤12	$\pm 24\sqrt{n}$	≤1/6000

对于导线坐标计算,三、四等导线应采用严密平差法,一、二、三级与图根导线可采用近似平差法。

2. 高程控制测量(vertical control survey)

高程控制测量的方法主要有水准测量(leveling)、三角高程测量(trigonometric leveling)和 GNSS 拟合高程测量(GNSS leveling)。《城市测量规范》规定,城市高程控制网宜采用水准测量方法施测,对于水准测量确有困难的山岳地带及沼泽、水网地区的四等高程控制测量,也可以采用全站仪三角高程测量法;平原和丘陵地区的四等高程控制测量,可采用 GNSS 拟合高程测量。

在全国领土范围内,由一系列按国家统一规范测定高程的水准点构成的水准网称为国家水准网,水准点上设有固定标志,以便长期保存,为国家各项建设和科学研究提供高程资料。

国家水准网按逐级控制、分级布设的原则分为一、二、三、四等,其中一、二等水准测量称为精密水准测量。一等水准是国家高程控制的骨干,沿地质构造稳定和坡度平缓的交通线布满全国,构成网状。二等水准是国家高程控制网的全面基础,一般沿铁路、公路和河流布设。二等水准环线布设在一等水准环内,沿一、二等水准路线还应进行重力测量,提供重力改正数据;三、四等水准直接为测制地形图和各项工程建设使用。全国各地的高程都是根据国家水准网统一传算的,图 7-2 为国家一等水准路线略图。国家三、四等水准测量规范规定,三、四等水准测量的主要技术要求应符合表 2-2 的规定。

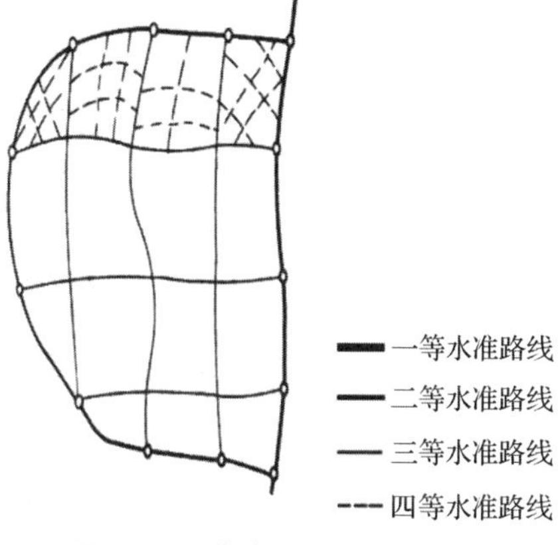

图 7-2　国家水准网布网形式

7.1.3　小区域控制测量

在面积小于 15 km^2 范围内建立的控制网,称为小区域控制网。小区域平面控制网亦应由高级到低级分级建立。

建立小区域控制网时,应尽量与国家(或城市)已建立的高级控制网连测,将高级控制点的坐标和高程作为小地区控制网的起算和校核数据。如果周围没有国家(或城市)控制点,或附近有这种国家控制点而不便连测时,可以建立独立控制网。此时,控制网的起算坐标和高程可自行假定,坐标方位角可用测区中央的磁方位角代替。

小地区平面控制网应根据测区面积的大小按精度要求分级建立。在全测区范围内建立的精度最高的控制网,称为首级控制网。首级控制网和图根控制网的关系见表 7-2。

表 7-2　首级控制网和图根控制网

测区面积/km^2	首级控制网	图根控制网
1～10	一级小三角或一级导线	两级图根
0.5～2	二级小三角或二级导线	两级图根
0.5 以下	图根控制	

小地区高程控制网也应根据测区面积大小和工程要求采用分级的方法建立。在全测区

范围内建立三、四等水准路线和水准网，再以三、四等水准点为基础，测定图根点的高程。

直接供测绘地形图使用的控制点称为图根控制点(mapping control point)，简称图根点。测定图根点位置的工作，称为图根控制测量。图根导线测量的主要技术要求应符合表7-3的规定。图根控制点的密度(包括高级控制点)取决于测图比例尺和地形的复杂程度。平坦开阔地区图根点的密度一般不低于表7-4的规定；地形复杂地区、城市建筑密集区和山区，可适当加大图根点的密度。

表7-3　全站仪图根导线测量的技术指标

比例尺	导线长度/m	平均边长/m	方位角闭合差/(″)	全长相对闭合差
1∶500	900	80	$\pm 40\sqrt{n}$	≤1/4000
1∶1000	1800	150		
1∶2000	3000	250		

表7-4　图根点的密度

测图比例尺	1∶500	1∶1 000	1∶2000	1∶5000
图根点密度/(点/km^2)	150	50	15	5

本章重点介绍利用导线测量和三角高程测量建立小区域平面控制网和高程控制网的方法。此外，还简要介绍利用交会定点测量进行单个平面控制点加密的方法以及采用GNSS控制测量方法建立控制网。

7.2　导线测量的外业工作

将测区内相邻控制点用直线连接而构成的折线图形称为导线，构成导线的控制点称为导线点。导线测量就是依次测定各导线边的长度和各转折角值，再根据起算数据，推算出各边的坐标方位角，从而求出各导线点的坐标。

导线测量是建立小地区平面控制网常用的一种方法，特别是在地物分布复杂的建筑区、视线障碍较多的隐蔽区和带状地区多采用导线测量的方法。

用经纬仪测量转折角，用钢尺测定导线边长的导线，称为经纬仪导线；若用光电测距仪测定导线边长，则称为光电测距导线。

7.2.1　导线的布设形式

1. 闭合导线

如图7-3所示，导线从已知控制点B和已知方向BA出发，经过1、2、3、4最后仍回到起点B，形成一个闭合多边形，这样的导线称为闭合导线。闭合导线本身存在着严密的几何条件，具有检核作用。

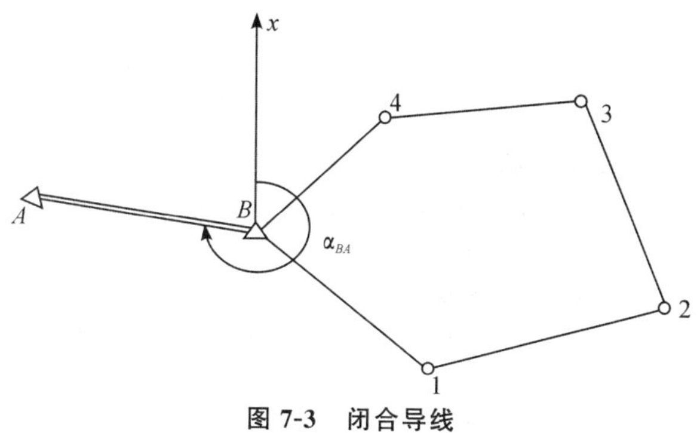

图 7-3　闭合导线

2. 附合导线

如图 7-4 所示，导线从已知控制点 B 和已知方向 BA 出发，经过 1、2、3 点，最后附合到另一已知点 C 和已知方向 CD 上，这样的导线称为附合导线。这种布设形式具有检核观测成果的作用。

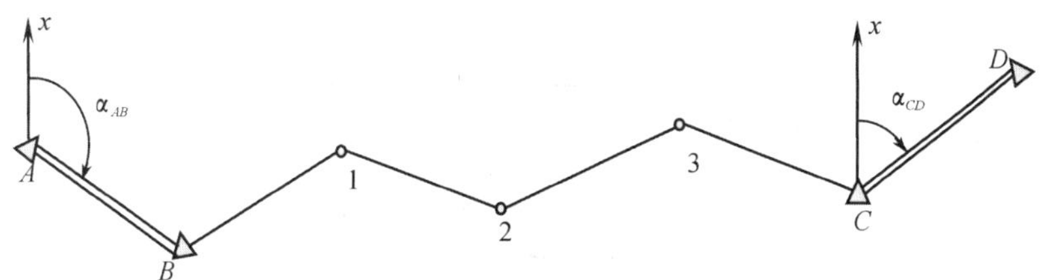

图 7-4　附合导线

3. 支导线

支导线是由一已知点和已知方向出发，既不附合到另一已知点，也不回到原起始点的导线，称为支导线。如图 7-5，B 为已知控制点，α_{BA} 为已知方向，1、2 为支导线点。由于支导线缺乏检核条件，如出现错误不易发现，因此应用很少。在特殊情况下非用不可时，一般支导线不宜超过 3 条边，并且需要往返测量，以使检核。

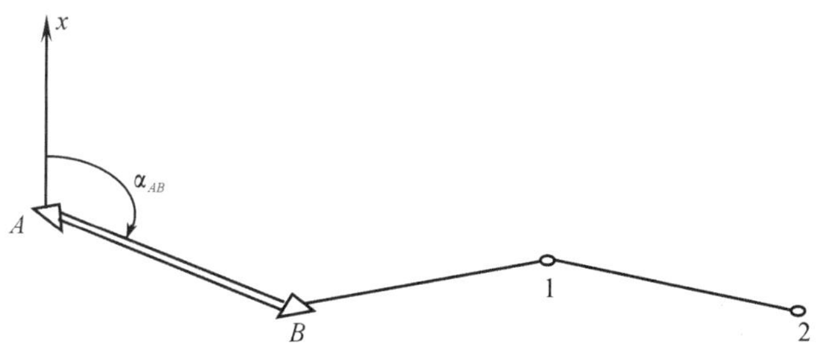

图 7-5　支导线

7.2.2 导线测量的等级与技术要求

导线测量的等级与技术要求见表 7-5、表 7-6。

表 7-5 经纬仪导线的主要技术要求

等级	测图比例尺	导线长度/m	平均边长/m	往返丈量差相对误差	测角中误差/(″)	导线全长相对闭合差	测回数		方位角闭差/(″)
							DJ_2	DJ_6	
一级		2500	250	≤1/20000	≤±5	≤1/10000	2	4	$\leqslant \pm 10\sqrt{n}$
二级		1800	180	≤1/15000	≤±8	≤1/7000	1	3	$\leqslant \pm 16\sqrt{n}$
三级		1200	120	≤1/10000	≤±12	≤1/5000	1	2	$\leqslant \pm 24\sqrt{n}$
图根	1∶500	500	75			≤1/2000		1	$\leqslant \pm 60\sqrt{n}$
	1∶1000	1000	110						
	1∶2000	2000	180						

注：n 为测站数。

表 7-6 光电测距导线的主要技术要求

等级	测图比例尺	导线长度/m	平均边长/m	测距中误差/mm	测角中误差/(″)	导线全长相对闭合差	测回数		方位角闭差/(″)
							DJ_2	DJ_6	
一级		3600	300	≤±15	≤±5	≤1/15000	2	4	$\leqslant \pm 10\sqrt{n}$
二级		2400	200	≤±15	≤±8	≤1/10000	1	3	$\leqslant \pm 16\sqrt{n}$
三级		1500	120	≤±15	≤±12	≤1/6000	1	2	$\leqslant \pm 24\sqrt{n}$
图根	1∶500	900	80			≤1/4000		1	$\leqslant \pm 60\sqrt{n}$
	1∶1000	1800	150						
	1∶2000	3000	250						

注：n 为测站数。

7.2.3 图根导线测量的外业工作

导线测量外业工作包括踏勘选点、建立标志、测边、测角与连接测量。

1. 踏勘选点

导线点的选择直接关系到导线测量外业工作的难易程度，关系到导线点的数量和分布是否合理，也关系到整个导线测量的精度和速度以及导线点的使用和保护，因此在选点前应进行周密的分析和研究。

根据测图比例尺及测图范围的不同，布设的图根控制网的等级也不同，对导线的总长、平均边长以及导线点的位置等都有一定的要求。为了满足这些要求，在踏勘选点前，应先收集测区已有地形图和已有高级控制点的成果资料，将控制点展绘在原有地形图上，然后在地形图上拟定导线布设方案，最后到野外踏勘，核对、修改、落实导线点的位置，并建立标志。

选点时应注意下列事项：

(1)相邻点间应相互通视良好，地势平坦，便于测角和量距。

(2)点位应选在土质坚实，便于安置仪器和保存标志的地方。

(3)导线点应选在视野开阔的地方，便于碎部测量

(4)导线边长应大致相等，其平均边长应符合表 7-5 所示。

(5)导线点应有足够的密度，分布均匀，便于控制整个测区。

(6)导线应尽量布设成直伸导线，并构成网形。

(7)导线布成结点网时，结点与结点、结点与高级点间的附合导线长度不超过表 7-5 中的附合导线长度的 0.7 倍。

(8)当附合导线长度短于规定长度的 1/2 时，导线全长的闭合差可放宽至不超过 0.12 米。

2. 建立标志

(1)临时性标志

导线点位置选定后，要在每一点位上打一个木桩，在桩顶钉一小钉，作为点的标志，如图 7-6 所示。也可在水泥地面上用红漆画一圆，圆内点一小点，作为临时标志。

(2)永久性标志

需要长期保存的导线点应埋设混凝土桩，如图 7-7 所示。桩顶嵌入带“＋”字的金属标志，作为永久性标志。

导线点应统一编号。为了便于寻找，应量出导线点与附近明显地物的距离，绘出草图，注明尺寸，该图称为“点之记”，如图 7-8 所示。

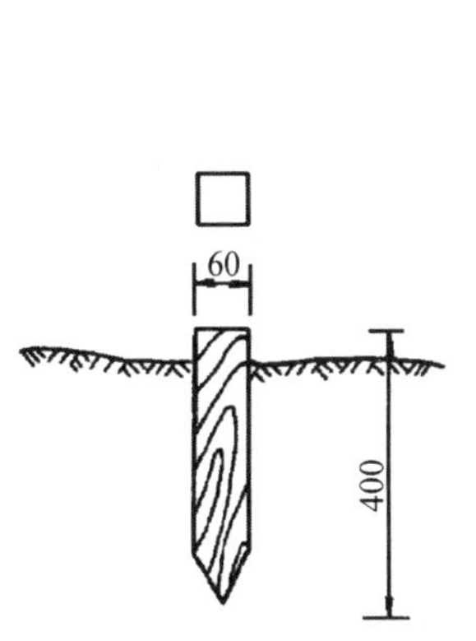

图 7-6　临时性标志

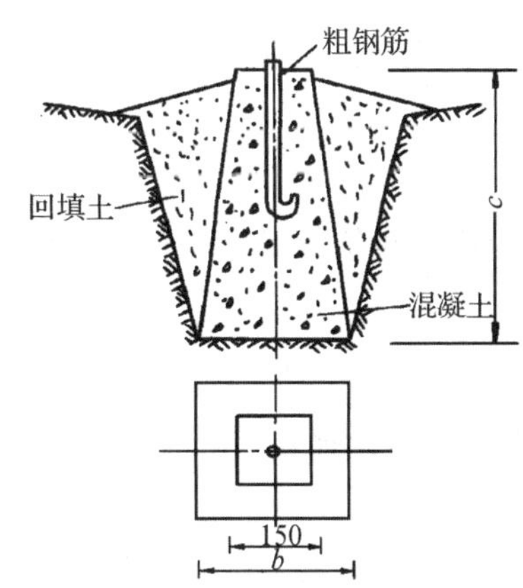

图 7-7　永久性标志

注：b、c 视埋设深度而定。

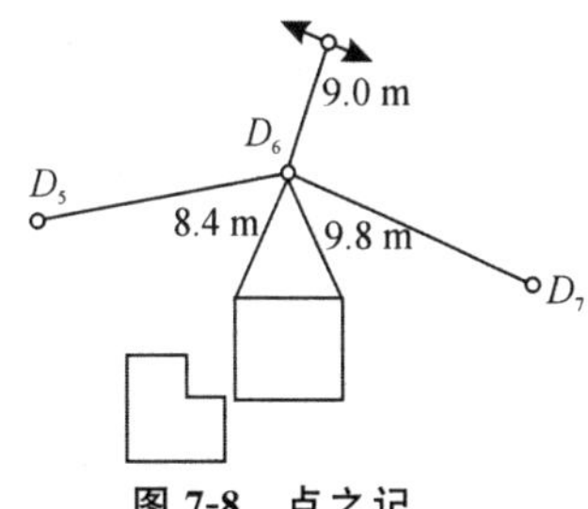

图 7-8　点之记

3. 导线边长测量

导线边长可用钢尺直接丈量，或用光电测距仪、全站仪直接测定。

用钢尺丈量时，选用检定过的 30 m 或 50 m 的钢尺，导线边长应往返丈量各一次，往返丈量相对误差应满足表 7-5 的要求。用光电测距仪或全站仪测量时，要同时观测垂直角，供倾斜改正之用，并加入温度、气象、棱镜常数等改正数。全站仪测距作业基本要求可参照《城市测量规范》。

4. 转折角测量

导线转折角的测量一般采用测回法观测。导线的转折角有左角和右角之分，导线前进方向右侧的角称为右角，导线前进方向左侧的角称为左角。为了防止差错和便于计算，应观测导线前进方向同一侧的水平角。在附合导线中一般测左角；在闭合导线中，一般测内角；对于支导线，应分别观测左、右角，以资检核。不同等级导线的测角技术要求详见表 7-5，水平角的作业要求可参照《城市测量规范》。

5. 连接测量

导线与高级控制点进行连接，以取得坐标和坐标方位角的起算数据，称为连接测量，即测定连接角。导线测量的导线虽然起止于已知控制点上，但为了控制导线的方向，必须测定连接角，该项工作称为导线定向。连接角要精确测定。为了防止在导线定向时可能产生的错误(如瞄准目标、测角误差等)，在已知点上若能看到两个已知点时，则应观测两个连接角，这样就可以检核连接角的正确与否。

如图 7-9 所示，A、B 为已知点，1～5 为新布设的导线点，连接测量就是观测连接角 β_B、β_1 和连接边 D_{B1}。

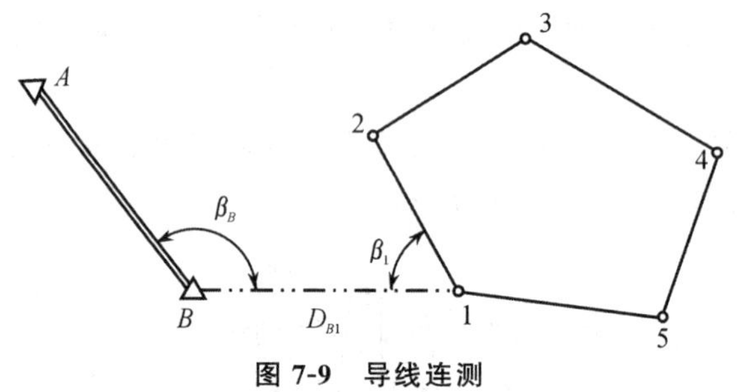

图 7-9　导线连测

如果附近无高级控制点，则应用罗盘仪测定导线起始边的磁方位角，并假定起始点的坐标作为起算数据。

7.3　导线测量的内业计算

导线测量内业计算的目的就是根据已知的起算数据和外业的观测成果，经过误差的调整，计算各导线点的平面坐标 x、y。

计算之前，应先全面检查导线测量外业记录、数据是否齐全，有无记错、算错，成果是否符合精度要求，起算数据是否准确。然后绘制导线计算略图，将各项数据注在图上的相应位置。

7.3.1　导线内业计算的基本原理

确定在新布设的平面控制网中，至少需要已知一条边的坐标方位角，才可以确定控制网的方向，简称定向；至少需要已知一个点的平面坐标，才可以确定控制网的位置，简称定位。导线的内业计算的基本原理是建立在坐标正算、坐标反算的基础之上的，坐标正算、反算详见第 4 章 4.6 节的坐标计算原理。

7.3.2　导线的内业计算

对于导线，由于在其外业测量（即导线的边长和角度测量）中不可避免地存在误差，所以在导线的计算中会出现两种矛盾：一是观测角的总和与导线的几何图形的理论值不符，即角度闭合差；二是从已知点出发，逐点计算各点的坐标，最后闭合到原点或附合到另一个已知点上时，推算的坐标值与已知坐标值不符，即坐标闭合差。合理地处理这两种矛盾，最后正确计算出各导线点的坐标，就是导线测量内业计算的主要内容。

不论是闭合导线还是附合导线，其内业计算分为 6 个步骤进行：

(1)准备工作；

(2)角度闭合差的计算与调整；

(3)坐标方位角的推算；

(4)坐标增量的计算；

(5)坐标增量闭合差的计算与调整；

(6)导线点坐标的计算。

1. 闭合导线的坐标计算

现以图 7-10 所注的数据为例（该例为图根导线），结合表 7-7“闭合导线坐标计算表”的使用，说明闭合导线坐标计算的步骤。

(1)准备工作

将校核过的外业观测数据及起算数据填入“闭合导线坐标计算表”中，见表 7-7，起算数据用单线标明。

(2)角度闭合差的计算与调整

①计算角度闭合差。n 边形闭合导线内角和的理论值应为：

$$\sum\beta_{理} = (n-2)\times 180° \qquad (7\text{-}1)$$

式中，n—导线边数或转折角数。

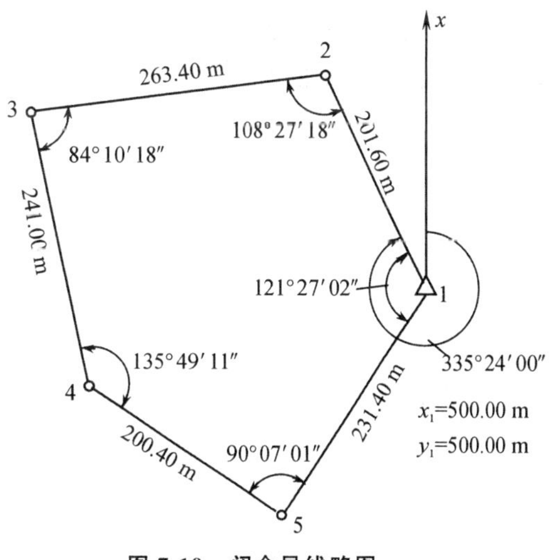

图 7-10　闭合导线略图

由于观测水平角不可避免地含有误差，致使实测的内角之和 $\sum\beta_{测}$ 不等于理论值 $\sum\beta_{理}$，两者之差称为角度闭合差，用 f_β 表示，可按下式计算：

$$f_\beta=\sum\beta_{测}-\sum\beta_{理} \tag{7-2}$$

②计算角度闭合差的容许值。角度闭合差的大小反映了水平角观测的质量。根据《工程测量规范》的规定，各级导线角度闭合差的容许值$f_{\beta容}$见表7-5和表7-6，其中加密图根导线角度闭合差的容许值$f_{\beta容}$的计算公式为：

$$f_{\beta容}=\pm60\sqrt{n} \tag{7-3}$$

如果$f_\beta\leqslant f_{\beta容}$，说明所测水平角符合要求，可对所测水平角进行调整。

如果$f_\beta>f_{\beta容}$，说明所测水平角不符合要求，则首先应分析检查原始测量记录，确认记录计算无误后，重新观测有问题的测站，如果查不出原因，应重新观测所有测站。

③计算水平角改正数。由于各导线的转折角是在大致相同的条件下进行观测的，可以认为每个角度观测值具有同样的误差，即同精度观测。因此，角度闭合差的分配原则是：将角度闭合差f_β以相反的符号平均分配到各个观测角中，使改正后的角度之和等于理论值。每个角度的改正数用v_β来表示，则

$$v_\beta=-\frac{f_\beta}{n} \tag{7-4}$$

计算检核：水平角改正数之和应与角度闭合差大小相等符号相反，即$\sum v_\beta=-f_\beta$。若v_β不是整数，则需将不符值分配给大角或短边。

④计算改正后的水平角。改正后的水平角$\beta_{i改}$等于所测水平角加上水平角改正数

$$\beta_{i改}=\beta_i+v_\beta \tag{7-5}$$

计算检核：改正后的闭合导线内角之和应为$(n-2)\times180$，本例为540。

本例中f_β、$f_{\beta容}$的计算见表7-7辅助计算栏，水平角的改正数和改正后的水平角见表7-7第3、4栏。

(3)坐标方位角的推算

当已知一条导线边的方位角后，其余导线边的坐标方位角是根据已经经过角度闭合差配赋后的各个内角依次推算出来的，其计算公式为：

$$\alpha_{前}=\alpha_{后}\pm180^\circ+\beta_{左} \tag{7-6}$$

$$\alpha_{前}=\alpha_{后}\pm180^\circ-\beta_{右} \tag{7-7}$$

本例观测左角，按式(7-6)推算出导线各边的坐标方位角，填入表7-7的第5栏内。例如，导线边2—3的坐标方位角为：

$$\begin{aligned}\alpha_{23}&=\alpha_{12}+\beta_2\pm180^\circ\\&=335^\circ24'00''+180^\circ+108^\circ27'08''=263^\circ51'08''\end{aligned}$$

计算检核：最后推算出起始边坐标方位角，它应与原有的起始边已知坐标方位角相等，否则应重新检查计算。必须注意：坐标方位角值应在0°～360°之间，不应该为负值或大于360°的角值。当计算出的坐标方位角出现负值时，则应加上360°；当出现大于360°之值时，则应减去360°。

(4)坐标增量的计算

根据已推算出的导线各边的坐标方位角和相应边的边长，按式(4-25)计算各边的坐标增量。例如，导线边1—2的坐标增量为：

$$\Delta x_{12}=D_{12}\times\cos\alpha_{12}=201.60\times\cos335^\circ24'00''=+183.30\ \text{m}$$

$$\Delta y_{12}=D_{12}\times\sin\alpha_{12}=201.60\times\sin 335°24'00''=-83.92\ \text{m}$$

用同样的方法，计算出其他各边的坐标增量值，填入表 7-7 的第 7、8 两栏的相应格内。

(5)坐标增量闭合差的计算

如图 7-11(a)所示，对于闭合导线，无论边数多少，其纵、横坐标增量代数和的理论值应为零，即

$$\begin{aligned}\sum\Delta x_{理}&=0\\ \sum\Delta y_{理}&=0\end{aligned}\tag{7-8}$$

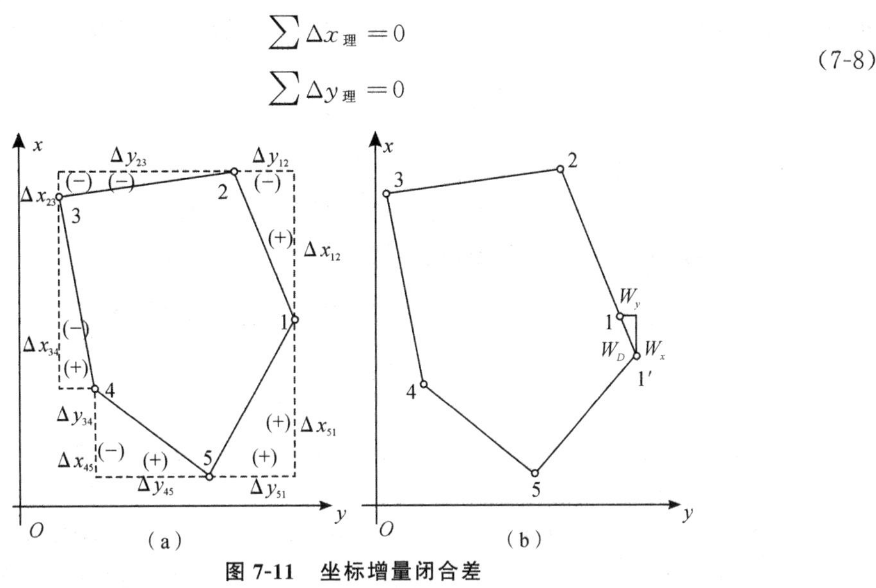

图 7-11　坐标增量闭合差

实际上，导线边长测量误差和角度闭合差调整后的残余误差，使得实际计算所得的 $\sum\Delta x_{测}$、$\sum\Delta y_{测}$ 不等于零，从而产生纵坐标增量闭合差 W_x 和横坐标增量闭合差 W_y，即

$$\begin{aligned}W_x&=\sum\Delta x_{测}\\ W_y&=\sum\Delta y_{测}\end{aligned}\tag{7-9}$$

①导线全长闭合差和全长相对闭合差计算。导线存在坐标增量误差，说明导线没有闭合。从图 7-11(b)可以看出，由于坐标增量闭合差 W_x、W_y 的存在，使导线不能闭合，1—1′之长度 W_D 称为导线全长闭合差，按几何关系得

$$W_D=\sqrt{W_x^2+W_y^2}\tag{7-10}$$

一般来说，导线越长，误差的累积越大，则 W_D 越大。所以，仅从 W_D 值的大小还不能说明导线测量的精度，衡量导线测量的精度还应该考虑到导线的总长。将 W_D 与导线全长 $\sum D$ 相比，以分子为 1 的分数表示，称为导线全长相对闭合差 W_K，即

$$W_K=\frac{W_D}{\sum D}=\frac{1}{\dfrac{\sum D}{W_D}}\tag{7-11}$$

以导线全长相对闭合差 W_K 来衡量导线测量的精度，W_K 的分母越大，精度越高。不同等级的导线，其导线全长相对闭合差的容许值 $W_{K容}$ 参见表 7-5 和表 7-6，图根导线的 $W_{K容}$ 为 1/2000，光电测距导线(或全站仪)的 $W_{K容}$ 为 1/4000。

如果 $W_K>W_{K容}$，说明成果不合格，此时应首先检查外业观测记录和全部计算，若不能

发现错误，则应到现场进行检查，必要时须重测。

如果 $W_K \leqslant W_{K容}$，说明测量成果符合精度要求，可以进行调整。

本例中 W_x、W_y、W_D 及 W_K 的计算见表 7-8 辅助计算栏。

②调整坐标标增量闭合差。坐标增量闭合差的调整的目的是消除观测结果与理论值不符的矛盾。调整的原则是将 W_x、W_y 反号，并按与边长成正比的原则，分配到各边对应的纵、横坐标增量中去。以 v_{xi}、v_{yi} 分别表示第 i 边的纵、横坐标增量改正数，即有

$$
\begin{aligned}
v_{xi} &= -\frac{W_x}{\sum D} \times D_i \\
v_{yi} &= -\frac{W_y}{\sum D} \times D_i
\end{aligned}
\tag{7-12}
$$

本例中导线边 1—2 的坐标增量改正数为：

$$
v_{x12} = -\frac{W_x}{D_{12}} = -\frac{-0.30\ \text{m}}{1137.80\ \text{m}} \times 201.60 = +0.05\ \text{m}
$$

$$
v_{y12} = -\frac{W_y}{D_{12}} = -\frac{-0.09\ \text{m}}{1137.80\ \text{m}} \times 201.60 = +0.02\ \text{m}
$$

用同样的方法，计算出其他各导线边的纵、横坐标增量改正数，填入表 7-7 的第 7、8 栏坐标增量值相应方格的上方。

计算检核：在坐标增量闭合差的分配过程中，由于数字凑整的原因，可能还会有微小的不符值，这时可将不符值分配至较长边的坐标增量改正数上去，最后使纵、横坐标增量改正数之和应满足下式，以资检核。

$$
\begin{aligned}
\sum v_x &= -W_x \\
\sum v_y &= -W_y
\end{aligned}
\tag{7-13}
$$

③计算改正后的坐标增量。各边坐标增量计算值加上相应的改正数，即得各边的改正后的坐标增量。

$$
\begin{aligned}
\Delta x_{i改} &= \Delta_{xi} + v_{xi} \\
\Delta y_{i改} &= \Delta_{yi} + v_{yi}
\end{aligned}
\tag{7-14}
$$

本例中导线边 1—2 改正后的坐标增量为：

$$
\begin{aligned}
\Delta x_{12改} &= \Delta_{x12} + v_{x12} \\
&= +183.30\ \text{m} + 0.05\ \text{m} = +183.35\ \text{m} \\
\Delta y_{12改} &= \Delta_{y12} + v_{y12} \\
&= -83.92\ \text{m} + 0.02\ \text{m} = -83.90\ \text{m}
\end{aligned}
$$

用同样的方法，计算出其他各导线边的改正后坐标增量，填入表 7-7 的第 9、10 栏内。

计算检核：改正后纵、横坐标增量的代数和应分别为零。

(5)各导线点坐标的计算

根据起始点 1 的已知坐标和改正后各导线边的坐标增量，按下式依次推算出各导线点的坐标：

$$
\begin{aligned}
x_i &= x_{i-1} + \Delta x_{i-1改} \\
y_i &= y_{i-1} + \Delta y_{i-1改}
\end{aligned}
\tag{7-15}
$$

将推算出的各导线点坐标填入表 7-7 中的第 11、12 栏内。最后还应再次推算起始点 1 的坐标，其值应与原有的已知值相等，说明计算正确，否则说明计算有误，应进行检查改正。

表 7-7　闭合导线坐标计算表

点号	观测角（左角）	改正数 ″	改正角	坐标方位角 α	距离 D /m	增量计算值 Δx/m	增量计算值 Δy/m	改正后增量 Δx/m	改正后增量 Δy/m	坐标值 x/m	坐标值 y/m
1	2	3	4=2+3	5	6	7	8	9	10	11	12
1										500.00	500.00
				335°24′00″	201.60	+5 +183.30	+2 −83.92	+183.35	−83.90		
2	108°27′18″	−10″	108°27′08″							683.35	416.10
				263°51′08″	263.40	+7 −28.21	+2 −261.89	−28.14	−261.87		
3	84°10′18″	−10″	84°10′08″							655.21	154.23
				168°01′16″	241.00	+7 −235.75	+2 +50.02	−235.68	+50.04		
4	135°49′11″	−10″	135°49′01″							419.53	204.27
				123°50′17″	200.40	+5 −111.59	+1 +166.46	−111.54	+166.47		
5	90°07′01″	−10″	90°06′51″							307.99	370.74
				33°57′08″	231.40	+6 +191.95	+2 +129.24	+192.01	+129.26		
1	121°27′02″	−10″	121°26′52″							500.00	500.00
				335°24′00″							
2											
$\sum$	540°00′50″	−50″	540°00′00″		1137.80	−0.30	−0.09	0	0		

辅助计算：

角度闭合差计算：$\sum\beta_{测}=540°00'50''$，$\sum\beta_{理}=540°00'00''$，$f_\beta=+50''$，$f_{\beta容}=\pm60''\sqrt{5}=\pm134''$

坐标增量闭合差计算：$W_x=\sum\Delta x_{测}=-0.30$ m，$W_y=\sum\Delta y_{测}=-0.09$ m

精度评定：$W_D=\sqrt{W_x^2+W_y^2}=0.31$ m，$W_K=\dfrac{W_D}{\sum D}=\dfrac{1}{\dfrac{\sum D}{W_D}}=\dfrac{1}{3600}<\dfrac{1}{2000}$，数据合格

2. 附合导线坐标计算

附合导线的坐标计算与闭合导线的坐标计算基本相同，但由于已知条件和形式不同，所以在角度闭合差的计算与坐标增量闭合差的计算方面稍有差别。下面我们仅介绍这两个不同点。

(1)角度闭合差的计算与调整

如图 7-12 所示，附合导线中 B、C 为已知控制点，AB、CD 为已知方向，B、C 之间布设一附合导线。图中观测角为右角。

①计算角度闭合差。根据起始边 AB 的坐标方位角 α_{AB} 及观测的各右角就可推算导线终边 CD 边的坐标方位角 α'_{CD}。但测角带有误差，致使导线终边 CD 边的坐标方位角的推算值 α'_{CD} 不等于已知终边坐标方位角 α_{CD}，其差值即为附合导线的角度闭合差 f_β，可写成一般式

$$f_\beta=\alpha'_{终}-\alpha_{终}=\alpha_{始}\pm\sum\beta_{测}\pm n\times180°-\alpha_{终} \tag{7-16}$$

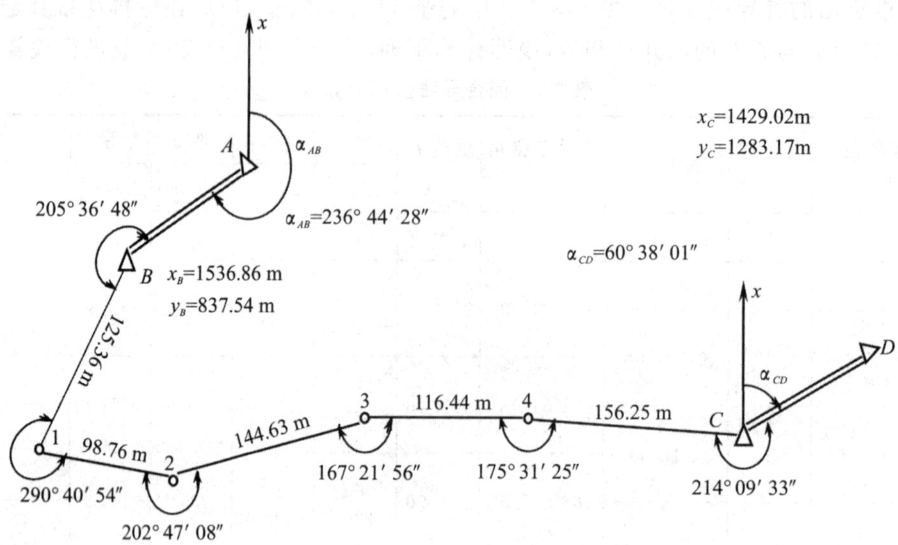

图 7-12　附合导线略图

当导线观测角为左角时，$\sum\beta_{测}$ 为正；当导线观测角为右角时，$\sum\beta_{测}$ 为负。

式中，$\alpha_{始}$—附合导线的起算方位角，°；

$\alpha_{终}$—附合导线的终边方位角，°；

f_β—方位角闭合差，″；

n—附合导线的折角个数。

对于本例，观测的是右角，则有

$$f_\beta=\alpha_{始}-\sum\beta_{测}+n\times180°-\alpha_{终}$$

$$=236°44'28-1256°07'44''+1080°-60°38'01''=+77''$$

②调整角度闭合差。当角度闭合差在容许范围内，如果观测的是左角，则将角度闭合差反号平均分配到各左角上；如果观测的是右角，则将角度闭合差同号平均分配到各右角上。

(2)坐标增量闭合差的计算

附合导线的坐标增量代数和的理论值应等于终、始两点的已知坐标值之差，即

$$\begin{aligned}\sum\Delta x_{理}&=x_{终}-x_{始}\\ \sum\Delta y_{理}&=y_{终}-y_{始}\end{aligned}\tag{7-17}$$

从起始点推算至终点纵、横坐标增量的代数和与理论值不一致，其差值即为附合导线的坐标增量闭合差，即

$$\begin{aligned}W_x&=\sum\Delta x_{测}-\sum\Delta x_{理}=\sum\Delta x_{测}-(x_{终}-x_{始})\\ W_y&=\sum\Delta y_{测}-\sum\Delta y_{理}=\sum\Delta y_{测}-(y_{终}-y_{始})\end{aligned}\tag{7-18}$$

计算附合导线全长相对闭合差及坐标增量闭合差的分配均与闭合导线相同。在最后的检核中，计算终点的坐标要与该点的已知坐标值一致。图 7-12 所示附合导线坐标计算见表 7-8。

表 7-8　附合导线坐标计算表

测站	观测角 β ° ′ ″	改正数 ″	改正后角度 ° ′ ″	方位角 α ° ′ ″	距离/m	坐标增量/m		改正后增量/m		坐标值/m	
						$\Delta x'$	$\Delta y'$	Δx	Δy	x	y
1	2	3	4	5	6	7	8	9	10	11	12
A											
				236 44 28							
B	205 36 48	−13	205 36 35							1536.86	837.54
				211 07 53	125.36	(+4) −107.31	(−2) −64.81	−107.27	(−2) −64.83		
2	290 40 54	−12	290 40 42							1429.59	772.71
				100 27 11	98.76	(+3) −17.92	(−2) 97.12	−17.89	(−2) 97.10		
3	202 47 08	−13	202 46 55							1411.70	869.81
				77 40 16	144.63	(+4) 30.88	(−2) 141.29	30.92	(−2) 141.27		
4	167 21 56	−13	167 21 43							1442.62	1011.08
				90 18 33	116.44	(+3) −0.63	(−2) 116.44	−0.60	(−2) 116.42		
5	175 31 25	−13	175 31 12							1442.02	1127.50
				94 47 21	156.25	(+5) −13.05	(−3) 155.7	−13.00	(−3) 155.67		
$C(6)$	214 09 33	−13	214 09 20							1429.02	1283.17
				60 38 01							
Σ	1256 07 44	−77	1256 06 27		641.44	−108.03	445.74	−107.84	445.63		
辅助计算	$f_\beta = \alpha_{AB} + \sum\beta - \alpha_{CD} = -77'$　　$f_\beta = \pm 98''$　　$f_\beta < f_{\beta容}$ $f_x = \sum\Delta x = -0.19\ \text{m}, f_y = \sum\Delta y = -0.11\ \text{m}$　　$K = \frac{0.22}{641.44} = \frac{1}{2922} < \frac{1}{2000}$										

3. 支导线的坐标计算

支导线中没有检核条件，因此没有闭合差产生，导线转折角和计算的坐标增量均不需要进行改正。支导线的计算步骤为：

(1)根据观测的转折角推算各边的坐标方位角；

(2)根据各边坐标方位角和边长计算坐标增量；

(3)根据各边的坐标增量推算各点的坐标。

如图 7-13 所示，为一支导线，所有的起算数据到已标在图中，其计算过程见表 7-9。

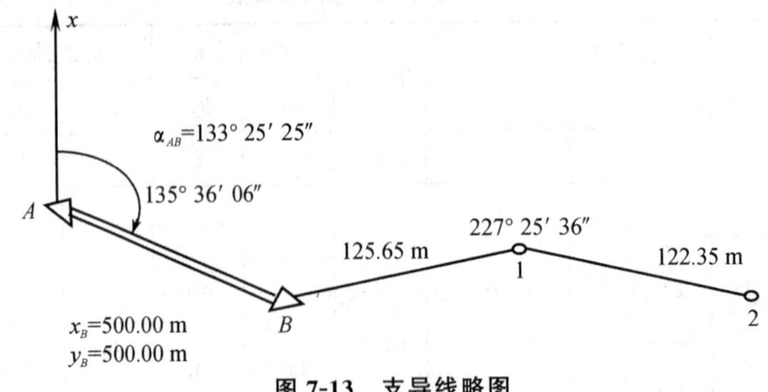

图 7-13　支导线略图

表 7-9　支导线坐标计算

点号	观测角	坐标方位角	边长/m	坐标增量/m		坐标/m	
				Δx	Δy	x	y
1	2	3	4	5	6	7	8
A							
		133°25′25″					
B	135°36′06″					500.00	500.00
		89°01′31″	125.65	+2.14	+125.63		
1	227°25′36″					502.14	625.36
		136°27′07″	122.35	−88.68	+84.29		
2						413.46	709.65

7.3.3　导线测量中错误的查找

在单导线计算中,如角度闭合差超限,可能是角度测错;如全长相对闭合差超限,可能是边长测错,或算错坐标增量。

当发现闭合差超限时,应首先检查原始外业记录手簿及草图数据有无错误,以及内业计算的数据抄录和计算。如果都没有发现问题,则说明导线的边长或角度测量中有粗差,必须进行实地复测。

不论是检查计算还是外业复测,如能先分析判断最可能发生错误的地方,从这些地方着手检查,有可能立即检查出错误,事半而功倍。

1. 附合导线单角测错的检查

如图 7-14,根据未调整的角度自 B 向 C 推算各点的坐标,然后再自 C 向 B 推算各点的坐标。如果只有一点的坐标极为接近(如 4 点),即表示这一点可能有角度错误;如果错误较大(如 5°以上),可直接用图解方法寻找错误所在。对于闭合导线也可以采用此法进行检查，从一个点开始分别不同方向按同样方法做对向检查。

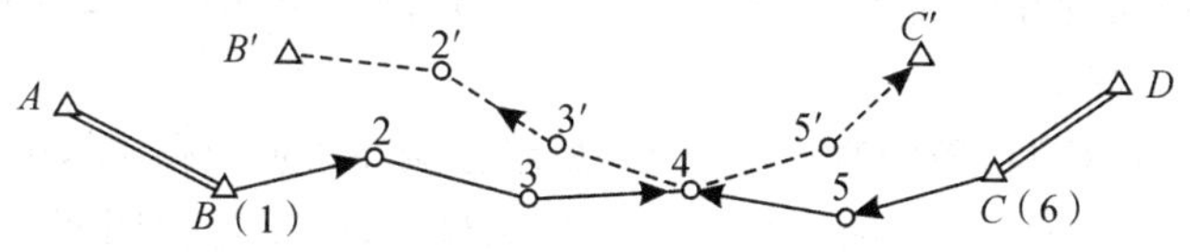

图 7-14　附合导线单角错误的检查

2. 附合导线单边测错的检查

如角度闭合差未超限，而全长相对闭合差超限，此时，错误可能发生在边长或坐标方位角上。若错误发生于边长，例如图 7-15 中的 34 边上错了 44′，则闭合差 CC' 将平行于该边。凡坐标方位角或 ±180° 后的方位角与 CC' 方位相接近的导线边，是极可能发生量边错误的边。

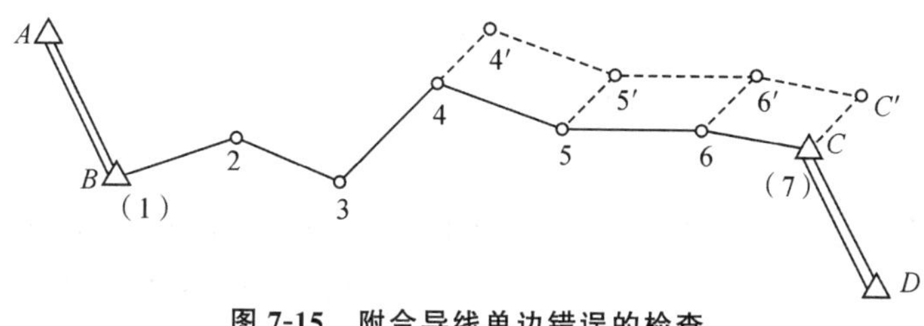

图 7-15　附合导线单边错误的检查

7.4　全站仪导线测量

在导线测量中，利用全站仪具有坐标测量和高程测量的功能，在外业观测时可直接得到观测点的坐标和高程。在成果处理时，可将坐标和高程作为观测值进行平差计算。

7.4.1　外业观测工作

以图 7-16 所示的附合导线为例，全站仪导线三维坐标测量的外业工作除踏勘选点及建立坐标外，主要是测得导线的坐标、高程和相邻点间的边长，并以此作为观测值。其观测步骤如下：

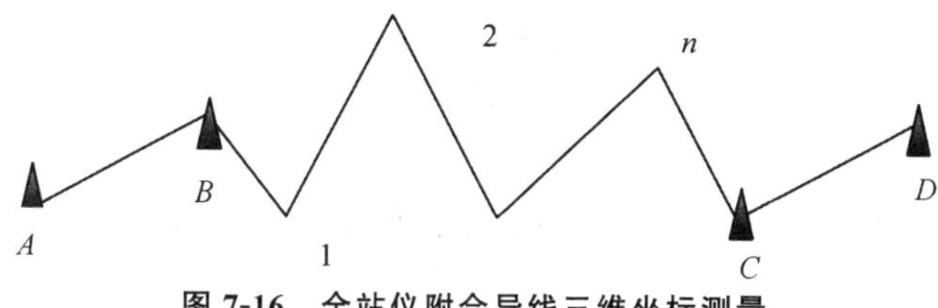

图 7-16　全站仪附合导线三维坐标测量

(1)将全站仪安置于起始点 B(高级控制点)，后视 A 点建站；

(2)按距离及三维坐标的测量方法测定控制点 B 与 1 点的距离 D_{B1}，1 点的坐标

(x_1', y_1')和高程 H_1',并记录存储;

(3)再将全站仪安置在已测坐标的 1 点上,用同样的方法测得 1、2 点间距离 D_{12},2 点的坐标(x_2', y_2')和高程 H_2';

(4)依此方法进行观测,最后测得终点 C(高级控制点)的坐标(x_C', y_C')。

由于 C 为高级控制点,其坐标已知。在实际测量中,由于各种因素的影响,C 点的坐标观测值一般不等于其已知值,因此,需要进行观测成果的平差计算。

7.4.2 以坐标和高程为观测值的导线近似平差计算

在图 7-16 中,设 C 点坐标的已知值为(x_C, y_C),其坐标的观测值为(x_C', y_C'),则纵、横坐标闭合差为:

$$\begin{aligned} f_x &= x_C' - x_C \\ f_y &= y_C' - y_C \end{aligned} \tag{7-19}$$

由此可计算出导线全长闭合差,即

$$f_D = \sqrt{f_x^2 + f_y^2} \tag{7-20}$$

导线全长闭合差 f_D 随着导线的长度增大而增大,所以,导线测量的精度使用导线全长相对闭合差(即导线全长闭合差 f_D 与导线全长 $\sum D$ 之比值)来衡量,即

$$K = \frac{f_D}{\sum D} = \frac{1}{\dfrac{\sum D}{f_D}} \leqslant K_{容} \tag{7-21}$$

式中,D 为导线边长。

导线全长相对闭合差 K 通常用分子 1 的分数形式表示,不同等级的导线全长相对闭合差的容许值 K 见表 7-6。

若 $K \leqslant K_{容}$,表明测量结果满足精度要求,可按下列公式计算各点的坐标改正数:

$$\begin{aligned} v_{xi} &= -\frac{f_x}{\sum D} \times D_i \\ v_{yi} &= -\frac{f_y}{\sum D} \times D_i \end{aligned} \tag{7-22}$$

式中,D 为导线边长;D_i 为第 i 点之前的导线边长之和。

根据起始点的已知坐标和各点坐标改正数,可按下列公式依次计算各导线点的坐标:

$$\begin{aligned} x_i &= x_i' + v_{xi} \\ y_i &= y_i' + v_{yi} \end{aligned} \tag{7-23}$$

式中,x_i'、y_i'为第 i 点的坐标观测值。

因全站仪测量可以同时测得导线点的坐标和高程,因此高程的计算可与坐标计算一并进行,高程闭合差为:

$$f_H = H_C' - H_C \tag{7-24}$$

式中,H_C'为 C 点高程观测值,H_C 为 C 点的已知高程。

各导线点的高程改正数为:

$$v_{H_i} = -\frac{f_H}{\sum D} \times D_i \tag{7-25}$$

改正后的导线点高程值为：

$$H_i = H_i' + v_{H_i} \tag{7-26}$$

式中，H_i'为第 i 点高程观测值。

7.4.3　算例

【例 7-1】以 1 点为仪器架设点，后视 A 点测得闭合导线 1234 的坐标为观测值的闭合导线平差计算过程，可见表 7-10。

表 7-10　全站仪闭合导线三维坐标计算表

点号	坐标观测值/m		坐标增量及平差计算值/m					平差后坐标值/m	
	x_i'	y_i'	边长 D_i	v_{x_i} Δx	改正后 $\Delta x'$	v_{y_i} Δy	改正后 $\Delta y'$	x_i	y_i
A	500.000	500.000						后视点	51.026
1	999.826	1000.420						999.826	1000.420
			76.744	−0.014 −36.465	−36.479	−0.005 67.527	67.522		
2	963.361	1067.947						963.347	1067.942
			175.068	−0.030 172.986	172.956	−0.011 −26.923	−26.934		
3	1136.347	1041.024						1136.317	1041.013
			92.618	−0.047 84.234	84.281	−0.018 −38.507	−38.525		
4	1052.113	1002.517						1220.628	1002.499
			52.267	−0.060 52.227	52.287	−0.023 −2.047	−2.097		
1	999.886	1000.443						999.826	1000.420
$\sum$									
辅助计算	$f_x = x_C' - x_C = +0.060$ m $f_y = y_C' - y_C = +0.023$ m $f_D = \sqrt{f_x^2 + f_y^2} = 0.064$ m $K = \frac{f_D}{\sum D} = \frac{1}{\frac{\sum D}{f_D}} = \frac{0.064}{250.88} = \frac{1}{3920}$								

【例 7-2】　以坐标和高程为观测值的附合导线如图 7-17，近似平差计算全过程可见表 7-11。

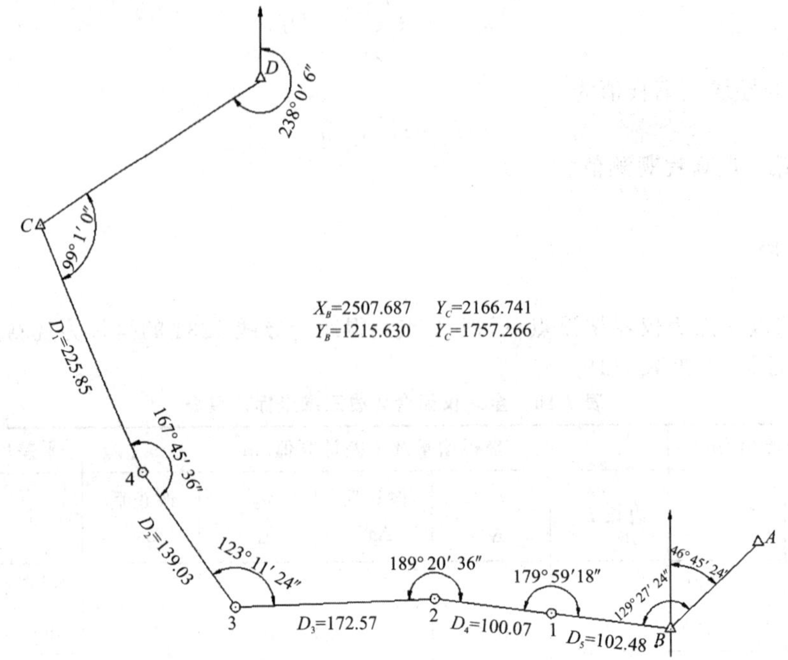

图 7-17　附合导线路线图

表 7-11　全站仪附合导线三维坐标计算表

点号	坐标观测值/m		坐标增量及平差计算值/m					平差后坐标值/m	
	x_i'	y_i'	l_{ij}	ΔX	改正后	ΔY	改正后	x_i	y_i
B	2166.741	1757.266						2166.741	1757.266
			102.48	−0.027 13.022	12.995	0.013 −101.649	−101.636		
1	2179.763	1655.617						2179.736	1655.630
			100.07	−0.026 12.735	12.709	0.013 −99.256	−99.243		
2	2192.498	1556.360						2192.445	1556.387
			172.57	−0.045 −6.118	−6.163	0.022 −172.462	−172.440		
3	2186.380	1383.899						2186.282	1383.947
			139.03	−0.037 113.577	113.540	0.018 −80.184	−80.166		
4	2299.958	1303.715						2299.822	1303.781
			225.85	−0.059 207.924	207.865	0.029 −88.180	−88.151		
C	2507.882	1215.534						2507.687	1215.630
∑				740.00					

辅助计算：

$f_x = x_C' - x_C = -0.195$ m

$f_y = y_C' - y_C = 0.096$ m

$f_D = \sqrt{f_x^2 + f_y^2} = 0.217$ m

$$K = \frac{f_D}{\sum D} = \frac{1}{\frac{\sum D}{f_D}} = \frac{0.217}{740} = \frac{1}{3410}$$

7.5　交会定点测量

当测区内已有控制点的密度不能满足工程施工或测图要求，而且需要加密的控制点数量又不多时，可以采用交会法加密控制点，称为交会定点。交会定点的方法有角度前方交会、侧方交会、后方交会和测边交会。实际工作中，具体采用哪种交会方法，需根据点位分布、设备情况等选定。

7.5.1　前方交会

如图 7-18 所示，A、B 为坐标已知的控制点，P 为待定点。在 A、B 点上安置经纬仪，观测水平角 α、β，根据 A、B 两点的已知坐标和 α、β 角，通过计算可得出 P 点的坐标，这就是角度前方交会法，简称前方交会。

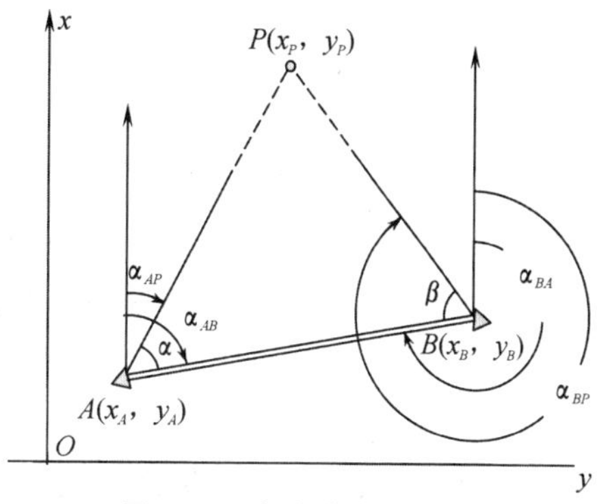

图 7-18　角度前方交会

1. 前方交会的计算方法

(1)计算已知边 AB 的边长和方位角。根据 A、B 两点坐标(x_A, y_A)、(x_B, y_B)，按坐标反算公式计算两点间边长 D_{AB} 和坐标方位角 α_{AB}。

(2)计算待定边 AP、BP 的边长。按三角形正弦定律，得

$$
\begin{aligned}
D_{AP} &= \frac{D_{AB}\sin\beta}{\sin\gamma} = \frac{D_{AB}\sin\beta}{\sin(\alpha+\beta)} \\
D_{BP} &= \frac{D_{AB}\sin\alpha}{\sin\gamma} = \frac{D_{AB}\sin\alpha}{\sin(\alpha+\beta)}
\end{aligned}
\tag{7-27}
$$

在实际工作中，为了保证定点的精度，避免测角错误的发生，一般要求从三个已知点 A、B、C 分别向 P 点观测水平角 α_1、β_1、α_2、β_2，作两组前方交会。如图 7-19 所示，可采用分别在$\triangle ABP$ 和$\triangle BCP$ 中计算出 P 点的两组坐标 $P'(x_{P'}, y_{P'})$ 和 $P''(x_{P''}, y_{P''})$。当两组坐标较差符合规定要求时，取其平均值作为 P 点的最后坐标。

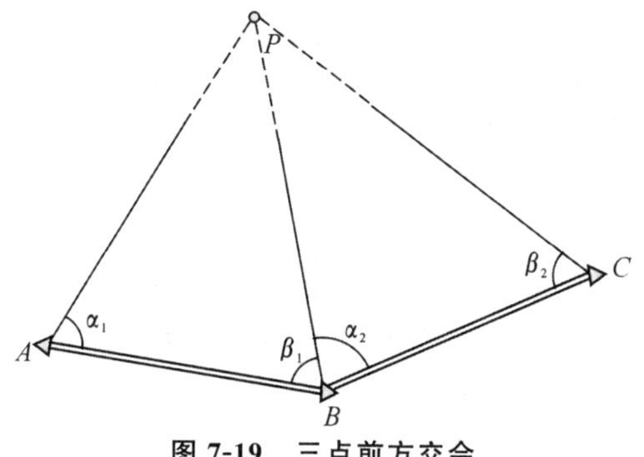

图 7-19　三点前方交会

7.5.2 侧方交会

如图 7-20 为一侧方交会，在一个已知点 A 和待求点 P 上安置经纬仪，测出 α、γ 角，并由此推算出 P 角，求出 P 点坐标。侧方交会主要用于有一个已知点不便安置仪器的情况。

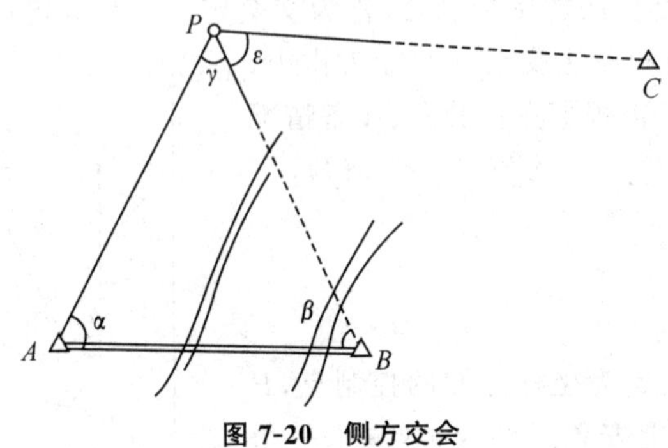

图 7-20 侧方交会

在实际工作中，为了保证定点的精度，避免测角错误的发生，一般要求测出第三个已知点 C 的 ε 角，以便于检核。

7.5.3 后方交会

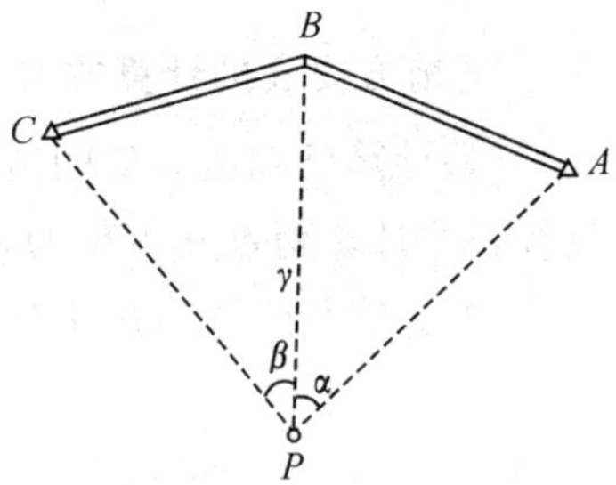

图 7-21 三点测角后方交会

如图 7-21 所示，后方交会是在待求点 P 上安置经纬仪，观测三个已知点 A、B、C 之间的夹角 α、β、γ，然后根据已知点的坐标和 α、β、γ 计算 P 点的坐标，这种方法称为测角后方交会，简称后方交会。为了检核，在实际工作中往往要求观测 4 个已知点，组成两个后方交会图形。

7.5.4 测边交会

如图 7-22 所示，A、B 为已知控制点，P 为待定点，测量了边长 D_{AP} 和 $D_{BP,根据A、B点}$ 的已知坐标及边长 D_{AP} 和 D_{BP}，通过计算求出 P 点坐标，称为测边交会，又称距离交会。随着电磁波测距仪的普及应用，距离交会也成为加密控制点的一种常用方法。

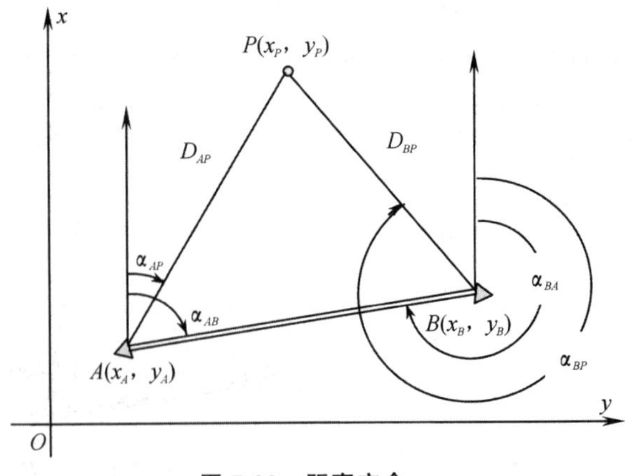

图 7-22 距离交会

在实际工作中，为了保证定点的精度，避免边长测量错误的发生，一般要求从三个已知点 A、B、C 分别向 P 点测量三段水平距离 D_{AP}、D_{BP}、D_{CP}，做两组距离交会，计算出 P 点的两组坐标，当两组坐标较差满足要求时，取其平均值作为 P 点的最后坐标。

7.6　高程控制测量

小地区高程控制测量常用的方法有水准测量及三角高程测量。

7.6.1　水准测量

小地区高程控制的水准测量主要有三、四等水准测量及图根水准测量，应符合《国家三、四等水准测量规范》规定，其主要技术要求和实测方法见第 2 章水准测量。

7.6.2　三角高程测量

当地形高低起伏较大而不便于实施水准测量时，可采用三角高程测量的方法测定两点间的高差，从而推算各点的高程。

1. 三角高程测量原理

三角高程测量是根据两点间的水平距离和垂竖直角，计算两点间的高差。如图 7-23，已知 A 点的高程 H_A，欲测定 B 的高程 H_B，可在 A 点上安置经纬仪，量取仪器高 i（即仪器水平轴至测点的高度），并在 B 点设置观测标志（称为觇标）。用望远镜中丝瞄准觇标的顶部 M 点，测出竖直角 α，量取觇标高 v（即觇标顶部 M 至目标点的高度），再根据 A、B 两点间的水平距离 D_{AB}，则 A、B 两点间的高差 h_{AB} 为：

$$h_{AB}=D_{AB}\tan\alpha+i-v \tag{7-28}$$

B 点的高程 H_B 为：

$$H_B=H_A+h_{AB}=H_A+D_{AB}\tan\alpha+i-v \tag{7-29}$$

当两点距离大于 300 m 时，应考虑地球曲率和大气折光对高差的影响。

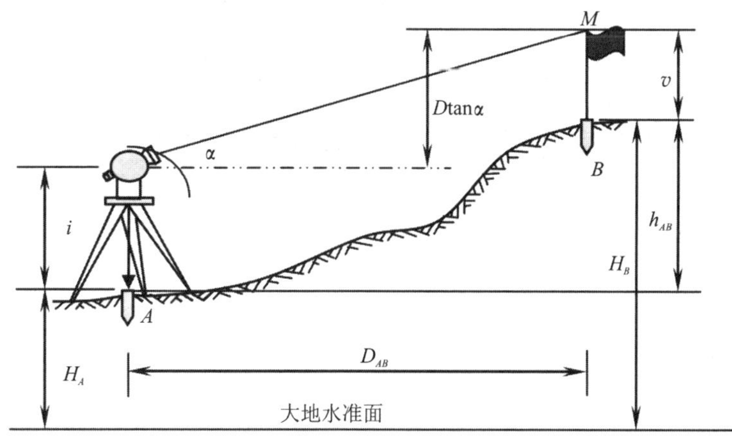

图 7-23　三角高程测量原理

考虑地球曲率和大气折光对高差影响的改正数 f，简称为球气差改正或两差改正，顾及球气差改正 f，使用平距 D、斜距 S 计算三角高程的公式为：

$$h_{AB}=D_{AB}\tan\alpha_A+i_A-v_B+f_{AB}$$
$$h_{AB}=S_{AB}\sin\alpha_A+i_A-v_B+f_{AB} \tag{7-30}$$

2. 三角高程测量的主要技术要求

《城市测量规范》规定，全站仪三角高程测量的限差应符合表 7-12 的规定。

表 7-12　全站仪三角高程测量限差

观测方法	两测站对向观测高差不符值	两照准点间两次观测高差不符值	闭合路线或环线闭合差		检测已测测段高差闭合差
			平原、丘陵	山区	
每点设站	$\pm45\sqrt{D}$	—	$\pm20\sqrt{D}$	$\pm25\sqrt{D}$	$\pm30\sqrt{D}$
隔点设站	—	$\pm14\sqrt{D}$			

注：D—测距边长(km)。

全站仪三角高程观测的主要技术要求应符合表 7-13 的规定。

表 7-13　全站仪三角高程观测的技术指标

等级	竖直角观测				边长测量	
	仪器精度	测回数	竖盘指标差较差	测回较差	仪器精度	观测次数
四等	2″级	4	≤5″	≤5″	≤10 mm 级	往返各 1 次
图根	5″级	1	≤25″	≤25″	≤10 mm 级	单向测 2 次

3. 三角高程测量的对向观测

由于不能精确测定大气垂直折光系数 k，因此，球气差改正 f 有误差，距离 D 越长，误差越大。为了消除或减弱地球曲率和大气折光的影响，三角高程测量一般应进行对向观测，亦称直、反觇观测；且一般应使光电测距三角高程测长不大于 1 km，三角高程测量对向观测，所求得的高差较差不应大于 0.1D(m)，其中 D 为水平距离，以 km 为单位。若符合要求，取两次高差的平均值作为最终高差。

在 A、B 两点同时进行对向观测时，可以认为两次观测时的 k 值是相同的，球气差改正 f 也基本相等，往返测高差为：

$$h_{AB}=D_{AB}\tan\alpha_A+i_A-v_B+f_{AB}$$
$$h_{BA}=D_{AB}\tan\alpha_B+i_B-v_A+f_{AB}$$

取往返观测高差的平均值为式(7-31)，可以抵消掉球气差 f。

$$\bar{h}_{AB}=\frac{1}{2}(h_{AB}+h_{BA})=\frac{1}{2}[(D_{AB}\tan\alpha_A+i_A-v_B)+(D_{BA}\tan\alpha_B+i_B-v_A)] \tag{7-31}$$

4. 三角高程观测与计算

(1)三角高程观测

在测站安置全站仪，量取仪器高 i，在目标点安置棱镜，量取棱镜高 v。仪器高与棱镜高应在观测前后各量取 3 次并精确至 1 mm，取其平均值作为最终高度。

使望远镜瞄准棱镜中心，测量目标点的竖直角，用全站仪测量两点间的斜距。测距时，应同时测定大气温度 t 与气压值，并输入全站仪，对所测距离进行气象改正。

(2)三角高程测量计算示例

在测站点 A 安置全站仪，在 B、C 点安置棱镜，进行三角高程测量，结果列于表 7-14，其中灰底色单元数据为观测数据，外业观测结束后，按式(7-30)和式(7-29)计算高差和所求点高程，计算实例见表 7-14。

表 7-14　三角高程测量的高差计算

起算点	A(高程＝105.723)		A(高程＝105.723)	
待定点	B		B	
往返测	往	返	往	返
斜距 S	593.391	593.400	491.360	491.301
竖直角 α	$+11°32'49''$	$-11°33'06''$	$+11°32'49''$	$+11°32'49''$
仪器高 i	1.440	1.491	1.491	1.502
觇标高 v	1.502	1.400	1.522	1.441
单向高差 h	+118.740	−118.715	+57.284	−57.253
往返高差均值 $\overline{h}$	+118.728		+57.268	
所求点高程	224.451		162.991	

7.7　GNSS 控制测量

随着我国基础事业蓬勃发展，工程规模也不断扩大，特别是高速公路，由于线路长，构造物多，测量施工要求质量高，时间紧，尽管在工程测量中采用了电子全站仪等先进设备，但是传统的测量方法受横向通视条件限制，加上测量方法的局限性，以及作业效率不高等原因，已不能满足实际需求。为此，迫切需要采用精度高、速度快、费用低、不受地形通视等条件限制、布设灵活的控制测量方法。GNSS 系统在这些方面充分显示了它的优越性，因此在基础建设中得到了广泛应用。

7.7.1　GNSS 控制网的分级

对于建筑工程的特点及不同要求，GNSS 控制网分为二等、三等、四等、一级和二级共 5 个等级。

GNSS 网的精度要求主要取决于其用途。精度指标通常以网中相邻点之间的弦长标准差表示，按下式计算：

$$\delta=\sqrt{a^2+(bd)^2} \tag{7-32}$$

式中，δ—网中相邻点间的弦长标准差，mm；

a—与 GNSS 接收机有关的固定误差，mm；

b—比例误差，mm/km；

d—相邻点间的距离，km。

GNSS 基线测量的中误差应小于按式(7-32)计算的标准差，各等级控制测量固定误差 a、比例误差 b 的取值应符合表 7-15 的规定。计算 GNSS 测量大地高差的精度时，a、b 可放宽至表中数值的 2 倍

GNSN 测量的主要技术要求见表 7-15。

表 7-15　GNSN 测量的主要技术要求

等级	平均边长 D/km	固定误差 a/mm	比例误差 b/(mm/km)
二等	9	≤10	≤2
三等	4.5	≤10	≤5
四等	2	≤10	≤10
一级	1	≤10	≤20
二级	0.5	≤10	≤40

同其他测量样，GNSS 测量的具体实施也包括外业和内业两个工序。外业工作主要包括选点、建立观测标志、野外观测及外业成果质量检核等；内业工作主要包括 GNSS 测量后的数据处理及技术总结等。

7.7.2　GNSS 控制网的技术设计

GNSS 控制网的技术设计是一项基础工作，应根据网的技术要求进行。在公路测量中，GNSS 控制网的布设应根据公路等级沿线地形地物、作业时卫星状况、精度要求等因素进行综合设计，并编制技术设计书(或大纲)。根据 GNSS 控制网的用途，应通过设计明确精度指标和网的图形。

GNSS 控制网的技术设计核心是高质量、低成本地完成既定的测量任务。一般情况下，进行 GNSS 控制网设计时需考虑测站选址、卫星选择、用户接收机设备装置和后勤保障等因素。当网点位置和接收机台数确定后，网的设计主要体现在观测时间的确定、图形的构造及每个测站点观测的次数等。

1. GNSS 控制网的设计要求

GNSS 控制网设计除应满足平面控制网设计的一般要求(参见第 6 章内容)外，还应满足下列要求：

(1)点位不应选在大功率发射台或高压线附近，距离高压线不应小于 100 m，距离大功率发射台不宜小于 400 m。

(2)点位应避开地面或其他目标反射所引起多路径干扰的位置。

(3)要求测站上空尽可能开阔,高度角为15°的上方应无妨碍通视的障碍物。

(4)GNSS控制网应与附近等级高的国家控制网点联测,联测点数应不少于3个,并力求分布均匀,而且能覆盖本控制网范围。当GNSS控制网较长时,应增加联测点数量。

(5)公路工程同一项目的GNSS控制网分为多个投影带时,在分带交界附近宜同国家平面控制点联测。

(6)二、三四等GNSS控制网应采用网连式、边连式布网;一、二级GNSS控制网可采用点连式布网。GNSS控制网中不应出现自由基线。

(7)GNSS控制网由非同步GNSS观测边构成多边形闭合环或附合路线时,其边数应符合表7-16的规定。

表7-16　公路GNSS控制网闭合环或附合路线

测量等级	二等	三等	四等	一级	二级
闭合环或附合路线的边数	≤6	≤8	≤10	≤10	≤10

点位选定以后,应按公路前进方向顺序编号,并在编号前冠以"GNSS"字样和等级。当新点与原有点重合时,应采用原有点名。同一个GNSS控制网中严禁有相同的点名。选定的点位应标注于地形图上,同时填写"GNSS点之记",绘制测站环视图和GNSS控制网选点图。

为了固定点位,以便长期利用GNSS测量成果和进行重复观测,GNSS控制网点选定后一般应设置具有中心标志的标石,以精确标志点位。点的标石和标志必须稳定坚固,一般采用埋石法,以利于长久保存和利用。

2. GNSS控制网基本图形的选择

根据GNSS测量的不同用途,GNSS控制网的独立观测边应构成一定的几何图形。图形的基本形式如下。

(1)三角形网

如图7-24所示,GNSS控制网中的三角形边由独立观测边组成。由常规平面测量知道,这种图形的几何结构强,具有良好的自检能力,能够有效地发现观测成果的粗差,以保障网的可靠性;同时,经平差后网中相邻点间基线向量的精度分布均匀。但是,这种网形的观测工作量大,当接收机数量较少时,将大大延长观测工作的总时间。因此,通常只有当网的精度和可靠性要求较高时,才单独采用这种图形。

(2)环形网

环形网由若干含有多条独立观测边的闭合环组成,如图7-25所示。这种网形与导线网相似,其图形的结构强度不及三角形网。环形网的自检能力和可靠性与闭合环中所含基线边的数量有关。闭合环中的边数越多,自检能力和可靠性就越差。所以,应根据环形网的不同精度要求,限制闭合环中所含基线边的数量。

环形网观测工作量较三角形网小,也具有较好的自检能力和可靠性。但由于网中非直接观测的边(或称间接边)的精度比直接观测的基线边低,因此网中相邻点间的基线精度分布不够均匀。

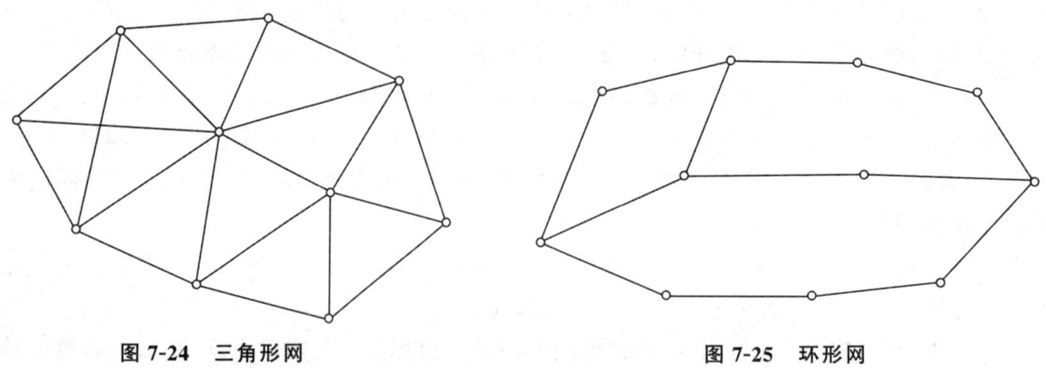

图 7-24 三角形网　　　　图 7-25 环形网

作为环形网的特例,在实际工作中还可按照网的用途和实际情况采用附合线路,这种附合线路与前述的附合导线类似。采用这种图形,附合线路两端的已知基线向量必须具有较高的精度。此外,对附合线路所包含的基线边数也有一定的限制。

三角形网和环形网是控制测量和精密工程测量中普遍采用的两种基本图形。在实际中,也可根据实际情况采用两种图形的混合网形。

(3)星形网

星形网的几何图形如图 7-26 所示。星形网的几何图形简单,但其直接观测边之间一般不构成闭合图形,所以检核能力差。由于这种网形在观测中一般只需要两台 GNSS 接收机,作业简单,因此在快速静态定位和准动态定位等快速作业模式中大都采用这种网形。它被广泛用于工程测量、地籍测量和碎部测量等。

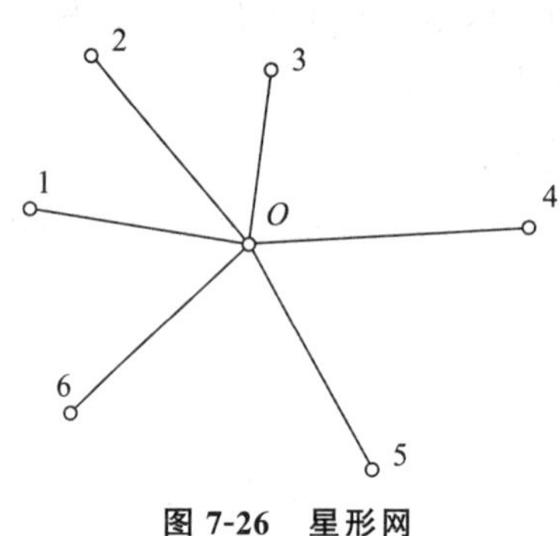

图 7-26 星形网

7.7.3 GNSS 测量的观测工作

GNSS 测量的观测工作主要包括天线安置、观测作业、观测记录及观测数据的质量判定等。

1. 天线安置

天线的妥善安置是实现精密定位的重要条件之一。其安置工作一般应满足以下要求:

(1)静态相对定位时,天线安置应尽可能利用三脚架,并将三脚架安置在标志中心的上方,直接对中观测,对中误差不得大于 1 mm。在特殊情况下,方可进行偏心观测,但归心元素应精密测定。

(2)天线的定向标志线应指向正北,并考虑当地磁偏角的影响,以减弱相位中心偏差的影响。定向的误差依定位的精度要求不同而异,一般不应超过±(3°～5°)。

(3)雷雨天气安置天线时,应注意将其底盘接地,以防止雷击。

天线安置后应在各观测时段的前后,各量取天线高一次。量测的方法按仪器的操作说明进行。两次量测结果之差不应超过±3 mm,并取其平均值。

这里的天线高是指天线的相位中心至观测点标志中心顶端的铅垂距离。一般分为上、下两段,上段是从相位中心至天线底面的距离,此为常数,由厂家给出;下段是从天线底面至观测点标志中心顶端的距离,由观测者现场测定。天线高的量测值为上、下两段距离之和。

2. 观测作业

观测作业的主要内容是捕获 GNSS 卫星信号,并对其进行跟踪处理和量测,以获取所需的定位信息和观测数据。使用 GNSS 接收机进行作业的具体操作步骤和方法,随接收机的类型和作业模式不同而异。随着接收设备硬件和软件的不断改善,操作方法也有所变化,自动化水平不断提高。具体操作步骤和方法可按随机操作手册进行。

无论采用何种接收机,GNSS 测量的主要技术要求应符合表 7-17 的规定。

表 7-17　GNSS 测量的主要技术规定

等级		二等	三等	四等	一级	二级
卫星高度角/°	静态	≥15	≥15	≥15	≥15	≥15
	快速静态	—	—	—	≥15	≥15
有效观测卫星数/个	静态	≥5	≥5	≥4	≥4	≥4
	快速静态	—	—	—	≥5	≥5
观测时段/min	静态	30～90	20～60	15～45	10～30	10～30
	快速静态	—	—	—	10～15	10～15
数据采集间隔/s	静态	10～30	10～30	10～30	10～30	10～30
	快速静态	—	—	—	5～15	5～15
点位几何图形强度因子 PDOP		≤6	≤6	≤6	≤8	≤8

在外业观测工作中,应注意以下事项:

(1)当确认外接电源电缆及天线等各项连接无误后,方可接通电源,启动接收机。

(2)开机后,接收机的有关指示和仪表数据显示正常时,方可进行自测试,输入有关测站及时段控制信息。

(3)接收机在开始记录数据后,用户应注意查看有关观测卫星数据、卫星号、相位测量残差、实时定位结果及其变化、存储介质记录等情况。

(4)在观测过程中,接收机不得关闭并重新启动,不准改变卫星高度角的限值,不准改变天线高。

(5)每一观测时段中,气象资料一般应在时段始末及中间各观测记录一次。当时段较长时,应适当增加观测次数。

(6)观测站的全部预定作业项目,经检查均已按规定完成,而且记录与资料均完整无误后,方可迁站。

3. 观测记录

在外业观测过程中,所有的观测数据和资料均需完整记录。记录可通过自动记录和手工记录两种途径完成。

(1)自动记录

观测记录由接收设备自动完成,记录在存储介质(如数据存储卡)上,其主要内容包括:

①载波相位观测值及相应的观测历元;

②同一历元的测码伪距观测值;

③GNSS 卫星星历及卫星钟差参数;

④实时绝对定位结果;

⑤测站控制信息及接收机工作状态信息。

(2)手工记录

手工记录是指在接收机启动前及观测过程中由操作者随时填写的测量手簿。其中,观测记事栏应记载观测过程中发生的重要问题出现的时间及处理方式。为了保证记录的准确性,测量手簿必须在作业过程中随时填写,不得事后补记。观测记录是 GNSS 定位的原始数据,是后续数据处理的唯一依据,每日观测结束后.应将外业数据文件及时转存到存储介质上,不得做任何剔除或删改。

4. 成果检核与数据处理

观测成果应进行外业检核,观测任务结束后,必须在测区及时对观测数据的质量进行检核。对于外业预处理成果,要按规范要求严格检查、分析,以便及时发现不合格成果,并根据情况采取重测或补测措施。

成果检核无误后,即可进行内业数据处理。内业数据处理过程大体可分为预处理、平差计算、坐标系统的转换或与已有地面网的联合平差。GNSS 计算应采用相应软件进行,我们不做介绍。

思考练习题

1. 控制测量的目的是什么？控制测量有何作用？控制网分为哪几种？
2. 导线的布设形式有几种？分别需要哪些起算数据和观测数据？
3. 选择导线点应注意哪些问题？导线测量的外业工作包括哪些内容？
4. 简述导线计算的步骤,并说明闭合导线与附合导线在计算中的异同点。
5. 在什么情况下宜采用三角高程测量？它如何观测、记录和计算？
6. 根据表 7-18 中所列数据,计算图根闭合导线各点坐标。

表 7-18　闭合导线的已知数据

点号	角度观测值(右角) ° ′ ″	坐标方位角 ° ′ ″	边长/m	坐标 x/m	坐标 y/m
1				500.00	600.00
		42　45　00	103.85		
2	139　05　00				
			114.57		
3	94　15　54				
			162.46		
4	88　36　36				
			133.54		
5	122　39　30				
			123.68		
1	95　23　30				

7. 根据图 7-27 中所示数据，计算图根附合导线各点坐标。

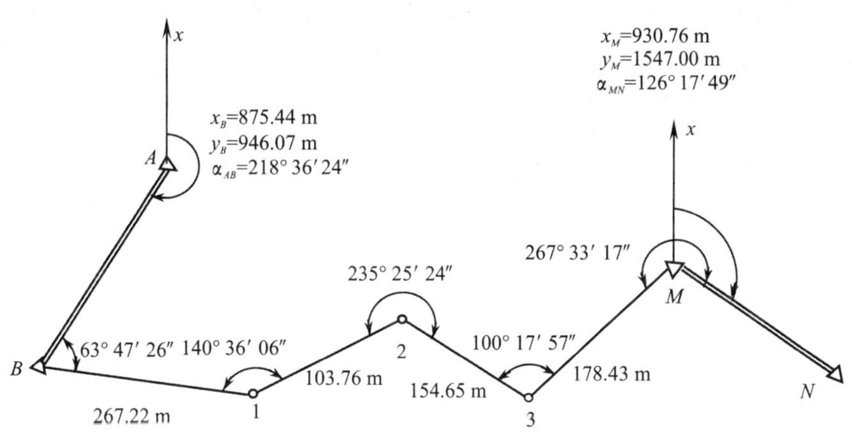

图 7-27　图根附合导线示意图

8. 角度前方交会观测数据如图 7-28 所示，已知 x_A = 1112.342 m，y_A = 351.727 m，x_B = 659.232 m，y_B = 355.537 m，x_C = 406.593 m，y_C = 654.051 m，求 P 点坐标。

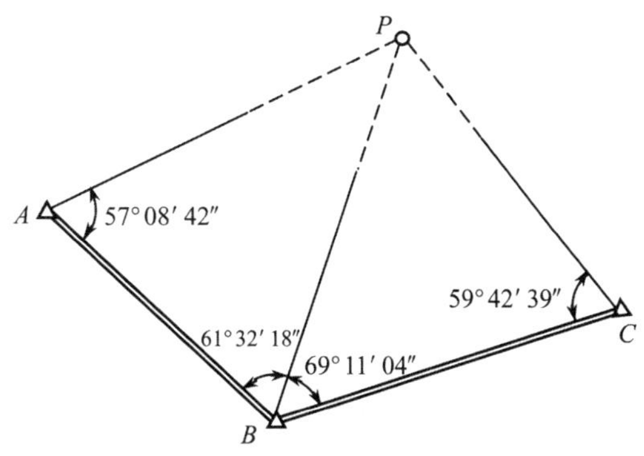

图 7-28　角度前方交会示意图

9. 距离交会观测数据如图 7-29 所示，已知 $x_A=1223.453$ m，$y_A=462.838$ m，$x_B=770.343$ m，$y_B=466.648$ m，$x_C=517.704$ m，$y_C=765.162$ m，求 P 点坐标。

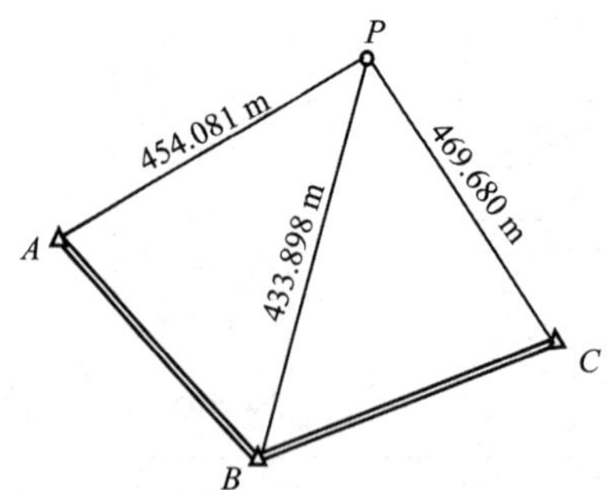

图 7-29　距离交会示意图

10. 已知 A、B 两点间的水平距离 $D_{AB}=224.346$ m，A 点的高程 $H_A=40.48$ m。在 A 点设站照准 B 点测得垂直角为 $+4°25'16''$，仪器高 $i_A=1.52$ m，觇标高 $v_B=1.10$ m；B 点设站照准 A 点测得垂直角为 $-4°35'40''$，仪器高 $i_B=1.50$ m，觇标高 $v_A=1.20$ m。求 B 点的高程。

11. 简述应用 GNSS 进行定点测量有哪些优越性，并说明 CNSS 选点的基本要求。

12. CNSS 测量中，网形设计的一般原则是什么？

13. CNSS 测量中，基本网形有几种？各有什么特点？

14. 简述 GNSS 测量的作业模式。

第 8 章　大比例尺地形图的基本知识及测绘

【教学要求】

知识要点	能力要求	相关知识
地形图的基本知识	(1)能够区别地形图和平面图 (2)能够利用多种不同的比例尺形式表达地形图比例尺 (3)测图中能合理利用比例尺精度 (4)能阅读地形图的图名、图号	(1)地形图和平面图的概念 (2)比例尺的种类 (3)比例尺精度 (4)地形图的分幅与编号 (5)地形图图名、图号及邻接图表
地形图图式及测图前的准备	(1)能够根据实际情况选用地物及地物符号 (2)能够根据实际情况选用地貌及地貌符号 (3)能独立完成测图前的准备工作	(1)比例符号、半比例符号等地物表示符号 (2)等高线及其种类、等高距、等高线平距 (3)图纸的选用、坐标网格的绘制、控制点的展绘
碎部测量	(1)能够根据实际情况选择碎部点 (2)能够利用经纬仪进行测图 (3)能够利用全站仪进行测图 (4)能完成地物、地貌的勾绘，进行地形图的拼接整饰	(1)地物特征点、地貌特征点的选择 (2)经纬仪测绘 (3)全站仪测绘 (4)地形图勾绘 (5)地形图整饰、拼接、检查验收
数字化测图	(1)能够完成数字化测图步骤设置 (2)能够根据实际情况进行全站仪数字化法测图 (3)能够根据实际情况进行 RTK 的碎部点测量	(1)数字化测图模式 (2)全站仪数字化测图简介 (3)GPS-RTK 的碎部点测量
南方 CASS 地形图成图软件使用简介	(1)能够判断 CASS 的运行环境 (2)能够完成 CASS 大比例地形图成图步骤	(1)CASS 简介及运行环境要求 (2)CASS 大比例地形图成图步骤

地形测量在完成地形控制测量后，就要进行碎部测量。地形控制测量主要是测定控制点的平面坐标和高程，为碎部测量提供测站点。碎部测量则是以控制点为基础，按一定的要求和规则，利用平板仪、经纬仪、全站仪或水准仪等仪器在某一测站点上将地面上各种地物、

地貌测绘到图纸上。

为了在测站点上测绘地物、地貌，首先必须确定这些地物、地貌的特征点(又称碎部点)，如房角、道路交叉口、山顶、鞍部、山谷等在图上的平面位置和高程。在测定足够数量碎部点的基础上，然后根据这些碎部点对照实地情况，以相应的符号在图上描绘各种地物、地貌。因此，碎部测量的工作主要包括两个过程：一个是测定碎部点的平面位置和高程，另一个是在图上描绘地物、地貌。这两个过程在碎部测量中是互相配合的，一面测定碎部点，一面随即描绘地物符号、地性线符号、地貌符号，这样可以避免错误和遗漏。

本章介绍地形图的基本知识、碎部点的测定方法、白纸测图及数字化测图的方法。通过本章的学习，读者需要掌握白纸测图的方法，以达到实现手工测图的目的，为学习数字化测图奠定基础。

8.1 地形图的基本知识

8.1.1 平面图和地形图

将地面上的地物和地貌按水平投影的方法(沿铅垂线方向投影到水平面上)，并按一定的比例尺缩绘到图纸上，这种图称为地形图。如果只有地物，不表示地面高低起伏的图则称为平面图。

8.1.2 地形图比例尺

图上长度与实地长度之比，称为地形图的比例尺。例如，实地测出的水平距离为500 m，画到图上的长度为1 m，那么这张图的比例尺为1∶500，也称1/500的图。

1. 比例尺的种类

(1)数字比例尺

数字比例尺一般用分子为1的分数形式表示。设图上某一直线的长度为d，地面上相应线的水平长度为D，则图的比例尺为：

$$\frac{d}{D}=\frac{1}{D/d}=\frac{1}{M} \tag{8-1}$$

或写成1∶M，其中M为比例尺分母。分数值越大(分母M越小)，比例尺越大。为了满足经济建设和国防建设的需要，测绘和编制了各种不同比例尺的地形图。通常称1∶1000000、1∶500000、1∶200000为小比例尺地形图，1∶100000、1∶50000和1∶25000为中比例尺地形图，1∶10000、1∶5000、1∶2000、1∶1000和1∶500为大比例尺地形图。建筑类各专业通常使用大比例尺地形图。按照地形图图式规定，比例尺书写在图幅下方正中处。

(2)图示比例尺

为了用图方便，以及减弱由于图纸伸缩而引起的误差，在绘制地形图时，常在图上绘制图示比例尺。如图8-1所示，图示比例尺由两条平行线构成，并把它们分成若干个2 cm长的基本单位，最左端的一个基本单位分成 10 等分，所注记的数字表示以米为单位的实地水平距离值。图 8-1(a)为 1∶5000 的图示比例尺，基本单位 2 cm 代表实地水平距离 100 m，基本单位的 1/10 即 2 mm 代表实地水平距离 10 m。图 8-1(b)为 1∶2500 的图示比例尺，基本单位 2 cm 代表实地水平距离 50 m，基本单位的 1/10 即 2 mm 代表实地水平距离 5 m。图示比例尺直观、方便，且用它量取图上的直线长度，可以消除图纸伸缩的影响。使用时，用分规的两脚尖对准欲量距离的两点，然后将分规移至图示比例尺上，使一个脚尖对准“0”分划右侧的整分划线上，而使另一脚尖落在“0”分划左端的小分划段中，则所量的距离就是两个脚尖读数的总和，不足一小分划的零数可用目估。

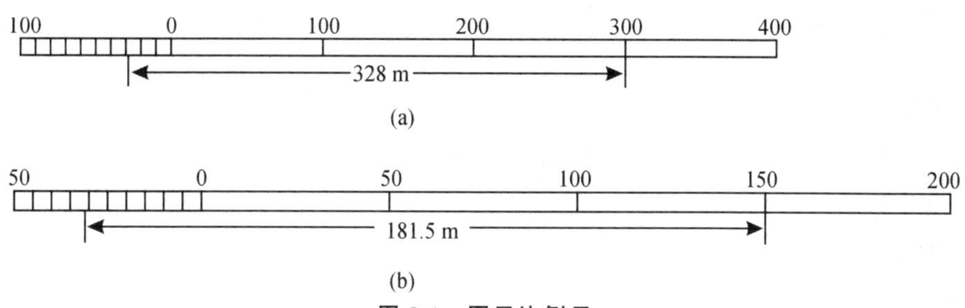

图 8-1　图示比例尺

2. 比例尺精度

人们用肉眼能分辨图上的最小距离通常为 0.1 mm，因此一般在图上量度或者测图描绘时，就只能达到图上 0.1 mm 的正确性。所以，地形图上 0.1 mm 所代表的实地水平距离称为比例尺精度，一般用 ε 表示，即

$$\varepsilon = 0.1\ \mathrm{mm} \times M \tag{8-2}$$

显然，比例尺大小不同，比例尺精度数值也不同，如表 8-1 所示。

表 8-1　比例尺精度

比例尺	1∶500	1∶1000	1∶2000	1∶5000	1∶10000
比例尺精度/m	0.05	0.1	0.2	0.5	1.0

比例尺精度的概念对测绘和用图有重要意义。例如，在测 1∶2000 图时，实地只需取到 0.2 m，因为量得再精细在图上也表示不出来。又如在设计用图时，要求在图上能反映地面上 0.05 m 的精度，则所选图的比例尺不能小于 1∶500。图的比例尺越大，图上的地物地貌越详细，精度也越高，但测绘工作量将成倍增加，所以应根据规划、设计、施工的实际需要选择测图的比例尺。

8.1.3　地形图的分幅与编号

1. 分幅方法

大比例尺地形图一般采用正方形分幅法或矩形分幅法，它是按统一的直角坐标的纵、横坐标格网线分的。而中、小比例尺地形图则按经纬度来划分，即左、右以经线为界，上、下以纬线为界，其图幅的形状近似梯形，故称为梯形分幅法(本书不做介绍)。各种大比例尺地形图的图幅大小及图廓坐标值如表 8-2 所示。

表 8-2　正方形、矩形分幅图的图廓与图幅大小

比例尺	图幅尺寸（cm×cm）	实地面积/km^2	一幅 1∶5000 所含图幅数	1 km^2 测区的图幅数	图廓坐标值
1∶5000	40×40	4	1	0.25	1000 的整数倍
1∶2000	50×50	1	4	1	1000 的整数倍
1∶1000	50×50	0.25	16	4	500 的整数倍
1∶500	50×50	0.0625	64	16	50 的整数倍

2. 编号方法

大比例尺地形图的编号方法比较灵活，主要有以下几种。

（1）角坐标编号法

采用图幅西南角坐标的公里数作为本幅图纸的编号，记成“x-y”形式。1∶5000 地形图的图号取至整公里数，1∶2000 和 1∶1000 地形图的图号取至 0.1 km，1∶500 地形图的图号取至 0.01 km。

（2）流水编号法

对于带状测区或测区范围较小时，可根据具体情况，按从上到下、从左到右的顺序进行数字流水编号。也可采用其他方法如行列编号法，目的是要便于管理和使用。如图 8-2 所示。

	1	2	3	4	
5	6	7	8	9	10
11	12	13	14	15	16

A-1	A-2	A-3	A-4	A-5	A-6
B-1	B-2	B-3	B-4		
	C-2	C-3	C-4	C-5	C-6

图 8-2　流水编号法与行列编号法

某些面积较大的测区，往往绘有几种不同的大比例尺地形图，各种比例尺地形图的分幅与编号一般是以 1∶5000 地形图为基础，按正方形分幅法进行的，如图 8-3 所示。某 1∶500 地形图的编号为“20-10”，将这个图号作为该地区更大比例尺地形图所有图幅的基本图号。1∶2000 地形图的编号是在 1∶5000 图幅编号的末尾分别加上罗马字Ⅰ、Ⅱ、Ⅲ、Ⅳ而成，如

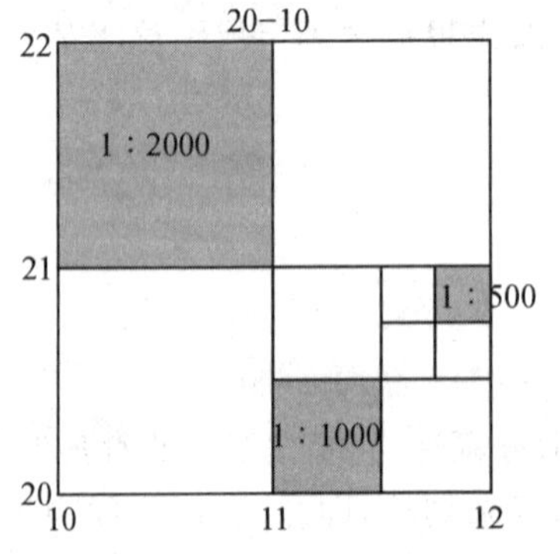

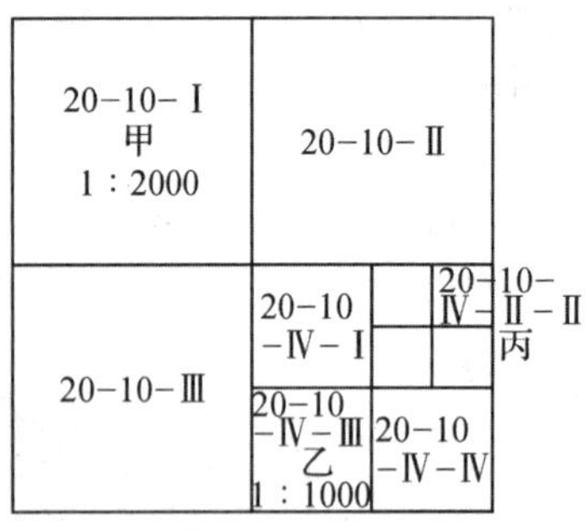

图 8-3　1∶5000～1∶500 地形图的分幅与编号

图 8-3 中的图幅甲，其编号为"20-10-Ⅰ"。同样，在 1∶2000 图幅编号的末尾分别加上罗马字Ⅰ、Ⅱ、Ⅲ、Ⅳ就是 1∶1000 地形图的编号，如图 8-2 中的图幅乙，其编号为"20-10-Ⅳ-Ⅲ"。而图 8-3 中的 1∶500 地形图图幅丙，其编号为"20-10-Ⅳ-Ⅱ-Ⅱ"，同样是在 1∶1000 图幅编号的末尾分别加上罗马字Ⅰ、Ⅱ、Ⅲ、Ⅳ而成的。

8.1.4　地形图图名、图号及邻接图表

地形图的注记和整饰要素除指图内的各种注记外，还含图廓外的资料说明。包括图名、图号、测量单位名称、测图日期和成图方法、坐标系统和高程系统，以及一些辅助图表等，以便于读图和用图。

1. 图名

图名及本图幅的名称一般以本图幅内主要的地名单位和行政名称命名，注记在图廓外上方中央。如图 8-4 所示，图名为中山大学。有些大比例尺地形图，因为所代表的实地面积较小，图名选取有困难时，可不注图名，只注图号。

2. 图号

为了便于保管和使用地形图，每张地形图应有统一的编号。图号就是该图幅相应分幅方法的编号，注于图幅正上方，图名的下方。

3. 邻接图表

接图表表明本幅图与相邻图纸的位置关系，以方便查索相邻图纸。接图表应绘制在图幅的左上方，如图 8-4 所示。

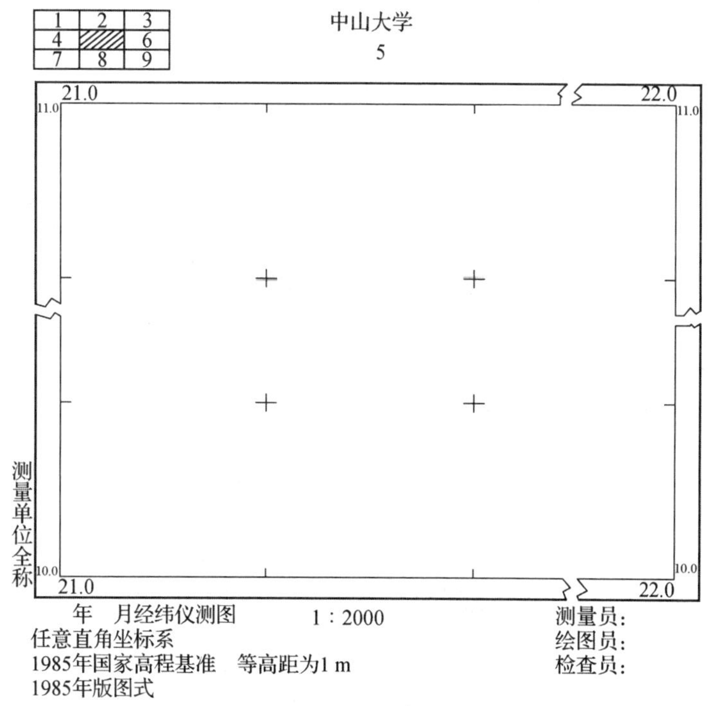

图 8-4　图廓注记

4. 图廓和注记

图廓是本幅图四周的界线。正方形图幅有内图廓和外图廓之分，如图 8-4 所示。外图廓是用粗实线（线粗 0.5 mm）绘制的，对地形图起保护和装饰作用。内外图廓相距 12 mm，内图廓是图幅的边界，每隔 10 cm 绘有坐标格网线。在内、外图廓线之间的四角，注记以 km 为单位的格网坐标值，如图 8-4 所示。

在地形图外还有一些其他注记，如外图廓左下角，应注记测图时间、坐标系统、高程系统、图式版本等；右下角应注明测量员、绘图员和检查员；在图幅左侧注明测图单位全称；在右上角还应注明图纸密级等。

8.2 地形图图式

地形图的图式（topographic map symbol）是根据国民经济建设各部门的共性要求制定的国家标准，是测制、出版地形图的基本依据之一，是识别和使用地形图的重要工具，也是地形图上表示各种地物、地貌要素的符号和方法。地形图符号包括地物符号、地貌符号。一个国家的地形图图式是统一的，属于国家标准。我国当前使用的大比例尺地形图图式为 2018 年 5 月 1 日开始实施的《1∶500　1∶1000　1∶2000 地形图图式》，表 8-3 摘录了部分。

地形图图式中的符号按地图要素分为 9 类：测量控制点、水系、居民地及设施、交通、管线、境界、地貌、植被与土质、注记；按类别可分为 3 类：地物符号、地貌符号和注记符号。

表 8-3　地形图图式（1∶500，1∶1000，1∶2000）（部分）

编号	符号名称	符号式样 1∶500	符号式样 1∶1000	符号式样 1∶2000
4.1	定位基础			
4.1.1	三角点 a.土堆上的 张湾岭、黄土岗——点名 156.718、203.623——高程 5.0——比高	3.0 △ 张湾岭/156.718 a 5.0 △ 黄土岗/203.623		
4.1.3	导线点 a.土堆上的 I16、I34——等级、点号 84.46、94.40——高程 2.4——比高	2.0 ⊙ I16/84.46 a 2.4 ⊙ I23/94.40		

编号	符号名称	符号式样 1∶500	符号式样 1∶1000	符号式样 1∶2000
4.1.4	埋石图根点 a.土堆上的 12、16——点号 275.46、175.64——高程 2.5——比高	2.0 ⊡ 12/275.46 a 2.5 ⊡ 16/175.64		
4.1.5	不埋石图根点 19——点号 84.47——高程	2.0 ⊡ 19/84.47		
4.1.6	水准点 Ⅱ——等级 京石 5——点名点号 32.805——高程	2.0 ⊗ Ⅱ京石5/32.805		

续表

编号	符号名称	符号式样 1∶500	1∶1000	1∶2000
4.1.8	卫星定位等级点 B——等级 14——点号 495.263——高程	3.0 B14 / 495.263		
4.2	水系			
4.2.1	地面河流 a.岸线（常水位岸线、实测岸线） b.高水位岸线（高水界） 清江——河流名称	0.15 清 江 0.5 1.0 3.0 a b		
4.2.7	沟渠 a.低于地面的 b.高于地面的 c.渠首	a 0.3 b 2.0 2.5 0.3 3.0 c 0.5		
4.2.8	沟堑 a.已加固的 b.未加固的 2.6——比高	2.6 a b		
4.2.9	地下渠道、暗渠 a.出水口	0.3 a 1.0 4.0 2.2		
4.2.14	涵洞 a.依比例尺的 b.半依比例尺的	a b		
4.2.16	湖泊 龙湖——湖泊名称 （咸）——水质	龙湖（咸）		
4.2.17	池塘			

编号	符号名称	符号式样 1∶500	1∶1000	1∶2000
4.2.32	水井、机井 a.依比例尺的 b.不依比例尺的 51.2——井口高程 5.2——井口至水面深度 咸——水质	a 51.2/5.2 b 咸		
4.2.36	沼泽、湿地 a.能通行的 b.不能通行的 碱——沼泽性质	a 4.0 4.0 1.6 b 碱 3.2 4.0 4.0		
4.2.37	河流流向及流速 0.3——流速(m/s)	0.3 7.8		
4.2.38	沟渠流向 a.往复流向 b.单向流向	a b		
4.2.45	拦水坝 a.能通车的 72.4——坝顶高程 95——坝长 砼——建筑材料 b.不能通车的	a 1.0 3.0 72.4/95 砼 b 3.0		
4.2.47	陡岸 a.有滩陡岸 a1.土质的 a2.石质的 2.2、3.8——比高 b.无滩陡岸 b1.土质的 b2.石质的 2.7、3.1——比高	a a1 2.2 2.0 a2 3.8 b b1 2.7 b2 3.1		

续表

编号	符号名称	符号式样 1:500	符号式样 1:1000	符号式样 1:2000
4.3	居民地及设施			
4.3.1	单幢房屋 a.一般房屋 b.裙楼 b1.楼层分割线 c.有地下室的房屋 d.简易房屋 e.突出房屋 f.艺术建筑 混、钢——房屋结构 2、3、8、28——房屋层数 (65.2)——建筑高度 －1——地下房屋层数	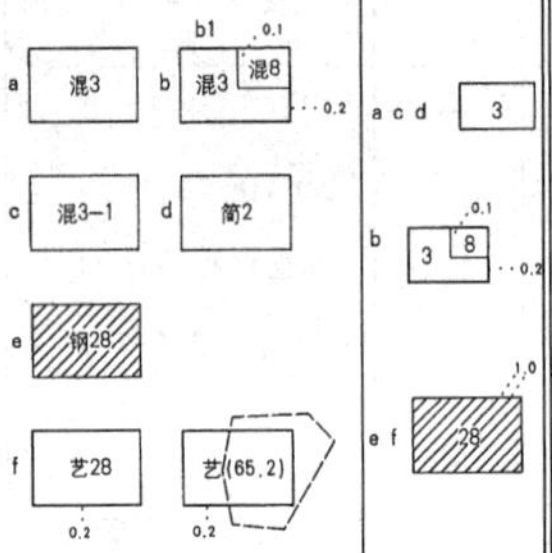		
4.3.2	建筑中房屋			
4.3.3	棚房 a.四边有墙的 b.一边有墙的 c.无墙的	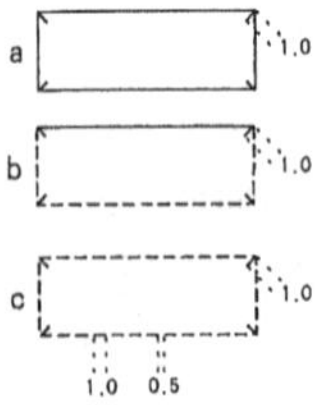		
4.3.4	破坏房屋	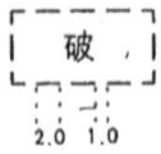		

编号	符号名称	符号式样 1:500	符号式样 1:1000	符号式样 1:2000
4.3.9	矿井井口 a.开采的 a1.竖井井口 a2.斜井井口 a3.平峒洞口 a4.小矿井 b.废弃的 b1.竖井井口 b2.斜井井口 b3.平峒洞口 b4.小矿井 硫、铜、磷、煤、铁——矿物品种			
4.3.10	露天采掘场、乱掘地 石、土——矿物品种			
4.3.15	探井(试坑) a.依比例尺的 b.不依比例尺的			
4.3.16	探槽	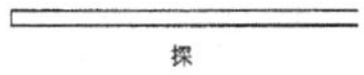		
4.3.17	钻孔 涌——钻孔说明	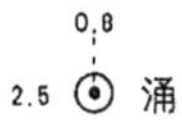		
4.3.21	水塔 a.依比例尺的 b.不依比例尺的			
4.3.22	水塔烟囱 a.依比例尺的 b.不依比例尺的			
4.3.23	烟囱及烟道 a.烟囱 b.烟道 c.架空烟道	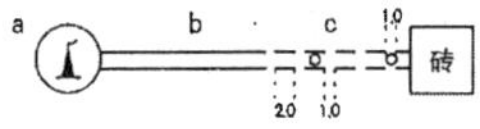		
4.3.26	窑 a.堆式窑 b.台式窑、屋式窑 瓦、陶——产品名称	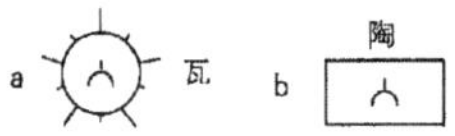		

续表

编号	符号名称	符号式样 1：500	1：1000	1：2000
4.3.27	露天设备 a.单个的 a1.依比例尺的 a2.不依比例尺的 b.毗连成群的	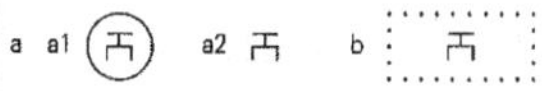 a a1 a2 b		
4.3.32	施工区	 施工		
4.3.37	水产养殖场 紫菜——产品名称	 紫菜		
4.3.38	温室、大棚 a.依比例尺的 b.不依比例尺的 菜、花——植物种类说明	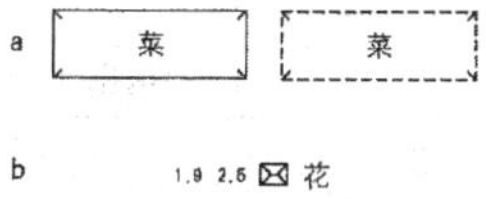 a 菜 菜 b 1.9 2.5 花		
4.3.39	粮仓(库) a.依比例尺的 b.不依比例尺的 c.粮仓群 6——个数	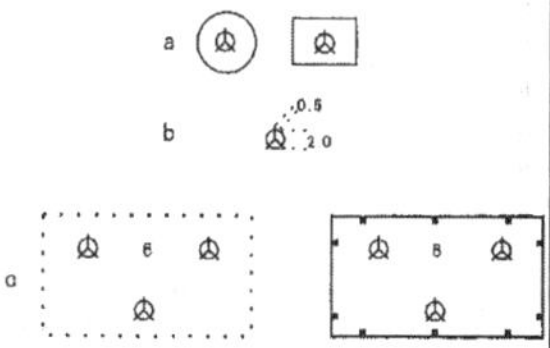 a b 0.5 2.0 c 6 6		
4.3.42	打谷场、贮草场、贮煤场、水泥预制场 谷——场地说明	 谷		
4.3.50	宾馆、饭店	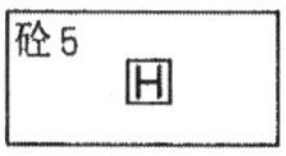 砼5 H		
4.3.51	商场、超市	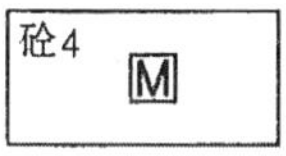 砼4 M		
4.3.73	坟地、公墓 a.依比例尺的 b.不依比例尺的	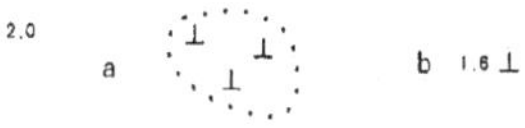 2.0 a b 1.6		
4.3.76	古迹、遗址 a.古迹 b.遗址	 a 混 b 秦阿房宫遗址		
4.3.94	气象台(站)、测风塔	 3.6 3.0 1.0		

编号	符号名称	符号式样 1：500	1：1000	1：2000
4.3.95	水文站、水位站、流量站、验潮站 位——测站类别	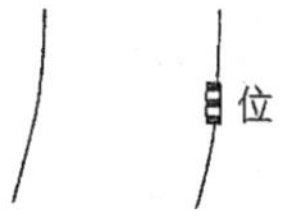 位		
4.3.103	围墙 a.依比例尺的 b.不依比例尺的	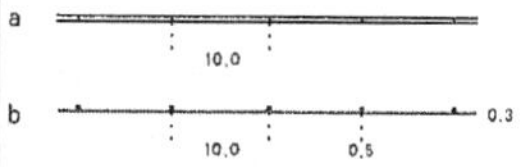 a 10.0 b 10.0 0.5 0.3		
4.3.106	栅栏、栏杆	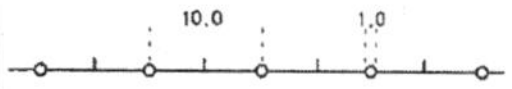 10.0 1.0		
4.3.107	篱笆	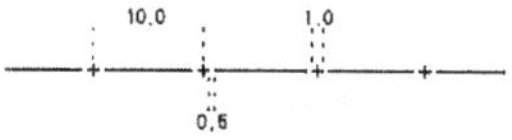 10.0 1.0 0.5		
4.3.109	铁丝网、电网	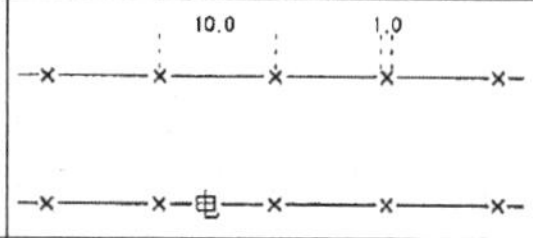 10.0 1.0 电		
4.3.110	地类界	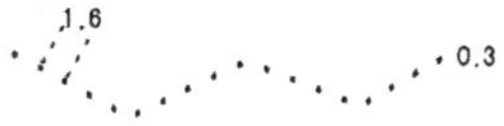 1.6 0.3		
4.3.116	阳台	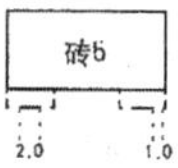 砖5 2.0 1.0		
4.3.120	门洞、下跨道	 砖 5		
4.3.121	台阶	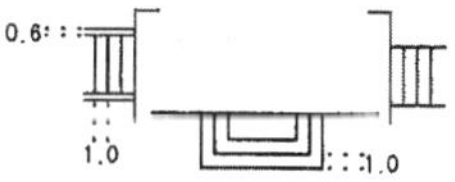 0.6 1.0 1.0		
4.3.122	室外楼梯 a.上楼方向	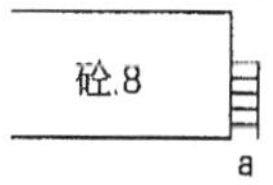 砼8 a		
4.3.123	院门 a.围墙门 b.有门房的	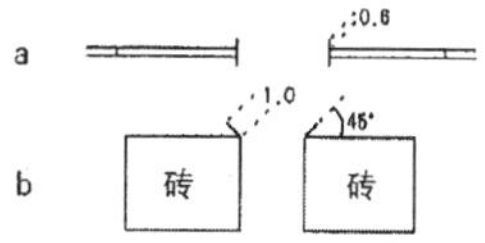 a 0.6 b 1.0 45° 砖 砖		
4.3.127	门墩 a.依比例尺 b.不依比例尺的	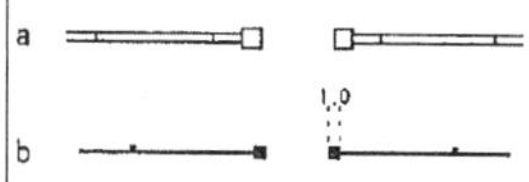 a b 1.0		
4.3.128	支柱、墩、钢架 a.依比例尺 b.不依比例尺	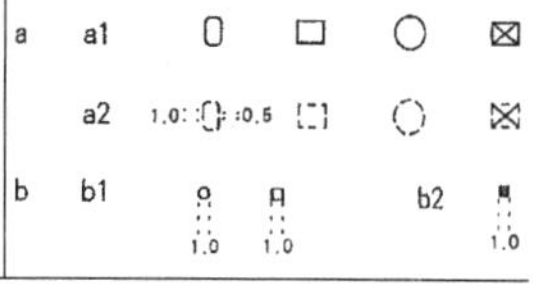 a a1 a2 1.0 0.5 b b1 1.0 1.0 b2 1.0		

续表

编号	符号名称	符号式样 1∶500	1∶1000	1∶2000
4.3.130	照射灯 a.杆式 b.桥式 c.塔式	a 1.6 4.0 1.6 b c 3.6		
4.3.132	宣传橱窗、广告牌、电子屏 a.双柱或多柱的 b.单柱的	a 1.0 2.0 b 3.0		
4.3.136	避雷针	3.6 1.0		
4.4	交通			
4.4.12	快速路	0.4 0.15 5.0 8.0		
4.4.14	街道 a.主干道 b.次干道 c.支线 d.建筑中的	a 0.35 b 0.25 c 0.15 d 0.15 10.0 2.0		
4.4.16	内部道路	1.0 1.0		
4.4.19	乡村路 a.依比例尺的 b.不依比例尺的	a 4.0 1.0 0.2 b 8.0 2.0 0.3		
4.4.20	小路、栈道	4.0 1.0 0.3		
4.4.27	收费站 a.依比例尺的 b.不依比例尺的	a b 费 费 1.5		
4.4.28	服务区	砖 砖 砖 砖		

编号	符号名称	符号式样 1∶500	1∶1000	1∶2000
4.4.43	路堑 a.已加固的 b.未加固的	a b		
4.4.44	路堤 a.已加固的 b.未加固的	a b		
4.5	管线			
4.5.1	高压输电线			
4.5.1.1	架空的 a.电杆 35——电压(kV)	a 35 4.0		
4.5.2	配电线			
4.5.2.1	架空的 a.电杆	a 8.0		
4.5.2.2	地面下的 a.电缆标	a 8.0 1.0 4.0		
4.5.2.3	配电线入地口			
4.5.3	电力线附属设施			
4.5.3.1	电杆	1.0		
4.5.3.2	电线架			
4.5.3.3	电线塔(铁塔) a.依比例尺的 b.不依比例尺的	a 4.0 b 1.0 4.0		
4.5.3.4	电缆标	2.0 1.0		
4.5.3.5	电缆交接箱			
4.5.3.6	电力检修井孔	2.0		
4.6	境界			
4.6.7	村界	0.2 1.0 2.0 4.0		
4.6.8	特殊地区界线	3.3 1.6 0.8 0.4		

续表

编号	符号名称	符号式样 1:500	1:1000	1:2000
4.7	地貌			
4.7.1	等高线及其注记 a.首曲线 b.计曲线 c.间曲线 d.助曲线 e.草绘等高线 25——高程	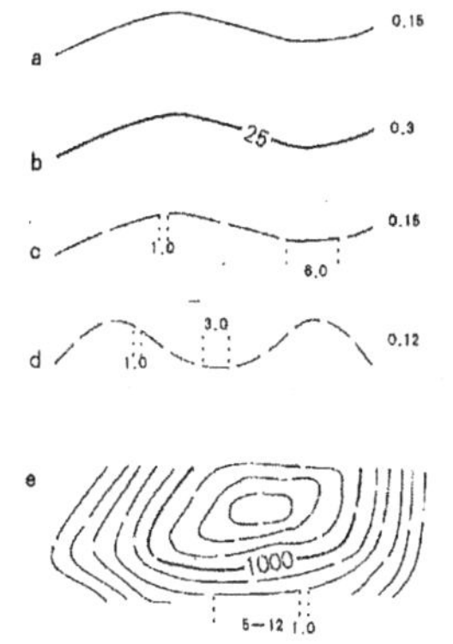 a 0.15 b 25 0.3 c 1.0 6.0 0.15 d 3.0 1.0 0.12 e 1000 5—12 1.0		
4.7.2	示坡线	 0.8		
4.7.15	陡崖、陡坎 a.土质的 b.石质的 18.6、22.5——比高	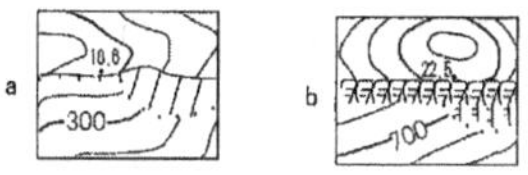 a 18.6 300 b 22.5 100		
4.7.16	人工陡坎 a.未加固的 b.已加固的	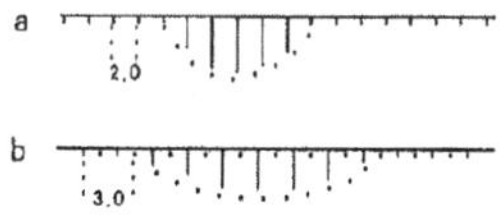 a 2.0 b 3.0		
4.7.25	斜坡 a.未加固的 a1.天然的 a2.人工的 b.已加固的	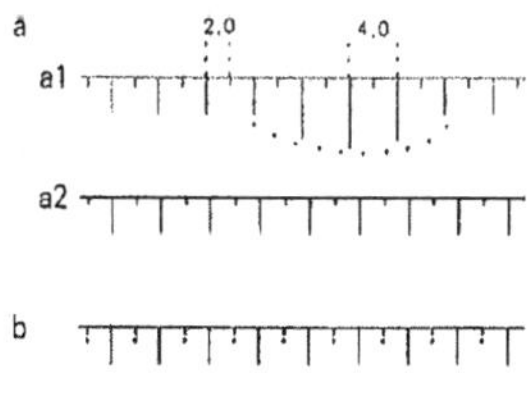 a 2.0 4.0 a1 a2 b		
4.7.26	梯田坎 2.5——比高	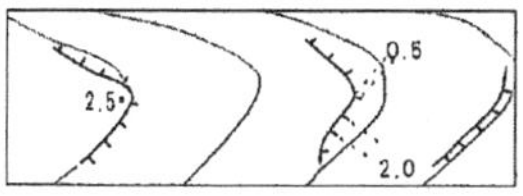 0.5 2.5 2.0		
4.8	植被与土质			
4.8.6.2	经济作物地	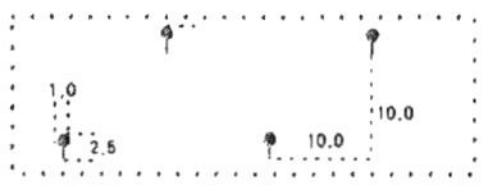 1.0 2.5 10.0 10.0		
4.8.9	灌木林 a.大面积的 b.独立灌木丛 c.狭长灌木林	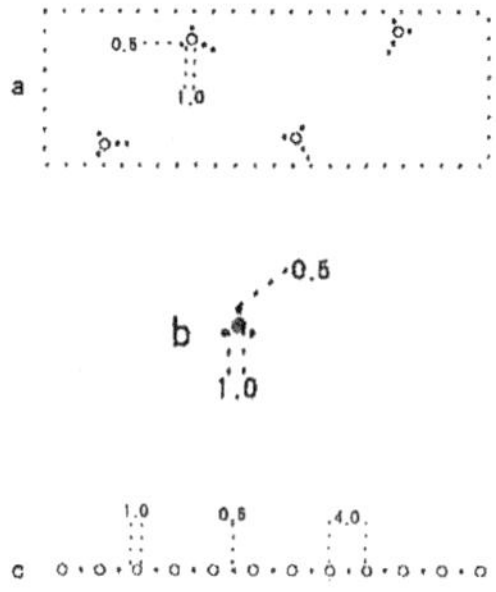 a 0.5 1.0 b 0.5 1.0 c 1.0 0.5 4.0		
4.8.18	草地 a.天然草地 b.改良草地 c.人工牧草地 d.人工绿地	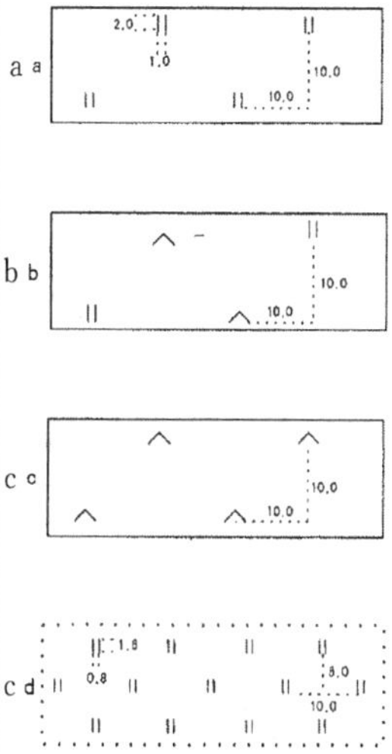 a 2.0 1.0 10.0 10.0 b 10.0 10.0 c 10.0 10.0 d 1.6 0.8 8.0 10.0		
4.8.21	花圃、花坛	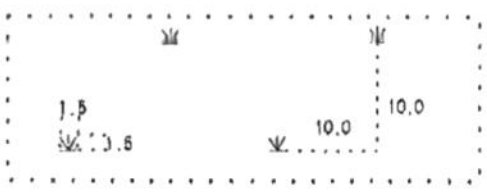 1.5 1.5 10.0 10.0		
4.9	注记			
4.9.1.3	乡镇级，国有农场、林场、牧场、盐场、养殖场	南坪镇 正等线体(5.0)		
4.9.1.4	村庄(外国村、镇) a.行政村、外国村、镇，主要集、场、街、圩、坝 b.村庄	a 甘家寨 正等线体(4.5) b 李家村 张家庄 仿宋体(3.5 4.5)		

续表

编号	符号名称	符号式样			编号	符号名称	符号式样		
		1∶500	1∶1000	1∶2000			1∶500	1∶1000	1∶2000
4.9.2 4.9.2.1	各种说明注记 居民地名称说明注记 a.政府机关 b.企业、事业、工矿、农场 c.高层建筑、居住小区、公共设施	a 市民政局 宋体(3.5) b 日光岩幼儿园 兴隆农场 宋体(2.5 3.0) c 二七纪念塔 兴庆广场 宋体(2.5~3.5)							

8.2.1 地物及地物符号

地物符号(feature symbols):地物符号分依比例符号、不依比例符号和半依比例符号。

1. 依比例符号

可按测图比例尺缩小,用规定符号绘出的地物符号称为依比例符号。如湖泊、房屋、街道、稻田、花圃等。这些地物在表 8-3 中的符号编号为 4.2.16、4.3.1、4.4.14。

2. 不依比例符号

有些地物的轮廓较小,无法将其形状和大小按照地形图的比例尺绘到图上,则不考虑其实际大小,而是采用规定的符号表示,这种符号称为不依比例符号。它们仅表示地物的位置和意义。如导线点、水准点、卫星定位等级点、电话亭、路灯、管道检修井等。这些地物在表 8-3 中的符号编号为 4.1.3、4.1.6、4.1.8、4.3.106。

3. 半依比例符号

对于此带状延伸地物,其长度可按比例缩短,而宽度无法按比例表示的地物符号称为半依比例符号。如栅栏、小路等。这些地物在表 8-3 中的符号编号为 4.3.106、4.4.20。

8.2.2 地貌符号

地形图上表示地貌的主要方法是等高线。在谷地鞍部山头及斜坡方向不易判读的地方和凹地的最高、最低一条等高线上,绘制与等高线垂直的短线,称为示坡线(编号 4.7.2),用以指示斜坡降落的方向;当梯田坎比较缓和且范围较大时,也可用等高线表示。

1. 等高线

地面上高程相等的各相邻点在地形图上的投影所连成的闭合曲线称为等高线,地貌投影缩绘到图上是用等高线表示的。图 8-5 为一山头,设想当水面高程为 90 m 时与山头相交得一条交线,线上各点高程均为 90 m。若水面向上涨 5 m,又与山头相交得一条高程为 95

m 的交线。同理可得高程为 100 m 的交线。将这些交线垂直投影到水平面得三条闭合的曲线，称为等高线，注上高程，就可在图上显示出山头的形状。

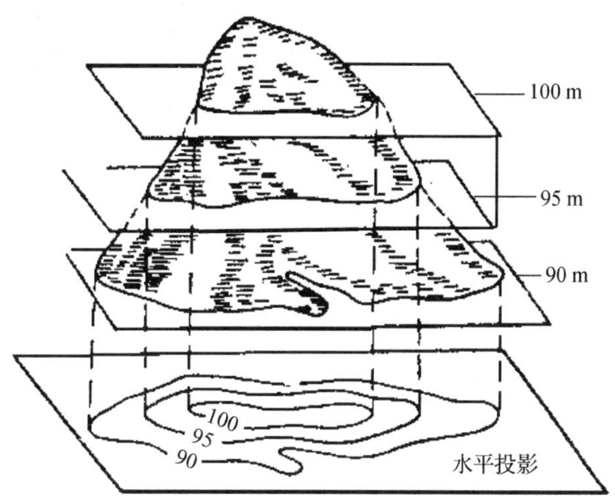

图 8-5　用等高线表示地貌的方法

2. 等高距与等高线平距

相邻两条等高线之间的高差称为等高距或等高线间隔，常用符号 h 表示，相邻等高线间的水平距离称为等高线平距，常用符号 d 表示，则地面坡度 i 为：

$$i=\frac{h}{d\cdot M} \tag{8-3}$$

式中，M 为比例尺分母。

等高线平距 d 的大小与地面坡度有关。等高线平距越小，地面坡度越大；平距越大，坡度越小。因此，可根据地形图上等高线的疏与密来判定地面坡度的缓与陡。

用等高线表示地貌时，等高距的选择应根据规范，综合比例尺大小、测区的地形类型、用图要求等因素确定，一般可按表 8-4 中数值选定基本等高距，基本等高距选定后，等高线的高程必须是基本等高距的整数倍，不能用任意高程。如某图选用 1 m 作为基本等高距，则所有等高线的高程应为 1 m 的倍数。

表 8-4　大比例尺地形图基本等高距　　单位：m

比例尺	地貌类型			
	平地 0°～2°	丘陵 2°～6°	山地	高山
1∶500	0.5	0.5	1	1
1∶1000	0.5	1	1	2
1∶2000	1	2	2	2
1∶5000	2	5	5	5

3. 等高线的种类

等高线一般分为首曲线、计曲线、间曲线和助曲线四种。

(1)首曲线

首曲线也叫基本等高线，是指按基本等高距绘成的等高线，一般用 0.15 mm 细实线描绘，如图 8-6 中的 98 m、100 m、102 m、104 m、106 m 和 108 m 等高线。

(2)计曲线

为便于读图，自高程起算面(0 m)开始，每隔四条首曲线加粗描绘的等高线叫计曲线，其高程应满足：

$$H_J = 5nh_d$$

式中，H_J为计曲线的高程；n 为自然数；h_d为等高距。

计曲线也叫加粗等高线，一般用 0.30 mm 粗实线描绘，并在适当位置断开注记高程，字头指向高处，如图 8-6 中的 100 m 等高线。

(3)间曲线

当首曲线不能显示某些局部地貌时，按二分之一基本等高距绘成的等高线叫间曲线，间曲线也叫半距等高线，一般用长虚线表示，仅在局部地区使用，可不闭合，但应对称，如图 8-6 中的 101 m 和 107 m 等高线。

(4)助曲线

当用间曲线仍不能表示局部地貌时，用四分之一基本等高距描绘的等高线叫助曲线，助曲线也叫辅助等高线，一般用短虚线表示(在 1∶500～1∶2000地形图上不表示)。

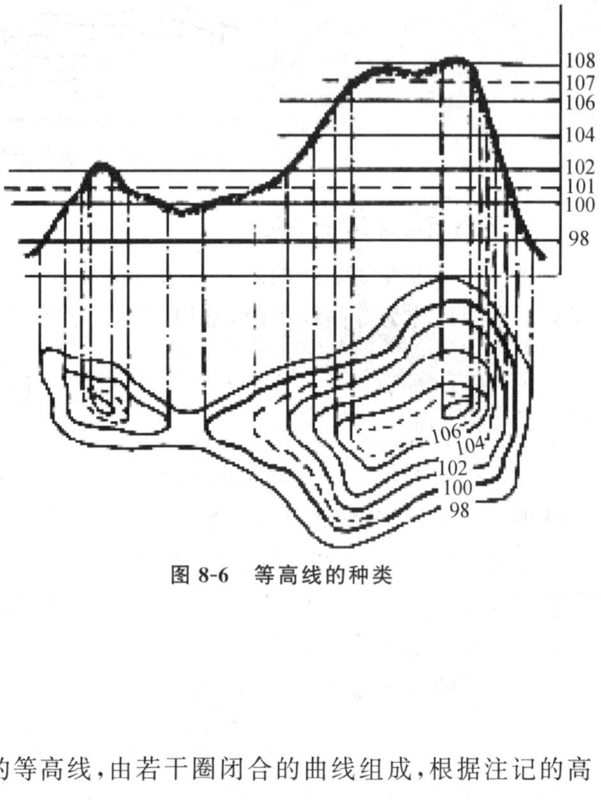

图 8-6 等高线的种类

4. 几种典型地貌等高线的特征

图 8-7(a)和(b)所示为山丘和盆地的等高线，由若干圈闭合的曲线组成，根据注记的高程才能把两者加以区别。自外圈向里圈逐步升高的是山丘，自外圈向里圈逐步降低的是盆地。图中垂直于等高线顺山坡向下画出的短线，称为示坡线，指出降低的方向。

图 8-7(c)所示为山脊与山谷的等高线，均与抛物线形状相似。山脊的等高线是凸向低处的曲线，各凸出处拐点的连线称为山脊线或分水线。山谷的等高线是凸向高处的曲线，各凸出处拐点的连线称为山谷线或集水线。山脊或山谷两侧山坡的等高线近似于一组平行线。鞍部是介于两个山头之间的低地，呈马鞍形的地形，其等高线的形状近似于两组双曲线簇，如图 8-7(d)所示。梯田及峭壁的等高线及其表示方法见图 8-7(e)、(f)。

在特殊情况下悬崖的等高线出现相交的情况，覆盖部分为虚线，如图 8-7(g)所示。

在坡地上，由于雨水冲刷而形成的狭窄而深陷的沟叫冲沟，如图 8-7(h)所示。

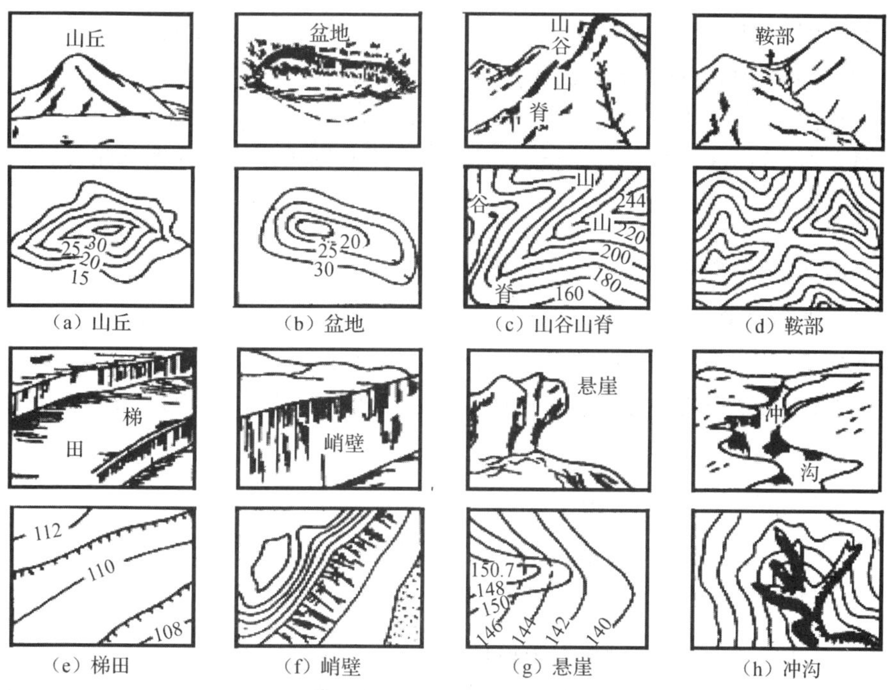

(a) 山丘　(b) 盆地　(c) 山谷山脊　(d) 鞍部

(e) 梯田　(f) 峭壁　(g) 悬崖　(h) 冲沟

图 8-7　几种典型地貌的等高线

上述每一种典型的地貌形态，可以近似地看成由不同方向和不同斜面所组成的曲面，相邻斜面相交的棱线，在特别明显的地方，如山脊线、山谷线、山脚线等，称为地貌特征线或地性线。由这些地性线构成了地貌的骨骼，地性线的端点或其坡度变化处，如山顶点、盆底点、鞍部最低点、坡度变换点，称为地貌特征点，它们是测绘地貌的重要依据。

图 8-8 是各种典型地貌的综合及相应的等高线。

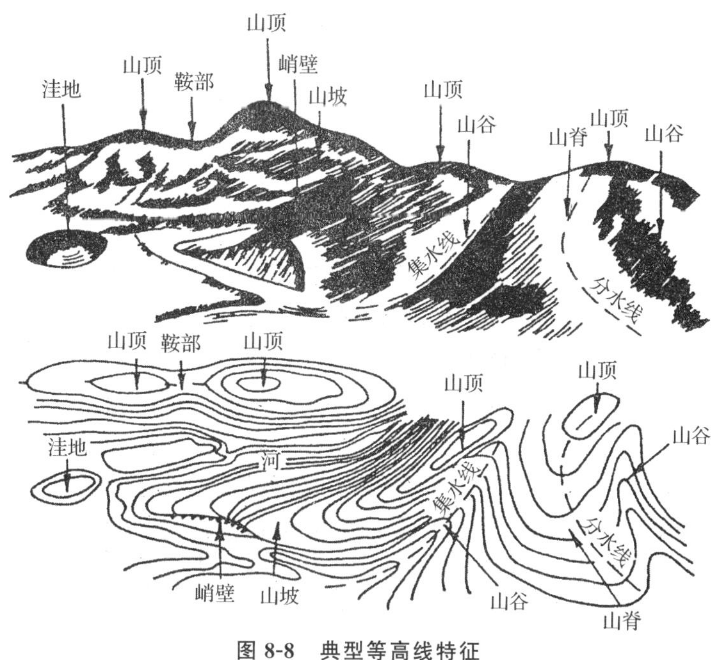

图 8-8　典型等高线特征

5. 等高线的特性

从上面的叙述中,可概括出等高线具有以下几个特性:

(1)等高性:在同一等高线上,各点的高程相等。

(2)闭合性:等高线应是自行闭合的连续曲线,不在图内闭合就在图外闭合。

(3)非交性:除在悬崖处外,等高线不能相交。

(4)反比性:地面坡度是指等高距 h 及平距 d 之比,用 i 表示,即 $i=\frac{h}{d}$。在等高距 h 不变的情况下,平距 d 愈小,即等高线愈密,则坡度愈陡。反之,如果平距 d 愈大,等高线愈疏,则坡度愈缓。当几条等高线的平距相等时,表示坡度均匀。

(5)正交性:等高线通过山脊线及山谷线必须改变方向,而且与山脊线、山谷线垂直相交。

8.3 测图前的准备工作

控制测量工作结束后,就可根据图根控制点测定地物、地貌特征点的平面位置和高程,并按规定的比例尺和符号缩绘成地形图。测图前,除做好仪器、工具及资料的准备工作外,还应着重做好测图板的准备工作。它包括图纸的选用、绘制坐标格网及控制点的展绘等工作。

8.3.1 图纸的选用

为了保证测图的质量,应选用质地较好的图纸。各测绘部门大多采用聚酯薄膜来代替图纸用来测图。聚酯薄膜具有透明度好、伸缩性小(伸缩率小于 0.3‰)、不怕潮湿、牢固耐用等优点,如果表面不清洁,还可用水洗涤,并可直接在底图上着墨复晒蓝图。但聚酯薄膜有易燃、易折和老化等缺点,故在使用过程中应注意防火防折。

8.3.2 绘制坐标格网

为了准确地将图根控制点展绘在图纸上,首先要在图纸上精确地绘制 10 cm×10 cm 的直角坐标格网。绘制坐标格网可用坐标仪或坐标格网尺等专用仪器工具,如无上述仪器工具,则可按下述对角线法绘制。

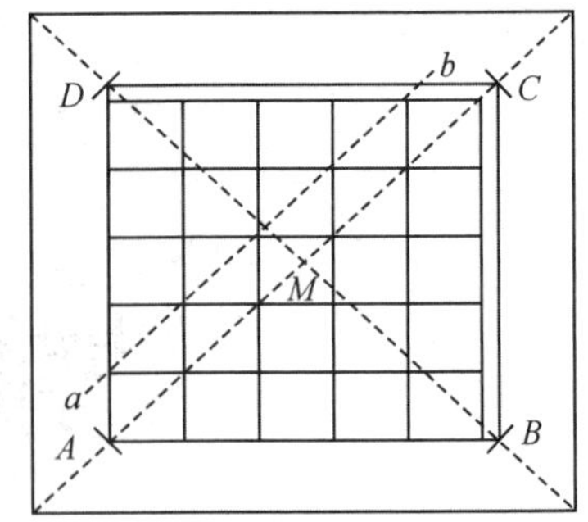

图 8-9 对角线法绘制坐标格网

如图 8-9 所示,先在图纸上画出两条对角线,以交点 M 为圆心,取适当长度为半径画弧,与对角线相交得 A、B、C、D 点,用直线连接各点,得正方形 $ABCD$。再从 A、D 两点起分别沿 AB、DC 方向每隔 10 cm 定一点,连接各对应边的相应点,即得坐标格网。坐标格网画好后,要用直尺检查各格网的交点是否在同一直线上

(如图 8-9 中 ab 直线),其偏离值不应超过 0.2 mm。检查 10 cm 小方格网对角线长度(14.14 cm),误差不应超过 0.3 mm。如超限,应重新绘制。

8.3.3　控制点的展绘

展点前,要按本图的分幅,将格网线的坐标值注在左、下格网边线外侧的相应格网线处(图 8-10)。展点时,先要根据控制点的坐标,确定所在的方格。如控制点 A 的坐标 $x_A=647.43$,$y_A=634.52$ m,可确定其位置应在 $plmn$ 方格内。然后按 y 坐标值分别从 l、p 点按测图比例尺向右各量 34.52 m,得 a、b 点。同法,从 p、n 点向上各量 47.43 m,得 c、d 两点。连接 ab 和 cd,其交点即为 A 点的位置。同法将图幅内所有控制点展绘在图纸上,并在点的右侧以分数形式注明点号及高程(分子为点号,分母为高程),如图中 1、2、3、4、5 点。最后用比例尺量出各相邻控制点之间的距离,与相应的实地距离比较,其差值不应超过图上 0.3 mm,若超过限差应查找原因,修正错误的点位。

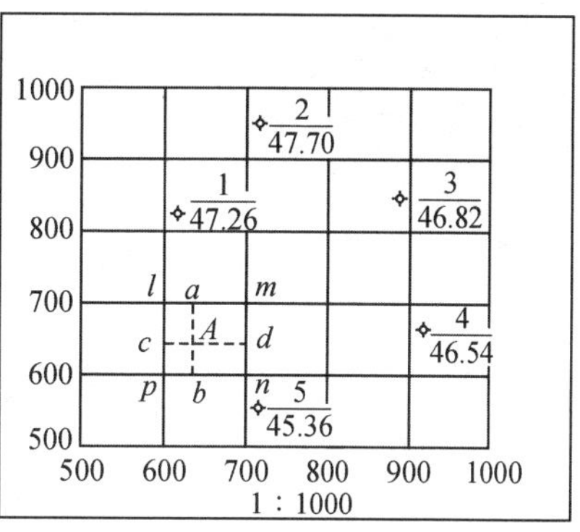

图 8-10　展绘控制点示意图

8.4　碎部测量

碎部测量是指以控制点为测站,测定周围碎部点的平面位置和高程,并按规定的图示符号绘制成图的过程。它的外业工作包括依照一定的测绘方法采集数据和实地勾绘地形图等内容。目前,碎部测量常用的方法有经纬仪测绘法、全站仪测绘法等。

8.4.1　碎部点的选择

碎部点应选择地物和地貌特征点,亦即地物和地貌的方向转折点和坡度变化点。碎部点选择是否得当,将直接影响到成图的精度和速度。若选择正确,就可以逼真地反映地形现状,保证工程要求的精度;若选择不当或漏选碎部点,则将导致地形图失真走样,影响工程设计或施工用图。

1. 地物特征点的选择

地物特征点一般是选择地物轮廓线上的转折点、交叉点,河流和道路的拐弯点,独立地物的中心点等。连接这些特征点,便得到与实地相似的地物形状和位置。测绘地物必须根据规定的测图比例尺,按测量规范和地形图图式的要求,经过综合取舍,将各种地物恰当地表示在图上。

2. 地貌特征点的选择

最能反映地貌特征的是地性线(亦称地貌结构线),它是地貌形态变化的棱线,如山脊线、山谷线、倾斜变换线、方向变换线等,因此地貌特征点应选在地性线上(图 8-11)。

例如，山顶的最高点，鞍部、山脊、山谷的地形变换点，山坡倾斜变换点，山脚地形变换点处需选定。

图 8-11 地貌特征点及地性线

3. 碎部点间和视距的最大长度

碎部点间距和视距的最大长度一般应符合表 8-5 的规定。

表 8-5 碎部点间距和视距的最大长度

测图比例尺	地貌点间距/m	最大视距/m	
		地物点	地貌点
1∶500	15	40	70
1∶1000	30	80	120
1∶2000	30	150	200

注：(1)1∶500 比例尺测图时，在城市、建筑区和平坦地区，地物点距离应实量，其最大长度为 50 m；

(2)山地、高山地地物点的最大视距可按地貌点来要求；

(3)采用电磁波测距仪测距时，距离可适当放长。

4. 地形图的等高距

等高距的选择与地面坡度有关，当基本等高距为 0.5 m 时，高程注记点的高程应注至厘米；基本等高距大于 0.5 m 时可注至分米。

8.4.2 全站仪测绘法

1. 仪器安置

如图 8-12 所示，在测站 A 安置全站仪，量取仪器高 h_i，盘左后视已知点 B，平盘置零，确定镜高 H_t。在测站周围碎部点测完后，再重新观测后视点 B，确定平盘归零差在 $1'$ 精度范围内方能撤站。测图板置于测站旁。

2. 跑镜

在地形特征点上立镜的工作通称为跑镜。立镜点的位置、密度、远近及跑尺的方法影响着成图的质量和功效。立镜员在立镜之前，应弄清实测范围和实地情况，选定立镜点，并与观测员、绘图员共同商定跑镜路线，依次将镜立置于各地物、地貌特征点上。

图 8-12　全站仪测图法

3. 观测

将全站仪照准地形点 p 立镜，十字丝中心对准镜中心，按平距高差测量，读取平距 L、高差 h 及水平角 β，记入手簿进行计算(表 8-6)。然后将 β_p、D_p、H_p 报给绘图员。同法测定其他各碎部点。注意一站结束前，应检查归零方向是否符合要求。

表 8-6　地形测量手簿

测站：A　　后视点：B　　仪器高：1.42 m　　测站 A 高程：H=207.40 m

点号	水平角 β	高差 h/m	水平距离 D/m	高程/m	备注
1	160°18′	6.18	84.6	213.58	水渠
2	10°58′	2.02	13.2	209.42	
3	234°32′	9.00	49.0	216.40	电杆
4	135°36′	−4.71	69.7	202.69	
5	34°44′	−18.94	87.9	188.46	

4. 绘图

绘图是根据图上已知的零方向，在 a 点上按用量角器定出 ap 方向，并在该方向上按比例尺量出 D_p 定出 p 点，以该点为小数点注记其高程 H_p。同法展绘其他各点，并根据这些点绘图。测绘地物时，应对照外轮廓随测随绘，测绘地貌时，应对照地性线和特殊地貌外缘点勾绘等高线和描绘特征地貌符号。勾绘等高线时，应先勾绘计曲线，核对无误后再加密其余等高线。

为了检查测图质量，仪器搬到下一测站时，应先观测站所测的某些明显碎部点，以检查由两个测站测得该点平面位置和高程是否相符。如相差较大，则应查明原因，纠正错误，再继续进行测绘。

若测区面积较大，可分成若干图幅，分别测绘，最后拼接成全区地形图。为了相邻图幅的拼接，每幅图应测出图廓外 5～10 mm。

8.4.3 地物与地貌的勾绘

一边展点，一边参照实地情况进行勾绘。所有的地物、地貌都应按地形图图式规定的符号绘制。城市建筑区和不便于绘等高线的地方可不绘等高线，其他地区的地貌则应根据碎部点的高程来勾绘等高线。由于地貌点是选在坡度变化和方向变化处，相邻两点的坡度可视为均匀坡度，所以通过该坡度的等高线之间的平距与高差成反比，这就是内插等高线依据的原理。内插等高线的方法一般有计算法、图解法和目估法三种。

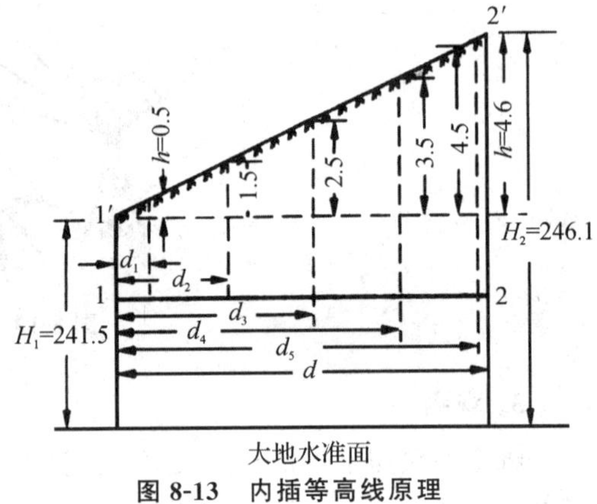

图 8-13　内插等高线原理

已知地貌点 1，高程 $H_1=241.5$ m，地貌点 2，高程 $H_2=246.1$ m，如图 8-13 所示，1′、2′为地面上的点位，1、2 为其图上位置，只取至分米。设 1、2 两点的图上距离为 d，基本等高距为1 m，则 2 两点之间必有高程为 242、243、244、245 和 246 m 等五条等高线通过，其在 1—2 连线上的具体通过位置 d_1、d_2、d_3、d_4 和 d_5 可按下列公式计算：

因为$\frac{0.5}{4.6}=\frac{d_1}{d}$，所以 $d_1=\frac{0.5}{4.6}d=\frac{5}{46}d$；

因为$\frac{1.5}{4.6}=\frac{d_2}{d}$，所以 $d_2=\frac{1.5}{4.6}d=\frac{15}{46}d$。

上述方法仅说明内插等高线的基本原理，而实用时都是用目估法内插等高线的。目估法内插等高线的步骤：

(1)定有无(即确定两碎部点之间有无等高线通过)；

(2)定根数(即确定两碎部点之间有几根等高线通过)；

(3)定两端[如图 8-14(a)中的 a、g 点]；

(4)平分中间[图 8-14(a)中的 b、c、d、e、f 点]。

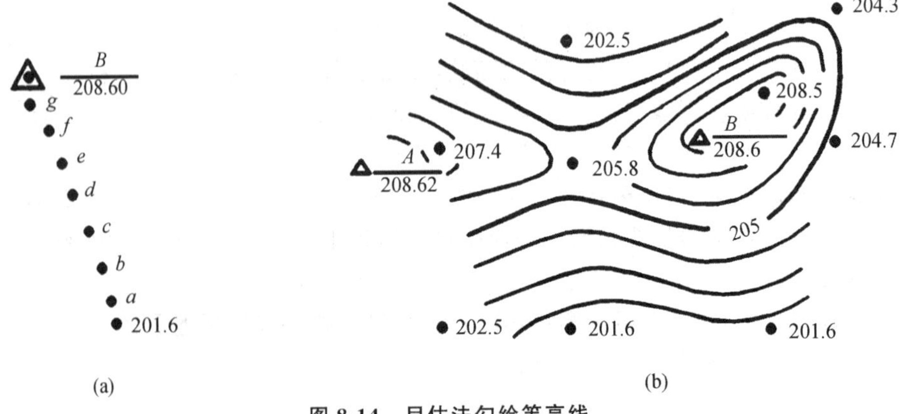

图 8-14　目估法勾绘等高线

如图 8-14(a)及 8-14(b)所示，设两点的高程分别为 201.6 m 和 208.60 m，根据目估法定出两点间有 7 根等高线通过，则 a、b、c、d、e、f、g 各点分别为 202～208 m 共 7 条等高线通过的位置。用光滑的曲线将高程相等的相邻点连接起来即成等高线。

8.4.4　地形图的拼接、检查与整饰

外业测图完成后还要进行图面整饰、图边拼接、图的检查验收和清绘等项内业工作，这些工作与最后的成图质量有密切关系，必须认真做好。

1. 图面整饰

(1)线条、符号

图内一切地物、地貌的线条都应整饰清楚。若有线条模糊不清，连接不整齐，或错连、漏连以及符号画错等，都要按地形图图式规定加以整饰，但应注意不能把大片的线条擦光重绘，以免产生地物、地貌严重移位，甚至造成错误。

(2)文字注记

名称、地物属性及各种数字注记的字体要端正清楚，字头一般朝北，位置及排列要适当，既要能表示其所代表的对象或范围，又不应压盖地物地貌的线条。一般可适当空出注记的位置。

(3)图号及其他记载

图幅编号常易在外业测图中被摩擦而模糊不清，要先与图廓坐标核对后再注写清楚，防止写错。其他如图、接图表(相邻图幅的图号)、比例尺、坐标及高程系统、测图方法、图式版本、测图单位、人员和日期等也应记载清楚。

2. 图边拼接

在较大面积的测图中，整个测区划分为若干幅图，由于测量误差等原因，相邻图幅衔接处的地物轮廓、等高线往往不能完全吻合。因此，为了图幅拼接的需要，每幅图的四个图边都要测出图廓 5～10 mm。接图时，若所用图纸是聚酯绘图薄膜，则可直接按图廓线将两幅图重叠拼接。若为白纸测图，则可用 3～4 cm 宽的透明纸条先把左幅图(图 8-15)的东图廓线及靠近图廓线的地物和等高线透描下来，然后将透明纸条坐标格网线蒙到右图幅的西图廓线上，以检验相应地物及等高线的差异。每幅图的绘图员一般只透描东和南两个图边，而西和北两个图边由邻图负责透描。若接图边上两侧同名等高线或地物之差不超过表 8-7、表 8-8 和表 8-9 中规定的平面、高程中误差的 $2\sqrt{2}$ 倍时，可在透明纸上的用红墨水画线取其平均位置，然后以此平均位置为根据对相邻两图幅进行改正。

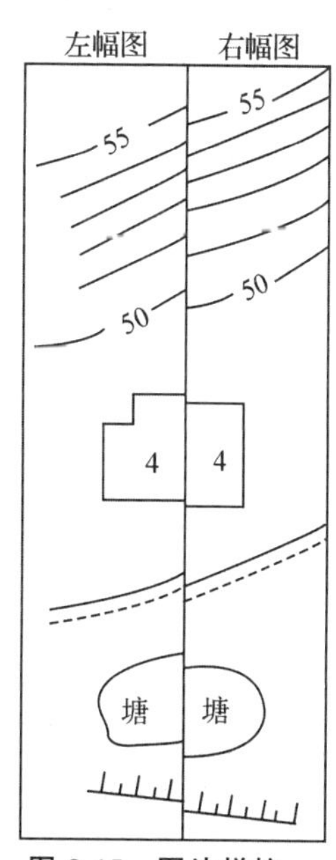

图 8-15　图边拼接

3. 地形图的检查验收

在测图中，测绘人员应对测图认真进行检查，以保证成图质量。一般在测图过程中首先要加强自检，发现问题立即查清纠正；其次在

全幅测完后，应组织互检及由上级业务管理部门组织专人检查验收和质量评定。地形图的检查一般从以下几方面进行。

(1)室内检查

内容是检查坐标格网及图廓线，各级控制点的展绘，外业手簿的记录计算，控制点和碎部点的数量和位置是否符合规定，地形图内容综合取舍是否恰当，图式符号使用是否正确，等高线表示是否合理，图面是否清晰易读，接边是否符合规定等。若发现疑问和错误，应到实地检查、修改。

(2)巡视检查

按拟定的路线做实地巡视，将原图与实地对照。巡视中着重检查地物、地貌有无遗漏，等高线走势与实地地貌是否一致，综合取舍是否恰当等。

(3)仪器检查

仪器检查是在上述两项检查的基础上进行的。在图幅范围内设站，一般采用散点法进行检查。除对已发现的问题进行修改和补测外，还重点抽查原图的成图质量，将抽查的地物点、地貌点与原图上已有的相应点的平面位置和高程进行比较，算出较差，均记入专门的手簿，最后按小于或等于$\sqrt{2}m$(m为中误差，其数值见表8-7、表8-8和表8-9)，大于$\sqrt{2}m$、小于$2m$，大于$2m$、小于$2\sqrt{2}m$三个区间分别统计其个数，算出各占总数的百分比，作为评定图幅数学精度的主要依据。大于$2\sqrt{2}m$的较差算作粗差，其个数不得超过总数的2%，否则认为不合格。若各项符合要求，即可予以验收，交有关单位使用或存档。

表8-7　图上地物点点位中误差与间距中误差

地区分类	点位中误差(图上 mm)	邻近地物点间距中误差(图上 mm)
城市建筑区和平地、丘陵地	±0.5	±0.4
山地、高山地和设站施测困难的旧街坊内部	±0.75	±0.6

注：森林隐蔽等特殊困难地区，可按表中规定放宽50%。

表8-8　城市建筑区和平坦地区高程注记点的高程中误差

分类	高程中误差/m
铺装地面的高程注记点	±0.07
一般高程注记点	±0.15

表8-9　等高线插求点的高程中误差

地形类别	平地	丘陵地	山地	高山地
高程中误差(等高距)	1/3	1/2	2/3	1

注：森林隐蔽等特殊困难地区，可按表中规定放宽50%。

4. 地形图的清绘和整饰

铅笔原图经检查合格后，应进一步根据地形图图式规定进行着墨清绘和整饰，使图面更加清晰、合理、美观。其顺序是先图内后图外，先注记后符号，先地物后地貌。

8.5　数字化测图

利用全站仪、GPS 等现代数字化电子测绘仪器采集地物地貌特征点三维坐标及属性，并传输给计算机，通过计算机对采集的地形信息进行识别、检索、连接和调用图式符号，并编辑生成数字地形图，再发出指令由绘图仪自动绘出地形图。实现数字化测图极大地提高成图效率与质量。

8.5.1　数字化测图模式

随着光电测绘设备和功能的不断提高，数字化测图现主要有以下多种测图模式：

1. 实时测绘成图模式

该模式通过通讯线将全站仪与掌上电脑或者电子手簿相连，将测量数据传送到掌上电脑或者电子手簿现场成图。

2. 数据后处理成图模式

用全站仪或 GPS 内存储或记忆卡，把野外测得的数据通过一定的编码方式直接记录，同时野外现场绘制复杂地形草图，供室内成图时参考对照。该方法操作简单，可以对野外观测数据直接存储。随着全站仪存储能力的不断增强，此方法是现代测量普遍采用的方式。

3. 3D 扫描测量模式

全站仪配备了 CCD 相机，可进行地形表面全数据的三维测量，使现代测量从点位测量向面和体的三维空间测量发展。它是利用一台安置在地面上的三维空间扫描仪，随着扫描像素的不断提高，测量的成果通过专业软件处理，可获得人们需要的三维空间数据。测图只是其应用的功能之一。

4. 航拍或卫星遥感测绘模式

进行图片后处理的数字化测图。

8.5.2　全站仪数字测图简介

1. 全站仪数字化测图的基本原理

全站仪数字化测图通过全站仪野外采集地形点的三维坐标及属性信息，必须包括点位信息和绘图信息。点位信息是指地形点点号及其三维坐标值，可通过全站仪实测获取。点的绘图信息是指地形点的属性以及测点间的连接关系。地形点属性是指地形点是属于地物点还是地貌点，地物又属于哪一类，用什么图式符号表示等。测点的连接信息则是指点的点号以及连接线型。在数字化地形测量中，为了使计算机能自动识别，对地形点的属性通常采用编码方法来表示。只要知道地形点的属性编码以及连接信息，计算机就能利用绘图系统软件，从图式符号库中调出与该编码相对应的图式符号，连接并生成数字地形图。

2. 全站仪数字化测图的作业过程

全站仪数字测图的作业过程如图 8-16 所示，其主要过程包括准备阶段、野外数据采集、数据处理、图形编辑和图形输出环节。在准备工作阶段，包括资料准备、控制测量、测图准备等，与传统地形测图一样，在此不再赘述。

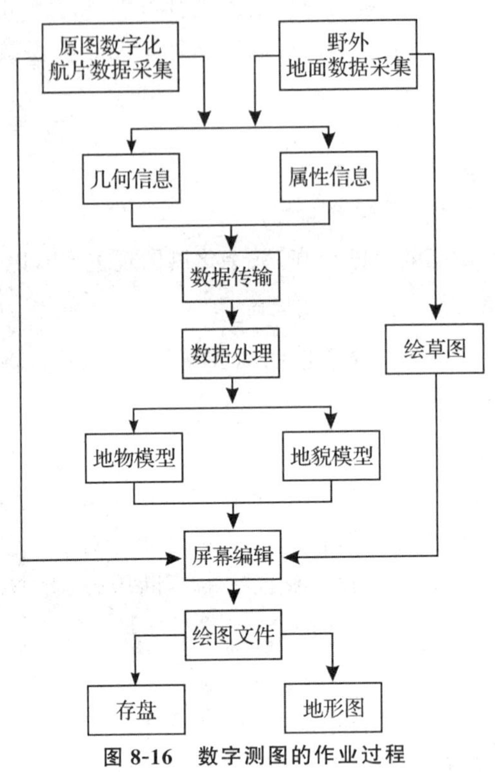

图 8-16 数字测图的作业过程

3. 野外数据采集

(1)全站仪野外数据采集过程

全站仪野外数据采集是指全站仪在各测站上观测获得三维坐标(x，y，H)及其绘图信息，目前虽然全站仪的种类繁多，但对于坐标测量的操作步骤大同小异。大部分野外测量为了减少测量工作量，绘图信息只作测点属性及绘制草图。

在使用全站仪采集碎部点点位信息时，因受外界条件影响，不可能直接采集到全部碎部点点位信息，且对所有碎部点直接采集的工作量大，效率低，因此必须采用“测算结合”的方法(在野外进行数据采集时，利用全站仪通过极坐标方法采集部分“基本碎部点”，结合勘丈的方法测出一部分碎部点，再运用共线、对称、平行、垂直等几何关系最终测出所需要的所有碎部点)测定碎部点的点位信息，以提高作业效率。

全站仪数据采集的主要步骤为：

①全站仪初始设置。测量前，将所选测量模式以及量取的仪器高度、目标高度等参数输入全站仪。

②建立项目。全站仪存储数据时，一般将测量数据存储在自己的项目中，以便后续数据

处理。

③建站。建站又称设站，就是使所采集的碎部点坐标归于所采用的坐标系中，即全站仪所测点是由以测站点为依据的相对关系所得。在进行坐标测量时，必须建站。

④坐标测量，在建站的基础上，对待测点坐标进行附量。

⑤存储，将采集的碎部点信息（点号、坐标、代码、原始数据）存储在全站仪内存中。

(2)GNSS-RTK 数据采集

因 GNSS-RTK 测量具有快捷、方便、精度高等优点，已被广泛用于碎部点数据采集工作中。在大比例尺数字两图工作中，采用 GNSS-RTK 技术进行碎部点数据采集，可不布设各级控制点，仅依据一定数量的基准控制点，不要求点间通视（但在影响 GNSS 卫星信号接收的隐蔽地带，还应采用常规的测绘方法进行细部测量），在待测的碎部点上停留几秒钟，能实时测定点的位置，并能达到厘米级精度。

GNSS-RTK 数据采集的主要步骤为：

①架设基准站。将基准站 GNSS 接收机安置在视野开阔、地势较高的地方，第一次启动基准站时，需通过手簿对启动参数进行设置，如差分格式等，并设置数据链，以后作业如不改变设置可直接打开基准站主机。

②架设移动站。确认基准站发射成功后，即可开始移动站的架设。移动站架设好后，需通过手薄对移动站进行设置才能达到固定解的状态。

③配置手簿。对新建工程，需进行工程参数设置，如坐标系、中央子午线等。

④求转换参数。由于 GNSS 接收机直接输出的数据是经纬度坐标，因此为了满足不同用户的测量需求，需要把经纬度坐标转换为施工测量坐标，这就需要进行参数转换。

⑤坐标测量。开始对待测点进行坐标测量。

4. 碎部点的确定

在地形图测绘中，准确确定和取舍典型地物、地貌点是正确绘出符合要求地形图的关键。

具体规定如下：

(1)点状要素（独立地物）能按比例表示时，应按实际形状采集；不能按比例表示时，应精确测定其定位点或定线点。对于有方向的点状要素，应先采集其定位点，再采集其方向点（线）。

(2)曲线状要素采集时，应视其变化情况进行测量，较复杂时可适当增加地物点密度，以保证曲线的准确拟合。对于具有多种属性的线状要素（线状地物、面状地物公共边、线状地物与面状地物边界线的重合部分），应只采集一次，但应处理好要素之间的关系。

(3)水系及其附属物应按实际形状采集。对于河流，应测记水流方向；对于水渠，应测记渠顶边和渠底高程；对于堤、坝，应测记顶部及坡脚高程；对于泉、井，应测记泉的出水口及井台高程，并标记井口至水面深度。

(4)对于各类建筑物、构筑物及其主要附属设施，均应采集。对于房屋，以墙基为准采集；对于居民区，可视测图比例尺大小或需要适当综合；对于建筑物、构筑物轮廓凹凸在图上小于 0.5 mm 时，可予以综合考虑。

(5)对于公路与其他双线道路，应按实际宽度依比例尺采集，采集时，应同时采集范围内的绿地或隔离带，并正确表示各级道路之间的通过关系。

(6)施工管线的转角点应实测，管线直线部分的支架线杆和附属设施密集时，可适当取舍。

(7)地貌一般以等高线表示，特征明显的地貌不能用等高线表示时，应以符号表示。高程点一般选择在明显地物点或地形特征点，山顶、鞍部、凹地、山脊、谷底及倾斜变换处，应测记高程点，所采集高程点密度，符合表8-10中的规定。

表 8-10　地形点间距

比例尺	1∶500	1∶1000	1∶2000
地形点平均间距/m	15	30	60

(8)斜坡、陡坎，其比高小于1/2基本等高距或在图上长度小于5 mm时可舍去。陡坎较密时，可适当取舍。

5. 室内数字成图

数据采集完成后，即进入数据处理与图形处理阶段，亦称内业处理阶段。简单地说，就是将野外采集的碎部点数据信息在室内传输到计算机上并进行处理和编辑的过程。数字化测图内业工作与传统白纸测图的模拟法成图相比具有显著的优点，如成图周期短、成图规范、成图精度高、分幅接边方便、便于修改和更新等。

由于数字化测图的内业处理是根据外业测量的地形信息进行图形编辑、地物属性注记，如果外业采集的地形信息不全面，内业处理中就较困难，因此数字测图内业工作对外业记录依赖性较强，并且数字化测图内业完成后，一般要输出到图纸上，到野外检查、核对。内业处理主要包括数据传输、数据转换、数据计算、图形编辑与整饰直至最后的图形输出。其作业流程如图8-17所示。目前我国开发的数字测图软件主要有武汉瑞得、南方CASS、清华山维、威远图SV300、CTC2000等。目前在工程领域应用比较广泛的是南方CASS软件。

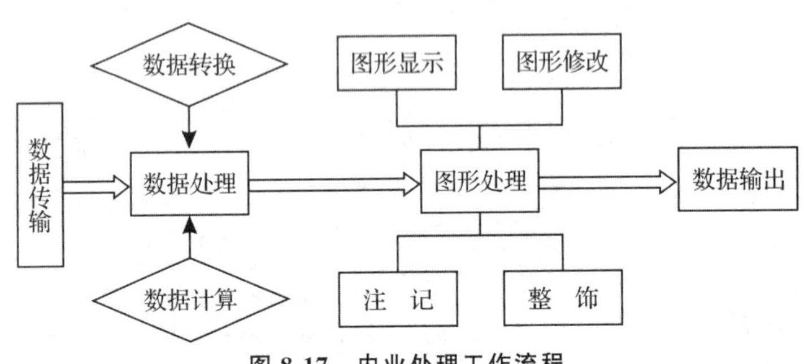

图 8-17　内业处理工作流程

(1)数据传输

数据传输主要是指将采集到的数据按一定的格式传输到内业处理的计算机中。全站仪的数据通信主要是利用全站仪的输出接口或内存卡，将全站仪内存中的数据文件传送到计算机中，GNSS-RTK的数据通信是电子手簿与计算机之间进行的数据交换。

(2)数据处理

用某种数据采集方法获取了野外观测信息(点号、编码、三维坐标等)后，将这些数据传输到计算机中，并对这些数据进行适当的加工处理，才能形成适合于图形生成的绘图数据文件。数据处理主要包括两个方面的内容：数据转换和数据计算。数据转换是将野外采集到的带简码的数据文件或无码数据文件转换为带绘图编码的数据文件，供计算机识别绘图使用。数据计算主要是针对地貌关系的，当数据输入计算机后，为建立数字地面模型绘制等高线，需要进行插值模型建立、插值计算、等高线光滑三个过程的工作。

(3)图形处理和图形输出

编辑、整理经数据处理后生成的图形数据文件，对照外业草图绘制成图，生成等高线，补测重测存在漏测或测错的地方，然后加注高程、注记，图幅整饰，最后成图输出。

6. 数据编码

野外数据采集，仅测定碎部点的位置并不能满足计算机自动成图的需要，必须将所测地物点的连接关系和地物类别(或地物属性)等绘图信息记录下来，并按一定的编码格式记录数据。编码按照 GB/T 14804—93《1：500、1：1000、1：2000 地形图要素分类与代码》进行，地形信息的编码由四部分组成：大类码、小类码、一级代码、二级代码，分别用 1 位十进制数字顺序排列。第一大类码是测量控制点，又分平面控制点、高程控制点、GPS 点和其他控制点四个小类码，编码分别为 11、12、13 和 14。小类码又分若干一级代码，一级代码又分若干二级代码。如小三角点是第 3 个一级代码，5 秒小三角点是第 1 个二级代码，则小三角点的编码是 113，5 秒小三角点的编码是 1132。

目前开发的测图软件一般根据自身特点的需要、作业习惯、仪器设备和数据处理方法制定自己的编码规则。利用全站仪进行野外测设时，编码一般由地物代码和连接关系的简单符号组成。如代码 F0、F1、F2 分别表示特种房、普通房、简单房(F 字为“房”拼音的第一个字母，以下类同)，H1、H2 表示第一条河流、第二条河流的点位等。

野外观测除要记录测点数据外，还要记录地物点连接关系信息编码。现以一条小路为例(图 8-18)，说明野外记录的方法。记录格式见表 8-11，表中连接点是与观测点相连接的点号，连接线型是测点与连接点之间的连线形式，有直线、曲线、圆弧和独立点四种形式，分别用 1、2、3 和空为代码，小路的编码为 443，点号同时也代表测量碎部点的顺序，表中略去了观测值。

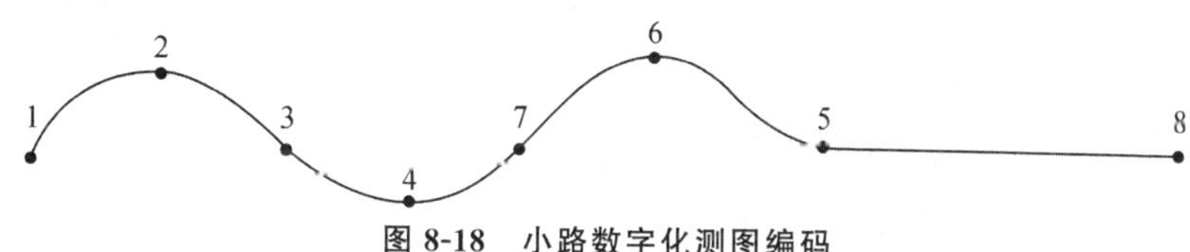

图 8-18　小路数字化测图编码

表 8 11　小路的数字化测图编码

单元	点号	编码	连接点	连接属性
第一单元	1	443	1	2
	2	443		
	3	443		
	4	443		
第二单元	5	443	5	−2
	6	443		
	7	443	−4	
第三单元	8	443	5	1

7. 全站仪数字化测图实例

全站仪数字测图主要操作步骤如下(图例见图 8-12)：

(1)架仪：架全站仪于测站点 A(对中、整平)，并丈量仪器高 i。

(2)开机参数输入：输入测量时测站周围环境的温度、气压，检查棱镜系数 K(原配镜为 0，国产配镜按装镜方法为 0 或－30)。

(3)建立项目(文件夹)或打开已有文件。目前全站仪存储时，对测量的数据一般存储在自己的项目(文件夹)中，以便后续数据处理。

(4)建站：选择建站功能，按屏幕提示输入架仪点点号、坐标 $A(X_A, Y_A, Z_A)$、仪器高，后视已知控制点点号、坐标 $B(X_B, Y_B, Z_B)$或后视方位角、镜高，依提示照准后视点，确认建站。

(5)跑镜：按要求在地形特征点上立镜，若不通视处可伸高镜高，应同时通知测站及时修改仪器镜高参数。

(6)碎部点观测：设置数据测量模式(精测、粗测、跟踪测量)，设置数据记录模式(NEZ 或 ENZ)和记录方案(自动记录或确认记录)，照准棱镜测量，合理编写点号及规范点属性编码，并记录数据。在观测的同时做好必要的观测草图和数据点号说明。

(7)下载数据：碎部测量完成或阶段结束及时下载观测数据。可采用以下三种方法。

①用仪器专用的数据转输软件。

②采用成图软件(如 CASS 成图软件)相应菜单功能下载，把数据直接转化为成图软件接受的数据格式，如图 8-19 所示。下列数据格式为 CASS 数据格式见图 8-20。若数据格式不同，应采用文字编辑软件(Excel 和文本编辑器)进行格式处理。

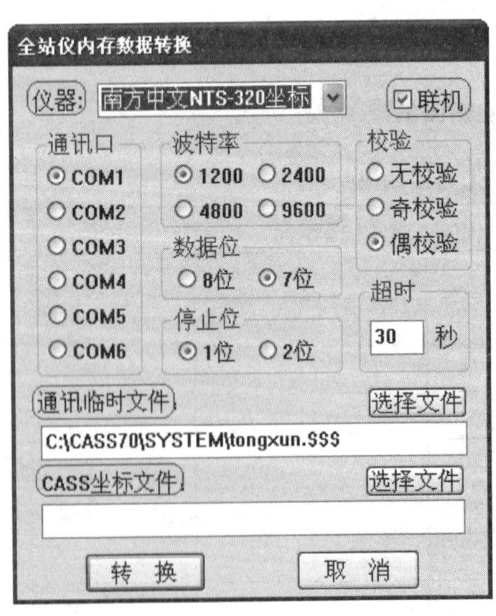

图 8-19 南方全站仪转换

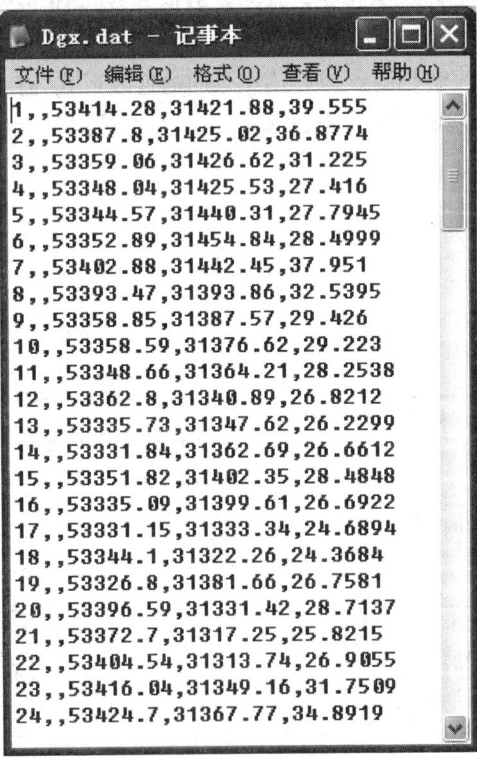
Dgx.dat - 记事本

文件(F) 编辑(E) 格式(O) 查看(V) 帮助(H)

```
1,,53414.28,31421.88,39.555
2,,53387.8,31425.02,36.8774
3,,53359.06,31426.62,31.225
4,,53348.04,31425.53,27.416
5,,53344.57,31440.31,27.7945
6,,53352.89,31454.84,28.4999
7,,53402.88,31442.45,37.951
8,,53393.47,31393.86,32.5395
9,,53358.85,31387.57,29.426
10,,53358.59,31376.62,29.223
11,,53348.66,31364.21,28.2538
12,,53362.8,31340.89,26.8212
13,,53335.73,31347.62,26.2299
14,,53331.84,31362.69,26.6612
15,,53351.82,31402.35,28.4848
16,,53335.09,31399.61,26.6922
17,,53331.15,31333.34,24.6894
18,,53344.1,31322.26,24.3684
19,,53326.8,31381.66,26.7581
20,,53396.59,31331.42,28.7137
21,,53372.7,31317.25,25.8215
22,,53404.54,31313.74,26.9055
23,,53416.04,31349.16,31.7509
24,,53424.7,31367.77,34.8919
```

图 8-20 CASS 数据格式

CASS 坐标数据文件(＊.dat)中数据格式中每行数据从左到右依次为：

点号，编码(属性)，Y(东)坐标，X(北)坐标，高程

如：

1,BM1,53318.52,21360.08,13.047

文件内每一行代表一个点；

每个点 Y(东)坐标、X(北)坐标、高程的单位均是"米"；

编码内不能含有逗号，即使编码为空，其后的逗号也不能省略；

所有的逗号不能在全角方式下输入。

③人工抄录，一般只有少数点时采用。

前两种下载方法见相关说明书。

(8)成图：用成图软件成图。选定测图比例尺，显示测点，画地物，再用高程点建立三角网生成等高线，编辑特殊地貌、等高线等生成地形图。此内容请详见下节成图软件简介。

(9)打印出版：按规范选定打印图纸格式，填写图外说明，指定打印环境打印出图。

8.5.3　GPS-RTK 碎部测量简介

1. RTK 工作原理

RTK 是以载波相位观测量为根据的实时差分 GPS 测量，它能够实时地提供测站点在指定坐标系中厘米级精度的三维定位数据。

RTK 的工作原理是将一台接收机置于基准站上，另一台或几台接收机置于载体(称为流动站)上，基准站和流动站同时接收同一时间相同 GPS 卫星发射的信号，基准站所获得的观测值与已知位置信息进行比较，得到 GPS 差分改正值。然后将这个改正值及时地通过无线电数据链电台传递给共视卫星的流动站以精化其 GPS 观测值，得到经差分改正后流动站较准确的实时位置。

RTK 测量系统通常由三部分组成，即 GPS 信号接收部分(GPS 接收机及天线)、实时数据传输部分(数据链，俗称电台)和实时数据处理部分(GPS 控制器及其随机实时数据处理软件)。

2. RTK 的作业方法

(1)架设基准站。架设仪器之前首先考虑测区的范围大小，周围环境情况：是否有高压线、大面积水域或者高层建筑，尽量减少多路径效应对接收机的影响。

把基准站的机头架设在三脚架上，然后把发射天线、电台和电瓶连接好，打开主机电源，机头的基准站状态是红灯在中间的灯上，然后看电台的发射信号灯是否正常，查看电台的电台通道(手簿上的电台通道必须和电台的电台通道一致才可以接收到信号达到固定解)，若电台正常发射电台信号表明基准站架设完成。

(2)手簿和流动站连接。打开流动站和手簿，点开手簿蓝牙，搜索流动站串号，与移动站配对(记清楚配对的 com 口是多少)，然后打开工程之星，配置里面的 com 口设置(蓝牙里面的必须一样)，点连接或确定连接到流动站，看是否收到电台信号(在电台信号一致的情况下)，若流动站达到固定解表明流动站设置完毕。

完成设置后观察各指示灯的闪烁情况，正常情况如下：

基准站的 STA 灯间隔 1 s 闪烁一次，外置电源灯常亮，卫星灯有规律地闪烁(表示接收到的卫星的数量)；电台的 RX 灯间隔 1 s 有规律地闪烁，电源指示灯常亮，AMP PWR 指示灯常亮；流动站的 STA 和 DL 灯同时间隔 1 s 闪烁一次，蓝牙灯常亮，卫星灯有规律地闪烁(表示接收到的卫星数量)，内置电池灯常亮。

(3)新建工程文件。选择正确的坐标系(必须和设计单位的坐标系一致)，填好正确的当地工作地点的中央子午线，然后点击确定，工程建立完毕。注意中央子午线的设定，如果有四参数或者七参数就可以直接套用参数，然后找到一个已知点进行单点校正；如果没有参数，需要采用坐标系统求解转换参数。

(4)坐标系统转换，求转换参数。在流动站固定解的状态下采集多个控制点坐标，然后点"配置"里面的求转换参数，把控制点的已知坐标和刚刚采集的点的坐标一一对应输入手簿里面，在精度都可以的情况下，点击计算→保存→应用，找一个控制点检验一下没有问题即可开始工作。以后在同一地点工作即可打开相应的参数文件，做一个点校正即可(注意：基准站每关机一次就必须做一次点校正)，检查无误即可进行后续工作。需要特别注意的是，参与计算的控制点原则上至少要两个或两个以上的点，控制点等级的高低和分布直接决定四参数的控制范围。经验上四参数理想的控制范围一般都在 5～7 km 以内。四参数的四个基本项分别是：X 平移、Y 平移、旋转角和比例。校正参数的使用通常都是在已经使用了四参数或者七参数的基础上才使用的。(主界面→输入→求转换参数→增加→输入控制点已知坐标点名，XY 高程→确定→从坐标管理库选点→坐标库中找对应采集过的控制点，选中→确定→确认，如上逐个增加控制点，最后点击保存→输入文件名→Ok→应用→是。)

后续的点校核(点校正或矫正向导)：把流动站立在已知的控制点上，把控制点的坐标和流动站的杆高输入后点击矫正按钮，确定即可。

3. 碎部测量

(1)新建任务。架设基准站和流动站仪器，打开手簿的测绘通软件。新建任务，启动基准站和流动站，进行点校正。进入"固定"状况，可以进入碎部测量阶段。

(2)地形点选项。点击"配置→测量点选项→地形点选项"，如图 8-21 所示。

图 8-21　地形点的设置

自动点间隔大小：指每测一个点后下一个点的点号自动增加的间隔。

观测时间：此点需要观测多长时间，地形点默认为 5 s，也可以根据需要做适当的改动。

自动存储点：指测量此点已经到所设定的时间，此点就会被自动保存。

水平精度和垂直精度指测量过程中，RTK 工作当水平位置和高程位置任何一项超过所设定的范围，则所测量的数据将不被记录。

(3)图根控制点测量(图 8-22)

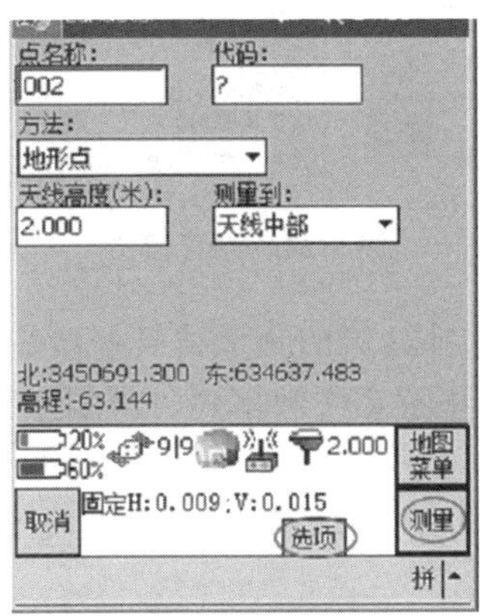

图 8-22　测量点

当测区对空通视条件不好时，要进行图根控制点测量，以便传统测量仪器进行碎部测量。

点击“测量→测量点”，在方法中选“控制点”，观测时间默认为 180 s，根据测量需要也可以适当增加观测时间。

(4)连续地形测量(图 8-23)

点击“测量→连续地形”，测量方法分为固定时间、固定距离等，表示在运动的过程中每隔用户所设定时间或距离，手簿随即记录一个点。“选项”设置水平精度和垂直精度，设置完成后点“接受”即可。

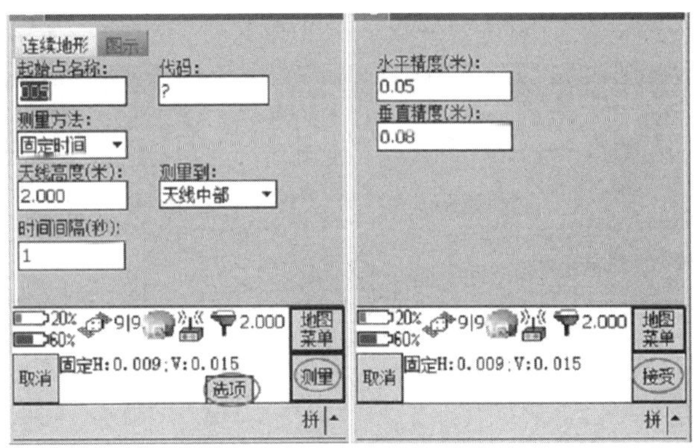

图 8-23　连续地形测量

(5)查看已测点位信息(图 8-24)

点击“文件→元素管理器→点管理器”。

可查看输入点和测量点的坐标，首行为已知点(此处只是提示下面的坐标是输入的已知数据，无其他含义)，其下面的坐标点即为输入的点；接下来为“基准站 1”，其下是在此任务下第一次设置基准站的测量结果，如果在此任务下再重新设置基准站，则在下面就会出现基

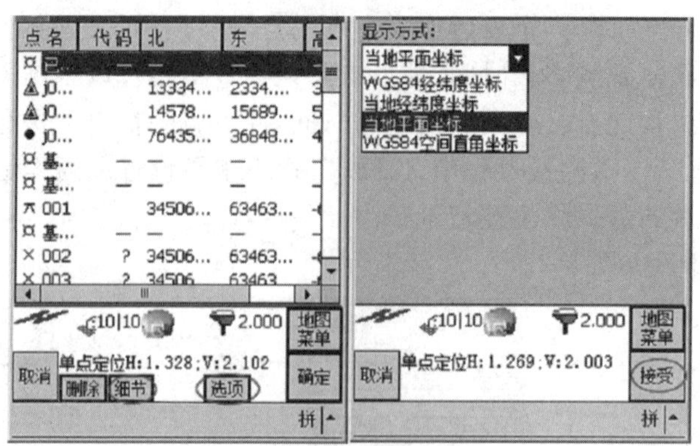

图 8-24　点管理器

准站 2,依此类推。第 n 次设置基准站后的测量结果就在基准站 n 下。

"选项"按钮选择显示坐标的坐标系统和格式,按"删除"按钮可删除不需要的点。

(6)导出碎部点数据

点击"文件→导出→点坐标导出",导出的文件类型选为 CASS 格式类型。上交仪器前及时将碎部点数据传到电脑上。

8.6　南方 CASS 地形图成图软件使用简介

8.6.1　CASS 简介与运行环境

CASS 地形地籍成图软件是基于 AutoCAD 平台技术的 GIS 前端数据处理系统,广泛应用于地形成图、地籍成图、工程测量应用、空间数据建库等领域。

CASS 一般支持 AutoCAD2002/2004/2005/2006 等平台。图 8-25 为 CASS 软件的主界面。

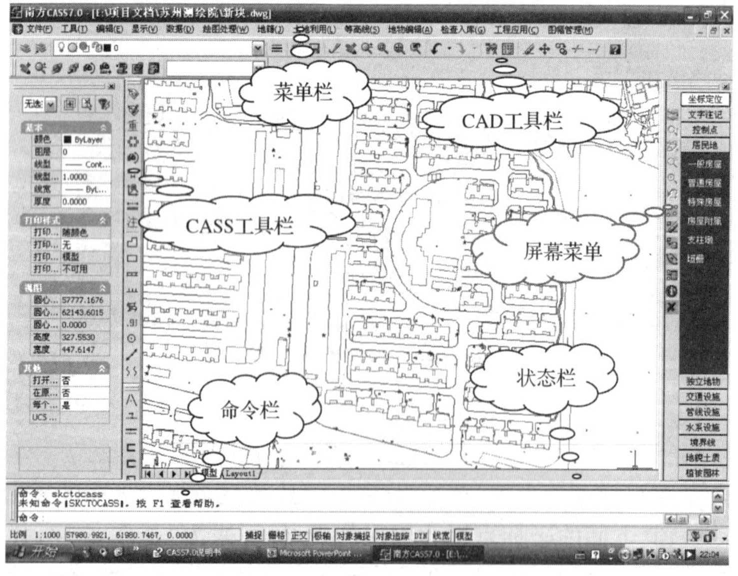

图 8-25　CASS 软件的主界面

8.6.2　CASS 大比例地形图成图步骤

本节通过一个简单完整的 CASS 成图实例，使初学者学会 CASS 成图的一般过程。CASS 地形图的基本绘制流程见图 8-26。

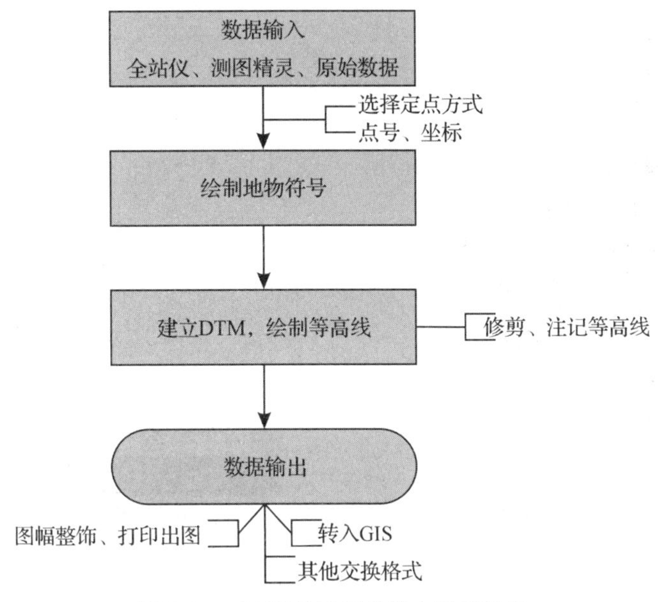

图 8-26　CASS 地形图的基本绘制流程

下面以一个简单的例子来演示地形图的成图过程。CASS 成图模式有多种，这里主要介绍“点号定位”的成图模式。例图的路径为 C:\cass9.0\demo\study.dwg(以安装在 C:盘为例)。初学者可依照下面的步骤来练习，学会作图的主要步骤。

1. 数据输入

数据进入 CASS 都要通过“数据”菜单，如图 8-27 所示。一般是读取全站仪数据，还能通过测图精灵和手工输入原始数据来输入。

2. 读取全站仪数据

将全站仪与电脑连接后，选择“读取全站仪数据”→选择正确的仪器类型→选择“CASS 坐标文件”，输入文件名→点击“转换”，即可将全站仪里的数据转换成标准的 CASS 坐标数据。

如果仪器类型里无所需型号或无法通讯，先用该仪器自带的传输软件将数据下载。将“联机”去掉，“通讯临时文件”选择下载的数据文件，“CASS 坐标文件”输入文件名。点击“转换”，也可完成数据的转换。

3. 定显示区

定显示区就是通过坐标数据文件中的最大、最小坐标定出屏幕窗口的显示范围。进入 CASS 9.0 主界面，鼠标单击“绘图处理”项，即出现下拉菜单。然后移至“定显示区”项，使之以高亮显示，按左键，即出现一个对话窗，如图 8-28 所示。

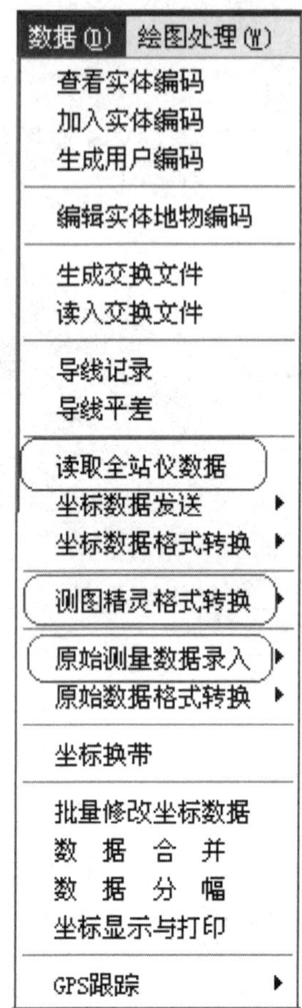

图 8-27　数据输入界面

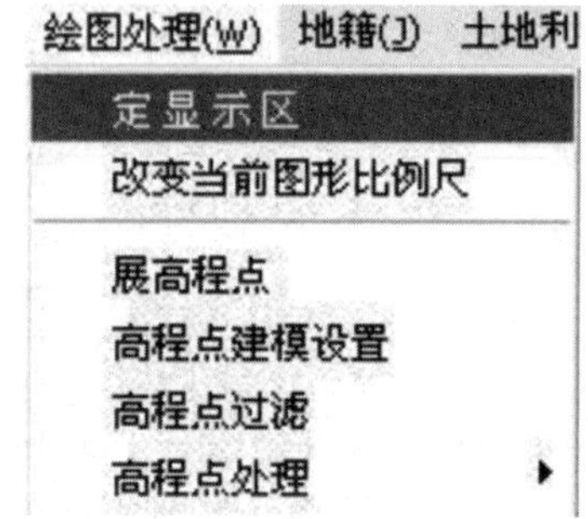

图 8-28　“定显示区”菜单

这时，需要输入坐标数据文件名。可参考 Windows 选择打开文件的方法操作，也可直接通过键盘输入，在“文件名(N)：”处输入 C:\CASS 9.0\DEMO\STUDY.DAT，再移动鼠标至“打开(O)”处，按左键。这时，命令区显示：

最小坐标(米)：X=31056.221，Y=53097.691

最大坐标(米)：X=31237.455，Y=53286.090

4. 选择测点点号定位成图法

移动鼠标至屏幕右侧菜单区“测点点号”项，按左键，即出现“选择点号对应的坐标点数据文件名”的对话框，输入点号坐标数据文件名 C:\CASS 9.0\DEMO\STUDY.DAT 后，命令区提示：读点完成！共读入 106 个点。

5. 展点

先移动鼠标至屏幕的顶部菜单“绘图处理”项按左键，这时系统弹出一个下拉菜单。再移动鼠标选择“绘图处理”下的“展野外测点点号”项，如图 8-29 所示，按左键后，便出现选择“定显示区”数据文件的对话框。

输入对应的坐标数据文件名 C:\CASS 9.0\DEMO\STUDY. DAT 后，便可在屏幕上展出野外测点的点号，如图 8-30 所示。

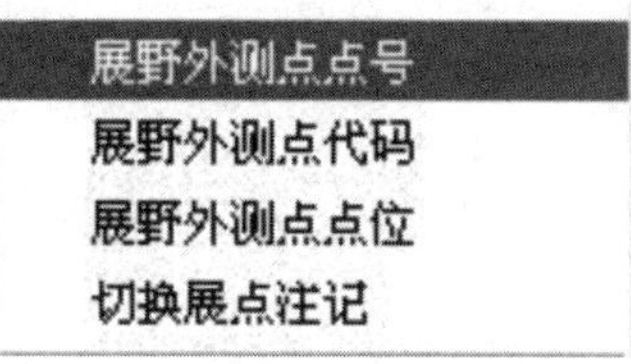

图 8-29　选择“展野外测点点号”

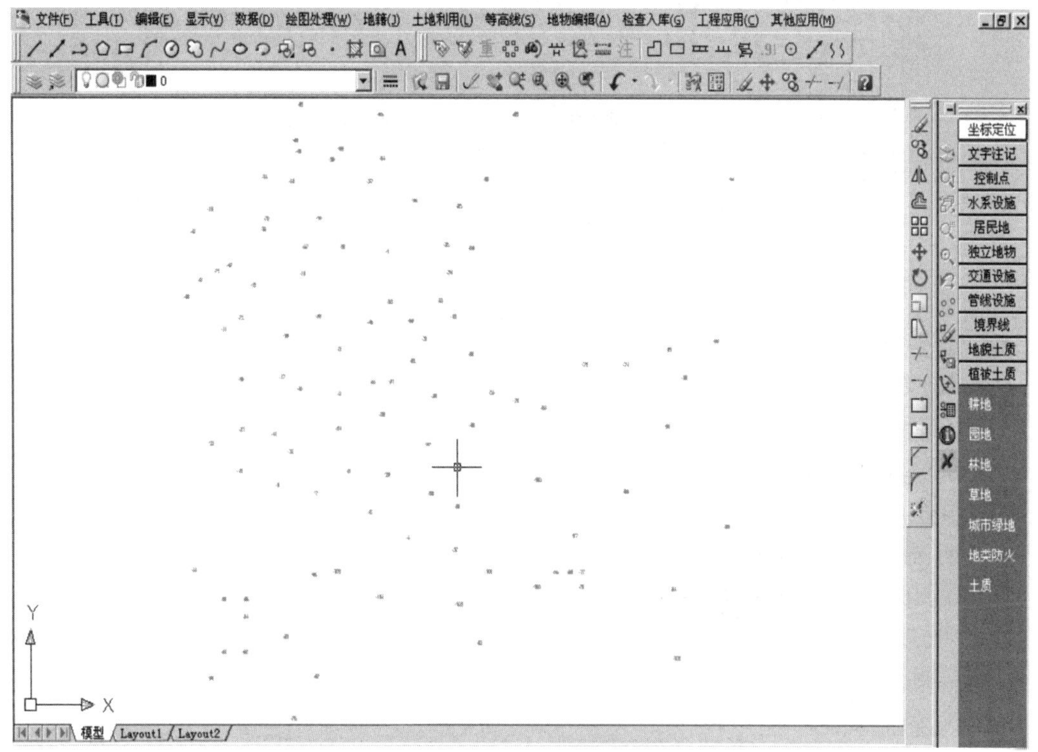

图 8-30　STUDY. DAT 展点图

6. 绘制地物符号

实际绘图时可以灵活使用工具栏中的缩放工具进行局部放大以方便编图。

地形图上的地物众多，下面举几个例子来说明地物符号的绘制。

(1)交通设施——公路的绘制

我们先把公路所处位置放大，选择右侧屏幕菜单的“交通设施/城际公路”按钮，弹出如图 8-31 的界面。

找到“平行高速公路”并选中，再点击“OK”，命令区提示：

绘图比例尺 1:输入 500，回车。

点 P/＜点号＞输入 92，回车。

点 P/＜点号＞输入 45，回车。

点 P/＜点号＞输入 46，回车。

点 P/＜点号＞输入 13，回车。

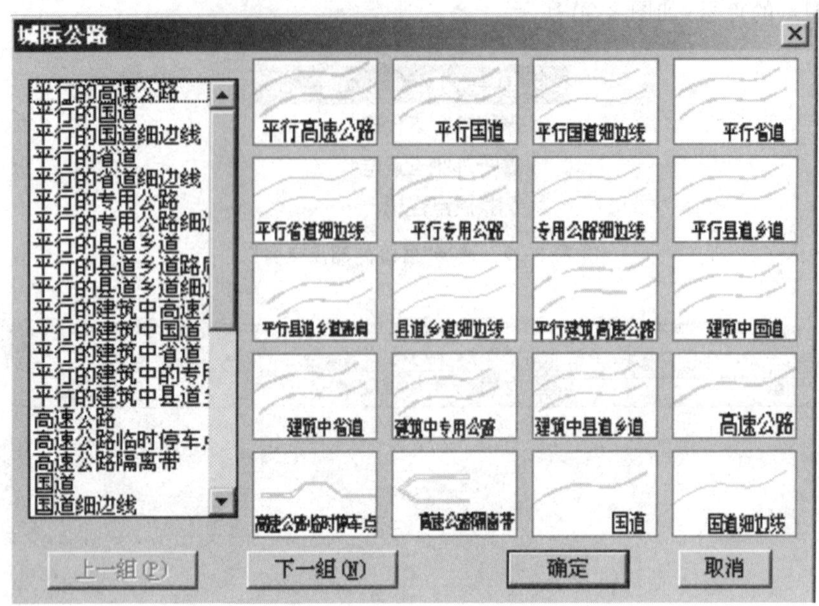

图 8-31　选择屏幕菜单“交通设施/城际公路”

点 P/<点号>输入 47,回车。

点 P/<点号>输入 48,回车。

点 P/<点号>,回车。

拟合线<N>?输入 Y,回车。

说明:输入 Y,将该边拟合成光滑曲线;输入 N(缺省为 N),则不拟合该线。

1. 边点式/2. 边宽式<1>:回车(默认 1)。

说明:选 1(缺省为 1),将要求输入公路对边上的一个测点;选 2,要求输入公路宽度。

对面一点

点 P/<点号>输入 19,回车。

这时平行高速公路就作好了,如图 8-32 所示。

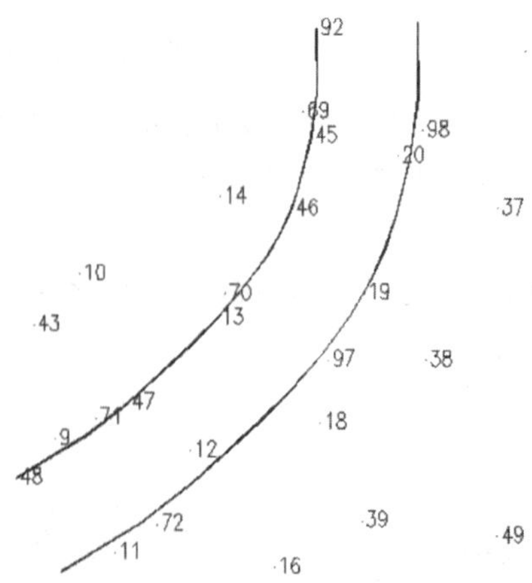

图 8-32　作好一条平行高速公路

(2)多点房屋的绘制

选择右侧屏幕菜单的“居民地/一般房屋”选项，弹出如图 8-33 界面。

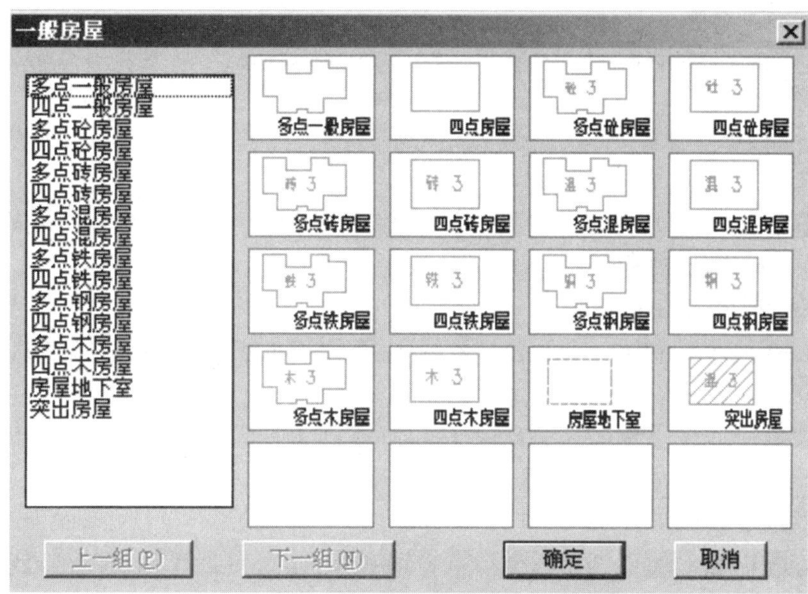

图 8-33　选择屏幕菜单“居民地/一般房屋”

先用鼠标左键选择“多点砼房屋”，再点击“OK”按钮。命令区提示：

第一点：

点 P/<点号>输入 49，回车。

指定点：

点 P/<点号>输入 50，回车。

闭合 C/隔一闭合 G/隔一点 J/微导线 A/曲线 Q/边长交会 B/回退 U/点 P/<点号>输入 51，回车。

闭合 C/隔一闭合 G/隔一点 J/微导线 A/曲线 Q/边长交会 B/回退 U/点 P/<点号>输入 J，回车。

点 P/<点号>输入 52，回车。

闭合 C/隔一闭合 G/隔一点 J/微导线 A/曲线 Q/边长交会 B/回退 U/点 P/<点号>输入 53，回车。

闭合 C/隔一闭合 G/隔一点 J/微导线 A/曲线 Q/边长交会 B/回退 U/点 P/<点号>输入 C，回车。

输入层数：<1>回车(默认输 1 层)。

说明：选择多点砼房屋后自动读取地物编码，用户无须逐个记忆。从第三点起弹出许多选项，这里以“隔一点”功能为例，输入 J，输入一点后系统自动算出一点，使该点与前一点及输入点的连线构成直角。输入 C 时，表示闭合。

再作一个多点砼房，熟悉一下操作过程。命令区提示：

Command：dd

输入地物编码：<141111>141111

第一点:点 P/＜点号＞输入 60,回车。

指定点:

点 P/＜点号＞输入 61,回车。

闭合 C/隔一闭合 G/隔一点 J/微导线 A/曲线 Q/边长交会 B/回退 U/点 P/＜点号＞输入 62,回车。

闭合 C/隔一闭合 G/隔一点 J/微导线 A/曲线 Q/边长交会 B/回退 U/点 P/＜点号＞输入 a,回车。

微导线 - 键盘输入角度(K)/＜指定方向点(只确定平行和垂直方向)＞用鼠标左键在 62 点上侧一定距离处点一下。

距离＜m＞:输入 4.5,回车。

闭合 C/隔一闭合 G/隔一点 J/微导线 A/曲线 Q/边长交会 B/回退 U/点 P/＜点号＞输入 63,回车。

闭合 C/隔一闭合 G/隔一点 J/微导线 A/曲线 Q/边长交会 B/回退 U/点 P/＜点号＞输入 j,回车。

点 P/＜点号＞输入 64,回车。

闭合 C/隔一闭合 G/隔一点 J/微导线 A/曲线 Q/边长交会 B/回退 U/点 P/＜点号＞输入 65,回车。

闭合 C/隔一闭合 G/隔一点 J/微导线 A/曲线 Q/边长交会 B/回退 U/点 P/＜点号＞输入 C,回车。

输入层数:＜1＞输入 2,回车。

说明:“微导线”功能由用户输入当前点至下一点的左角(度)和距离(米),输入后软件将计算出该点并连线。要求输入角度时若输入 K,则可直接输入左向转角;若直接用鼠标点击,只可确定垂直和平行方向。此功能特别适合知道角度和距离但看不到点的位置的情况,如房角点被树或路灯等障碍物遮挡时。

两栋房子和平行等外公路“建”好后,效果如图 8-34。

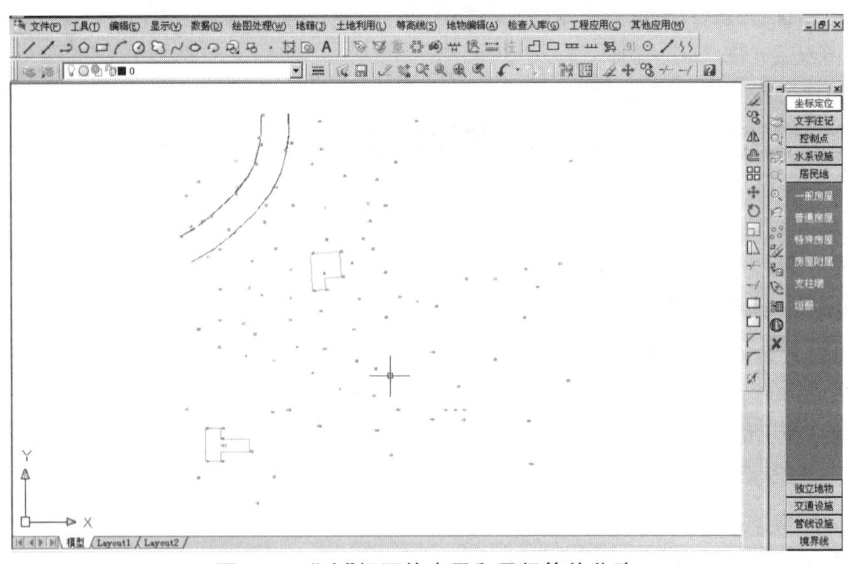

图 8-34 “建”好两栋房子和平行等外公路

类似以上操作，分别利用右侧屏幕菜单绘制其他地物。

在"居民地"菜单中，用 3、39、16 三点完成利用三点绘制 2 层砖结构的四点房；用 68、67、66 绘制不拟合的依比例围墙；用 76、77、78 绘制四点棚房。

在"交通设施"菜单中，用 86、87、88、89、90、91 绘制拟合的小路；用 103、104、105、106 绘制拟合的不依比例乡村路。

在"地貌土质"菜单中，用 54、55、56、57 绘制拟合坎高为 1 米的陡坎；用 93、94、95、96 绘制不拟合的坎高为 1 米的加固陡坎。

在"独立地物"菜单中，用 69、70、71、72、97、98 分别绘制路灯；用 73、74 绘制宣传橱窗；用 59 绘制不依比例肥气池。

在"水系设施"菜单中，用 79 绘制水井。

在"管线设施"菜单中，用 75、83、84、85 绘制地面上输电线。

在"植被园林"菜单中，用 99、100、101、102 分别绘制果树独立树；用 58、80、81、82 绘制菜地（第 82 号点之后仍要求输入点号时直接回车），要求边界不拟合，并且保留边界。

在"控制点"菜单中，用 1、2、4 分别生成埋石图根点，在提问点名.等级：时分别输入 D121、D123、D135。

最后选取"编辑"菜单下的"删除"二级菜单下的"删除实体所在图层"，鼠标符号变成了一个小方框，用左键点取任何一个点号的数字注记，所展点的注记将被删除。平面图作好后效果如图 8-35。

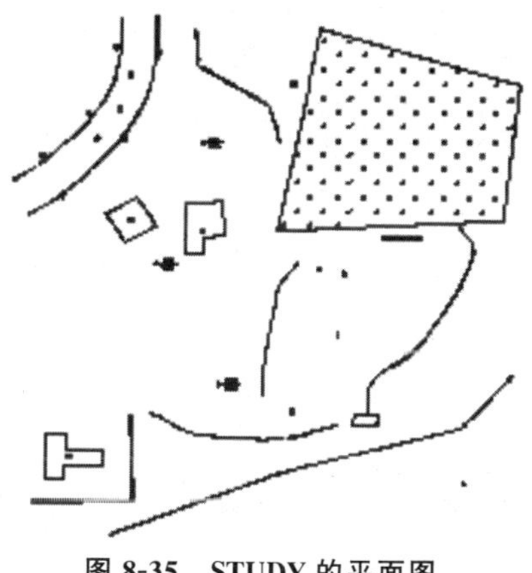

图 8-35　STUDY 的平面图

7. 等高线绘制

展高程点：用鼠标左键点取"绘图处理"菜单下的"展高程点"，将会弹出数据文件的对话框，找到 C:\CASS 9.0\DEMO\STUDY.DAT，选择"确定"，命令区提示："注记高程点的距离（米）："，直接回车，表示不对高程点注记进行取舍，全部展出来。

建立 DTM 模型：DTM（数字地面模型）是按一定结构组织在一起的数据组，它代表着地形特征的空间分布。用鼠标左键点取"等高线"菜单下"建立 DTM"，弹出如图 8-36 所示对话框。

编辑修改 DTM 模型：根据需要选择建立 DTM 的方式和坐标数据文件名，然后选择建

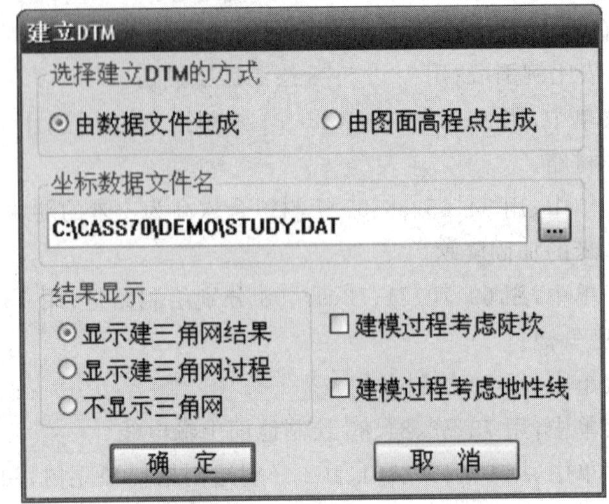

图 8-36 建立 DTM 对话框

模过程是否考虑陡坎和地性线，选择“确定”，生成如图 8-37 所示 DTM 模型。

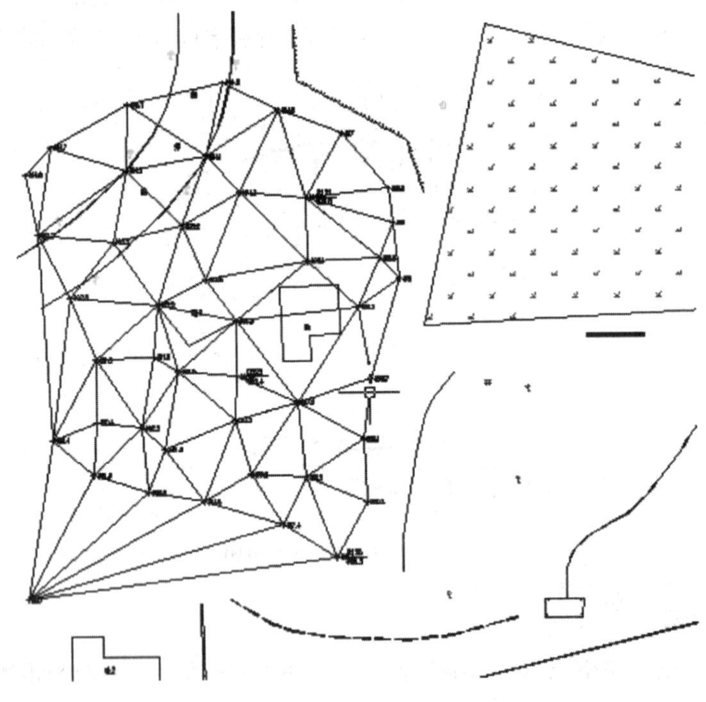

图 8-37 建立 DTM 模型

绘等高线：用鼠标左键点取“等高线/绘制等高线”，弹出如图 8-38 所示对话框，输入等高距选择拟合方式后点“确定”，则系统马上绘制出等高线。再选择“等高线”菜单下的“删三角网”，这时屏幕显示如图 8-39 所示。

修剪、注记等高线：利用“等高线”菜单下的“等高线修剪”二级菜单，如图 8-40 所示。

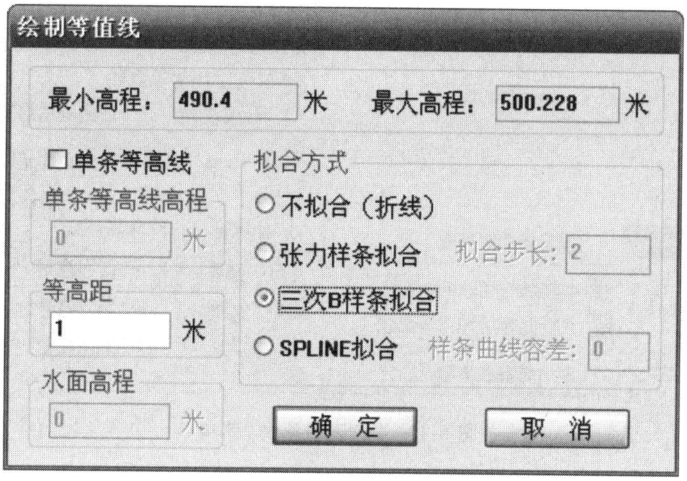

绘制等值线

最小高程：490.4 米　最大高程：500.228 米

□单条等高线

单条等高线高程

0 米

等高距

1 米

水面高程

0 米

拟合方式

○不拟合（折线）

○张力样条拟合　拟合步长：2

⊙三次B样条拟合

○SPLINE拟合　样条曲线容差：0

确　定　　取　消

图 8-38　绘制等高线对话框

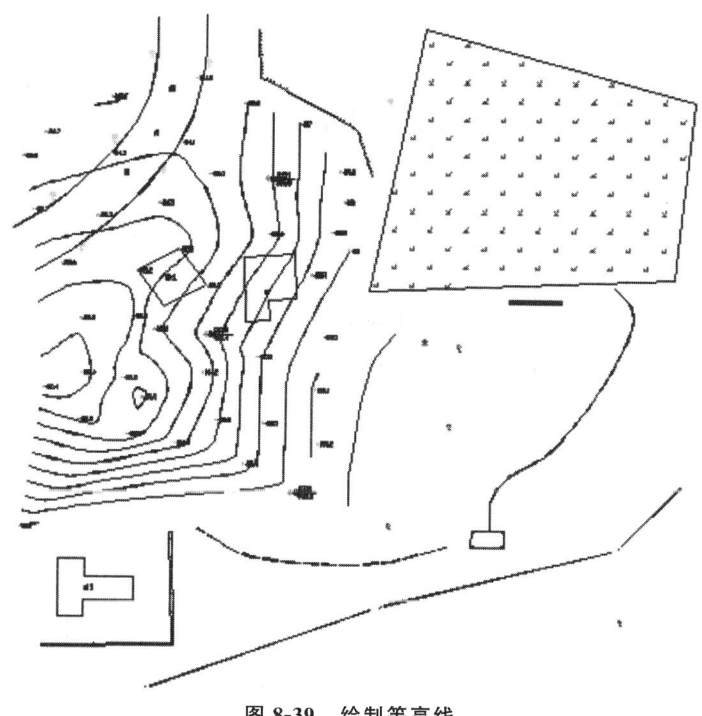

图 8-39　绘制等高线

用鼠标左键点取“批量修剪等高线”，选择“建筑物”，软件将自动搜寻穿过建筑物的等高线并将其进行整饰。点取“切除指定二线间等高线”，依提示依次用鼠标左键选取左上角的道路两边，CASS 9.0 将自动切除等高线穿过道路的部分。点取“切除穿高程注记等高线”，CASS 9.0 将自动搜寻，把等高线穿过注记的部分切除。

8. 加注记

以在平行等外公路上加“经纬路”三个字为例。

用鼠标左键点取右侧屏幕菜单的“文字注记—通用注记”项，弹出图 8-41 的界面。首先

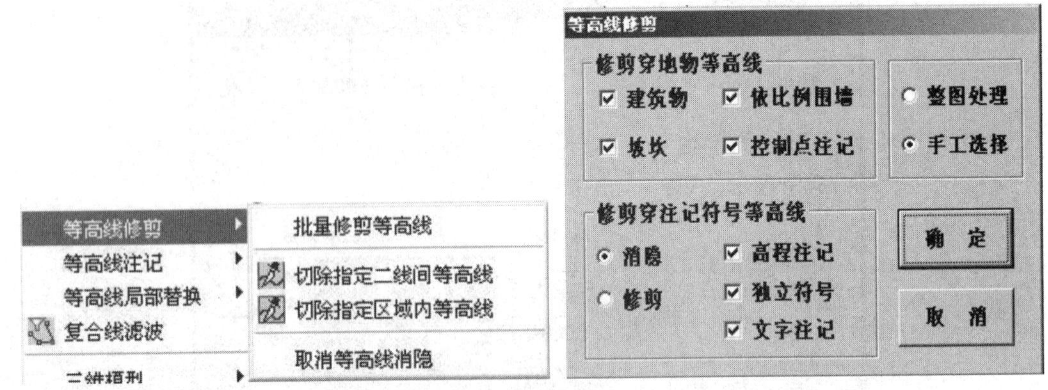

图 8-40 “等高线修剪”菜单

在需要添加文字注记的位置绘制一条拟合的多功能复合线，然后在注记内容中输入“经纬路”并选择注记排列和注记类型，输入文字大小，确定后选择绘制的拟合多功能复合线即可完成注记。

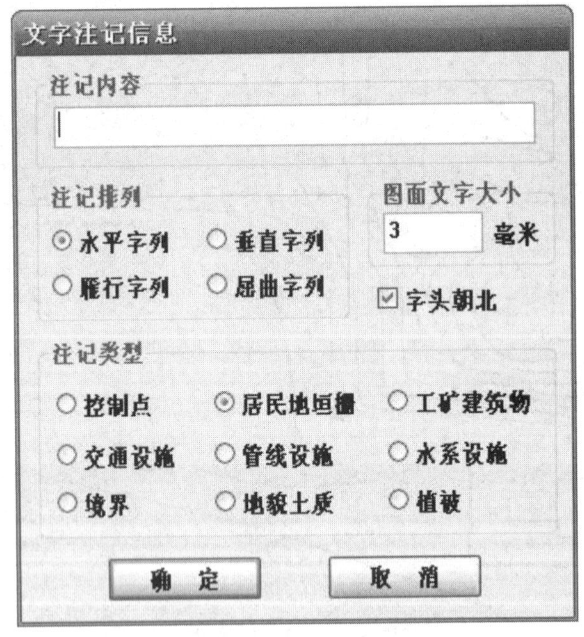

图 8-41 弹出文字注记对话框

9. 加图框

用鼠标左键点击“绘图处理”菜单下的“标准图幅(50×40)”，弹出图 8-42 界面。

在“图名”栏里，输入“×××(地名)”；在“测量员”“绘图员”“检查员”各栏里分别输入“××”“××”“××”；在“左下角坐标”的“东”“北”栏内分别输入“53073”“31050”；在“删除图框外实体”栏前打钩，然后按“确认”。这样这幅图就作好了，如图 8-43。注：2007 版新图式，图框外已无“测量员”“绘图员”信息。右下角只有“批注”。

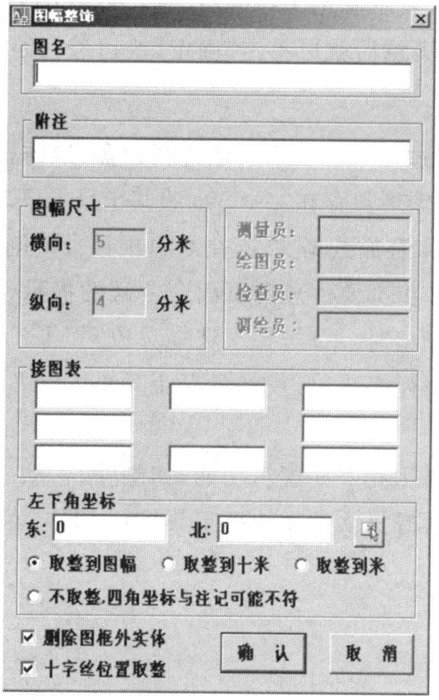

图幅整饰
图名
附注
图幅尺寸
横向：
5
分米
纵向：
4
分米
测量员：
绘图员：
检查员：
调绘员：
接图表
左下角坐标
东：
0
北：
0
取整到图幅
取整到十米
取整到米
不取整,四角坐标与注记可能不符
删除图框外实体
十字丝位置取整
确 认
取 消

图 8-42　输入图幅信息

命令：
请指定图框左下角

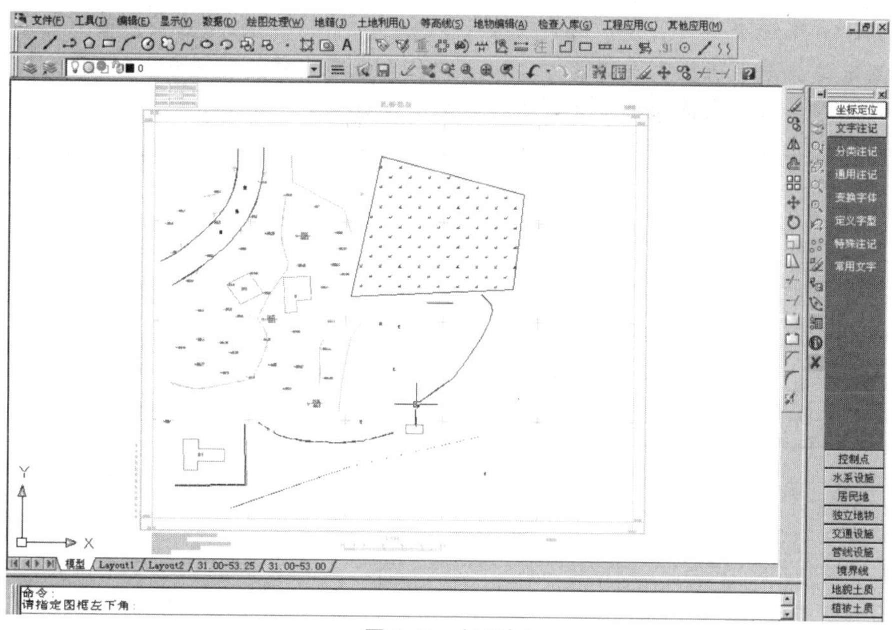

图 8-43　加图框

另外，可以将图框左下角的图幅信息更改成符合需要的字样，可以将图框和图章用户化。

10. 绘图

用鼠标左键点取“文件”菜单下的“用绘图仪或打印机出图”进行绘图。

选好图纸尺寸、图纸方向之后，用鼠标左键点击“窗选”按钮，用鼠标圈定绘图范围。将

“打印比例”一项选为“2∶1”(表示满足1∶500比例尺的打印要求),通过“部分预览”和“全部预览”可以查看出图效果,满意后就可单击“确定”按钮进行绘图了。

11. 注意事项

应及时存盘(其实在操作过程中也要不断地进行存盘,以防操作不慎导致丢失)。正式工作时,最好不要把数据文件或图形保存在CASS50或其子目录下,应该创建工作目录。比如在C盘根目录下创建DATA 目录存放数据文件,在C盘根目录下创建DWG目录存放图形文件。

在执行各项命令时,每一步都要注意看下面命令区的提示,当出现“命令:”提示时,要求输入新的命令;出现“选择对象:”提示时,要求选择对象,等等。当一个命令没执行完时最好不要执行另一个命令,若要强行终止,可按键盘左上角的“Esc”键或按“Ctrl+C”键,直到出现“命令:”提示为止。

在作图的过程中,常常要用到一些编辑功能,如删除、移动、复制、回退等,有些命令有多种执行途径,可根据自己的喜好灵活选用快捷工具按钮、下拉菜单或在命令区输入命令。

思考练习题

1. 测图前要做哪些准备工作?如何进行?

2. 试述对角线法绘制坐标格网的方法与步骤,并举例说明展绘控制点的方法。

3. 测定碎部点平面位置有哪些方法?各在什么情况下使用?

4. 什么是等高线?等高线有几种类型?如何区别?

5. 何为地物?地物一般分为哪两大类?什么是依比例符号、半依比例符号、不依比例符号?

6. 在进行碎部测量工作中应注意哪些事项?

7. 地形图如何拼接?如何检查?

8. 简述数字化测图的外业工作。

9. 完成下表计算:

测站:A　　后视点:B　　仪器高:$i=1.42$ m　　测站高程:$H=46.54$ m

点号	视距 /m	瞄准高 /m	竖盘读数 ° ′	竖直角 α	h' /m	$i-v$ /m	h /m	水平角 β	水平距离 /m	高程 /m	点位
1	52.7	1.42	86　10					5°32′			房角
2	87.1	1.42	90　45					159°18′			电杆
3	32.5	2.42	91　18					69°40′			路边
⋮											

第 9 章 大比例尺地形图的应用

【教学要求】

知识要点	能力要求	相关知识
地形图的基本应用	(1)能够根据地形图确定图上点的坐标和高程 (2)能够根据地形图确定图上两点间的平距、直线的方位角和坡度 (3)能够在地形图上量算图形的面积	(1)求图上某点的坐标和高程 (2)计算直线的水平距离、坐标方位角和坡度 (3)用几何图形法、坐标计算法、膜片法和求积仪法量算面积
地形图在工程建设中的应用	(1)能够根据地形图绘制已知方向的纵断面图 (2)能够按限制坡度选择最短线路 (3)能够在地形图上确定水库库容和汇水面积 (4)能够根据地形图按工程实际需要将地面平整成水平场地或倾斜场地并计算填挖方量	(1)绘制纵断面图的方法步骤 (2)坡度、平距和高差的关系 (3)分水线 (4)水库库容的计算 (5)设计高程的计算 (6)填挖方量的计算
数字地形图的应用	(1)能够根据数字地形图查询图形的基本几何要素 (2)能够利用数字地形图计算土方量 (3)能够利用数字地形图绘制断面图 (4)能够利用数字地形图进行简单的道路曲线设计	(1)查询点位坐标、两点距离及方位、线长、实体面积 (2)土方量计算方法:DTM 方法、断面法、方格网法、等高线法,区域土方量平衡 (3)绘制纵断面图 (4)道路曲线设计

地形图包含着丰富的自然地理和社会政治经济信息,它是土木工程勘测、规划、设计、施工和营运各阶段的重要依据,正确应用地形图是土木工程技术人员必备的基本技能之一。地形图广泛应用于各项经济建设和国防建设之中,在工程设计、城乡规划、资源勘查、土地开发、环境保护、矿藏挖掘、河道治理等工作中是必备的基础性资料。在地形图上可以获取各项建设中所需的坐标、高程、方位角、距离、面积、土方量等数据。此外,还可以在地形图上勾绘出分水线、集水线,确定某范围的汇水面积,在图上计算土、石方量等。道路的设计可在地形图上选线并绘出道路经过处的纵、横断面图。

9.1 地形图应用的基本内容

9.1.1 确定点的坐标

在工程设计时，往往需要在地形图上量算一些设计点位的坐标。利用地形图的直角坐标格网和分度带，可以确定图中任一地面点的地理坐标和平面直角坐标。如图 9-1 所示，欲求图上 A 点的坐标，首先将 A 点所在方格网的顶点 a、b、c、d 用直线连接，其西南角 a 点的坐标为(x_a, y_a)，然后过 A 点作格网线的平行线 gh、ef，再量出 ae 和 ag 的长度，则可以获得 A 点的平面坐标：

$$\left.\begin{aligned} x_A &= x_a + d_{ag}M \\ y_A &= y_a + d_{ae}M \end{aligned}\right\} \tag{9-1}$$

式中，M—地形图的比例尺分母；

x_a，y_a—图形上 a 点的坐标；

d_{ag}，d_{ae}—图形上量取的长度，cm。

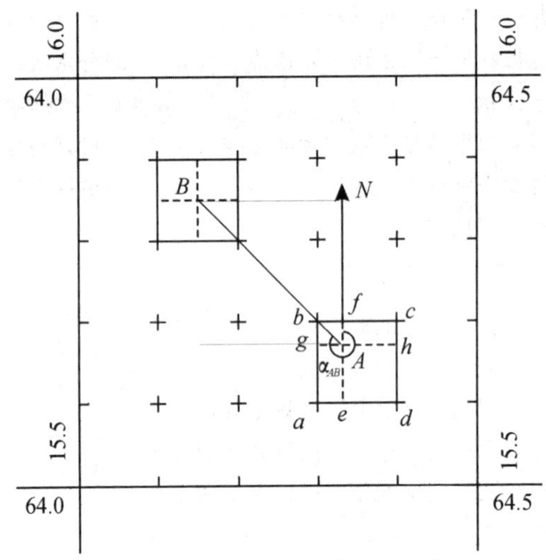

图 9-1 确定图上点的平面坐标

如果考虑图纸受温度、空气湿度影响而产生的伸缩变形，还应该量取 ab 和 ad 的长度，按下式计算 A 点的坐标：

$$\left.\begin{aligned} x_A &= x_a + \frac{10}{d_{ab}} d_{ag}M \\ y_A &= y_a + \frac{10}{d_{ad}} d_{ae}M \end{aligned}\right\} \tag{9-2}$$

式中，d_{ab}，d_{ad}—图形上量取的长度，cm。

9.1.2　确定点的高程

如果该点正好在某等高线上，则该点的高程即为等高线的高程，如图 9-2 所示，A 点的高程 $H_A=26$ m。

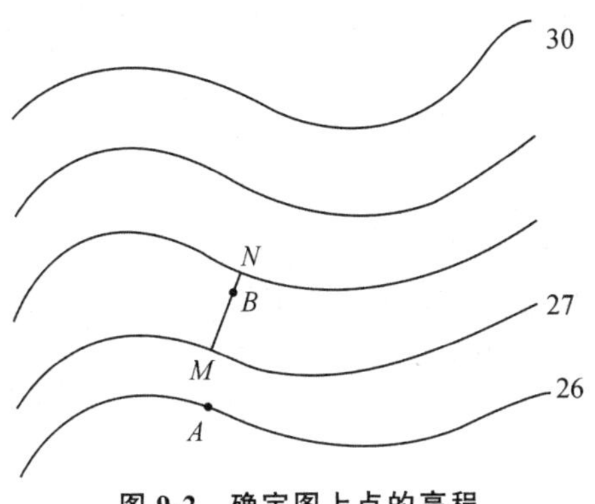

图 9-2　确定图上点的高程

如果该点不在某等高线上，则应根据比例内插法确定点的高程。图 9-2 中 B 点位于两等高线之间，则可以通过 B 点作一条大致垂直于两相邻等高线的线段 MN，则 B 点的高程为：

$$H_B=H_M+\frac{d_{MB}}{d_{MN}}h \tag{9-3}$$

式中，H_M—图上 M 点的高程；

d_{MB}，d_{MN}—图形上量取的长度，cm；

h—地形图的等高距。

在图上求某点的高程时，通常可以根据相邻的两等高线的高程目估确定。如图 9-2 中的 B 点可以目估为 27.8 m。

9.1.3　确定直线的距离、坐标方位角、坡度

如图 9-1 所示，欲求 A、B 两点的水平距离、坐标方位角、坡度，先用式(9-1)和式(9-3)求出 A、B 两点的坐标及高程，则 A、B 两点的水平距离为：

$$D_{AB}=\sqrt{(x_B-x_A)^2+(y_B-y_A)^2} \tag{9-4}$$

直线 AB 的坐标方位角为：

$$\alpha_{AB}=\arctan\frac{y_B-y_A}{x_B-x_A} \tag{9-5}$$

地面上两点的高差与其水平距离的比值称为坡度，用 i 表示。欲求图上直线 AB 的坡度，可按前述的方法求出直线段的水平距离 D_{AB} 与高差 h_{AB}，再用下式计算其坡度：

$$i=\frac{h_{AB}}{D_{AB}}=\frac{H_B-H_A}{d_{AB}M} \tag{9-6}$$

式中，i—直线的坡度；

D_{AB},h_{AB}—直线 AB 的水平距离和高差;

H_A,H_B—点位 A、B 的高程;

d_{AB}—图上直线 AB 的距离;

M—地形图的比例尺分母。

坡度常以百分率或千分率表示。

如果 A、B 两点在同一幅图中,距离或者坐标方位角可以用比例尺或量角器直接在图上量取。

9.1.4 图上面积的量算

在规划设计中,常需要在地形图上量算一定轮廓范围内的面积,例如平整土地的填挖面积、规划设计某一区域的面积、厂矿用地面积、渠道与道路工程中的填挖断面面积和汇水面积等。面积量算的方法有多种,下面介绍几种常用的方法。

1. 几何图形法

若图形的外形是规整的多边形,则可将图形划分为若干种简单的几何图形,如图 9-3 所示的三角形、矩形、梯形等。然后用比例尺量取计算时所需的元素(长、宽、高),应用面积计算公式求出各个简单几何图形的面积,最后取代数和,即为多边形的面积。

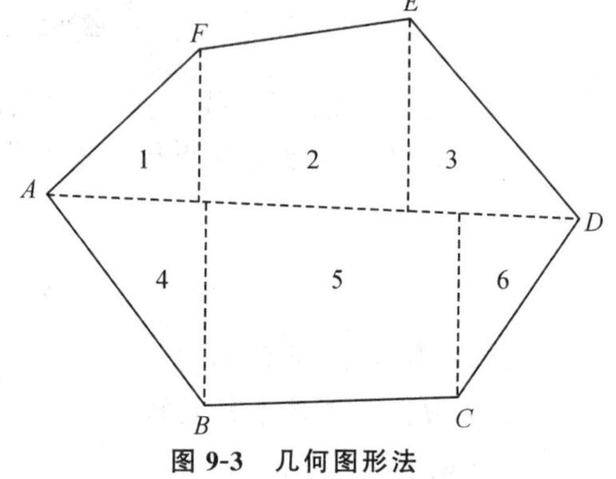

图 9-3 几何图形法

图形面积为曲线时,可以近似地用直线连接成多边形,再将多边形划分为若干种简单的几何图形进行面积计算。

当用几何图形法量算线状地物面积时,可将线状地物看作长方形,用分规量出其总长度,乘以实量宽度,即可得出线状地物面积。

用几何图形法量测计算面积的误差约为 1%。

2. 坐标计算法

坐标计算法是根据多边形顶点的坐标值来计算面积。如图 9-4 所示,1,2,3,4 为多边形的顶点,各顶点的坐标值为已知时,这四个顶点的纵、横坐标值组成多个梯形。

多边形 1234 的面积 S 即为这些梯形面积的代数和。图 9-4 中,四边形面积为梯形 $1y_1y_22$ 的面积 S_1 加上梯形 $2y_2y_33$ 的面积 S_2,再减去梯形 $1y_1y_44$ 的面积 S_3 和梯形 $4y_4y_33$ 的面积 S_4。

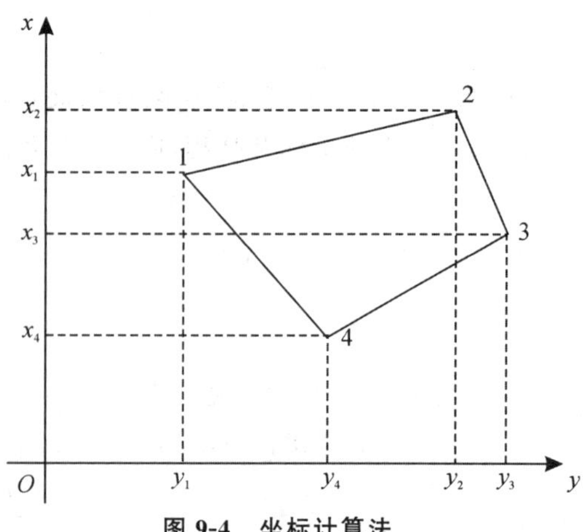

图 9-4 坐标计算法

$$S_1=\frac{1}{2}(x_1+x_2)(y_2-y_1)$$

$$S_2=\frac{1}{2}(x_2+x_3)(y_3-y_2)$$

$$S_3=\frac{1}{2}(x_1+x_4)(y_4-y_1)$$

$$S_4=\frac{1}{2}(x_3+x_4)(y_3-y_4)$$

$$S=S_1+S_2-S_3-S_4$$

$$=\frac{1}{2}[x_1(y_2-y_4)+x_2(y_3-y_1)+x_3(y_4-y_2)+x_4(y_1-y_3)]$$

对于 n 点多边形，其面积公式的一般式为：

$$S=\frac{1}{2}\sum_{i=1}^{n}x_i(y_{i+1}-y_{i-1}) \tag{9-7}$$

$$S=\frac{1}{2}\sum_{i=1}^{n}y_i(x_{i-1}-x_{i+1}) \tag{9-8}$$

式中，i— 多边形各顶点的序号。当 i 取 1 时，$i-1$ 就为 n，当 i 为 n 时，$i+1$ 就为 1。

式(9-7)和式(9-8)的运算结果应相等，可作校核。

3. 膜片法

膜片法是利用透明胶片、玻璃等制成膜片，在膜片上建立一组有单位面积的方格、平行线等，然后利用这种膜片覆盖图形，然后量算出图形的图上面积值，再根据地形图的比例尺，计算出所测图形的实地面积。根据膜片的不同，可分为以下两种方法。

(1)方格法

如图 9-5 所示，在透明膜片上绘制有正方形格网，每个小方格的边长为 1 mm(也可以是 2 mm、5 mm 或 1 cm)，将其覆盖在待测算面积的图形上，先数出图形内整方格数，然后将不完整的方格用目估法折合成整方格数，两者相加乘以每格所代表的实地面积值，即为所量图形面积。

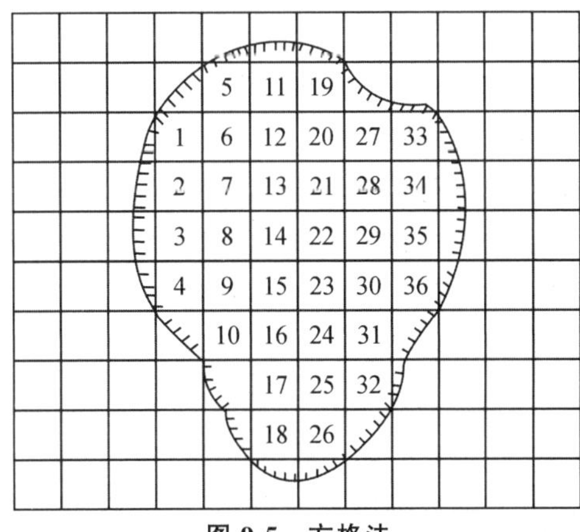

图 9-5　方格法

则面积 S 可按下式计算：

$$S=nA \tag{9-9}$$

式中，S—所量图形的面积；

n—方格总数；

A—1个方格所代表的实地面积。

(2)平行线法

如图9-6所示，欲计算曲线内的面积，可用绘有等间距为d(1 mm或2 mm)的平行线透明纸蒙在待测图形上，也可将平行线直接绘在图形上，由此将欲测面积的图形分成若干近似梯形，梯形的高为平行线间距d，图内平行虚线是梯形的中线。量出各中线的长度，就可以按下式求出图形的总面积：

$$S = l_1 d + l_2 d + \cdots + l_n d = d\sum l \tag{9-10}$$

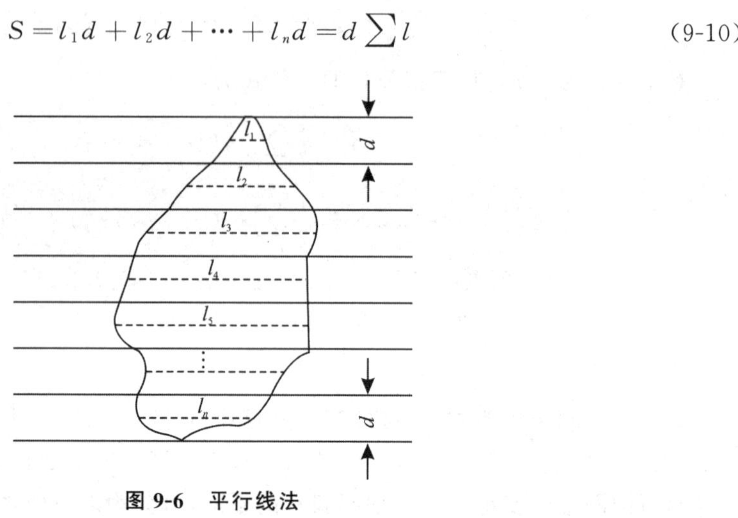

图9-6　平行线法

最后，再根据图的比例尺换算为实地面积。如果图的比例尺为1∶M，则该区域的实地面积为：

$$S = M^2 \times d\sum l \tag{9-11}$$

式中，M—地形图的比例尺分母。

4. 求积仪法

求积仪是一种专门供图上量算面积的仪器，其优点是操作简便，速度快，适用于任意曲线图形的面积量算，且能保证一定的精度。

求积仪有机械和电子求积仪两种。机械求积仪根据机械传动原理设计，主要依靠游标读数获取图形面积。随着电子技术的迅速发展，在机械求积仪的基础上增加了脉冲计数设备和微处理器，从而形成了电子求积仪。它具有高精度、高效率、直观性强等特点，越来越受人们的青睐，已逐步取代了机械求积仪。以下介绍动极式电子求积仪及其测量面积的方法。

如图9-7所示仪器是日本索佳生产的KP-90N型脉冲式数字求积仪。它由动极轴、电子计算器和跟踪臂三部分组成。动极轴两边为滚轮，可在垂直于动极轴的方向上滚动。计算器与动极轴之间由活动枢纽连接，使计算器能绕枢纽旋转。跟踪臂与计算器固连在一起，右端是描迹镜，用以走描图形的边界。借助动极轴的滚动和跟踪臂的旋转，可使描迹镜沿图形边缘运动。仪器底面有一积分轮，随描迹镜的移动而转动，并获得一种模拟量。微型编码器也在底面，它将积分轮所得模拟量转换成电量，测得的数据经专用电子计算器运算后，直接按 8 位数在显示器上显示出面积值。

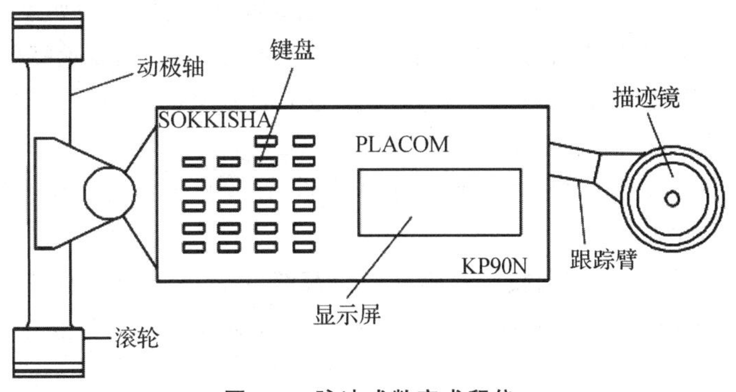

图 9-7　脉冲式数字求积仪

使用数字求积仪进行面积测量时，先将欲测面积的地形图水平放置，并试放仪器在图形轮廓的中间偏左处，使跟踪臂的描迹镜上下移动时，能达到图形轮廓线的上下顶点，并使动极轴与跟踪臂大致垂直，然后在图形轮廓线上标记起点，如图 9-8 所示。测量时，先打开电源开关，用手握住跟踪臂描迹镜，使描迹镜中心点对准起点，按下 STAR 键后沿图形轮廓线顺时针方向移动，准确地跟踪一周后回到起点，再按 OVER 键，则显示器显示出所测量图形的面积值。若想得到实际面积值，测量前可选择平方米（m^2）或平方千米（km^2），并将比例尺分母输入计算器，当测量一周回到起点时，可得所测图形的实地面积。

有关数字求积仪的具体操作方法和其他功能，可参阅使用说明书。

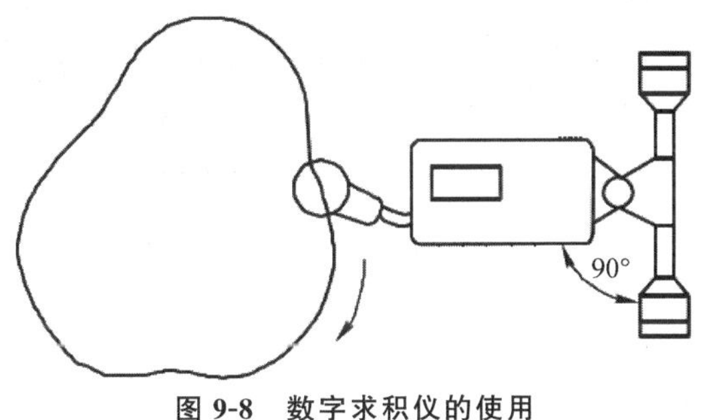

图 9-8　数字求积仪的使用

9.2　地形图在工程建设中的应用

9.2.1　绘制已知方向的纵断面图

所谓路线纵断面图，就是过一指定方向（路线方向）的竖直面与地面的交线，它反映了在这一指定方向上地面的高低起伏形态。

在道路、管线、渠道等工程设计中，为进行挖、填土（石）方量的概算，合理地设计路线纵坡，都需要较详细地了解线路方向上的地面起伏状况，为此常利用地形图绘制沿路线方向的断面图。虽然工程不同,技术要求各异,但绘制断面图的方法是一致的。

如图 9-9(a)所示,欲沿地形图上 MN 方向绘制断面图,具体步骤如下:

(1)在图纸上绘制直角坐标系。以横轴表示水平距离,以纵轴表示高程。水平距离比例尺一般与地形图比例尺相同,称为水平比例尺。为了明显地表示地面的起伏状况,高程比例尺一般是水平比例尺的 10 倍或 20 倍。

(2)在纵轴上注明高程,高程起始值要选择恰当,使绘出的断面图位置适中,并按基本等高距作与横轴平行的高程线。

(3)在地形图上沿 MN 方向线量取断面与等高线的交点 a、b、c 等点至 M 点的距离,然后按量取的距离,自 M'点起依次截取于直线 $M'N'$上,则得 a、b、c 各点在直线 $M'N'$上的位置,即点 a'、b'、c'等。

(4)从 a'、b'、c'等各点作横轴的垂线,在垂线上按各点的高程,对照纵轴标注的高程确定各点在断面图上的位置 a、b、c 等。

(5)将各相邻点用平滑曲线连接起来,即为 MN 方向的断面图,如图 9-9(b)所示。

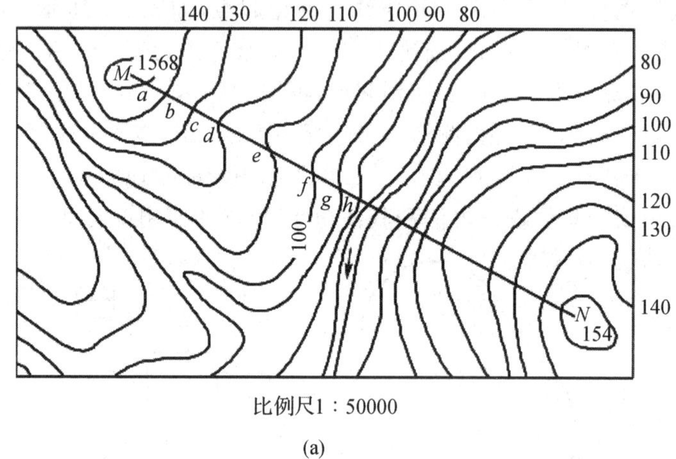

比例尺1:50000

(a)

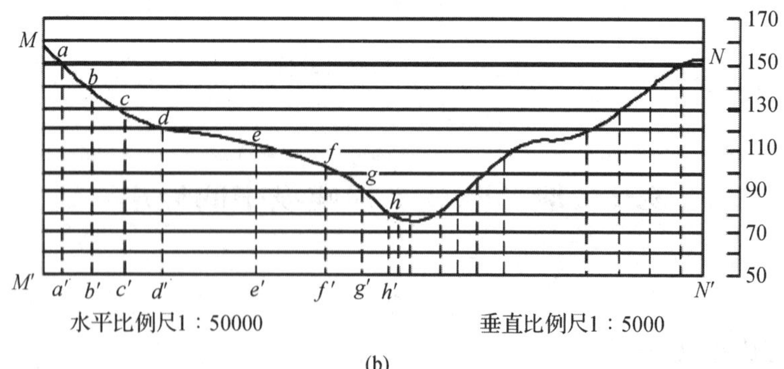

水平比例尺1:50000　　垂直比例尺1:5000

(b)

图 9-9　绘制已知方向的纵断面图

9.2.2　按限制坡度选择最短线路

在山地或丘陵地区进行道路、管线等工程设计时，常遇到坡度限值的问题，为了减小工程量，降低施工费用，要求在不超过某一坡度限值 i 的条件下选择一条最短线路。

如图 9-10 所示，地形图的比例尺为 1∶2000，等高距为 1 m，要求从 M 点到 N 点选择坡度不超过 5%的最短路线。因此，先根据 5%坡度求出路线通过相邻两等高线间的最小平距：

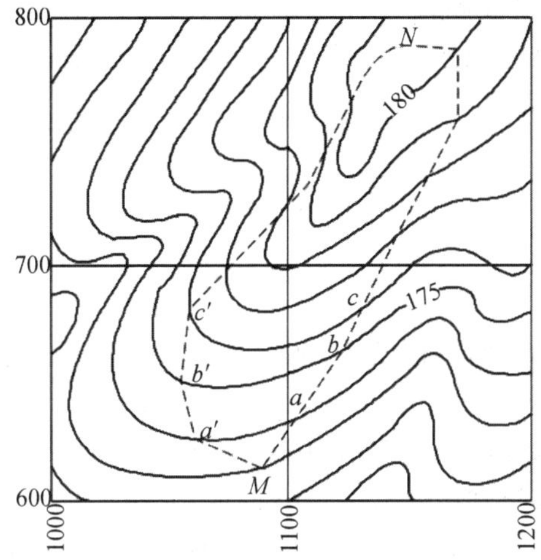

图 9-10　按限制坡度选择最短线路

$$d=\frac{h}{iM}=\frac{1}{5\%\times 2000}=0.01\ \text{m}=10\ \text{mm}$$

式中，h—等高距，m；

i—路线限制坡度；

M—地形图比例尺。

将分规卡成 d(10 mm)长，以 M 为圆心，以 d 为半径作弧与相邻等高线交于 a 点，再以 a 点为圆心，以 d 为半径作弧与相邻等高线交于 b 点，依次定出其他各点，直到 N 点附近，即得坡度不大于 5%的线路。在该地形图上，用同样的方法还可定出另一条线路 $M, a', b', \cdots, N$，作为比较方案。

在选线过程中，有时会遇到两相邻等高线间的最小平距大于 d 的情况，即所作的圆弧不能与相邻等高线相交，说明该处的坡度小于指定的坡度，则以最短距离定线。此外，在实际工作中，在野外还需考虑工程上的其他因素，如少占或不占耕地、居民地，减少工程费用等，最后确定一条最佳线路。

9.2.3　确定汇水面积

当修筑铁路、公路要跨越河流或山谷时，就必须建桥或架修涵洞。桥梁、涵洞的大小与形式结构都取决于这个地区的水流量，而水流量又是根据汇水面积来计算的(所谓汇水面是指降雨时有多大面积的雨水汇集起来)，并通过设计的桥涵排泄出去。

由于雨水是在山脊线(又称分水线)处向其两侧山坡分流，所以汇水面积边界线是由一系列的山脊线连接而成的。如图 9-11 所示，一条公路通过山谷，在 m 处要修建一桥梁或涵洞，为了设计孔径的大小，需要确定该处汇水面积，即由图中分水线 bc、cd、de、ef、fg、ga 与公路上的 ab 线段所围成的面积，就是这个山谷的汇水面积。可用格网法、平行线法或求积仪测定该区域面积的大小。量测该面积的大小，再结合气象水文资料，进一步确定流经公路 m 处的水量，从而为桥梁或涵洞的孔径设计提供依据。

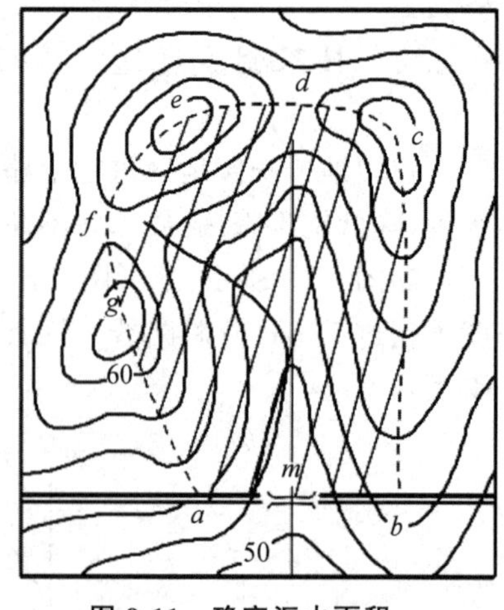

图 9-11　确定汇水面积

9.2.4　确定水库库容

设计水库时，如果溢洪道的高程已定，则水库的淹没面积也随之而定，即图 9-11 中的阴影面积部分。淹没面积内的蓄水量即是库容，单位为 m^3。

库容的计算一般用等高线法。先求出图 9-11 阴影部分每条等高线与坝轴线所围成的面积，然后计算每两条相邻等高线的体积，其总和即库容。

设 $S_1, S_2, \cdots, S_n$ 依次为各条等高线所围成的面积，h 为等高距；设第一条等高线(淹没线)与第二条等高线的高差为 h'，第 $n+1$ 条等高线(最低一条等高线)与库底最低点间的高差为 h''，则各层体积为：

$$\left.\begin{aligned} V_1 &= \frac{1}{2}(S_1+S_2)h' \\ V_2 &= \frac{1}{2}(S_2+S_3)h \\ &\vdots \\ V_n &= \frac{1}{2}(S_n+S_{n+1})h \\ V_n{}' &= \frac{1}{3}S_{n+1}h''(\text{库底体积}) \end{aligned}\right\} \tag{9-12}$$

则水库的库容为：

$$\begin{aligned} V &= V_1+V_2+\cdots+V_n+V_n{}' \\ &= \frac{1}{2}(S_1+S_2)h'+\left(\frac{S_2}{2}+S_3+\cdots+S_n+\frac{S_{n+1}}{2}\right)h+\frac{1}{3}S_{n+1}h'' \end{aligned} \tag{9-13}$$

9.3　地形图在平整土地中的应用及土石方估算

按照工程需要，将施工场地自然地整理成符合一定高程的水平面或一定坡度的均匀地面，称为平整场地。在平整土地工作中，常需要估算土石方量，即利用地形图进行填挖土石方量的估算，使填挖土石方基本平衡。平整土地中常用的方法有方格网法、等高线法、断面法等。其中方格网法应用最为广泛。

9.3.1　将地面平整成水平场地

如图 9-12 所示为一幅 1∶1000 比例尺的地形图，假设要求将原地貌按挖、填土方量平衡的原则平整成平面，其步骤如下：

1. 在地形图上绘制方格网

在地形图上平整场地的区域内绘制方格网，格网边长依地形情况和挖、填土石方计算的精度要求而定，一般为 10 m 或 20 m。

2. 计算设计高程

用内插法或目估法求出各方格顶点的地面高程，并注在相应顶点的右上方。将每一方格的顶点高程取平均值(即每个方格顶点高程之和除以 4)，然后再将所有方格的平均高程相加，除以方格总数，求得地面设计高程。

$$H_{设}=\frac{1}{n}(H_1+H_2+\cdots+H_n) \tag{9-14}$$

式中，n—方格数；

H_i—第 i 方格的平均高程。

3. 绘出填、挖分界线

根据设计高程，在图上用内插法绘出设计高程的等高线，该等高线即为填、挖分界线。

4. 计算各方格顶点的填、挖深度

各方格顶点的地面高程与设计高程之差，即为填挖高度，将填挖高度标注在相应顶点的右下方。

$$h-H_{地}-H_{设} \tag{9-15}$$

式中，h 为"＋"号表示挖方，h 为"－"号表示填方。

5. 计算填、挖土石方量

从图 9-12 可以看出，有的方格全为挖土，有的方格全为填土，有的方格有填有挖。计算时，填、挖要分开计算，图 9-12 中计算得到设计高程为 64.84 m。以方格 2、10、6 格为例计算填、挖方量。

方格 2 为全挖方，挖方量为：

$$V_{2挖}=\frac{1}{4}(1.25+0.62+0.81+0.30)S_2=0.755S_2\ \text{m}^3$$

方格 10 为全填方，填方量为：

$$V_{10填}=\frac{1}{4}(-0.21-0.51-0.47-0.73)S_{10}=-0.48S_{10}\ \text{m}^3$$

方格 6 即有挖方，又有填方。

挖方量为：

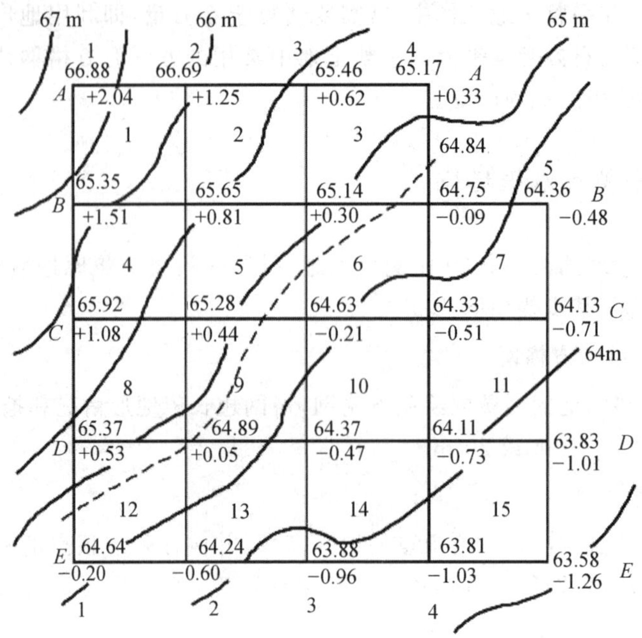

图 9-12　水平场地平整

$$V_{6挖}=\frac{1}{3}(0.3+0+0)S_{6挖}=0.1S_{6挖}\ \mathrm{m}^3$$

填方量为：

$$V_{6填}=\frac{1}{5}(0-0.09-0.51-0.21-0)S_{6填}=0.1S_{6填}\ \mathrm{m}^3$$

式中，S_2 为方格 2 的面积，S_{10} 为方格 10 的面积，$S_{6挖}$ 为方格 6 中挖方部分的面积，$S_{6填}$ 为方格 6 中填方部分的面积，最后将各方格填、挖土方量各自累加，即得填、挖的总土方量。

9.3.2　将地面平整成倾斜场地

为了将自然地面平整成一定坡度的倾斜场地，并保证挖填方量基本平衡，可采用方格网法按下述步骤确定挖填分界线并求得挖填土方量。

(1)根据场地自然地面情况绘制方格网，如图 9-13 所示，使纵横方格网线分别与主坡倾斜方向平行和垂直。这样，横格线即为倾斜坡面水平线，纵格线即为设计坡度线。

(2)根据等高线按等比内插法求出各方格角顶的地面高程，标注在相应角顶的右上方。

(3)计算地面平均高程(重心点设计高程)，方法同前。图 9-13 中算得地面平均高程为 63.5 m，标注在中心水平线下两端。

(4)计算斜平面最高点(坡顶线)和最低点(坡底线)的设计高程。

$$\left.\begin{aligned}H_{顶}&=H_{设}+iD/2\\H_{底}&=H_{设}-iD/2\end{aligned}\right\}\tag{9-16}$$

式中，D 为顶线至底线之间的距离。

在图 9-13 中，$i=10\%$，$D=40$ m，算得 $H_{顶}=65.5$ m，$H_{底}=61.5$ m，分别注在相应格线

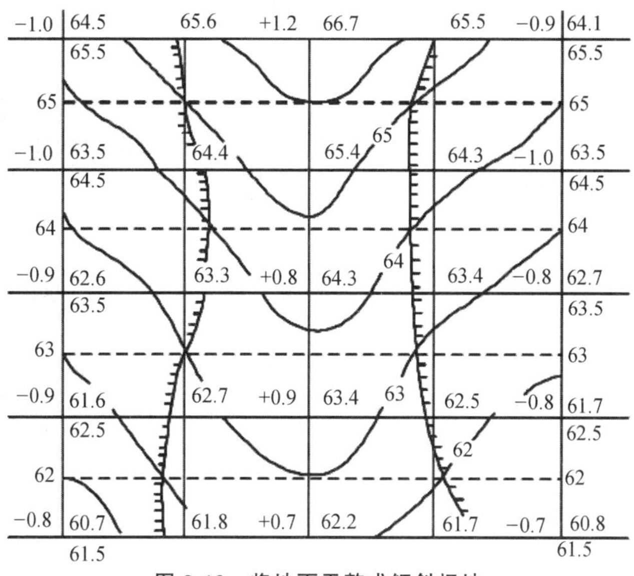

图 9-13　将地面平整成倾斜场地

下的两端。

(5)确定挖、填分界线。由设计坡度和顶、底线的设计高程按内插法确定与地面等高线高程相同的斜平面水平线的位置,用虚线绘出这些坡面水平线,它们与地面相应等高线的交点即为挖、填分界点,将其依次连接,即为挖、填分界线。

(6)根据顶、底线的设计高程按内插法计算出各方格角顶的设计高程,标注在相应角顶的右下方,将原来求出的角顶地面高程减去它的设计高程,即得挖、填高度,标注在相应角顶的左上方。

(7)计算挖、填土方量。计算方法与平整成水平场地相同。

9.4　数字地形图的应用

前面几节是介绍纸质地形图在日常生活中的基本应用和工程建设方面的应用。随着计算机技术、绘图设备、测量仪器的发展,数字测图已经完全取代以手工描绘为主的测图。采用数字地形图进行工程规划设计,极大地提高了设计效率和精度,同时数字地形图在工程建设过程中的也得到了更加广泛的应用。下面以数字化测图软件 CASS 9.0 为例,介绍数字地形图在工程建设方面的应用。

9.4.1　用数字地形图查询基本几何要素

基本几何要素的查询包括指定点坐标、两点间距离及直线的方位、线长、实体面积等。

1. 查询指定点坐标

执行下拉菜单“工程应用|查询指定点坐标”,选取所要查询的点即可在命令行显示出点

位坐标，也可先进入点号定位方式，再输入要查询的点号。

2. 查询两点距离及方位

执行下拉菜单"工程应用|查询两点距离及方位"，分别选取所要查询的两点，也可先进入点号定位方式，再输入两点的点号。CASS 9.0 所显示的两点间的距离为实地距离，除了实地距离，还有图上距离和方位角。

3. 查询线长

执行下拉菜单"工程应用|查询线长"，选取图上线条即可。查询的可以是一条线段、一段曲线，或者是一个实体。

4. 查询实体面积

执行下拉菜单"工程应用|查询实体面积"，选取待查询的实体的边界线或点取实体内部点即可。要注意实体应该是闭合的。

9.4.2 利用数字地形图计算土方量

CASS 9.0 软件中土方量计算方法有以下几种种：DTM 法土方计算、断面法土方计算、方格网法土方计算、等高线法土方计算和区域土方量平衡计算。

1. DTM 法土方计算

由 DTM 模型来计算土方量是根据实地测定的地面点坐标(X,Y,H)和设计高程，通过生成三角网来计算每一个三棱锥的填挖方量，最后累计得到指定范围内填方和挖方量，并绘出填挖方分界线。

DTM 法土方计算方法有三种方式：坐标文件计算法、图上高程点计算法和图上三角网计算法。常用的为坐标文件计算法。

根据坐标文件计算的步骤如下：

(1)用复合线画出所要计算土方的封闭区域。

(2)执行下拉菜单"工程应用|DTM 法土方计算|根据坐标文件"，根据命令行提示，选择边界线(单击封闭边界对象)。

屏幕上将弹出选择高程坐标文件的对话框，在对话框中选择所需坐标文件，之后弹出参数设置对话框，在对话框中设置平整设计的平均标高、边界采样间隔。如果场地边缘有放坡，还可以边坡设置(图 9-14)。

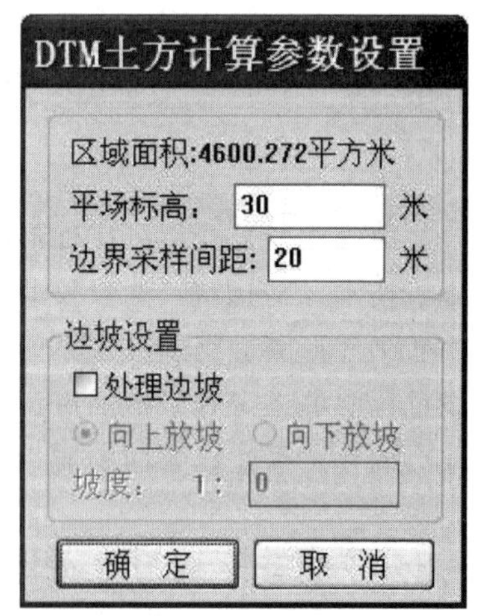

图 9-14 DTM 土方计算参数设置

计算结束后，生成 DTM 方法土方计算成果(图 9-15)，显示各三角形内的填挖土方量、填挖方的分界线(点虚线)、总挖方量、总填方量、总面积等。

根据高程点计算是在屏幕上选取闭合区域内部的高程点来计算土方量。根据图上三角网计算是在图上选取已经绘出的三角网来计算。这两种操作与上面的步骤基本一致。

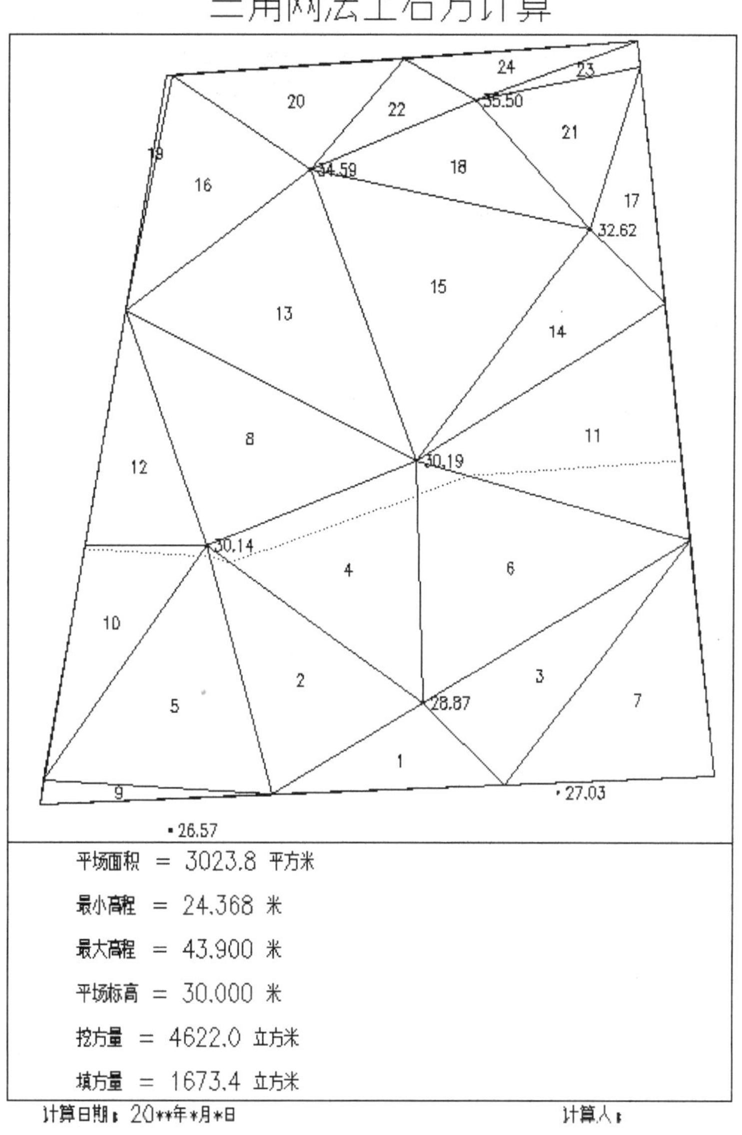

图 9-15　DTM 方法土方计算成果

2. 断面法土方计算

断面法计算有道路断面法土方计算、场地断面法土方计算、任意断面法土方计算。本节主要讲道路的断面法土方计算，其计算的步骤如下：

(1)生成里程文件

里程文件用离散的方法描述了实际地形，生成里程文件常用的有 4 种方法：由纵断面线生成、由复合线生成、由等高线生成、由三角网和由坐标文件生成。由纵断面线生成是 4 种方法中速度最快的，这种方法只要展出点，绘出纵断面线，就可以在极短的时间里生成所有横断面的里程文件。

执行下拉菜单“工程应用|生成里程文件|由纵断面线生成|新建”命令，选择断面线后出现“由断面生成里程文件”对话框(图 9-16)，在对话框中设置横断面的相关数据。

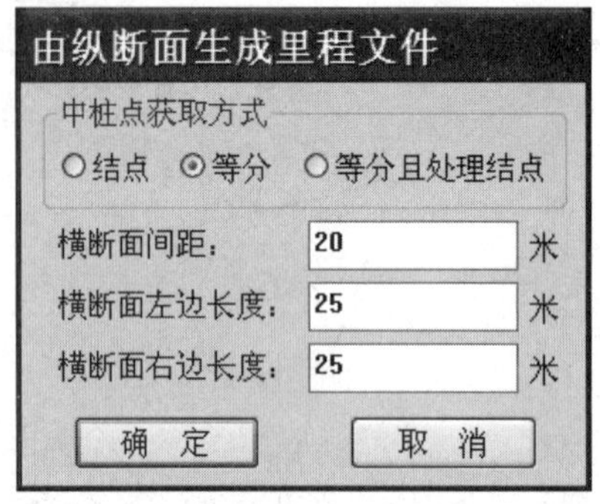

图 9-16 “由断面生成里程文件”对话框

设置好横断面数据后，系统自动根据上面给定的参数在图上绘出所有横断面线(图 9-17)。

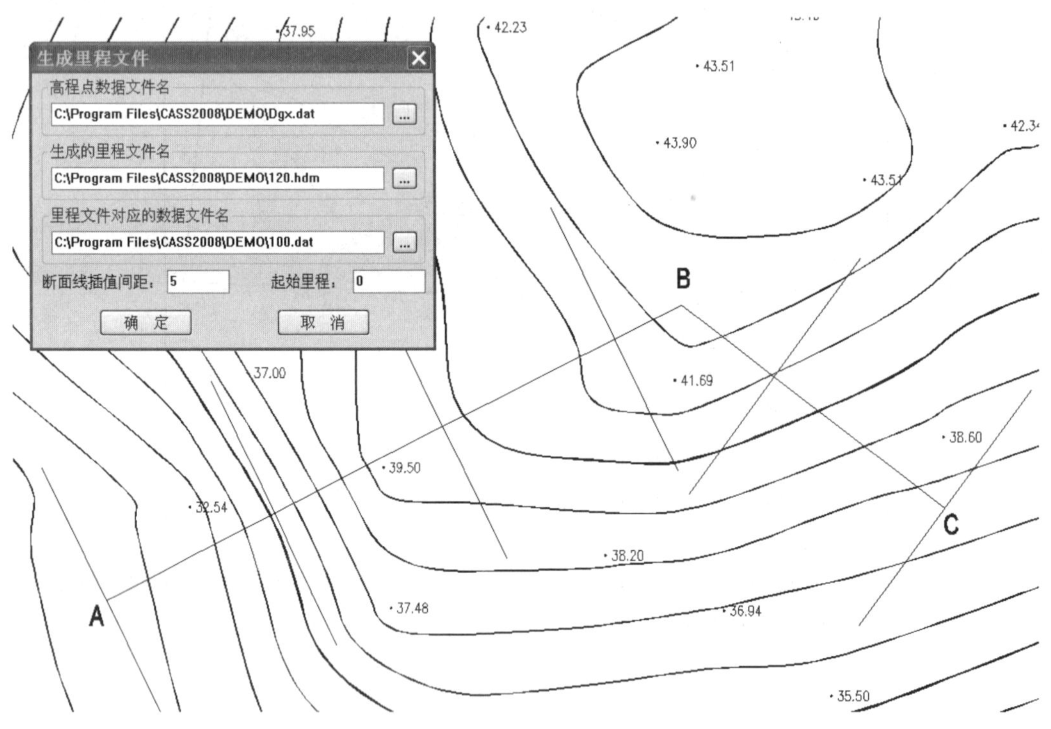

图 9-17 生成横断面线和里程文件

接着执行下拉菜单“工程应用|生成里程文件|由纵断面线生成|生成”命令，在弹出的生成里程文件对话框中进行设置：指定高程数据文件、要生成的里程文件名(需要指定存储位置和文件名)，以及里程文件对应的数据文件名(需要指定存储位置和文件名)。通过设置生成每个横断面的里程数据，并生成里程文件，在图形上标注各横断面里程和高程。

(2)设定计算参数

执行下拉菜单“工程应用|断面法土方计算|道路断面”后，弹出“断面设计参数”对话框，

如图 9-18 所示。在对话框中选择里程文件并输入计算参数。

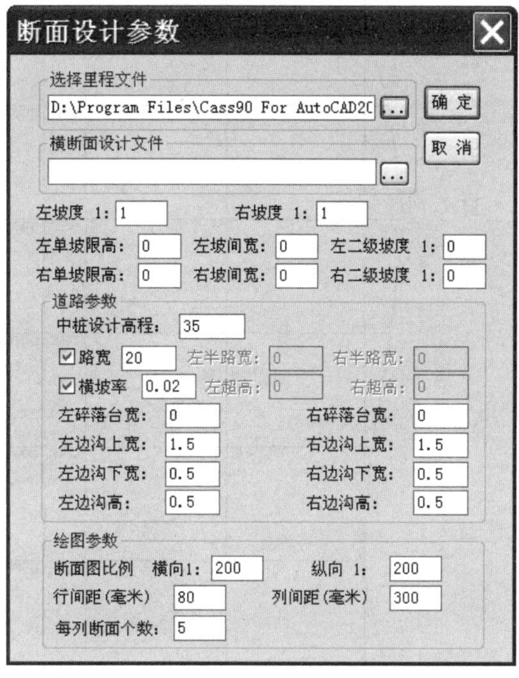

图 9-18 “断面设计参数”对话框

设置好断面参数后，指定位置生成纵断面图(图 9-19)和所有横断面图(图 9-20)。

(3)计算工程量

执行下拉菜“工程应用|断面法土方计算|图面土方计算”，根据命令行提示，选择要计算土方的断面图(在窗口中选择参与计算的道路横断面图)，指定位置后系统自动在图上绘出土石方计算表，如图 9-21 所示。

3. 方格网法土方计算

由方格网来计算土方量是根据实地测定的地面点坐标(X，Y，H)和设计高程，通过生成方格网来计算每一个长方体的填挖方量，最后累计得到指定范围内填方和挖方的土方量，并绘出填挖方分界线。假设设计面是水平时，操作步骤如下：

(1)用复合线画出所要计算土方的闭合区域。

(2)执行下拉菜单“工程应用|方格网法土方计算”，屏幕上将弹出选择高程坐标文件的对话框，在对话框中选择所需的坐标文件，填写填挖的设计标高、方格网边长等(图 9-22)。

如图 9-23 所示，图上绘出所分析的方格网和填挖方的分界线(点线)，并给出每个方格的填挖方，W 表示挖方量，T 表示填方量，方格角点右上角为计算出来的点位高程，右下方为设计标高，左下角为该点的填挖高度、每行的挖方和每列的填方，计算出总面积、总填方和总挖方。

用方格网法算土方量时，设计面也可以是倾斜的。计算的不同点是要输入设计面坡度和基准线设计高程位置，其余的操作基本一致。

比例尺：横向 1:500 纵向 1:100
地面高程
里程
25
30
35
0+000.0 28.25
0+020.0 29.90
0+040.0 31.60
0+060.0 34.84
0+080.0 36.61
0+100.0 36.24
0+120.0 35.61
0+140.0 34.82
0+160.0 35.25
0+180.0 35.82
0+200.0 36.41
0+220.0 35.85
0+237.1 34.81

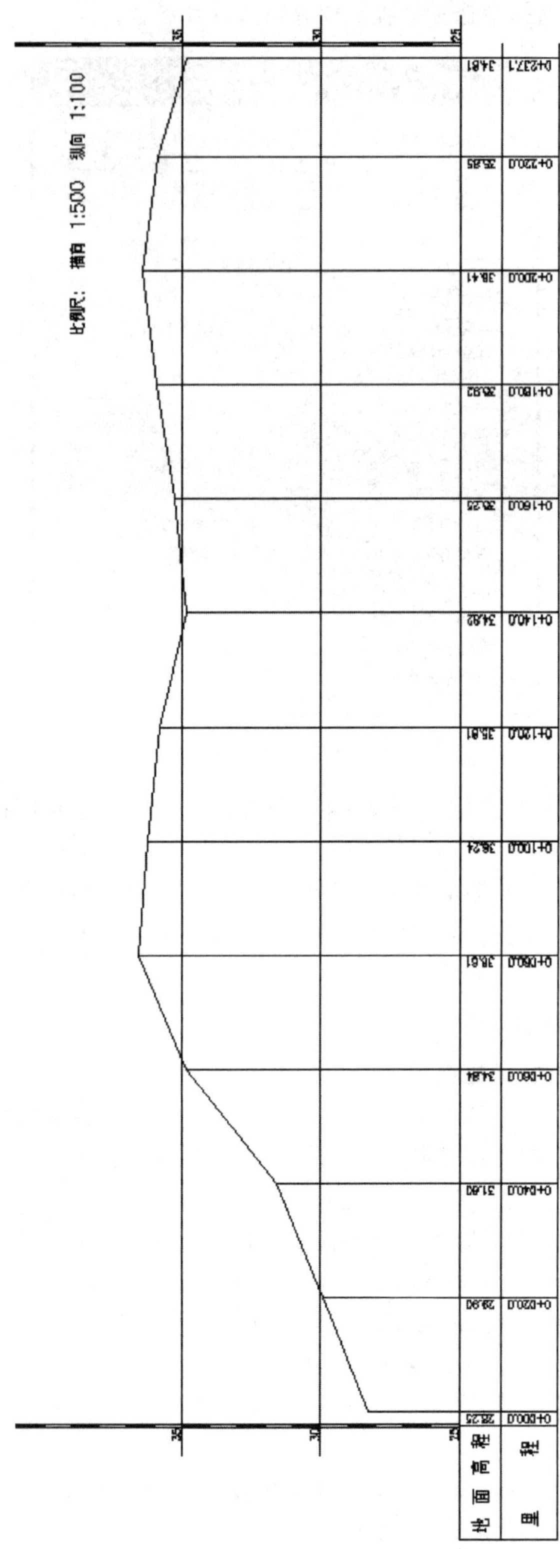

图 9-19 公路纵断面图

1
距离
高程
K0+0.00
TA=54.97　WA=0.00
2
距离
高程
K0+20.00
TA=20.39　WA=0.00
12
距离
高程
K0+60.00
TA=0.00　WA=109.92
13
距离
高程
K0+80.00
TA=0.00　WA=123.06

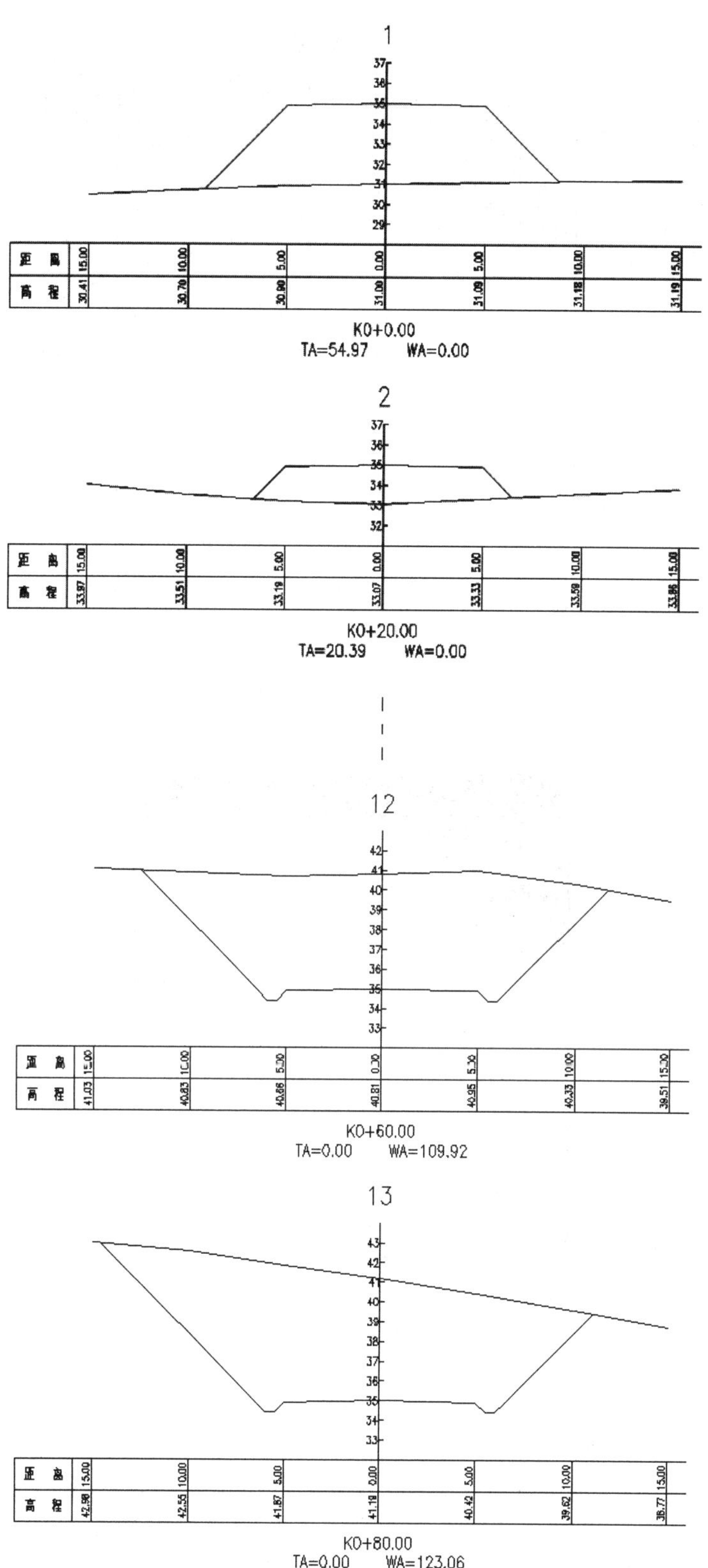

图 9-20　公路横断面图

土石方数量计算表

里程	中心高(m)		横断面积(m²)		平均面积(m²)		距离(m)	总数量(m²)	
	填	挖	填	挖	填	挖		填	挖
K0+0.00	6.75		179.17	0.00					
					153.77	0.00	20.00	3075.36	0.00
K0+20.00	5.10		128.37	0.00					
					102.84	0.00	20.00	2056.86	0.00
K0+40.00	3.40		77.32	0.00					
					43.96	2.72	20.00	879.12	54.36
K0+60.00	0.16		10.60	5.44					
					5.30	26.65	20.00	105.95	533.06
K0+80.00		1.61	0.00	47.87					
					0.11	44.30	20.00	2.16	885.99
K0+100.00		1.24	0.22	40.73					
					1.42	33.41	20.00	28.30	668.16
K0+120.00		0.81	2.61	26.09					
					7.45	20.02	20.00	149.05	400.49
K0+140.00	0.18		12.29	13.96					
					9.63	16.38	20.00	192.61	327.51
K0+160.00		0.25	6.97	18.79					
					3.84	24.43	20.00	76.83	488.66
K0+180.00		0.91	0.71	30.08					
					0.36	33.00	20.00	7.14	659.91
K0+200.00		1.41	0.00	35.92					
					0.03	30.31	20.00	0.50	606.22
K0+220.00		0.85	0.05	24.71					
					2.80	14.23	17.10	47.92	243.24
K0+237.10	0.19		5.56	3.75					
合计								6621.8	4867.6

图 9-21 公路土石方计算成果

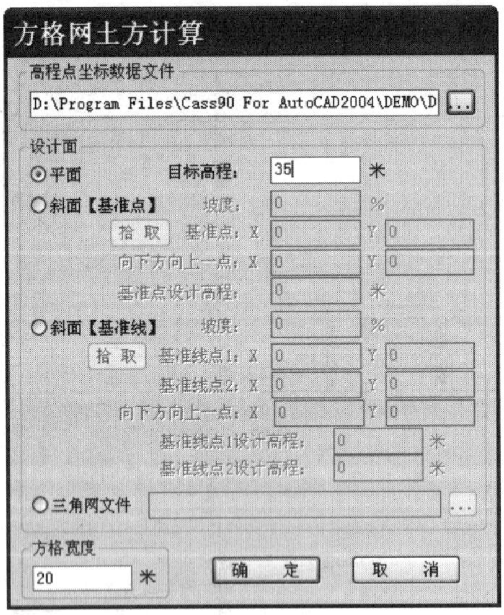

方格网土方计算
高程点坐标数据文件
D:\Program Files\Cass90 For AutoCAD2004\DEMO\D
设计面
平面 目标高程：35 米
斜面【基准点】 坡度：0 %
拾取 基准点：X 0 Y 0
向下方向上一点：X 0 Y 0
基准点设计高程：0 米
斜面【基准线】 坡度：0 %
拾取 基准线点1：X 0 Y 0
基准线点2：X 0 Y 0
向下方向上一点：X 0 Y 0
基准线点1设计高程：0 米
基准线点2设计高程：0 米
三角网文件
方格宽度
20 米
确 定 取 消

图 9-22 方格网土方计算参数设置

4. 等高线法土方计算

有的时候，用户使用的数字地形图没有相应的高程数据文件，所以无法用前面的几种方法计算土方量。但一般来说，这些图上都会有等高线，可以根据等高线来计算土方量。

用等高线法可计算任两条等高线之间的土方量，但所选等高线必须闭合。由于两条等高线所围面积可求，两条等高线之间的高差也已知，因此可计算出这两条等高线之间的土方量。

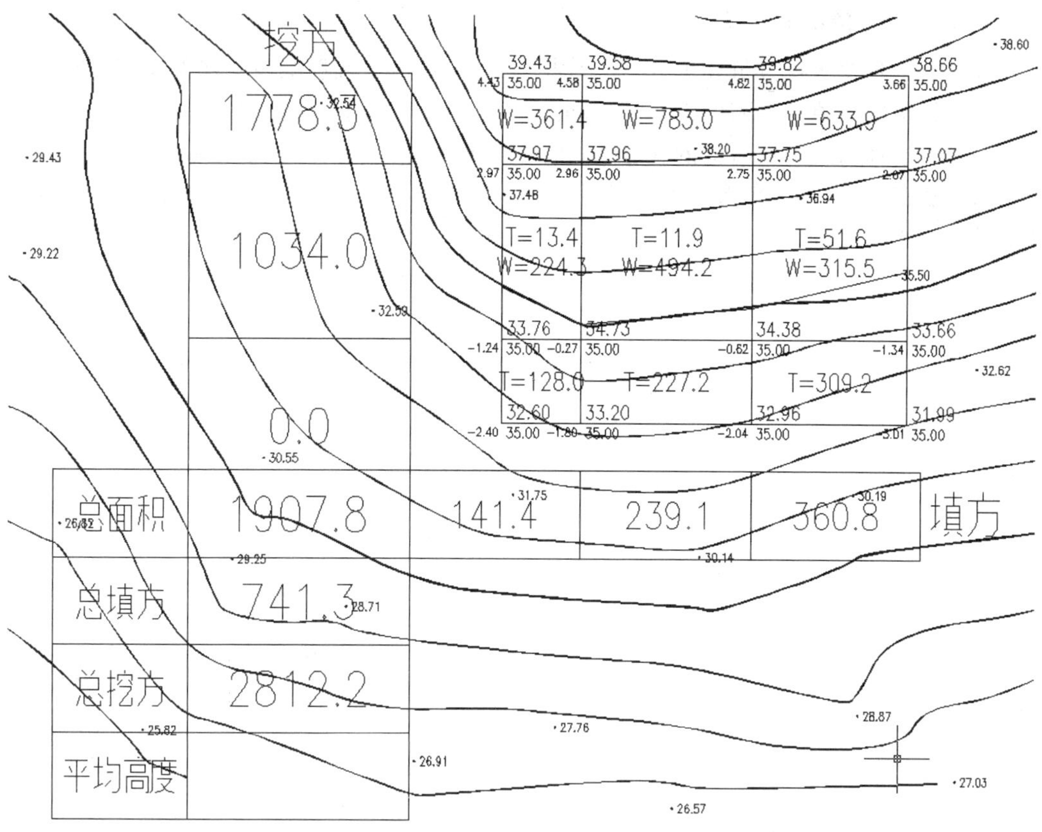

图 9-23　方格网土方计算成果

执行下拉菜单"工程应用|等高线法土方计算"，根据屏幕提示选择要计算的两条等高线，并在指定位置上自动生成等高线法计算土方成果(图 9-24)。

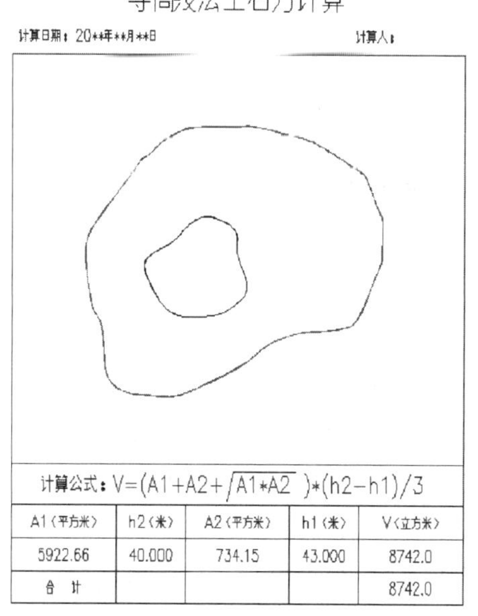

A1（平方米）	h2（米）	A2（平方米）	h1（米）	V（立方米）
5922.66	40.000	734.15	43.000	8742.0
合　计				8742.0

图 9-24　等高线土方计算成果

5. 区域土方量平衡计算

大多数工程要求挖方量和填方量大致相等，这样可以大幅度减少运输费用，降低工程造价。计算指定区域填挖平衡的设计高程和土方量时，执行下拉菜单“工程应用|区域土方量平衡”命令，选择闭合区域对应的复合线，得到填挖平衡的设计标高、填方量、挖方量，闭合图形内部生成三角形，各三角形的填方量、挖方量，填挖方分界线(点线)。在指定位置生成完整的计算成果(图 9-25)。

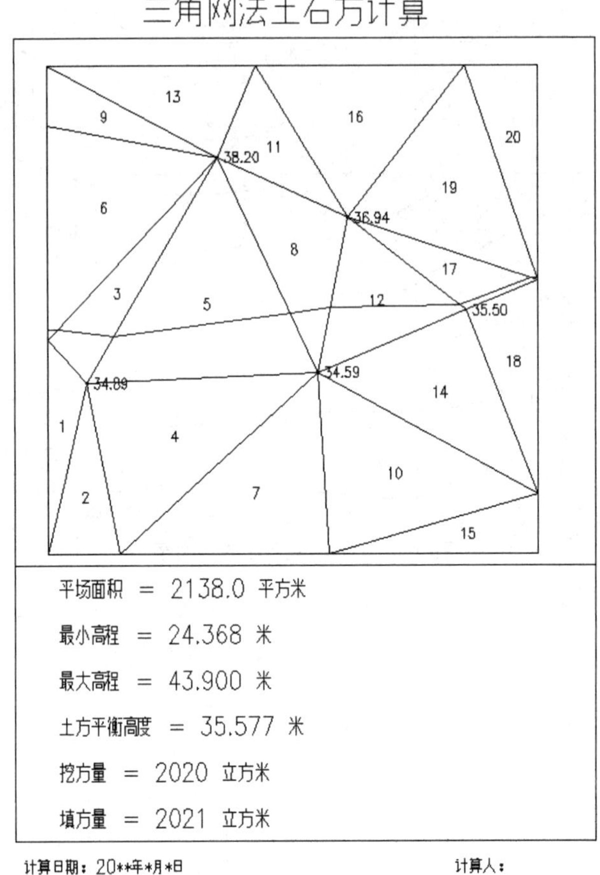

图 9-25 区域土方量平衡计算成果

9.4.3 利用数字地形图绘制断面图

利用数字地形图绘制断面图的方法有两种：根据已知坐标、里程文件、三角网、等高线等方法来生成。下面介绍根据已知坐标生成的步骤。

首先用复合线绘制断面线，然后执行下拉菜单“工程应用|绘断面图|根据坐标文件”，根据系统提示选择复合线 ABC(图 9-26)，指定位置生成断面图(图 9-27)。

第二种方法可以编写里程文件，根据里程文件生成断面图。里程文件采用约定的格式，它包含断面的信息。

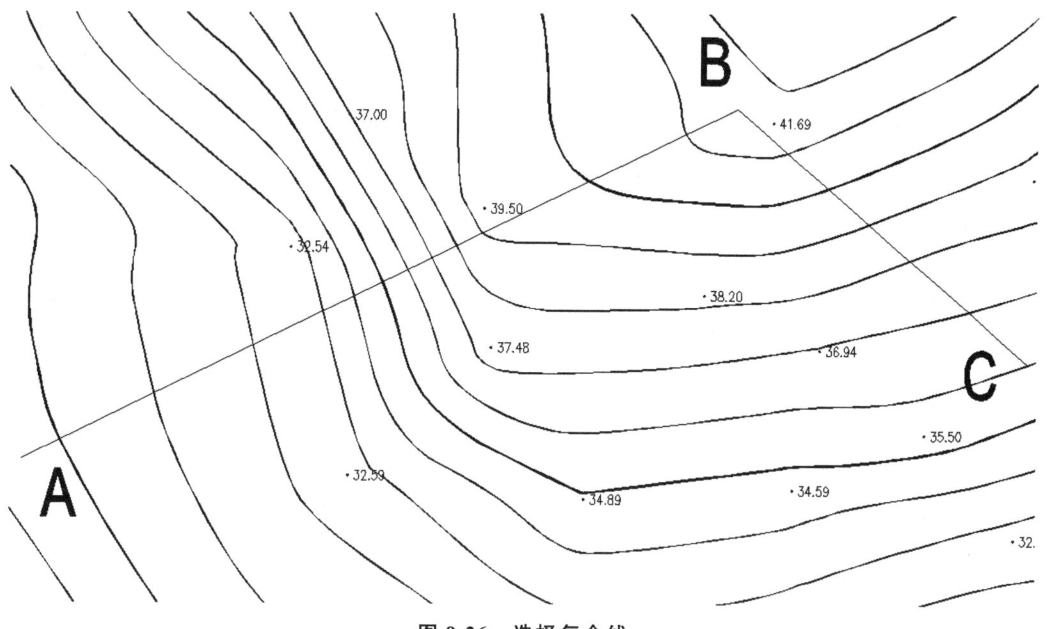

图 9-26　选择复合线

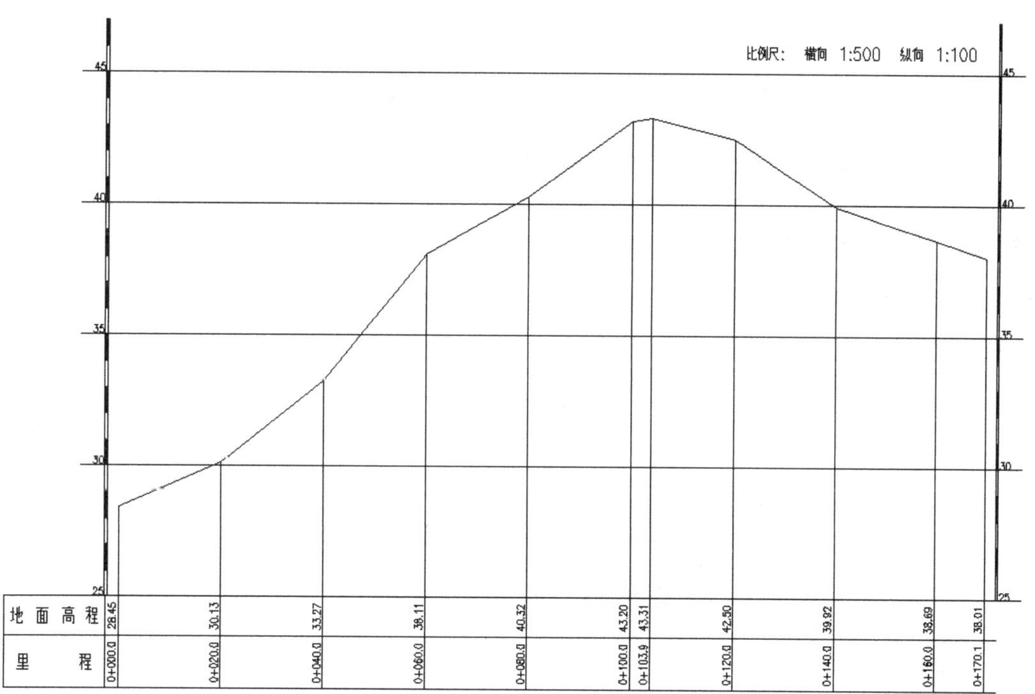

图 9-27　根据坐标文件生成的断面图

第三种方法可以根据图上等高线生成断面图。选择这种方法，选择断面线对应的复合线，并指定位置即可，如图 9-28 所示。

还有第四种方法，如果图纸上面有三角网，也可以采用三角网生成断面图。

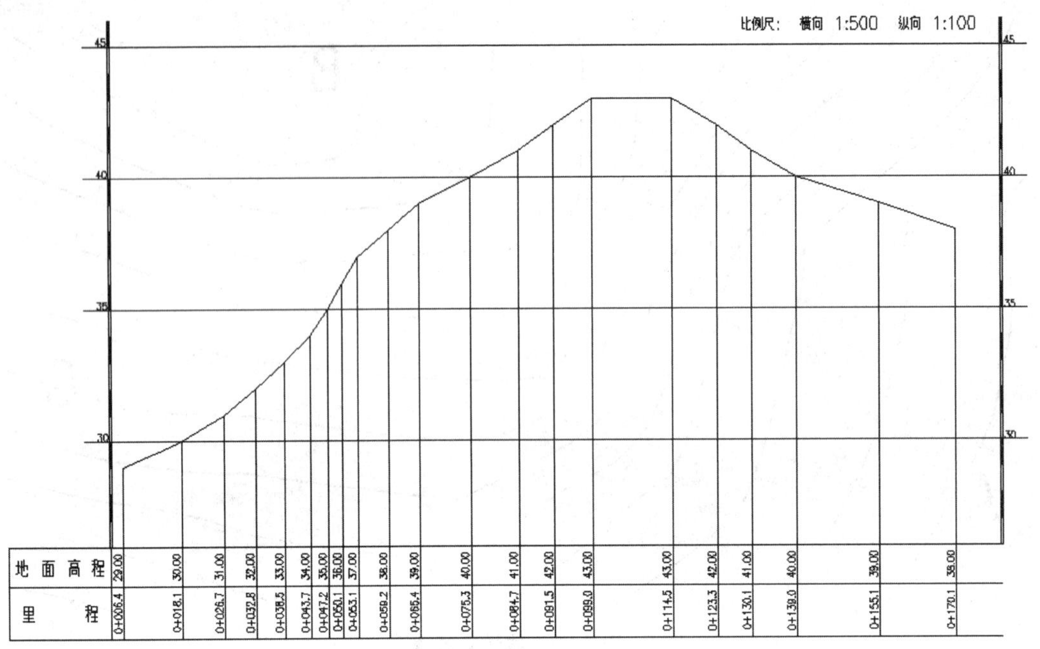

图 9-28 根据图上等高线生成的断面图

9.4.4 道路曲线设计

可以直接利用数字绘图软件绘制道路的圆曲线和缓和曲线，在图上注记曲线特征点并绘出平曲线要素表。执行下拉菜单"工程应用|共录取线设计|单个交点处理"，在对话框中(图 9-29)进行曲线要素的设置，屏幕上生成并显示道路曲线，在指定位置显示道路里程点坐标表格、平曲线要素表(图 9-30)。

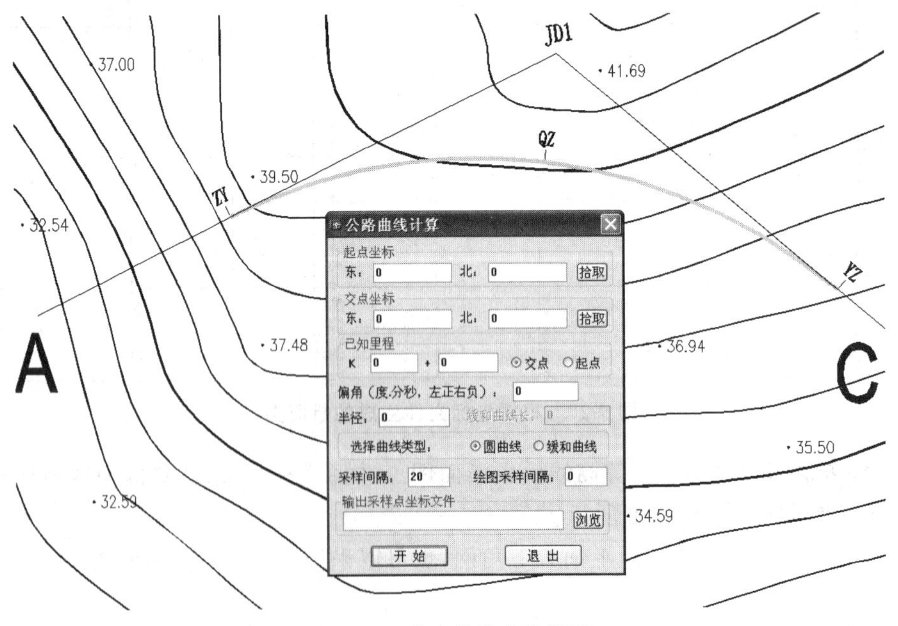

图 9-29 道路曲线参数设置

平曲线要素表

JD		偏角		R	T	L	E	ZY	QZ	YZ
		左偏	右偏							
1	K0+103.930	35°0′0.0″		120.000	37.836	73.304	5.823	K0+066.095	K0+102.746	K0+139.398

里　程	X	Y
K0+000.000	31390.100	53349.427
K0+020.000	31396.757	53368.287
K0+040.000	31403.414	53387.146
K0+060.000	31410.071	53406.006
K0+066.095	31412.100	53411.753
K0+080.000	31417.477	53424.568
K0+100.000	31427.723	53441.717
K0+102.746	31429.348	53443.931
K0+120.000	31440.672	53456.929
K0+139.398	31455.474	53469.433

图 9-30　道路曲线要素、里程坐标

如果曲线要素较多，可以先设计好道路曲线要素文件，然后根据要素文件生成曲线、道路里程坐标、平曲线要素表。道路曲线要素数据文件结构如下：

ANGLE，X＝0. 000，Y＝0. 000，K0＋0. 000，A＝0. 0000，D＝1624. 030

JD1，A＝91. 0152，D＝267. 680，R＝20. 000，Lh＝0. 000

JD2，A＝－90. 0548，D＝616. 110，R＝65. 000，Lh＝25. 000

JD3，A＝1. 0804，D＝374. 420，R＝5500. 000，Lh＝0. 000

JD4，A＝－1. 1825，D＝1011. 640，R＝5500. 000，Lh＝0. 000

上面格式中各种符号含义：*JD* 为公路的交点；K0＋0. 000 为交点里程；点位 *X*、*Y* 坐标；*A* 为偏角，格式为度分秒，左偏为正，右偏为负；*D* 为切线长；*R* 为设计半径；*Lh* 为缓和曲线长度。

该文件可以手工录入，也可以利用交互界面录入。

思考练习题

1. 试述地形图的重要用途。

2. 分析量算图形面积的几种方法及其特点。

3. 下图所示为 1∶1000 比例尺的地形图，拟将方格内的场地平整为水平场地，图中格网为 10 m×10 m，请用方格网法计算土方量。

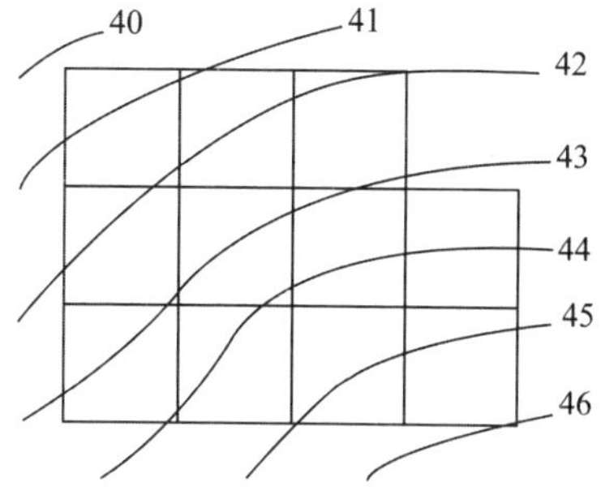

第 10 章　施工测量的基本工作

【教学要求】

知识准备	能力要求	相关知识点
施工测量	(1) 了解施工测量概念及特点 (2)掌握施工测量的精度要求	(1)施工测量的目的、内容、特点 (2)施工测量精度
施工测量的基本工作	能够按照要求精度进行已知水平距离、已知水平角、已知高程的测设	(1)距离放样 (2)角度放样 (3)高程放样
点的平面位置放样	(1)掌握不同方法进行点的平面位置放样 (2)能够利用现有条件合理选择适用的方法进行建筑物平面位置的测设	(1)极坐标法 (2)直角坐标法 (3)角度交会法 (4)距离交会法 (5)全站仪坐标放样法
坡度放样	能够按照要求精度进行已知坡度的测设	(1)水平视线法 (2)倾斜视线法

10.1　施工测量概述

10.1.1　施工测量的目的和内容

1. 施工测量的目的

施工测量的目的与一般测图工作相反，它是按照设计和施工的要求将设计的建筑物、构筑物的平面位置和高程，按照一定的精度在地面上标定出来，作为施工的依据，并在施工过程中进行一系列的测量工作，以衔接和指导各工序之间的施工。

施工测量贯穿于整个施工过程中。从场地平整、建筑物定位、基础施工，到建筑物构件的安装等工序，都需要进行施工测量，使建筑物、构筑物各部分的尺寸、位置符合设计要求。有些高大或特殊的建筑物建成后，还要定期进行变形观测。

2. 施工测量的内容

(1)建立施工控制网。

(2)按设计和施工要求对建筑物、构筑物进行详细放样。

(3)检查与验收。每道施工工序完成后,对工程各部位的实际位置及高程进行测量检查。

(4)变形观测。随着施工的进展,测定建筑物在平面和高程方面产生的位移和沉降,收集整理各种变形资料,作为鉴定工程质量和验证工程设计、施工是否合理的依据。

10.1.2　施工测量的原则

为了保证施工能满足设计要求,施工测量与一般测图工作一样,也必须遵循"从整体到局部,先控制后碎部"的原则,即先在施工现场建立统一的平面控制网和高程控制网,然后以此为基础,测设出各个建筑物和构筑物的位置。

此外,施工测量责任重大,稍有差错,就会酿成工程事故,给国家造成重大损失,因此,必须加强外业和内业的检核工作。检核是测量工作的灵魂。

10.1.3　施工控制测量

《城市测量规范》与施工测量有关的内容只有规划监督测量和市政工程测量,并无建筑施工测量的内容,因此,本章按《工程测量规范》的要求撰写。

在建筑场地上建立的控制网称为场区控制网。场区控制网应充分利用勘察阶段建立的平面和高程控制网,并进行复测检查,当精度满足施工要求时,可作为场区控制网使用,否则应重新建立场区控制网。

1. 场区平面控制网(horizontal construction control network)

场区平面控制的坐标系应与工程项目勘察阶段所采用的坐标系相同,其相对于勘察阶段控制点的定位精度,不应大于±5 cm。由于全站仪的普及,场区平面控制网通常布设为导线形式,其等级和精度应符合下列规定:

(1)建筑场地大于 1 km^2 的工程项目或重要工业区,应建立一级或一级以上的平面控制网;

(2)建筑场地小于 1 km^2 的工程项目或一般性建筑区,可建立二级平面控制网;

(3)用原有控制网作为场区控制网时,应进行复测检查。

场区一、二级导线测量的主要技术要求应符合表 10-1 的规定。

表 10-1　场区导线测量的主要技术要求

等级	导线长度/km	平均边长/m	测角中误差/(″)	测距相对中误差	2″仪器测回数	方位角闭合差/(″)	导线全长相对闭合差
一级	2.0	100～300	≤±5	≤1/30000	3	$10\sqrt{n}$	≤1/15000
二级	1.0	100～200	≤±8	≤1/14000	2	$16\sqrt{n}$	≤1/10000

注:n 为测站数。

2. 场区高程控制网(vertical construction control network)

场区高程控制网应布设成闭合环线、附合路线或节点网形。大中型施工项目的场区高程测量精度,不应低于三等水准。场区水准点可单独布置在场地相对稳定的区域,也可以设置在平面控制点的标石上。水准点间距宜小于 1 km，距离建(构)筑物不宜小于 25 m，距离回填土边线不宜小于 15 m。施工中，当少数高程控制点标石不能保存时，应将其高程引测至稳固的建(构)筑物上，引测的精度不应低于原高程点的精度等级。

10.1.4 施工测量的精度

为了保证建筑物、构筑物放样的正确性和准确性，施工测量必须达到一定的精度要求。根据具体的测设对象，测量必须满足工程要求的精度标准，保证工程的施工质量。

《工程测量规范》(GB 50026—2007)规定，建筑物施工放样、轴线投测和标高传递的偏差不应超过表 10-2 的规定。

表 10-2 建筑物施工放样、轴线投测和标高传递的允许偏差

项目	内容		允许偏差/mm
基础桩位放样	单排桩或群桩中的边桩		±10
	群桩		±20
各施工层上放线	外廓主轴线长度 L/m	$L\leqslant 30$	±5
		$30<L\leqslant 60$	±10
		$60<L\leqslant 90$	±15
		$90<L$	±20
	细部轴线		±2
	承重墙、梁、柱边线		±3
	非承重墙边线		±3
	门窗洞口线		±3
轴线竖向投测	每层		3
	总高 H/m	$H\leqslant 30$	5
		$30<H\leqslant 60$	10
		$60<H\leqslant 90$	15
		$90<H\leqslant 120$	20
		$120<H\leqslant 150$	25
		$150<H$	30
标高竖向传递	每层		±3
	总高 H/m	$H\leqslant 30$	±5
		$30<H\leqslant 60$	±10
		$60<H\leqslant 90$	±15
		$90<H\leqslant 120$	±20
		$120<H\leqslant 150$	±25
		$150<H$	±30

施工层标高的传递，宜采用悬挂钢尺替代水准尺的水准测量方法进行，并应对钢尺读数进行温度、尺长和拉力改正。传递点的数目应根据建筑物的大小和高度确定。规模小的工业建筑或多层民用建筑，宜从 2 处分别向上传递，规模较大的工业建筑或高层民用建筑，宜从 3 处分别向上传递。

施工层轴线的投测，宜使用 2 秒级激光经纬仪或激光垂准仪进行。

10.1.5　施工测量的特点

施工测量与一般测图工作相比具有如下特点：

(1)目的不同。简单地说，测图工作是将地面上的地物、地貌测绘到图纸上，而施工测量是将图纸上设计的建筑物或构筑物放样到实地。

(2)精度要求不同。施工测量的精度要求取决于工程的性质、规模、材料、施工方法等因素。

一般高层建筑物的施工测量精度要求高于低层建筑物的施工测量精度；钢结构施工测量精度要求高于钢筋混凝土结构的施工测量精度；装配式建筑物施工测量精度要求高于非装配式建筑物的施工测量精度。

此外，由于建筑物、构筑物的各部位相对位置关系的精度要求较高，因而工程的细部放样精度要求往往高于整体放样精度。

(3)施工测量工序与工程施工的工序密切相关。测量人员要了解设计的内容、性质及其对测量工作的精度要求，熟悉图纸上的标定数据，了解施工的全过程，并掌握施工现场的变动情况，使施工测量工作能够与工程施工密切配合。

(4)受施工干扰。施工场地上工种多，交叉作业频繁，并要填、挖大量土、石方，地面变动很大，又有车辆等机械震动，因此，各种测量标志必须埋设稳固且不易被破坏。

10.2　施工测量基本工作

在建筑物、构筑物施工前，需要根据已建立的控制点或已有建筑物，按照设计的角度、距离和高程把图纸上建筑物、构筑物的一些特征点(如定位轴线交点)标定在实地上。因此，施工测量的基本工作，就是测设已知水平距离、已知水平角和已知高程。

10.2.1　已知水平距离的测设

放样已知水平距离就是根据已知的起点、线段方向和两点间的水平距离找出另一端点的地面位置。放样已知水平距离所用的工具与丈量地面两点间的水平距离相同，即钢尺、测距仪或全站仪。

1. 用钢尺放样已知水平距离

(1)一般方法

宜用于所测设长度小于一个整尺段的水平距离，地面平坦且精度要求又较低的情况。

从已知起点开始，沿给定方向按已知长度值，用钢尺直接丈量定出另一端点。为了检核，应往返丈量两次，取其平均值作为最终结果。

(2)精确方法

宜用于所测设长度相对较长(大于一个整尺段)的水平距离且精度要求又较高的情况。先按一般方法放样已知水平距离 D，再对所放样距离进行尺长、温度、倾斜改正，用式(10-1)计算出实地测设长度 L。

$$L = D - \Delta l_d - \Delta l_t - \Delta l_h \tag{10-1}$$

【例 10-1】设欲放样 AB 的水平距离 $D = 29.9100$ m，使用的钢尺名义长度为 30 m，实际长度为 29.9950 m，钢尺检定时的温度为 20 ℃，钢尺膨胀系数为 1.25×10^{-5}，A、B 两点的高差为 $h = 0.385$ m，实测时温度为 28.5 ℃。放样时在地面上应量出的长度为多少？

解：尺长改正：

$$\Delta l_d = \frac{29.9950 - 30}{30} \times 29.9100 = -0.0050 \text{ m}$$

温度改正：

$$\Delta l_t = 1.25 \times 10^{-5} \times (28.5 - 20) \times 29.9100 = 0.0032 \text{ m}$$

倾斜改正：

$$\Delta l_h = -\frac{0.385^2}{2 \times 29.9100} = -0.0025 \text{ m}$$

则放样长度为：

$$\begin{aligned} L_{放} &= D - \Delta l_d - \Delta l_t - \Delta l_h \\ &= 29.910 - (-0.0050) - 0.0032 - (-0.0025) \\ &= 29.9143 \text{ m} \end{aligned}$$

2. 用测距仪(或全站仪)放样已知水平距离

用测距仪(或全站仪)放样已知水平距离与用钢尺放样已知水平距离的方式一致，先用跟踪法放出另外一端点，再精确测定其长度，最后进行改正。

如图 10-1 所示，在 A 点安置测距仪(或全站仪)，瞄准并锁定已知方向，沿此方向移动反光棱镜，使仪器显示值为所放样水平距离时，则在棱镜所在位置定出端点 B。为了进一步提高放样精度，可用测距仪(或全站仪)精确测定 AB 的水平距离，并与设计值比较，其差值不应超过所要求的精度。

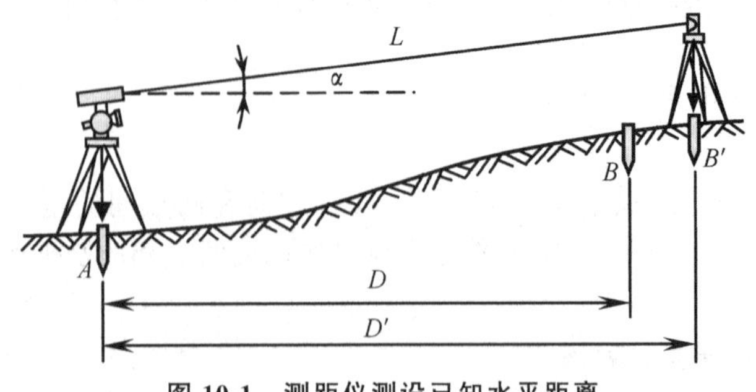

图 10-1 测距仪测设已知水平距离

10.2.2　已知水平角的测设

放样已知水平角就是根据水平角的已知数据和一个已知方向，把该角的另一个方向放样在地面上。

1. 一般方法(正倒镜分中法)

如图 10-2 所示，已知地面上 OA 方向，从 OA 向右放样已知水平角 β，定出 OB 方向，步骤如下：

(1)在 O 点安置经纬仪，盘左位置瞄准 A 点，读取水平度盘读数 α。

(2)顺时针转动照准部，使水平度盘读数置于 $\beta+\alpha$ 处，在此方向线上定出 B'点。

(3)在盘右位置同法定出 B''点，取 B'、B''连线的中心点 B，则$\angle AOB$ 就是要放样的已知水平角 β。

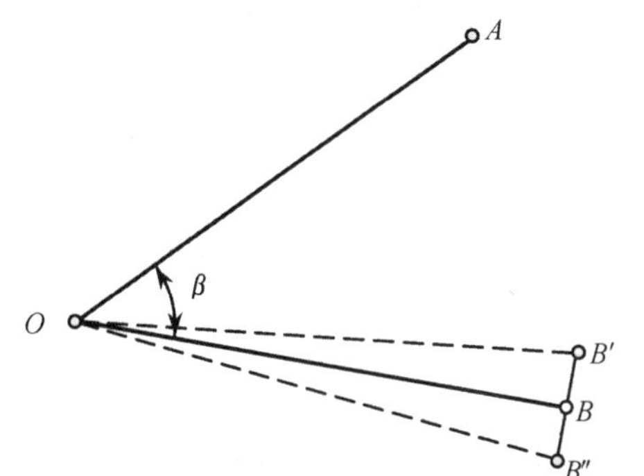

图 10-2　多测回修正法精确测设水平角

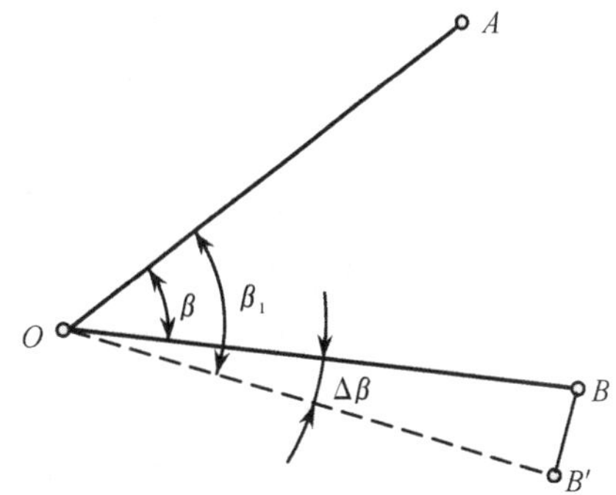

图 10-3　多测回修正法精确测设水平角

2. 精确方法(多测回修正法)

对放样精度要求较高时，可按下述步骤进行：

(1)如图 10-3 所示，先按一般方法放样定出 B'点。

(2)反复观测水平角$\angle AOB$ 若干个测回，准确求其平均值 β_1，并计算出它与已知水平角的差值 $\Delta\beta=\beta_1-\beta$。

(3)计算改正距离：

$$BB'=D\cdot\tan\Delta\beta\approx D\cdot\frac{\Delta\beta}{\rho}$$

式中，D—测站点 O 至放样点 B'的距离；

$\rho=206265''$。

(4)然后从 B'点沿 OB'的垂直方向量出垂距 BB'，定出 B 点，则$\angle AOB$ 就是要放样的已知水平角。

(5)测量$\angle AOB$ 角，以检核测设的正确性。

当前，全站仪的智能化水平越来越高，能同时放样已知水平角和水平距离。若用全站仪放样，可自动显示需要修正的距离和移动的方向。

10.2.3 已知高程的测设

高程点的测设是根据已知水准点，用水准测量的方法，在给定点位上标出某设计高程的位置工作，也称为高程放样。

如图 10-4 所示，已知水准点 A 的高程为 $H_A=20.950$ m，B 为某设计图纸上已确定建筑物的室内地坪高程±0.000 m 待测点，设计标高为 $H_B=21.500$ m，现要把该建筑物的室内地坪高程放样到木桩 B 上，作为施工时控制高程的依据。其方法如下：

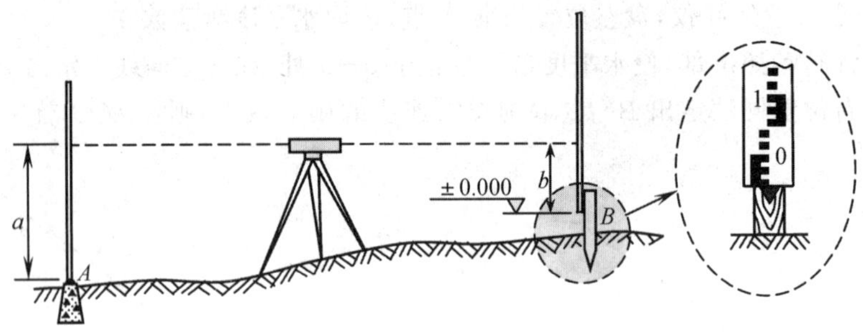

图 10-4 高程放样

(1)在 A、B 之间安置水准仪，在 A 点竖立水准尺，读取后视读数为 $a=1.675$ m。

(2)由此计算视线高程：

$$H_i=H_A+a=20.950+1.675=22.625\ \text{m}$$

(3)要使 B 点处木桩高程为 21.500 m，则在 B 点处水准尺的读数应为：

$$b=H_i-H_B=22.625-21.500=1.125\ \text{m}$$

(4)将水准尺紧靠 B 桩一侧，上下移动水准尺，直至水准仪在水准尺上的读数恰好为 1.125 m 时，紧靠尺底在 B 桩上画一红线，此线位置就是室内地坪的位置。

在深基坑内或在较高的楼层面上放样高程时，水准尺的长度不够，这时，可在坑底或楼层面上先设置临时水准点，然后将地面高程点传递到临时水准点上，再放样所需高程。

如图 10-5 所示，欲向基坑内测设高程为 H_B 的 B 点，地面水准点 A 高程为 H_A，则可在基坑边架设吊杆，杆顶吊一根零点向下的钢尺，尺的下端挂上重锤，在地面和坑内各安置一台水准仪。B 点的标高为：

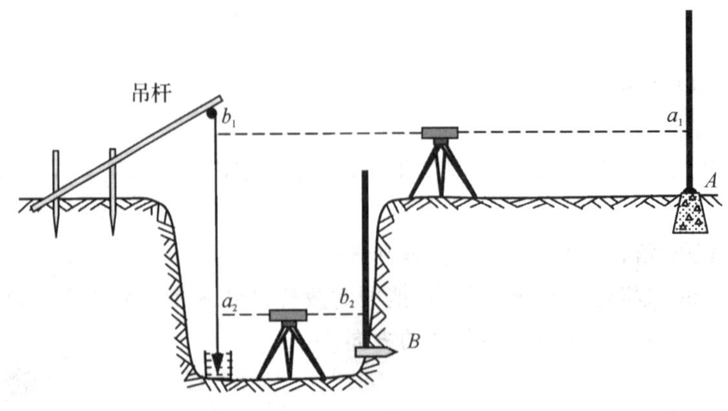

图 10-5 深基坑水准点高程放样

$$H_B = H_A + a_1 - (b_1 - a_2) - b_2$$

式中，a_1、b_1、a_2、b_2—水准尺读数。

然后，改变钢尺悬挂位置，再次观测，以便检核。

当向较高的建筑物传递高程时，方法与向深基坑传递高程类似。

10.3　点的平面位置的测设

建筑物平面位置测设的方法主要有极坐标法、直角坐标法、角度交会法、距离交会法和全站仪坐标放样法等。

10.3.1　极坐标法

极坐标法是根据水平角和距离测设点的平面位置。适用于待定点附近有已知平面控制点，测设距离较短，且便于量距的场地。

1. 计算测设要素

如图 10-6 所示，A、B 是已知平面控制点，其坐标为(x_A，y_A)、(x_B，y_B)，P 点为设计的建筑物一个角点，其坐标为(x_P，y_P)。现根据 A、B 两点，用极坐标法测设 P 点。其测设数据计算方法如下：

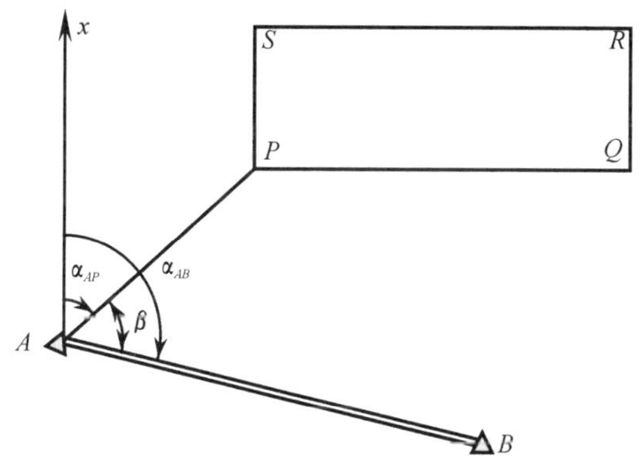

图 10-6　极坐标法放样点的平面位置

(1)计算 AB 边的坐标方位角 α_{AB} 和 AP 边的坐标方位角 α_{AP}，按坐标反算公式计算。

$$\alpha_{AB} = \arctan \frac{y_B - y_A}{x_B - x_A}$$

$$\alpha_{AP} = \arctan \frac{y_P - y_A}{x_P - x_A}$$

注意：每条边在计算时，应根据 Δx 和 Δy 的正负情况，判断该边所属象限。

(2)计算 AP 与 AB 之间的夹角。

$$\beta = \alpha_{AB} - \alpha_{AP}$$

(3)计算 A、P 两点间的水平距离。

$$D_{AP}=\frac{y_P-y_A}{\sin\alpha_{AP}}=\frac{x_P-x_A}{\cos\alpha_{AP}}=\sqrt{\Delta x_{AP}^2+\Delta y_{AP}^2} \tag{10-2}$$

2. 测设方法

(1)在 A 点安置经纬仪，瞄准 B 点，按逆时针方向测设 β 角，定出 AP 方向。

(2)沿 AP 方向自 A 点测设水平距离 D_{AP}，定出 P 点，作出标志。

(3)用同样的方法测设 Q、R、S 点。全部测设完毕后，检查建筑物四角是否等于 90°，各边长是否等于设计长度，其误差均应在限差以内。

同样，在测设距离和角度时，可根据精度要求分别采用一般方法或精密方法。

10.3.2 直角坐标法

当在施工现场有互相垂直的主轴线或方格网线且量距方便时，可以用直角坐标法放样点的平面位置。直角坐标法是根据直角坐标原理，利用纵横坐标之差，测设点的平面位置。

1. 计算测设要素

如图 10-7 所示，Ⅰ、Ⅱ、Ⅲ、Ⅳ为建筑施工场地的建筑方格网点，a、b、c、d 为欲测设建筑物的四个角点，根据设计图上各点坐标值，可求出建筑物的长度、宽度及测设数据。

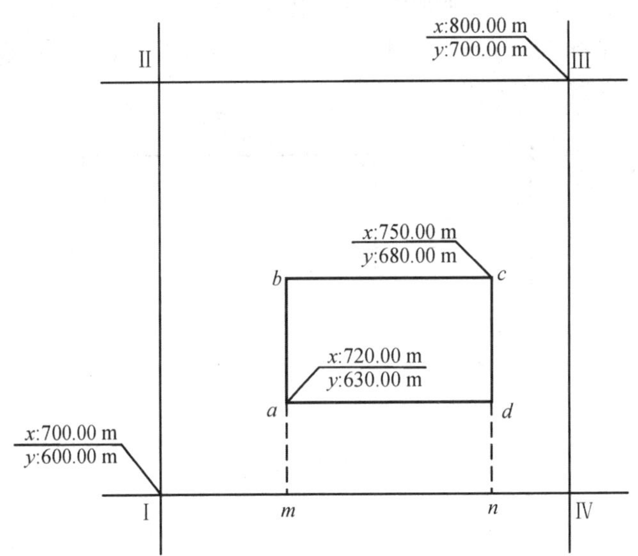

图 10-7 直角坐标法放样点的平面位置

建筑物的长度 $=y_c-y_a=680.00\ \text{m}-630.00\ \text{m}=50.00\ \text{m}$；

建筑物的宽度 $=x_c-x_a=750.00\ \text{m}-720.00\ \text{m}=30.00\ \text{m}$。

测设 a 点的测设数据（Ⅰ点与 a 点的纵横坐标之差）：

$$\Delta x=x_a-x_{\text{I}}=720.00\ \text{m}-700.00\ \text{m}=20.00\ \text{m}$$

$$\Delta y=y_a-y_{\text{I}}=630.00\ \text{m}-600.00\ \text{m}=30.00\ \text{m}$$

2. 测设方法

(1)在Ⅰ点安置经纬仪，瞄准Ⅳ点，沿视线方向测设距离 30.00 m，定出 m 点，继续向前测设 50.00 m，定出 n 点。

(2)在 m 点安置经纬仪，瞄准Ⅳ点，按逆时针方向测设 90°角，由 m 点沿视线方向测设距离 20.00 m，定出 a 点，作出标志；再向前测设 30.00 m，定出 b 点，作出标志。

(3)在 n 点安置经纬仪，瞄准Ⅰ点，按顺时针方向测设 90°角，由 n 点沿视线方向测设距离 20.00 m，定出 d 点，作出标志；再向前测设 30.00 m，定出 c 点，作出标志。

(4)检查建筑物四角是否等于 90°，各边长是否等于设计长度，其误差均应在限差以内。

直角坐标法只量距离和直角，数据直观，计算简单，工作方便，因此，直角坐标法应用较广泛。

10.3.3　角度交会法

角度交会法是在两个控制点上用两台经纬仪测设出两个已知水平角所定的两条方向线，交会出点的平面位置的一种方法。当放样地区受地形限制或量距困难时，常采用角度交会放样点位。

1. 计算测设要素

如图 10-8 所示，A、B 为已知控制点，P 为待测设点，其坐标分别为(x_A，y_A)、(x_B，y_B)、(x_P，y_P)。用角度交会法测设 P 点的测设要素，按公式(10-3)计算求得：

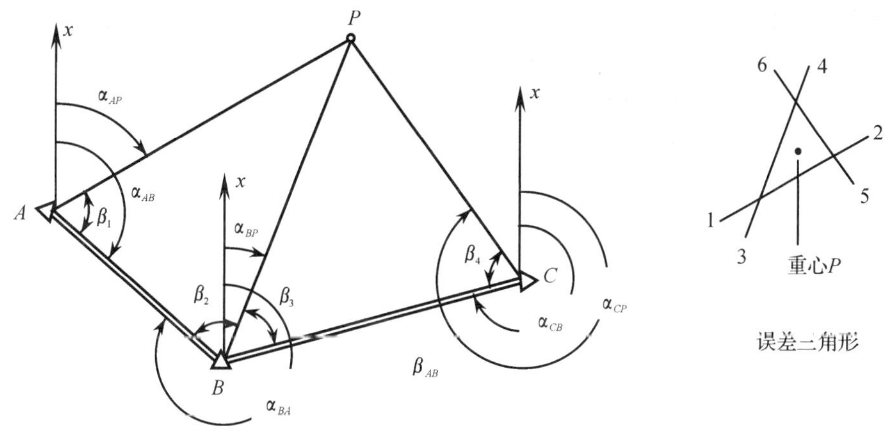

图 10-8　角度交会法放样点的平面位置

$$\alpha_{AP}=\arctan\frac{y_P-y_A}{x_P-x_A}$$

$$\alpha_{BP}=\arctan\frac{y_P-y_B}{x_P-x_B}$$

$$\alpha_{AB}=\arctan\frac{y_B-y_A}{x_B-x_A}$$

$$\alpha_{BA}=\arctan\frac{y_A-y_B}{x_A-x_B}$$

$$\beta_1=\beta_{AP}-\alpha_{AB}$$

$$\beta_2=\beta_{BP}-\alpha_{BA} \tag{10-3}$$

2. 测设方法

(1)将经纬仪安置在控制点 A 上，后视点 B，根据已知水平角 β_1 盘左盘右取平均值放样出 AP 方向线，在 AP 方向线上的 P 点附近打两个小木桩，桩顶钉小钉，如图 10-8 中 1、2 两点。

(2)同法，在 B 点安置经纬仪，放样出 3、4 点。也可用两台经纬仪分别安置在 A、B 点，同时放样出 AP 和 BP 方向线。交点即为 P 点的位置。

为了提高点的精度，常采用三个方向(或多方向)进行交会。如图 10-8 所示，在控制点 C 上安置经纬仪，放样出 5、6 点，在地面上拉出三条线，得三个交点。由于有放样误差，由此而产生的这三个交点就构成了误差三角形。当这误差三角形的边长不超过 4 cm 时，可取误差三角形的重心(三条中线的交点/内切圆圆心)作为所求 P 点的最终位置。若误差三角形的边长超限，则应重新放样。

10.3.4 距离交会法

距离交会法是由两个控制点测设两段已知水平距离，交会定出点的平面位置。距离交会法适用于待测设点至控制点的距离不超过一整尺段长，且地势平坦，量距方便的建筑施工场地。

1. 计算测设数据

如图 10-9 所示，A、B 为已知平面控制点，P 为待测设点，现根据 A、B 两点，用距离交会法测设 P 点，其测设数据计算方法如下：根据 A、B、P 三点的坐标值，分别计算出 D_{AP} 和 D_{BP}。

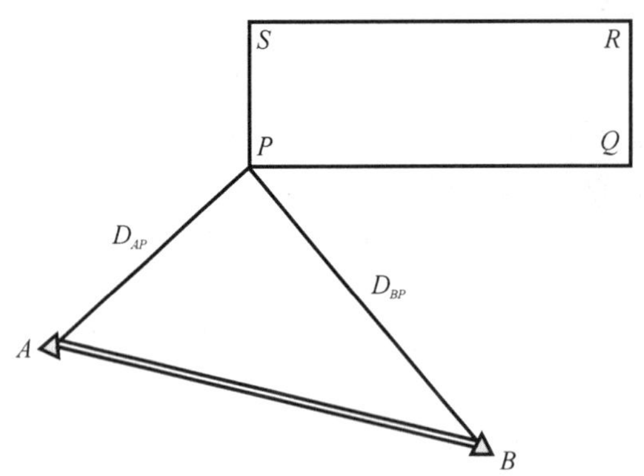

图 10-9 距离交会法放样点的平面位置

2. 点位测设方法

(1)将钢尺的零点对准 A 点，以 D_{AP} 为半径在地面上画一圆弧。

(2)再将钢尺的零点对准 B 点，以 D_{BP} 为半径在地面上再画一圆弧。两圆弧的交点即为 P 点的平面位置。

(3)用同样的方法，测设出 Q 的平面位置。

(4)丈量 P、Q 两点间的水平距离，与设计长度进行比较，其误差应在限差以内。

距离交会法的优点是测量简便，但精度较低，在施工中放样细部时，常用此法。

10.3.5　全站仪坐标放样法

1. 全站仪直接测设方法

全站仪坐标放样法的本质是极坐标法，它能适合各类地形情况，而且精度高，操作简便，在生产实践中已被广泛采用。

全站仪直接测设方法是将控制点和待测设点的坐标输入全站仪中，不需要预先计算测设数据，利用全站仪的测设功能直接测设待定点。全站仪直接测设的原理与极坐标法相同，区别是全站仪测设法由全站仪内置的程序模块直接计算出放样要素，并给出相应的操作提示，因此操作更加方便，是目前最常用的测设方法。

全站仪测设方法需要首先利用控制点建站，然后选择全站仪的测设模式(有些仪器中称放样)，再按屏幕的提示逐步操作，最终完成测设。如图 10-10 所示，全站仪主要操作步骤如下：

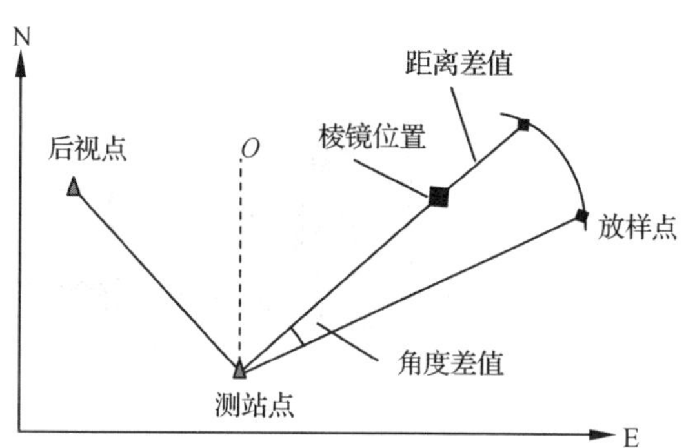

图 10-10　全站仪坐标放样原理

(1)放样前，将全站仪置于放样模式，向全站仪输入测站点坐标、后视点坐标(或方位角)，再输入待放样点坐标。

(2)准备工作完成之后，在大致位置立棱镜，用望远镜照准棱镜，按坐标放样相应功能键，则可立即显示当前棱镜位置与放样点位置的相应参数差值，得距离差值 dD 和角度差 dHR 或纵向差值 ΔX 和横向差值 ΔY。

(3)根据显示的 dD、dHR，移动棱镜位置，直至 dD、dHR 值为零(或坐标差值为零)，这时，棱镜所对应的位置就是放样点位置，然后在地面做出标志。

2. GNSS-RTK 测设方法

利用 GNSS-RTK(或 CORS 网)进行已知平面坐标的测设也是一种应用广泛的测设方法，利用该技术进行测设不需要点位之间通视，放样速度快，效率高，能达到约 2 cm 的测设精度，在建筑施工、公路中线测设中大量应用。

GNSS-RTK 测设方法与 GNSS-RTK 测量类似，首先需要设置好基准站，然后在对应的软件上选择点放样功能，根据页面提示，选择或输入待放样点的坐标，根据手簿指示，移动接收机到放样点附近区域，当接收机离放样点很近时手簿会出现语音提示，根据手簿上的点位提示，缓慢调整对中杆位置，一直移动到待测设的点位，注意要保持对中杆气泡居中。此时接收机对中杆底部所对应的位置即为放样点位置，做好标记后完成测设。

10.4 已知坡度的测设

在铺设管道、修筑道路等工程中，经常需要在地面上测设给定的坡度线。测设已知坡度线时，如果坡度较小，一般采用水准仪；如果坡度较大，则采用经纬仪。测设方法通常有水平视线法和倾斜视线法。

10.4.1 水平视线法

如图 10-11 所示，A、B 为设计坡度线的两端点，其设计高程分别为 H_A、H_B，AB 设计坡度为 i_{AB}。为使施工方便，应在 AB 方向上每隔距离 d 定一木桩，并在木桩上标定出坡度线。

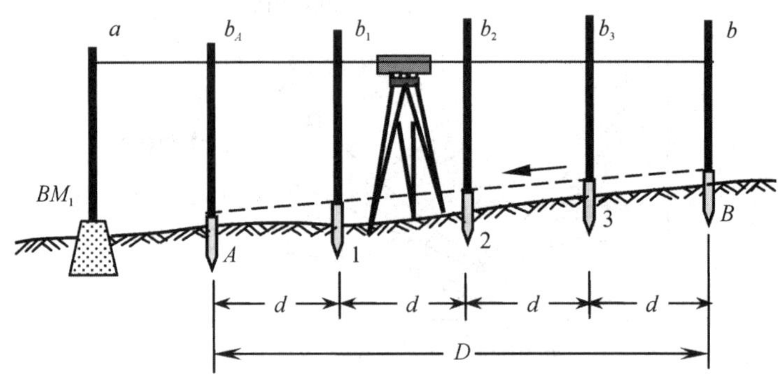

图 10-11 水平视线法放坡

施测方法如下：

(1)沿 AB 方向，用钢尺定出间距为 d 的中间点 1、2、3 的位置，并打下木桩。

(2)计算各桩点的设计高程：

第 1 点的设计高程　　$H_1=H_A+i_{AB}\cdot d$

第 2 点的设计高程　　$H_2=H_1+i_{AB}\cdot d$

第 3 点的设计高程　　$H_3=H_2+i_{AB}\cdot d$

B 点的设计高程　　$H_B=H_3+i_{AB}\cdot d$

或　　$H_B=H_A+i_{AB}\cdot D$（检核）

坡度 i 有正有负，计算设计高程时，坡度应连同其符号一并运算。

(3)安置水准仪于水准点 BM_1 附近，后视读数 a，得仪器视线高程 $H_i=H_{BM1}+a$，然后根据各点设计高程计算待测前视各点的应读读数为：$b_j=H_i-H_j(j=1,2,3)$。

(4)将水准尺分别贴靠在各木桩的侧面，上、下移动水准尺，直至水准尺读数为 b_j 时，便可沿水准尺底面画一横线，各横线连线即为 AB 设计坡度线。

10.4.2　倾斜视线法

如图 10-12 所示，A、B 为坡度线的两端点，其水平距离为 D，A 点的高程为 H_A，要沿 AB 方向测设一条坡度为 i_{AB} 的坡度线，则先根据 A 点的高程、坡度 i_{AB} 及 A、B 两点间的水平离计算出 B 点的设计高程，再按测设已知高程的方法，将 A、B 两点的高程测设在地面的木桩上。然后将水准仪安置在 A 点上，使基座上一个脚螺旋在 AB 方向上，其余两个脚螺旋的连线与 AB 方向垂直，量取仪器高 i，再转动 AB 方向上的脚螺旋和微倾螺旋，使十字丝中丝对准 B 点水准尺上的读数等于仪器高 i，此时，仪器的视线与设计坡度线平行。在 AB 方向的中间各点 1、2、3……的木桩侧面立尺，上、下移动水准尺，直至尺上读数等于仪器高 i 时，沿尺子底面在木桩上画一红线，则各桩红线的连线就是设计坡度线。如果设计坡度较大，超出水准仪脚螺旋所能调节的范围，则可用经纬仪测设，其方法相同。

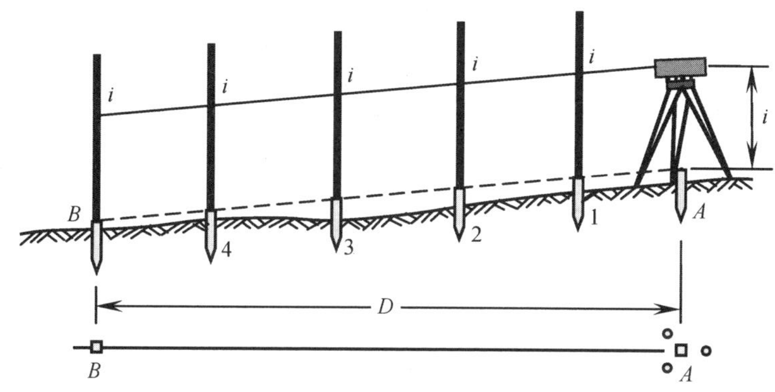

图 10-12　倾斜视线法放坡

思考练习题

1. 测设的基本工作有哪几项？测设与测量有何不同？

2. 测设点的平面位置有几种方法？

3. 建筑场地上水准点 A 的高程为 138.416 m，欲在待建房屋近旁的电杆上测设出±0 的标高，±0 的设计高程为 139.000 m。设水准仪在水准点 A 所立水准尺上的读数为 1.034 m，试说明测设的方法。

4. 要在坡度一致的倾斜地面上设置水平距离为 126.00 m 的线段，已知线段两端的高差为 5.40 m(预先测定)，所用 30 m 钢尺的鉴定长度是 29.993 m，测设时的温度 $t=10$ ℃，鉴定时的温度 $t_0=15$ ℃，试计算用这根钢尺在实地沿倾斜地面应量的长度。

5. 欲在地面上测设一个直角∠AOB，先用一般方法测设出该直角，再用多个测回测得其平均角值为 90°00′54″，又知 OB 的长度为 150.000 m，问在垂直于 OB 的方向上，B 点应该向何方向移动多少距离才能得到90°的角？

6. 已知 $\alpha_{AB}=280°04'00''$，$x_A=14.22$ m，$y_A=86.71$ m；$x_1=34.22$ m，$y_1=66.71$ m；$x_2=54.14$ m，$y_2=101.40$ m。试计算仪器安置于 A 点，用极坐标法测设1与2点的测设数据，并简述测设过程。

第 11 章　工业与民用建筑测量

【教学要求】

知识准备	能力要求	相关知识点
施工控制测量	(1)能进行建筑基线的放样 (2)能进行建筑方格网的放样 (3)熟悉施工高程控制网的建立	(1)建筑基线 (2)建筑方格网 (3)施工坐标与测图坐标的换算
民用建筑施工测量	(1)能进行建筑物定位与放线 (2)能进行基础施工测量 (3)能进行主体施工测量 (4)能进行高层建筑施工测量	(1)轴线控制桩、龙门板 (2)抄平、垫层中线 (3)轴线投测、标高传递
工业建筑施工测量	(1)能进行柱列轴线的放样 (2)能进行基础施工测量 (3)能进行厂房构件安装测量 (4)能进行高耸建筑施工测量	(1)矩形控制网 (2)柱列轴线 (3)柱基测设
建筑变形测量	(1)能完成对建筑物沉降观测 (2)能完成对建筑物裂缝观测 (3)能完成对建筑物倾斜观测 (4)能完成对建筑物位移观测	(1)沉降、位移 (2)沉降—荷载—时间
竣工测量	熟悉竣工总平面图的编绘	竣工总平面图

11.1　建筑场地施工控制测量

建筑施工控制的任务是建立施工控制网。在工程建设勘测阶段已建立了测图控制网，但是由于它是为测图而建立的，未考虑施工的要求，因此其控制点的分布、密度、精度都难以满足施工测量的要求。此外，平整场地时控制点大多受到破坏，因此在施工之前，为了保证各类建筑物和构筑物的平面位置和高程能够按照设计要求，合理精确地标定到实地，互相连成统一的整体，必须重新建立统一的平面和高程施工控制网，以测设各个建筑物和构筑物的位置。

在道路和桥梁工程建设中，施工平面控制网往往布设成三角网或导线网，其测量方法与测图控制网的测量方法相同，在此不再赘述。在大中型建筑施工场地上，施工控制网多用正方形或矩形网格，称为建筑方格网。施工控制网的布设形式，应以经济、合理和适用为原则，根据建筑设计总平面图和施工现场的地形条件来确定。在面积不大又不十分复杂的建筑场地上，常常布设一条或几条基线，作为施工控制。

施工控制网的建立，也必须遵循“从整体到局部，先控制后细部”的原则，由高精度到低精度进行建立。即先在施工现场建立统一的施工控制网，然后以此为基础，测设各个建筑物和构筑物的位置和进行变形观测。

施工控制网分为平面控制网和高程控制网两种，前者常采用导线网、建筑基线或建筑方格网等，后者则采用三、四等水准网或图根水准网。

相对于测图控制网来说，施工控制网具有控制范围小、控制点密度大、精度要求高、使用频繁、受施工干扰大等特点。

11.1.1 施工平面控制网的建立

可根据场地地形条件和建筑物、构筑物的布置情况，布设成建筑基线、建筑方格网、导线网或三角网及 GPS 网。

施工平面控制网的布设，应根据设计总平面图的布局和施工地区的地形条件来确定。一般民用建筑、工业厂房、道路和管线工程，基本上是沿着相互平行或垂直的方向布置的；对于建筑物布置比较规则和密集的大中型建筑场地，施工控制网一般布置成正方形或矩形格网，即建筑方格网；对于面积不大而又简单的小型施工场地，常布置一条或几条建筑基线作为施工测量的平面控制。对于扩建或改建工程的建筑场地，可采用导线网作为施工控制网。

1. 建筑基线

(1)建筑基线的布设

建筑基线是建筑场地的施工控制基准线，即在场地中央放样一条长轴线或若干条与其垂直的短轴线。它适用于建筑设计总平面图布置比较简单的小型建筑场地。

建筑基线的布设形式是根据建筑物的分布、场地地形等因素来确定的。其常见的形式有“一”字形、“L”字形、“十”字形和“T”字形，如图 11-1 所示。

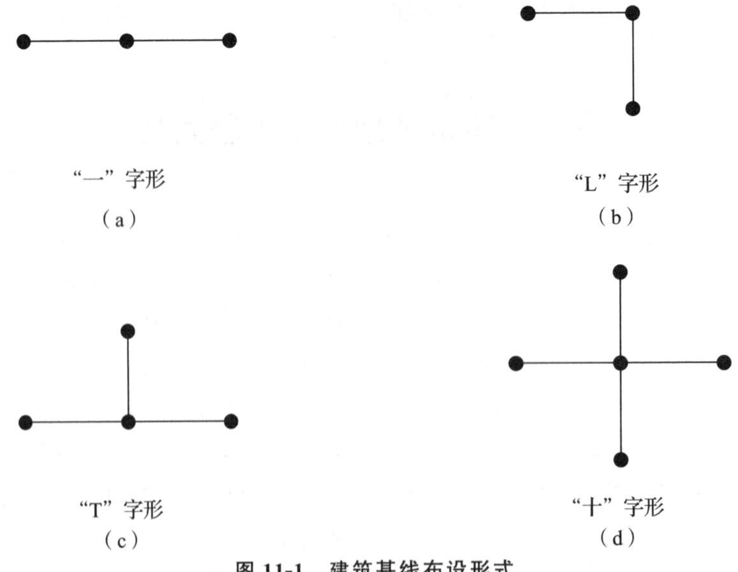

图 11-1 建筑基线布设形式

建筑基线的布设要求是：

①主轴线应尽量位于场地中心，并与主要建筑物轴线平行，主轴线的定位点应不少于三个，以便相互检核。

②基线点位应选在通视良好和不易被破坏的地方，且要设置成永久性控制点，如设置成混凝土桩或石桩。

(2)建筑基线的放样方法

根据建筑场地的条件不同，建筑基线的放样方法主要有以下两种：

①根据建筑红线或中线放样

建筑红线也就是建筑用地的界定基准线，由城市测绘部门测定，它可用作建筑基线放样的依据。

如图 11-2 所示，AB、AC 是建筑红线，从 A 点沿 AB 方向测量 d_2 定出 P 点，沿 AC 方向测量 d_1 定出 Q 点。通过 B 点作红线 AB 的垂线，并量取 d_1 距离得到 2 点，作出标志；通过 C 点作红线 AC 的垂线，并量取距离 d_2 得到 3 点；用细线拉出直线 $P3$ 和 $Q2$，两直线相交于 1 点，作出标志。也可分别安置经纬仪于 P、Q 两点，交会出 1 点。这样 1、2、3 点即为建筑基线点。将经纬仪安置在 1 点，检测其是否为直角，其差值不应超过±20″。

②利用测量控制点放样

利用建筑基线的设计坐标和附近已有测量控制点的坐标，按照极坐标放样方法计算出放样数据(β 和 D)，然后用极坐标法放样建筑基线。如图 11-3 所示，A、B 为附近已有控制点，1、2、3 为选定的建筑基线点。放样方法如下：

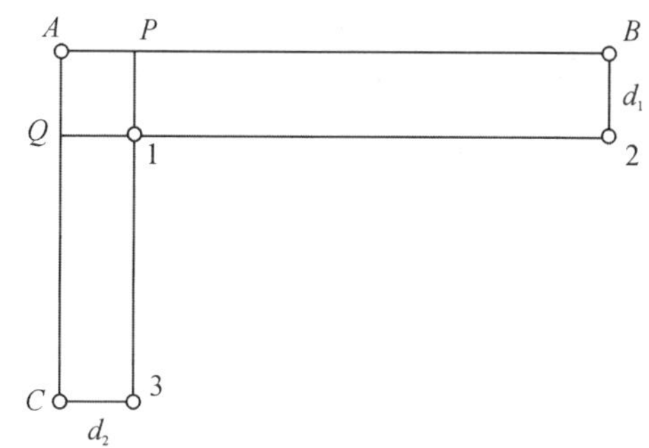

图 11-2　建筑基线用建筑红线放样

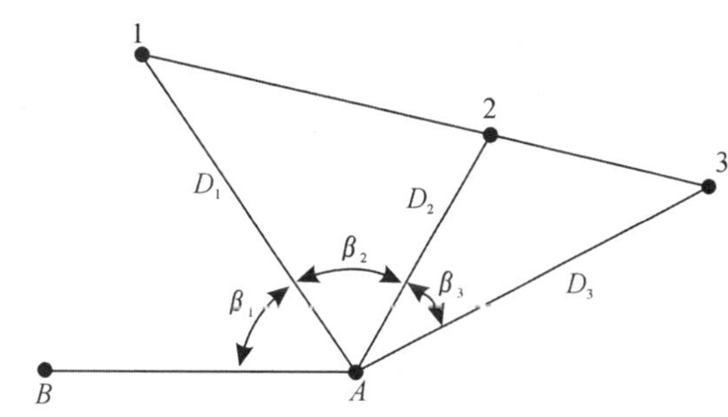

图 11-3　根据控制点测设建筑基线

首先，根据已知控制点和建筑基线点的坐标，计算出放样数据 β_1、D_1、β_2、D_2、β_3、D_3。然后，用极坐标法放样 1、2、3 点。

由于存在测量误差，测设的基线点往往不在同一直线上，且点与点之间的距离与设计值也不完全相符，因此，需要精确测出已测设直线的折角 β' 和距离 D'，并与设计值相比较。如图 11-4 所示，如果 $\Delta\beta=\beta'-180°$ 超过±15″，则应对 1′、2′、3′点在与基线垂直的方向上进行等量调整，调整量按下式计算：

$$\delta=\frac{ab}{a+b}\times\frac{\Delta\beta}{2\rho} \tag{11-1}$$

式中，δ—各点的调整值，m；

a、b—分别为 12、23 的长度，m。

如果测设距离超限，如$\frac{\Delta D}{D}=\frac{D'-D}{D}>\frac{1}{10000}$，则以 2 点为准，按设计长度沿基线方向调整 1′、3′点。

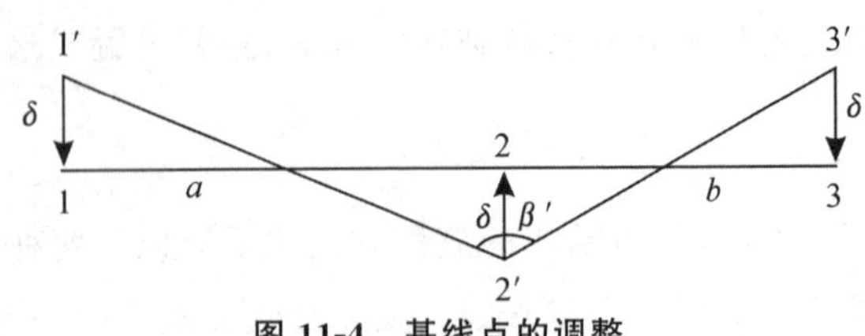

图 11-4　基线点的调整

2. 建筑方格网

由正方形或矩形组成的施工平面控制网，称为建筑方格网，或称矩形网，如图 11-5 所示。建筑方格网适用于按矩形布置的建筑群或大型建筑场地。

(1)建筑方格网的布设

建筑方格网的布设应根据总平面图上各建筑物或构筑物、道路及各种管线的布设情况，结合现场的地形条件来确定。方格网的形式有正方形、矩形两种。当场地面积不大时，常分两级布设，首级可采用“十”字形、“口”字形或“田”字形，然后，再加密方格网。如图 11-5 所示，先确定方格网的主轴线 AOB 和 COD，然后再布设方格网。

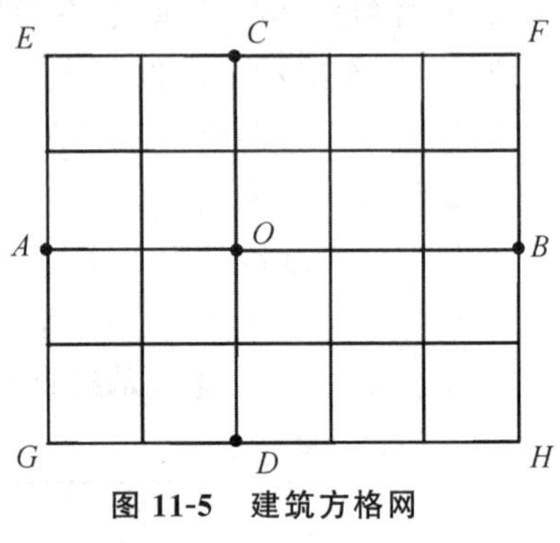

图 11-5　建筑方格网

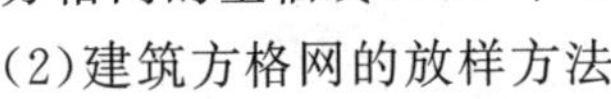

(2)建筑方格网的放样方法

①主轴线放样。主轴线放样与建筑基线放样方法相似。首先，准备放样数据。然后，放样两条互相垂直的主轴线 AOB 和 COD，如图 11-5 所示。主轴线实质上是由 5 个主点 A、B、O、C 和 D 组成。最后，精确检测主轴线点的相对位置关系，并与设计值相比较，如果超限，则应进行调整。《工程测量规范》(GB 50026—2007)规定，建筑方格网的主要技术要求如表 11-1 所示。

表 11-1　建筑方格网的主要技术要求

等级	边长/m	测角中误差	边长相对中误差
一级	100～300	5″	1/30000
二级	100～300	8″	1/20000

②方格网点放样如图 11-5 所示，主轴线放样后，分别在主点 A、B 和 C、D 安置经纬仪，后视主点 O，向左右放样 90°水平角，即可交会出田字形方格网点。随后再作检核，测量相邻两点间的距离，看是否与设计值相等，测量其角度是否为 90°，误差均应在允许范围内，并埋设永久性标志。此后，再以田字形方格网为基础，加密方格网的其余各点。

建筑方格网轴线与建筑物轴线平行或垂直，因此，可用直角坐标法进行建筑物的定位，计算简单，放样比较方便，而且精度较高。其缺点是必须按照总平面图布置，其点位易被破坏，而且放样工作量也较大，所以在全站仪、GPS 逐步普及的条件下，正慢慢被导线网或 GPS 网所代替。

11.1.2　施工坐标系与测图坐标系的换算

施工坐标系亦称建筑坐标系，其坐标轴与主要建筑物主轴线平行或垂直，以便用直角坐标法进行建筑物的放样。

施工控制测量的建筑基线和建筑方格网一般采用施工坐标系，而施工坐标系与测图坐标系往往不一致，因此，施工测量前常常需要进行施工坐标系与测图坐标系的坐标换算。

如图 11-6 所示，设 xOy 为测图坐标系，AQB 为施工坐标系，x_Q、y_Q 为施工坐标系的原点 Q 在测图坐标系中的坐标，α 为施工坐标系的纵轴 QA 在测图坐标系中的坐标方位角。设已知 P 点的施工坐标为(A_P, B_P)，则可按下式将其换算为测图坐标(x_P, y_P)：

$$\begin{cases} x_P = x_Q + A_P\cos\alpha - B_P\sin\alpha \\ y_P = y_Q + A_P\sin\alpha - B_P\cos\alpha \end{cases} \tag{11-2}$$

如已知 P 的测图坐标(x_P, y_P)，则可按下式将其换算为施工坐标(A_P, B_P)：

$$\begin{cases} A_P = (x_P - x_Q)\cos\alpha + (y_P - y_Q)\sin\alpha \\ B_P = -(x_P - x_Q)\sin\alpha + (y_P - y_Q)\cos\alpha \end{cases} \tag{11-3}$$

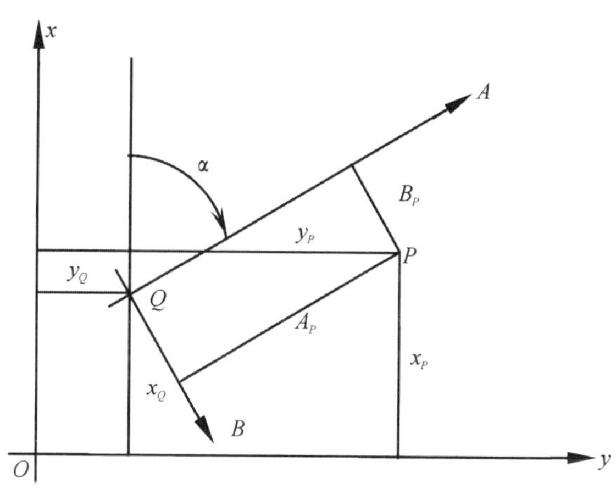

图 11-6　施工坐标系与测图坐标系的关系

11.1.3　施工高程控制网的建立

在一般情况下，施工场地平面控制点也可兼作高程控制点。场地高程控制网可分首级网格和加密网，相应的水准点称为基本水准点和施工水准点。为了便于成果检核和提高测量精度，应与业主提供的高级水准点联测，布设成闭合水准路线、附合水准路线或结点水准网等。

基本水准点应布设在不受施工影响、无震动、便于施测和能永久保存的地方，按四等水准测量的要求进行施测。而对于连续生产的车间、地下管道放样所设立的基本水准点，则需按三等水准测量的要求进行施测。

施工水准点用来直接放样建筑物的高程。为了放样方便和减少误差，施工水准点应靠近建筑物，通常可以采用建筑方格网点的标志桩加设圆头钉作为施工水准点。

为了放样方便，在每栋较大的建筑物附近，还要布设±0.000水准点(一般以底层建筑物的地坪标高为±0.000)，其位置多选在较稳定的建筑物墙、柱的侧面，用红油漆绘成上顶为水平线的"▼"形，其顶端表为±0.000位置。

11.2 民用建筑施工测量

民用建筑是指住宅、办公楼、食堂、俱乐部、医院和学校等建筑物。民用建筑施工测量的主要任务是建筑物的定位和放线、基础工程施工测量、墙体工程施工测量及高层建筑施工测量等。

在建筑场地完成了施工控制测量工作之后，就可按照施工的各个工序开展施工放样工作，将建筑物的位置、基础、墙、柱、门、窗、楼板、顶盖等基本结构放样出来，设置标志，作为施工的依据。建筑场地施工放样的主要过程是：

(1)准备资料，如总平面图、建筑物的设计与说明等；

(2)熟悉资料，结合场地情况制定放样方案；

(3)现场放样、检测及调整等，建筑物施工放样的允许偏差必须满足《工程测量规范》(GB 50026—2007)规定(见表11-1)。

11.2.1 施工测量前的准备

1. 熟悉设计图纸

设计图纸是施工测量的主要依据，在测设前，应熟悉建筑物的设计图纸，了解施工建筑物与相邻地物的相互关系，以及建筑物的尺寸和施工的要求等，并仔细核对各设计图纸的有关尺寸。测设时必须具备下列图纸资料：

(1)总平面图

如图11-7所示，从总平面图上，可以查取或计算设计建筑物与原有建筑物或测量控制点之间的平面尺寸和高差，作为测设建筑物总体位置的依据。

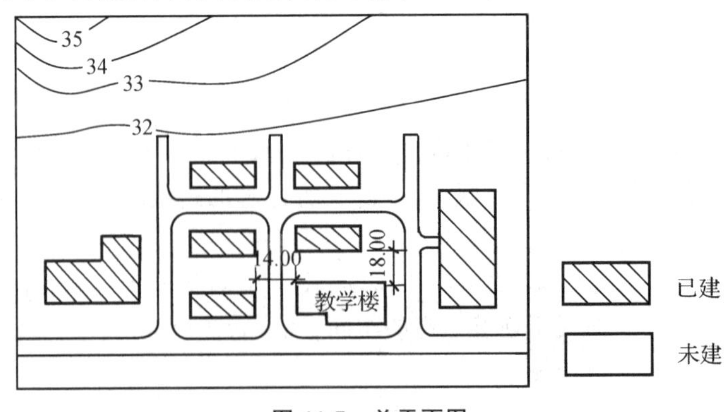

图11-7 总平面图

(2)建筑平面图

从建筑平面图中,可以查取建筑物的总尺寸、各定位轴线之间的尺寸关系及室内地坪标高等,这是施工放样的基本资料。

(3)基础平面图

从基础平面图上,可以查取基础边线与定位轴线的平面尺寸,这是放样基础轴线的必要数据。

(4)基础详图(即基础大样图)

从基础详图中,可以查取基础立面尺寸和设计标高,这是基础高程放样的依据。

(5)建筑物的立面图和剖面图

从建筑物的立面图和剖面图中,可以查取基础、地坪、门窗、楼板、屋架和屋面等设计高程,这是高程放样的主要依据。

2. 现场踏勘

目的是全面了解现场情况,对施工场地上的平面控制点和水准点进行检核,并调查与施工测量有关的问题。

3. 施工场地整理

平整和清理施工场地,以便进行测设工作。

4. 制定放样方案

根据设计要求、定位条件、现场地形和施工方案等因素,制定放样方案,包括放样方法、放样数据计算和绘制测设略图。

5. 仪器和工具

一般应根据放样的精度要求,选择相应等级的仪器和工具。在放样前,对所用仪器、工具要进行严格的检验和校正。

11.2.2　建筑物的定位与放线

1. 建筑物的定位

建筑物的定位,就是将建筑物外廓各轴线交点(简称角桩,即图 11-8 中的 M、N、P 和 Q)测设在地面上,作为细部轴线放样和基础放样的依据。由于设计条件和现场条件不同,建筑物的定位方法也有所不同,下面介绍根据已有建筑物测设拟建建筑物的方法。

(1)如图 11-8 所示,用钢尺沿宿舍楼的东、西墙,延长出一小段距离 l 得 a、b 两点,作出标志。

(2)在 a 点安置经纬仪,瞄准 b 点,并从 b 沿 ab 方向量取 14.240 m(因为教学楼的外墙厚 370 mm,轴线偏里,离外墙皮 240 mm),定出 c 点,作出标志,再继续沿 ab 方向从 c 点起量取 25.800 m,定出 d 点,作出标志,cd 线就是测设教学楼平面位置的建筑基线。

(3)分别在 c、d 两点安置经纬仪,瞄准 a 点,顺时针方向测设 90°,沿此视线方向量取距离 $l+0.240$ m,定出 M、Q 两点,作出标志,再继续量取 15.000 m,定出 N、P 两点,作出标志。M、N、P、Q 四点即为教学楼外廓定位轴线的交点。

(4)检查 NP 的距离是否等于 25.800 m，$\angle N$ 和 $\angle P$ 是否等于 90°，其误差应在允许范围内。

如施工场地已有建筑方格网或建筑基线时，可直接采用直角坐标法进行定位。

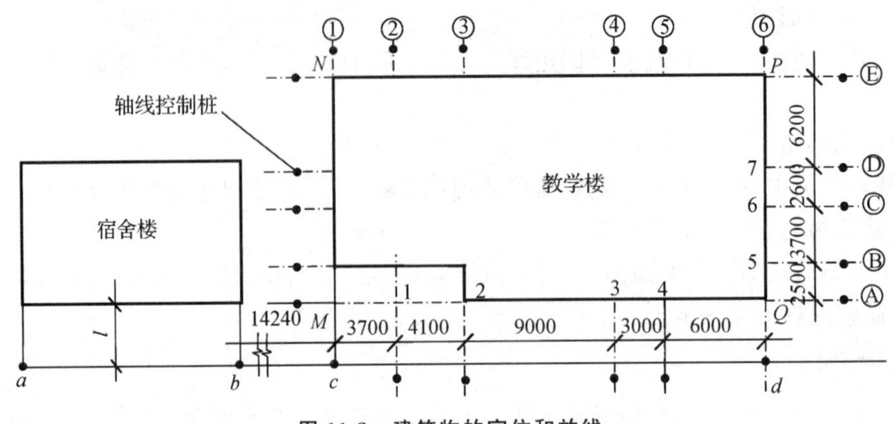

图 11-8　建筑物的定位和放线

2. 建筑物的放线

建筑物的放线，是指根据已定位的外墙轴线交点桩(角桩)，详细测设出建筑物各轴线的交点桩(或称中心桩)，然后，根据交点桩用白灰撒出基槽开挖边界线。放线方法如下：

(1)在外墙轴线周边上测设中心桩位置

如图 11-8 所示，在 M 点安置经纬仪，瞄准 Q 点，用钢尺沿 MQ 方向量出相邻两轴线间的距离，定出 1、2、3 等各点，同理可定出 5、6、7 各点。量距精度应达到设计精度要求。量出各轴线之间距离时，钢尺零点要始终对在同一点上。

(2)恢复轴线位置的方法

由于在开挖基槽时，角桩和中心桩要被挖掉，为了便于在施工中，恢复各轴线位置，应把各轴线延长到基槽外安全地点，并做好标志。其方法有设置轴线控制桩和龙门板两种形式。

①设置轴线控制桩

轴线控制桩设置在基槽外基础轴线的延长线上，作为开槽后，各施工阶段恢复轴线的依据，如图 11-9 所示。轴线控制桩一般设置在基槽外 2～4 m 处，打下木桩，桩顶钉上小钉，准确标出轴线位置，并用混凝土包裹木桩，如图 11-9 所示。如附近有建筑物，亦可把轴线投测到建筑物上，用红漆作出标志，以代替轴线控制桩。

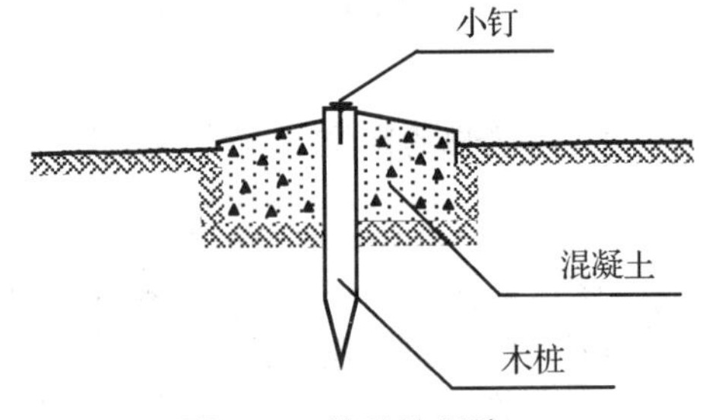

图 11-9　轴线控制桩

②设置龙门板

在小型民用建筑施工中，常将各轴线引测到基槽外的水平木板上。水平木板称为龙门板，固定龙门板的木桩称为龙门桩，如图 11-10 所示。设置龙门板的步骤如下：

在建筑物四角与隔墙两端，基槽开挖边界线以外 1.5～2 m 处，设置龙门桩。龙门桩要钉得竖直、牢固，龙门桩的外侧面应与基槽平行。

根据施工场地的水准点，用水准仪在每个龙门桩外侧测设出该建筑物室内地坪设计高程线(即±0.000 标高线),并作出标志。

沿龙门桩上±0.000 标高线钉设龙门板,这样龙门板顶面的高程就同在±0.000 的水平面上。然后,用水准仪校核龙门板的高程,如有差错应及时纠正,其允许误差为±5 mm。

在 N 点安置经纬仪,瞄准 P 点,沿视线方向在龙门板上定出一点,用小钉作标志,倒转望远镜,在 N 点的龙门板上也钉一个小钉。用同样的方法,将各轴线引测到龙门板上,所钉之小钉称为轴线钉。轴线钉定位误差应小于±5 mm。

最后,用钢尺沿龙门板的顶面检查轴线钉的间距,其误差不超过 1/3000。检查合格后,以轴线钉为准,将墙边线、基础边线、基础开挖边线等标定在龙门板上。

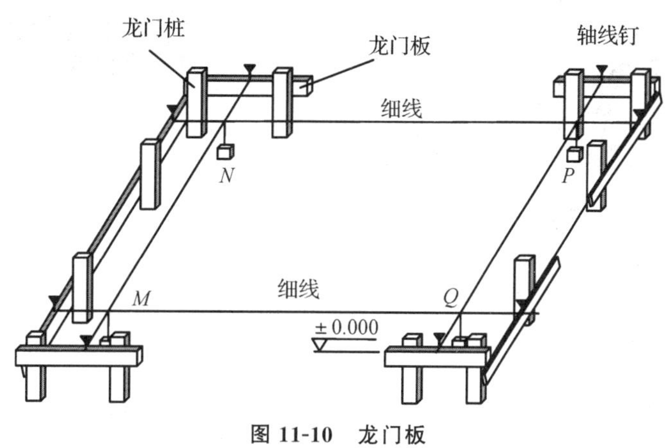

图 11-10　龙门板

11.2.3　建筑物基础施工测量

基础开挖前,根据轴线控制桩(或龙门板)的轴线位置和基础宽度,并顾及基础挖深放坡的尺寸,在地面上用白灰放出基槽边线(或称基础开挖线)。开挖边线标定之后,就可进行基槽开挖。如果超挖基底,不得以土回填,因此,必须控制好基槽的开挖深度。

1. 基槽抄平

建筑施工中的高程测设,又称抄平。

(1)设置水平桩

为了控制基槽的开挖深度,当快挖到槽底设计标高时,应用水准仪根据地面上±0.000 m 点,在槽壁上测设一些水平小木桩(称为水平桩),如图 11-11 所示,使木桩的上表面离槽底的设计标高为一固定值(如 0.500 m)。

为了施工时使用方便,一般在槽壁各拐角处、深度变化处和基槽壁上每隔 3～4 m 测设一水平桩。

水平桩可作为挖槽深度、修平槽底和打基础垫层的依据。

(2)水平桩的测设方法

例如,图 11-11 所示,槽底设计标高为－1.700 m,欲测设比槽底设计标高高 0.500 m 的水平桩,测设方法如下:

①在地面适当地方安置水准仪,在±0.000 标高线位置上立水准尺,读取后视读数为

1.255 m。

②计算测设水平桩的应读前视读数 $b_{应}$：

$$b_{应}=a-h=1.255-(-1.700+0.500)=2.455\ \text{m}$$

③在槽内一侧立水准尺，并上下移动，直至水准仪视线读数为 2.455 m 时，沿水准尺尺底在槽壁打入一小木桩。

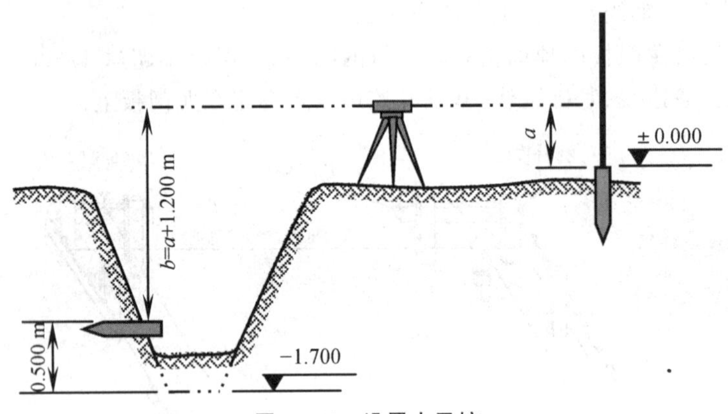

图 11-11　设置水平桩

2. 垫层中线的投测

基础垫层打好后，根据轴线控制桩或龙门板上的轴线钉，用经纬仪或用拉绳挂锤球的方法，把轴线投测到垫层上，如图 11-12 所示，并用墨线弹出墙中心线和基础边线，作为砌筑基础的依据。

由于整个墙身砌筑均以此线为准，这是确定建筑物位置的关键环节，所以要严格校核后方可进行砌筑施工。

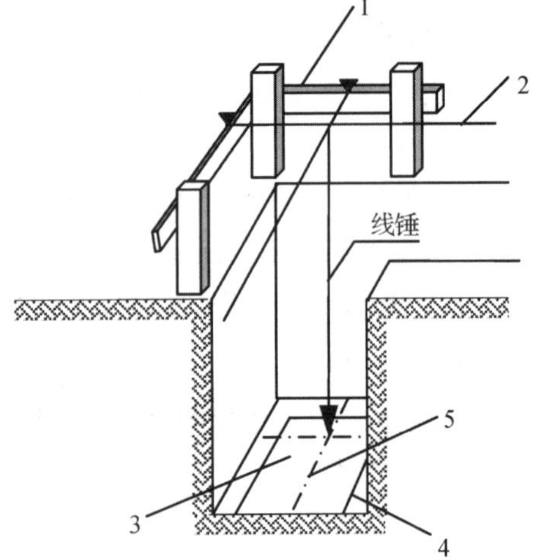

图 11-12　垫层中线的投测

1—龙门板；2—细线；3—垫层；4—基础边线；5—墙中线

11.2.4　主体施工测量

1. 墙体定位测量

(1)利用轴线控制桩或龙门板上的轴线和墙边线标志，用经纬仪或拉细绳挂锤球的方法将轴线投测到基础面上或防潮层上。

(2)用墨线弹出墙中线和墙边线。

(3)检查外墙轴线交角是否等于 90°。

(4)把墙轴线延伸并画在外墙基础上，如图 11-13 所示，作为向上投测轴线的依据。

(5)把门、窗和其他洞口的边线也在外墙基础上标定出来。

2. 墙体各部位标高控制

在墙体施工中，通常也用皮数杆控制墙身各细部高程，皮数杆可以准确控制墙身各部位构件的位置。

(1)如图 11-14 所示,在皮数杆上,根据设计尺寸,按砖、灰缝的厚度画出线条,并标明 ±0.000 m、门、窗、楼板等的标高位置,保证每皮砖、灰缝厚度均匀。

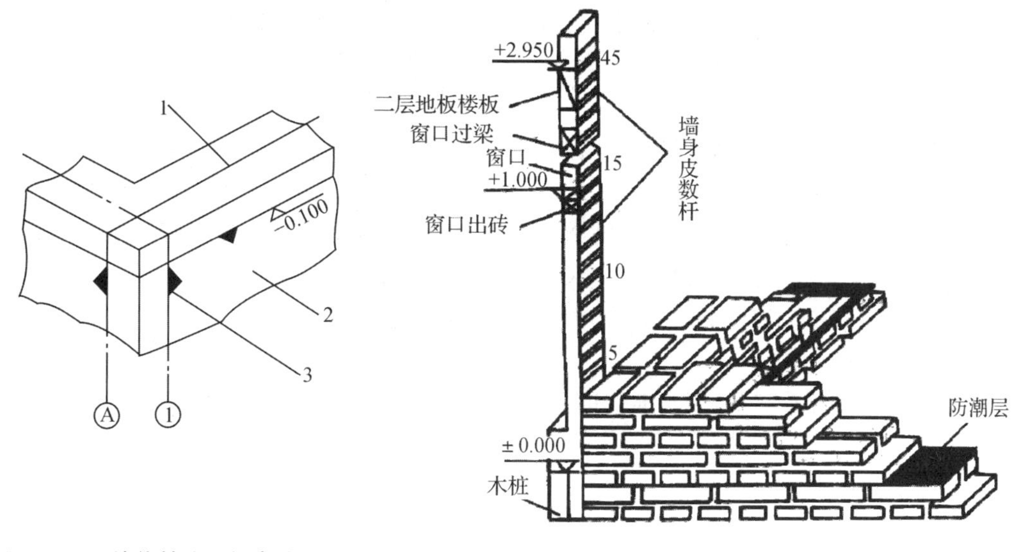

图 11-13　墙体轴线及标高控制

1—墙中线;2—外墙基础;3—轴线

图 11-14　墙体皮数杆的设置

(2)墙身皮数杆的设立与基础皮数杆相同,使皮数杆上的 0.000 m 标高与房屋的室内地坪标高相吻合。在墙的转角处,每隔 10～15 m 设置一根皮数杆。

(3)在墙身砌起 1 m 以后,就在室内墙身上定出＋0.500 m 的标高线,作为该层地面施工和室内装修用。

(4)第二层以上墙体施工中,为了使皮数杆在同一水平面上,要用水准仪测出楼板四角的标高,取平均值作为地坪标高,并以此作为立皮数杆的标志。

框架结构的民用建筑,墙体砌筑是在框架施工后进行的,故可在柱面上画线,代替皮数杆。

3. 建筑物的轴线投测

在多层建筑墙身砌筑过程中,为了保证建筑物轴线位置正确,可用吊锤球或经纬仪将轴线投测到各层楼板边缘或柱顶上。

(1)吊锤球法

将较重的锤球悬吊在楼板或柱顶边缘,当锤球尖对准基础墙面上的轴线标志时,线在楼板或柱顶边缘的位置即为楼层轴线端点位置,并画出标志线。各轴线的端点投测完后,用钢尺检核各轴线的间距,符合要求后,继续施工,并把轴线逐层自下向上传递。

吊锤球法简便易行,不受施工场地限制,一般能保证施工质量。但当有风或建筑物较高时,投测误差较大,应采用经纬仪投测法。

(2)经纬仪投测法

在轴线控制桩上安置经纬仪,严格整平后,瞄准基础墙面上的轴线标志,用盘左、盘右分中投点法,将轴线投测到楼层边缘或柱顶上。将所有端点投测到楼板上之后,用钢尺检核其间距，相对误差不得大于 1/3000。检查合格后，才能在楼板分间弹线，继续施工。

4. 建筑物的高程传递

在多层建筑施工中，要由下层向上层传递高程，以便楼板、门窗口等的标高符合设计要求。高程传递的方法有以下几种：

(1)利用皮数杆传递高程

一般建筑物可用墙体皮数杆传递高程。具体方法参照“墙体各部位标高控制”。

(2)利用钢尺直接丈量

对于高程传递精度要求较高的建筑物，通常用钢尺直接丈量来传递高程。对于二层以上的各层，每砌高一层，就从楼梯间用钢尺从下层的“+0.500 m”标高线向上量出层高，测出上一层的“+0.500 m”标高线。这样用钢尺逐层向上引测。

(3)吊钢尺法

用悬挂钢尺代替水准尺，用水准仪读数，从下向上传递高程。

11.2.5 高层建筑施工测量

高层建筑物施工测量中的主要问题是控制垂直度，就是将建筑物的基础轴线准确地向高层引测，并保证各层相应轴线位于同一竖直面内，控制竖向偏差，使轴线向上投测的偏差值不超限。

轴线向上投测时，要求竖向误差在本层内不超过 5 mm，全楼累计误差值不应超过 $2H/10000$（H 为建筑物总高度），且不应大于：

$30\ \text{m}<H\leqslant 60\ \text{m}$ 时，10 mm；$60\ \text{m}<H\leqslant 90\ \text{m}$ 时，15 mm；$90\ \text{m}<H$ 时，20 mm。

高层建筑物轴线的竖向投测，主要有外控法和内控法两种，下面分别介绍这两种方法。

1. 外控法

外控法是在建筑物外部，利用经纬仪，根据建筑物轴线控制桩来进行轴线的竖向投测，亦称作“经纬仪引桩投测法”。具体操作方法如下：

(1)在建筑物底部投测中心轴线位置

高层建筑的基础工程完工后，将经纬仪安置在轴线控制桩 A_1、A_1'、B_1 和 B_1' 上，把建筑物主轴线精确地投测到建筑物的底部，并设立标志，如图 11-15 中的 a_1、a_1'、b_1 和 b_1'，以供下一步施工与向上投测之用。

(2)向上投测中心线

随着建筑物不断升高，要逐层将轴线向上传递。如图 11-15 所示，将经纬仪安置在中心轴线控制桩 A_1、A_1'、B_1 和 B_1' 上，严格整平仪器，用望远镜瞄准建筑物底部已标出的轴线 a_1、a_1'、b_1 和 b_1' 点，用盘左和盘右分别向上投测到每层楼板上，并取其中点作为该层中心轴线的投影点，如图 11-15 中的 a_2、a_2'、b_2 和 b_2'。

(3)增设轴线引桩

当楼房逐渐增高，而轴线控制桩距建筑物又较近时，望远镜的仰角较大，操作不便，投测精度也会降低。为此，要将原中心轴线控制桩引测到更远的安全地方，或者附近大楼的屋面。

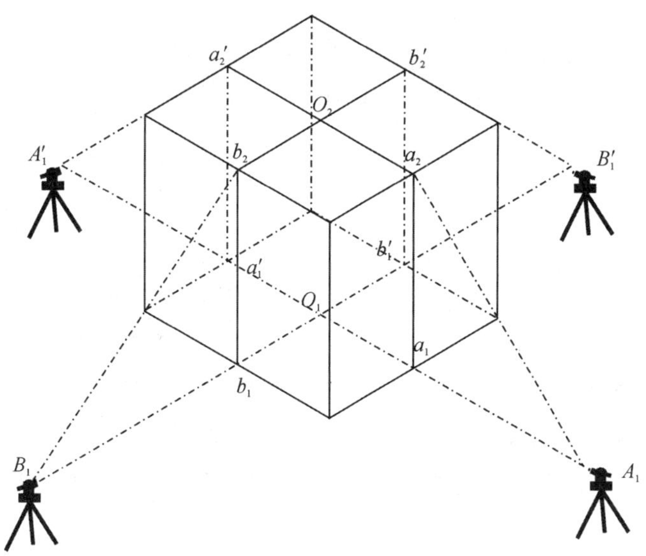

图 11-15　经纬仪投测中心轴

具体做法是：

将经纬仪安置在已经投测上去的较高层（如第十层）楼面轴线 $a_{10}a_{10}'$上，如图 11-16 所示，瞄准地面上原有的轴线控制桩 A_1 和 A_1'点，用盘左、盘右分中投点法，将轴线延长到远处 A_2 和 A_2'点，并用标志固定其位置，A_2、A_2'即为新投测的 A_1A_1'轴控制桩。

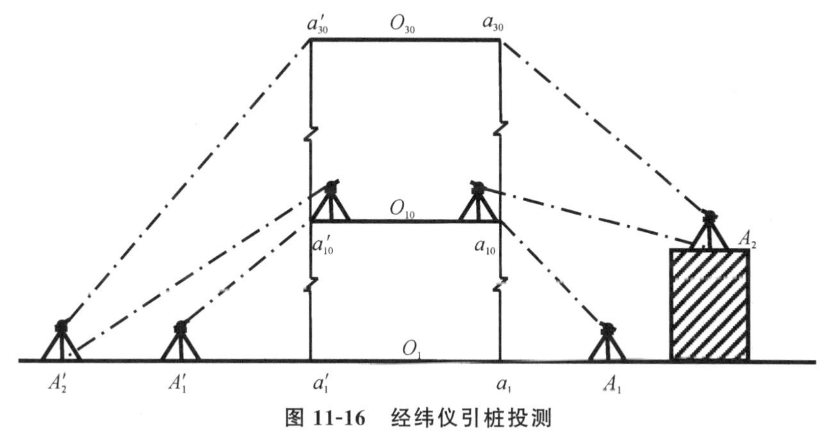

图 11-16　经纬仪引桩投测

更高各层的中心轴线，可将经纬仪安置在新的引桩上，按上述方法继续进行投测。

2. 内控法

内控法是在建筑物内±0.000 m 平面设置轴线控制点，并预埋标志，以后在各层楼板相应位置上预留 200 mm×200 mm 的传递孔，在轴线控制点上直接采用吊线坠法或激光铅垂仪法，通过预留孔将其点位垂直投测到任一楼层。

(1)内控法轴线控制点的设置

在基础施工完毕后，在±0.000 m 首层平面上，适当位置设置与轴线平行的辅助轴线。辅助轴线距轴线 500～800 mm 为宜，并在辅助轴线交点或端点处埋设标志。如图 11-17 所示。

(2)吊线坠法

吊线坠法是利用钢丝悬挂重锤球的方法，进行轴线竖向投测。这种方法一般用于高度在50～100 m的高层建筑施工中，锤球的重量为10～20 kg，钢丝的直径为0.5～0.8 mm。投测方法如下：

如图11-18所示，在预留孔上面安置十字架，挂上锤球，对准首层预埋标志。当锤球线静止时，固定十字架，并在预留孔四周作出标记，作为以后恢复轴线及放样的依据。此时，十字架中心即为轴线控制点在该楼面上的投测点。

用吊线坠法实测时，要采取一些必要措施，如用铅直的塑料管套着坠线或将锤球沉浸于油中，以减少摆动。

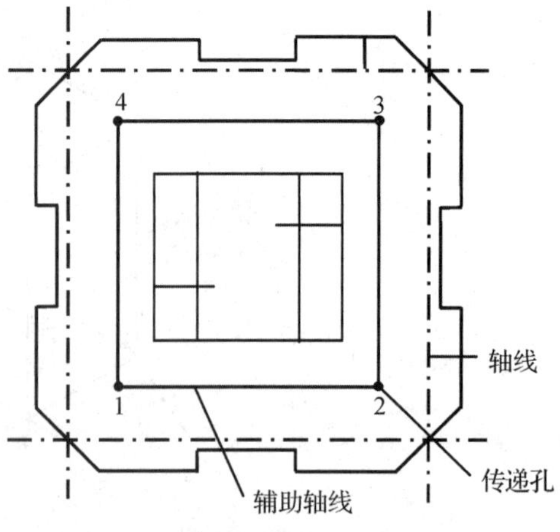

图 11-17　内控法轴线控制点的设置

(3)激光铅垂仪法

①激光铅垂仪简介

激光垂准仪(图11-19)是一种专用的铅直定位仪器。适用于高层建筑物、烟囱及高塔架的铅直定位测量，如图11-19所示。

激光垂准仪主要由氦氖激光管、精密竖轴、发射望远镜、水准器、基座、激光电源及接收屏等部分组成。

激光器通过两组固定螺钉固定在套筒内。激光铅垂仪的竖轴是空心筒轴，两端有螺扣，上、下两端分别与发射望远镜和氦氖激光器套筒相连接，二者位置可对调，构成向上或向下发射激光束的垂准仪。仪器上设置有两个互成90°的管水准器，仪器配有专用激光电源。

②激光垂准仪投测轴线

图11-20为激光垂准仪进行轴线投测的示意图，其投测方法如下：

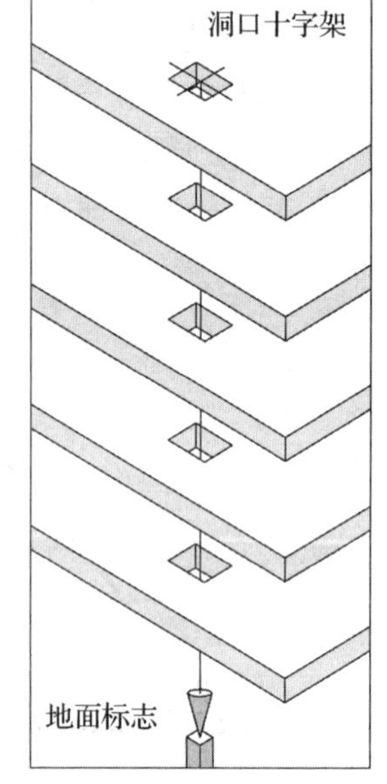

图 11-18　吊线坠法投测轴线

a. 在首层轴线控制点上安置激光垂准仪，接通激光电源，利用底部所发射的激光束进行对中，通过调节基座整平螺旋，使管水准器气泡严格居中。

b. 在上层施工楼面预留孔处，放置接收靶。

c. 启动上端激光器发射向上垂直激光束，通过发射望远镜调焦，使激光束会聚成红色耀目光斑，投射到半透明材质接收靶上。

d. 移动接收靶，使靶心与红色光斑重合，固定接收靶，并在预留孔四周作出标记，此时，靶心位置即为轴线控制点在该楼面上的投测点。

e. 同样的方法，投测同轴线的另一端在施工楼面上。

f. 在施工楼面一个接收靶心位置上精确安置经纬仪，照准另一接收靶心，投测轴线，轴

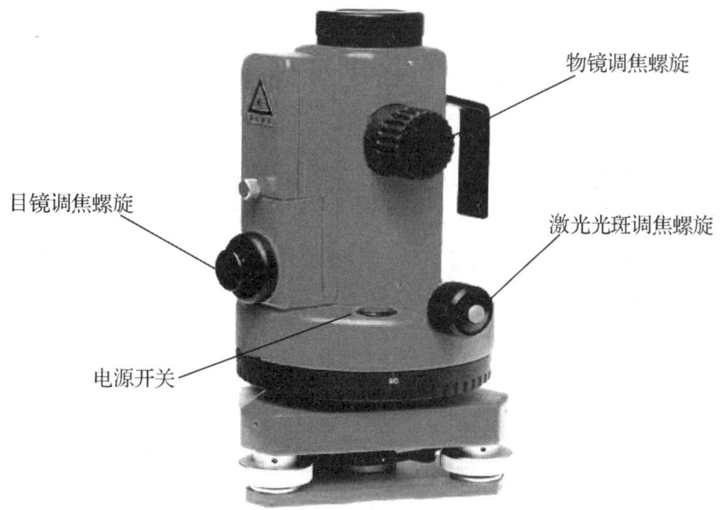

图 11-19　激光垂准仪

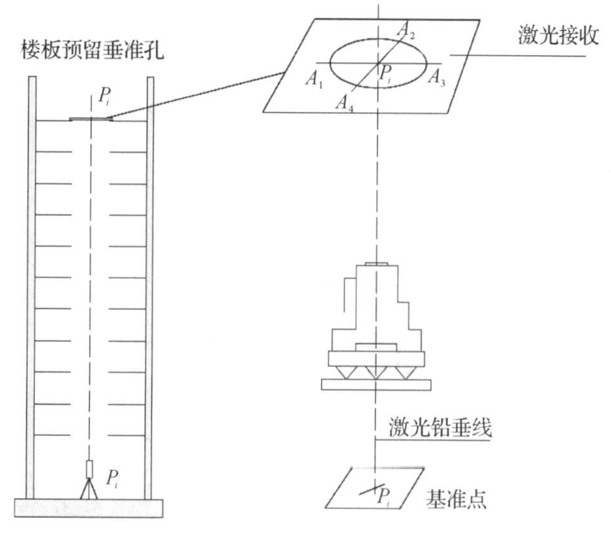

图 11-20　激光垂准仪轴线投测

线投测完成后,按照以往的方法进行校核。

g. 同样的方法,可以投测与该轴线垂直的主轴线。

3. 高层建筑物的高程传递

首层墙体砌筑到 1.5 m 高后,用水准仪在内墙面上测设一条"+50 cm"的水平线,作为首层地面施工及室内装修的标高依据。以后每砌高一层,就从楼梯间沿外墙柱用钢尺从下层的"+50 cm"标高线向上量出层高,测出上一楼层的"+50 cm"标高线,每层需由三处向上传递,合限后取平均值。根据情况也可用吊钢尺法、全站仪天顶测距法向上传递高程。

11.3 工业建筑施工测量

工业建筑中以厂房为主体，一般工业厂房多采用预制构件，在现场装配的方法施工。厂房的预制构件有柱子、吊车梁和屋架等。因此，工业建筑施工测量的工作主要是保证这些预制构件安装到位。具体任务为：厂房矩形控制网放样、厂房柱列轴线放样、杯形基础施工测量及厂房预制构件安装测量等。

11.3.1 厂房矩形控制网和柱列轴线的放样

工业厂房一般都应建立厂房矩形控制网，作为厂房施工测设的依据。下面介绍根据建筑方格网，采用直角坐标法放样厂房矩形控制网和柱列轴线的方法。

如图 11-21 所示，H、I、J、K 四点是厂房的房角点，从厂房设计图中已知 H、J 两点的坐标。S、P、Q、R 为布置在基础开挖边线以外的厂房矩形控制网的四个角点，称为厂房控制桩。厂房矩形控制网的边线到厂房轴线的距离为 4 m，厂房控制桩 S、P、Q、R 的坐标可按厂房角点的设计坐标，加减 4 m 算得。放样方法如下：

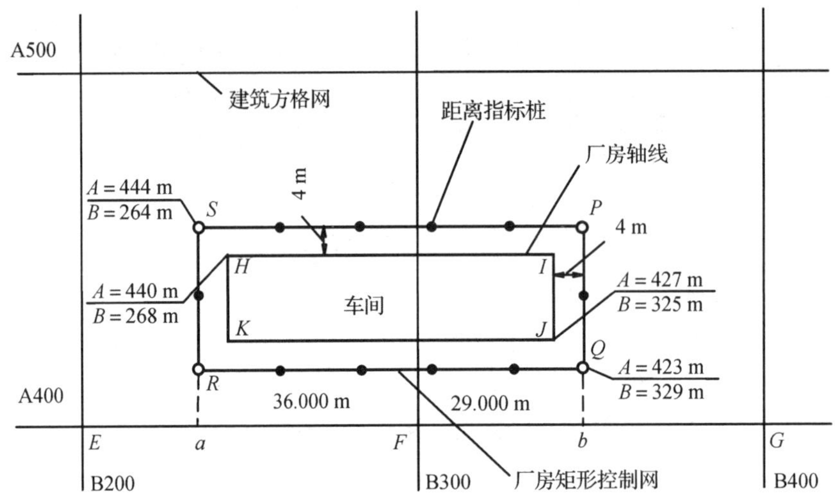

图 11-21 厂房矩形控制网的放样

1. 计算放样数据

根据厂房控制桩 S、P、Q、R 的坐标，计算利用直角坐标法进行放样时所需放样数据，计算结果标注在图 11-21 中。

2. 厂房控制点的放样

(1)从 F 点起沿 FE 方向量取 36 m，定出 a 点；沿 FG 方向量取 29 m，定出 b 点。

(2)在 a 与 b 上安置经纬仪，分别瞄准 E 与 F 点，顺时针方向测设 90°，得两条视线方向，沿视线方向量取 23 m，定出 R、Q 点。再向前量取 21 m，定出 S、P 点。

(3)为了便于进行细部的放样，在放样厂房矩形控制网的同时，还应沿控制网测设距离指标桩，如图 11-21 所示。距离指标桩即沿厂房控制网各边每隔若干柱间距埋设一个控制桩，故间距一般为厂房柱子间距的整倍数，但不应超过所用钢尺整尺长。

3. 检查

(1)检查$\angle S$、$\angle P$ 是否等于 90°，其误差不得超过$\pm 10''$。

(2)检查 SP 是否等于设计长度，其误差不得超过 1/10000。

4. 厂房柱列轴线的放样

检查其精度符合要求后，根据厂房平面图上所注的柱间距和跨距尺寸，用钢尺沿矩形控制网各边量出各柱列轴线控制桩的位置，如图 11-22 中的 $1'$，$2'$，…，并打入大木桩，桩顶用小钉标出点位，作为柱基测设和施工安装的依据。丈量时应以相邻的两个距离指标桩为起点分别进行，以便检核。

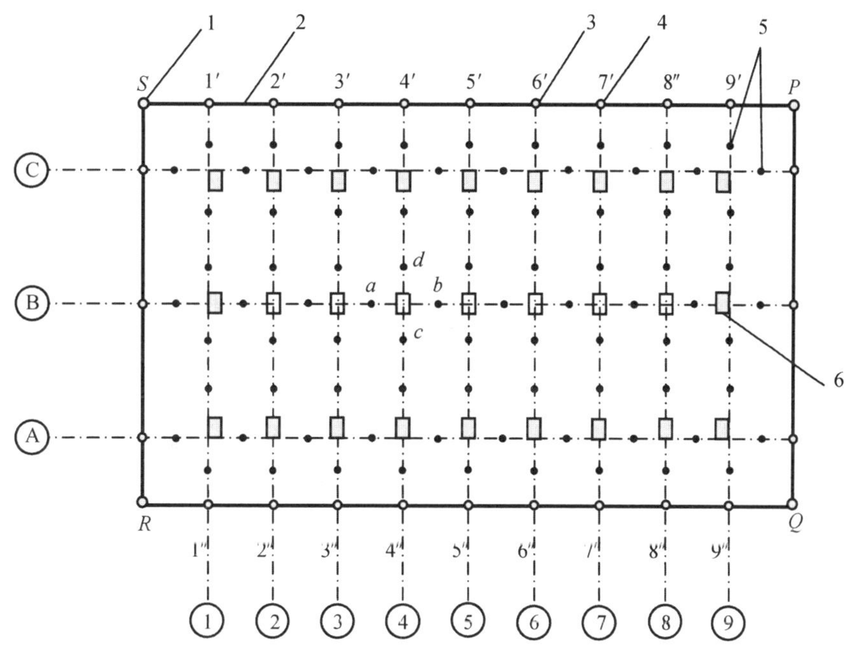

图 11-22　厂房柱列轴线放样

1—厂房控制桩；2—厂房矩形控制网；3—柱列轴线控制桩；

4—距离指标桩；5—定位小木桩；6—柱基础

以上这种方法适用于中小型厂房，对于大型工业厂房或设备复杂、机械化程度较高的工业厂房，应需建立主轴线的较为复杂的矩形控制网。所以先放样厂房控制网的主轴线，再根据主轴线放样厂房矩形控制网。为了便于厂房细部施工放样，在测定矩形控制网各边后，仍按放样略图测设距离指标桩。

11.3.2 厂房基础施工测量

1. 柱基定位和放线

(1)柱列轴线确定之后,在两条互相垂直的柱列轴线控制桩上分别安置经纬仪,沿轴线方向交会出各柱基的位置(即柱列轴线的交点),此项工作称为柱基定位。

(2)在柱基的四周轴线上,打入四个定位小木桩 a、b、c、d,如图 11-21 所示,其桩位应在基础开挖边线 2~4 m 以外,比基础深度大 1.5 倍的地方,作为修坑和立模的依据。

(3)按照基础详图所注尺寸和基坑放坡宽度,用特制角尺放出基坑开挖边界线,并撒出白灰线以便开挖,此项工作称为基础放线。

(4)在进行柱基测设时,应注意柱列轴线不一定都是柱基的中心线,而一般立模、吊装等习惯用中心线,此时,应将柱列轴线平移,定出柱基中心线。

2. 柱基施工测量

(1)基坑开挖深度的控制

当基坑挖到一定深度时,应在基坑四壁,离基坑底设计标高 0.5 m 处,测设 1~2 个垂直垫层的水平桩,作为检查基坑底标高和控制垫层的依据。

(2)杯形基础立模测量

杯形基础立模测量有以下三项工作:

①基础垫层打好后,根据基坑周边定位小木桩,用拉线吊锤球的方法,把柱基定位线投测到垫层上,用墨斗弹出墨线,用红漆画出标记,作为柱基立模板和布置基础钢筋的依据。

②立模时,将模板底线对准垫层上的定位线,并用锤球检查模板是否竖直。同时注意使杯内底部标高低于其设计标高 2~5 cm,作为抄平调整的余量。

③将柱基顶面设计标高测设在模板内壁,作为浇灌混凝土的高度依据。

《钢结构工程施工质量验收规范》(GB 50205—2001)规定,杯形基础允许偏差值:杯口底面标高为−5~0 mm,杯口深度为±5 mm。

11.3.3 厂房构件的安装测量

1. 柱子安装测量

(1)柱子安装的精度应满足要求

柱脚中心线应对准柱列轴线,允许偏差为±5 mm。牛腿顶面和柱顶面的实际标高应与设计标高一致,其允许误差不应超过:柱高大于 5 m 时为±8 mm,柱高≤5 m 时为±5 mm;柱的全高竖向允许偏差值为柱高的 1/1000,但不得大于 20 mm。

(2)柱子安装前的准备工作

柱子安装前的准备工作有以下几项:

①在柱基顶面投测柱列轴线

柱基拆模后,用经纬仪根据柱列轴线控制桩,将柱列轴线投测到杯口顶面上,如图 11-23 所示,并弹出墨线,用红漆画出“▶”标志,作为安装柱子时确定轴线的依据。如果柱列轴线不通过柱子的中心线，应在杯形基础顶面上加弹柱中心线。

用水准仪，在杯口内壁，测设一条一般为－0.600 m 的标高线（一般杯口顶面的标高为－0.500 m），并画出“▼”标志，如图 11-23 所示，作为杯底找平的依据。

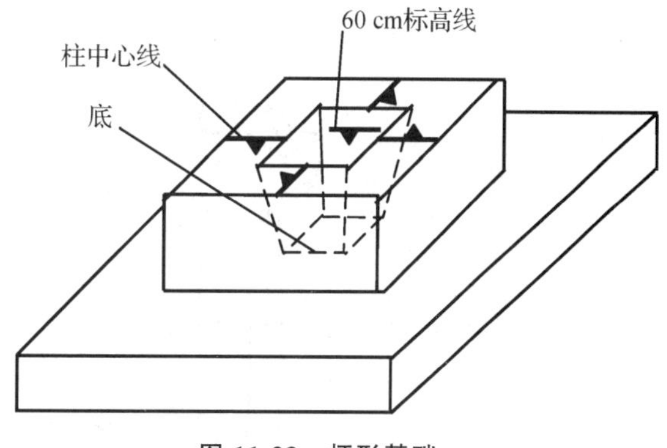

图 11-23　杯形基础

②柱身弹线

柱子安装前，应将每根柱子按轴线位置进行编号。如图 11-24 所示，在每根柱子的三个侧面弹出柱中心线，并在每条线的上端和下端近杯口处画出“▶”标志。根据牛腿面的设计标高，从牛腿面向下用钢尺量出－0.600 m 的标高线，并画出“▼”标志。

③杯底找平

先量出柱子的－0.600 m 标高线至柱底面的长度，再在相应的柱基杯口内，量出－0.600 m 标高线至杯底的高度，并进行比较，以确定杯底找平厚度，用水泥沙浆根据找平厚度，在杯底进行找平，使牛腿面符合设计高程。

(3)柱子的安装测量

柱子安装测量的目的是保证柱子平面和高程符合设计要求，柱身铅直。

①预制的钢筋混凝土柱子插入杯口后，应使柱子三面的中心线与杯口中心线对齐，如图 11-25(a)所示，用木楔或钢楔临时固定。

②柱子立稳后，立即用水准仪检测柱身上的±0.000 m 标高线，其容许误差为±3 mm。

③如图 11-25(a)所示，用两台经纬仪，分别安置在柱基纵、横轴线上，离柱子的距离不小于柱高的 1.5 倍，先用望远镜瞄准柱底的中心线标志，固定照准部后，再缓慢抬高望远镜观察柱子偏离十字丝竖丝的方向，指挥用钢丝绳拉直柱子，直至从两台经纬仪中，观测到的柱子中心线都与十字丝竖丝重合为止。

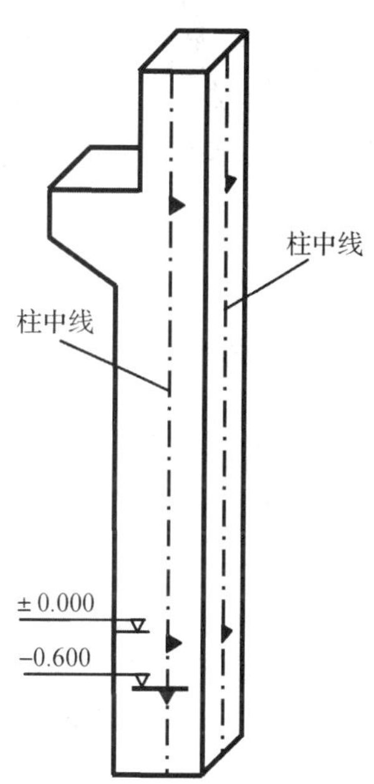

图 11-24　柱身弹线

④在杯口与柱子的缝隙中浇入混凝土，以固定柱子的位置。

⑤在实际安装时，一般是一次把许多柱子都竖起来，然后进行垂直校正。这时，可把两台经纬仪分别安置在纵横轴线的一侧，一次可校正几根柱子，如图 11-25(b)所示，但仪器偏离轴线的角度，应在 15°以内。

(4)柱子安装测量的注意事项

所使用的经纬仪必须严格校正，操作时，应使照准部水准管气泡严格居中。校正时，除注意柱子垂直外，还应随时检查柱子中心线是否对准杯口柱列轴线标志，以防柱子安装就位后，产生水平位移。在校正变截面的柱子时，经纬仪必须安置在柱列轴线上，以免产生差错。在日照下校正柱子的垂直度时，应考虑日照使柱顶向阴面弯曲的影响，为避免此种影响，宜

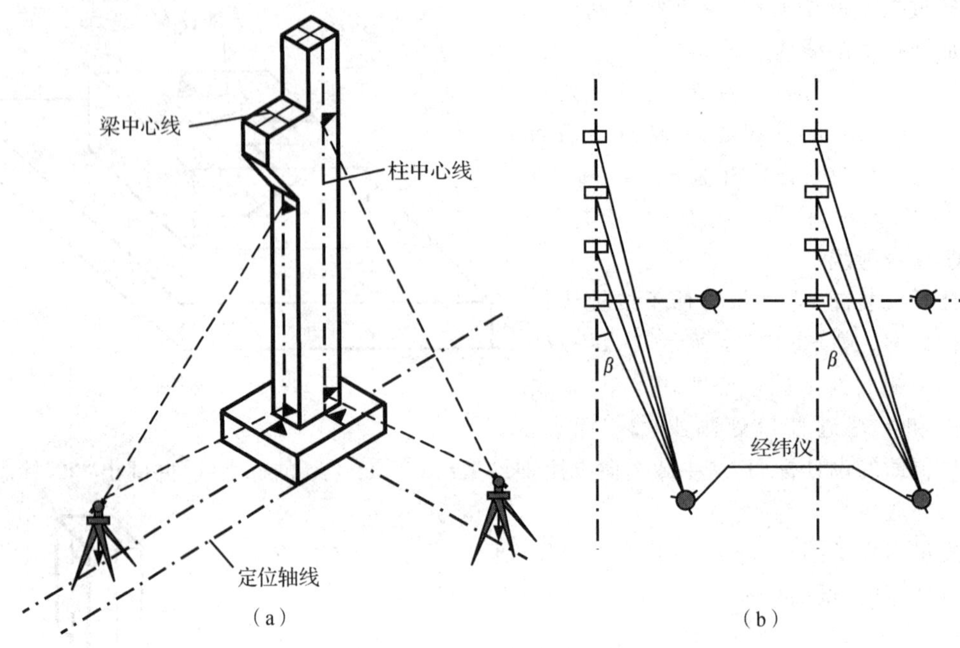

图 11-25　柱子垂直度校正

在早晨或阴天校正。

2. 吊车梁安装测量

吊车梁安装测量主要是保证吊车梁中线位置和吊车梁的标高满足设计要求。

(1)吊车梁安装前的准备工作

吊车梁安装前的准备工作有以下几项：

①在柱面上量出吊车梁顶面标高。根据柱子上的±0.000 m 标高线，用钢尺沿柱面向上量出吊车梁顶面设计标高线，作为调整吊车梁面标高的依据。

②在吊车梁上弹出梁的中心线。如图 11-26 所示，在吊车梁的顶面和两端面上，用墨线弹出梁的中心线，作为安装定位的依据。

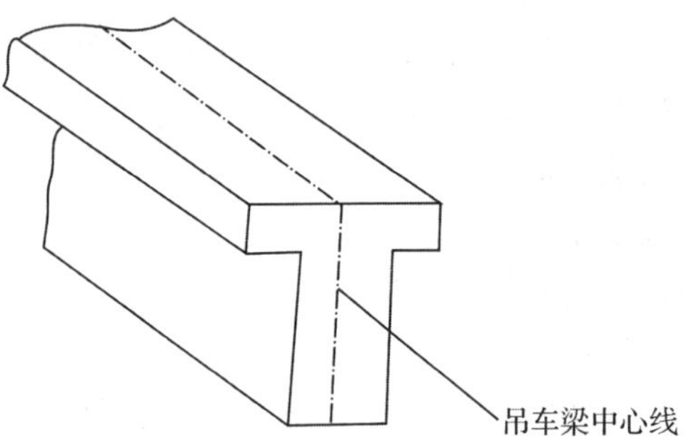

图 11-26　在吊车梁上弹出梁的中心线

③在牛腿面上弹出梁的中心线。根据厂房中心线，在牛腿面上投测出吊车梁的中心线。投测方法如下：

如图 11-27(a)所示，利用厂房中心线 A_1A_1，根据设计轨道间距，在地面上测设出吊车梁中心线（也是吊车轨道中心线）$A'A'$ 和 $B'B'$。在吊车梁中心线的一个端点 A'（或 B'）上安置经纬仪，瞄准另一个端点 A'（或 B'），固定照准部，抬高望远镜，即可将吊车梁中心线投测到每根柱子的牛腿面上，并墨线弹出梁的中心线。

(2)吊车梁的安装测量

安装时，使吊车梁两端的梁中心线与牛腿面梁中心线重合，是吊车梁初步定位。采用平行线法，对吊车梁的中心线进行检测。校正方法如下：

①如图 11-27(b)所示，在地面上，从吊车梁中心线，向厂房中心线方向量出长度 a（1 m），得到平行线 $A''A''$ 和 $B''B''$。

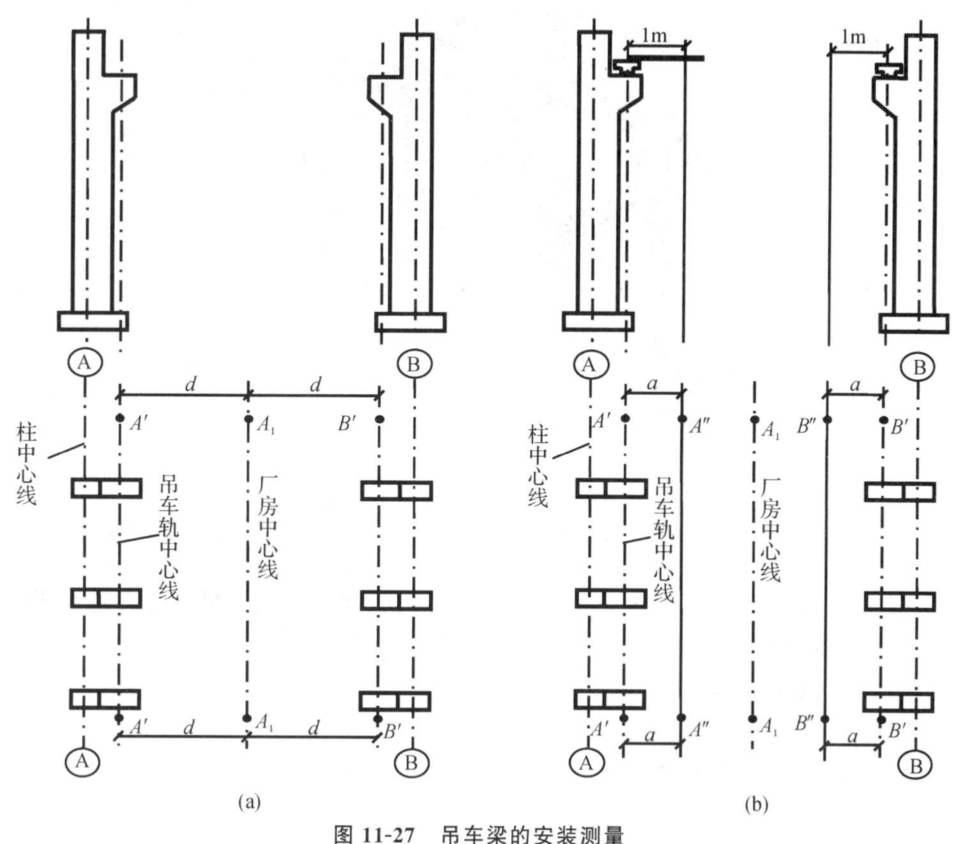

图 11-27　吊车梁的安装测量

②在平行线一端点 A''（或 B''）上安置经纬仪，瞄准另一端点 A''（或 B''），固定照准部，抬高望远镜进行测量。

③此时，另外一人在梁上移动横放的木尺，当视线正对准尺上一米刻画线时，尺的零点应与梁面上的中心线重合。如不重合，可用撬杠移动吊车梁，使吊车梁中心线到 $A''A''$（或 $B''B''$）的间距等于 1 m 为止。

吊车梁安装就位后，先按柱面上定出的吊车梁设计标高线对吊车梁面进行调整，然后将水准仪安置在吊车梁上，每隔 3 m 测一点高程，并与设计高程比较，误差应在 3 mm 以内。

3. 屋架安装测量

(1)屋架安装前的准备工作

屋架吊装前，用经纬仪或其他方法在柱顶面上测设出屋架定位轴线。在屋架两端弹出屋架中心线，以便进行定位。

(2)屋架的安装测量

屋架吊装就位时，应使屋架的中心线与柱顶面上的定位轴线对准，允许误差为 5 mm。屋架的垂直度可用锤球或经纬仪进行检查。用经纬仪检校方法如下：

①如图 11-28 所示，在屋架上安装三把卡尺，一把卡尺安装在屋架上弦中点附近，另外两把分别安装在屋架的两端。自屋架几何中心沿卡尺向外量出一定距离，一般为 500 mm，作出标志。

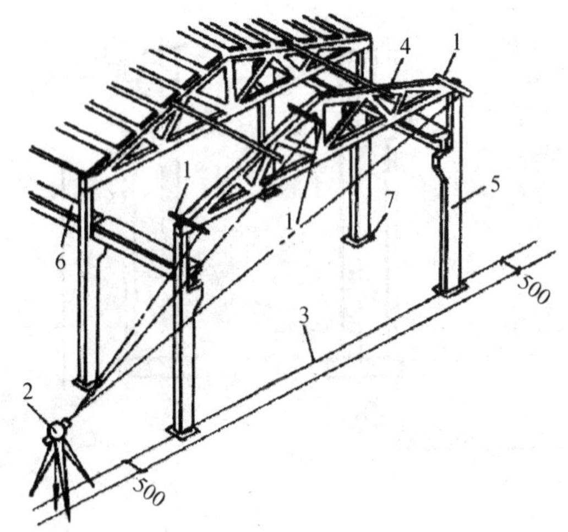

图 11-28 屋架的安装轴线

1—卡尺；2—经纬仪；3—定位轴线；4—屋架；5—柱子；6—吊车梁；7—柱基

②在地面上，距屋架中线同样距离处，安置经纬仪，观测三把卡尺的标志是否在同一竖直面内，如果屋架竖向偏差较大，则用机具校正，最后将屋架固定。

垂直度允许偏差：薄腹梁为 5 mm，桁架为屋架高的 1/250。

11.3.4 烟囱、水塔施工测量

烟囱和水塔的施工测量相近似，现以烟囱为例加以说明。烟囱是截圆锥形的高耸构筑物，其特点是基础小，主体高。施工测量工作主要是严格控制其中心位置，保证烟囱主体竖直。

1. 烟囱的定位、放线

(1)烟囱的定位

烟囱的定位主要是定出基础中心的位置。定位方法如下：

①按设计要求，利用与施工场地已有控制点或建筑物的尺寸关系，在地面上测设出烟囱的中心位置 O(即中心桩)。

②如图 11-29 所示，在 O 点安置经纬仪，任选一点 A 作后视点，并在视线方向上定出 a 点，倒转望远镜，通过盘左、盘右分中投点法定出 b 和 B；然后，顺时针测设 90°，定出 d 和 D，倒转望远镜，定出 c 和 C，得到两条互相垂直的定位轴线 AB 和 CD。

③A、B、C、D 四点至 O 点的距离为烟囱高度的 1～1.5 倍。a、b、c、d 是施工定位桩，用于修坡和确定基础中心，应设置在尽量靠近烟囱而不影响桩位稳固的地方。

(2)烟囱的放线

以 O 点为圆心，以烟囱底部半径 r 加上基坑放坡宽度 s 为半径，在地面上用皮尺画圆，

并撒出灰线，作为基础开挖的边线。

2. 烟囱的基础施工测量

(1)当基坑开挖接近设计标高时，在基坑内壁测设水平桩，作为检查基坑底标高和打垫层的依据。

(2)坑底夯实后，从定位桩拉两根细线，用锤球把烟囱中心投测到坑底，钉上木桩，作为垫层的中心控制点。

(3)浇灌混凝土基础时，应在基础中心埋设钢筋作为标志，根据定位轴线，用经纬仪把烟囱中心投测到标志上，并刻上“＋”字，作为施工过程中，控制筒身中心位置的依据。

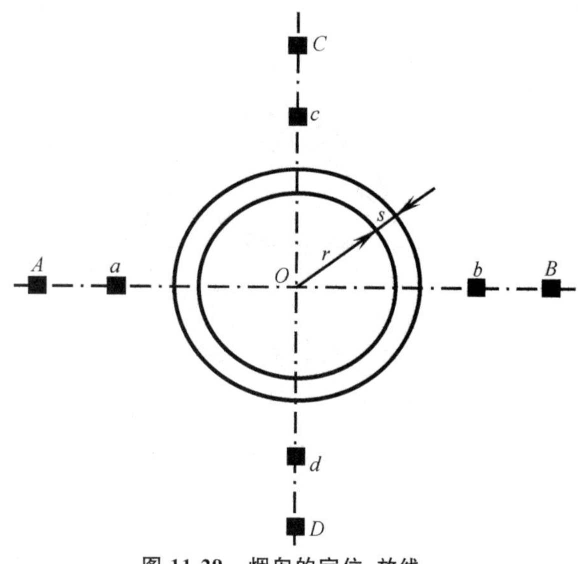

图 11-29　烟囱的定位、放线

3. 烟囱筒身施工测量

(1)引测烟囱中心线

在烟囱施工中，应随时将中心点引测到施工的作业面上。

①在烟囱施工中，一般每砌一步架或每升模板一次，就应引测一次中心线，以检核该施工作业面的中心与基础中心是否在同一铅垂线上。引测方法如下：

在施工作业面上固定一根枋子，在枋子中心处悬挂 8～12 kg 的锤球，逐渐移动枋子，直到锤球对准基础中心为止。此时，枋子中心就是该作业面的中心位置。

②另外，烟囱每砌筑完 10 m，必须用经纬仪引测一次中心线。引测方法如下：

如图 11-29 所示，分别在控制桩 A、B、C、D 上安置经纬仪，瞄准相应的控制点 a、b、c、d，将轴线点投测到作业面上，并作出标记。然后，按标记拉两条细绳，其交点即为烟囱的中心位置，并与锤球引测的中心位置比较，以作校核。烟囱的中心偏差一般不应超过砌筑高度的 1/1000。

③对于高大的钢筋混凝土烟囱，烟囱模板每滑升一次，就应采用激光铅垂仪进行一次烟囱的铅直定位。定位方法如下：

在烟囱底部的中心标志上，安置激光铅垂仪，在作业面中央安置接收靶。在接收靶上，显示的激光光斑中心，即为烟囱的中心位置。

④在检查中心线的同时，以引测的中心位置为圆心，以施工作业面上烟囱的设计半径为半径，用木尺画圆，如图 11-30 所示，以检查烟囱壁的位置。

(2)烟囱外筒壁收坡控制

烟囱筒壁的收坡是用靠尺板来控制的。靠尺板的形状如图 11-31 所示，靠尺板两侧的斜边应严格按设计的筒壁斜度制作。使用时，把斜边贴靠在筒体外壁上，若锤球线恰好通过下端缺口，说明筒壁的收坡符合设计要求。

(3)烟囱筒体标高的控制

一般是先用水准仪，在烟囱底部的外壁上，测设出＋0.500 m(或任一整分米数)的标高线。以此标高线为准，用钢尺直接向上量取高度。

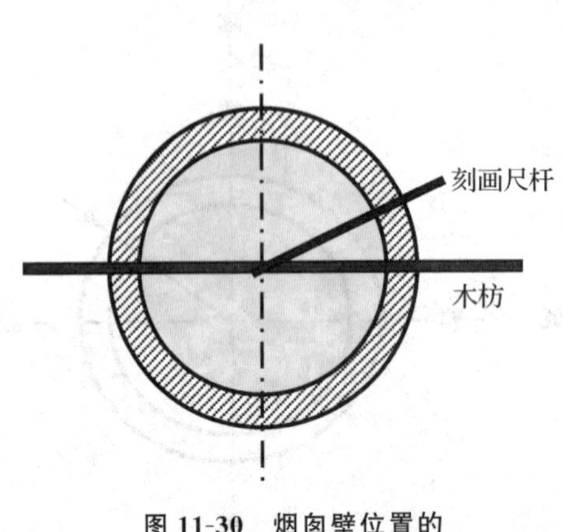

图 11-30　烟囱壁位置的

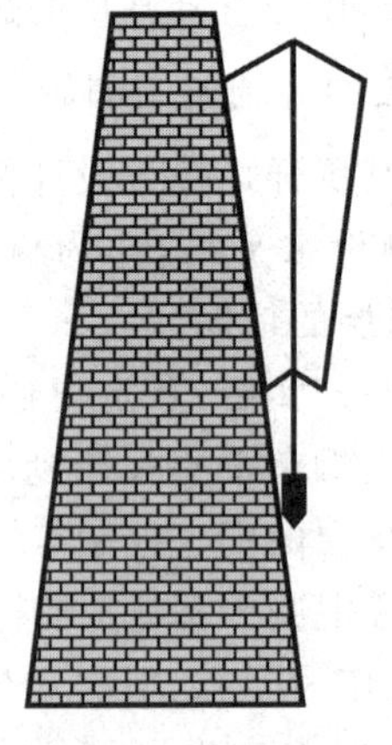

图 11-31　坡度靠尺板

11.4　建筑物的变形观测

为保证建筑物在施工、使用和运行中的安全，以及为建筑物的设计、施工、管理及科学研究提供可靠的资料，在建筑物施工和运行期间，需要对建筑物的稳定性进行观测，这种观测称为建筑物的变形观测。

建筑物变形观测的主要内容有建筑物沉降观测、建筑物倾斜观测、建筑物裂缝观测和位移观测等。

《建筑变形测量规范》(JGJ8-2007)规定，建筑变形测量的级别、精度指标及其适用范围应符合表 11-2 的规定。

表 11-2　建筑变形测量的级别、精度指标及其使用范围

变形测量等级	沉降观测	位移观测	适用范围
	观测点测站高差中误差/mm	观测点坐标中误差/mm	
特级	≤0.05	≤0.3	特高精度要求的特种精密工程和重要科研项目变形观测
一级	≤0.15	≤1.0	高精度要求的大型建筑物和科研项目变形观测
二级	≤0.50	≤3.0	中等精度要求的建筑物和科研项目变形观测，重要建筑物主体倾斜观测、场地滑坡观测
三级	≤1.50	≤10.0	低精度要求的建筑物变形观测，一般建筑物主体倾斜观测、场地滑坡观测

注：1. 观测点测站高差中误差，系指水准测量的测站高差中误差或静力水准测量、电磁波测距三角高程测量中相邻观测点相应测段间等价的相对高差中误差；

2. 观测点坐标中误差，系指观测点相对测站点(如工作基点)的坐标中误差、坐标差中误差以及等价的观测点相对基准线的偏差值中误差、建筑或构件相对底部固定点的水平位移分量中误差；

3. 观测点点位中误差为观测点坐标中误差$\sqrt{2}$倍；

4. 本规范以中误差作为衡量精度的标准，并以 2 倍中误差作为极限误差。

11.4.1　沉降观测

建筑物沉降观测是采用水准测量的方法，周期性地观测设置在建筑物上的沉降观测点和周围水准基点之间的高差变化值，来确定建筑物在垂直方向上的位移量的工作。在工业与民用建筑中，为了掌握建筑物的沉降情况，及时发现对建筑物不利的下沉现象，以便采取措施，保证建筑物安全使用，同时也为今后合理的设计提供资料，因此在建筑施工过程中和投入使用后，必须进行沉降观测。

1. 水准基点的布设

水准基点是沉降观测的基准，因此水准基点的布设应满足以下要求：

(1)要有足够的稳定性。水准基点必须设置在沉降影响范围以外，离开地下管道至少 5 m，底部埋置深度至少在冰冻线及地下水位变化范围以下 0.5 m。

(2)要具备检核条件。为了保证水准基点高程的正确性，水准基点最少应布设 3 个，小测区且确认点位稳固可靠，水准基点数不得少于 2 个，工作基点不少于 1 个，以便相互检核。

(3)要满足一定的观测精度。水准基点和观测点之间的距离应适中，相距太远会影响观测精度，一般应在 100 m 范围内。

水准基点的形式一般可选用混凝土普通标石。水准标石埋设后，一般 15 天后达到稳固后可开始观测。

2. 沉降观测点的布设

进行沉降观测的建筑物，应埋设沉降观测点。沉降观测点的布设应满足以下要求：

(1)沉降观测点的位置

沉降观测点应布设在能全面反映建筑物沉降情况的部位，如建筑物四角、纵横墙连接处、沉降缝两侧、荷载有变化的部位、大型设备基础、柱子基础和地质条件变化处。

(2)沉降观测点的数量

一般沉降观测点是均匀布置的，可设在建筑物四角；或沿外墙间隔 10～15 m 布设，或在柱上布点，每隔 2～3 根柱设一点。烟囱、水塔、电视塔、工业高炉、大型储藏罐等高耸构筑物可在基础轴线对称部位设点，每一构筑物不得少于 4 个点。

(3)沉降观测点的设置形式

应根据工程性质和施工条件来确定。观测点的标志形式有墙上观测点、钢筋混凝土柱上观测点(一般布设在基础上 0.3～0.5 m 高度处)和基础上的观测点。为了使观测点位牢固稳定，观测点埋入的部分应大于 10 cm；观测点的上部需为半球形状或有明显的突出之处；观测点外端需与墙身、柱身保持至少 4 cm 的距离，以便标尺可对任意方向垂直置尺。如图 11-32 所示。

3. 沉降观测

(1)观测周期

观测的时间和次数，应根据工程的性质、施工进度、地基地质情况及基础荷载的变化情况而定。

①当埋设的沉降观测点稳固后，在建筑物主体开工前，进行第一次观测。

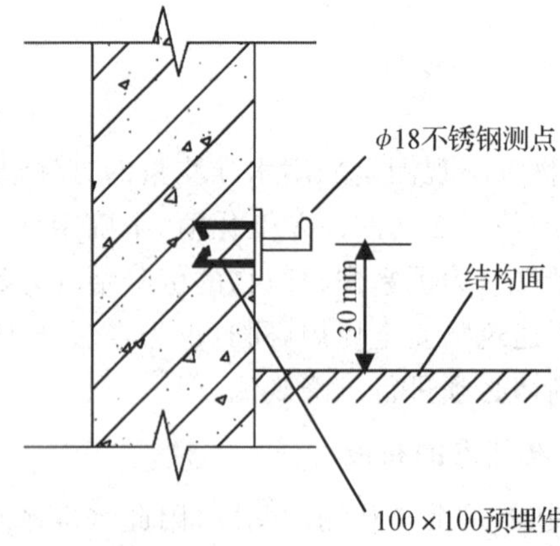

图 11-32　沉降观测点的设置形式

②在建(构)筑物主体施工过程中,一般每盖 1～2 层观测一次。如中途停工时间较长,应在停工时和复工时进行观测。

③当发生大量沉降或严重裂缝时,应立即或几天一次连续观测。

④建筑物封顶或竣工后,一般每月观测一次,如果沉降速度减缓,可改为 2～3 个月观测一次,直至沉降稳定为止。

(2)观测方法

观测时先后视水准基点,接着依次前视各沉降观测点,最后再次后视该水准基点,两次后视读数之差不应超过±1 mm。另外,沉降观测的水准路线(从一个水准基点到另一个水准基点)应为闭合水准路线。

(3)精度要求

沉降观测的精度应根据建筑物的性质而定。

①多层建筑物的沉降观测,可采用 DS_3 水准仪,用普通水准测量的方法进行,其水准路线的闭合差不应超过$\pm 2.0\sqrt{n}$ mm(n 测站数)。

②高层建筑物的沉降观测,则应采用 DS_1 精密水准仪,用二等水准测量的方法进行,其水准路线的闭合差不应超过$\pm 1.0\sqrt{n}$ mm(n 为测站数)。

(4)工作要求

沉降观测是一项长期、连续的工作,为了保证观测成果的正确性,应尽可能做到“四固定”原则,即固定观测人员,使用固定的水准仪和水准尺,使用固定的水准基点,按固定的实测路线和测站进行。

4. 沉降观测的成果整理

(1)整理原始记录

每次观测结束后,应检查记录的数据和计算是否正确,精度是否合格,然后,调整高差闭合差,推算出各沉降观测点的高程,并填入“沉降观测表”中(表 11-3)。

(2)计算沉降量

计算内容和方法如下:

①计算各沉降观测点的本次沉降量:

表 11-3　沉降观测记录表

观测次数	观测时间	各观测点的沉降情况							施工进展情况	荷载情况 /(t/m²)
		1			2			3…		
		高程/m	本次下沉/mm	累积下沉/mm	高程/m	本次下沉/mm	累积下沉/mm	…		
1	1985.01.10	50.454	0	0	50.473	0	0	…	一层平口	
2	1985.02.23	50.448	−6	−6	50.467	−6	−6		三层平口	40
3	1985.03.16	50.443	−5	−11	50.462	−5	−11		五层平口	60
4	1985.04.14	50.440	−3	−14	50.459	−3	−14		七层平口	70
5	1985.05.14	50.438	−2	−16	50.456	−3	−17		九层平口	80
6	1985.06.04	50.434	−4	−20	50.452	−4	−21		主体完	110
7	1985.08.30	50.429	−5	−25	50.447	−5	−26		竣工	
8	1985.11.06	50.425	−4	−29	50.445	−2	−28		使用	
9	1986.02.28	50.423	−2	−31	50.444	−1	−29			
10	1986.05.06	50.422	−1	−32	50.443	−1	−30			
11	1986.08.05	50.421	−1	−33	50.443	0	−30			
12	1986.12.25	50.421	0	−33	50.443	0	−30			

注：水准点的高程 BM_1：49.538 m；BM_2：50.123 m；BM_3：49.776 m。

沉降观测点的本次沉降量＝本次观测所得的高程－上次观测所得的高程

②计算累积沉降量：

累积沉降量＝本次沉降量＋上次累积沉降量

将计算出的沉降观测点本次沉降量、累积沉降量和观测日期、荷载情况等记入“沉降观测表”中(表 11-3)。

(3)绘制沉降曲线

图 11-33 为沉降曲线图，沉降曲线分为两部分，即时间与沉降量关系曲线和时间与荷载关系曲线。

①绘制时间与沉降量关系曲线

首先，以沉降量 s 为纵轴，以时间 t 为横轴，组成直角坐标系。然后，以每次累积沉降量为纵坐标，以每次观测日期为横坐标，根据每次观测日期和每次沉降量按比例标出沉降观测点的位置。最后，用曲线将标出的各点连接起来，并在曲线的一端注明沉降观测点号码，便成为时间与沉降量关系曲线，如图 11-33 所示。

②绘制时间与荷载关系曲线

首先，以荷载为纵轴，以时间为横轴，组成直角坐标系。再根据每次观测日期和相应的荷载标出各点位置，然后将各点连接起来，便可绘制出荷载、时间关系曲线图，如图 11-33 所示。

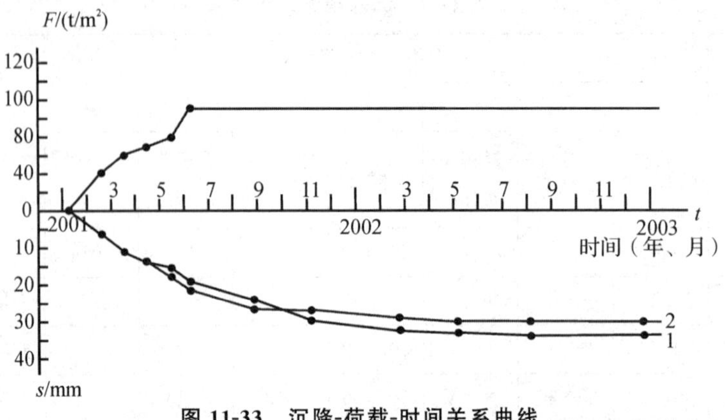

图 11-33　沉降-荷载-时间关系曲线

11.4.2　倾斜观测

用测量仪器来测定建筑物的基础和主体结构倾斜变化的工作，称为倾斜观测。

1. 一般建筑物主体的倾斜观测

建筑物主体的倾斜观测，应测定建筑物顶部观测点相对于底部观测点的偏移值，再根据建筑物的高度，计算建筑物主体的倾斜度，即

$$i=\tan\alpha=\frac{\Delta D}{H} \tag{11-4}$$

式中，i—建筑物主体的倾斜度；

ΔD—建筑物顶部观测点相对于底部观测点的偏移值，m；

H—建筑物的高度，m；

α—倾斜角，°。

由式(11-4)可知，倾斜测量主要是测定建筑物主体的偏移值 ΔD。偏移值 ΔD 的测定一般采用经纬仪投影法。具体观测方法如下：

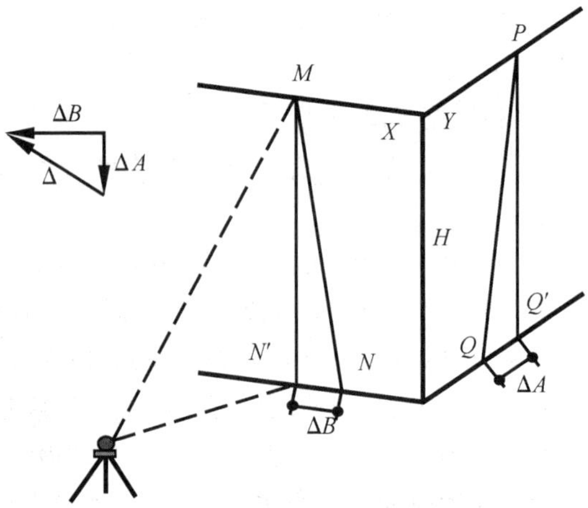

图 11-34　一般建筑物的倾斜

(1)如图 11-34 所示，将经纬仪安置在固定测站上，该测站到建筑物的距离为建筑物高度的 1.5 倍以上。瞄准建筑物 X 墙面上部的观测点 M，用盘左、盘右分中投点法，定出下部的观测点 N。用同样的方法，在与 X 墙面垂直的 Y 墙面上定出上观测点 P 和下观测点 Q。M、N 和 P、Q 即为所设观测标志。

(2)相隔一段时间后，在原固定测站上，安置经纬仪，分别瞄准上观测点 M 和 P，用盘左、盘右分中投点法，得到 N' 和 Q'。如果，N

与 N'、Q 与 Q' 不重合，如图 11-34 所示，说明建筑物发生了倾斜。

(3)用尺子，量出在 X、Y 墙面的偏移值 ΔA、ΔB，然后用矢量相加的方法，计算出该建筑物的总偏移值 ΔD，即：

$$\Delta D=\sqrt{\Delta A^2+\Delta B^2} \tag{11-5}$$

根据总偏移值 ΔD 和建筑物的高度 H 用式(11-4)即可计算出其倾斜度 i。

2. 圆形建(构)筑物主体的倾斜观测

对圆形建(构)筑物的倾斜观测，是在互相垂直的两个方向上，测定其顶部中心对底部中心的偏移值。具体观测方法如下：

(1)如图 11-35 所示，在烟囱底部横放一根标尺，在标尺中垂线方向上，安置经纬仪，经纬仪到烟囱的距离为烟囱高度的 1.5 倍。

(2)用望远镜将烟囱顶部边缘两点 A、A' 及底部边缘两点 B、B' 分别投到标尺上，得读数为 y_1、y_1' 及 y_2、y_2'，如图 11-35 所示。烟囱顶部中心 O 对底部中心 O' 在 y 方向上的偏移值 Δy 为：

$$\Delta y=\frac{y_1+y_1'}{2}-\frac{y_2+y_2'}{2}$$

(3)用同样的方法，可测得在 x 方向上，顶部中心 O 的偏移值 Δx：

$$\Delta x=\frac{x_1+x_1'}{2}-\frac{x_2+x_2'}{2}$$

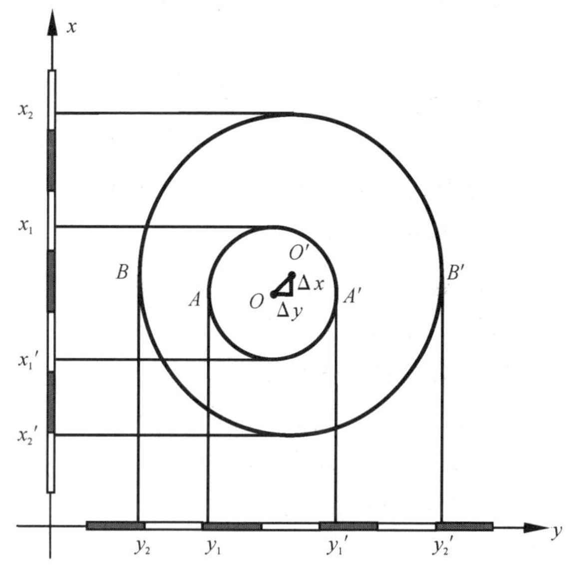

图 11-35　圆形建(构)筑物的倾斜观测

(4)用矢量相加的方法，计算出顶部中心 O 对底部中心 O' 的总偏移值 ΔD，即

$$\Delta D=\sqrt{\Delta x^2+\Delta y^2} \tag{11-6}$$

根据总偏移值 ΔD 和圆形建(构)筑物的高度 H 用式(11-4)即可计算出其倾斜度 i。

另外，亦可采用激光铅垂仪或悬吊锤球的方法，直接测定建(构)筑物的倾斜量。

3. 建筑物基础倾斜观测

建筑物的基础倾斜观测一般采用精密水准测量的方法，定期测出基础两端点的沉降量差值 Δh，如图 11-36 所示，再根据两点间的距离 L，即可计算出基础的倾斜度 i：

$$i=\frac{\Delta h}{L} \tag{11-7}$$

对整体刚度较好的建筑物的倾斜观测，亦可采用基础沉降量差值，推算主体偏移值。如图 11-37 所示，用精密水准测量测定建筑物基础两端点的沉降量差值 Δh，根据建筑物的宽度 L 和高度 H，推算出该建筑物主体的偏移值 ΔD，即

$$\Delta D=\frac{\Delta h}{L}H \tag{11-8}$$

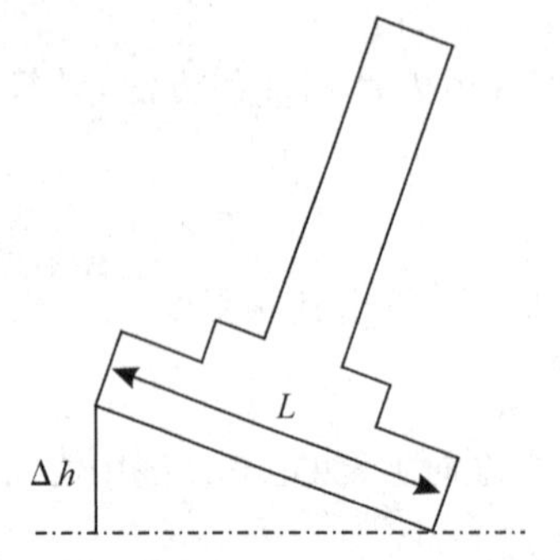

图 11-36 基础沉降差法进行倾斜观测

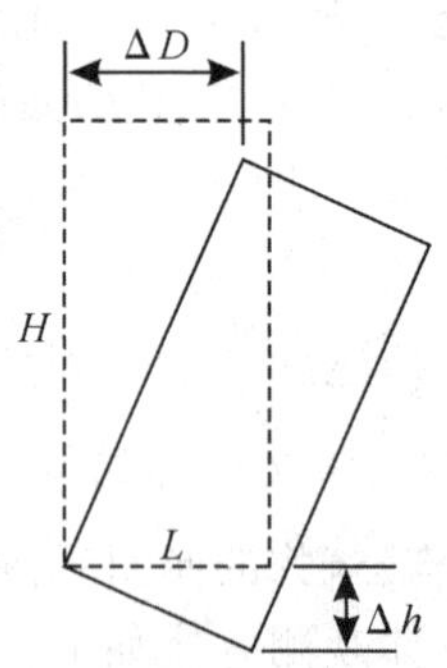

图 11-37 基础倾斜观测测定建筑物的偏移值

11.4.3 裂缝观测

当建筑物出现裂缝之后，应及时进行裂缝观测。常用的裂缝观测方法有以下两种：

1. 石膏板标志法

用厚 10 mm，宽约 50～80 mm 的石膏板（长度视裂缝大小而定），固定在裂缝的两侧。当裂缝继续发展时，石膏板也随之开裂，从而观察裂缝继续发展的情况。

2. 镀锌薄钢板标志法

(1)如图 11-38 所示，用两块镀锌薄钢板，一片取 100 mm×300 mm 的长方形，固定在裂缝的一侧。

(2)另一片为 50 mm×200 mm 的矩形，固定在裂缝的另一侧，使两块白铁皮的边缘相互平行，并使其中的一部分重叠。

(3)在两块镀锌薄钢板的表面，涂上红色油漆。

(4)如果裂缝继续发展，两块镀锌薄钢板将逐渐拉开，露出长方形上原被覆盖没有油漆的部分，其宽度即为裂缝加大的宽度，可用尺子量出。以此来判断裂缝的扩展情况。

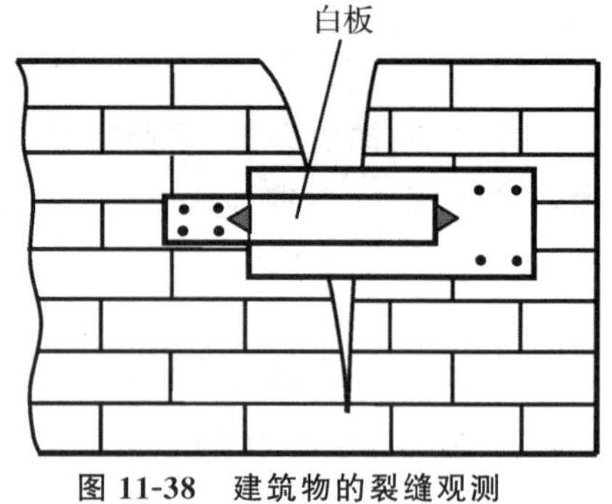

图 11-38 建筑物的裂缝观测

10.4.4 位移观测

位移测量是指测量被监测对象（变形体）的空间位置随时间发生变化的形态和特征。根据工程的位移特点，位移监测包括三维位移、平面位移和一维位移。测量的方法主要有 GNSS 测量、全站仪测量和引张线法等。

与沉降测量方法类似，位移测量首先需要确定监测精度、监测频率等技术指标，并尽量利用现有技术规范制定位移监测方案，布设位移监测点，然后根据观测方案和频率进行观测，最后根据观测数据绘制位移曲线，提交监测报表。由于位移观测方法主要采用前面已经介绍过的测量方法，观测点的坐标计算需要严密平差计算，而这已经超过了非测量专业的学习范围，因此本小节仅简要介绍位移测量的主要方法。

1. 全站仪位移测量方法

使用全站仪进行三维或平面位移测量是变形监测最常用的方法之一。全站仪位移测量法利用全站仪的高精度测角和测距功能，直接得到测量点的三维或平面坐标，根据不同期坐标观测值计算得到位移量。

全站仪位移监测首先需要布设基准点和观测点。基准点布设在变形体之外，而且至少有 3 个以上的点，一个基准点用于架设全站仪，另外两个基准点作为后视点和检查点。在变形体内布置若干个观测点，利用控制点的三维坐标推算出观测点的三维坐标，将每期观测得到的三维坐标与初始坐标值相减可以得到观测点的累计位移值，从而发现监测点的位移变化情况。位移监测的精度通常要达到毫米级，需要消除各种误差来达到精度要求，在实际工程中可以采用以下措施来提高变形监测的精度：①通过建立固定观测墩和将观测点固定的方法减少仪器和目标对中误差的影响；②通过优化观测网的网形和增加多余观测数提高观测点的精度；③观测前检核仪器，每期观测采用同样的观测仪器和观测方法从而最大限度地减少仪器系统误差的影响；④采用高精度的平差计算方法，通过优化各观测值的权值得到高精度的平差结果。

除了传统的全站仪之外，自动化全站仪也广泛用于三维位移测量中。自动全站仪也称为测量机器人，是在普通全站仪的基础上集成步进电机、视频成像系统、智能控制系统及应用软件发展形成的。测量机器人具有自动目标识别、自动照准、自动测角与测距、自动目标跟踪、自动记录的功能。测量机器人测量不需要人工干预，能全天候、高精度自动测量，已在隧道、大坝、超高层建筑的变形测量中广泛应用。

测量机器人自动化实时变形监测系统的构成如图 11-39 所示。先将测量机器人安置在观测台上，并配备 24 小时不间断供电设备。测量机器人最好安置在基准点上，若测量机器人安置在可能发生变形的区域，则需要在其周围布设两个以上的基准点，通过后方交会解算测站坐标。观测点布设在变形体上，在完成系统初始化和参数设置后，可利用软件控制测量机器人对观测点连续观测，测量结果通过通信链路传输至数据处理平台进行数据处理和变形分析。

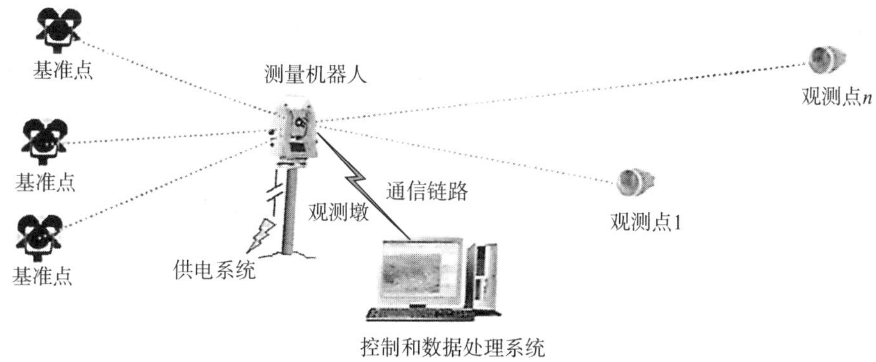

图 11-39　测量机器人自动化实时变形监测系统的构成

2. GNSS 位移测量

该方法是以 GNSS 技术为基础，集成无线通信、变形监控软件、数据库管理软件、变形分析软件构成的 GNSS 自动监测系统，具有精度高、全天候、自动化等优点，广泛应用于桥梁、大坝、高层建筑、滑坡等工程的自动化变形测量中。

如图 11-40 所示，GNSS 位移测量的原理是在变形体上安装一台或者多台 GNSS 接收机作为观测站，通过有线或无线网络将原始观测数据传至数据处理中心，与 GNSS 基准站的观测数据一起解算，可以得到毫米级精度的位移监测数据。

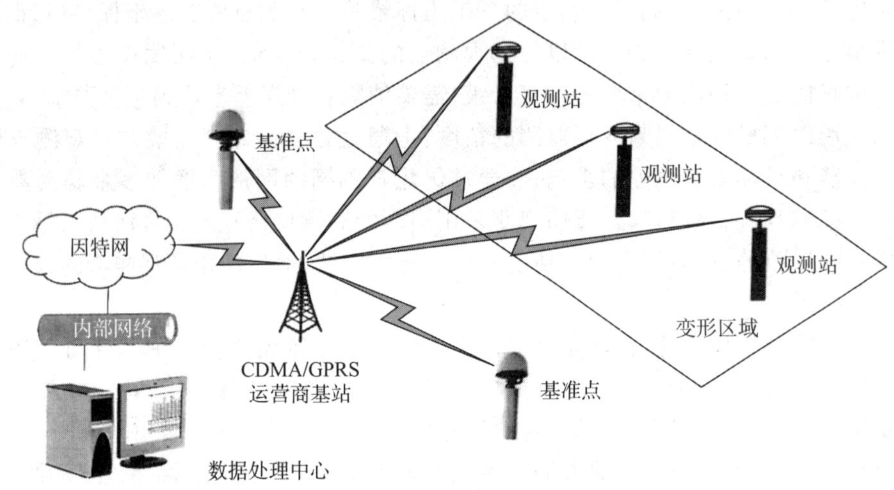

图 11-40 GNSS 位移测量的原理示意

GNSS 位移测量可以用来测量三维位移，但由于 GNSS 测量的高程精度低于平面位置的精度，因此，在某些位移测量中，将 GNSS 基线经坐标转换和投影后只测量二维变形，而通过水准测量得到垂直方向的位移。

3. 其他位移测量方法

全站仪和 GNSS 测量方法是土木工程中用于位移测量最主要的方法，可以测量三维或二维的位移。由于许多位移变形监测需要达到 1 mm 以内的监测精度，需要布设观测墩，固定棱镜或 GNSS 接收机，因此监测的成本较高。对于有些工程，只需要关注某个方向的位移，如在大坝坝顶位移监测中只需要测量坝体的横向位移，在深基坑工程中主要关注周边土体或维护结构的横向位移等。

因此，根据工程的位移特点应重点测量某个方向的位移，即将三维成平面位移测量问题简化为一维测量问题，不仅可以减轻测量的工作量，还能在一定程度上提高位移测量的精度，测量方法有视准线法、引张线法等。

(1)角度前方交会法

利用第 7 章讲述的角度前方交会法，对观测点进行角度观测，计算观测点的坐标，利用两期之间的坐标差值，计算该点的水平位移量。

(2)基准线法

某些建筑物只要求测定某特定方向上的位移量，如大坝在水压力方向上的位移量，这种情况可采用基准线法进行水平位移观测。

观测时，先在位移方向的垂直方向上建立一条基准线，如图 11-41 所示。A、B 为控制点，P 为观测点。只要定期测量观测点 P 与基准线 AB 的角度变化值 $\Delta\beta$，即可测定水平位移量，$\Delta\beta$ 测量方法如下：

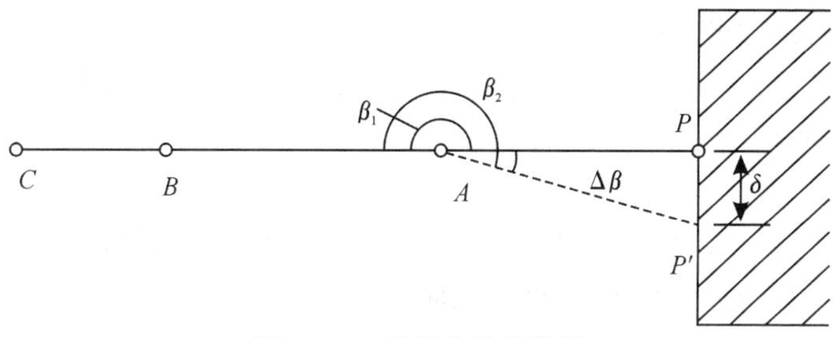

图 11-41　建筑物位移观测

在 A 点安置全站仪或经纬仪，第一次观测水平角 $\angle BAP=\beta_1$，第二次观测水平角 $\angle BAP'=\beta_2$，两次观测水平角的角值之差即 $\Delta\beta$：

$$\Delta\beta=\beta_2-\beta_1$$

其位移量可按下式计算：

$$\delta=D_{AP}\frac{\Delta\beta}{\rho} \tag{11-9}$$

式中，δ—位移量；

D_{AP}—AP 的水平距离；

$\Delta\beta$—两次观测水平角度差；

ρ—参量，20265″。

位移测量的方法除了大地测量方法以外，还有其他用于局部位移测量的方式，如位移传感器法、百分表法、拉线法等，在实际工程中可根据工程特点和精度要求选用适当的位移测量方法。

11.5　竣工测量

11.5.1　编制竣工总平面图的目的

工业与民用建筑工程是根据设计总平面图施工的。在施工过程中，由于种种原因，建(构)筑物竣工后的位置与原设计位置不完全一致，所以，需要编绘竣工总平面图。

编制竣工总平面图的目的一是为了全面反映竣工后的现状，二是为以后建(构)筑物的管理、维修、扩建、改建及事故处理提供依据，三是为工程验收提供依据。

竣工总平面图的编绘包括竣工测量和资料编绘两方面内容。

11.5.2　竣工测量

建(构)筑物竣工验收时进行的测量工作，称为竣工测量。

在每一个单项工程完成后，必须由施工单位进行竣工测量，并提出该工程的竣工测量成果，作为编绘竣工总平面图的依据。

1. 竣工测量的内容

(1)工业厂房及一般建筑物

测定各房角坐标、几何尺寸，各种管线进出口的位置和高程，室内地坪及房角标高，并附注房屋结构层数、面积和竣工时间。

(2)地下管线

测定检修井、转折点、起终点的坐标，井盖、井底、沟槽和管顶等的高程，附注管道及检修井的编号、名称、管径、管材、间距、坡度和流向。

(3)架空管线

测定转折点、结点、交叉点和支点的坐标，支架间距、基础面标高等。

(4)交通线路

测定线路起终点、转折点和交叉点的坐标，路面、人行道、绿化带界线等。

(5)特种构筑物

测定沉淀池的外形和四角坐标、圆形构筑物的中心坐标，基础面标高及构筑物的高度或深度等。

2. 竣工测量的方法与特点

竣工测量的基本测量方法与地形测量相似，区别在于以下几点：

(1)图根控制点的密度

一般竣工测量图根控制点的密度要大于地形测量图根控制点的密度。

(2)碎部点的实测

地形测量一般采用视距测量的方法，测定碎部点的平面位置和高程；而竣工测量一般采用经纬仪测角、钢尺量距的极坐标法测定碎部点的平面位置，采用水准仪或经纬仪视线水平测定碎部点的高程。亦可用全站仪进行测绘。

(3)测量精度

竣工测量的测量精度要高于地形测量的测量精度。地形测量的测量精度要求满足图解精度，而竣工测量的测量精度一般要满足解析精度，应精确至厘米。

(4)测绘内容

竣工测量的内容比地形测量的内容更丰富。竣工测量不仅测地面的地物和地貌，还要测底下各种隐蔽工程，如上、下水及热力管线等。

11.5.3 竣工总平面图的编绘

1. 编绘竣工总平面图的依据

(1)设计总平面图，单位工程平面图，纵、横断面图，施工图及施工说明。

(2)施工放样成果、施工检查成果及竣工测量成果。

(3)更改设计的图纸、数据、资料(包括设计变更通知单)。

2. 竣工总平面图的编绘方法

(1)在图纸上绘制坐标方格网。绘制坐标方格网的方法、精度要求,与地形测量绘制坐标方格网的方法、精度要求相同。

(2)展绘控制点。坐标方格网画好后,将施工控制点按坐标值展绘在图纸上。展点对所临近的方格而言,其容许误差为±0.3 mm。

(3)展绘设计总平面图。根据坐标方格网,将设计总平面图的图面内容,按其设计坐标,用铅笔展绘于图纸上,作为底图。

(4)展绘竣工总平面图。对凡按设计坐标进行定位的工程,应以测量定位资料为依据,按设计坐标(或相对尺寸)和标高展绘。对原设计进行变更的工程,应根据设计变更资料展绘。对凡有竣工测量资料的工程,若竣工测量成果与设计值之比差,不超过所规定的定位容许误差时,按设计值展绘;否则,按竣工测量资料展绘。

3. 竣工总平面图的整饰

(1)竣工总平面图的符号应与原设计图的符号一致。有关地形图的图例应使用国家地形图图示符号。

(2)对于厂房应使用黑色墨线,绘出该工程的竣工位置,并应在图上注明工程名称、坐标、高程及有关说明。

(3)对于各种地上、地下管线,应用各种不同颜色的墨线,绘出其中心位置,并应在图上注明转折点及井位的坐标、高程及有关说明。

(4)对于没有进行设计变更的工程,用墨线绘出的竣工位置,与按设计原图用铅笔绘出的设计位置应重合,但其坐标及高程数据与设计值比较可能稍有出入。

(5)对于直接在现场指定位置进行施工的工程、以固定地物定位施工的工程及多次变更设计而无法查对的工程等,只好进行现场实测,这样测绘出的竣工总平面图,称为实测竣工总平面图。

思考练习题

1. 施工测量的基本工作是什么?

2. 测设点的平面位置有哪些方法?各适用于什么场合?

3. 建筑场地平面控制网有哪几种形式?它们各适用于哪些场合?

4. 什么叫轴线控制桩?什么叫龙门板?它们的作用是什么?应如何设置?

5. 如下图所示,“一”字形建筑基线 A'、O'、B' 三点已测设在地面上,经检测 $\beta'=180°00'42''$。设 $a=150.000$ m,$b=100.000$ m,试求 A'、O'、B'三点的调整值,并说明如何调整才能使三点成一直线。

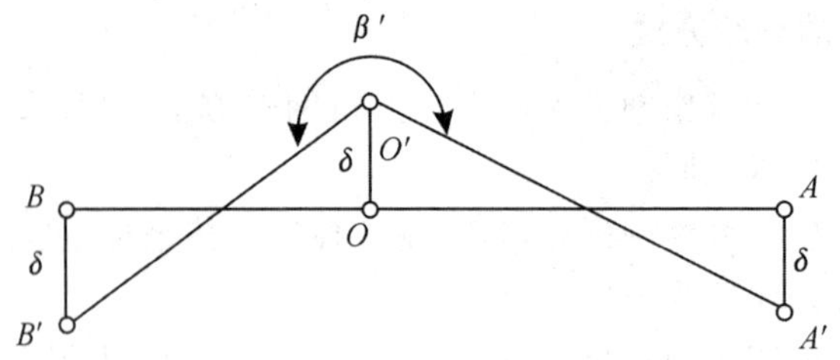

6. 高层建筑轴线投测和高程传递的方法有哪些?

7. 如下图所示,已标出新建筑物的尺寸,以及新建筑物与原有建筑物的相对位置尺寸,另外建筑物轴线距外墙皮 240 mm,试述测设新建筑物的方法和步骤。

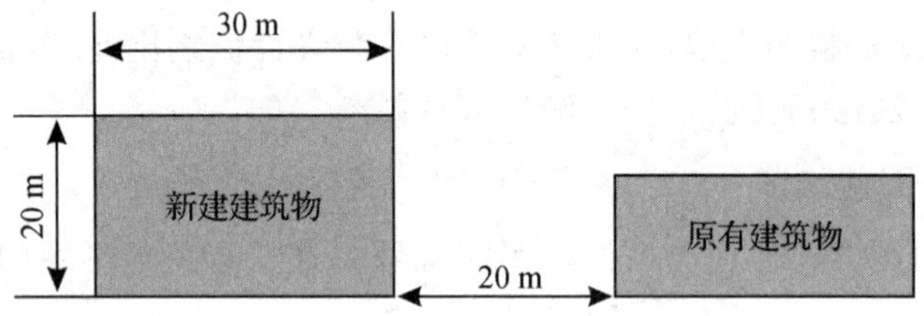

8. 设 A、B 为已知平面控制点,其坐标值分别为 $A(20.00,20.00)$、$B(20.00,60.00)$,P 为设计的建筑物特征点,其设计坐标为 $P(40.00,40.00)$。试计算用极坐标法测设 P 点的测设数据,并绘出测设略图。

9. 工业建筑施工测量包括哪些主要工作?

10. 何谓建筑物的沉降观测?在建筑物的沉降观测中,水准基点和沉降观测点的布设要求分别是什么?

11. 在以建筑物上设置一变形观测点 P_1,通过三期观测计算出该点的平面坐标列于下表中,试在 AutoCAD 上展绘该点的三期观测坐标,并量出每次观测的平均位移量与方位角、总位移量与方位角。

观测周期	x/m	y/m
1	8009.996	4201.253
2	8009.983	4201.257
3	8009.971	4201.251

第 12 章　线路测量

【教学要求】

知识准备	能力要求	相关知识点
中线测量	(1)掌握交点、转点和转角的测定 (2)了解中桩的设置	(1)交点、转点和转角 (2)加桩、整桩
圆曲线测量	(1)能独立完成圆曲线要素计算 (2)掌握圆曲线主点桩号计算及圆曲线的详细测设	(1)圆曲线要素 (2)偏角法、切线支距法
带缓和曲线的平曲线的测设	(1)了解缓和曲线基本参数的计算公式 (2)熟悉带缓和曲线的圆曲线测设参数的计算及主点的测设 (3)掌握缓和曲线的详细测设	(1)缓和曲线基本参数 (2)曲线测设参数及主点的计算、测设 (3)切线支距法、偏角法
特殊圆曲线的测设	(1)熟悉虚交测设 (2)熟悉复曲线的测设 (3)了解回头曲线的测设	(1)虚交 (2)同向曲线、反向曲线 (3)回头曲线
线路纵横断面测量	(1)能完成线路纵断面测量、绘制 (2)能完成线路横断面测量、绘制	(1)基平测量、中平测量 (2)水准仪皮尺法、经纬仪视距 (3)纵横断面绘制
线路施工测量	(1)掌握施工控制桩的测设方法 (2)熟悉路基边桩的测设方法 (3)熟悉路基边坡的测设	(1)平行线法、延长线法 (2)图解法、解析法 (3)竹竿、绳索测设,用边坡样板测设
现代道路施工放样技术	(1)了解逐桩坐标计算 (2)能用全站仪坐标放样法测设路线中桩 (3)能用全站仪线路边桩放样 (4)了解 GPS-RTK 放样测量	(1)逐桩坐标计算 (2)交点法 (3)元素法 (4)线路放样 (5)GPS-RTK 测量
管道施工测量	(1)掌握地下管道施工测量方法 (2)掌握顶管施工测量方法	(1)龙门板法、平行轴腰桩法 (2)坡度板和水准点的测设 (3)轨道的计算及安装 (4)中线测量、高程测量

12.1 概 述

线路工程是指长宽比很大的工程，包括公路、铁路、运河、供水明渠、输电线路、各种用途的管道工程等。这些工程的主体一般是在地表，但也有在地下或空中，工程可能延伸几千米至几百千米。线路工程是城市建设和工业建设的配套工程，随着我国经济的快速发展，城市发展规模的不断扩大，线路工程会越来越多，在城市建设中的作用越来越重要。线路工程在勘测设计和施工、管理阶段所进行的测量工作，称为线路工程测量，简称线路测量。

12.1.1 线路测量的任务和内容

线路测量是为各等级公路、城市道路和各种管道设计及施工服务的。它的任务有两个方面：一是为线路工程的设计提供平面图和断面图，主要是勘测设计阶段的测量工作；二是按设计位置要求将线路测设于实地，主要是施工放样的测量工作。整个线路测量工作包括下列内容：

1. 线路工程勘测设计阶段

线路工程勘测设计阶段包括收集规划设计区域内各种比例尺地形图、平面图、断面图资料，收集沿线地质水文以及控制点等的有关资料。根据工程要求，利用已有资料，结合现场勘察，在地形图上确定规划路线走向，编制比较方案，为初步设计提供依据。结合线路工程的需要，沿着基本走向测绘带状地形图或平面图，在指定地点测绘工地地形图(如桥位平面图等)。根据工程需要测绘线路纵断面图和横断面图。测图比例尺根据不同工程实际要求参考相应的设计与施工规范选定。

2. 线路工程施工阶段

在选定设计方案的路线上进行控制测量，包括平面控制测量和高程控制测量；根据设计图纸将线路中心线上的各点测设到地面上，即中线测量。中线测量包括线路起止点、交点、曲线主点及其余各线路中桩点等。对线路纵断面、横断面及桥涵、路线交叉、沿线设施、环境保护等的测量和资料调查，为施工提供依据。工程竣工后，按照工程实际状况测绘竣工平面图和断面图。

12.1.2 线路测量的基本特点

1. 全线性

测量工作贯穿于整个建设的各个阶段。测量工作开始于工程之初，深入于施工竣工测量的各个点位，当工程结束后，还要进行工程的竣工测量及运行阶段的稳定监测。

2. 阶段性

线路工程测量分为初测阶段、定测阶段、放样阶段和监测阶段，每个阶段测量工作均有不同的内涵，这种阶段性体现了线路设计与测量之间的阶段性关系。

3. 渐近性

线路工程从规划设计、施工到竣工经历了从粗到细的过程，在这个过程中，线路测量工作逐渐具体到工程实体中。

12.1.3　线路测量的基本过程

1. 规划选线阶段

规划选线阶段是线路工程的开始阶段，一般内容包括图上选线、实地勘察和方案论证。

(1)图上选线

首先收集线路规划设计地区内的各种比例尺地形图及原有线路的平面图和横、纵断面图等资料，然后根据建设单位提出的工程建设目标和要求，选用合适比例尺的地形图(1∶50000～1∶5000)，初步在地形图上比较、选取线路方案。地形图的时效性和合适的比例尺对规划选线起着重要的作用，可以在地形图上测算线路长度、桥梁和涵洞数量、隧道长度等项目，估算选线方案的建设投资费用等。

(2)实地勘察

根据图上选线的多种方案，进行实地踏勘、调查，进一步掌握线路沿途的实际情况，收集沿线的实际资料。目前地形图的更新往往跟不上经济建设的速度，致使地形图与实际地形可能存在差异。因此，实地勘察获得的实际资料是图上选线的重要补充资料。

(3)方案论证

根据图上选线和实地勘察的全部资料，结合建设单位的意见进行方案论证，经比较后确定规划线路方案。

2. 线路工程的勘测阶段

线路工程的勘测通常分为初测和定测两个阶段。

(1)初测阶段

在确定的规划线路上进行勘测、设计工作。主要技术工作有：控制测量和带状地形图的测绘，为线路工程设计、施工和运营提供完整的控制基准点及详细的地形信息和沿线地质水文资料。进行图上定线或现场定线设计，在带状地形图上确定线路中线及其交点位置，详细标明中线直线及相关平曲线的有关参数。

(2)定测阶段

定测阶段的主要技术工作内容是将定线设计的线路中线(直线及平曲线)测设于实地位置上；进行线路的纵、横断面及桥涵、路线交叉、沿线设施、环境保护等测量和资料调查，为施工图设计提供资料。

3. 线路工程的施工放样阶段

线路工程的施工放样又称线路工程施工测量。即根据施工设计图纸及有关资料，测设线路工程的平面位置和高程位置，指导施工，保证线路工程建设顺利进行。

4. 工程竣工运营阶段的监测

工程竣工的验收阶段，应测绘竣工平面图和断面图，为工程运营做准备。在后期运营阶段，还要监测工程的使用状况，评价工程的施工质量和安全性，并作为线路使用过程中维修管理、改建、扩建的重要数据资料。

12.2 中线测量

中线是指道路、管道以及其他管线的中心位置线，为平面线形，在直线转向处要用曲线连接起来，这种曲线称为平曲线，包括圆曲线与缓和曲线两种，如图 12-1 所示。中线测量就是将线路工程中心线标定在实地上并测出其里程。它的首要工作是定线测量，即在现场确定出交点和转点的位置的过程，然后再测定线路各转向角(α)、量距和定桩等。道路工程还需在中线交点处加测平曲线及加桩等。

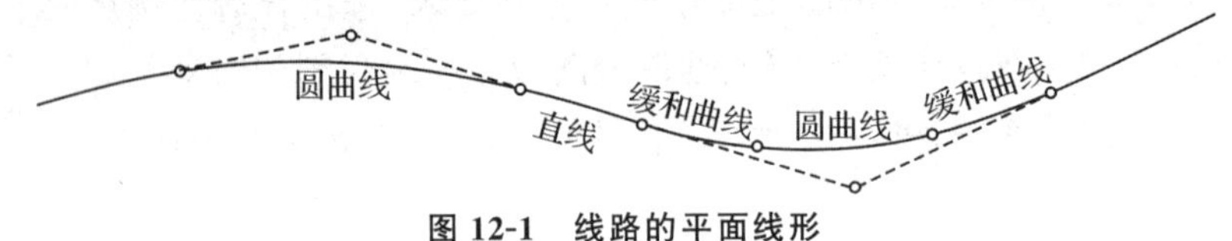

图 12-1 线路的平面线形

12.2.1 交点与转点的测设

线路的转折点称为交点，通常用 JD_i(i 为该交点的编号)来表示，它是中线测量的控制点。转点是当相邻两交点之间的距离比较长或相互之间不能通视时，需要在两交点连线或延长线上，测定一个或数个辅助点来提供交点、测角、量距或延长时瞄准之用，这些在测量中主要起传递方向作用的辅助点称为转点，通常用 ZD_i(i 为该转点的编号)来表示。

当前在一阶段勘测时，交点测设可以采用现场标定的方法，即根据已有的技术规范和标准，结合相应的地形、地质等条件，在实地反复进行比较，然后优选直接定出路线交点的位置。这种方法不需要详细测绘地形图，结果比较直观，但是仅适用于等级较低的公路。对于两阶段勘测的高等级公路或者地形复杂、现场标定有困难的路段，应采用纸上定线的方法，先在现场布设导线点，测绘大比例尺地形图(如 1/1000 或 1/2000 地形图)，也可利用已有的图纸，然后通过内业在图上定出路线，再在实地进行放样。我国现行《公路勘测规范》(JTG C10-2007)规定，各级公路应在地形测量以后，采用纸上定线法。现场定线一般只适用于三、四级公路的线路选取。

传统的纸上定线一般可采用放点穿线或拨角穿线这两种方法。

1. 放点穿线法

放点穿线法是先进行纸上定线然后在实地放样的常用方法。这种方法是以地形图中的测图控制点(通常为导线点)为依据，利用在地形图中设计的路线与控制点之间的夹角和距离关系，先在实地把路线中线的直线段测设出来，然后将相邻的直线段延长相交，定出交点桩的位置。

2. 拨角穿线法

这种方法是先在地形图上量算出纸上设计确定路线的交点坐标，然后反算相邻交点之间直线段的长度、坐标方位角和转折角，再在现场将测量仪器安置在路线中线的起点或者已经确定的交点上，拨出转折角，测设已知直线的水平长度，并依次确定各交点的确切位置。这种方法的工作效率较高，主要适用于测量转折点较少的路线，但是当拨角放线的次数愈多，误差累积也愈大，或者其中某一个转折点出现错误，就会影响该点以后的测量成果。

以上两种方法因工作量大，精度不高，在现代路线测量中已经很少采用。现代路线的纸上定线通常采用在电子地形图上定线，而后采用测区控制点直接放样定线。

12.2.2　线路转向角的测设

在路线转折处，常用平曲线进行连接，为了测设曲线，需要确定路线的转角值。在实地定线时要进行转角测量，若是在电子地形图上定线，转角可以由路线专业软件在图上点取计算。

所谓转角，是指路线由一个方向偏转到另一个方向时，偏转后的方向与偏转前的方向之间的夹角，用 α 表示。如图 12-2 所示，转角有左转角、右转角之分，沿着路线前进的方向，偏转后的方向位于原方向左侧的称为左转角 α_z（$\alpha_{左}$）；反之则称为右转角，用 α_y（$\alpha_{右}$）表示。在路线测量中，通常是沿着路线前进的方向观测路线右角 β，然后通过计算得到转角。

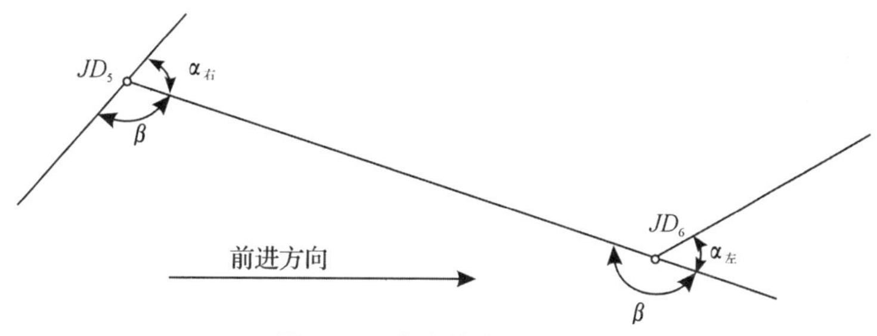

图 12-2　路线的右角及转角

1. 路线右角的观测

沿着路线前进的方向，以路线为界，位于路线右侧的水平角称为右角，如图 12-2 中所示的 β。在中线测量时，通常采用测回法进行观测。上、下两个半测回所测角值的限差值视路线的等级而定：高速、一级公路不超 $\pm 20''$，二级及二级以下公路不超过 $1'$。若在容许范围之内，就可以取两个半测回所测角值的平均值作为最后的结果。

2. 转角的计算

当右角 β 测定完毕后，可以通过 β 的数值计算出路线交点处的转角 α，当 $\beta<180°$ 时，α 为右转角；当右角 $\beta>180°$ 时，α 为左转角，有：

$$\alpha_y = 180° - \beta \tag{12-1}$$

$$\alpha_z = \beta - 180° \tag{12-2}$$

3. 分角线方向的标定

为了便于测设平曲线，通常在右角测定完成后，维持水平度盘的位置不变，在路线中线上设置平曲线的一侧，定出分角线（角度的平分线）的方向。如图 12-3 所示，设测角时，后视方向的水平度盘读数为 a，前视方向的水平度盘读数为 b，则分角线方向时的水平度盘读数

c 应为：

$$c=b+\frac{\beta}{2}$$

因 $\beta=a-b$，则有

$$c=\frac{a+b}{2} \tag{12-3}$$

在实际操作中，无论是在路线的左侧还是右侧设置分角线，都可以根据需要选用上面两个公式中的任意一个计算。计算后保持水平度盘位置不变，转动经纬仪的照准部位使水平度盘的读数为 c 时，视线方向即为分角线的方向。若 $\beta>180°$，倒镜后的方向则为分角线方向。

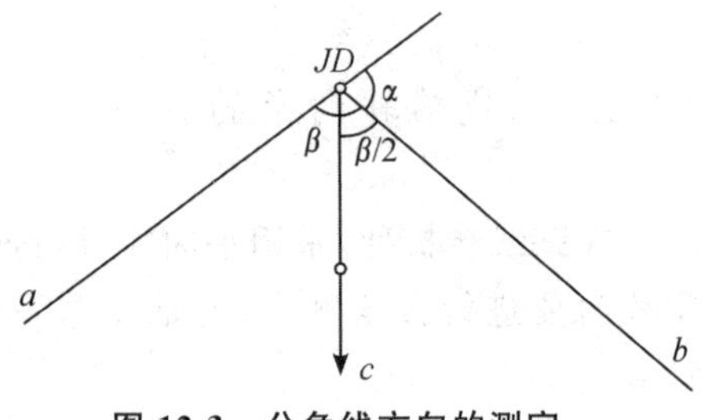

图 12-3　分角线方向的测定

为了保证角度测量的精度，还必须进行路线角度闭合差的校核。当路线导线与高等级控制点连接时，可按照附合导线的计算方法进行角度闭合差的计算与调整。路线无法和高等级控制点联测时，可每隔一段距离，观测一次真方位角用来校核角度。为了及时发现测角错误，应该在每天开始作业和收工前用罗盘仪各观测一次磁方位角，以便与按照角度推算的磁方位角核对。

4. 导线测距

在角度观测完成后，目前一般采用全站仪进行导线测距，采用全站仪对边测量的功能测定相邻交点之间的距离，也可以采用全站仪的建站坐标测量的方法将测距、测量路线转角、路线高程测量一次性完成。

12.2.3　中线里程桩的设置

为了测定线路的长度，进行线路中线测量和测绘纵横断面图，在路线交点、转点及转角测定后，需沿线路方向设置里程桩，标定中线位置。里程桩亦称中桩，桩点表示路线中线的具体位置。桩的正面写有桩号，桩的背面写有编号，桩号表示该点到路线起点的水平距离。如某桩距离路线起点的水平距离为 8346.12 m，则桩号记为 K8+346.12。编号是反映里程桩之间的排列顺序。里程桩分为整桩和加桩两种。

1. 整桩

在路线的直线或曲线段上，桩距应不大于表 12-1 中所要求的桩距而设置的桩称为整桩。它的里程桩号均为整数，且为要求桩距的整数倍。当曲线桩或加桩距整桩较近时，整桩可省略不设，但百米桩及公里桩不应省略。

表 12-1　中桩间距

直线/m		曲线/m			
平原、微丘	重丘、山岭	不设超高的曲线	$R>60$	$30<R<60$	$R<30$
≤50	≤25	≤25	≤20	≤10	≤5

2. 加桩

在各类特殊地点应设加桩，加桩的位置和数量必须满足路线、构造物、沿线设施等的专业勘测调查的需要。特殊地点加桩一般分为以下几种：

(1)地形加桩：路线纵、横向地形变化处，改、扩建公路地形特征点及构造物和路面面层类型变化处的加桩；

(2)地物加桩：路线与其他线状物交叉处，拆迁建筑物处，及桥梁、涵洞、隧道等构造物处的加桩；

(3)曲线加桩：曲线上设置的起点、中点、终点处的加桩；

(4)地质加桩：土质变化及不良地质地段起、终点处的加桩；

(5)行政区域加桩：省、地(市)、县级行政区划分界处设置的里程桩。

通常把除地形加桩、地物加桩和曲线加桩以外的加桩统称为关系加桩。在我国，书写曲线加桩和关系加桩等时，应在桩号之前，加写其缩写名称以便区分。目前我国公路上采用的是用汉语拼音的缩写名称表示，如表 12-2 所示。

表 12-2　路线主要关系桩名称

名称	简称	拼音缩写	英语缩写	名称	简称	拼音缩写	英语缩写
交点		JD	IP	公切点		GQ	CP
转点		ZD	TP	第一缓和曲线起点	直缓点	ZH	TS
圆曲线起点	直圆点	ZY	BC	第一缓和曲线终点	缓圆点	HY	SC
圆曲线中点	曲中点	QZ	MC	第二缓和曲线起点	圆缓点	YH	CS
圆曲线终点	圆直点	YZ	EC	第二缓和曲线终点	缓直点	HZ	ST

钉桩时，对起控制作用的交点桩、转点桩以及一些重要的地物加桩，如桥位桩、隧道定位桩等均应采用断面为 5 cm×5 cm×(30～50 cm)的方桩。将方桩钉至桩顶露出地面约 2 cm，顶面钉一小钉表示点位。在距方桩 20 cm 左右设置指示桩，上面书写桩的名称和桩号。钉指示桩时要注意应朝向方桩，在直线上应打在路线的同一侧，在曲线上则应打在曲线的外侧。除此之外，其他桩一般多采用(1.5～2)cm×5 cm×30 cm 的板桩，直接将指示桩打在点位上，桩号要面向路线起点方向，并露出地面。

12.3　圆曲线测设

圆曲线又称为单曲线，是路线发生转折时最常用的曲线形式。传统的圆曲线的测设一般分为两步进行：首先测设圆曲线的主点：曲线起点(ZY)、曲线中点(QZ)和曲线终点(YZ)，然后以主点为基础在各主点之间进行加密，按照规定桩距测设曲线的其他各桩点，称为圆曲线的详细测设。在全站仪普遍使用的今天，圆曲线的测设通常采用全站仪不区分主点和加密点，沿线一次性放样完成。

12.3.1 圆曲线主点的测设

1. 圆曲线要素的计算

如图 12-4 所示，假设交点(JD)的转角为α，圆曲线的半径为R，要计算的圆曲线的测设元素有：切线长度T、曲线弧长L、外矢距E和切线长度与曲线长度之差(切曲差)D，可以按照式(12-4)计算：

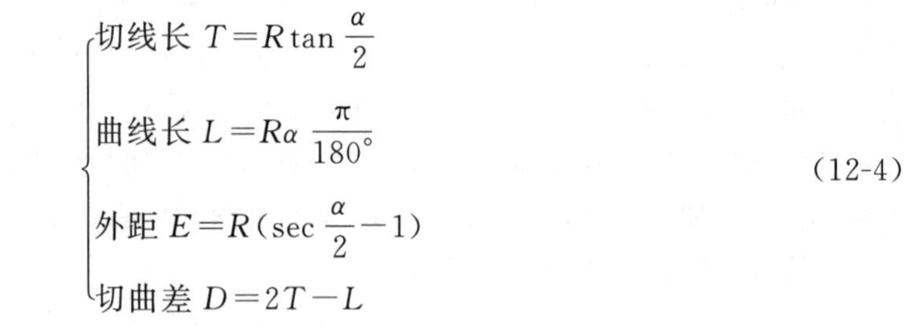

$$\begin{cases}\text{切线长 } T=R\tan\dfrac{\alpha}{2}\\ \text{曲线长 } L=R\alpha\dfrac{\pi}{180^\circ}\\ \text{外距 } E=R(\sec\dfrac{\alpha}{2}-1)\\ \text{切曲差 } D=2T-L\end{cases}\tag{12-4}$$

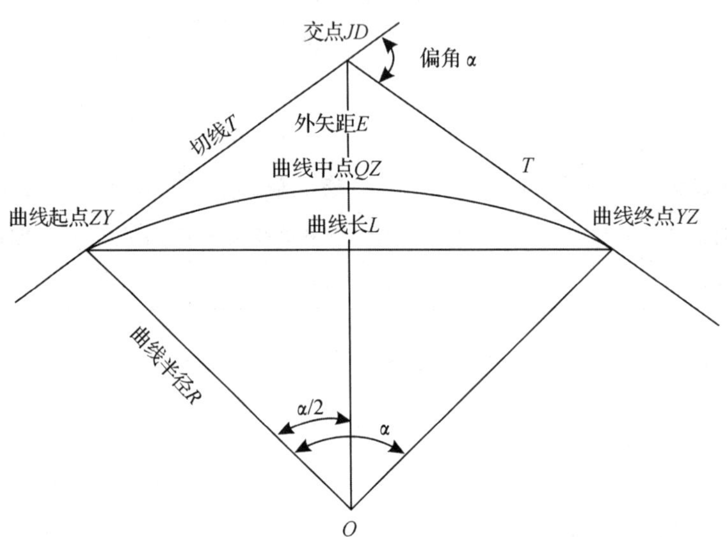

图 12-4 圆曲线的主点及曲线要素

2. 圆曲线主点里程的计算

路线发生转折时的交点(JD)的里程可以根据中线丈量的数据得到。由于道路中线不经过交点，所以圆曲线的终点、中点的里程必须从圆曲线起点的里程沿着曲线长度推算。根据交点的里程和曲线测设元素，就能够计算出各主点的里程，由图 12-4 可知。

$$\begin{aligned}&ZY\text{ 里程}=JD\text{ 里程}-T\\ &YZ\text{ 里程}=ZY\text{ 里程}+L\\ &QZ\text{ 里程}=YZ\text{ 里程}-\frac{L}{2}\\ &JD\text{ 里程}=QZ\text{ 里程}+\frac{D}{2}\text{(校核)}\end{aligned}\tag{12-5}$$

【例 12-1】已知某交点的里程为 K5+186.72 m，测得转角$\alpha_y=36^\circ48'$，圆曲线的半径R

=300 m,求圆曲线的曲线要素和主点里程。

【解】(1)将各参数代入公式(12-4),曲线要素计算如下:

切线长:　　$T=R\tan\dfrac{\alpha}{2}=99.80\ \text{m}$

曲线长:　　$L=R\alpha\dfrac{\pi}{180^\circ}=192.68\ \text{m}$

外距:　　$E=R(\sec\dfrac{\alpha}{2}-1)=16.16\ \text{m}$

切曲差:　　$D=2T-L=6.91\ \text{m}$

(2)主点里程的计算

根据以上计算的结果,代入公式(12-5)式,可得

$$ZY\ 里程=JD\ 里程-T=\text{K}5+186.72-99.80=\text{K}5+086.92$$

$$YZ\ 里程=ZY\ 里程+L=\text{K}5+086.92+192.68=\text{K}5+279.61$$

$$QZ\ 里程=YZ\ 里程-\frac{L}{2}=\text{K}5+279.60-96.34=\text{K}5+183.27$$

$$JD\ 里程=QZ\ 里程+\frac{D}{2}=\text{K}5+183.26+3.46=\text{K}5+186.72$$

通过对交点 JD 的里程校核,说明计算正确。

3. 圆曲线主点的测设

(1)测设圆曲线起点(ZY)

安置经纬仪于交点 JD_i 上,望远镜照准后视相邻交点 JD_{i-1} 或转点方向,沿此方向线量取切线长 T,得曲线起点 ZY。插一测钎,然后丈量 ZY 至最近一个直线桩的距离,如两桩号之差等于丈量的距离或相差在容许范围内,即可在测钎处打下 ZY 桩。否则应查其原因,以确保点位的正确性。

(2)测设圆曲线终点(YZ)

将望远镜照准前一方向线的交点 JD_{i+1} 或转点,自 JD_i 沿望远镜方向量取切线长 T,打下曲线终点 YZ 桩。

(3)测设圆曲线中点(QZ)

保持经纬仪不动,转动望远镜,瞄准测定路线转折角时所测定的分角线方向(曲线中点的方向),在该直线上丈量外矢距 E,得到曲线的中点。同样按照以上方法丈量与相邻桩点距离进行校核,如果误差在允许的范围内,则在测钎处打下 QZ 桩。

12.3.2　圆曲线的详细测设

1. 曲线上对桩距的要求

在圆曲线的主点设置后,在圆曲线较长,或地形变化比较大时,还应按一定的桩距测设里程桩和加桩,才能把曲线的形状和位置表示出来,作为勘测设计及施工的依据。详细测设所采用的桩距 l_0,一般按照不同的半径按表 12-1 中所列的桩距取用,在曲线上测设这些里程桩与加桩的过程,即为圆曲线的详细测设。

按选定的桩距 l_0 在曲线上设桩，通常有以下两种方法。

(1)整桩号法

将曲线上靠近起点 ZY 的第一个桩号凑整成为大于 ZY 桩号的且是桩距 l_0 最小倍数的整桩号，然后按桩距 l_0 连续向曲线终点 YZ 设桩。这样设置的桩均为整桩号。

(2)整桩距法

从圆曲线的起点 ZY 和终点 YZ 出发，分别向圆曲线的中点 QZ 以桩距 l_0 连续设桩，由于这些桩均为零桩号，因此应及时设置百米桩和公里桩。

中线测量中一般应采用整桩号法。圆曲线详细测设的方法比较多，下面仅介绍常用的几种方法。

2. 切线支距法

切线支距法又称直角坐标法。它是以曲线的起点 ZY 为坐标原点(下半曲线则以终点 YZ 为坐标原点)，以切线为 X 轴，过原点的半径为 Y 轴，按曲线上各点在直角坐标系中的坐标 x_i、y_i 来对应细部点 P_i。

(1)测设数据的计算

如图 12-5 所示，设 P_i 为圆曲线上需要测设的碎部点，该点到坐标原点(ZY 点或 YZ 点)的弧长为 l_i，l_i 对应的圆心角为 φ_i，圆曲线的半径为 R，则该点坐标可以按下式计算：

$$\begin{cases} x_i = R\sin\varphi_i \\ y_i = R(1-\cos\varphi_i) \\ \varphi_i = \dfrac{l_i}{R} \times \dfrac{180}{\pi} \end{cases} (i=1,2,3,\cdots,n) \tag{12-6}$$

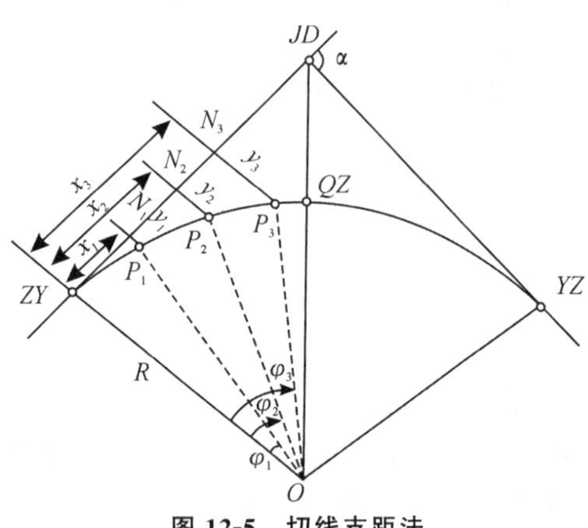

图 12-5　切线支距法

【例 12-2】以例 12-1 为例，完成圆曲线主点测设后，要求用切线支距法进行圆曲线的详细测设。

【解】由于曲线沿着圆心点与交点的连线左右对称，在本例中仅以 ZY 到 QZ 为例，另一半可以自行推算。半径 $R=300$ m，查表 12-1 可得 $l_0=20$ m，取 P_1 点里程桩号为 K5+100，则 P_2 点里程桩号为 K5+120，QZ 点里程桩号为 K5+183.27，各点到 ZY 点的弧长可以按照(12-6)式计算如下：(各桩点的圆心角见表 12-3)：

P_1 点所对应 l_1=K5+100−K5+086.92=13.08 m

$$\varphi_1=\frac{l_1}{R}\times\frac{180}{\pi}=\frac{13.08}{300}\times\frac{180}{\pi}=2°29'51''$$

P_2 点所对应 $l_2=\text{K}5+120-\text{K}5+086.92=33.08\ \text{m}$

$$\varphi_2=\frac{l_2}{R}\times\frac{180}{\pi}=\frac{33.08}{300}\times\frac{180}{\pi}=6°19'02''$$

再根据(12-6)式计算各点的直角坐标,结果如下(见表 12-3):

$$x_1=R\sin\varphi_1=13.07\ \text{m},y_1=R(1-\cos\varphi_1)=0.28\ \text{m}$$

$$x_2=R\sin\varphi_2=33.01\ \text{m},y_2=R(1-\cos\varphi_2)=1.82\ \text{m}$$

同样可以计算各点的 φ、x、y,最后计算结果见表 12-3。

表 12-3　切线支距法计算圆曲线的测设数据

曲线里程桩号	各点到 ZY 或 YZ 点的曲线长度 l_i	各段 l_i 所对应的圆心角 φ_i/(° ′ ″)	纵距 x_i/m	横距 y_i/m
ZYK5+086.92	0	0	0	0
+100	13.08	2　29　51	13.07	0.28
+120	33.08	6　19　02	33.01	1.82
+140	53.08	10　08　13	52.80	4.68
+160	73.08	13　57　24	72.36	8.86
+180	93.08	17　46　35	91.59	14.32
QZK5+183.27	96.34	18　24　00	94.69	15.34
+200	79.61	15　12　14	78.68	10.50
+220	59.61	11　23　03	59.22	5.90
+240	39.61	7　33　52	39.49	2.61
+260	19.61	3　44　41	19.59	0.64
YZ+279.61	0	0	0	0

(2)详细测设

以例 12-2 为例来具体讲述测设方法。

①安置仪器在交点位置,定出 JD 到 ZY 和 JD 到 YZ 两条直线段的方向。

②自 ZY 点出发沿着到 JD 的方向,水平丈量 P_1 点的横坐标 x_1(13.08 m),得到在横坐标轴上的垂足 N_1,同法依次得到在横坐标上的垂足 N_2、N_3……

③在 N_1 上用经纬仪或方向架定出垂直的方向,在该方向上量取 y_1(0.28 m)得 P_1,同法依次在 N_2、N_3……的垂直方向上量取对应的纵坐标,就可以确定对应的碎部点 P_2、P_3……

④同样方法可以进行从 YZ 点到 QZ 点之间曲线段的碎部点的放样工作。

该方法在曲线长度较长是易产生累积误差,故应将曲线由 QZ 点分成两段即从平曲线的起、终点向中间测设各加桩点的位置。

3. 偏角法

偏角即是弦切角。它是以圆曲线的起点 ZY 或终点 YZ 作为测站点,计算出测站点到圆曲线上某一特定的细部点 P_i 的弦线与切线 T 的偏角——弦切角 Δ_i 和弦长 C_i 来确定 P_i 点的位置，也称极坐标法。

(1)测设数据的计算

如图 12-6 所示，P_1 为圆曲线上的第一个整桩，它与圆曲线起点的弧长为 $l_1(l_1<l_0)$，P_1 点以后各相邻点之间的弧长为 l_0，圆曲线的最后一个整桩到圆曲线的终点的弧长为 l_{n+1}。若 l_1 对应的圆心角为 φ_1，l_0 对应的圆心角为 φ_0，l_{n+1} 对应的圆心角为 φ_{n+1}，根据几何原理，同一圆弧所对应的弦切角 Δ_i 应为其所对应的圆心角 φ_i 的一半，即：

$$\Delta_i=\frac{\varphi_i}{2} \tag{12-7}$$

则曲线起点到任意一细部点之间的弦切角 Δ_i 及弦长 C_i 可按下式计算：

$$\begin{cases}\Delta_i=\dfrac{l_i}{R}\times\dfrac{90}{\pi}\\[2ex] C_i=2R\sin\Delta_i=2R\sin\dfrac{\varphi_i}{2}\end{cases} \tag{12-8}$$

式中，$l_i=P_i-ZY(YZ)$桩号。

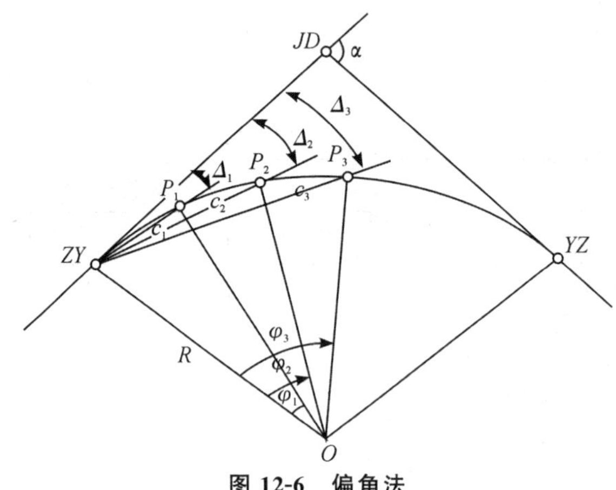

图 12-6 偏角法

【例 12-3】仍按例 12-1 中的 JD 里程和圆曲线元素($\alpha_y=36°48'$，$R=300$ m)用偏角法计算详细测设数据。

【解】:同例 12-1，半径 $R=300$ m，查表 12-1 可得 $l_0=20$ m，取 P_1 点里程桩号为 K5+100，则 P_2 点里程桩号为 K5+120，用(12-8)式计算，则：

$$l_1=100-86.92=13.08\ \text{m}$$

$$\varphi_1=\frac{l_1}{R}\times\frac{180}{\pi}=\frac{13.08}{300}\times\frac{180}{\pi}=2°29'50''$$

$$\Delta_1=\frac{1}{2}\varphi_1=1°14'55''$$

$$C_1=2\times300\times\sin1°14'55''=13.08\ \text{m}$$

同样可以求得 Δ_2、C_2 等，最后的结果见表 12-4。

由于经纬仪水平度盘的注记是顺时针方向增加的，因此测设曲线时，如果偏角的增加方向与水平度盘一致，也是顺时针方向增加，称为正拨；反之，称为反拨。对于本例的右转角，

仪器置于 ZY 点上测设曲线为正拨，置于 YZ 点上则为反拨。对于左转角而言，仪器置于 ZY 点上为反拨，置于 YZ 点上为正拨。正拨时，望远镜照准切线方向，如果水平度盘配置在 0°，各桩的偏角度盘读数＝各桩的偏角值 Δ_i，若反拨时，则各桩的偏角度盘读数＝360°－各桩的偏角值 Δ_i。

表 12-4　偏角法计算圆曲线详细测设数据

里程桩号	各点到 ZY 或 YZ 点的曲线长度 l_i/m	偏角值 Δ_i/(°　′　″)	弦长 C_i/m	相邻桩间弧长/m
ZYK5＋086.92	0	0	0	0
＋100	13.08	1　14　55	13.08	13.08
＋120	33.08	3　09　31	33.06	20
＋140	53.08	5　04　06	53.01	20
＋160	73.08	6　58　42	72.90	20
＋180	93.08	8　53　17	92.70	20
QZK5＋183.29	96.34	9　12　00	95.93	
＋200	113.08	10　47　53	112.1	20
＋220	133.08	12　42　28	131.99	20
＋240	153.08	14　37　04	151.42	20
＋260	173.08	16　31　39	170.69	20
YZK5＋279.61	192.68	18　24　00	189.39	19.61

（2）测设方法

用偏角法测设圆曲线的细部点，根据测设距离的方法的差异，可以分为长偏角法与短偏角法。方向增加，长偏角法仪器安置的位置一般不变，测设的距离为测站点到碎部点之间的距离，随着偏角的增大而增长，称为长弦，适用于全站仪或经纬仪加测距仪测设。短偏角法随着放样的进行，仪器的位置不断迁移，测设的距离为相邻两个测站之间的距离，最大为短弦长 C，一般小于弧长 l_0，适用经纬仪加钢尺法测设。

以例 12-3 为例，具体测设步骤如下：

①安置经纬仪在圆曲线起点 ZY 点，先瞄准交点 JD，并设置水平度盘读数为 0°00′00″。

②转动照准部，使水平度盘读数为 1°14′55″，在此直线上测设弦长 C_1＝13.08 m，就定出 P_1 点。

③继续转动照准部，使水平度盘读数为 3°09′31″，定出偏角方向线，在此直线上测设弦长 C_2＝33.06 m，就定出 P_2 点。

④依此类推，分别测设出 P_3 点和 P_4 点。

⑤继续测设到圆曲线的终点 YZ 可以进行校核：继续转动照准部，使水平度盘读数为 Δ_{YZ}＝18°24′00″，定出偏角方向线，在此直线上测设弦长 C＝189.39 m，就定出 YZ 点。此时如果与原先测设的 YZ 点不重合，其闭合差应满足表 12-5 要求。

表 12-5 距离偏角测量闭合差

公路等级	纵向相对闭合差		横向闭合差/cm		角度闭合差/(″)
	平原、微丘	山岭、重丘	平原、微丘	山岭、重丘	
高速、一、二级公路	$L/2000$	$L/1000$	10	10	60
三级及三级以下公路	$L/1000$	$L/500$	10	15	120

注：L 为测设的曲线长度。

以上是从 ZY 点出发测设到 YZ 的长弦偏角法的测设方法。另外，偏角法也可以从 YZ 点或 QZ 点出发进行测设。步骤与上面是相同的，只是仪器应安置的位置从 ZY 点移动到 YZ 点、QZ 点等。偏角法是一种测设精度较高、适应性很强的常用方法，但是容易积累误差，而且一旦发生错误，会使以后数据报废。因此除了必须进行校核以外，宜从曲线两端向中点测设或者从中点向圆曲线的两端测设。

12.4 带缓和曲线的平曲线的测设

当车辆行驶进入曲线段时，由于受到离心力的影响，车辆容易向曲线的外侧倾倒，影响车辆的安全行驶以及舒适性。为了减少离心力对行驶车辆的影响，在曲线段部分路面的外侧必须加高，称为超高。在曲线段如果超高为 h，而在直线段的超高为零，这样需要在直线段与圆曲线之间插入一段曲率半径从无穷大逐渐过渡到圆曲线曲率半径 R 的曲线，能使其超高从零逐渐过渡到 h，这样的曲线称为缓和曲线。

缓和曲线是在直线段与圆曲线、不同半径的圆曲线间设置的曲率半径连续渐变的曲线。我国现行的公路和铁路系统中都采用回旋线作为缓和曲线。

12.4.1 缓和曲线基本参数的计算公式

在平曲线测设中，常见的缓和曲线线型有基本型、S 型、卵型、凸型等，本节主要介绍基本型缓和曲线的测设方法。基本型线型是指由直线、缓和曲线、圆曲线、缓和曲线、直线依次组合而成的线型，如图 12-1 中后半段曲线所示。在基本型中的缓和曲线的参数如果相等，则称为对称基本型；一般情况下参数不相等，可依据具体地形情况而确定的为不对称基本型。

缓和曲线的参数包括转角、圆曲线的半径、缓和曲线的长度、切线角、圆曲线内移值和切线增量等，前两个参数的确定方法同圆曲线。下面介绍其他几个参数的求取。

1. 缓和曲线长度 l_s

如图 12-7 所示，回旋线（缓和曲线）的曲率半径 ρ 是变化的，它随着曲线长度 l 的增加而成反比例均匀减小，即在线路工程中缓和曲线的半径变化率与行车速度及半径变化终点值（圆曲线半径）有关。因此，目前我国公路通常采用下式来计算缓和曲线的全长：

$$l_s = 0.035 \times \frac{v^3}{R} \tag{12-9}$$

式中，v—计算行车速度，km/h。

2. 切线角公式

如图 12-7 所示，以缓和曲线上任一点 P 的切线与起点 ZH 或终点 HZ 切线的交角为 β，称为切线角，该角值与点 P 到起点的曲线长 l 所对应的中心角相等。在该点上取微分弧段 $\mathrm{d}l$，对应的中心角为 $\mathrm{d}\beta$，通过积分推导可得：

$$\beta=\frac{l^2}{2c}=\frac{l^2}{2Rl_s} \tag{12-10}$$

当 $l=l_s$ 时，缓和曲线全长 l_s 所对应的中心角即为切线角 β_0，有：

$$\beta_0=\frac{l_s}{2R}=\frac{l_s}{2R}\times\frac{180^\circ}{\pi} \tag{12-11}$$

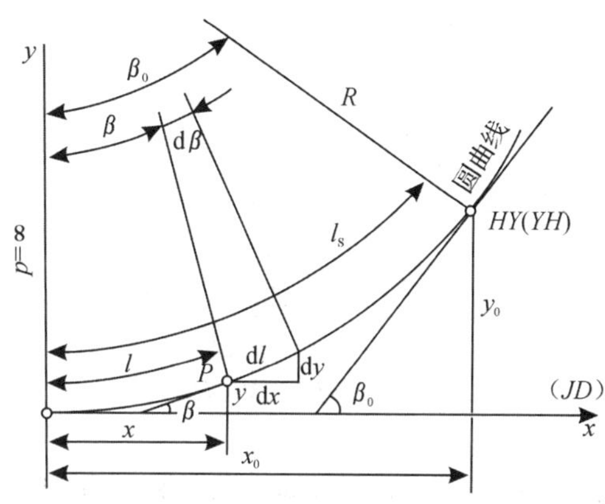

图 12-7　缓和曲线的计算

3. 圆曲线的内移值 p 和切线增量 q

如图 12-8 所示，在直线与圆曲线之间插入缓和曲线时，应将圆曲线向内平移 p，才能保证缓和曲线的起点与直线重合，这时切线增加 q。一般采用圆心不动的平行移动法，即未设缓和曲线时的圆曲线为图中虚线所示，其半径为 $R+p$，插入两段缓和曲线后，保持圆曲线的圆心不变，将曲线向圆心方向平移 p，使半径由 $R+p$ 变为 R，同时对应的圆心角由 α 变为 $\alpha-2\beta_0$。由图 12-8 可推导得：

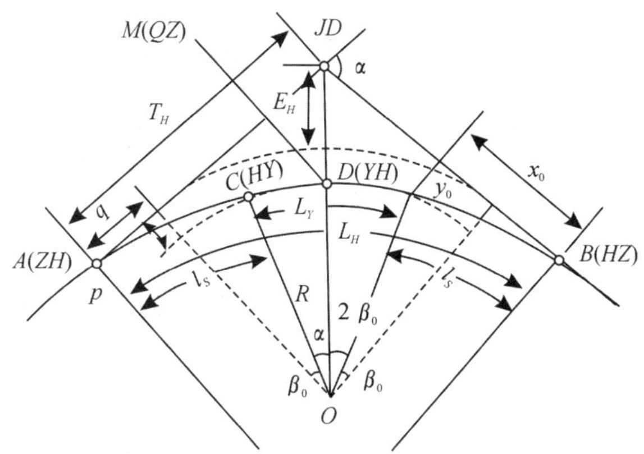

图 12-8　内移值 p 和切线增量 q

$$\begin{cases}p=\dfrac{l_s^2}{24R}-\dfrac{l_s^4}{336R^2}\\q=\dfrac{l_s}{2}-\dfrac{l_s^3}{240R^2}\end{cases} \tag{12-12}$$

由于式(12-12)等式右边第二项远比第一项小,可以忽略,则切线增量约为缓和曲线长度的一半,即缓和曲线的位置占用直线和圆曲线的长度大致相等。

4. 缓和曲线的直角坐标方程

如图 12-7 所示,以缓和曲线的起点为原点,过该点的切线为 x 轴,法线即半径方向为 y 轴,任意点 P 的坐标可以表示为(x,y),缓和曲线段上各点坐标(x,y)可按缓和曲线的参数方程求得:

$$\begin{cases}x=l-\dfrac{l^5}{40R^2l_s^2}\\y=\dfrac{l^3}{6Rl_s}-\dfrac{l^7}{336R^3l_s^3}\end{cases} \tag{12-13}$$

当 $l=l_s$ 时,可以获得 HY 点(或 YH 点)坐标为

$$\begin{cases}x_0=l-\dfrac{l^3}{40R^2}\\y_0=\dfrac{l^2}{6R}-\dfrac{l_s^4}{336R^3}\end{cases} \tag{12-14}$$

12.4.2 带缓和曲线的圆曲线测设参数的计算及主点的测设

1. 曲线测设参数的计算

当测得转角,确定圆曲线半径、缓和曲线长后,即可按公式(12-11)和(12-12)计算出 β_0、p 和 q,利用上述参数可以计算出测设参数,然后计算曲线各主点的里程,如图 12-8 所示。

$$\begin{cases}\text{切线长 } T_H=(R+p)\tan\dfrac{\alpha}{2}+q\\\text{曲线长 } L_H=R(\alpha-2\beta_0)\dfrac{\pi}{180^\circ}+2l_s\\\text{圆曲线长 } L_Y=R(\alpha-2\beta_0)\dfrac{\pi}{180^\circ}\\\text{外矢距 } E_H=(R+p)\sec\dfrac{\alpha}{2}-R\\\text{切曲差 } D_H=2T_H-L_H\end{cases} \tag{12-15}$$

2. 曲线主点的里程计算

根据上述计算的参数以及已知交点的里程,计算主点的里程如下:

$$\begin{aligned}&\text{直缓点} && ZH=JD-T_H\\&\text{缓圆点} && HY=ZH+l_s\\&\text{圆缓点} && YH=HY+L_Y\\&\text{缓直点} && HZ=YH+l_s\end{aligned} \tag{12-16}$$

曲中点　　　　　　　　　　　$QZ=HZ-L_H/2$

交点　　　　　　　　　　　　$JD=QZ+D_H/2$(校核)

3. 曲线主点的测设

经纬仪安置在交点(JD),瞄准第一条直线上的转点(ZD_1),JD 出发沿视线方向丈量 T_H,定出 ZH 点。经纬仪拨角$(180°-\alpha)/2$,得到分角线方向,在该方向线上沿视线方向从 JD 出发丈量 E_H,定出 QZ 点。继续拨角$(180°-\alpha)/2$,在该线上丈量 T_H,定出 HZ 点。如果第二条直线已经确定,则该点就应位于该直线上。HY、YH 点通常采用切线支距法进行放样。例如以 ZH-JD 为切线,ZH 为切点建立坐标系,通过(12-14)式计算出 HY 点的直角坐标(x_0,y_0)放样,同样可以测设出 YH 点的具体位置。在主点确定后,应及时复核距离。

12.4.3　缓和曲线的详细测设

和圆曲线的详细测设方法类似,缓和曲线的详细测设方法主要有以下几种。

1. 切线支距法

如图 12-9 所示,切线支距法是以 ZH 点或 HZ 点为坐标原点,以过该点的切线为 x 轴,过该点的法线(半径)方向为 y 轴,计算缓和曲线与圆曲线上的坐标(x,y),然后测设曲线。

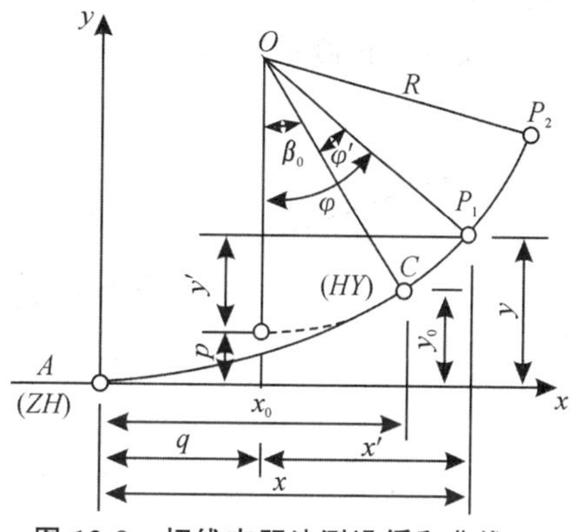

图 12-9　切线支距法测设缓和曲线

在缓和曲线上各点的坐标可按(12-13)式计算。

因坐标原点是缓和起点,圆曲线上任意一点 P 的坐标可先按圆曲线公式计算出坐标,再分别加上 p、q 值,即圆曲线上各点的坐标按(12-17)式计算。

$$\begin{cases}x_i=R\sin\varphi_i+q\\ y_i=R(1-\cos\varphi_i)+p\\ \varphi_i=\dfrac{l_i}{R}\times\dfrac{180}{\pi}+\beta_0\end{cases}\tag{12-17}$$

式中,l_i—该计算点到 HY 或 YH 点的曲线长,仅限圆曲线部分长度。

目前,上述曲线上各点较多采用设计软件直接计算生成。在计算出曲线上各点的坐标后,就可参照圆曲线的切线支距法的测设方法进行详细测设,其中缓和曲线部分详细测设方法与主点测设方法相同。

2. 偏角法(极坐标法)

缓和曲线上的各点,也可以用偏角法进行详细测设。这时曲线的弦长 c 和偏角 δ 可以利用切线支距法计算得到的参数进行换算。如图 12-10 所示,曲线上任意点 P,坐标为(x,y),以曲线起点 ZH 点为测站,瞄准基准方向 JD,按下式换算出 P 点的参数:

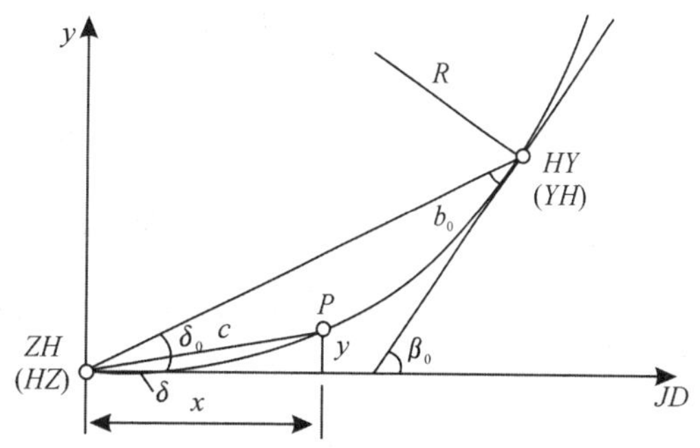

图 12-10　偏角法测设带缓和曲线的圆曲线

$$\begin{cases} c_P=\sqrt{x^2+y^2} \\ \delta_P=\arctan\dfrac{y}{x} \end{cases} \tag{12-18}$$

因此,用偏角法进行详细测设的基本顺序如下:

①根据切线支距法对应的公式计算曲线上各点的点位与该点的里程;

②按照(12-18)式将计算结果换算成偏角法测设需要的数据 c_P、δ_P;

③在起点上架设仪器,瞄准基准方向,然后用偏角法依次测设各点;

④测设完成后,对距离进行检验,并设置对应的里程桩。

显然,不管用哪种方法,首先应计算测设的参数,而具体的详细测设方法和校核方法与圆曲线的详细测设类似。因此,可以从 ZH、HZ 点开始分别向 QZ 点进行测设,分别准备两边的计算参数,在 QZ 点附近进行闭合的校核。

【例 12-4】如图 12-11 所示,某二级公路有一弯道,其平曲线半径 $R=250$ m,交点桩号为 K1+046.234,偏角 $\alpha_z=35°35'24''$,若缓和曲线长度为 35 m,试计算该平曲线的元素及五个主点桩号,并按 20 m 的整桩号法计算架仪与 JD_n 点后视 JD_{n-1} 从 ZH 点至 ZQ 点的直角坐标及极坐标测量数据。

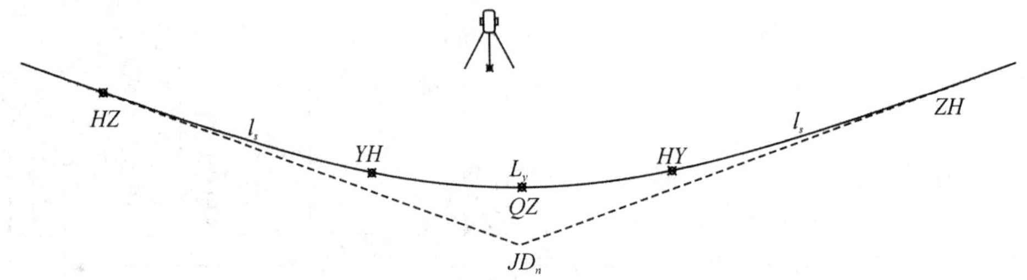

图 12-11 带缓和曲线圆曲线交点示意图

解:①计算平曲线几何要素

$$\begin{cases} p=\dfrac{l_s^2}{24R}-\dfrac{l_s^4}{336R^2}=\dfrac{35^2}{24\times250}-\dfrac{35^4}{336\times250^2} \\ q=\dfrac{l_s}{2}-\dfrac{l_s^3}{240R^2}=\dfrac{35}{2}-\dfrac{35^3}{240\times250^2} \end{cases}$$

$$\begin{cases} T_H=(R+p)\times\tan\dfrac{\alpha}{2}+q=97.811\text{ m} \\ L_H=R(\alpha-2\beta_0)\dfrac{\pi}{180°}+2l_s=190.291\text{ m} \\ L_Y=R(\alpha-2\beta_0)\dfrac{\pi}{180°}=120.291\text{ m} \\ E_H=(R+p)\sec\dfrac{\alpha}{2}-R=12.776\text{ m} \\ D_H=2T_H-L_H=5.331\text{ m} \end{cases}$$

②计算平曲线的五个基本桩号

JD 点	K1+086.234
−) T_H	97.811
ZH	K0+988.423
+) l_s	35
HY	K1+023.423
+) L_Y	120.291
YH	K1+143.714
+) l_s	35
HZ	K1+178.714
−) $L_H/2$	190.291/2
QZ	K1+083.568
+) $D_H/2$	5.331/2
JD	K1+086.234

③直角坐标及极坐标放样数据见表 12-6。

表 12-6　路线直角坐标及极坐标放样数据表

里程桩号	曲线长	直角坐标		极坐标的弦长 C_i/m	极坐标偏角值 Δ_i/(° ′ ″)	度盘读数/(° ′ ″)
		x_i	y_i			
ZHK0+988.423	0	0	0	97.811	0 00 00	360 00 00
K1+000	11.577	11.577	0.030	86.234	0 01 12	359 58 48
+020	31.577	31.567	0.600	66.241	0 31 08	359 28 52
+040	51.577	51.469	2.523	46.411	3 06 59	356 53 01
+060	71.577	71.153	6.030	27.331	12 44 45	347 15 15
+080	91.577	90.495	11.099	13.293	56 36 32	303 23 28
QZK1+083.568	95.146	93.901	12.165	12.778	72 10 55	287 49 05

12.5　复杂圆曲线的测设

在进行圆曲线的测设时，由于受到地物或地貌等条件的限制，经常会遇到各种各样的障碍，导致不能按照前述的方法进行圆曲线的测设，这时可以根据具体情况，提出具体的解决方法。常见的情况有如下几种。

12.5.1 虚交测设

虚交是由于特殊情况，路线的交点 JD 落入河中或在建筑物中等不能设桩或架设仪器时的处理方法。有时交点虽可以测设，但因线转角较大，交点远离曲线或有地物地形障碍，也可按虚交测设。目前通常采用的虚交测设方法有：

1. 圆外基线法

如图 12-12 所示，由于路线的交点落入河流中间，无法在交点设桩而形成虚交。这时可以在曲线的两切线上分别选择一个便于安置仪器的辅助点，如图中的 A、B，将经纬仪分别安置在 A、B 点，测量出两点连线与切线的交角 α_A 和 α_B，同时丈量直线 AB 间的水平距离。应注意测量角度和距离应分别满足规定的限差要求。

根据图 12-12 的几何关系及正弦定律可以得到：

$$\begin{cases}\alpha=\alpha_A+\alpha_B\\ a=AB\dfrac{\sin\alpha_B}{\sin(180°-\alpha)}=AB\dfrac{\sin\alpha_B}{\sin\alpha}\\ b=AB\dfrac{\sin\alpha_A}{\sin(180°-\alpha)}=AB\dfrac{\sin\alpha_A}{\sin\alpha}\end{cases} \tag{12-19}$$

根据已知的偏角 α 和选定的半径 R，就可以按公式(12-4)计算出切线长 T 和弧线长 L，再结合 a、b、T 计算出辅助点 A、B 到圆曲线 ZY、YZ 点之间的距离 t_1 和 t_2

$$\begin{aligned}t_1&=T-a\\ t_2&=T-b\end{aligned} \tag{12-20}$$

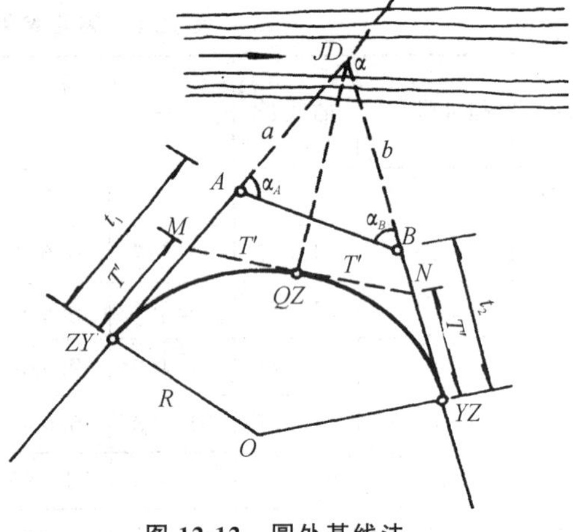

图 12-12 圆外基线法

根据计算出的 t_1、t_2 就能定出圆曲线的 ZY 和 YZ 点。如果计算出的 t_1、t_2 出现负值，说明辅助点定在曲线内侧，而圆曲线的 ZY、YZ 点位于辅助点与虚交点之间。如果 A 点的里程确定以后，对应圆曲线主点的里程也可以推算出。

测设时，在切线方向上分别量取(根据计算值正负可以确定在切线上的方向)t_1、t_2 即可测设出圆曲线的 ZY 和 YZ 点。QZ 点的测设可以采用“中点切线法”，即过 QZ 点的切线与过虚交点的两条切线的交点分别为 M、N 点。如图 12-12，知：

$$T'=R\tan\frac{\alpha}{4} \tag{12-21}$$

在确定了 ZY 和 YZ 点后，沿着过该点的切线方向量取长度 T' 后就能定出 M、N 点，从 M 或 N 点出发沿着 MN 量取长度 T' 就得到 QZ 点。该点同时也是 MN 的中点。在圆曲线的主点确定后，就可以根据具体情况采用切线支距或偏角法进行圆曲线详细测设。

【例 12-5】如图 12-12 所示，测出 $\alpha_A=15°18'$，$\alpha_B=18°22'$，选定圆曲线的半径 $R=150$ m，$AB=54.68$ m，已知 A 点的里程桩号为 K4+254.62。试计算测设主点的数据和主点的

里程桩号。

【解】根据 $\alpha_A=15°18'$，$\alpha_B=18°22'$，有

$$\alpha=\alpha_A+\alpha_B=15°18'+18°22'=33°40'$$

根据 $\alpha=33°40'$，$R=150$ m，代入(12-4)及(12-19)式，计算 T、L、a 和 b：

$$T=R\tan\frac{\alpha}{2}=150\times\tan\frac{33°40'}{2}=45.383\ \text{m}$$

$$L=R\alpha\frac{\pi}{180°}=150\times33°40'\times\frac{\pi}{180}=88.139\ \text{m}$$

$$a=AB\frac{\sin\alpha_B}{\sin\alpha}=54.68\times\frac{\sin18°22'}{\sin33°40'}=31.080\ \text{m}$$

$$b=AB\frac{\sin\alpha_A}{\sin\alpha}=54.68\times\frac{\sin15°18'}{\sin33°40'}=26.027\ \text{m}$$

因此

$$t_1=T-a=45.383-31.080=14.303\ \text{m}$$

$$t_2=T-b=45.383-26.027=19.356\ \text{m}$$

为了测设 QZ 点，计算 T' 如下：

$$T'=R\tan\frac{\alpha}{4}=150\times\frac{\tan33°40'}{4}=22.195\ \text{m}$$

计算出主点的里程如下：

A 点	K4+254.62
−) t_1	14.30
ZY	K4+240.32
+) L	88.14
YZ	K4+328.46
−) $L/2$	44.07
QZ	K4+284.39

确定圆曲线的主点后，还应该按照前面所述，进行圆曲线的详细测设。

2. 切基线法

如图 12-13 所示，由于受地形限制，曲线出现虚交点，同时曲线通过 GQ(公切点)点，这样圆曲线被分为两个同半径的圆曲线，其切线的长度分别为 T_1、T_2，通过 GQ 点的切线 AB 称为切基线。

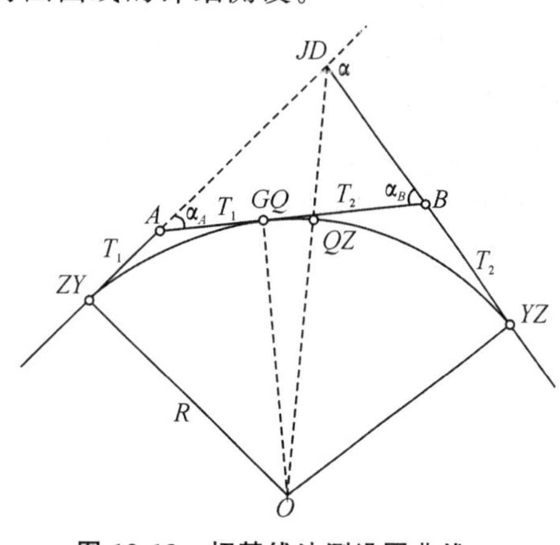

图 12-13　切基线法测设圆曲线

在测设时，根据现场实际，作适当的切基线，定出与通过虚交点的切线相交的点 A、B，用往返丈量方法测量出其长度，并观测该两点连线与切线的交角 α_A 和 α_B，代入(12-4)有：

$$T_1=R\tan\frac{\alpha_A}{2},T_2=R\tan\frac{\alpha_B}{2}$$

将以上两式整理，得：

$$R=\frac{T_1+T_2}{\tan\frac{\alpha_A}{2}+\tan\frac{\alpha_B}{2}}=\frac{AB}{\tan\frac{\alpha_A}{2}+\tan\frac{\alpha_B}{2}} \tag{12-22}$$

求得半径 R 后，根据(12-6)可分别求得 T_1、T_2 和 L_1、L_2，将 L_1、L_2 相加就得到曲线的总长 L。

实际测设时，先在 A 点安置仪器，沿着切线方向分别丈量长度 T_1，就定出圆曲线的 ZY 点和 GQ 点；在 B 点安置仪器，沿着切线方向分别丈量长度 T_2，就定出圆曲线的 YZ 点和 GQ 点，其中 GQ 点可用作校核。在测定圆曲线的主点后，应该按照前述方法进行圆曲线的详细测设。

在选择用切基线法时，如果计算出的半径 R 不能满足规定的最小半径或不能适应地形变化时，应将选定的参考点 A、B 进行调整，使切基线的位置合适。与圆外基线法相比较，切基线法计算简单，而容易控制曲线的位置，是解决虚交的常用方法。

12.5.2　复曲线的测设

复曲线是由两个或两个以上不同半径的圆曲线连接而成的圆曲线。一般多用在地形比较复杂的山区，有同向和反向两种类型。在测设时，应该先选定其中一个圆曲线的曲率半径，称为主曲线，其余的曲线称为副曲线。副曲线的曲率半径可以通过主曲线的半径以及测量相关数据求得。

1. 同向曲线

如图 12-14 所示，两个不同曲率半径的圆曲线同向相交，主、副曲线的交点分别为 A、B 点，两曲线相接处即为公切点 GQ，该复曲线的测设应按如下步骤进行：

(1)首先分别测出两个圆曲线的转角 α_1、α_2 及基线 AB 的长度。

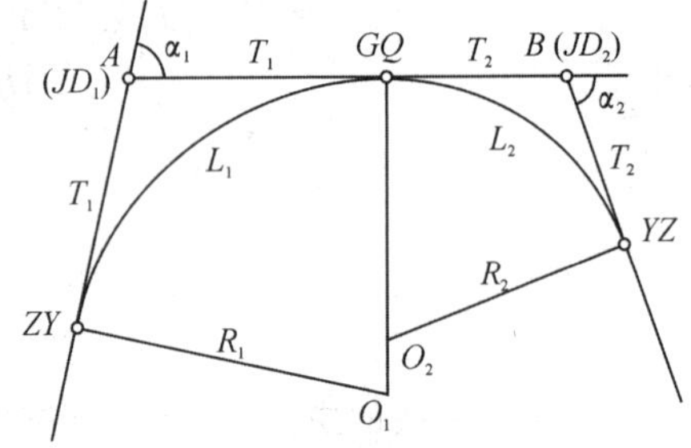

图 12-14　同向复曲线测设

(2)根据实地情况及道路等级指标先行选定主曲线的半径 R_1。根据前述测定主曲线的转角 α_1 和主曲线半径 R_1，按上节的(12-4)式，计算出主曲线的测设元素切线长 T_1、弧线长 L_1、外矢距 E_1 和切曲差 D_1(实地工程中有较多由外矢距 E_1 反算主曲线半径 R_1 的情况)。

(3)根据前述测量基线 AB 的长度以及主曲线的切线长度 T_1，按下式计算副曲线的切线长 T_2：

$$T_2=AB-T_1$$

(4)根据副曲线的转角 α_2 和切线长度 T_2，可以用下式计算副曲线的曲率半径 R_2：

$$R_2=\frac{T_2}{\tan\frac{\alpha_2}{2}} \tag{12-23}$$

(5)按照上节中(12-4)式，可以分别计算副曲线的测设元素切线长 T_2、弧线长 L_2、外矢

距 E_2 和切曲差 D_2。

(6)在完成对应圆曲线主点的测设数据计算后,可以继续利用切线支距法或偏角法对各对应圆曲线的详细测设数据进行计算。

【例 12-6】如图 12-14 所示,如果测得复曲线的转角 $\alpha_1=20°16'$,$\alpha_2=30°38'$,交点间距 $AB=221.72$ m,选取主曲线的半径 $R_1=600$ m,计算复曲线的测设元素。

【解】根据主曲线半径 $R_1=600$ m,$\alpha_1=20°16'$,可以计算主曲线的测设元素为

$$T_1=107.24 \text{ m}, L_1=212.23 \text{ m}, E_1=9.51 \text{ m}, D_1=2.25 \text{ m}$$

然后计算副曲线的切线长度:

$$T_2=AB-T_1=114.48 \text{ m}$$

接着计算副曲线的半径

$$R_2=\frac{T_2}{\tan\frac{\alpha_2}{2}}=417.99 \text{ m}$$

再由副曲线的半径 $R_2=417.99$ m 和转角 $\alpha_2=30°38'$,计算副曲线的测设元素:

$$T_2=114.48 \text{ m}, L_2=223.48 \text{ m}, E_2=15.39 \text{ m}, D_2=5.48 \text{ m}$$

在测设该复曲线时,首先在交点 A 点处架设仪器,沿着直线 AB 方向逆时针拨出转角 α_1 并倒镜定出指向 ZY 点的切线方向,然后在该方向线上测量 T_1 确定主曲线的起点 ZY;同时,从 A 点出发沿公切线 AB 方向向 B 点丈量 T_1 得到 GQ 点;再在 A 点测设主曲线的分角线,在该线方向上丈量外矢距 E_1,得到主曲线的 QZ 点。同样,在 B 点架设仪器,测得 YZ 点及副曲线 QZ 点。在测设完成复曲线的主点后,按照前述方法进行圆曲线的详细测设。

2. 反向复曲线

也称 S 形曲线,按线路等级反向复曲线一般由缓和曲线相衔接,圆曲线只在配置不设超高半径时才能直接反向相连。反向复曲线的测设与同向复曲线相类似,应根据实地情况,按前述方法进行测设。

目前复曲线测设多采用全站仪坐标测设,上述方法已较少采用。

12.5.3　回头曲线的测设

回头曲线是一种半径小、转弯急、线形标准低的曲线形式。当山区低等级道路跨越山岭时,为了克服距离短、高差大的展线困难,在路线绕过山嘴时,需要做较大转折,往往需要设置回头曲线。如图 12-15,回头曲线一般由主曲线和两个副曲线组成。主曲线为一转角 α 接近、等于或大于 180°的圆曲线;副曲线在路线上、下各设置一个,为一般圆曲线。在主、副曲线之间一般以直线连接。下面介绍主曲线的测设方法。

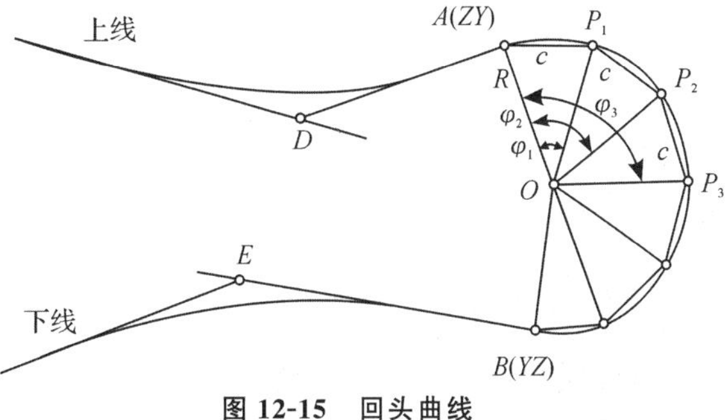

图 12-15　回头曲线

1. 推磨法和辐射法

在山坡比较平缓，曲线内侧障碍物较少的地段，设置小半径回头曲线，可采用推磨法和辐射法。这两种方法均在现场确定主曲线的圆心位置，选定主曲线的半径 R，然后以 O 为圆心，以 R 为半径画圆弧，在圆弧上定出曲线各点。

按图 12-15，具体测设步骤如下：

(1)在选线时，首先确定副曲线的交点 D、E，然后初步定出主曲线起点 A 和终点 B 的位置以及半径 R。

(2)在 A 点用方向架或经纬仪瞄准 D，沿 AD 的垂直方向量取半径 R，定出圆心 O。

(3)如果采用推磨法，从圆心 O 和曲线起点 A 开始，用半径 R 和弦长 c 连续进行距离交会，逐一定出 P_1、P_2、P_3 等曲线各点。如果采用辐射法，将经纬仪置于圆心 O，后视 A，并将水平度盘配至 $0°00'00''$，依次拨 AP_1、AP_2、AP_3 等的弧长所对的圆心角 φ_1、φ_2、φ_3 等，并自圆心 O 量取半径 R，定出 P_1、P_2、P_3 等曲线各点。

在定出曲线各点之后，应检查曲线位置是否符合设计要求。若不符合则可调整 A、O 的位置以至 R 的大小，重新测设直至曲线符合设计要求为止。

(4)在 B 点用方向架或经纬仪瞄准 O 点，沿 BO 的垂直方向观察视线是否对准 E 点，若未对准，则可沿圆弧前后移动 B 点，直至视线通过 E 点，设定 B 点。

(5)将仪器置于圆心 O，测出 AB 圆弧所对的圆心角 α(即曲线转角)，根据 α 和 R 即可计算曲线长，并与实测的曲线长核对，符合要求后，进行里程计算，测设结束。

2. 切基线法

如图 12-16，在选线已定出上、下线的基础上，结合地形、地质情况，选择曲线经过的合适位置，据以选定公切线的位置，将公切线与上、下线相交得出两交点 A、B，测出 α_A 和 α_B，丈量切基线 AB，即可按虚交切基线法计算半径测设回头曲线。

3. 顶点切基线法

如图 12-17，DF、EG 为曲线上、下线，D、E 为两副曲线的交点，F、G 为定向点，四点均在选线时确定。AB 切于曲线中点 QZ 点，为顶点切基线。该法的测设步骤如下：

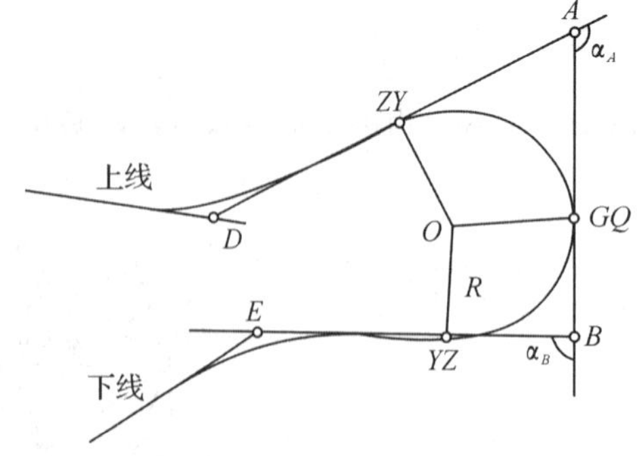

图 12-16 切基线法测设回头曲线

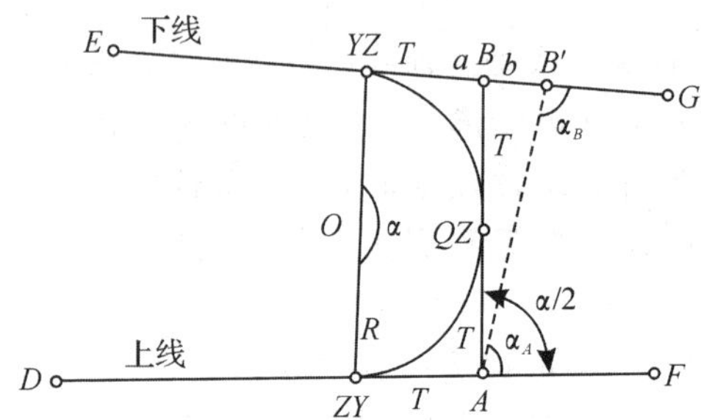

图 12-17 顶点切基线法测设回头曲线

(1)根据地形、地质条件，在 DF、EG 上选择顶点切基线 AB 的初定位置 AB'，其中 A 为定点，B' 为初定点。

(2)将经纬仪置于 B'，观测 α_B，并在 EG 线上 B 点的概略位置前后标定 a、b 两点。

(3)将仪器置于 A，观测 α_A，则转角 $\alpha=\alpha_A+\alpha_B$。后视 F 点，拨 $\alpha/2$ 角值，则视线与 a、b 连线之交点即为 B 点点位。

(4)丈量 AB 长度，取 $T=AB/2$，从 A 点沿 AD、AB 方向各量 T，定出 ZY 和 GQ 点；从 B 点沿 BE 方向量 T，定出 YZ 点。

(5)计算主曲线半径 $R=\dfrac{T}{\tan\dfrac{\alpha}{2}}$，由 R 和 α 再求出曲线长 L，并根据 A 点里程，求出主点里程。

(6)采用前述方法进行曲线详细测设。

12.6　线路纵、横断面测量

线路纵断面测量又称线路水准测量。它是测定中线上各里程桩的地面高程，绘制中线纵断面图，作为设计线路坡度、计算中桩填挖尺寸的依据；横断面测量则是测定中线各里程桩两侧垂直于中线的各个地面点的距离和高程，绘制横断面图，供路线工程设计、计算土石方数量以及施工放边桩之用。

12.6.1　线路纵断面测量

线路纵断面测量分三步进行：首先在线路方向上设置水准点，建立高程控制，称为基平测量；其次是根据已经建立的高程控制水准点的高程为基础，分段测定各中桩的地面高程水准，称为中平测量；最后根据基平测量结果，绘制纵断面图。

1. 基平测量

(1)水准点的设置

水准点是路线高程测量的控制点，在勘测和施工阶段要长期使用，其位置应选在稳固、醒目、便于引测以及施工时不易遭受破坏的地方。水准点可根据需要和用途设置为永久性或临时性水准点。路线起、终点或需长期观测的重点工程如大桥两岸、隧道两端以及一些需长期观测高程的重要建筑物附近应设置永久性水准点。永久水准点可埋设标石，也可设置在永久性建筑的基础上或用金属标志嵌在基岩上。临时性水准点可埋设大木桩，顶面钉入铁钉作为标志。

水准点密度应根据地形和工程需要设定，一般相邻控制点之间的间距以 1～1.5 km 为宜；重丘、山岭区可根据需要适当加密；大桥两岸、隧道口以及其他大型构造物两端应增设水准点，特大型构造物每一端应埋设 2 个(含 2 个)以上高程控制点。

水准点应统一编号，以“BM_i”表示，i 为水准点序号。

(2)水准点的高程系统

路线水准点的高程系统宜采用 1985 年国家高程基准，同一项目应采用同一高程系统，并应与相邻高程系统相衔接。不能采用同一高程系统时，应给高程系统的转换关系。独立工程或三级以下公路联测有困难时，可采用假定高程。

(3)基平测量

基平测量应根据路线等级要求采用四等水准或五等水准进行，应使用不低 S_3 级水准仪，采用一组往返或两组单程在两水准点之间进行观测。

水准测量的精度要求请详见测量技术规范，如五等水准测量往返观测或两组单程观测的高差不符值，应满足

$$f_{h容} \leqslant \pm 30\sqrt{L}\,(\text{mm})(平地) \tag{12-24}$$

或

$$f_{h容} \leqslant \pm 9\sqrt{n}\,(\text{mm})(山地) \tag{12-25}$$

式中，L—单程水准路线的长度，以 km 计；

n—测站数。

高差不符值在限差以内，取其高差平均值作为两水准点高差，超限时应查明原因重测。由起始点高程及调整后高差，计算各水准点高程。

2. 中平测量

中平测量是在基平测量设置的水准点间进行单程附合水准测量。即从一个水准点出发，逐个测定中线桩的地面高程，附合到下一个水准点上。相邻水准点间构成一条附合水准路线。

(1)一般地形的中平测量

测量时，在每一测站上首先读取后、前两转点的标尺读数以传递高程；再读取两转点间所有中桩点的标尺读数，以确定中桩点的地面高程。由于转点起传递高程的作用，因此，转点标尺应立在尺垫、稳固的桩顶或坚石上，尺上读数至 mm，视距一般不应超过 150 m。中间点标尺读数至 cm，要求尺子立在紧靠桩边的地面上。

目前，中平测量一般采用全站仪的对边测量功能进行观测，但应注意前后视距不应相差太大，以减小误差，且应及时进行精度校核。

如图 12-18 所示，在两水准点间进行中平测量，在 I 点安置水准仪，后视水准点 BM_5 上的水准尺读数为 1.347，前视转点 ZD_3 读数为 1.619，记录于表 12-7 中后视和前视栏内。然后观测 BM_3 与 ZD_3 间各中桩尺上的读数，将后视 BM_3 上的水准尺依次立于 K4＋000、K4＋050、K4＋100、K4＋150 各中桩地面上时的读数 1.33、1.35、1.71、2.56 分别记录于表中中视栏内。

仪器迁至Ⅱ处，后视 ZD_3，前视 BM_6，重复上述方法，逐站施测至 BM_6 为一测段，记录见表 12-7。

铁路、高速、一级公路以及要求较高的线路工程的中平测量闭合差限差为：

$$f_{h容} \leqslant \pm 30\sqrt{L} \tag{12-26}$$

二级、二级以下公路及一般线路工程的中平测量闭合差限差为：

$$f_{h容} \leqslant \pm 50\sqrt{L} \tag{12-27}$$

式中，L 为测段长度，以 km 计。

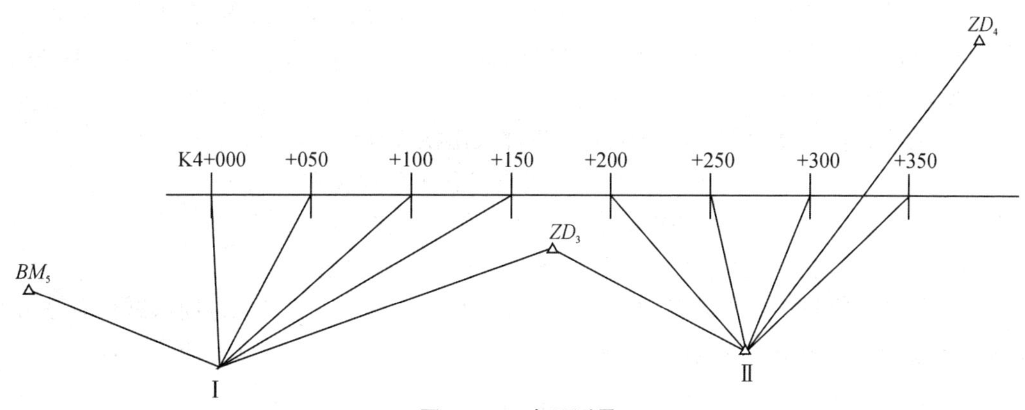

图 12-18　中平测量

表 12-7　中平测量记录表

立尺点	水准尺读数			视线高/m	高程/m	备注
	后视	中视	前视			
BM_5	1.347			59.669	58.322	BM_5高程为基平所测
K4+000		1.33			58.34	
+050		1.35			58.32	
+100		1.71			57.96	
+150		2.56			57.11	
ZD_3	1.558		1.619	59.608	58.050	
+200		1.49			58.12	
+250		1.87			57.74	
+300		1.63			57.98	
+350		0.66			58.95	
ZD_4	2.108		1.693	60.023	57.915	
⋮						基平所得 BM_6 高程为 67.932 m
K5+100		1.16				
BM_6			1.284		67.908	
计算校核	$\sum h_{中} = BM_6 - BM_5 = 67.908 - 58.322 = 9.586\ \text{m}$ $\sum a - \sum b = H_{终} - H_{始} = 42.390 - 32.804 = 9.586\ \text{m}$ $h_{基} = 67.932 - 58.322 = 9.610\ \text{m}$					
精度校核	$f_h = h_{中} - h_{基} = 9.586 - 9.610 = H_{BM6测} - H_{BM6} = 67.908 - 67.932 = -0.024\ \text{m} = -24\ \text{mm}$ $f_{h容} = \pm 50\sqrt{L} = \pm 50\sqrt{1.1} = 52.4\ \text{mm}$ $f_h < f_{h容}$，精度满足要求					

测段高差与两端水准点高差之差 $f_h = h_{中} - h_{基}$ 不得超出闭合差限值，否则查明原因或重测。中桩高程取位至 cm，其检测限差铁路、高速、一级公路以及要求较高的线路为±5 cm；二级、二级以下公路及一般线路为±10 cm。

每一站计算转点高程和中桩点地面高程都采用视线高法计算，即

$$\begin{cases}视线高程=后视点高程+后视读数\\ 中桩高程=视线高程-中视读数\\ 转点高程=视线高程-前视读数\end{cases} \tag{12-28}$$

中平测量一般只作单程观测，每测段观测结束后，应进行计算校核，即后视读数总和减前视读数总和等于 BM_6 的计算高程减 BM_5 的已知高程，$\sum a - \sum b = H_{终} - H_{始}$，并计算高差闭合差 f_h 和容许闭合差 $f_{h容}$。f_h 为该测段的实测高程与理论高程之差，若 $\sum f_h \leqslant \sum f_{h容}$，则符合要求，不需进行闭合差调整，以原计算各中桩高程作为绘制纵断面图的依据。

(2)特殊地形的中平测量

①跨越沟谷测量

中平测量跨越沟谷时，在沟底和沟坡均有中桩点。因高差大，按一般增加测站和转点方法会影响测量的精度和进度，可采用如图 12-19 所示沟内外分开测量的方法。仪器在Ⅰ处安站，读完 ZD_{15} 读数后，读 ZD_{16} 的读数，作为传递高程。同时在沟边选临时转点 ZD_A，读完读数，转站下沟。在测站Ⅱ以 ZD_A 为后视 ZD_B 为前视，并测各桩点，在测站Ⅲ以 ZD_B 为后视观测沟底各桩。当全部中桩测完后迁站Ⅳ，后视 ZD_{16}，继续前行。

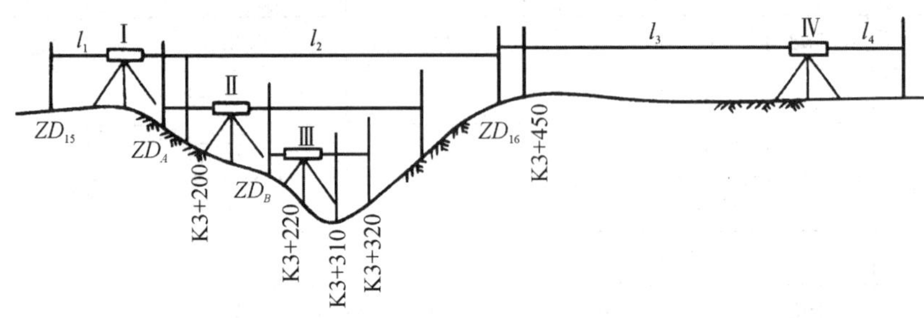

图 12-19 跨沟谷测量

这种测法可使沟内、沟外高程传递各自独立，互不影响。但由于沟内的测量为支水准路线，沟底桩点的数据无法进行校核，因而必须十分小心，并在记本上单独记录。另外，为了减小前后视不等的误差，应使 $l_3 = l_2$，$l_1 = l_4$。

②其他特殊地形的中平测量

其他特殊地形的中平测量可采用比高法、抬杆法、钓鱼法、接尺法、水下水深测量法等进行，这里不详细介绍。

12.6.2 纵断面图的绘制

纵断面图是根据路线水准测量资料绘制的，表示中线上地面起伏状态，是线路设计和施

工的重要文件。不同的线路工程其纵断面图绘制的内容有所不同。

1. 纵断面图的内容

以道路工程为例，如图12-20所示，图的正面上部从左至右绘有两条贯穿全图的线，其中细折线表示中线上的地面线，以横坐标表示公路里程，纵坐标表示高程，根据中桩点的地面高程绘制而成。绘图时，里程(水平)比例尺和高程(垂直)比例尺根据实际工程要求选取。横坐标常用的水平比例尺有1∶5000，1∶2000、1∶1000几种。为明显地表示地形起伏状态，高程比例尺为1∶500、1∶200、1∶100，是里程比例尺的10倍。图中的粗线表示线路的设计线，是设计时绘制的。此外，图上还注有：水准点的位置、编号和高程；桥梁的类型、孔径、跨数、长度、里程桩号和设计水位；竖曲线示意图及其曲线元素；与现有公路、铁路等工程建筑物的交叉点的位置和有关说明等。

图的下部绘有几栏表格，填写有关测量和纵坡设计的资料。

(1)直线与曲线。是按里程表明路线的平面线型部分。直线用中线示意图表示，曲线部分用直角的折线表示单圆曲线，斜线表示缓和曲线，上凸的表示右弯，下凸的表示左弯，并注明其交点的编号、曲线半径、缓和曲线长度等；在转角过小不设曲线的交点位置，用锐角的折线表示。

(2)里程。按距离比例尺确定里程桩位置并注明里程，绘出公里桩标。

(3)地面高程。按中平测量成果填写各里程桩的地面高程。

(4)设计高程。按中线设计纵坡计算的路基设计高程。

(5)坡度。表示中线设计线的坡度值。从左向右向上斜的表示升坡(正坡)，下斜的表示降坡(负坡)。斜线上以百分数注记坡度的大小，斜线下注记坡段的水平距离。水平坡段则绘成水平线，其坡度注记为零。

(6)工程地质。标明公路沿线工程地质概况。

2. 纵断面图的绘制

(1)按照选定的里程比例尺和高程比例尺打格制表，标明横、纵坐标。图中起点高程应视图内地面高程而定，应尽量把地面线布置在图纸中央，若无法做到，应在图中适当整10 m桩号处另定起始坐标(参照标准图)。

(2)填表。按测量结果填写里程桩号、地面高程、直线与曲线、土壤地质说明等资料。

(3)绘地面线。首先在图上确定起始点高程在图上的位置。在图上按纵横比例尺依次点出各中桩的地面点，用细实线连接，即得地面线的纵剖面形状。

(4)根据设计纵坡坡度计算设计高程。

根据设计的纵坡坡度 i、起算点的高程 H_A，推算点的高程为 H_B，推算点至起算点的水平距离 D_{AB}，按下式计算设计高程：

$$H_B = H_A + i \times D_{AB} \tag{12-29}$$

式中，上坡时 i 为正；下坡时 i 为负。

(5)计算填挖高度。同一桩号的设计高程与地面高程之差即为该桩号的填挖高度，正号为填高，负号为挖深。

(6)在图上注记有关资料。如水准点、构造物、长短链、图号等。

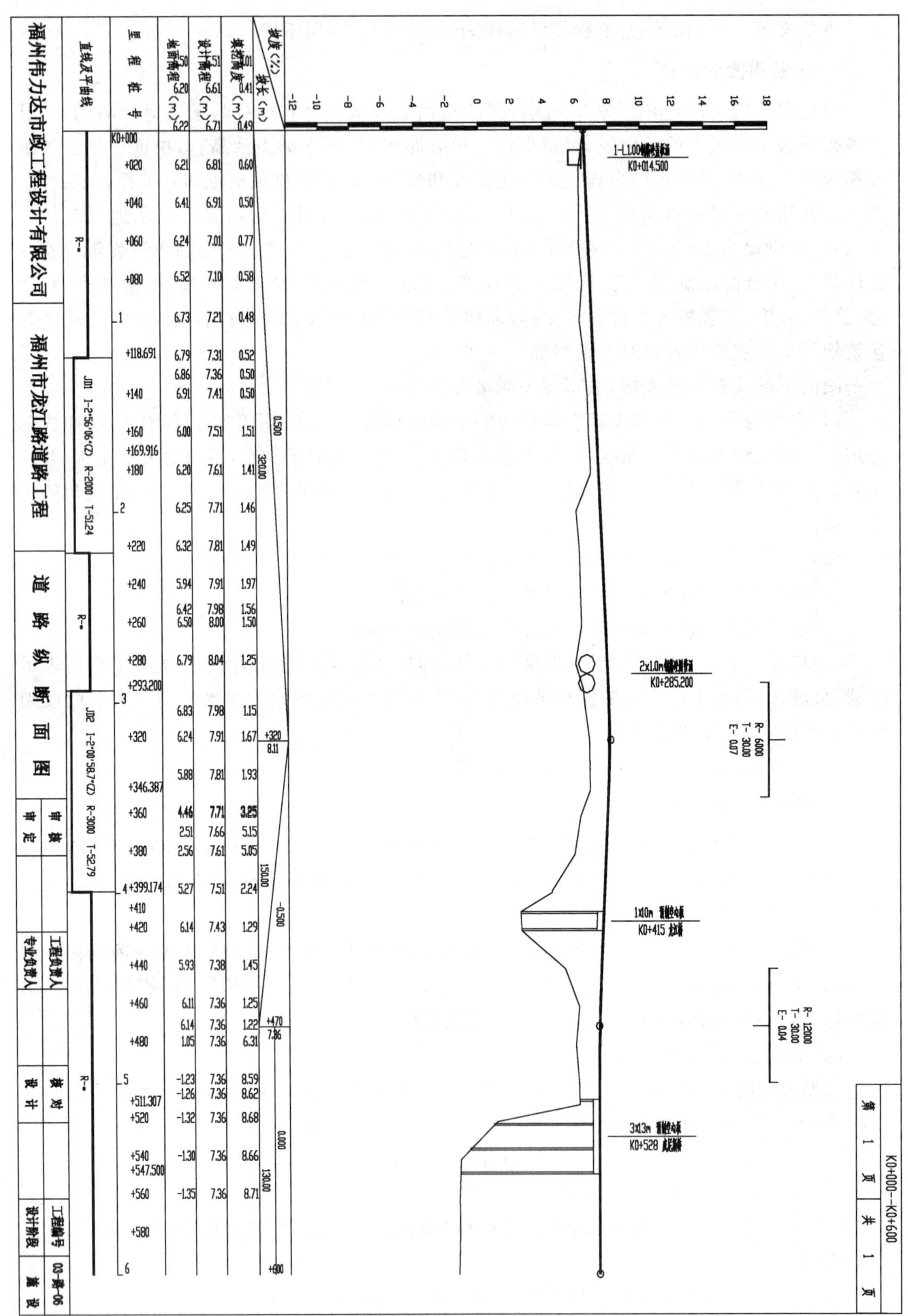

图 12-20　纵断面图

12.6.3　线路横断面测量

由于横断面测量是测定中桩两侧垂直于中线的地面线，因此首先要确定横断面的方向，然后在此方向上测定地面坡度变化点的距离和高差。横断面测量的宽度，应根据线路工程宽度、填挖高度、边坡大小、地形情况以及有关工程的特殊要求而定，一般要求中线两侧各测10～50 m。横断面测绘的密度，除各中桩应施测外，在大、中桥头及隧道洞口、挡土墙等重点工程地段，可根据需要加密。对于地面点距离和高差的测定，一般只需精确至0.1 m。

1. 横断面方向的测定

(1)方向架、方向盘法

①直线段横断面方向的测定

直线段横断面方向与线路中线垂直，一般采用方向架测定，如图12-21所示。将方向架置于桩点上，方向架上有两个相互垂直的固定片，用其中一个方向瞄准该直线的前后中桩，另一个所指方向即为该桩点的横断面方向。

②圆曲线段横断面方向的测定

圆曲线上一点的横断面方向即是过该点指向其圆心方向。测定时一般采用求心方向架，即在方向架上安装一个可以转动的活动片，并有一固定螺旋可将其固定。

如图12-22所示，假定圆曲线上1、2、3等点为等桩距桩位，欲测圆曲线上桩点的横断面方向时，一般采用在方向架上安装一个可以转动的定向杆 EF。施测时，首先将方向架安置在1点，用 AB 杆瞄准3点，这时转动定向杆 EF 瞄准2点，并将其固定。然后，转动方向架180°使 FE 瞄准2点，则 CD 即为1点的横断面方向线。将方向架搬到2点，以 EF 杆瞄准后视点1点，则 CD 方向即是2点的横断面方向。同理，方向架搬到3点，以 EF 杆瞄准后视点2点，则 CD 方向即是3点的横断面方向。同法可测定各曲线点的横断面方向。

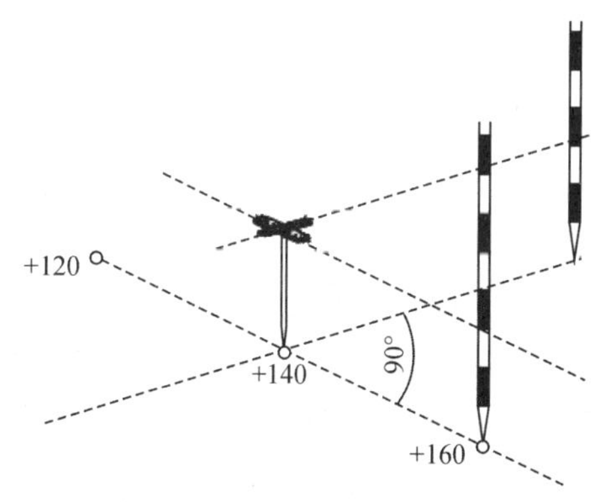

图12-21　直线段横断面方向

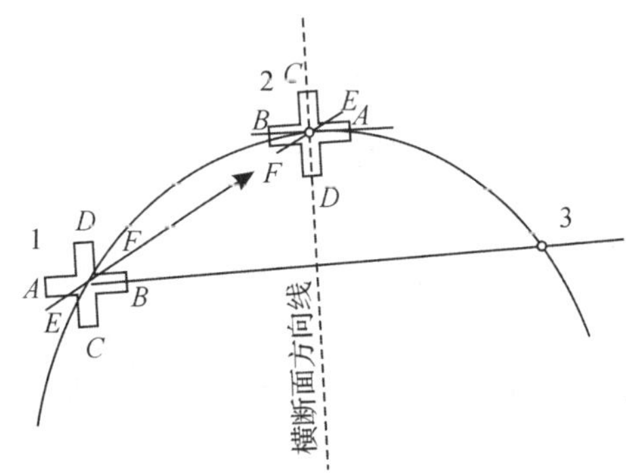

图12-22　圆曲线段横断面方向

③缓和曲线横断面方向的测定

缓和曲线上任一点的横断面方向就是该点的法线方向，即该点切线的垂线方向。因此，只要求出该点至前视点或后视点的偏角值，即可定出该点的法线方向。

利用方向盘按下法进行测定。如图12-23所示，设缓和曲线上任意点 D，按缓和曲线偏角公式计算得前视点 B 的偏角为 θ_1。在 D 点安置方向盘，使度盘上的指针指向 $90°-\theta_1$，用

指针照准 B 点，则方向盘上 0°～180°方向即为 D 桩横断面方向线。若要求较高精度的放样测量，则可用经纬仪代替方向盘进行对点拨角定向。

(2)坐标放样法

坐标放样法是先根据线路性质计算中桩横断面方向上点位的坐标，采用全站仪或测距仪进行放样测定的方法。如图 12-24 所示，直线或曲线上任一点 P，坐标为(X_P, Y_P)及 P 点的切线方位角为 α，计算断面方位角 α_i 及断面上任一点坐标 $Q(X_Q, Y_Q)$。

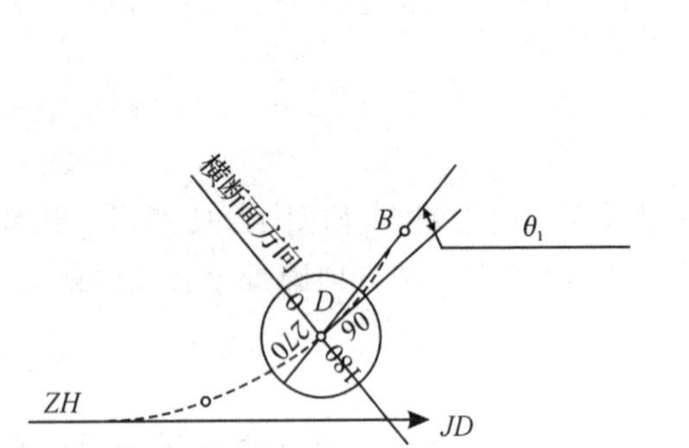

图 12-23　方向盘测定缓和曲线横断面方向

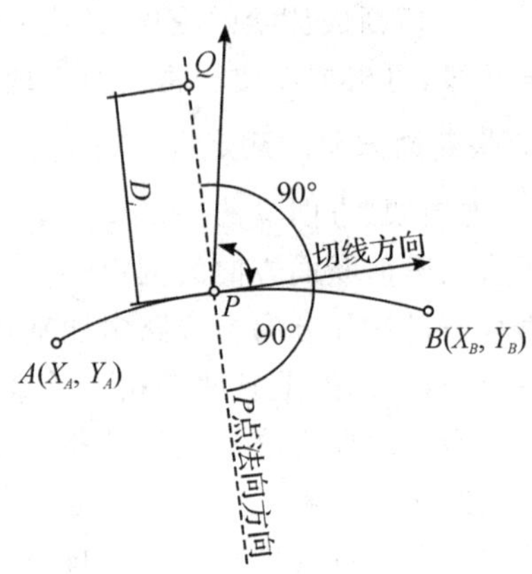

图 12-24　坐标放样横断面方向

可推算得：

$$\begin{cases} \alpha_i = \alpha_{AP} \pm \dfrac{\pi}{2} \\ X_Q = X_P + D\cos(\alpha_{AP} \pm \dfrac{\pi}{2}) \\ Y_Q = Y_P + D\sin(\alpha_{AP} \pm \dfrac{\pi}{2}) \end{cases} \qquad (12\text{-}30)$$

式 $\alpha_i = \alpha_{AP} \pm \dfrac{\pi}{2}$ 中，P 点在中线左侧取负，右侧取正。

2. 横断面的测量方法

(1)皮尺标杆法

如图 12-25 所示，A、B、C……是横断面方向上选的变坡点。观测时，将标杆立在 A 点，皮尺一端紧挨中桩地面拉成水平量出由中桩到变坡点之间水平距离。同时皮尺截于标杆的高度即为两点间高差。同法可测得 A 至 B、B 至 C 的距离和高差，直至所需要的高度为止。

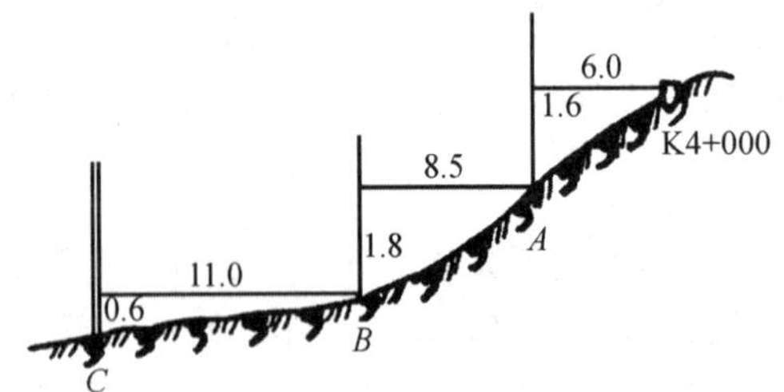

图 12-25　皮尺标杆法

中桩一侧测完后再测另一侧。此法简便，但精度较低，适于等级较低的线路。当横断面上坡度变化较大时，施测宽度应大于横断面可能的设计宽度 5～10 m 为宜。记录格式如表 12-8，表中按路线前进方向分成左右侧，分数的分母表示测段水平距离，分子表示测段两端点高差。正号高差表示升坡，负号高差表示降坡。

表 12-8　横断面测量（皮尺标杆法）记录表格

左侧	桩号	右侧
⋮		
$\frac{-0.6}{11.0}$ $\frac{-1.8}{8.5}$ $\frac{-1.6}{6.0}$	K4＋000	$\frac{+0.9}{4.6}$ $\frac{+1.1}{3.2}$ $\frac{+0.3}{4.0}$
$\frac{-1.5}{10.0}$ $\frac{-1.5}{5}$ $\frac{0.50}{0}$ $\frac{0}{3.0}$	K4＋020	$\frac{-2}{8}$ $\frac{-0.5}{4.5}$ $\frac{-1}{6.5}$ $\frac{-0.8}{6}$

(2)皮尺加水准仪法

当横断面测量的精度要求高且地面平坦时，也可采用水准仪法。即用尺量出中桩到变换点间距离，用水准仪测定各变换点相对于中桩的高差。此方法相似于中平测量。资料整理时，可计算变坡点对中桩的高差，也可通过视线高程求出变坡点的高程，依此绘制横断面图。

(3)全站仪法

全站仪测量横断面可适用高等级公路及各种不同地形的高精度测量。施测时，可将全站仪安置在通视良好的高处（可建站测量也可任意点），建站测量可直接测定各横断面点的三维坐标，仪器自动记录，数据传输到计算机由专业软件处理成图。任意点无建站测量时，可用全站仪的应用测量程序功能如对边测量，测定各变坡点的相对平距与高差，进行人工记录和绘图。

12.6.4　横断面图的绘制

横断面图一般采用在工作现场边测边绘，便于及时核对，减少差错。如遇不良天气现场绘制有困难时，要做好记录工作，带回室内绘图，再持图到现场核对。

横断面图比例尺通常采用 1∶100、1∶200 或 1∶400。手工绘图时，取毫米方格纸中一条纵向粗线为中线。绘图时先标注中桩的位置和桩号，以中桩位置分左、右两侧，根据高差和水平距离，按相应比例尺将变坡点标在图上，用直线依次连接起来，即得横断面的地面线。各断面在图中的布置是，从图纸左下方起自下而上依次按桩号绘制，当左侧一行图绘后，则由左至右逐行绘制，如图 12-26 所示。图中标明设计高程的为横断面设计线，标明地面高程的为横断面地面线。

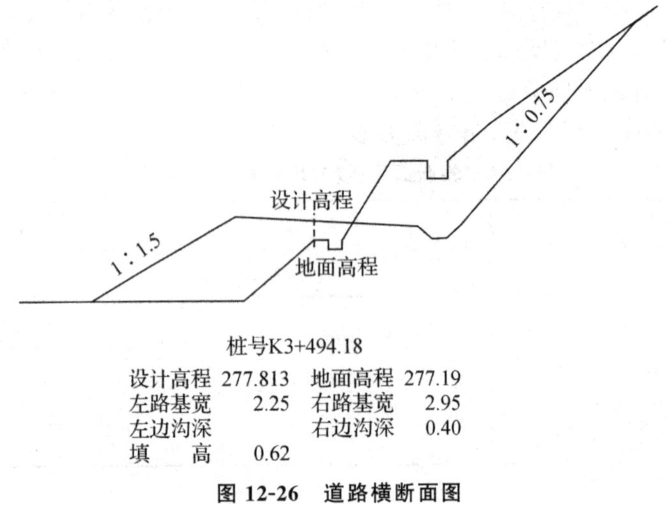

图 12-26 道路横断面图

12.7 现代道路施工放样技术

12.7.1 全站仪坐标放样法详细测设路线中桩与边桩

1. 逐桩坐标计算

路线直线与平曲线上任意点坐标计算方法有较多种，以下简单介绍几种。

(1)软件法：由专业路线设计软件计算生成逐桩坐标表，也可生成间隔为任意整米的逐桩全站仪放样坐标，直接传输到全站仪贮存区。相关内容请参照设计软件和全站仪说明书。

(2)直接利用全站仪路线测量放样程序功能：全站仪一般提供两种平面输入法，一种是按顺序逐段输入路线各线元参数，如起点桩号、起点坐标、起始边方位角、直线段长度、方位角、圆曲线半径、长度、缓和段半径、长度等，放样时只要输入欲放样的中桩桩号，即可进行中桩放样，同时还可进行左右任意边桩的放样，而无须进行外业计算。另一种是交点坐标法，参数是各个交点坐标和平曲线参数(缓和段和圆曲线)。全站仪路线测量放样程序还可以进行路线纵断面高程参数的设置和放样。

(3)线元法：要从路线起点开始，由起点坐标、起始边方位角按线元法(直线元、圆曲线元和缓和曲线元)逐元进行计算。此方法可用高级编程计算器编程计算。

(4)积木法：是平曲线法按直线段和平面线段分别计算所在的坐标，然后进行坐标转换计算化为同一坐标系。此法计算工作量极大且容易出错。此方法可用高级编程计算器编程计算。

(5)利用现代智能手机下载相关编程计算程序进行现场计算。

目前，建议采用方法(1)、(2)，其外业工作量少，速度快，不易出错。在智能手机普遍使用的今天，方法(5)在施工放样中也得到了很大的推广。

2. 全站仪放样

采用全站仪(测距仪)进行平曲线详细测设一般有以下两种方法:

(1)极坐标法。适用于测距仪及全站仪。可采用架仪于主点(ZH、JD、HZ、QZ)极坐标法,也可采用架仪于任意点极坐标法。

如图 12-27 所示,架仪于任意点(X_0,Y_0),后视任意点(X_1,Y_1),测设中桩点 P(X_P,Y_P),按极坐标法计算。

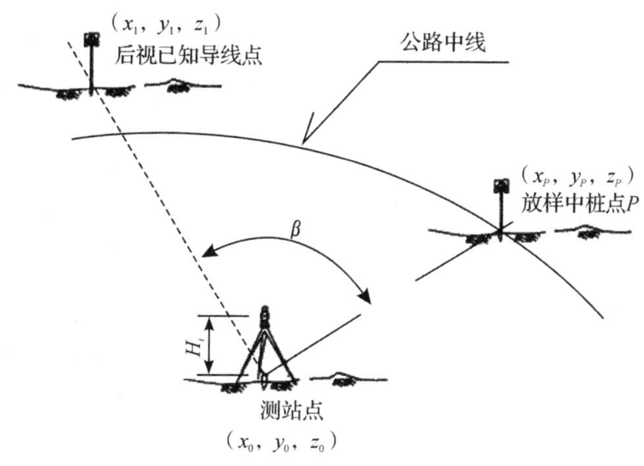

图 12-27　极坐标放样

由坐标反算方位角 α_{01} 和 α_{0P},则:$\beta=\alpha_{0P}-\alpha_{01}$,$\beta>0$ 时为正拨,$\beta<0$ 时为反拨。平距 $D=\sqrt{(x_P-x_0)^2+(y_P-y_0)^2}$。

(2)平面直角坐标法。适用于全站仪。主要有架仪于任意控制点的平面直角坐标法。

全站仪野外坐标测设见图 12-28。

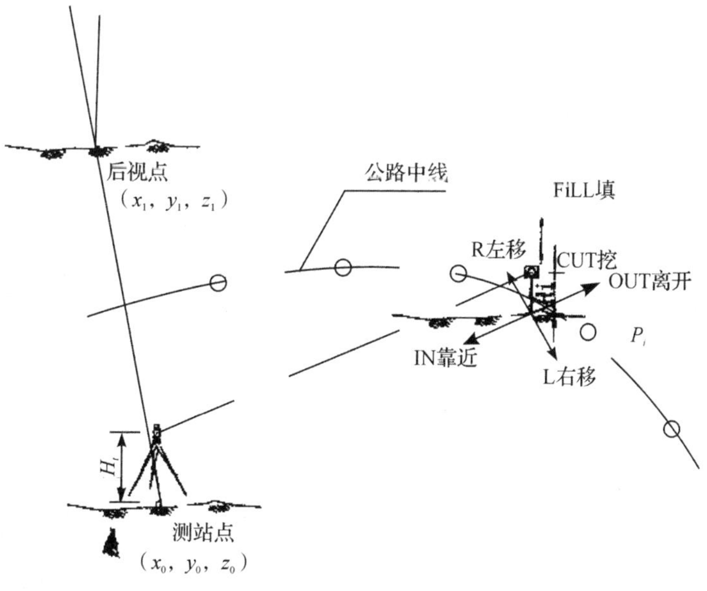

图 12-28　平面直坐标测设

全站仪野外坐标测设步骤：

将架仪点(已知控制点)及计算的放样点(含点代码)输入全站仪贮存器中。

①参数输入与设站定向。在设站点 O 架设仪器，开机输入测时温度、气压、仪器高、棱镜高、检查棱镜参数。输入站点 O 与后视点代码，照准后视点 1。

②建站方法选择。可选择在已知控制点上建站或者采用后方交会建站。

③选取放样功能。在提示状态下输入放样点。显示放样点放样屏幕，按显示提示旋转照准部，转至放样点方向。

④指挥棱镜与定放样点。测量显示棱镜位置点位与实际放样点位偏差，指挥镜站移动。

⑤重复③和④步骤，直到放样点位满足放样精度(公路勘测阶段＜10 cm，施工阶段＜2 cm)为止。

12.7.2 全站仪路线中、边桩放样实例

1. 全站仪坐标放样路线中线

【实例 1】用路线设计软件生成的路线逐桩坐标如表 12-9 所示；根据图 12-29 的已知条件，在实训场地布设建站点 O_1 及后视点 O_2(或架仪于站点 JD_1 后视 JD_0 或 JD_2)，进行放样实训。

实训步骤：

(1)架仪与设置：在 O_1(或 JD_1)点架仪，参数输入，打开或建立文件。

(2)建站：后视 O_2 或 JD_0。

(3)放样：输入放样点号、坐标，按屏幕显示进行定向照准、指挥定点。测量：显示定点放样情况，指挥移动方向。重测：直到放样显示偏差小于放样精度为止。

(4)标志：打下定位桩，进行下一点放样。

(5)检查：全部放样完成后，观察放样点位置应在同一曲线上。

表 12-9 路线逐桩坐标表

桩号	坐 标		桩号	坐 标	
	$N(X)$	$E(Y)$		$N(X)$	$E(Y)$
K0+000	4878.779	9536.335	K0+152.345	4732.759	9573.160
K0+020	4859.940	9543.050	K0+160	4725.276	9571.557
K0+040	4841.101	9549.766	K0+180	4706.167	9565.680
K0+060	4822.263	9556.482	K0+187.345	4699.245	9563.221
K0+080.284	4803.157	9563.293	K0+200	4687.331	9558.954
K0+100	4784.474	9569.585	K0+220	4668.502	9552.212
K0+115.284	4769.629	9573.186	K0+240	4649.673	9545.470
K0+120	4764.968	9573.906	K0+260	4630.844	9538.728
K0+133.815	4751.192	9574.804	K0+280	4612.014	9531.985
K0+140	4745.011	9574.617	K0+288.629	4603.890	9529.076

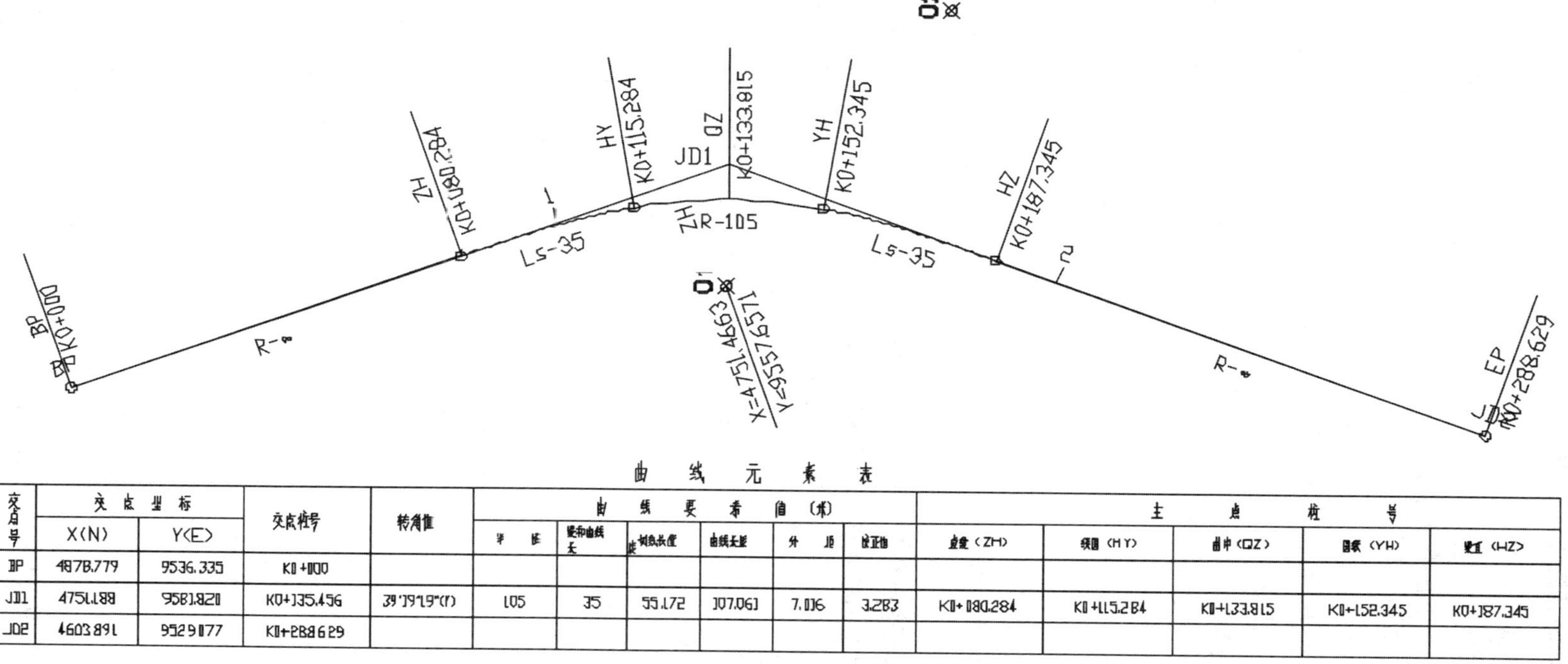

曲线元素表

交点号	交点坐标		交点桩号	转角值	曲线要素值(米)						主点桩号				
	X(N)	Y(E)			半径	缓和曲线长	切线长度	曲线长度	外距	校正值	直缓(ZH)	缓圆(HY)	曲中(QZ)	圆缓(YH)	缓直(HZ)
BP	4878.779	9536.335	K0+000												
JD1	4751.188	9581.820	K0+135.456	39°19′19″(Y)	105	35	55.172	107.061	7.016	3.283	K0+080.284	K0+115.284	K0+133.815	K0+152.345	K0+187.345
JD2	4603.891	9529.077	K0+288.629												

图12–29　全站仪坐标放样线路中线示意图及直曲表

2. 全站仪线性测量程序的线性放样

全站仪线性测量程序放样步骤：

(1)平曲线数据输入

线性参数的输入方法有元素法和交点法。两种方法的道路定线参数不一样。

①元素法设计参数

直线：由其长度 L 和方位角 AZ 等参数来表示。

圆曲线：由其曲率半径 R、(弧)长度 L 及其转向(向左/向右)等参数来表示。

缓和曲线：由其曲率半径 R、长度 L、转向以及进出方向(入口/出口)等参数来表示。其中进方向为入段缓和曲线，出方向为出缓和曲线；入缓和曲线半径是从无穷大渐变到 R，相反出缓和曲线则从 R 渐变至无穷大。

②交点法设计参数描述

交点法参数由交点坐标(N、E)、圆曲线半径 R、缓和曲线参数 $A1$ 以及缓和曲线参数 $A2$ 来描述。

(2)建立控制点文件

建立独立文件，将测区控制点存入该独立文件中。

(3)线性放样

进入线性放样，选择控制点文件，设置测站和后视定向，进行道路放样。

【实例 2】利用全站仪线性测量程序，在线性工程平、纵放样的参数输入后，进行线性工程的放样(如图 12-29 所示)，线性测量程序可以放样线上任意中桩点及中桩横断面上各点的平面位置与高程。

线性程序放样步骤：(以下是以 TPCON300 系列全站仪为例介绍全站仪的参数输入)

(1)平曲线数据输入

①元素法

a. GTS-330N 开机，按 MENU 键进入程序菜单→按 F3 进入道路程序→选择 F3 确认初始化道路数据，清空以前的道路数据。

b. 输入道路起始点

初始化道路数据后再进入程序菜单的道路程序→选择 F1 输入道路数据→选择 F1 起始点→输入起始点坐标(N，E)→输入起始点桩号确认→输入路线相邻整桩的间距，按 ENT 键设置完毕。

c. 水平定线

起始点设置完毕后再进入程序菜单的道路程序→选择 F1 输入道路数据→选择 F2 进入水平定线设置线型参数。

输入第一段直线，按 F1 进入直线输入页面，输入直线长度 L 及方位角 AZ(如角度 74°03′17″以 74.0317 形式输入)

输入缓和曲线入口段，按 F3 进入缓和曲线输入页面→输入缓和曲线的半径 R 及长度 L→选择线路转向(向左或向右，即线路的左转角或右转角)→选择缓和曲线的方向，即入口或出口→按 ENT 缓和曲线入口段设置完毕。注：缓和曲线不能作为第一个道路数据输入。

输入圆曲线段，按 F2 进入圆曲线输入页面→输入圆曲线的半径 R 及圆曲线圆弧长度 L→选择线路转向(向左或向右，即线路的左转角或右转角)→按 ENT 圆曲线段设置完毕。

注：圆曲线不能作为第一个道路数据输入。

输入缓和曲线出口段，按 F3 进入缓和曲线输入页面→输入缓和曲线出口段的半径 R 及长度 L→选择线路转向（同上）→选择缓和曲线的方向，即入口或出口→按 ENT 缓和曲线入口段设置完毕。

输入第二段直线段，按 F1 进入直线输入页面→输入第二段直线长度 L 及方位角 AZ→按 ENT 第二段直线段设置完毕。

以下按线路的实际情况设置……输入第二段圆曲线……输入第三段直线……

本例元素法参数数据见表 12-10。

表 12-10　元素法输入的参数

序号	元素类型	设计参数	属性（TPCON600 系以上不输）
1	起点	桩号：K0＋000，桩距＝20 N＝4878.779，E＝9536.335	
2	直线	L＝80.284，AZ＝160.2245	
3	缓和曲线	R＝105，L＝35	转向＝右边线，方向＝入口
4	圆曲线	R＝105，L＝37.061	转向＝右边线
5	缓和曲线	R＝105，L＝335	转向＝右边线，方向＝出口
6	直线	L＝101.284，AZ＝199.4204	（核对，可不输）

②（交点法）

a. 初始化道路数据：同元素法。

b. 输入道路起始点：同元素法。

c. 输入第一个交点

起始点设置完毕后再进入程序菜单的道路程序→选择 F1 输入道路数据→选择 F2 进入水平定线设置线型参数。

按 F4 进入交点输入页面，输入第一个交点的坐标（N，E），按 ENT 确认→依次分别输入第一个交点的半径 R、入口缓和曲线参数 $A1$、出口缓和曲线参数 $A2$，并按 ENT 确认。若该数据无须输入，则可按（跳过）键。

注：在输入交点数据时，若下一个数据不再是交点数据，则无论其 R、$A1$、$A2$ 值如何，道路计算时均视其为直线。

d. 输入第二个交点：同上。

e. 输入终点：按 F4 进入交点输入页面，输入下一个交点（即终点）的坐标（N，E），按 ENT 确认→再依次输入半径 R＝0、入口缓和曲线参数 $A1$＝0、出口缓和曲线参数 $A2$＝0，并按 ENT 确认。

本例交点法参数数据见表 12-11。

对于 TPCON600 系列以上的全站仪，在输入过程中应认真观察全站仪屏幕显示的桩号和方位角数据，并与已知数据对照，若发现不对时，应及时停止输入，及时修正。

（2）道路放样操作

以前面输入的道路设计数据，进行放样。

表 12-11 交点法输入的参数

序号	交点号	N/m	E/m	R/m	A1	A2
1	*BP*	4878.779	9536.335			
2	*JD*1	4751.188	9581.820	105	60.622	60.622
3	*EP*	4603.891	9529.077	0	0	0

①GTS-330N 开机，设置测站和后视定向。按 MENU 键进入程序菜单→按 F3 进入道路程序→选择 F2 进入道路放样。

选择 F1 测站设置→再选择 F1 进入测站设置→测站设置中可以选择 F1：坐标数据或 F2：道路数据（坐标数据时指测站点坐标由坐标数据文件中调用，道路数据是指测站点坐标由给定道路数据计算得到）→输入测站点按 ENT 确认。

测站点设置结束后进入后视点定向→由坐标数据文件中调用或输入后视点→确认照准后视点按 ENT 设置成功。

②建立控制点文件

建立独立文件，将测区控制点存入该文件中（TPCON600 系列可在同一文件中存入）。

③线性放样

a. 进入线性放样：GTS-330N 开机，按 MENU 键进入程序菜单→按 F3 进入道路程序→选择 F2 进入道路放样。

b. 选择坐标数据文件

进入道路放样后→按 F3“选择文件”→输入待调用的文件名（或由调用列表中选定），按 ENT 键确认。注：事先要有一个数据文件，如 123。

c. 调用坐标数据，设置测站和后视定向

退出选择文件界面，重新进入道路放样中的测站设置→再选择 F1 进入测站设置→测站设置中可以选择 F1：坐标数据或 F2：道路数据（坐标数据指测站点坐标，由坐标数据文件中调用；道路数据指测站点坐标，由给定道路数据计算得到），按 F1 进入测站点界面，输入步骤 2 中选择的文件中对应作为测站点的点号或坐标，按 ENT 确认。

测站点设置结束后进入后视点定向→由坐标数据文件中调用或输入后视点→确认照准后视点，按 ENT 设置完成。

d. 道路放样

按 MENU 键进入程序菜单→按 F3 进入道路程序→选择 F2 进入道路放样→输入放样点桩号，回车→确定中线，回车→显示该中桩点的坐标→确认后显示仪器到该放样点的水平距离的计算值 *HD* 和放样点的水平角度计算值 *HR*。

按 F1（角度）键，显示待放点的桩号、当前仪器照准方向实际测量的水平角 *HR* 及为照准放样点应转动的水平角 *dHR*（其值＝实际水平角－计算的水平角。当 $dHR=0°00'00''$ 时，表明该方向即为放样方向）。

按 F1（距离）键，显示实测的水平距离 *HD* 及对准放样点尚差的水平距离 *dHD*（其值＝实测距离－计算距离）→选择 F3（坐标）键，显示坐标数据→选择继续键，进入下一个放样点的测设。

选择左边线或右边线，输入左或右边线的偏距（即中桩到左、右边桩的距离）。

12.7.3　GPS-RTK 放样测量

当施工场地开宽,满足卫星定位条件时,道路中线放样可利用 GPS-RTK 方式进行测量。采用 GPS-RTK 定位时应先用 GPS 静态测量或用全站仪等高精度布设施工平面与高程控制网。

采用 GPS-RTK 道路施工放样:GPS-RTK 路线放样数据的输入与全站仪路线数据输入相似,可参照相关说明书使用。实际放样时可通过设置以放样点为中心或以接收机为中心的作业方式进行。

1. 新建任务

架设基准站和流动站仪器,打开手簿的测绘通软件。新建任务,启动基准站和流动站,进行点校正。当进入"固定"状况,可以进入碎部测量阶段。

2. 已知数据输入

(1)点的键入(图 12-30)

点击"键入→点",进入键入点界面,在点名称下输入点的名称,北输入 X 坐标,东输入 Y 坐标,高程输入 H。

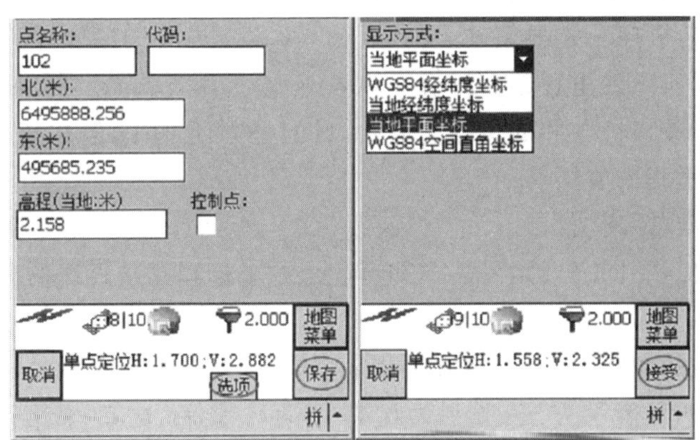

图 12-30　点的输入

执行"选项"选择输入点的坐标系统与格式。输入点有两个作用,即用此点进行点校正或放样此点。

点名称:可以是数字、字母、汉字。

代码:一般输入此点的属性、特征位置等,也可以是数字、字母、汉字。

分别在北、东、高程输入此点的 X、Y、H。

控制点:选与不选只是图标标记不同。

当需要修改键入点时,软件增加了修改功能,执行"文件→元素管理器→点管理器"修改,但测量点的是不能进行修改的。

(2)直线的键入(图 12-31)

点击"键入→直线"。键入直线有两种方法,即两点法和从一点的方向(距离法)。

①两点法

直线名称:输入定义直线的名字,一个新的任务直线默认名称为 Line0001,如果在同一

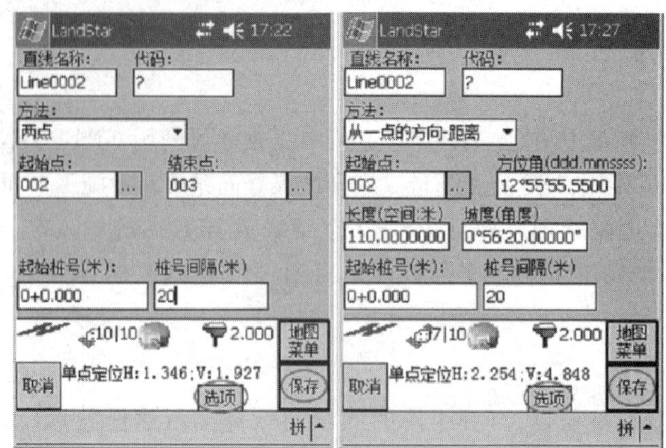

图 12-31　直线数据输入

任务定义第二条直线，默认名称为 Line0002，依此类推。

代码：此处的意义同键入点中一样。

方法：在下拉菜单中选择要定义直线所用的方法。

起始点和结束点：通过两点法定义直线的关键是先前通过键入点输入到手簿里，定义直线时这两个点的先后顺序一定要正确。

起始桩号：根据实际的里程起点的桩号输入。

桩号间隔：根据放样桩之间的距离来输入，目的是方便放样，但在放样的时候可以根据需要实时修改当时里程去放样。

②从一点的方向(距离法)

和两点法相类似，不同之处是只需要知道起点的坐标和此条直线的方位角，直线的长度可以任意输入。

坡度：此条直线的倾斜度，目的是放样此条直线的高程，但在实际的放样中很少用 RTK 放样高程。坡度有四种表示方法：分别为比率-垂直：水平、比率-水平：垂直、角度、百分比，通常用角度，“选项”中可对这四种方法进行选择。

(3)键入道路

点击“键入→道路”，进入键入道路界面，如图 12-32 所示。

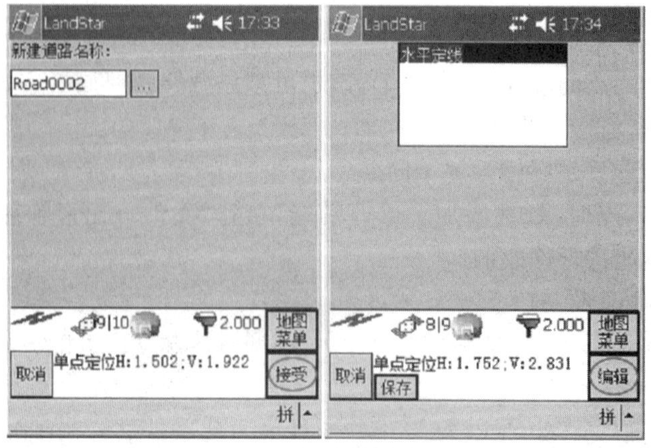

图 12-32　道路数据的输入

用 RTK 去放样一条道路，根据元素法定义一条道路是最方便的使用方法。当然也可以选择以前定义好的道路进行编辑，具体定义道路的方法如下所述。输入新建道路名称或使用默认的 Road0001，点击“接受”，选中水平定线，点击“编辑”，进入道路编辑界面。“新建”后就可根据提示填写道路已知元素来创建道路。

起始桩号：根据所要放样的里程输入(图 12-33)。

方法有键入坐标和选择点两种：键入坐标法只需在起始北和起始东的文本框里输入坐标即可；选择点法可以选择已经采集或键入的点，桩号间隔则根据工程需要自行设定，设置好并检查无误后选择存储。这只是定义一条道路的起点。

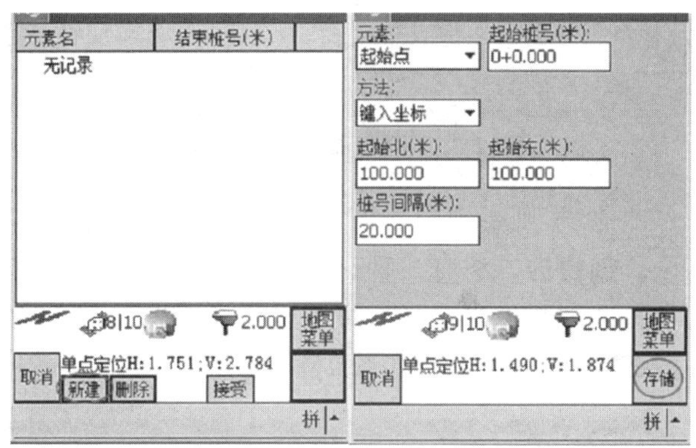

图 12-33　起始点数据的输入

一条完整的道路由以下部分组成：直线→缓和曲线→圆曲线→缓和曲线→直线，道路的桩号根据所创建元素长度自动累加，下面以这个顺序创建一条道路：

①“新建”元素选择直线，定义道路的直线部分和上面定义直线的方法一致，定义好后选择“存储”，即把道路的直线段创建好了。如图 12-34 所示。

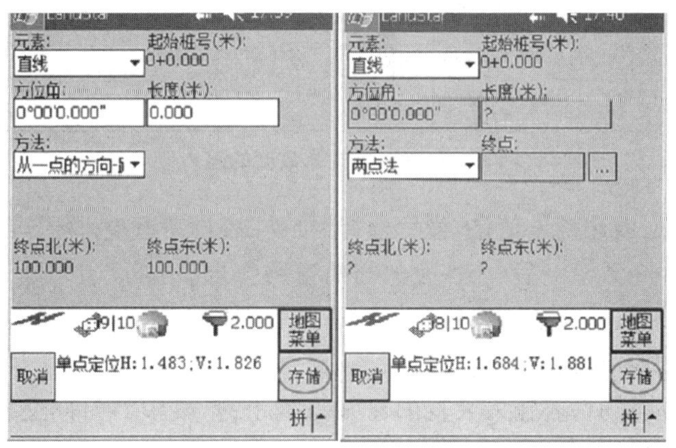

图 12-34　直线数据的输入

②“新建”创建缓和曲线，输入设计的方位角(起点切线的方位角，且默认值为上段直线的方位角，方位角是不需要输的，即直线的方位角就是缓和曲线起点切线的方位角)；再选择直缓曲线或缓直曲线(当然按顺序为直缓曲线，即由直线转为缓和曲线)；然后输入缓和曲线的弧段方向和半径(半径是圆曲线的半径)、长度(这段缓和曲线弧的长度)来确定要创建的

缓和曲线，单击“存储”即可。如图 12-35 所示。

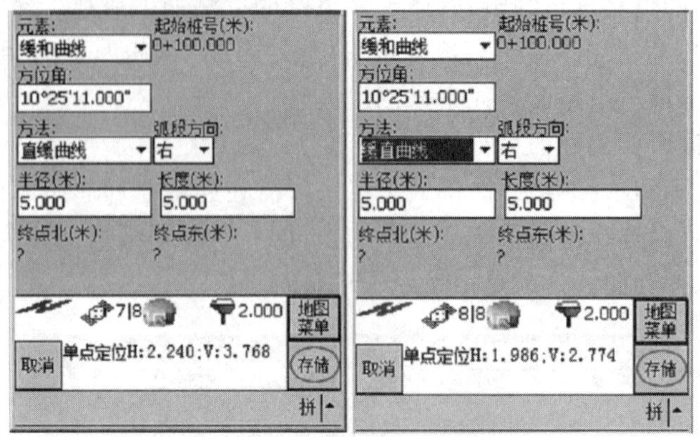

图 12-35　缓和曲线数据的输入

③“新建”创建一条圆曲线，则要先输入设计的方位角(和上面所说意义相同，一般为默认值)，再选择创建方法。创建的方法有三种，分别是弧长和半径，角度变化量(圆心角)和半径，偏角和长度(偏角和长度即弧长)，选择后可根据提示在相应的位置中输入数值，再选择弧段方向，“存储”后完成圆曲线的创建。如图 12-36 所示。

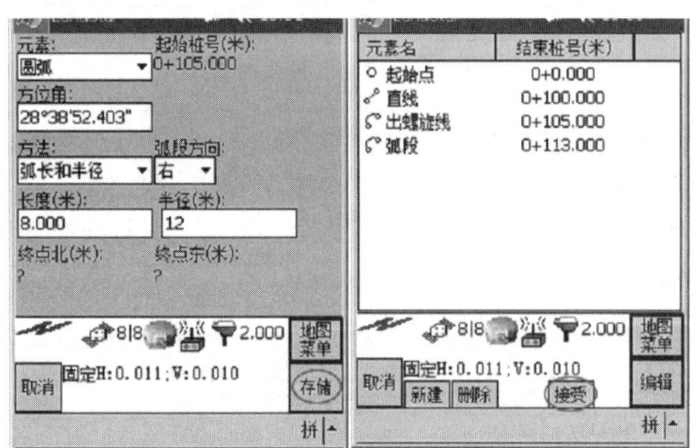

图 12-36　圆曲线数据的输入

用同样方法可以创建整条道路，最后选择“接受”后自动退到水平定线界面，然后“保存”道路，否则新建另外一条道路后，未保存的当前道路会自动删除。

可以在元素管理器里面的直线管理器和道路管理器查看已有的直线和道路信息。

(4)导入数据文件

使用坐标进行放样时，若输入大量的已知点到手簿，既浪费时间又易出错。RTK 软件支持点坐标导入、成果导入、导入 DXF 文件、清空 DXF 文件以及电力线数据导入。

可把已知数据根据导入要求编辑成指定格式(有三类格式：点名，X，Y，H；点名，代码，X，Y，H；X，Y，H，点名)，扩展名为 *.txt 或 *.pt；再把编辑好的文件复制到当前任务所在目录下(也可复制到主内存任一文件夹下，通过文件夹浏览找到此文件)。

选择“文件→导入→点坐标导入”，如图 12-37 所示。

文件名称：选择导入数据的名称(已编辑并复制到手簿内存中的数据文件)，如果数据文件是复制到当前任务目录下，系统会自动显示出数据文件，或浏览文件夹及选择文件类型来找到目标数据文件。

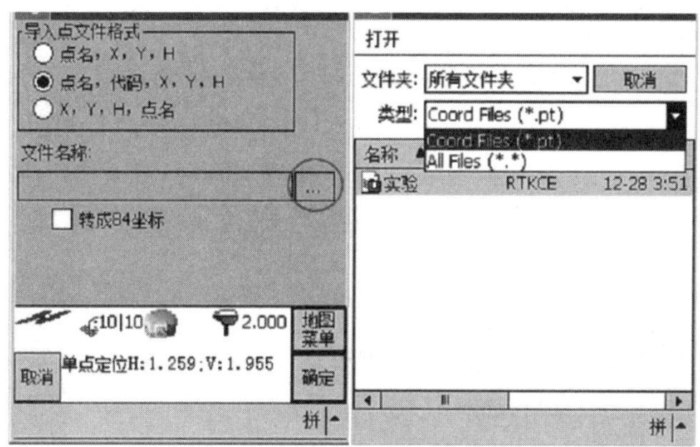

图 12-37　点坐标数据的导入

转成 WGS-84 坐标：其目的是把所导入手簿的坐标以 WGS-84 的格式保存。

如图 12-38 所示，即为编辑导入第一种方法的格式，高程后有无逗号不受影响。

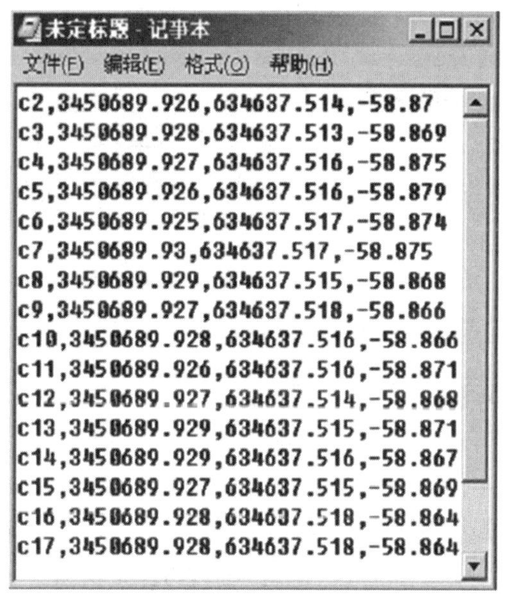
未定标题 - 记事本

文件(F)　编辑(E)　格式(O)　帮助(H)

```
c2,3450689.926,634637.514,-58.87
c3,3450689.928,634637.513,-58.869
c4,3450689.927,634637.516,-58.875
c5,3450689.926,634637.516,-58.879
c6,3450689.925,634637.517,-58.874
c7,3450689.93,634637.517,-58.875
c8,3450689.929,634637.515,-58.868
c9,3450689.927,634637.518,-58.866
c10,3450689.928,634637.516,-58.866
c11,3450689.926,634637.516,-58.871
c12,3450689.927,634637.514,-58.868
c13,3450689.929,634637.515,-58.871
c14,3450689.929,634637.516,-58.867
c15,3450689.927,634637.515,-58.869
c16,3450689.928,634637.518,-58.864
c17,3450689.928,634637.518,-58.864
```

图 12-38　成批点坐标数据文件的导入

3. 点放样

（1）常规点放样（图 12-39）

点击“测量→点放样→常规点放样”，选择“增加”，增加点的方法有六种，选择不同的方法，会有相应的引导路径进行操作。

①输入单一点名称：直接输入需放样的点名称。

②从列表中选择：从点管理器中选择需放样的点。

③所有键入点：放样点界面上会导入全部的键入点。

④半径范围内的点:选择中心点及输入相应的半径,则会导入符合条件的点。

⑤所有点:将导入点管理器中所有的点。

⑥相同代码点:将导入所有具有该相同代码的点。

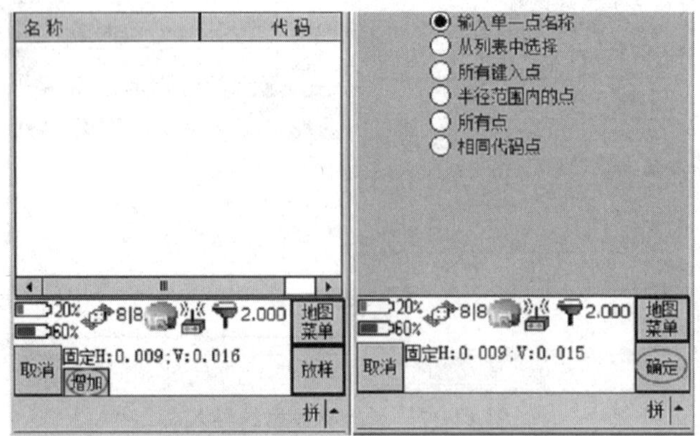

图 12-39 常规点的放样 1

导入放样点成功后,选择需放样的点,点击“放样”按钮,输入正确的天线高度和测量到的位置,点击“开始”,进行点的放样。如图 12-40 所示。

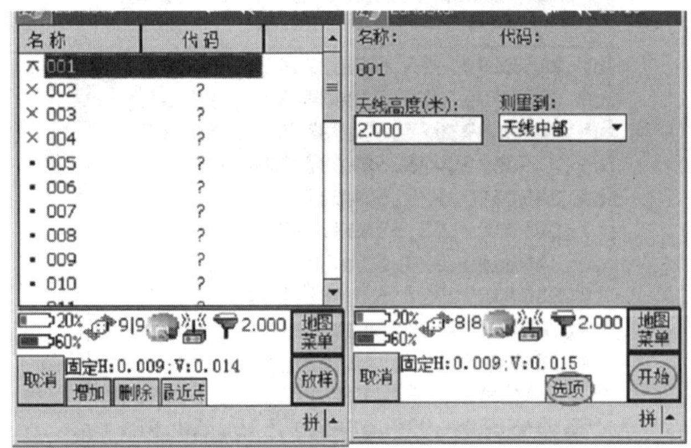

图 12-40 常规点的放样 2

箭头的指示方向可以在“选项”中选择,正北方向或前进方向;右上方显示向哪个方向移动,上移显示填或挖高度;⊗表示放样点的位置;⊙表示当前位置。当接收机接近放样点时箭头变为圆圈,目标点为十字丝。如图 12-41 所示。

执行“测量”,正确输入天线高度和测量到后,点击“测量”得出所放点的坐标和设计坐标的差值,如果差值在要求范围以内,则继续放样其他各点,否则重新放样,标定该点。如图 12-42 所示。

(2)直线放样(图 12-43)

常用于电杆排放、道路放样等。根据界面的导航信息可以快速到达待定直线,方便快捷。点击“测量→直线放样”,进入直线放样界面。

指定要放样的直线,选择放样方法。

①到直线:放样直线上的任意点。

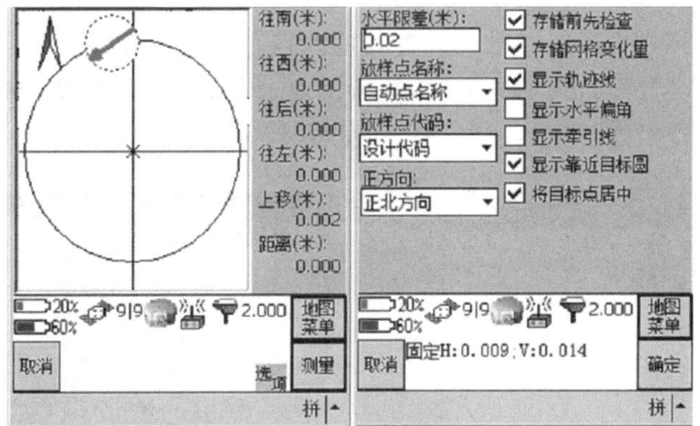

图 12-41　常规点的放样 3

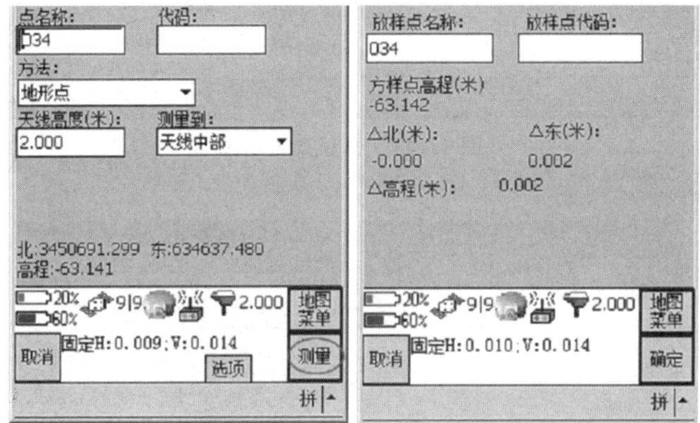

图 12-42　常规点的放样 4

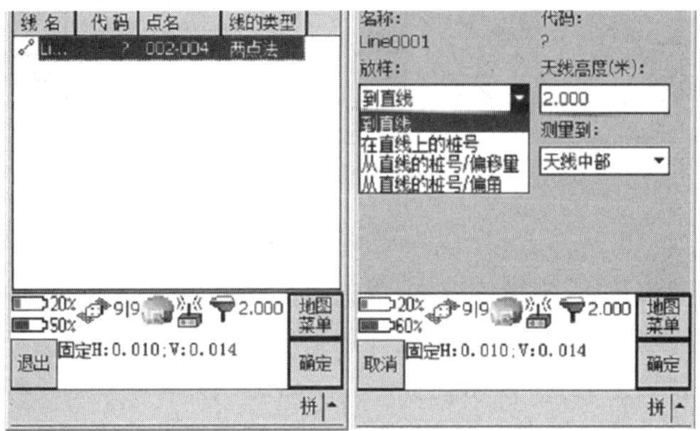

图 12-43　直线点放样 1

②在直线上的桩号：放样用户设定桩与桩之间的间距后，有目的地放样直线上的控制桩，用户可以任意加桩。

③从直线的桩号/偏移量：放样偏离设定直线的任意桩号，向右偏为正，左偏为负，垂直方向类似。

④从直线的桩号/偏角：放样偏角设定直线的任意桩号。

选择其中的一种方法即可放样。

点击“选项”选择是否显示桩号及设置其他内容。如图 12-44 所示。

当移动站位置在放样直线的方向时，执行测量，得出标定点与设计桩号坐标的差值，根据差值的大小确定是否需要重新放样该点。如图 12-45 所示。

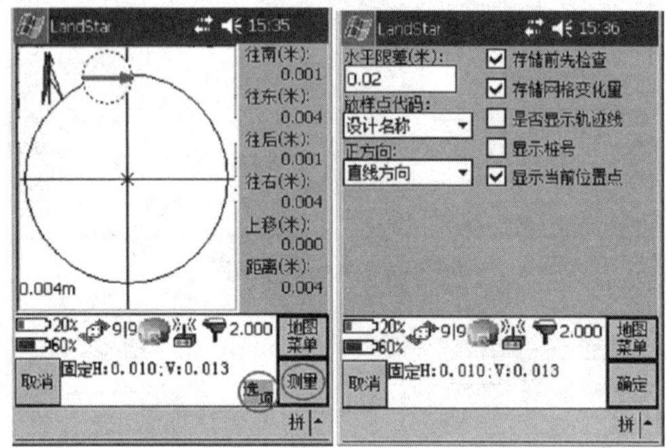

图 12-44　直线点放样 2

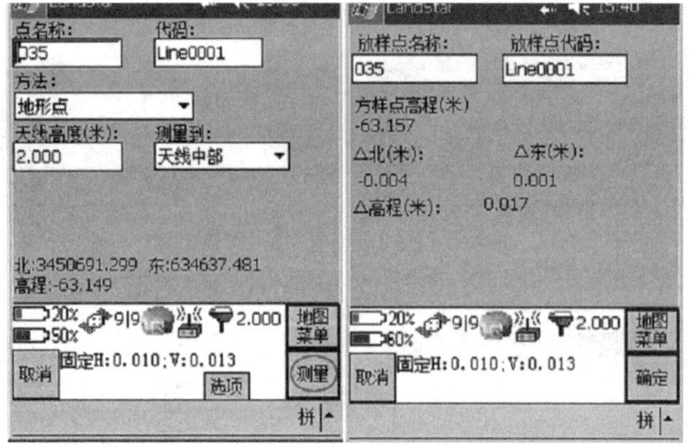

图 12-45　直线点放样 3

(3)道路放样

道路放样中的元素放样，为道路中桩、边桩等。放样工作可以进行任意桩放样，随意加桩，还可以非常清楚地显示图形，这些都使外业工作变得十分方便。执行“测量→道路放样”进入道路放样界面。如图 12-46 所示。

双击已创建好的道路或选中后点击“确定”。放样有五种模式。

①到道路：放样所有在道路上的点。

②到道路上的桩号：根据输入桩号放样道路上的点。

③到道路上的桩号和偏移量：根据桩号放样相对设计道路固定距离的点，输入的偏移量根据正负来区分左右。

④到施工坐标：相对于道路来放样某点。

⑤到最近的拐点：放样离当前位置最近的拐点位置。

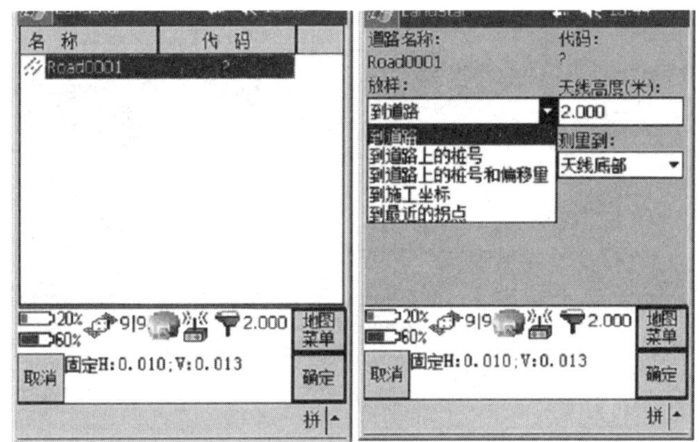

图 12-46　道路放样

正确输入天线高度后，要求输入桩号，按“加桩号”或“减桩号”或直接输入即可，然后选择“确定”进入道路放样界面。

如图 12-47 所示，左上角的双色箭头指示的方向为正北方向，黑色箭头指示的方向为道路方向，表示移动站的位置，移动时会变成尖部指向运动方向的三角形(注：以道路为参照物，以道路方向为正方向)，同时左上角双色箭头的右侧会出现一个红色箭头，实时指出到待放样点的正确运动方向(注：以工作中正向运动方向为准)，且右边有数字提示，可以更快捷方便地找到待放样点。为精确表示待放样点位置，当移动至待放样点 2 m 以内，出现目标位置放大图，进入放大图准确放样。当移动站离开目标 3 m 以后恢复道路放样示意图。

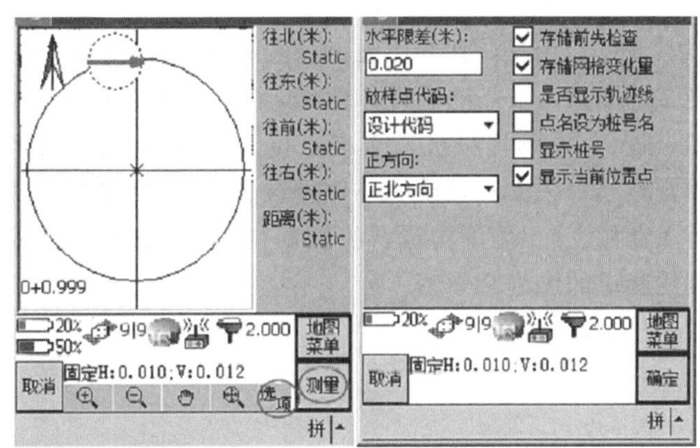

图 12-47　道路点放样 2

选择“选项”，配置放样参数。

①存储前先检查：提示放样到点时采集的坐标和实际要放样坐标的差值。

②存储网格变化量：选择是否存储检查到的差值。

③点名设为桩号名：测定的桩号自动表示为点名。

④显示桩号：用来确定在放样界面中是否显示道路桩号。

⑤正方向：用来选择道路在手簿上的显示方向。

当移动站位置显示在放样道路方向时，点击“测量”，得出标定点与设计桩号坐标的差值，根据差值的大小确定是否需要重新放样该桩。如图 12-48 所示。

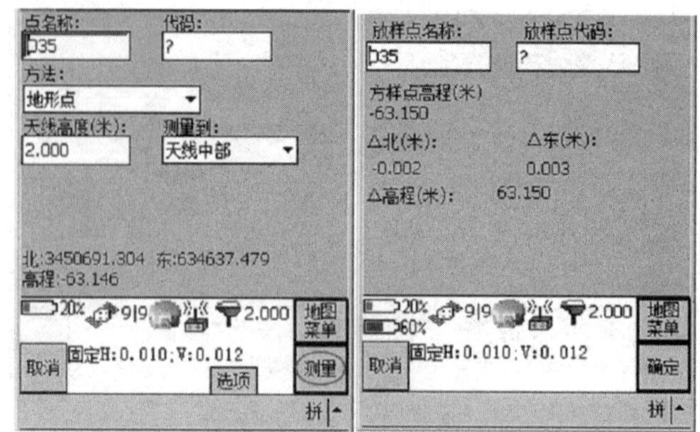

图 12-48　常规点的放样 3

12.8　线路施工测量

线路工程施工测量的主要工作包括恢复中线测量，施工控制桩、路基边桩和竖曲线的测设等项工作。

12.8.1　线路中线及施工控制桩的恢复

从工程勘测开始，经过工程设计到开始施工这段时间里，往往会有一部分中线桩被碰动或丢失。因此，在施工前测量人员需熟悉设计图纸，了解设计意图对测量精度的要求，到实地找出各交点桩、转点桩、主要的里程桩及水准点位，了解移动、丢失情况，拟定解决办法。实地查看后，根据原定路线对丢失和移动的桩位进行复核，及时进行补充，并根据施工需要进行曲线测设，将有关涵洞、挡土墙等构筑物的位置在实地标定出来。对部分改线地段，则应重新测设定线，测绘相应的纵横断面图。

中线及施工控制桩的恢复详见本章 12.7 节，只是在放样精度上要求按施工放样精度执行。

12.8.2　路基边桩的测设

测设路基边桩就是将每一个横断面路基两侧的边坡线与地面的交点用木桩标定在实地上，作为路基施工的依据。边桩的位置由两侧边桩至中桩的平距来确定。常用的测设方法如下：

1. 图解法

在线路工程设计时，地形横断面及设计标准断面都已绘制在横断面图上，边桩的位置可用图解法求得，即在横断面图上，按比例量取中桩至边桩的距离，然后在实地用钢尺沿横断面方向将边桩丈量并标定出来。在填挖方不大时，采用此方法较简便。

2. 解析法

根据路基填挖高度、边坡率、路基宽度及横断面地形情况，先计算出路基中心桩至边桩的距离，然后在实地沿横断面方向按距离将边桩放出来。具体方法按以下两种不同情况进行：

(1)平坦地段的边桩测设

填方路基，如图 12-49 所示，路堤边桩(坡脚)至中桩的距离为：

$$D=\frac{B}{2}+mH \tag{12-31}$$

图 12-50 为挖方路堑，路堑边桩(坡口)至中桩的距离为：

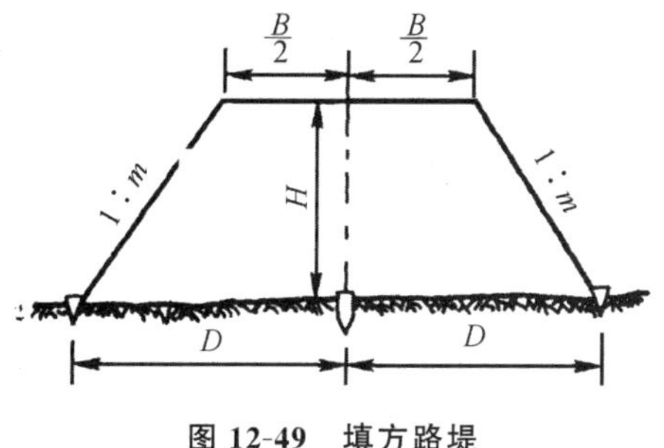

图 12-49　填方路堤

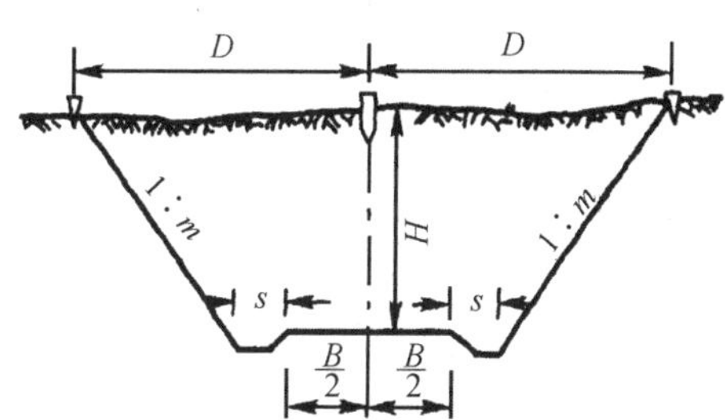

图 12-50　挖方路堑

$$D=\frac{B}{2}+s+mH \tag{12-32}$$

以上两式中，B—路基设计宽度；

$1:m$—路基边坡坡度；

H—填土高度或挖土高度；

s—路堑边沟顶宽。

以上是断面位于直线段时 D 值得计算方法。若断面位于曲线上有加宽时，还应在曲线内侧的 D 值中加上加宽值。

(2)倾斜地段的路基边桩测设

在倾斜地段，路基边桩至中桩的平距随着地面坡度的变化而变化。如图 12-51，路基坡脚桩至中桩的距离 $D_{上}$、$D_{下}$ 分别为：

$$\begin{cases} \text{斜坡上侧} \quad D_{上}=\frac{B}{2}+m(H-h_{上}) \\ \text{斜坡下侧} \quad D_{下}=\frac{B}{2}+m(H+h_{下}) \end{cases} \tag{12-33}$$

如图 12-52，路堑坡顶至中桩的距离 $D_{上}$、$D_{下}$ 分别为：

$$\begin{cases} \text{斜坡上侧} \quad D_{上}=\frac{B}{2}+s+m(H+h_{上}) \\ \text{斜坡下侧} \quad D_{下}=\frac{B}{2}+s+m(H-h_{下}) \end{cases} \tag{12-34}$$

以上两式中，$h_{上}$、$h_{下}$ 分别为斜坡上、下侧坡脚(或坡顶)至中桩的高差，H 为中桩处的填挖高度。其中 B、s 和 m 均为已知，故 $D_{上}$、$D_{下}$ 随 $h_{上}$、$h_{下}$ 的变化而变化。由于边桩未定之前均为未知数，因此实际工作中采用逐渐趋近法测设边桩。先根据地面实际情况，并参考路基横断面图，估计边桩的位置。然后测出该估计位置与中桩的高差，并以此作为 $h_上$、$h_下$ 代入式(12-34)或式(12-33)计算 $D_上$、$D_下$，据此在实地定出其位置。若估计位置与此相符，即得边桩位置。否则，应按实测资料重新估计边桩位置。重复上述工作，直至相符为止。

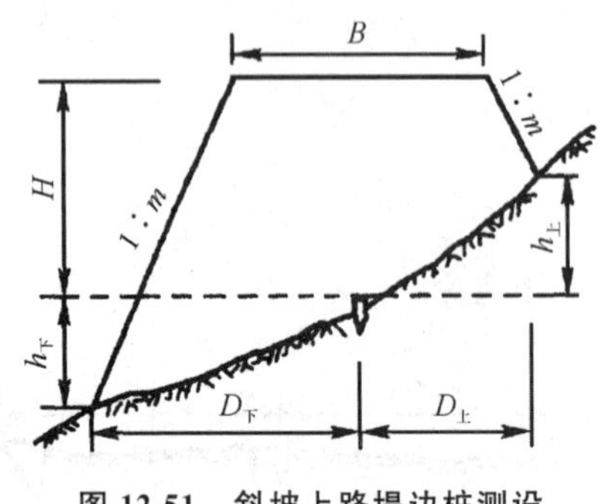

图 12-51　斜坡上路堤边桩测设

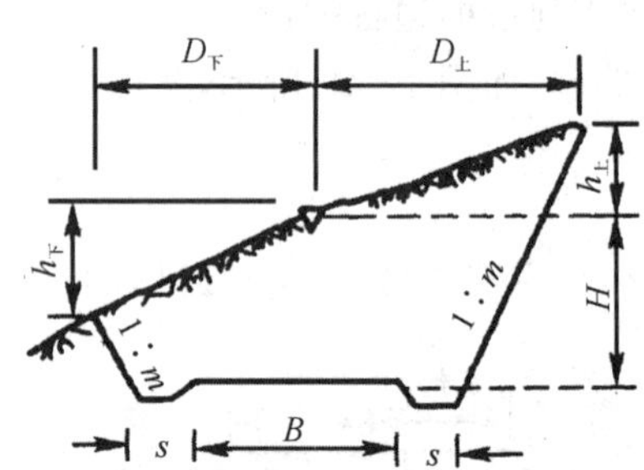

图 12-52　斜坡上路堑边桩测设

12.8.3　路基边坡的测设

在放样出边桩后，为了保证填、挖的边坡达到设计要求，还应把设计边坡在实地标定出来，以方便施工。

1. 用竹竿、绳索测设边坡

如图 12-53 所示，O 为中桩，A、B 为边桩，CD 为路基宽度。测设时在 C、D 处竖立竹竿，在高度等于中桩填土高度 H 处的 C'、D' 点用绳索连接，同时由点 C'、D' 用绳索连接到边桩 A、B 上。

当路堤填土不高时，可按上述方法一次挂线。当路堤填土较高时，可随路基分层填筑分层挂线，如图 12-54 所示。

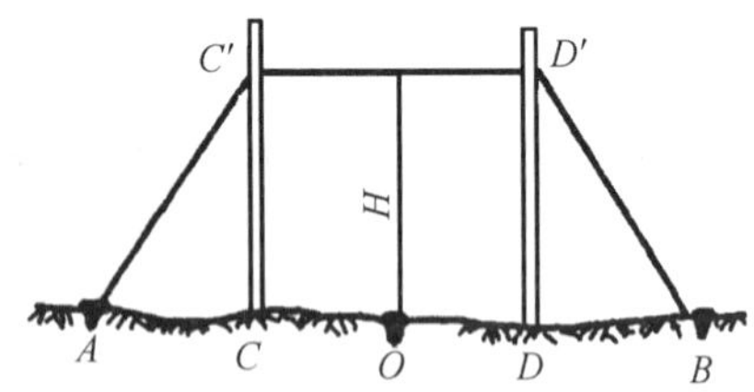

图 12-53　用竹竿、绳索放边坡

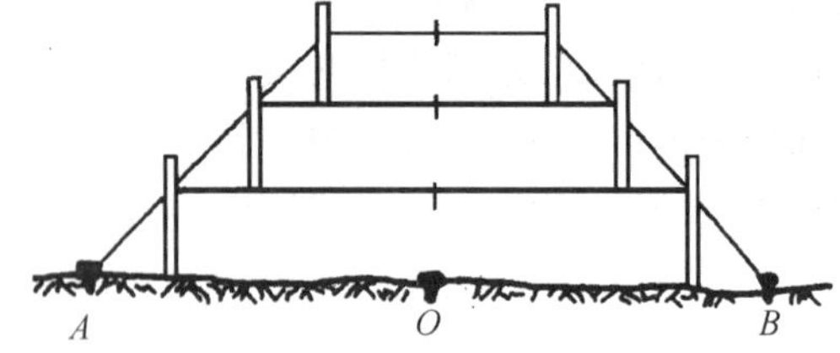

图 12-54　分层挂线放边坡

2. 用边坡样板测设边坡

施工前按照设计边坡制作好边坡样板，施工时，按照边坡样板进行测设。

(1)用活动边坡尺测设边坡

如图 12-55 所示，当水准气泡居中时，边坡尺的斜边坡度正好为设计坡度，可依此来指示与检核路堤的填筑，或检核路堑的开挖。

(2)用固定边坡样板测设边坡

如图 12-56 所示，在开挖路堑时，于坡顶桩外侧按设计坡度设立固定样板，施工时刻以随时指示、检核开挖和整修的情况。

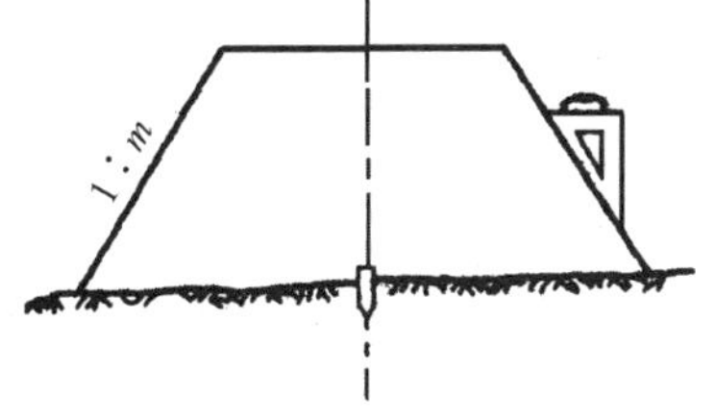

图 12-55　活动边坡尺放边坡

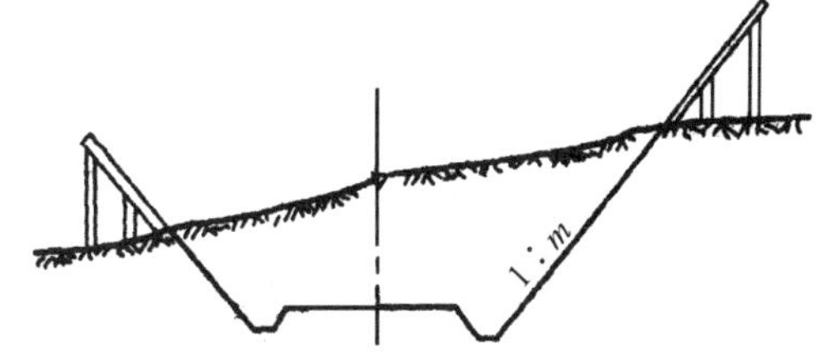

图 12-56　固定样板放边坡

12.9　管道施工测量

管道铺设，以地面为界可分为地下管道和地上管道。在本节只介绍地下管道的地下开挖管道和顶管施工测量，及地上管道的架空管道施工测量。施工前要熟悉图纸和现场情况，校核管道线路中线，定出施工控制桩。在引测水准点时，应同时校测现有管道出入口和交叉管线的高程，若与设计图纸上数据不符时，应及时解决。

12.9.1　地下开挖管道施工测量

在设计阶段所做的纵断面测量，所定出的管道中线位置，如与管线施工时所需要的中线位置一致，且主点桩完好无损，则不必重设，否则需重新测设管道中线。测设中线时应同时定出井位等附属构筑物的位置。

由于管道中线桩在施工中要挖掉，为了便于恢复中线和查井位置，应在引测方便易于保存桩位的地方测设施工控制桩。管线施工控制桩分为中线控制桩和井位控制桩两种，中线控制桩一般是测设在管线起止点及各转折点处中心线的延长线上，井位控制桩则测设于管道中线的垂直线上，如图 12-57 所示。

根据土质情况、管径大小、埋设深度，在地面上定出槽边线的位置，作为开槽的依据。当横断面坡度较平缓时，通常用以下方法求出槽口宽度，如图 12-58 所示。

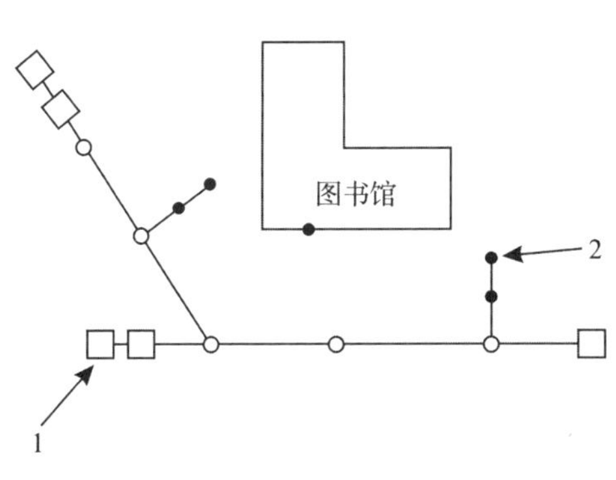

图 12-57　施工控制桩的布设

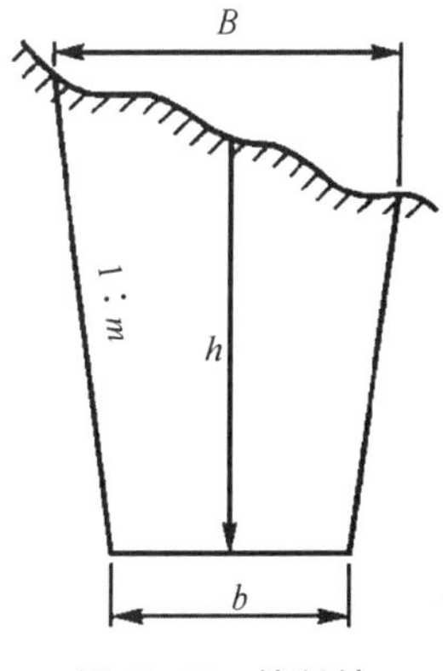

图 12-58　控制桩

$$B=b+2mh \tag{12-35}$$

式中，B—槽口宽度；

b—槽底宽度；

m—槽边坡坡度；

h—中线上挖土深度。

管道施工按照管道中线和高程进行，所以在开槽前应设置控制管道中线和高程的施工标志，一般有龙门板法和平行轴腰桩法两种测法。

1. 龙门板法

龙门板法是控制中线及掌握管道设计高程的常用方法，它由坡度板和高程板组成。一般沿中线每隔 10～20 m 埋设一龙门板。

中线测设时，将经纬仪置于中线控制桩上，把管道中线投影到坡度板上，再用小钉标定其点位，如图 12-59(a)所示。为了控制管道中线，可将中线位置投影到管槽内。

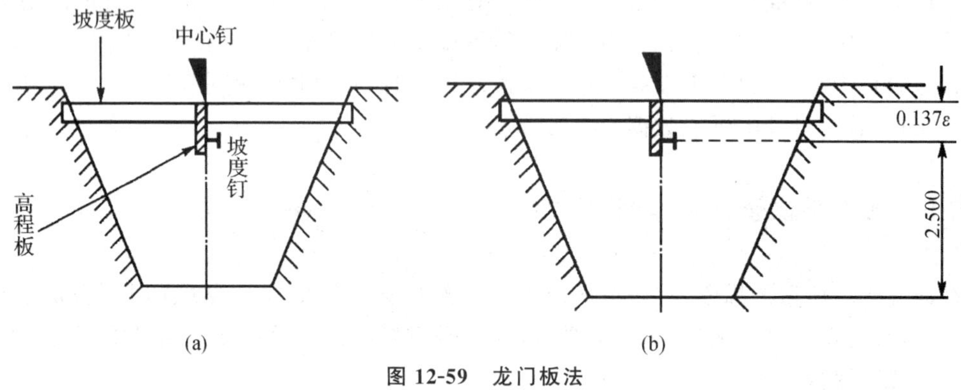

图 12-59　龙门板法

高程测设时，根据水准点，用水准仪测出各坡度板顶高程，以控制管槽开挖的深度。再从管道坡度，计算该处管底的设计高程，二者相减得：

$$\text{板顶高程}-\text{管底高程}=\text{下返数} \tag{12-36}$$

由于各坡度板的下返数都不一致，无论施工或者检查都不方便，为了使下返数为一整数值 m，则需由下式算出每一坡度板顶应向下或向上量的改正数 ε。

$$\varepsilon=m-(H_{\text{板顶}}-H_{\text{管底}}) \tag{12-37}$$

先在高程坡上定出点位，根据计算的改正数钉上小钉，这个钉称为坡度钉，如图 12-59(b)所示。如改正数 $\varepsilon=-0.137$，则在高程板上向下量 0.137 即为该点坡度钉，再向下量下返数(整数值 m)，便是管底设计高程。

2. 平行轴腰桩法

当现场坡度较大，而管径较小，精度要求较低的管道，可用平行轴腰桩法来控制管道中线和坡度。其步骤如下：

(1)测设平行轴线

开工前先在中线一侧或两侧定一排平行于中线的平行轴线桩，桩位要落在槽边线外，如图 12-60 中 A 点，各平行轴线桩与管中线桩的平距为 a，各桩间距在 20 m 左右，各检查井位也应在平行轴线上定桩。

(2)钉腰桩

为了比较准确地控制管道中线的高程，在槽坡上(距槽底约 1 m)再定一排与 A 轴对应的平行轴线桩 B，其与槽底中线的间距为 b，这排槽坡上的平行轴线桩称为腰桩，如图 12-60 所示。

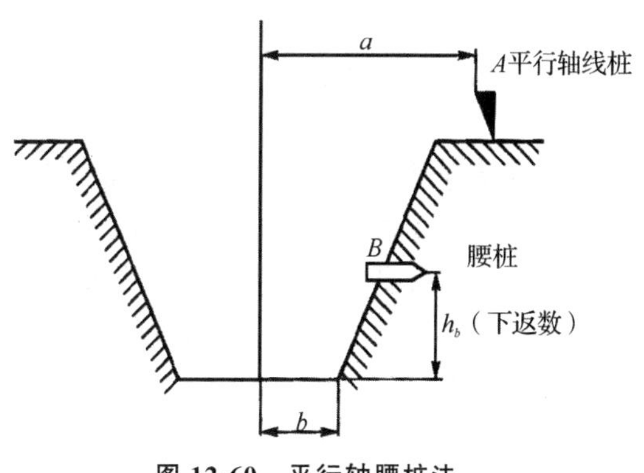

图 12-60　平行轴腰桩法

(3)引测腰桩高程

腰桩上钉一小钉，用水准仪测出腰桩上小钉的高程。小钉高程与该处管底设计高程之差为 h，用各腰桩的 b 和 h_b 可控制埋设管道的中线和高程。

腰桩上小钉与管底设计高程之差为 h_t，即为下返数。由于各点的下返数不一样，故腰桩法在施工和检查中较麻烦，容易出错。为此先确定到管底的下返数为一整数 m，在每个腰桩沿垂直方向量出该下返数 m 与腰桩下返数 h_b 之差 ε($\varepsilon = m - h_b$)，打一木桩，并钉小钉，此时各小钉的连线与设计坡度线平行；而小钉的高程与管底高程相差为一常数 m，从小钉查该下返数，即可知是否挖到管底设计高程，应用十分简便。

12.9.2　架空管道施工测量

1. 管架基础施工测量

架空管道主点测设与地下管道相同。管架基础中心桩测设后，一般采用骑马桩法进行控制，如图 12-61 所示。因管线上每个支架中心桩(如 1 点)开挖时要挖掉，必将其位置引测到互为垂直的四个控制桩上。先在主点 A 置经纬仪，然后在 AB 方向上钉出 a、b 两控制桩，仪器移至 1 点，在垂直于管线方向标定 c、d 点，根据以上的控制桩，即可决定开挖边线进行施工。

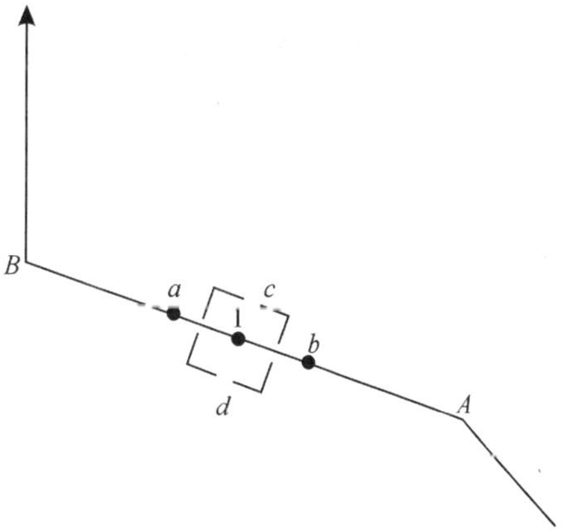

图 12-61　骑马桩法控制

架空管道支架基础开挖测量工作与基础模板定位、厂房柱子基础的测设相同。

2. 架空管道的支架安装测量

架空管道系安装在钢筋混凝土支架、钢支架上。安装管道支架时，应配合施工进行柱子垂直校正和标高测量工作，其方法、精度要求与厂房柱子安装测量相同。

12.9.3 顶管施工测量

在管道穿越铁路、公路、河流或建筑物时，由于不能或不允许开槽施工，故采用顶进管道施工方法。采用顶管施工时，应在欲顶管的两端先挖工作坑，在坑内安装导轨（导轨可以是钢轨或方木），将管材放在导轨上，用顶镐将管材沿要求的管线方向和高程顶进土中，达到设计位置后将管中的土取出，砌成管道。

1. 顶管测量的准备工作

（1）顶管中线桩的设置

中线桩是工作坑放线和测设坡度板中心钉的依据。测设时首先根据设计图上管线要求，在工作坑的前后钉立两个桩，称为中线控制桩。然后确定开挖边界，开挖到设计高程后，再根据中线控制桩，用经纬仪将中线引测到坑壁上，并钉立木桩，此桩称为顶管中线桩，以标定顶管中线位置。中线控制桩及顶管中线桩与已建成的管线在一条直线上。

（2）坡度板和水准点的测设

当工作坑开挖到一定深度时，在其两端应牢固地埋设坡度板，并在其上测设管道中线（钉中心钉），再按设计要求在高程板上测设坡度钉。中心钉是管材顶进过程中的中线依据，坡度钉用于控制挖槽的深度和安装导轨时使用。坡度板应单独埋设，不要与撑木等连在一起。其位置可选在管顶以上，距槽 1.8～2.0 m 为宜。

工作坑内的水准点是安装导轨和顶管顶进过程中控制高程的依据。一般在坑内顶进起点的一侧设一大木桩，使桩顶或桩一侧小钉的高程与顶管起点管底设计标高相同（如图 12-62 所示）。为确保水准点高程准确，应尽量设法由施工水准点一次引测，并需经常校测，其高程误差应不大于±5 mm。

（3）导轨的计算及安装

顶管时，管材必须安放在有正确轨距的导轨上。导轨轨距与管径和导轨的材料有关，用钢轨或方木作为导轨时的轨距计算如下。

①钢轨导轨轨距计算，如图 12-63 所示。

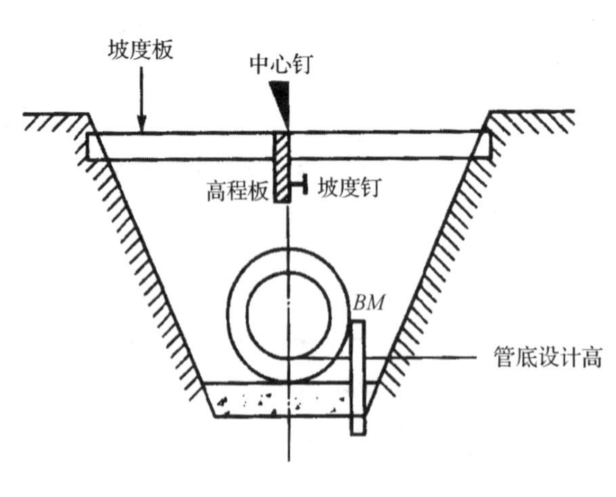

图 12-62　坡度板和水准点的测设

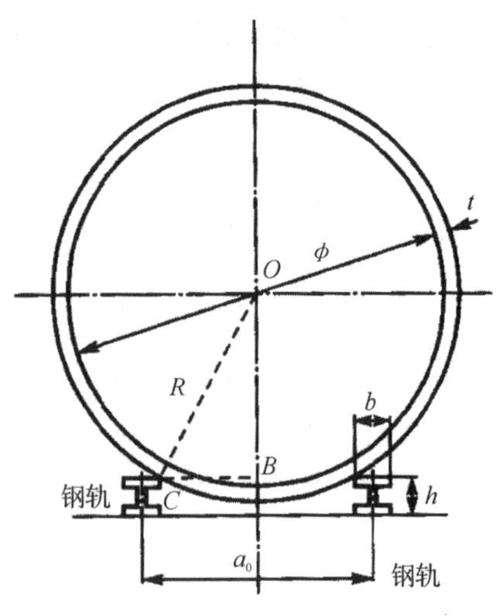

图 12-63　钢轨导轨轨距计算

$$\begin{cases} a_0 = 2BC + b \\ BC = [R^2 - (R-h)^2]^{\frac{1}{2}} \end{cases} \tag{12-38}$$

式中，R—管道外壁半径；

h—钢轨高度；

b—钢轨轨顶宽度。

②方木导轨轨距及抹角 x 值计算，如图 12-64 所示。

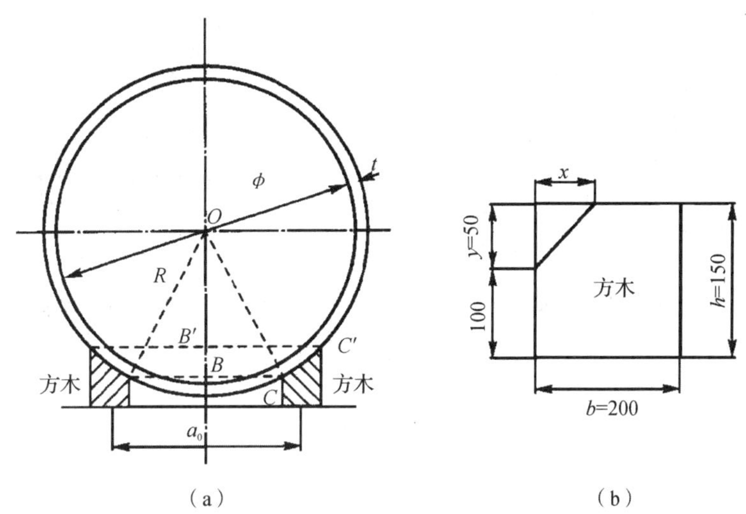

（a）　（b）

图 12-64　方木导轨轨距及抹角值计算

$$\begin{cases} BC = [R^2 - (R-100)^2]^{\frac{1}{2}} = 10\sqrt{2R-100} \\ B'C' = [R^2 - (R-150)^2]^{\frac{1}{2}} = 10\sqrt{3R-225} \\ \alpha_0 = 2(BC+100) = 20\sqrt{2R-100} + 200 \\ x = B'C' - BC = 10\sqrt{3R-225} - 10\sqrt{2R-100} \end{cases} \tag{12-39}$$

式中，R—管道外壁半径；

α_0—轨道轨距；

x—方木导轨抹角水平距。

③导轨安装。导轨一般设有基础，而基础多为枕木或混凝土。基础面的高程和纵坡度都应符合设计要求，导轨中间沿中线方向高程应略低些，有利于排水和减少顶管时管壁摩擦。根据 α_0 和 x 值稳好钢轨或方木，然后根据中线钉和坡度钉，用与管材半径实际大小相等的样板检查中心线和高程，误差满足要求之后将导轨稳定牢固。

2. 顶进过程中的测量工作

(1)中线测量

如图 12-65 所示，以顶管中线桩为方向线，挂好两个垂球，两垂球的连线即为管道方向线。这时拉一小线以两垂球线为准延伸于管内，在管内安置一个水平尺，其上有刻画和中心钉，通过拉入管内的小线与水平尺上的中心钉比较，可知管中心是否有偏差，尺上中心钉偏向哪一侧，即表明管道也偏向哪个方向。为了及时发现中线是否有偏差，中线测量以每顶进

0.5 m 量一次为宜。

此法在短距离顶管(一般在 50 m 以内)是可行的,结果也较可靠。当距离较长时,可在中线上每 100 m 设一工作坑,分段施工,也可采取激光导向的仪器定向。

(2)高程测量

如图 12-66 所示,以工作坑内水准点为依据,按设计纵坡用比高法检验。例如 0.5%的纵坡,每顶进 1 m 就应升高 5 mm,该水准点的读数应小于 5 mm。

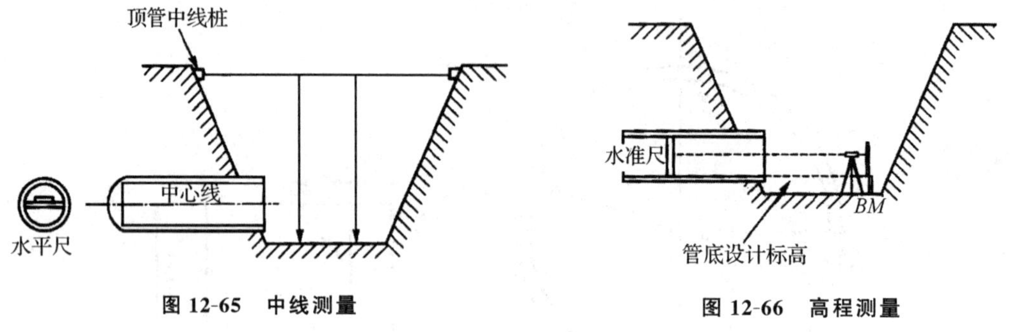

图 12-65　中线测量

图 12-66　高程测量

思考练习题

1. 线路中线测量的内容有哪些?如何进行?

2. 什么是线路的转角?

3. 什么是线路的交点和转点?

4. 某桩号为 K23+240,说明该桩号的意义。

5. 已测得路线的右角 JD_1:$\beta_1=210°42''36''$,JD_2:$\beta_2=152°38'24''$。试计算路线转角值,并说明是左转角还是右转角。

6. 在某线路上有一圆曲线,已知交点的桩号为 K12+260,线路的转角 $\alpha=42°25'00''$,半径 $R=200$ m,试计算该圆曲线的曲线要素及主点桩号,并简述圆曲线主点桩号的测设步骤。

7. 试根据第 6 题数据计算用切线支距法测设圆曲线细部点的放样数据(曲线上加桩间距为 20 m,按整桩号法加桩),并简述用切线支距法测设圆曲线细部点的方法和步骤。

8. 试根据第 6 题数据计算用偏角法测设圆曲线细部点的放样数据(曲线上加桩间距为 20 m,按整桩号法加桩),并简述用偏角法测设圆曲线细部点的方法和步骤。

9. 简述线路施工测量的中线桩和路基边桩的测量方法。

10. 简述线路横、纵断面测量的方法。

11. 管道施工测量中应进行哪些测量工作?

12. 试完成下表中的中平测量各中桩高程计算。

立尺点	水准尺读数			视线高/m	高程/m	备注
	后视	中视	前视			
BM_1	1.462				417.628	BM_1 高程为基平所测 基平所得 BM_2 高程为 414.636 m
K2+980		0.87				
K3+000		1.35				
+020		4.05				
+040		1.64				
ZD_1	0.876		2.402			
+060		1.89				
+080		2.74				
+092.4		0.98				
+100		1.78				
ZD_2	1.286		2.004			
+120		3.09				
+140		2.67				
+160		1.45				
+180		1.79				
K3+200		1.16				
BM_2			2.196			
计算校核						
精度校核						

13. 简述纵断面图的绘制和各栏内容。

14. 简述用全站仪法测量横断面的方法。

15. 简述横断面的绘制方法。

附录　测试题目

第1章　测量学的基本知识

一、单选题

1. 组织测量工作应遵循的原则是：布局上从整体到局部，精度上由高级到低级，工作次序上（　　）。

A. 先规划后实施　　B. 先细部再展开

C. 先控制后碎部　　D. 先碎部后控制

2. 测量的三要素是距离、（　　）和高差。

A. 坐标　　B. 气温　　C. 角度　　D. 方向

3. 我国目前采用的统一高程基准面是（　　）。

A. 青岛验潮站 1956 年平均海水面　　B. 青岛验潮站 1985 年黄海平均海水面

C. 青岛验潮站 1956 年黄海海水平面　　D. 青岛水准原点

4. 从测量平面直角坐标系的规定可知（　　）。

A. 象限与数学坐标象限编号顺序方向一致

B. X 轴为纵坐标轴，Y 轴为横坐标轴

C. 方位角由横坐标轴逆时针量测

D. 东西方向为 X 轴，南北方向为 Y 轴

5. 在（　　）为半径的范围内进行距离测量，可以把水准面当作水平面，可不考虑地球曲率对距离的影响。

A. 10 km　　B. 20 km　　C. 50 km　　D. 2 km

6. "1985 国家高程基准"水准原点的高程为（　　）。

A. 72.260 m　　B. 72.289 m　　C. 72.301 m　　D. 72.2702 m

7. 地面点的空间位置是用（　　）来表达的。

A. 地理坐标　　B. 平面直角坐标

C. 坐标和高程　　D. 角度、距离、高程

8. 目前我国的 1980 国家大地坐标系的原点称为中华人民共和国大地原点，位于（　　）。

A. 山西　　B. 北京　　C. 陕西　　D. 四川

9. 首子午线的经度为 0°，它经过（　　）。

A. 英国　　B. 美国　　C. 中国　　D. 法国

10. 高斯投影坐标系有 3°带和 6°带，它们是（　　）。

A. 分带平面坐标系　　B. 分带球面坐标系

C. 任意平面坐标系　　D. 空间三维坐标系

11. 大地水准面是通过（　　）的水准面。

A. 赤道 B. 地球椭球面 C. 平均海水面 D. 中央子午线

12. 以下不属于基本测量工作范畴的一项是( )。

A. 高差测量 B. 距离测量 C. 导线测量 D. 角度测量

13. 点的地理坐标中,平面位置是用( )表达的。

A. 直角坐标 B. 经纬度 C. 距离和方位角 D. 高程

14. 绝对高程是地面点到( )的铅垂距离。

A. 坐标原点 B. 大地水准面 C. 任意水准面 D. 赤道面

15. 已知线段 AB 方位角为 220°,则线段 BA 的方位角为( )

A. 220° B. 40° C. 50° D. 130°

16. 测量工作主要包括测角、测距和测( )。

A. 高程 B. 方位角 C. 等高线 D. 地貌

17. 测量学的任务是( )。

A. 高程测量 B. 角度测量

C. 距离测量 D. 测定和放样地面点位

18. 地球的平均半径是( )。

A. 8844.43 km B. 20000 km C. 20 km D. 6371 km

19. 我国西安—80 坐标系采用的是 1975 国际椭球,其参数是( )。

A. 6378245,1∶298.3 B. 6378137,1∶298.257

C. 6377397,1∶299.152 D. 6378140.1∶298.257

20. WGS-84 坐标系采用的是( )。

A. 克拉索夫斯基椭球 B. 1979 国际椭球

C. 1975 国际椭球 D. 1942 国际椭球

21. 在高斯 6°投影带中,带号为 N 的投影带的中央子午线的经度 λ 的计算公式是( )。

A. $\lambda=6N$ B. $\lambda=3N$ C. $\lambda=6N-3$ D. $\lambda=3N-3$

22. 在高斯 3°投影带中,带号为 N 的投影带的中央子午线的经度 λ 的计算公式是:( )。

A. $\lambda=6N$ B. $\lambda=3N$ C. $\lambda=6N-3$ D. $\lambda=3N-3$

23. 在 6°高斯投影中,我国为了避免横坐标出现负值,故规定将坐标纵轴向西平移( )公里。

A. 100 B. 300 C. 500 D. 700

24. A 点的统一坐标为 $X_A=112240$ m,$Y_A=19343800$ m,则 A 点所在 6°带的带号及中央子午线的经度分别为( )。

A. 11 带,66 B. 11 带,63 C. 19 带,117 D. 19 带,111

25. 位于东经 116°28′、北纬 39°54′的某点所在 6°带带号及中央子午线经度分别为( )。

A. 20,120° B. 20,117° C. 19,111° D. 19,117°

26. 在高斯投影中,离中央子午线越远,则变形( )。

A. 越大 B. 越小

C. 不变 D. 北半球越大,南半球越小

27. 卫星大地坐标系(WGS-84)采用的是( )坐标系。

A. 大地体球心 B. 地球质心

C. 空间坐标原点　　D. 三维坐标原点

28. 大地坐标是以(　　)为基准面形成的。

A. 大地水准面　　B. 参考椭球面

C. 似大地水准面　　D. 水准面

29. 我国城市坐标系是采用(　　)。

A. 高斯正形投影平面直角坐标系　　C. 平面直角坐标系

B. 大地坐标系　　D. 任意坐标系

30. 目前中国建立的统一测量高程系和坐标系分别称为(　　)。

A. 渤海高程系、高斯平面直角坐标系

B. 1985 国家高程基准、1980 西安坐标系

C. 1956 高程系、北京坐标系

D. 黄海高程系、84WGS

31. 在半径为 10 km 的圆面积之内进行测量时,不能将水准面当作水平面看待的是(　　)。

A. 距离测量　　B. 角度测量　　C. 高程测量　　D. 方位角

二、多选题

1. 测量工作的原则是(　　)。

A. 由整体到局部　　B. 先测角后量距

C. 在精度上由高级到低级　　D. 先控制后碎部

E. 先进行高程控制测量后进行平面控制测量

2. 测量的基准面是(　　)。

A. 大地水准面　　B. 水准面

C. 水平面　　D. 1985 年国家高程基准面

3. 测量的基本工作(确定点位的三个要素)是(　　)。

A. 距离测量　　B. 水平角测量　　C. 碎部测量　　D. 控制测量

E. 高程测量

三、判断题(正确打“√”,错误打“×”)

1. 测量学是研究地球的形状和大小以及确定地面点位的科学。(　　)

2. 我国采用黄海平均海水面作为高程起算面,并在青岛设立水准原点,该原点的高程为零。(　　)

3. 在独立平面直角坐标系中,规定南北方向为纵轴,记为 X 轴,东西方向为横轴,记为 Y 轴。(　　)

4. 测量工作必须遵循的原则是“从整体到局部”、“先控制后碎部”、“高精度到低精度”。(　　)

5. 测量学的内容只包括测绘地形图。(　　)

6. 任意一水平面都是大地水准面。(　　)

7. 地面点到大地水准面的铅垂距离,称为该点的绝对高程,或称海拔。(　　)

8. 高斯平面直角坐标系,对于 6°带,任意带中央子午线经度 L_0 可用下式计算:$L_0=6N-3$,式中 N 为投影带的代号。(　　)

9. 确定地面点相对位置的三个基本要素是水平角、水平距离及高程。(　　)

10. 我国位于北半球，在高斯平面直角坐标系中，X 坐标均为正值，而 Y 坐标有正有负，为避免横坐标出现负值，故规定把坐标纵轴向西平移 500 km。( )

第 2 章 水准测量

一、单选题

1. 圆水准器轴与管水准器轴的几何关系为( )。

A. 互相垂直 B. 互相平行 C. 相交 D. 不相交

2. 水准测量中，同一测站，当后尺读数大于前尺读数时说明后尺点( )。

A. 高于前尺点 B. 低于前尺点 C. 高于测站点 D. 无法判断

3. 水准仪置于 A、B 两点中间，$D_{AB}=80$ m，A 尺读数 $a=1.523$ m，B 尺读数 $b=1.305$ m，仪器移至 A 点附近，A、B 尺读数分别为 $a'=1.701$ m，$b'=1.462$ m，则( )。

A. $LL /\!/ CC$ B. LL 不 $/\!/ CC$ C. $L'L' /\!/ VV$ D. $L'L'$不$/\!/ VV$

4. 从观察窗中看到符合水准气泡影像错动间距较大时，需( )使符合水准气泡影像符合。

A. 转动微倾螺旋 B. 转动微动螺旋

C. 转动三个脚螺旋 D. 转动制动脚螺旋

5. 水准仪观测时操作顺序是( )。

A. 粗平 精平 瞄准 读数 B. 精平 粗平 瞄准 读数

C. 粗平 瞄准 精平 读数 D. 以上均不正确

6. 进行往返路线水准测量时，从理论上说 $\sum h_{往}$ 与 $\sum h_{返}$ 之间应具备的关系是( )。

A. 符号相反，绝对值不等 B. 符号相同，绝对值相同

C. 符号相反，绝对值相等 D. 符号相同，绝对值不等

7. 水准测量中要求前后视距离大致相等的作用在于削弱( )影响，还可削弱地球曲率和大气折光的影响。

A. 圆水准轴与竖轴不平行的误差 B. 十字丝横丝不垂直竖轴的误差

C. 读数误差 D. 水准管轴与视准轴不平行的误差

8. 应用水准仪时，使圆水准器和水准管气泡居中，作用是分别判断( )。

A. 视线严格水平和竖轴铅直 B. 精确水平和粗略水平

C. 竖轴铅直和视线严格水平 D. 粗略水平和视线水平

9. 用望远镜观测中，当眼睛晃动时，如目标影像与十字丝之间有相互移动现象称为视差，产生的原因是( )。

A. 目标成像平面与十字丝平面不重合 B. 仪器轴系未满足几何条件

C. 人的视力不适应 D. 目标亮度不够

10. 水准仪有 $DS_{0.5}$、DS_1、DS_3 等多种型号，其下标数字 0.5、1、3 等代表水准仪的精度，为水准测量每公里往返高差中数的中误差值，单位为( )。

A. km B. m C. cm D. mm

11. 绝对高程的起算面是( )。

A. 水平面 B. 大地水准面 C. 假定水准面 D. 竖直面

12. 圆水准器轴是圆水准器内壁圆弧零点的( )。

A. 切线　　B. 法线　　C. 垂线　　D. 平行线

13. 水准测量时，为了消除 i 角误差对一测站高差值的影响，可将水准仪置在（　　）处。

A. 靠近前尺　　B. 两尺中间　　C. 靠近后尺　　D. 无所谓位置

14. 高差闭合差的分配原则为（　　）成正比例进行分配。

A. 与测站数　　B. 与高差的大小　　C. 与距离或测站数　　D. 立尺数

15. 附合水准路线高差闭合差的计算公式为（　　）。

A. $f_h=\sum h_{测}-(H_{终}-H_{始})$　　B. $f_h=\sum h_{测}$

C. $f_h=\sum h_{测}-(H_{始}-H_{终})$　　D. $f_h=0$

16. 望远镜的视准轴是（　　）。

A. 目镜光心与物镜光心的连线　　B. 物镜光心与十字丝交点的连线

C. 目镜光心与十字丝交点的连线　　D. 望远镜镜筒的中心线

17. 往返水准路线高差平均值的正负号以（　　）的符号为准。

A. 往测高差　　B. 返测高差

C. 往返测高差的代数和　　D. 哪个都可以

18. 在水准测量中设 A 为后视点，B 为前视点，并测得后视点读数为 1.124 m，前视读数为 1.428 m，则 B 点比 A 点（　　）。

A. 高　　B. 低　　C. 等高　　D. 无法判断

19. 在进行高差闭合差调整时，某一测段按测站数计算每站高差改正数的公式为（　　）。

A. $v_i=-\dfrac{f_h}{\sum L}$　　B. $v_i=-\dfrac{f_h}{\sum n}n_i$

C. $v_i=-\dfrac{f_h}{\sum n}$　　D. $v_i=-\dfrac{f_h}{\sum L}L_i$

20. 转动目镜对光螺旋的目的是（　　）。

A. 看清十字丝　　B. 看清远处目标

C. 消除视差　　D. 让成像与十字丝分划板重合

21. 消除视差的方法是（　　）使十字丝和目标影像清晰。

A. 转动物镜对光螺旋　　B. 转动目镜对光螺旋

C. 反复交替调节目镜及物镜对光螺旋　　D. 转动微倾螺旋

22. 转动三个脚螺旋使水准仪圆水准气泡居中的目的是（　　）。

A. 使仪器竖轴处于铅垂位置　　B. 提供一条水平视线

C. 使仪器竖轴平行于圆水准轴　　D. 使仪器竖轴平行于十字丝纵丝

23. 闭合水准路线高差闭合差的理论值为（　　）。

A. 总为 0　　B. 与路线形状有关

C. 为一不等于 0 的常数　　D. 由路线中任两点确定

24. 用水准测量法测定 A、B 两点的高差，从 A 到 B 共设了两个测站，第一测站后尺中丝读数为 1234，前尺中丝读数 1470，第二测站后尺中丝读数 1430，前尺中丝读数 0728，则高差为（　　）米。

A. −0.938　　B. −0.466　　C. 0.466　　D. 0.938

25. 水准测量时在后视点 A 上的读数为 1.226，在前视点 B 上的读数为 1.737，则 A、B 两点之间的高差 h_{AB} 为(　　)。

A. 1.226 m　　B. 1.737　　C. 0.511 m　　D. −0.511 m

26. 水准测量是利用水准仪提供(　　)求得两点高差，并通过其中一已知点的高程，推算出未知点的高程。

A. 铅垂线　　B. 视准轴　　C. 水准管轴线　　D. 水平视线

27. 今利用高程为 418.302 m 的水准点测设设计标高 418.000 m 的点，设后视读数为 1.302，则前视读数应为(　　)。

A. 1.302　　B. 0.302　　C. 0.604　　D. 1.604

28. 普通水准测量，应在水准尺上读取(　　)位小数。

A. 2　　B. 3　　C. 4　　D. 5

29. DS_1 水准仪的观测精度要(　　)DS_3 水准仪。

A. 高于　　B. 接近于　　C. 低于　　D. 等于

30. 一对水准尺红黑面读数零点差是(　　)。

A. 4.787，4.878　　B. 4.687，4.786　　C. 4.767，4.867　　D. 4.687，4.787

31. 水准测量中，下列哪项不属于仪器误差(　　)。

A. 视准轴与水准管轴不平行引起的误差　　B. 调焦引起的误差

C. 水准尺的误差　　D. 地球曲率和大气折光的影响

32. 水准测量中，下列不属于观测误差的是(　　)。

A. 估读水准尺分划的误差　　B. 扶水准尺不直的误差

C. 肉眼判断气泡居中的误差　　D. 水准尺下沉的误差

33. 水准仪读得后视读数后，在一个方格的四个角 A、B、C 和 D 点上读得中视读数分别为 1.254 m、0.493 m、2.021 m 和 0.213 m，则方格上最高点和最低点分别是(　　)。

A. D，C　　B. C，D　　C. A，B　　D. B，A

34. 自水准点 M(H_M = 100.000 m)经 8 个站测至待定点 A，得 h_{MA} = +1.02 m。再由 A 点经 13 个站测至另一水准点 N(H_N = 105.121 m)，得 h_{AN} = +4.08 m，则 A 点高程为(　　)。

A. 101.020 m　　B. 101.013 m　　C. 101.031 m　　D. 101.028 m

二、多选题

1. 水准测量中，使仪器前后视距相等可消除(　　)。

A. 水准管轴不平行视准轴的误差　　B. 地球曲率产生的误差

C. 大气折光的误差　　D. 估读误差

2. 水准仪要达到正确测量目的，需要满足(　　)要求。

A. 圆水准器轴∥竖轴　　B. 横轴⊥竖轴

C. 水准管轴∥视准轴　　D. 十字丝横丝⊥竖轴

3. 微倾式水准仪应满足(　　)几何条件。

A. 水准管轴平行于视准轴　　B. 横轴垂直于仪器竖轴

C. 水准管轴垂直于仪器视准轴　　D. 圆水准器轴平行于仪器竖轴

E. 十字丝横丝应垂直于仪器竖轴

4. 在水准测量时，若水准尺倾斜时，其读数值(　　)。

A. 当水准尺向前或向后倾斜时增大　　B. 当水准尺向左或向右倾斜时减少

C. 总是增大　　D. 总是减少

E. 不论水准尺怎样倾斜，其读数值都是错误的

5. 高差闭合差调整的原则是按(　　)成比例分配。

A. 高差大小　　B. 测站数

C. 水准路线长度　　D. 水准点间的距离

E. 往返测站数总和

6. 高程测量按使用的仪器和方法不同分为(　　)。

A. 水准测量　　B. 闭合路线水准测量

C. 附合路线水准测量　　D. 三角高程测量

E. 三、四、五等水准测量

7. 影响水准测量成果误差的有(　　)。

A. 视差未消除　　B. 水准尺未竖直

C. 估读毫米数不准　　D. 地球曲率和大气折光

E. 阳光照射和风力太大

8. 水准仪检验校正的内容有(　　)。

A. 照准部水准管　　B. 圆水准器

C. 对中器　　D. 十字丝

E. 指标水准管

9. 水准测量测站校核方法有(　　)。

A. 变动仪高法　　B. 双面尺法　　C. 附合水准路线　　D. 闭合水准路线

E. 支水准路线

10. 水准仪的使用操作包括(　　)

A. 安置仪器　　B. 粗略整平　　C. 消除视差　　D. 瞄准目标

E. 精平读数

11. 水准测量中，计算高程的方法有(　　)。

A. 高差法　　B. 三角高程法　　C. 视线高法　　D. 双面尺法

E. 双仪高法

12. 水准仪几何轴线应满足的关系为(　　)。(其中 L_0L_0、LL、CC、VV 分别为圆水准器轴、长水管轴、视准轴和竖轴)

A. $L_0L_0 \perp VV$　　B. $L_0L_0 /\!/ VV$

C. $LL /\!/ CC$　　D. 十字丝横丝垂直于 VV

E. $LL \perp CC$

三、判断题(正确打“√”，错误打“×”)

1. 微倾水准仪的作用是提供一条水平视线，并能照准水准尺进行读数，当管水准器气泡居中时，水准仪提供的视线就是水平视线。(　　)

2. 附合水准路线中各待定高程点间高差的代数和在理论上等于零。(　　)

3. 水准仪的视线高程是指视准轴到地面的垂直高度。(　　)

4. 水准测量中计算检核不但能检查计算是否正确,而且能检核观测和记录是否产生错误。(　　)

5. 在附合水准路线中,根据闭合差调正后的高差,由起始点 A 开始,推算各点高程,最后算得终点 B 点的高程应与已知的高程 H_B 相等。(　　)

6. 将水准仪安置在前、后视距相等的位置,可消除水准管轴不平行于视准轴引起的误差。(　　)

7. 使用微倾水准仪,在读数之前要转动微倾螺旋进行精平。(　　)

8. 如果水准仪竖轴 VV 与圆水准轴 L_0L_0 不平行且交角为 α,当用脚螺旋使圆水准器气泡居中后,再将仪器旋转 180°,则此时仪器竖轴与圆水准轴的交角仍为 α,但圆水准器气泡表现出 2α 的偏差。(　　)

9. 支水准路线是由一个已知高程的水准点出发,沿待定点进行水准测量,最后附合到另外已知高程的水准点上。(　　)

10. 在水准测量中,测站检核通常采用变动仪器高法和双面尺法。(　　)

11. 水准测量是利用仪器提供的一条水平视线,并借助水准尺,来测定地面两点间的高差,这样就可由已知的高程推算未知点的高程。(　　)

12. 产生视差的原因是目标太远,致使成像不清楚。(　　)

13. 在水准测量中起传递高程作用的点称为转点。(　　)

14. 水准测量中,闭合水准路线高差闭合差等于各站高差的代数和。(　　)

15. 闭合水准路线上高差的代数和在理论上等于零。(　　)

16. 在水准测量内业工作中,高差闭合差的调整是按与测站数(或距离)成正比例反符号分配的原则进行的。(　　)

17. 水准管的分划值愈小,则水准管灵敏度愈高。(　　)

第 3 章　角度测量

一、单选题

1. 测站点 O 与观测目标 A、B 位置不变,如仪器高度发生变化,则观测结果(　　)。

A. 竖直角改变,水平角不变　　B. 水平角和竖直角都改变

C. 水平角改变,竖直角不变　　D. 水平角和竖直角都不变

2. 用测回法观测水平角,测完上半测回后,发现水准管气泡偏离 2 格多,在此情况下应(　　)。

A. 继续观测下半测回　　B. 整平后全部重测

C. 整平后观测下半测回　　D. 观测下半测回后适当调整

3. 将一台横轴不垂直于竖轴,但与视准轴垂直的全站仪安平后,望远镜绕横轴旋转,此时视准轴的轨迹面是(　　)。

A. 圆锥面　　B. 竖直平面　　C. 抛物面　　D. 倾斜面

4. 测量竖直角时,采用盘左、盘右观测,其目的之一是可以消除(　　)误差的影响。

A. 对中　　B. 视准轴不垂直于横轴

C. 指标差　　D. 十字丝的竖丝不铅垂

5. 地面上两相交直线的水平角是(　　)的夹角。

A. 这两条直线实际　　B. 这两条直线在水平面投影线

C. 这两条直线在同一竖直面上投影　　D. 这两条直线在侧面投影

6. 全站仪安置时，整平的目的是使仪器的(　　)。

A. 竖轴位于铅垂位置，水平度盘水平　　B. 水准管气泡居中

C. 竖盘指标处于正确位置　　D. 成像清晰

7. 全站仪测量水平角时，正倒镜瞄准同一方向所读的水平方向值理论上应相差(　　)。

A. 180°　　B. 0°　　C. 90°　　D. 270°

8. 用全站仪测水平角和竖直角，一般采用正倒镜方法，下面哪个仪器误差不能用正倒镜法消除(　　)。

A. 视准轴不垂直于横轴　　B. 竖盘指标差

C. 横轴不水平　　D. 竖轴不竖直

9. 下面测量读数的做法正确的是(　　)。

A. 用经纬仪测水平角，用横丝照准目标读数

B. 用水准仪测高差，用竖丝切准水准尺读数

C. 水准测量时，每次读数前都要使水准管气泡居中

D. 经纬仪测竖直角时，尽量照准目标的底部

10. 电子经纬仪区别于光学经纬仪的主要特点是(　　)。

A. 使用光栅度盘　　B. 使用金属度盘

C. 没有望远镜　　D. 没有水准器

11. 角度观测中，取盘左、盘右平均值是为了消除(　　)的误差影响，而不能消除水准管轴不垂直竖轴的误差影响。

A. 视准轴不垂直横轴　　B. 横轴不垂直竖轴

C. 竖盘指标差　　D. A、B 和 C

12. 某水平角需要观测 3 个测回，第 3 个测回度盘起始读数应配置在(　　)附近。

A. 60°　　B. 120°　　C. 150°　　D. 90°

13. 用校正好的经纬仪观测同一竖直面内，不同高度的若干目标，水平盘读数和竖盘读数分别(　　)。

A. 相同，相同　　B. 不相同，不相同　　C. 相同，不相同　　D. 不相同，相同

14. 水平角观测一测回解释为(　　)。

A. 全部测量一次叫一测回

B. 往返测量一次叫一测回

C. 盘左、盘右观测的两个半测回合称为一测回

D. 循环着测一次

15. 某水平角需要观测 6 个测回，第 5 个测回度盘起始读数应配置在(　　)附近

A. 60°　　B. 120°　　C. 150°　　D. 90°

16. 水平角要求观测 4 个测回，第 4 测回度盘应配置(　　)。

A. 45°　　B. 90°　　C. 135°　　D. 180°

17. 竖直角亦称倾角，是指在同一垂直面内倾斜视线与水平线之间的夹角，其角值范围为(　　)。

A. 0°～360° B. 0°～+180° C. −90°～+90° D. 0°～−90°

18. 水平角观测中，为减少度盘分划误差的影响，应使各测回（ ）。

A. 同一方向盘左读数保持不变 B. 变换度盘位置

C. 增加测回数 D. 更换仪器

19. 水平角观测时，各测回间要求变换度盘位置的目的是（ ）。

A. 改变零方向 B. 减少度盘偏心差的影响

C. 减少度盘分划误差的影响 D. 减少度盘带动误差的影响

20. 全站仪对中误差所引起的角度偏差与测站点到目标点的距离（ ）。

A. 成反比 B. 成正比 C. 没有关系 D. 有关系，但影响很小

21. 水平角的取值范围是（ ）。

A. 0°～360° B. 0°～+180° C. −90°～+90° D. 0°～90°

22. 用全站仪进行测量前，需设置正确的球气差改正数，设置的方法可以是直接输入测量时的气温和（ ）及球气差参数设置。

A. 气压 B. 湿度 C. 经纬度 D. 风力

23. 根据全站仪坐标测量的原理，在测站点瞄准后视点后，方向值应设置为（ ）。

A. 测站点至后视点的方位角 B. 后视点至测站点的方位角

C. 0° D. 90°

24. 全站仪测量点高程的原理是（ ）。

A. 水准测量原理 B. 导线测量原理

C. 三角测量原理 D. 三角高程测量原理

25. 在用全站仪进行点位放样时，若棱镜高和仪器高输入错误对放样点的（ ）有影响。

A. 平面位置 B. 高程 C. 距离 D. 角度

26. 在全站仪进行下列测量时必须建站的是（ ）。

A. 坐标采集 B. 悬高测量 C. 对边测量 D. 面积测量

27. 在全站仪进行下列测量时不必建站的是（ ）

A. 路线测量 B. 坐标放样 C. 对边测量 D. 导线测量

28. 全站仪数据贮存的格式是（ ）。

A. X，Y，H B. 点号，X，Y，H，属性

C. 点号，属性，X，Y，H D. 点号，D，A，H

29. 全站仪建站必须具备的条件是（ ）。

A. 设站点坐标，后视点高程 B. 设站点坐标，后视点坐标

C. 设站点高程，后视点方位角 D. 设站点坐标，后视点距离

30. 若某全站仪的标称精度为±(3mm+2×ppm$D$)，则用此全站仪测量 2 km 长的距离，其误差的大小为（ ）。

A. ±7 mm B. ±5 mm C. ±3 mm D. ±2 mm

31. 全站仪与计算机进行数据通信前，必须将全站仪和计算机上的通信参数设置一致，主要有（ ）、校验位、停止位和回答方式。

A. 波特率 B. 波特位 C. 校验率 D. 数码位

32. 下列全站仪使用方法错误的是(　　)。

A. 仪器迁站时应关闭电源　　B. 电池应长时间充电使其充满

C. 望远镜不能直接照准太阳　　D. 在阳光下应打伞遮阳

33. 下列全站仪使用方法正确的是(　　)。

A. 电池长期不用 3～4 个月应充电一次　　B. 仪器应存放在密闭的环境内

C. 在开机状态可以进行电缆操作　　D. 长途运输后应进行仪器检测后使用

34. 下列说法正确的是(　　)。

A. 免棱镜测量精度高于有棱镜测量精度　　B. 全站仪测量高程精度低于平面精度

C. 在任意点设站不能进行坐标测量　　D. 全站仪测量时距离越长精度越高

二、多选题

1. 用测回法观测水平角,可以消除(　　)。

A. 2C 误差　　B. 照准误差

C. 指标差　　C. 横轴误差大气折光误差

E. 对中误差

2. 影响角度测量成果的主要误差是(　　)。

A. 仪器误差　　B. 对中误差

C. 目标偏误差　　D. 竖轴误差

E. 照准估读误差

3. 用盘左盘右法进行角度观测,可以消除下例(　　)误差的影响。

A. 对中　　B. 视准轴不垂直于横轴

C. 指标差　　D. 横轴不垂直竖轴

4. 测角方法误差包括(　　)。

A. 照准误差　　B. 读数误差

C. 对中误差　　D. 整平误差

第 4 章　距离测量与直线定向

一、单选题

1. 某基线丈量若干次计算得到平均长为 540 m,平均值之中误差为±0.05 m,则该基线的相对误差为(　　)。

A. 1/10800　　B. 1/11000　　C. 1/10000　　D. 1/9000

2. 某直线段 AB 的坐标方位角为 150°,其两端点间坐标增量的正负号为(　　)。

A. $-\Delta x, +\Delta y$　　B. $+\Delta x, -\Delta y$　　C. $-\Delta x, -\Delta y$　　D. $+\Delta x, +\Delta y$

3. 往返丈量直线 AB 的长度为:$D_{AB}=268.59$ m,$D_{BA}=268.65$ m,其相对误差为(　　)。

A. $K=1/5000$　　B. $K=1/4500$　　C. $K=1/4400$　　D. $K=-0.06$

4. 已知直线 AB 的坐标方位角为 186°,则直线 BA 的方位角为(　　)。

A. 6°　　B. 126°　　C. 316°　　D. 16°

5. 在距离丈量中衡量精度的方法是用(　　)。

A. 往返较差　　B. 相对误差　　C. 闭合差　　D. 误差

6. 坐标方位角是以(　　)标准方向,顺时针转到测线的夹角。

A. 真子午线方向 B. 磁子午线方向 C. 坐标纵轴方向 D. X 轴方向

7. 在测量学中，距离测量的常用方法有钢尺量距、光学测距和(　　)测距。

A. 电磁波测距 B. 目测法 C. 步测法 D. 花杆测距

8. 处在不同带的高斯平面直角坐标系中的两点的距离可由(　　)确定。

A. 坐标反算求得 B. 坐标正算求得

C. 坐标换带计算求得 D. 直接测距求得

9. 钢尺量距的基本工作是(　　)。

A. 拉尺，丈量读数，记温度 B. 分段，定线，丈量，计算与检核

C. 分段，定线，丈量读数，检核 D. 定线，丈量，计算，检核

10. 一般直线距离丈量时直线定线的方法是(　　)。

A. 渐近法 B. 经纬仪定线法 C. 目估法定线 D. 骑马桩法

11. 往返丈量 120 m 的距离，要求相对误差达到 1/10000，则往返较差不得大于(　　)m。

A. 0.048 B. 0.012 C. 0.024 D. 0.036

12. 某段距离的平均值为 100 m，其往返较差为＋20 mm，则相对误差为(　　)。

A. 0.02/100 B. 0.002 C. 1/5000 D. 1/10000

13. 电磁波测距的基本原理是(　　)。(说明：c 为光速，t 为时间差，D 为空间距离)

A. $D=ct$ B. $D=1/2ct$ C. $D=1/4ct$ D. $D=2ct$

14. 罗盘仪是一种用于测量(　　)的仪器。

A. 磁方位角 B. 坐标方位角

C. 真方位角 D. 水平角

15. 过地面上某点的真子午线方向与磁子午线方向常不重合，两者之间的夹角，称为(　　)。

A. 收敛角 B. 指标差 C. 磁偏角 D. 归零差

16. 若两点 C、D 间的坐标增量 Δx 为正，Δy 为负，则直线 CD 的坐标方位角位于第(　　)象限。

A. 第一象限 B. 第二象限 C. 第三象限 D. 第四象限

17. 同一条直线，在第四象限角 R 和方位角 A 的关系为(　　)。

A. $R=A$ B. $R=180°-A$ C. $R=A-180°$ D. $R=360°-A$

18. 下列(　　)不属于地形图上的三北方向。

A. 磁子午线方向 B. 真子午线方向 C. 纬度线方向 D. 坐标纵轴方向

19. 确定一直线与标准方向的夹角关系的工作称为(　　)。

A. 定位测量 B. 直线定向 C. 象限角测量 D. 直线定线

20. 若直线 AB 的方位角为 268°，则其象限角为(　　)。

A. NE88° B. SW88° C. EN88° D. WS88°

21. 已知 AB 直线的坐标象限角为 SE30°13′，则 BA 的坐标方位角为(　　)。

A. NW30°13′ B. 329°47′ C. SE30°13′ D. 30°13′

22. 地面 A、B、C 三点，已知 $\alpha_{AB}=85°06'$，$\beta_{右}=45°$，则 $\alpha_{BC}=$(　　)。

A. 130°06′ B. 40°06′ C. 220°06′ D. 311°06′

23. 距离丈量的结果是求得两点间的(　　)。

A. 斜线距离　　B. 水平距离　　C. 折线距离　　D. S形距离

24. 直线坐标方位角的角值范围是(　　)。

A. $0°\sim360°$　　B. $0\sim\pm180°$　　C. $0°\sim\pm90°$　　D. $0°\sim90°$

25. A、B 两点的坐标为(X_A,Y_A)及(X_B,Y_B)，测量学中两点间距离的常用计算公式为(　　)。

A. $D=\sqrt{(X_B-X_A)^2+(Y_B-Y_A)^2}$　　B. $D=\dfrac{Y_B-Y_A}{\sin\alpha_{AB}}$

C. $D=\dfrac{X_B-X_A}{\cos\alpha_{AB}}$　　D. $D=\dfrac{Y_B-Y_A}{\sin\alpha_{AB}}=\dfrac{X_B-X_A}{\cos\alpha_{AB}}$

26. 同一组人员用同一种仪器，在基本相同的条件下以不同的次数测量某段距离，其观测结果分别为 $S_{\text{I}}=1000.010$ m(4 次)$S_{\text{II}}=1000.004$ m(2 次)，则最后结果为(　　)。

A. 1000.009 m　　B. 1000.008 m　　C. 1000.007 m　　D. 1000.006 m

27. 视距测量中，读得标尺下、中、上三丝读数分别为 1.548、1.420、1.291，算得竖角为 $-2°34'$。设仪器高为 1.45 m，测站点至标尺点间的平距和高差为(　　)。

A. 25.7，1.15　　B. 25.6，−1.12　　C. 25.6，−1.18　　D. 25.7，−1.12

28. 已知 $x_A=2192.54$ m，$y_A=1556.40$ m，$x_B=2179.74$ m，$y_B=1655.64$ m，该直线的坐标方位角 α_{BA} 为(　　)。

A. $-82°39'02''$　　B. $97°20'58''$　　C. $277°20'58''$　　D. $82°39'02''$

29. 视距测量就是利用望远镜内视距丝装置，根据几何光学原理同时测定两点间(　　)的方法。

A. 距离和高差　　B. 水平距离和高差

C. 距离和高程　　D. 水平距离和高程

30. 当视线倾斜进行视距测量时，水平距离的计算公式是(　　)。

A. $D=Kl+C$　　B. $D=Kl\cos\alpha$

C. $D=Kl\cos\alpha\times\cos\alpha$　　D. $D=Kl\sin\alpha$

二、多选题

1. 视距测量可同时测定两点间的(　　)。

A. 高差　　B. 水平距离　　C. 高程　　D. 高差与平距

E. 水平角

2. 确定直线的方向，一般用(　　)来表示。

A. 方位角　　B. 象限角　　C. 水平角　　D. 竖直角

E. 真子午线方向

3. 确定直线方向的标准方向有(　　)。

A. 坐标纵轴方向　　B. 真子午线方向　　C. 磁子午线方向　　D. 直线方向

E. 坐标横轴方向

4. 用钢尺进行直线丈量，应(　　)。

A. 尺身放平　　B. 确定好直线的坐标方位角

C. 丈量水平距离　　D. 目估或用经纬仪定线

E. 进行往返丈量

5. 视距测量中视线水平时计算平距和高差的公式为（　　）。

A. $D=Kl$　　B. $h=i-v$

C. $D=Kl\cos^2\alpha$　　D. $h=1/2Kl\sin2\alpha+i-v$

E. $h=D\tan\alpha+i-v$

6. 方位角推算时，相邻两条边方位角的正确关系为（　　）。

A. $\alpha_{前}=\alpha_{后}\pm180°+\beta_{左}$　　B. $\alpha_{前}=\alpha_{后}+\beta_{左}$

C. $\alpha_{前}=\alpha_{后}+180°\pm\beta_{左}$　　D. $\alpha_{前}=\alpha_{后}\pm180°-\beta_{右}$

E. $\alpha_{前}=\alpha_{后}-\beta_{右}$

三、判断题（正确打"√"，错误打"×"）

1. 用钢尺往返丈量一段距离，其平均值为 184.26 m，要求量距的相对误差为 1/3000，则往返测距离之差绝对值不能超过 0.1 m。（　　）

2. 钢尺量距时倾斜改正数永远为负值。（　　）

3. 直线定向的标准方向有真子午线方向、磁子午线方向和坐标纵轴方向三种。（　　）

4. 用实际长度比名义长度短的钢尺丈量地面两点间的水平距离，所测得结果比实际距离长。（　　）

5. 由标准方向的北端起，逆时针方向量到某直线的水平夹角，称为该直线的方位角。（　　）

6. 推算坐标方位角的一般公式为 $\alpha_{前}=\alpha_{后}+180°\pm\beta$，其中，$\beta$ 为左角时取负号，β 为右角时取正号。（　　）

7. 已知 $X_A=100.00$，$Y_A=100.00$，$X_B=50.00$，$Y_B=50.00$，坐标反算 $\alpha_{AB}=45°00'$。（　　）

第 5 章　测量误差的基本知识

1. 下列误差中（　　）为偶然误差。

A. 照准误差　　B. 竖盘指标差　　C. 视准轴误差　　D. 水准管轴误差

2. 衡量一组观测值的精度的指标是（　　）。

A. 允许误差　　B. 系统误差　　C. 偶然误差　　D. 中误差

3. 偶然误差具有（　　）。

①累积性；②有界性；③小误差密集性；④符号一致性；⑤对称性；⑥抵偿性

A. ①②④⑤　　B. ②③⑤⑥　　C. ②③④⑥　　D. ③④⑤⑥

4. 水准尺分划误差对读数的影响属于（　　）。

A. 系统误差　　B. 偶然误差　　C. 粗差　　D. 错误

5. 下列不是测量误差产生的来源是（　　）。

A. 测量仪器构造不完善　　B. 测量方法错误

C. 观测者感觉器官的鉴别能力有限　　D. 外界环境与气象条件不稳定

6. 钢尺的尺长误差对距离测量的误差影响属于（　　）。

A. 偶然误差　　B. 系统误差

C. 偶然误差，也可能是系统误差　　D. 既不是偶然误差也不是系统误差

7. 等精度观测是指（　　）的观测。

A. 真误差相同　　B. 系统误差相同　　C. 观测条件相同　　D. 偶然误差相同

8. 在距离丈量中衡量精度的方法是用（　　）。

A. 往返较差　　B. 相对误差　　C. 闭合差　　D. 容许误差

9. 消除系统误差的方法是(　　)。

A. 多余观测　　B. 求最可靠值　　C. 提高仪器等级　　D. 求改正数

10. 观测值与真值的差值叫作(　　)。

A. 偶然误差　　B. 系统误差　　C. 真误差　　D. 似真差

11. 按测量误差原理,误差分布较为离散,则观测质量(　　)。

A. 越低　　B. 不变　　C. 不确定　　D. 越高

12. 经纬仪对中误差属于(　　)。

A. 偶然误差　　B. 系统误差　　C. 中误差　　D. 容许误差

13. 普通水准尺的最小分划为 1 cm,估读水准尺 mm 位的误差属于(　　)。

A. 偶然误差　　B. 系统误差

C. 中误差　　D. 既不是偶然误差也不是系统误差

14. 同精度水准测量观测,各路线观测高差的权与测站数成(　　)。

A. 正比　　B. 无关系　　C. 不确定　　D. 反比

15. 下面是三个小组丈量距离的结果,只有(　　)组测量的相对误差不低于 1/5000 的要求。

A. 100 m±0.025 m　　B. 200 m±0.040 m

C. 150 m±0.035 m　　D. 250 m±0.040 m

16. 测量限差一般取(　　)倍的中误差。

A. 2～3　　B. $\sqrt{3}$　　C. $\sqrt{2}$　　D. 3～5

17. 设 n 个观测值的中误差均为 m,则 n 个观测值平均值的中误差为(　　)。

A. $\sqrt{\frac{[vv]}{n-1}}$　　B. $m\sqrt{n}$　　C. $\frac{m}{\sqrt{n}}$　　D. $\sqrt{\frac{[vv]}{n}}$

18. 对某一量作 N 次等精度观测,则该量算术平均值的中误差为观测值中误差的(　　)。

A. N 倍　　B. $\sqrt{N}$ 倍　　C. $N-1$ 倍　　D. $\frac{1}{\sqrt{N}}$倍

19. 对三角形进行 5 次等精度观测,其真误差(闭合差)为$+4''$、$-3''$、$+1''$、$-2''$、$+6''$,则该组每次观测值的精度(　　)。

A. 不相等　　B. 相等　　C. 最高为$+1''$　　D. 近于 0

20. 在等精度观测条件下,正方形一条边的观测中误差为 m,则正方形的周长中误差为(　　)。

A. m　　B. $2m$　　C. $3m$　　D. $4m$

21. 丈量某长方形的长为 $a=20\pm0.004$ m,宽为 $b=15\pm0.003$ m,则该长方形周长精度为(　　)。

A. ±10 mm;　　B. ±4 mm　　C. ±5 mm　　D. ±6 mm

22. 对某角观测一测回的观测中误差为$\pm3''$,现要使该角的观测结果精度达到$\pm1.4''$,需观测(　　)个测回。

A. 2　　B. 3　　C. 4　　D. 5

23. 一条直线分两段丈量,它们的中误差分别为 m 和 n,该直线丈量的中误差为(　　)。

A. m^2+n^2　　B. $m\times n$　　C. $\sqrt{m^2+n^2}$　　D. $m+n$

24. 一条附合水准路线共设 n 站,若每站水准测量中误差为 m,则该路线水准测量中误差为(　　)。

A. $\sqrt{n}\times m$　　B. $m\times nM$　　C. $\frac{m}{\sqrt{n}}\sqrt{m^2+n^2}$　　D. $\frac{m}{n}$

25. 五边形内角和为 540°00′35″,则内角和的真误差和每个角改正数分别为(　　)。

A. +35″,7″　　B. −35″,+7″　　C. +35″,−7″　　D. −35″,−7″

26. 丈量一段距离 4 次,结果分别为 132.563 m、132.543 m、132.548 m 和 132.538 m,则算术平均值中误差和最后结果的相对中误差为(　　)。

A. ±10.8 mm,1/12200　　B. ±4.7 mm,1/14100

C. ±9.4 mm,1/28200　　D. ±5.4nun,1/24500

27. 用 DJ_6 经纬仪观测水平角,要使测角度中误差不大于 3″,应观测(　　)测回。

A. 2　　B. 4　　C. 6　　D. 8

28. 用 DJ_2 和 DJ_6 单向观测的中误差分别为(　　)。

A. ±2″、±6″　　B. $\pm 2\sqrt{2}''$、$\pm 6\sqrt{2}''$　　C. ±4″、±12″　　D. ±8″、±24″

29. 一圆形建筑物半径及其中误差为 27.5±0.01 m,则圆面积中误差为(　　)。

A. ±1.32 m^2　　B. ±1.77 m^2　　C. ±1.73 m^2　　D. ±3.14 m^2

30. 水准路线每千米中误差为±8 mm,则 4 km 水准路线的中误差为(　　)mm。

A. ±32.0　　B. ±11.3　　C. ±16.0　　D. ±5.6

31. 已知三角形测角的中误差均为±4″,若三角形角度闭合差的允许值为中误差的 2 倍,则三角形角度闭合差的允许值为(　　)。

A. ±13.8″　　B. ±6.9″　　C. ±5.4″　　D. ±10.8″

32. 丈量了 AB、CD 两段距离,结果分别是 AB=814.53 m±0.05 m,CD=532.48 m ±0.05 m,则该两段距离丈量的精度是(　　)。

A. AB 比 CD 高　　B. AB 比 CD 低　　C. 相等　　D. 不具可比性

第 6 章　GNSS 测量

一、单选题

1. 最常用的精度衰减因子是(　　)。

A. PDOP　　B. VDOP　　C. HDOP　　D. GDOP

2. 在高程应用方面 GPS 可以直接精确测定测站点的(　　)。

A. 大地高　　B. 正常高　　C. 水准高　　D. 海拔高

3. 我国建立的 CGCS2000 坐标系属于(　　)坐标。

A. 天球　　B. 参心　　C. 地心　　D. 平面

4. GPS 所在的坐标系统是(　　)。

A. 北京 54　　B. 西安 80

C. CGCS2000　　D. WGS-84

5. 西安-80 坐标系属于(　　)。

A. 协议天球坐标系　　B. 瞬时天球坐标系
C. 地心坐标系　　D. 参心坐标系

6. 我国西起东经 72°，东至东经 135°，共跨有 5 个时区，我国采用(　　)的区时作为统一的标准时间，称作北京时间。

A. 东 6 区　　B. 东 7 区　　C. 东 8 区　　D. 东 9 区

7. 属于空固坐标系的是(　　)。

A. 协议地球坐标系　　B. 北京 54 坐标系
C. 西安 80 坐标系　　D. 协议天球坐标系

8. 计量原子时的时钟称为原子钟，国际上是以(　　)为基准。

A. 铷原子钟　　B. 氢原子钟　　C. 铯原子钟　　D. 铂原子钟

9. 不是监测站功能的是(　　)。

A. 向用户发送导航电文　　B. 收集气象数据
C. 监测卫星工作状态　　D. 处理观测资料

10. 不是 GPS 用户部分功能的是(　　)。

A. 解译导航电文，测量信号传播时间　　B. 计算测站坐标、速度
C. 提供全球定位系统时间基准　　D. 捕获 GPS 信号

11. 不是 GPS 卫星星座功能的是(　　)。

A. 向用户发送导航电文　　B. 接收注入信息
C. 适时调整卫星姿态　　D. 计算导航电文

12. 北京时间比 UTC 超前(　　)小时。

A. 6　　B. 5　　C. 7　　D. 8

13. 北京 54 大地坐标系属(　　)。

A. 协议地球坐标系　　B. 协议天球坐标系
C. 参心坐标系　　D. 地心坐标系

14. WGS-84 坐标系属于(　　)。

A. 协议天球坐标系　　B. 瞬时天球坐标系
C. 地心坐标系　　D. 参心坐标系

15. P 码属于(　　)。

A. 载波信号　　B. 伪随机噪声码
C. 随机噪声码　　D. 捕获码

16. L1 信号属于(　　)。

A. 载波信号　　B. 伪随机噪声码
C. 随机噪声码　　D. 捕获码

17. GPS 测量中，卫星钟采用(　　)时间测量系统。

A. 恒星时　　B. GPS 时　　C. 原子时　　D. 协调世界时

18. 1884 年在美国华盛顿召开的国际会议决定采用一种分区统一时刻，把全球按经度划分为 24 个时区，每个时区的经度差为 15°，则相邻时区的时间相差 1 h。这种时刻叫(　　)。

A. 世界时　　B. 历书时　　C. 恒星时　　D. 区时

19. 在进行 GNSS-RTK 实时动态定位时，基准站放在未知点上，测区内仅有两个已知点，(　　)定位测量的精度最高。

A. 两个已知点上　　B. 一个已知点高，一个已知点低
C. 两个已知点和它们的连线上　　D. 两个已知点连线

20. 通常所说的 RTK 定位技术是指(　　)。
A. 位置差分定位　　B. 伪距差分定位
C. 载波相位差分定位　　D. 广域差分定位

21. 实时载波相位差分也叫(　　)。
A. RTD　　B. RTC　　C. RTJ　　D. RTK

22. 实时的意思是(　　)。
A. 当时　　B. 短时　　C. 长时　　D. 随时

23. 差分定位时，浮点解的精度比固定解的精度(　　)。
A. 高　　B. 低　　C. 相同　　D. 无关

24. 参考站的电台天线是(　　)差分信号的设备。
A. 接收　　B. 发射　　C. 传输　　D. 产生

25. RTK 数据链发送的是(　　)数据。
A. 基准站坐标修正数
B. 基准站载波相位观测量和坐标
C. 基准站的测码伪距观测量修正数
D. 测站坐标

26. 实现 GPS 定位至少需要(　　)颗卫星。
A. 3　　B. 4　　C. 5　　D. 6

27. 静态定位是(　　)相对于地面不动。
A. 接收机天线　　B. 卫星天线　　C. 接收机信号　　D. 卫星信号

28. 精度最高的差分定位方法是(　　)。
A. 实时伪距差分　　B. 实时载波相位差分
C. 事前差分　　D. 事后差分

29. 在 GNSS 测量中，观测值都是以接收机的(　　)位置为准的，所以天线的相位中心应该与其几何中心保持一致。
A. 几何中心　　B. 相位中心
C. 点位中心　　D. 高斯投影平面中心

30. 三角形是 GNSS 网中的一种(　　)。
A. 基本图形　　B. 扩展图形　　C. 设计图形　　D. 高稳定度图形

31. 选点时，要求点位周围无反射物，以免(　　)影响。
A. 走捷径误差　　B. 走弯路误差　　C. 多路径误差　　D. 短路径误差

32. 五台接收机的同步观测图形中有(　　)条基线。
A. 5　　B. 6　　C. 8　　D. 10

33. 同步观测是指两个(　　)同时观测。
A. 卫星　　B. 控制网　　C. 接收机　　D. 工程

34. 如果环中的各条基线是同时观测的，就叫(　　)。
A. 同步观测　　B. 同步环　　C. 异步环　　D. 异步观测

35. 观测数据最好在(　　)内传输到计算机。

A. 一时段　　B. 一小时　　C. 一日　　D. 一周

36. GNSS网的精度等级是按(　　)划分的。

A. 角度精度　　B. 位置精度　　C. 时间精度　　D. 基线精度

37. 下列不属于GNSS的特点的是(　　)。

A. 高精度　　B. 自动测量　　C. 全天候　　D. 精确度较小

38. 我国的北斗一号卫星导航定位系统是由(　　)组成的。

A. 两颗工作卫星和一颗备用卫星　　B. 一颗工作卫星和一颗备用卫星

C. 三颗工作卫星和一颗备用卫星　　D. 两颗工作卫星和两颗备用卫星

39. 全球定位系统简称(　　)。

A. RS　　B. GDP

C. GPS　　D. GIS

40. 全球定位系统的空间部分使用24颗卫星。卫星轨道均为近圆形,运行周期约为(　　)。

A. 24小时　　B. 23小时56分4秒

C. 11小时58分　　D. 12小时

41. GPS系统是由(　　)开发的。

A. 美国　　B. 俄罗斯　　C. 欧盟　　D. 中国

42. GPS系统的空间部分由21颗工作卫星及3颗备用卫星组成,它们均匀分布在(　　)相对于赤道的倾角为55°的近似圆形轨道上,它们距地面的平均高度为20200 km,运行周期为11小时58分。

A. 3个　　B. 4个　　C. 5个　　D. 6个

43. GPS卫星是(　　)。

A. 地球同步卫星

B. 非地球同步卫星

C. 地球同步卫星和非地球同步卫星的组合

D. 太阳同步卫星

44. GPS定位系统匹配(　　)颗在轨卫星。

A. 23　　B. 24　　C. 5　　D. 27

45. 北斗系统的发展理念是(　　)。

A. 冲出亚洲,走向世界　　B. 中国的北斗,世界的北斗,一流的北斗

C. 服务全球,造福人类　　D. 自由、开放、兼容、渐进

二、多选题

1. 新时代北斗精神包括(　　)。

A. 自主创新　　B. 开放融合　　C. 万众一心　　D. 追求卓越

2. 北斗卫星导航系统星座主要由(　　)轨道卫星构成。

A. GEO　　B. IGSO　　C. MEO　　D. LEO

3. 北斗系统的基本组成有(　　)。

A. 空间段　　B. 地面段　　C. 终端段　　D. 用户段

4. GNSS技术具有(　　)的优点。

A. 测量精度高　　B. 测站点间需通视

C. 提供三维坐标　　D. 实现长距离测量

E. 全天候测量

5. 按照参考点的不同位置,GNSS 定位可分为(　　)。

A. 绝对定位　　B. 动态定位　　C. 差分定位　　D. 相对定位

E. 静态定位

6. 按照用户接收机定位过程的运动状态不同,GNSS 定位可分为(　　)。

A. 绝对定位　　B. 动态定位　　C. 差分定位　　D. 相对定位

E. 静态定位

7. GPS 定位系统地面监控部分包括(　　)。

A. 1 个主控制站　　B. 2 个地面站　　C. 3 个注入站　　D. 5 个监控站

E. 24 颗卫星

8. 中国坚持(　　)的原则建设和发展北斗系统。

A. 全面　　B. 渐进　　C. 兼容　　D. 自主

E. 开放

9. 下列关于 GNSS 相对定位的说法,正确的是(　　)。

A. 单点定位　　B. 采用一台接收机即可独立定位

C. 定位精度较高　　D. 广泛应用于工程测量、大地测量等领域

E. 确定同步跟踪相同 GNSS 信号的若干台接收机间的相对位置

10. 目前,卫星导航定位系统采用微波测距信号,可以精确测定观测点的(　　)。

A. 平面坐标　　B. 大地高程　　C. 地质条件　　D. 经纬度

E. 标志大小

第 7 章　小区域控制测量

一、单选题

1. 设 AB 距离为 120.23 m,方位角为 121°23′36″,则 AB 的 y 坐标增量为(　　)m。

A. −102.630　　B. 62.629　　C. 102.630　　D. −62.629

2. 四等水准测量中,黑面高差减红面高差±0.1 m 应不超过(　　)。

A. 2 mm　　B. 3 mm　　C. 4 mm　　D. 5 mm

3. 导线测量的外业工作是(　　)。

A. 选点、测角、量边　　B. 埋石、造标、绘草图

C. 距离丈量、水准测量、角度测量

4. 下面关于控制网的叙述错误的是(　　)。

A. 国家控制网从高级到低级布设

B. 国家控制网按精度可分为 A、B、C、D、E 五级

C. 国家控制网分为平面控制网和高程控制网

D. 直接为测图目的建立的控制网,称为图根控制网

5. 根据两点坐标计算边长和坐标方位角的计算称为(　　)。

A. 坐标正算　　B. 导线计算　　C. 前方交会　　D. 坐标反算

6. 已知 A 点坐标为(12345.7,437.8),B 点坐标为(12322.2,461.3),则 AB 边的坐标方位角为(　　)。

A. 45°　　B. 315°　　C. 225°　　D. 135°

7. 导线测量外业工作不包括的一项是(　　)。

A. 选点　　B. 测角　　C. 测高程　　D. 量边

8. 在未知点上设站对三个已知点进行测角交会的方法称为(　　)。

A. 后方交会　　B. 前方交会　　C. 侧方交会　　D. 无法确定

9. 导线计算中所使用的距离应该是(　　)。

A. 任意距离均可　　B. 倾斜距离

C. 水平距离　　D. 大地水准面上的距离

10. 某直线段 AB 的坐标方位角为 230°,其两端间坐标增量的正负号为(　　)。

A. $-\Delta x, \Delta y$　　B. $+\Delta x, -\Delta y$　　C. $-\Delta x, -\Delta y$　　D. $+\Delta x, +\Delta y$

11. 四等水准测量某测站,观测结果如下表所示,算得高差中数为(　　)。

A. −0.051　　B. +0.037　　C. −0.064　　D. +0.137

方向及尺号	标尺读数			高差中数	备注
	黑面	红面			
后 106	1.311	5.996	+2		$K_{106}=4.687$ $K_{107}=4.787$
后 107	1.173	5.960	0		
后一前	+0.138	0.036	+2		

12. 三等水准测量采用后—前—前—后的观测顺序是为了消减(　　)误差影响。

A. 仪器下沉　　B. 水准尺倾斜　　C. 读数　　D. 大气折光

13. 高程控制测量用(　　)实施。

A. 三角网　　B. 导线网　　C. 水准网　　D. 前后交会网

14. 国家高程控制网,是按(　　)建立的,它的低级点受高级点逐级控制。

A. 一至四等　　B. 一至四级　　C. 一至二等　　D. 一至二级

15. 导线点属于(　　)。

A. 平面控制点　　B. 高程控制点　　C. 路线控制点　　D. 水准控制点

16. 下列不属于平面控制点的是(　　)。

A. 图根点　　B. 导线点　　C. 三角点　　D. 转点

17. 导线全长闭合差 f_D 与 ΔX 坐标增量闭合差、ΔY 坐标增量闭合差方之间的关系是(　　)。

A. 两者之和　　B. 两者之差　　C. 平方和开方　　D. 平方差开方

18. 导线的坐标增量闭合差调整后,应使纵、横坐标增量改正数之和等于(　　)。

A. 纵、横坐标增量闭合差,其符号相同

B. 导线全长闭合差,其符号相同

C. 纵、横坐标增量闭合差,其符号相反

D. 导线全长闭合差,其符号相反

19. 闭合导线的角度闭合差的调整方法是将闭合差反符号后(　　)。

A. 按角度大小成正比例分配　　B. 按角度个数平均分配

C. 按边长成正比例分配　　　　D. 按边长成反比例分配

20. 当附合导线的角度闭合差在允许范围内,且观测的是导线右角时则应以闭合差(　　)符号进行分配。

A. 相反　　　　B. 相同

C. 绝对值　　　　D. 按奇正偶负

21. 四等水准测量中,每一站的前后视距差不能超过(　　)。

A. ±3 m　　　　B. ±5 m

C. ±3 mm　　　　D. ±5 mm

22. 在三角高程测量中,当两点间的距离较大时,一般要考虑地球曲率和(　　)的影响。

A. 大气折光　　　　B. 大气压强

C. 测站点高程　　　　D. 两点间高差

23. 在三角高程测量中,一般应采用(　　)方法来以消除球气差的影响。

A. 测回法　　　　B. 单程法

C. 闭合高程三角网　　　　D. 对向观测

24. 某导线全长 620 m,算得 $f_x=0.123$ m,$f_y=-0.162$ m,导线全长相对闭合差 $K=$(　　)。

A. 1/2200　　B. 1/3100　　C. 1/4500　　D. 1/3048

25. 已知 AB 两点的边长为 188.43 m,方位角为 146°07′06″,则 AB 的 x 坐标增量为(　　)。

A. −156.433 m　　　　B. 105.176 m

C. 105.046 m　　　　D. −156.345 m

26. 平面控制导线的布设形式有(　　)。

A. 一级导线、二级导线、图根导线

B. 单交点、虚交、回头曲线导线

C. 闭合水准路线、附合水准路线、支水准路线

D. 闭合导线、附合导线、支导线

27. 某一小区域测区内无已知控制点,则宜布置的导线形式为(　　)。

A. 闭合导线　　B. 附合导线　　C. 支导线　　D. 闭合水准路线

28. 一附合导线观测 5 个右角,方位角闭合差 $f_\alpha=-20''$,则右角改正数为(　　)。

A. −20″　　B. +20″　　C. −4″　　D. +4″

29. 加密控制点时常采用交会定点的方法有(　　)。

A. 前方交会、后方交会　　　　C. 距离交会、方向交会

B. 侧方交会、角度交会　　　　D. 角度交会、距离交会

30. 在交会定点时交会角一般要求控制在(　　)之间,以保证交会精度。

A. 60°～120°　　B. 30°～120°　　C. 60°～150°　　D. 30°～150°

二、多选题

1. 导线测量的外业工作包括(　　)。

A. 踏选点及建立标志　　　　B. 量边或距离测量

C. 测角　　　　D. 连测

E. 进行高程测量

2. 导线坐标计算的基本方法是(　　)。

A. 坐标正算　　B. 坐标反算

C. 坐标方位角推算　　D. 高差闭合差调整

E. 导线全长闭合差计算

3. 四等水准测量一测站的作业限差有(　　)。

A. 前、后视距差　　B. 高差闭合差

C. 红黑面读数差　　D. 红黑面高差之差

E. 视准轴不平行水准管轴的误差

4. 确定直线方向的标准方向有(　　)。

A. 坐标纵轴方向　　B. 真子午线方向

C. 指向正北的方向　　D. 磁子午线方向

5. 四等水准测量在一个站上应读出数据(　　)。

A. 前后视距离　　B. 后视尺黑面读数(上中下三丝)

C. 前视尺黑面读数(上中下三丝)　　D. 前视尺红面读数(中丝)

E. 后视尺红面读数(中丝)

6. 四等水准测量测站上的限差规定为(　　)。

A. 最大视距≤80 m　　B. 前后视距差绝对值≤5 m

C. 前后视距累计差绝对值≤10 m　　D. 黑红面读数差≤3 mm

E. 黑红面所测高差之差绝对值≤5 mm

三、判断题(正确打"√",错误打"×")

1. 对横坐标和纵坐标的坐标增量闭合差 f_x、f_y 的调整原则是反符号按边长成正比分配到各边的纵、横坐标的增量中。(　　)

2. 四等水准测量中,单站要读 10 个数据。(　　)

3. 四等水准测量中,前、后视距差不能超过 5 m。(　　)

4. 四等水准测量中,尺常数加黑面中丝读数与红面中丝读数之差应小于 5 mm。(　　)

5. 四等水准测量的计算校核中,后视距离总和减前视距离总和应等于末站距离累积差。(　　)

第 8、9 章　大比例地形图的基本知识与应用

一、单选题

1. 在地形图上,长度和宽度都不依比例尺表示的地物符号是(　　)。

A. 非比例符号　　B. 半比例符号　　C. 比例符号　　D. 地物注记

2. 在地形图上,量得 AB 两点高差为−2.95 m,AB 距离为 279.50 m,则直线 AB 的坡度为(　　)。

A. 1.06%　　B. −1.06%　　C. 1.55%　　D. −1.55%

3. 下列各种比例尺的地形图中,比例尺最小的是(　　)。

A. 1∶2000　　B. 1/500　　C. 1∶10000　　D. 1/5000

4. 展绘控制点时,应在图上标明控制点的(　　)。

A. 点号与坐标　　B. 点号与高程　　C. 坐标与高程　　D. 高程与方向

5. 比例尺为 1∶2000 的地形图的比例尺精度是(　　)。

A. 0.2 cm　　B. 2 cm　　C. 0.2 m　　D. 2 m

6. 一组闭合的等高线是山丘还是盆地，可根据(　　)来判断。

A. 助曲线　　B. 首曲线　　C. 高程注记　　D. 计曲线

7. 在比例尺为 1∶2000，等高距为 2 m 的地形图上，如果按照指定坡度 5%，从坡脚 A 到坡顶 B 来选择路线，其通过相邻等高线时在图上的长度为(　　)。

A. 10 mm　　B. 20 mm　　C. 25 mm　　D. 30 mm

8. 两不同高程的点，其坡度应为两点(　　)之比，再乘以 100%。

A. 高差与其平距　　B. 高差与其斜距　　C. 平距与其斜距　　D. 平距与高差

9. 在一张图纸上等高距不变时，等高线平距与地面坡度的关系是(　　)。

A. 平距大则坡度小　　B. 平距大则坡度大

C. 平距大则坡度不变　　D. 平距大小与坡度无关

10. 地形测量中，若比例尺精度为 ε，测图比例尺为 $1:M$，则比例尺精度与测图比例尺大小的关系为(　　)。

A. ε 与 M 无关　　B. ε 与 M 成正比　　C. ε 与 M 成反比　　D. ε 与 M 成指数关系

11. 测图前的准备工作主要有(　　)。

A. 图纸准备、方格网绘制、控制点展绘　　B. 组织领导、场地划分、后勤供应

C. 资料、仪器工具、文具用品的准备　　D. 资料、场地划分、控制点展绘

12. 若地形点在图上的最大距离不能超过 3 cm，对于比例尺为 1/500 的地形图，相应地形点在实地的最大距离应为(　　)。

A. 15 m　　B. 20 m　　C. 25 m　　D. 15 cm

13. 下列关于等高线的叙述是错误的是(　　)。

A. 所有高程相等的点在同一等高线上

B. 等高线必定是闭合曲线，即使本幅图没闭合，则在相邻的图幅闭合

C. 等高线不能分叉、相交或合并

D. 等高线经过山脊与山脊线正交

14. 相邻两条等高线之间的高差，称为(　　)。

A. 等高线平距　　B. 等高距　　C. 基本等高距　　D. 等高线斜距

15. 下面关于高程的说法正确的是(　　)。

A. 高程是地面点和水准原点间的高差

B. 高程是地面点到大地水准面的铅垂距离

C. 高程是地面点到参考椭球面的距离

D. 高程是地面点到平均海水面的距离

16. 某地图的比例尺为 1∶1000，则图上 6.82 cm 代表实地距离为(　　)。

A. 6.82 m　　B. 68.2 m　　C. 682 m　　D. 6.82 cm

17. 在地图上，地貌通常是用(　　)来表示的。

A. 高程值　　B. 等高线　　C. 任意直线　　D. 地貌直线

18. 1∶10000 地形图上一段 1.23 cm 线段对应的实地距离是(　　)。

A. 1230 m　　B. 123 m　　C. 12.3 m　　D. 1.23 m

19. 在地形图中，表示测量控制点的符号属于（　　）。

A. 比例符号　　B. 半比例符号　　C. 地貌符号　　D. 非比例符号

20. 等高距是两相邻等高线之间的（　　）。

A. 高程之差　　B. 平距　　C. 间距　　D. 斜距

21. 地物在地形图上表示方法是用（　　）。

A. 比例符号、非比例符号、半比例符号和注记

B. 山脊、山谷、山顶、山脚

C. 计曲线、首曲线、间曲线、助曲线

D. 地物符号和地貌符号

22. 在 1∶1000 地形图上，设等高距为 1 m，现量得某相邻两条等高线上两点 A、B 之间的图上距离为 0.01 m，则 A、B 两点的地面坡度为（　　）。

A. 1%　　B. 5%　　C. 10%　　D. 20%

23. 在同一幅地形图上（　　）。

A. 高程相等的点必在同一条等高线上

B. 各等高线间的平距都相等

C. 同一条等高线上的各点其高程必相等

D. 所有的等高线都在图内形成闭合曲线

24. 在 1∶5000 地形图上求得某 1.5 cm 长的直线两端点的高程为 418.3 m 和 416.8 m，则该直线的坡度是（　　）。

A. 1/50　　B. 0.02　　C. 2‰　　D. 2%

25. 等高线勾绘，A 点的高程为 21.2 m，B 点的高程为 27.6 m，AB 在图上的平距为 48 mm，欲勾绘出等高距为 1 m 的等高线，则 A 点与邻近 22 m 等高线平距为（　　）。

A. 7.5 mm　　B. 8.0 mm　　C. 6.0 mm　　D. 4.5 mm

26. 同一张地形图上等高线平距、等高距分别描述为（　　）。

A. 相同，相同　　B. 不相同，相同　　C. 不相同，不相同　　D. 相同，不相同

27. 1∶500 地形图的比例尺精度是（　　）。

A. 0.5 m　　B. 0.05 m　　C. 0.005 m　　D. 0.01 m

28. 视距测量中，读得标尺下、中、上三丝读数分别为 1.548、1.420、1.291，算得竖角为 $-2°34'$。设仪器高为 1.45 m，测站点至标尺点间的平距和高差为（　　）。

A. 25.7，1.15　　B. 25.6，−1.12　　C. 25.6，−1.18　　D. 25.7，−1.12

29. 地形图比例尺为 1∶1000 图上两碎部点的高程为 40.1 和 49.9，规定的等高距为 1 m，问两点间通过的等高线有（　　）根。

A. 9　　B. 10　　C. 1　　D. 3

30. 设 A 点高程 1279.25 m，B 点上安置经纬仪，仪器高为 1.43，平距 $D_{AB}=341.23$ m，观测 A 点上觇标高为 4.0 m 的目标，得竖直角为 $-13°19'00''$，则由此算得 B 点的高程为（　　）m。

A. 1195.91　　B. 1201.05　　C. 1362.59　　D. 1357.45

31. 下列是地貌的特征点是（　　）。

A. 公路转角点　　B. 山顶　　C. 道路中心点　　D. 房屋转角点

32. 地形图上的等高线只有在(　　)处才能重叠。

A. 悬崖　B. 跨河　C. 山脊　D. 山谷

33. 在地形图上按基本等高距描绘的等高线叫(　　)。

A. 计曲线　B. 间曲线　C. 辅助曲线　D. 首曲线

34. 在地形图上,能准确地表示地物的中心位置和长度,但不表示其宽度的符号是(　　)。

A. 非比例符号　B. 比例符号　C. 半比例符号　D. 注记符号

35. 地形等高线经过河流时,应是(　　)。

A. 直接横穿相交　B. 近河岸时折向下游

C. 近河岸时折向上游与河正交　D. 等高线不过河直接断开

36. 在同一张地形图上等高线平距越大,说明(　　)。

A. 高差越大　B. 坡度越陡　C. 坡度越缓　D. 高差越小

37. 大比例尺地形图按矩形分幅时常用的编号方法以图幅的(　　)编号。

A. 西北角坐标值公里数　B. 西北角坐标值米数

C. 西南角坐标值公里数　D. 西南角坐标值米数

38. 在 1/1000 地形图上量得 M、N 两点距离为 $d_{MN}=100$ mm,高程为 $H_M=137.485$ m,$H_N=141.985$ m,则该两点坡度 i_{MN} 为(　　)。

A. -3%　B. $+3\%$　C. -4.5%　D. $+4.5\%$

39. 在地形图上有高程分别为 25 m、26 m、27 m、28 m、29 m、30 m、31 m、32 m 的等高线,则需加粗的等高线为(　　)m。

A. 26、31　B. 25、32　C. 28、30　D. 25、30

40. 数字化测图常用的测绘仪器是(　　)。

A. 经纬仪　B. 平板仪　C. 水准仪　D. 全站仪

41. 数字化测图时碎部点信息测量不必记录的是(　　)。

A. 坐标　B. 点号　C. 属性与连接号　D. 距离、角度

42. 地形图上对于任意多边形较精确计算面积的方法是(　　)。

A. 坐标法　B. 透明方格法　C. 平行线法　D. 求积仪法

43. 进行土地平整时要求填挖方尽量平衡,常用的方法是(　　)。

A. 坐标法　B. 方格法　C. 等高线法　D. 平均断面法

44. 等高线法计算土方一般适用于计算(　　)。

A. 平坦地区　B. 独立山包　C. 斜坡地　D. 地面复杂地区

45. 断面法计算土方一般适用于计算(　　)。

A. 平坦地区　B. 独立山包　C. 斜坡地　D. 都可以

46. 对于地面复杂地区且要求填挖情况也复杂的土方工程一般应采用(　　)。

A. 三维网格法　B. 方格法　C. 等高线法　D. 平均断面法

二、多选题

1. 地面等高线密度越大则表示(　　)。

A. 坡度越陡　B. 坡度越缓

C. 等高线平距越大　D. 等高线平距越小

2. 比例尺精度是指地形图上 0.1 mm 所代表的地面上的实地距离,则(　　)。

A. 1∶500 比例尺精度为 0.05 m　B. 1∶2000 比例尺精度为 0.20 m
C. 1∶5000 比例尺精度为 0.50 m　D. 1∶1000 比例尺精度为 0.10 m
E. 1∶2500 比例尺精度为 0.25 m

3. 等高线具有(　　)特性。
A. 等高线不能相交　B. 山脊线不与等高线正交
C. 等高线是闭合曲线　D. 等高线平距与坡度成正比
E. 等高线密集表示陡坡

4. 等高线按其用途可分为(　　)。
A. 首曲线　B. 计曲线　C. 示坡线　D. 间曲线
E. 山脊线和山谷线

5. 大比例尺地形图是指(　　)的地形图。
A. 1∶500　B. 1∶5000　C. 1∶2000　D. 1∶10000
E. 1∶100000

6. 地形图的图式符号有(　　)。
A. 比例符号　B. 非比例符号　C. 等高线注记符号　D. 测图比例尺

7. 视距测量可同时测定两点间的(　　)。
A. 高差　B. 高程　C. 水平距离　D. 高差与平距
E. 水平角

8. 在地形图上可以确定(　　)。
A. 点的空间坐标　B. 直线的坡度
C. 直线的坐标方位角　D. 确定汇水面积
E. 估算土方量

9. 地形图应用的基本内容包括在地形图上确定(　　)。
A. 点的平面位置　B. 点的高程
C. 直线的长度　D. 直线的方向
E. 地面的坡度

10. 地形测量完成后,应对所测的图纸进行(　　)。
A. 图幅拼接　B. 现场对图,补测或重测
C. 整饰　D. 检查
E. 验收

11. 地形图上地貌等高线可以用(　　)表示。
A. 非比例符号　B. 线形符号
C. 计曲线　D. 首曲线
E. 间曲线

12. 下列地形图比例尺属于小比例尺的是(　　)。
A. 1∶1000000　B. 1∶50000　C. 1∶200000　D. 1∶10000
E. 1∶2000

13. 视距测量中视线倾斜时计算平距和高差的公式(　　)。
A. $D=Kl$　B. $h=i-v$

C. $D=Kl\cos^2\delta$　　D. $h=\frac{1}{2}Kl\sin2\delta+i-v$

E. $h=D\tan\delta+i-v$

14. 地形图上表示地物的符号为(　　)。

A. 比例符号　　B. 注记符号　　C. 等高线　　D. 计曲线

E. 非比例符号

15. 经纬仪测绘法测碎部时,应读出(　　)。

A. 竖盘读数　　B. 水平角　　C. 中丝读数　　D. 上丝读数

E. 下丝读数

三、判断题(正确打"√",错误打"×")

1. 有一地形图比例尺为 1∶1000,图示比例尺的基本单位为 2 cm,则每一基本单位所代表的实地长度为 20 m。(　　)

2. 由于雨水是沿山脊线(分水线)向两侧山坡分流的,所以汇水面积的边界线是一系列的山脊线连接而成的,因此,利用地形图可确定汇水面积。(　　)

3. 某地形图的等高距为 1 m,测得两地貌特征点的高程分别为 418.7 和 421.8,则通过这两点间的等高线有两条,它们的高程分别是 419 和 420。(　　)

4. 比例尺越大,所表示的地物地貌就越详细,精度就越高。(　　)

5. 导线的布设形式有闭合导线、附合导线、支导线三种。(　　)

第 10 章　施工测量的基本工作

1. 测设的基本工作是测设已知的(　　)、水平角和高程。

A. 空间距离　　B. 水平距离　　C. 空间坐标　　D. 平面坐标

2. 用经纬仪测设已知的水平角,可采用(　　)。

A. 盘左盘右分中法　　B. 角度距离分中法

C. 坐标法　　D. 骑马桩法

3. 用经纬仪在实地延长直线 AB 至 C,一般采用的方法是(　　)。

A. 正倒镜分中法　　B. 角度距离分中法

C. 骑马桩法　　D. 正切法

4. 测设点平面位置的方法,主要有直角坐标法、极坐标法、(　　)和距离交会法。

A. 正切法　　B. 基线法　　C. 偏角法　　D. 角度交会法

5. 不需要控制点间通视的测量方法是(　　)。

A. 全站仪法　　B. GPS 法　　C. 测距仪法　　D. 经纬仪交会法

6. 根据一个角度和一段距离测设点的平面位置的方法叫(　　)。

A. 角度交会法　　B. 直角坐标法　　C. 距离交会法　　D. 极坐标法

7. 按一般工具放样地面点位的顺序应是(　　)。

A. 距离、角度、高程　　B. 距离、高程、角度

C. 角度、高程、距离　　D. 角度、距离、高程

8. 下图所示为某洞内水准测量，则 h_{AB}=(　　)。

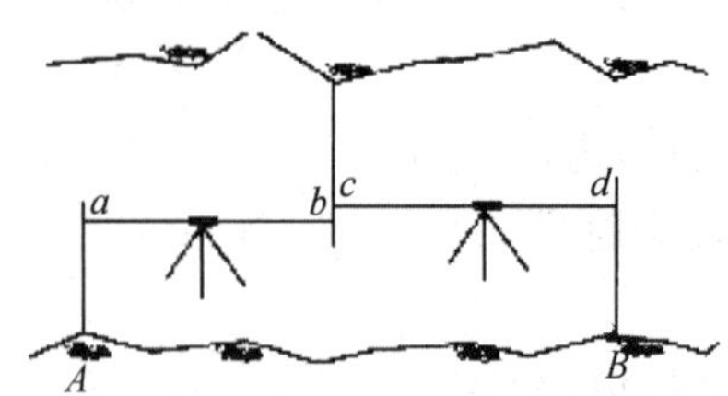

A. $a+b+c-d$　　B. $a-b+c-d$

C. $a-b-c-d$　　D. $a+b-c-d$

9. 架经纬仪于任意点后视 3 个已知点确定测站坐标的方法称为(　　)。

A. 距离交会法　　B. 方向交会法　　C. 角边交会法　　D. 测角交会法

10. 已知 M 点实地高程为 39.651 m，N 点的设计高程为 40.921 m，当在 M、N 中间安置水准仪，读得 M 尺上读数为 1.561 m，N 尺上读数为 0.394 m，则 N 点处填挖高度为(　　)。

A. 挖 0.103 m　　B. 不填不挖　　C. 填 0.103 m　　D. 填 1.270 m

11. 施工测量中平面点位的测设方法有(　　)。

①激光准直法；②直角坐标法；③极坐标法；④平板仪测绘法；⑤角度交会法；⑥距离交会法

A. ①②③④　　B. ①③④⑤　　C. ②③⑤⑥　　D. ③④⑥⑧

12. 当高程放样点高差较大时(h>6 m)，可以采用(　　)进行高程传递。

A. 接尺法　　B. 倒尺法　　C. 悬挂钢尺法　　D. 尺法

第 11 章　工业与民用建筑测量

1. 建筑场地的施工平面控制网的主要形式，有建筑方格网、导线和(　　)。

A. 建筑基线　　B. 建筑红线　　C. 建筑轴线　　D. 建筑法线

2. 建筑施工测量包括(　　)、施工放样测量、变形观测和竣工测量。

A. 控制测量　　B. 高程测量　　C. 距离测量　　D. 导线测量

3. 在建筑物放线中，延长轴线的方法主要有两种：(　　)和轴线控制桩法。

A. 平移法　　B. 交桩法　　C. 龙门板法　　D. 顶管法

4. 高层建筑物轴线投测的方法，一般分为经纬仪引桩法和(　　)法。

A. 水准仪法　　B. 全站仪法　　C. 钢尺法　　D. 激光铅垂仪法

5. 两红线桩 A、B 的坐标分别为 x_A=1000.000 m，y_A=2000.000 m，x_B=1060.000 m，y_B=2080.000 m。欲测设建筑物上的一点 M，x_M=991.000 m，y_M=2090.000 m，则在 A 点以 B 为后视点，用极坐标法测设 M 点的极距 D_{AM} 和极角 $\angle BAM$ 分别为(　　)。

A. 90.449 m、42°34′50″　　B. 90.449 m、137°25′10″

C. 90.000 m、174°17′20″　　D. 90.000 m、95°42′38″

6. 柱子安装时，经纬仪应安置在与柱子的距离约为(　　)倍柱高处进行竖直校正。同截面的柱子，可把经纬仪安置在轴线一侧校正几根柱子的铅直；变截面柱子的校正，必须将经纬仪逐一安置在各自的有关纵向或横向柱轴线上。

A. 1　　B. 1.5　　C. 2　　D. 0.5

7. 建筑物多为矩形，且布置较规则的建筑场地，其平面控制可采用(　　)。

①平板仪导线；②建筑方格网；③多边形网；④建筑基线；⑤视距导线；⑥导线网

A. ①⑤　　B. ②④　　C. ③⑥　　D. ④⑥

8. 建筑物平面位置定位的依据是(　　)。

①首层平面图；②建筑基线或建筑方格网；③地貌图；④附近的水准点；⑤与原有建筑物的关系；⑥控制点或红线桩

A. ①②④　　B. ①③⑤　　C. ②③④　　D. ②⑤⑥

9. 建筑物高程传递的方法有(　　)。

①水准测量法；②视距高程法；③皮数杆法；④垂球投测法；⑤激光投点法；⑥钢尺丈量法

A. ①②④　　B. ①③⑤　　C. ①③⑥　　D. ②⑤⑥

10. 利用高程为 44.926 m 的水准点，测设某建筑物室内地坪标高±0(45.229 m)，当后视读数为 1.225 m 时，则前视尺读数为(　　)m 时尺底画线即为 45.229 m 的高程标志。

A. 1.225　　B. 0.303　　C. －0.303　　D. 0.922

第 12 章　线路测量

一、单选题

1. 公路中线测量在纸上定好线后，用穿线交点法在实地放线的工作程序为(　　)。

A. 放点、穿线、交点　　B. 计算、放点、穿线

C. 计算、交点、放点　　D. 穿点、放点、计算

2. 用经纬仪观测某交点的右角，若左目标读数为 0°00′00″，右目标读数为 220°00′00″，则外距方向的读数为(　　)。

A. 100°　　B. 110°　　C. 80°　　D. 290°

3. 采用偏角法测设圆曲线时，其偏角应等于相应弧长所对圆心角的(　　)。

A. 相等　　B. 2 倍　　C. 1/2　　D. 2/3

4. 公路中线测量中，设置转点的作用是(　　)。

A. 传递高程　　B. 传递方向　　C. 加快观测速度　　D. 根本没作用

5. 公路中线里程桩测设时，短链是指(　　)。

A. 实际里程大于原桩号　　B. 实际里程小于原桩号

C. 原桩号测错　　D. 实际里程与原桩号无关

6. 按桩距在曲线上设桩，通常有两种方法，即(　　)和整桩距法。

A. 零桩距法　　B. 倍桩距法　　C. 整桩号法　　D. 零桩号法

7. 已知圆曲线起点桩号为 K1＋252.343，终点桩号为 K1＋284.341，用偏角法细部放样时，设曲线按整桩距法加桩弧长 L 取 10 m，则起点到第一个细部点及终点与相邻细部点弧长分别为(　　)。

A. 10 m，10 m　　B. 10 m，1.998 m

C. 7.657 m，4.341 m　　D. 7.657 m，10 m

8. 圆曲线测设已知交点的桩号为 K4＋150.940，算得切线长 35.265，曲线长 69.813，外矢距 3.085，则中点桩号为(　　)。

A. K4＋154.025　　B. K4＋186.205　　C. K4＋150.582　　D. K4＋220.753

9. 已知圆曲线起点桩号为 K1＋252.343，终点桩号为 K1＋284.341，用偏角法细部放样时，设曲线相邻两细部点弧长 L 取 10 m，则第一个和最后一个细部点的桩号是（　　）。

A. K1＋262.343，K1＋282.343　　B. K1＋262.343，K1＋274.341

C. K1＋260.000，K1＋282.343　　D. K1＋260.000，K1＋280.000

10. 曲线测设中，若路线交点 JD 不能设桩或落空，这时可采用设（　　）来处理。

A. 转点　　B. 虚交点　　C. 图根点　　D. 转角点

11. 路线中平测量是测定路线（　　）的高程。

A. 水准点高程　　B. 转点高程　　C. 中桩桩顶高　　D. 中桩地面高

12. 路线纵断面测量分为（　　）和中平测量。

A. 基平测量　　B. 面积测量　　C. 高程测量　　D. 角度测量

13. 若某圆曲线的切线长为 40 m，曲线长为 78 m，则其切曲差为（　　）。

A. 2 m　　B. 38 m　　C. －38 m　　D. 4 m

14. 设圆曲线主点 YZ 的里程为 K6＋325.40，曲线长为 90 m，则其 QZ 点的里程为（　　）。

A. K6＋280.40　　B. K6＋235.40　　C. K6＋370.40　　D. K6＋415.40

15. 高等级道路的路线勘测设计，一般应进行可行性研究、初测和（　　）三个阶段。

A. 复测　　B. 定测　　C. 实测　　D. 检测

16. 缓和曲线总长 100 m，是（　　）。

A. ZY 到 YZ 曲线长度　　B. HY 到 YH 曲线长度

C. ZH 到 HY 或 YH 到 HZ 的曲线长度　D. ZH 到 HZ 点的曲线长度

17. 曲线（圆曲线和缓和曲线）的详细测设方法，最主要有（　　）法和偏角法。

A. 直角坐标法　　B. 距离交会法　　C. 角度交会法　　D. 切线支距法

18. 基平水准点设置的位置应选择在（　　）。

A. 路中心线上　　B. 路基边线上　　C. 施工范围内　　D. 施工范围外

19. 路线中平测量转点的高程读数读到毫米位，（桩）点的高程读数读到（　　）位。

A. 米　　B. 分米　　C. 厘米　　D. 毫米

20. 某路线转角外业测量得 $\beta_{左角}=198°23'24''$，则路线交点转角为（　　）。

A. $\alpha_{右}=180°23'24''$　　B. $\alpha_{右}=18°23'24''$

C. $\alpha_{左}=18°23'24''$　　D. $\alpha_{左}=180°23'24''31$

21. 视线高等于（　　）＋后视点读数。

A. 后视点高程　　B. 转点高程　　C. 前视点高程　　D. 道路起点高程

22. 横断面的绘图顺序是从图纸（　　）依次按桩号绘制。

A. 左上方自上而下、由左向右　　B. 右上方自上而下、由右向左

C. 右下方自下而上、由右向左　　D. 左下方自下而上、由左向右

23. 路线中平测量的观测顺序是（　　），转点的高程读数读到毫米位，中桩点的高程读数读到厘米位。

A. 沿路线前进方向按先后顺序观测

B. 先观测中桩点，后观测转点

C. 先观测转点高程，后观测中桩点高程

D. 先观测中桩及交点高程，后观测转点高程

24. 一般规定，二级及以下等级道路基平测量中，其高差闭合差容许值应为(　　)。

A. $\pm 50\sqrt{L}$ mm　　B. $\pm 6\sqrt{L}$ mm

C. $\pm 3\sqrt{L}$ mm　　D. $\pm 30\sqrt{L}$ mm

25. 基平测量可采用两组水准仪(　　)。

A. 单程同向测量　B. 往返测量　C. 反复往返测量　D. 三次测量

26. 道路纵断面图的高程比例尺为 1∶200 时，其路线里程长度比例尺应为(　　)。

A. 1∶200　B. 1∶2000　C. 1∶100　D. 1∶1000

27. 道路中平测量所采用的方法是(　　)。

A. 单程测量　B. 闭合水准测量　C. 支水准测量　D. 往返水准测量

28. 抬杆法进行横断面测量时，记录模式中分子和分母分别表示(　　)。

A. 平距、高差　B. 高差、平距　C. 坐标、高程　D. 斜距、高差

29. 管道的主点，是指管道的起点、终点和(　　)。

A. 中点　B. 交点　C. 接点　D. 转折点

30. 管道主点测设数据的采集方法，根据管道设计所给的条件和精度要求，可采用图解法和(　　)。

A. 模拟法　B. 解析法　C. 相似法　D. 类推法

31. 顶管施工，在顶进过程中的测量工作主要包括中线测量和(　　)。

A. 边线测量　B. 曲线测量　C. 转角测量　D. 高程测量

二、多选题

1. 圆曲线详细测设的方法有(　　)。

A. 切线支距法　B. 整桩距法　C. 整桩号法　D. 偏角法

E. 视距法

2. 圆曲线细部点设桩的方法有(　　)。

A. 切线支距法　B. 整桩距法　C. 整桩号法　D. 偏角法

E. 视距法

3. 圆曲线带有缓和曲线段的曲线主点是(　　)。

A. 直缓点(ZH 点)　B. 直圆点(ZY 点)

C. 缓圆点(HY 点)　D. 圆直点(YZ 点)

E. 曲中点(QZ 点)

4. 公路中线测设时，里程桩应设置在(　　)的中线上。

A. 边坡点处　B. 地质变化点处　C. 桥涵位置处　D. 曲线主点处

E. 转点处

5. 圆曲线上的主点有(　　)。

A. 起点(直圆点)　B. 中点(曲中点)

C. 转折点　D. 圆心点

E. 终点(圆直点)

6. 圆曲线测设时应提前选定和测定的曲线元素为(　　)。

A. 曲线半径 R　B. 曲线长度 L　C. 切线长度 T　D. 转折角 α

E. 外矢距 E

7. 路线纵断面测量的任务是(　　)。

A. 测定中线各里程桩的地面高程

B. 绘制路线纵断面图

C. 测定中线各里程桩两侧垂直于中线的地面高程

D. 测定路线交点间的高差

E. 根据纵坡设计计算设计高程

8. 横断面的测量方法有(　　)。

A. 花杆皮尺法　　B. 皮尺加水准仪法　　C. 全站仪法

D. 跨沟谷测量法　　E. 目估法

三、判断题(正确打"√",错误打"×")

1. 采用偏角法测设圆曲线细部点时,经纬仪必须放在交点 P 点。(　　)

2. 利用经纬仪对圆曲线的测设分两步,首先测设曲线上起控制作用的三主点,然后依据主点测曲线上每隔一定距离的加密细部点。(　　)

3. 放样高程点时,视线高程为 18.205,放样点 P 的高程 15.517,则 P 点水准尺上的读数为 2.688。(　　)

4. 用经纬仪观测水平角时,知左方目标读数为 350°00′00″,右方目标读数为 10°00′00″,则该角值为 20°00′00″。(　　)

参考文献

1. 王金玲,周无极.建筑工程测量[M].北京:北京大学出版社,2008.
2. 李仕东.工程测量[M].北京:人民交通出版社,2002.
3. 李生平,陈伟清.建筑工程测量[M].武汉:武汉理工大学出版社,2008.
4. 杨晓平,王云江.建筑工程测量[M].武汉:华中科技大学出版社,2006.
5. 许能生,吴海清.工程测量[M].北京:科学出版社,2006.
6. 陈久强,刘文生.土木工程测量[M].北京:北京大学出版社,2006.
7. 王劲松,鲁有柱.土木工程测量[M].北京:中国计划出版社,2008.
8. 李生平,陈伟清.建筑工程测量[M].3 版.武汉:武汉理工大学出版社,2010.
9. 薛新强,李洪军.建筑工程测量[M].北京:中国水利水电出版社,2008.
10. 田文.工程测量[M].北京.人民交通出版社,2005.
11. 邹永廉.工程测量[M].武汉:武汉大学出版社,2000.
12. 武汉测绘科技大学测量学编写组.测量学[M].北京:测绘出版社,1993.
13. 詹长根.地籍测量学[M].武汉:武汉大学出版社,2011.
14. 建设部.中华人民共和国国家标准 国家三、四等水准测量规范 GB/T 12898—2009[S],2009.
15. 建设部.中华人民共和国国家标准 工程测量规范 GB 50026—2007[S],2007.
16. 住房和城乡建设部.中华人民共和国行业标准 2011 城市测量规范 CJJ/T 8—2011[S],2011.
17. 交通部.中华人民共和国行业标准 公路勘测规范 JTG C10—2007[S],2007.
18. 交通部.中华人民共和国行业标准 公路路线设计规范 JTG G20—2007[S],2007.